国家卫生健康委员会"十四五"规划教材

全国高等学校药学类专业第九轮规划教材

供药学类专业用

物 理 化 学

第 9 版

U0284961

主　编　崔黎丽

副主编　吴文娟　王凯平　袁　悦

编　者（以姓氏笔画为序）

王凯平（华中科技大学同济医学院）　　　陈　刚（复旦大学药学院）

刘　艳（北京大学医学部）　　　　　　　林玉龙（河北医科大学）

李　森（哈尔滨医科大学）　　　　　　　袁　悦（沈阳药科大学）

杨　峰（中国人民解放军海军军医大学）　栾玉霞（山东大学药学院）

吴文娟（广东药科大学）　　　　　　　　崔黎丽（中国人民解放军海军军医大学）

人民卫生出版社

·北 京·

图书在版编目（CIP）数据

物理化学/崔黎丽主编. —9 版. —北京：人民
卫生出版社,2022.10（2024.5 重印）
ISBN 978-7-117-33745-8

Ⅰ. ①物… Ⅱ. ①崔… Ⅲ. ①物理化学-高等学校-
教材 Ⅳ. ①O64

中国版本图书馆 CIP 数据核字（2022）第 188128 号

人卫智网	www. ipmph. com	医学教育、学术、考试、健康， 购书智慧智能综合服务平台
人卫官网	www. pmph. com	人卫官方资讯发布平台

物　理　化　学
Wuli Huaxue
第 9 版

主　　编：崔黎丽
出版发行：人民卫生出版社（中继线 010-59780011）
地　　址：北京市朝阳区潘家园南里 19 号
邮　　编：100021
E - mail：pmph @ pmph. com
购书热线：010-59787592　010-59787584　010-65264830
印　　刷：人卫印务（北京）有限公司
经　　销：新华书店
开　　本：850×1168　1/16　印张：22
字　　数：636 千字
版　　次：1979 年 7 月第 1 版　2022 年 10 月第 9 版
印　　次：2024 年 5 月第 4 次印刷
标准书号：ISBN 978-7-117-33745-8
定　　价：76. 00 元

打击盗版举报电话：010 - 59787491　E -mail：WQ @ pmph. com
质量问题联系电话：010 - 59787234　E -mail：zhiliang @ pmph. com
数字融合服务电话：4001118166　E -mail：zengzhi @ pmph. com

出版说明

全国高等学校药学类专业规划教材是我国历史最悠久、影响力最广、发行量最大的药学类专业高等教育教材。本套教材于1979年出版第1版，至今已有43年的历史，历经八轮修订，通过几代药学专家的辛勤劳动和智慧创新，得以不断传承和发展，为我国药学类专业的人才培养作出了重要贡献。

目前，高等药学教育正面临着新的要求和任务。一方面，随着我国高等教育改革的不断深入，课程思政建设工作的不断推进，药学类专业的办学形式、专业种类、教学方式呈多样化发展，我国高等药学教育进入了一个新的时期。另一方面，在全面实施健康中国战略的背景下，药学领域正由仿制药为主向原创新药为主转变，药学服务模式正由"以药品为中心"向"以患者为中心"转变。这对新形势下的高等药学教育提出了新的挑战。

为助力高等药学教育高质量发展，推动"新医科"背景下"新药科"建设，适应新形势下高等学校药学类专业教育教学、学科建设和人才培养的需要，进一步做好药学类专业本科教材的组织规划和质量保障工作，人民卫生出版社经广泛、深入的调研和论证，全面启动了全国高等学校药学类专业第九轮规划教材的修订编写工作。

本次修订出版的全国高等学校药学类专业第九轮规划教材共35种，其中在第八轮规划教材的基础上修订33种，为满足生物制药专业的教学需求新编教材2种，分别为《生物药物分析》和《生物技术药物学》。全套教材均为国家卫生健康委员会"十四五"规划教材。

本轮教材具有如下特点：

1. 坚持传承创新，体现时代特色　本轮教材继承和巩固了前八轮教材建设的工作成果，根据近几年新出台的国家政策法规、《中华人民共和国药典》(2020年版)等进行更新，同时删减老旧内容，以保证教材内容的先进性。继续坚持"三基""五性""三特定"的原则，做到前后知识衔接有序，避免不同课程之间内容的交叉重复。

2. 深化思政教育，坚定理想信念　本轮教材以习近平新时代中国特色社会主义思想为指导，将"立德树人"放在突出地位，使教材体现的教育思想和理念、人才培养的目标和内容，服务于中国特色社会主义事业。各门教材根据自身特点，融入思想政治教育，激发学生的爱国主义情怀以及敢于创新、勇攀高峰的科学精神。

3. 完善教材体系，优化编写模式　根据高等药学教育改革与发展趋势，本轮教材以主干教材为主体，辅以配套教材与数字化资源。同时，强化"案例教学"的编写方式，并多配图表，让知识更加形象直观，便于教师讲授与学生理解。

4. 注重技能培养，对接岗位需求　本轮教材紧密联系药物研发、生产、质控、应用及药学服务等方面的工作实际，在做到理论知识深入浅出、难度适宜的基础上，注重理论与实践的结合。部分实操性强的课程配有实验指导类配套教材，强化实践技能的培养，提升学生的实践能力。

5. 顺应"互联网＋教育"，推进纸数融合　本次修订在完善纸质教材内容的同时，同步建设了以纸质教材内容为核心的多样化的数字化教学资源，通过在纸质教材中添加二维码的方式，"无缝隙"地链接视频、动画、图片、PPT、音频、文档等富媒体资源，将"线上""线下"教学有机融合，以满足学生个性化、自主性的学习要求。

众多学术水平一流和教学经验丰富的专家教授以高度负责、严谨认真的态度参与了本套教材的编写工作，付出了诸多心血，各参编院校对编写工作的顺利开展给予了大力支持，在此对相关单位和各位专家表示诚挚的感谢！教材出版后，各位教师、学生在使用过程中，如发现问题请反馈给我们(renweiyaoxue@163.com)，以便及时更正和修订完善。

人民卫生出版社

2022年3月

主 编 简 介

崔黎丽

　　教授,原总后勤部优秀教师,上海市高校优秀青年教师,中国人民解放军海军军医大学特级优秀教师,获军队院校育才奖银奖和上海市育才奖。从事物理化学教学39年,主编、副主编或参编规划教材、著作10余部,主持物理化学上海市精品课程和物理化学上海市示范性双语教学建设课程,获各级教学成果奖多项。主要从事物理药学的研究,主持国家自然科学基金等科研项目多项。

副主编简介

吴文娟

　　广东药科大学物理化学教授,硕士生导师。任教35年,有丰富的教书育人经验和较强的科研能力。多次获评"优秀教师""优秀硕士生导师""科研先进工作者"等称号。

　　研究方向是计算机辅助药物设计及新药研发。主要是运用3DQSAR、分子对接、分子动力学模拟及虚拟筛选等方法研究药物与生物靶标的作用机制,并从事基于DFT的药物QSAR、新药虚拟筛选及分子设计等研究。主持并参加3项国家级、10项省部级和1项广州市科技计划项目研究。在国内外重要刊物上发表论文60多篇(其中SCI和EI收录40多篇)。主持及参与多项教改课题,并获教学成果奖。主编或参编《物理化学》《物理化学笔记》《物理化学实验》等教材6部。

王凯平

　　教授,获华中科技大学"十大魅力教师""知心导师"等荣誉称号。从事药学本科专业物理化学理论和实验教学31年,参编教材2本。主要从事天然多糖的提取、分离、纯化及结构研究,药效学及体内药代动力学研究,特异性肝靶向作用及肝靶向药物载体可行性的研究。主持国家自然科学基金课题6项,其他省市重点项目10余项,横向课题12项。获湖北省科技进步奖二等奖,湖北省科技进步奖一等奖。在 *Journal of Controlled Release*、*Carbohydrate Polymers*、*Cancer Letters* 等权威期刊上发表SCI论文50余篇,其中TOP论文30余篇,获授权专利3项。

袁　悦

　　沈阳药科大学教授,博士生导师,沈阳市功能性药物载体材料重点实验室主任,辽宁省科技创新人才和沈阳市拔尖人才,教育部学位中心论文评审专家,辽宁省科技厅和沈阳市科技局项目评审专家。从事物理化学教学工作24年,主讲物理化学理论课、实验课和专业英语,主持参与教改和课改项目3项,参编教材和著作10部,发表教改论文8篇,获辽宁省高等教育学会"十二五"优秀学术成果奖。科研方向为药物载体材料和纳米药物递送系统的研究,主持国家自然科学基金,教育部留学归国人员基金,辽宁省科技厅、教育厅和沈阳市科技局等课题16项,在国内外刊物上发表学术论文60余篇,以第一署名人获国家授权发明专利3项,辽宁省自然科学学术成果奖4项。

前　言

全国高等学校药学类专业规划教材《物理化学》自 1979 年初版以来,1987—2016 年进行了 7 次修订。根据全国高等学校药学类专业第九轮规划教材主编人会议精神,《物理化学》(第 9 版)围绕药学本科教育人才培养目标,在继承和巩固《物理化学》(第 8 版)的建设成果基础上,融入了时代特色,优化了编写模式。

物理化学是药学的专业基础课,本教材重点阐明基本概念、基本理论和基本计算方法,同时突出药学类专业特色,通过案例、知识拓展等形式,将思想政治元素融入教材,将物理化学基本理论和基本知识与药学实际融会贯通,反映学科前沿和发展趋势,培养和提升学生的创新实践能力。本教材对第 8 版中相关章节的编写内容进行了合并或调整,增加了本章小结,以思维导图的形式呈现,以提高学生的思维能力。本书共分九章,内容包括热力学第一定律、热力学第二定律、多组分系统热力学、化学平衡、相平衡、电化学、化学动力学、表面化学、溶胶与大分子溶液。为便于学生巩固所学知识,提高实际应用能力,本教材编入了适量的例题、思考题和习题,参考学时为 70~90 学时。

与本书配套的学习资料有:数字资源、《物理化学学习指导与习题集》(第 5 版)、《物理化学实验指导》(第 4 版),这些资料共同构成了全方位的物理化学立体系统。数字资源以课件、微课、视频、图片、动画、拓展阅读、目标测试等形式呈现,以满足学生个性化、自主性的学习要求;《物理化学学习指导与习题集》(第 5 版)主要帮助学生掌握各章重点、难点,分析解题思路和技巧,从而提高学生理论联系实际的能力;《物理化学实验指导》(第 4 版)采用中英文双语书写,旨在培养学生书写英语报告的能力。

因编者水平所限,本教材中难免存有缺点甚至错误之处,诚恳希望读者批评指正。

编　者
2022 年 1 月

目　录

绪　　论

一、物理化学的任务和内容

自然界中物质的变化一般可分为物理变化和化学变化两种,但是物理变化和化学变化之间往往存在着紧密的联系。例如化学反应可伴随吸热或放热,体积、压力、压强和温度等也会发生变化,也可产生光电效应,如原电池中的化学反应产生电流。反之,体积、压力、温度、光照、电场等物理因素也会影响化学反应的进程,例如绿色植物的光合作用,必须在光的照射下才能进行。另外,分子内部的微观运动也会直接决定分子的化学性质。人们在长期的实践过程中,注意到化学变化与物理变化的联系并总结其内在规律,逐步形成了一门化学的独立分支学科——物理化学。物理化学是从物理变化和化学变化的联系入手,应用数学、物理学等学科的原理和方法,研究物质结构及变化规律的科学,是化学的理论基础。

物理化学主要包含以下三个方面的内容:

1. 化学热力学　研究化学反应过程中能量转化及化学反应的方向和限度问题。即在指定条件下,一个给定的反应能否发生,进行的方向和限度怎样,外界条件对该反应的影响如何,以及反应的能量转换关系又是如何。化学热力学以大量质点构成的系统为研究对象,采用热力学方法,不考虑系统内部的具体变化,只关注变化过程的始态和终态以及变化的条件,通过宏观量的变化来推测化学反应规律,得出的结论和规律具有普遍意义。与化学变化密切相关的相变化、表面现象、电化学等过程的研究也是化学热力学研究的内容。

2. 化学动力学　研究化学反应的速率和反应机制。根据研究方法可分为宏观动力学和分子反应动力学两大类:前者研究化学反应速率的唯象理论,即研究温度、浓度、催化剂等外界因素对反应速率的影响,通过研究复杂反应的基元步骤推断化学反应的机制;后者是从分子间运动及相互作用的微观角度研究化学反应的本质及其规律,近年来该领域的研究发展迅速。

3. 物质结构　用量子力学的方法研究分子、原子的结构和化学反应规律。因结构化学已经形成独立的课程系统并单独设课,因此本教材不再包含这方面的内容。

二、物理化学的发展及其与药学的关系

1. 物理化学的发展　物理化学诞生于19世纪工业革命时期,1887年奥斯特瓦尔德(W. Ostward)和范托夫(J. H. van't Hoff)的德文版《物理化学杂志》的创刊是物理化学诞生的标志。作为一门独立的新学科,物理化学的诞生有一定的社会历史背景,但更离不开科学先驱们创新求实、不畏艰难、坚持真理的精神品质和工作。其中,范托夫、奥斯特瓦尔德和阿伦尼乌斯(S. A. Arrhenius)跨越国界和学科的局限,团结协作,为物理化学学科的创立做出了突出的贡献,并分别在1901—1909年期间荣获诺贝尔化学奖。

从1887年物理化学诞生,至20世纪20年代,以热力学和反应速率唯象理论的建立为主要特征,是物理化学发展的第一阶段;到20世纪60年代,物理化学开始进入分子水平的研究,结构化学得以蓬勃发展,物理化学的发展进入第二阶段;20世纪60年代至今,各种实验和理论研究手段和研究方法的进步,推动物理化学在宏观和微观水平上迅速发展,使其进入快速发展的第三阶段,滋生了许多新的生长点,研究内容更深入,研究对象更丰富,应用范围也越来越大。今天的物理化学不仅是化学的核心方法、研究手段和理论基础,而且在生命、能源、材料、环境等重大科学领域中发挥着不可替代的作用。

2. 物理化学与生命科学和药学的关系　随着社会的进步、生活水平的提高,人们对药物需求也日益增强。新药设计,药物合成中路线的选择、工艺条件的确定、反应速率及机制的确定都需要化学热力学及化学动力学基础。例如选择药物合成工艺时,必须研究化学反应条件对反应物所起作用的规律性,包括配料比、溶剂、温度与压力、催化剂、反应时间、产物的分离与精制等,都涉及化学热力学及化学动力学的相关原理和方法;药物制剂的设计与研制,药物的稳定性及其在体内的吸收、分布、代谢都与物理化学原理密切相关。近年来,纳米材料在药学中受到广泛重视,在宏观($>1\mu m$)和微观($<1nm$)之间的介观领域,微粒分散系统在实现定时、定量、定位给药中发挥着独特的作用,表面化学、胶体化学是其重要的理论基础。

事实上,从药物的研发、生产、贮存到药物使用,都与物理化学有关。物理化学也与药学各专业课的学习密切相关,该课程不仅是前期化学课程的规律总结,也是后续药学课程的理论和实验基础。

三、物理化学的学习方法

物理化学是化学的理论基础,因此概念多、公式多、计算多,时常会令人感到内容繁杂,无从下手。因此,初学者应首先正确理解基本概念、基本理论、基本计算,抓住主要内容,理清相互之间的关系。只有概念清楚,才有可能理解基本理论,才能真正理解物理化学的原理和方法。物理化学学科的形成和发展贯穿着辩证唯物主义的世界观和方法论,在学习时,不仅要接受知识,更要掌握并深刻领会这种科学方法,提高分析问题和解决问题的能力。

应该说,目前尚无统一的物理化学学习方法,学习者可结合学科自身特点和个人的习惯进行学习。这里,根据物理化学的特点,对上述学习方法做进一步的阐述,供学习者参考。

(1)准确掌握公式的物理意义和使用条件:物理化学非常重视使用数学和物理方法,通过数学的严密推导可得出系统各物理量间定量关系,进而获得变化的规律。学习时,学生容易被繁杂的公式推证过程所困扰,而忽视了公式的物理意义和使用条件,在对原理尚不清楚时,因盲目套用公式引出错误的结论。事实上,数学推导只是获得结果的手段,是帮助学习者理解的方法,而不是学习的目的。除重要公式外,一般公式推导过程只要求理解而不要求强记,重要的是掌握公式的物理意义、使用条件以及如何利用公式解决实际问题。

(2)学会物理化学逻辑推理的思维方法:物理化学是化学之窗,要从纷杂的自然现象和变化过程中,高度抽象出变化的基本原理和变化规律。如热力学中熵、吉布斯能等函数的引出;引入理想气体和理想溶液的概念研究气体和溶液的性质。通过对事物理想化处理可以使问题简化,经高度概括了解事物的本质和变化规律,将这些规律稍加修正,就可将其应用于实际系统。物理化学采用抽象化、理想化的方法处理问题,可能会使初学者不适应,这也是感到物理化学难学的重要原因之一。而这种处理问题的方法是符合认识规律的,通过学习物理化学,应了解并学会这种认识事物的科学方法。

(3)通过习题加深对理论的理解:做习题可以复习和巩固已学的知识,掌握对重要定律及公式的应用。教材中给出了一定数量的例题进行示范,每章后面都有一定数量的思考题和习题,通过演算和思考,不仅能考查学习效果,加深对理论的理解,提高运算技巧,更重要的是培养科学的思维方法,以及分析和解决实际问题的能力。

(崔黎丽)

第一章

热力学第一定律

第一章
教学课件

第一节　热力学概论

一、热力学研究的基本内容

热力学(thermodynamics)是研究宏观系统在能量转换过程中所遵循规律的科学。它关注系统宏观性质变化之间的关系,研究在各种物理变化和化学变化过程中所发生的能量效应;研究在一定条件下某种过程能否自发进行,进行到什么程度,即变化的方向和限度的问题。

热力学起源于 19 世纪对热机的研究,即研究热与功之间相互转换的关系。随后化学能、电能、辐射能及其他形式的能量也被纳入热力学的研究范畴。直到 1840 年,焦耳(J. P. Joule)建立了能量守恒定律,即热力学第一定律。1848 年开尔文(L. Kelvin)和 1850 年克劳修斯(R. Clausius)建立了热力学第二定律。

热力学是建立在热力学第一定律和热力学第二定律基础上的,这两个定律是人们长期生产实践和科学研究的总结,有着十分稳固的实验基础,它的正确性已由无数实验事实所证实。在 20 世纪初,热力学第三定律和热力学第零定律又相继建立,使热力学成为更加严密完整的系统。

将热力学的基本原理应用于研究化学现象及其相关的物理现象,就称为化学热力学(chemical thermodynamics)。化学热力学的主要研究内容是用热力学第一定律研究和解决化学变化和相变化中的热效应问题;用热力学第二定律解决化学和物理变化的方向和限度问题,以及化学平衡和相平衡的有关问题。

热力学第三定律主要阐明绝对熵的意义,在化学中也有重要作用。

化学热力学对生产实践和科学研究具有重大的指导作用。合成工业中的能量衡算与能量的合理利用、新反应路线的可能性和反应限度等问题,都需要应用化学热力学的知识。例如在 20 世纪末,人们试图用石墨制造金刚石的实验经历无数次失败。后来通过化学热力学的计算得知,只有当压力超过大气压力 15 000 倍时,石墨才有可能转变成金刚石。人造金刚石的成功制造,充分显示了热力学在解决实际问题中的重要作用。

　　化学热力学在药学中也有大量应用,如利用热力学数据可预测药物合成的可能性、确定最高产率,进而选择最佳反应条件;利用药物在油水两相间的分配可指导剂型设计;利用相图对冻干粉针、栓剂的生产进行指导等。

二、热力学的方法和局限性

　　热力学采用严格的数理逻辑推理演绎方法,研究大量微观粒子所组成系统的宏观性质,所得结论反映大量微观粒子的平均行为,具有统计意义,但对物质的微观性质,即个别或少数微观粒子的行为,无法作出解答。热力学无须了解微观粒子的结构和反应进行的机制,只要知道系统的始态和终态及过程进行的外界条件,就可以进行相应的计算和判断,这正是热力学能简易而方便地得到广泛应用的重要原因。此外,热力学只研究系统变化的可能性及限度问题,不研究变化的现实性问题,也不涉及时间的概念,因而无法预测变化的速率和过程进行的机制。以上既是热力学方法的优点,也是它的局限性。

　　热力学发展至今已有一百多年的历史,平衡态热力学的理论和方法已经相当成熟,然而热力学还在不断发展中,已经从平衡态热力学发展到非平衡态热力学,特别是近几十年来,在远离平衡态的热力学研究领域取得了可喜成果。如 1969 年比利时著名科学家普里高京(I. Prigogine)等人经过几十年的研究创立了耗散结构理论,为热力学的发展作出了重大贡献。近年来,人们用精密微量量热计可测量细菌生长、种子发芽等缓慢过程的微量热效应,从而绘制出其代谢过程的热谱图。热谱图能提供动植物生长发育和新陈代谢等过程中有关生命现象的重要信息。

第二节　热力学的一些基本概念

一、系统和环境

　　将一部分物质从其他部分中划分出来,作为研究对象,这一部分物质称为系统(system),热力学系统都是由大量微观粒子组成的宏观系统。系统以外与系统密切相关的部分称为环境(surroundings)。系统与环境之间通过实际存在或假想的界面隔开。

　　根据系统与环境之间能量传递和物质交换的具体情况,可将系统分为 3 类:

　　1. 敞开系统(open system)　　系统与环境之间既有物质的交换,又有能量的传递。

　　2. 封闭系统(closed system)　　系统与环境之间没有物质的交换,只有能量的传递。

　　3. 孤立系统(isolated system)　　或称隔离系统。系统与环境之间既无物质的交换,也无能量的传递。

　　世界上的一切事物总是相互联系、相互依赖和相互制约的,因此,自然界中绝对孤立系统是不存在的。有时为了方便问题的研究,在适当条件下,可近似地把一个系统看作孤立系统。

二、系统的性质和状态

(一)系统的性质

　　描述系统状态的物理量如温度、压力、体积、黏度、表面张力等称为系统的性质,或称为热力学变量。根据它们与系统中物质数量的关系,可将系统的性质分为两类。

　　1. 广度性质(extensive property)　　其数值大小与系统中所含物质的量成正比,如质量、体积、热力学能、熵等。广度性质具有加和性,即系统某种广度性质的数值等于系统中各部分该性质数值的总和。如系统的体积即为系统各部分体积之和。

　　2. 强度性质(intensive property)　　其数值取决于系统的特性而与系统所含物质的量无关,如温度、压力、密度、黏度等。强度性质不具有加和性,即整个系统的强度性质的数值与各个部分的强度性质的数值相同。例如将两杯 298K 的水混合后,水温仍是 298K。

一般来说,系统的广度性质与强度性质之间有如下关系:

$$\frac{广度性质(质量\ m)}{广度性质(体积\ V)} = 强度性质(密度\ \rho)$$

若系统中所含物质的量是单位量,例如,物质的量是 1mol,则广度性质就成为强度性质,如体积是广度性质,而摩尔体积为强度性质。

(二)系统的状态和状态函数

系统的状态是系统一系列物理性质和化学性质的综合表现。当系统处于一定状态时,系统的性质都具有确定的数值。反之,当系统的所有性质如温度、压力、体积、密度、组成等都确定时,系统的状态就确定。系统的任一性质发生变化,系统的状态也一定发生变化。

实际上,系统的各个性质之间是相互关联的,通常只需要确定其中的几个,其余的也可随之确定。例如,对一定量的理想气体,若指定了温度和压力,也就确定了其体积和状态。可见,只要确定系统中几个独立的性质就能确定系统的状态,所以通常是采用易于直接测定的强度性质和一些必要的广度性质来描述系统所处的状态。

确定系统的状态究竟需要确定几个状态性质,热力学无法给出答案。但经验表明,对于含有 n 种物质的均相封闭系统,只要指定 $n+2$ 种系统的性质,则系统的状态和其他性质也就完全确定了。常被采用的性质有温度、压力和各物质的量。例如,对于纯物质单相系统,确定了物质的量、温度、压力,就可确定系统的状态。

由系统状态确定的各种热力学性质如温度、压力、体积、密度等,也称为系统的状态函数(state function)。状态函数具有下述特性:

1. 状态函数是状态的单值函数 系统的状态确定后,状态函数就有确定的数值。

2. 状态函数的改变量只与系统的始、终态有关,与变化的途径无关 若系统经历一循环后又重新回到原态,则状态函数必定恢复原值,其变化值为零。

3. 状态函数的微小变化在数学上是全微分 例如,一定量的理想气体的体积 V 是温度 T 和压力 p 的函数

$$V = f(T, p)$$

状态函数体积的全微分关系式为

$$dV = \left(\frac{\partial V}{\partial T}\right)_p dT + \left(\frac{\partial V}{\partial p}\right)_T dp$$

dV 的环路积分代表系统恢复原态体积的变化,显然

$$\oint dV = 0$$

由此可见,状态函数全微分的环路积分均为零。上述关系的逆定理亦成立,即当某函数的全微分的环路积分为零,则此函数必定是状态函数。

4. 不同状态函数构成的初等函数(和、差、积、商)也是状态函数。

系统的状态和性质(微课)

三、过程和途径

当外界条件改变时,系统的状态随之发生变化。系统状态所发生的一切变化称为过程。一般将系统变化前的状态称为始态,变化后的状态称为终态。在热力学中常见的变化过程有:

1. 等温过程(isothermal process) 在环境温度恒定下,系统始、终态温度相同且等于环境温度的过程。

2. 等压过程（isobaric process）　在环境压力恒定下,系统始、终态压力相同且等于环境压力的过程。

3. 等容过程（isochoric process）　系统的体积保持不变的过程。

4. 绝热过程（adiabatic process）　系统与环境之间没有热传递的过程。

5. 循环过程（cyclic process）　系统从某一状态出发,经过系列变化,又回到原来状态的过程。

完成某一状态变化所经历的具体步骤称为途径。由同一始态到同一终态的不同方式称为不同的途径。

四、热力学平衡态

如果系统的性质不随时间变化,则该系统就处于热力学平衡态（thermodynamic equilibrium state）。热力学平衡态应同时满足下列平衡:

1. 热平衡　系统各部分的温度相等。

2. 力学平衡　系统各部分之间没有不平衡的力存在。

3. 相平衡　系统中各相的组成和数量不随时间而变化。

4. 化学平衡　系统中化学反应达到平衡时,系统的组成不随时间而变。

一般若没有特别说明,当系统处于某种状态就是指系统处于这种热力学平衡状态。

五、热和功

系统发生状态变化时,在系统与环境之间会有能量的传递或交换。能量传递或交换的方式有两种,即热和功。

由系统与环境之间的温度差而引起的能量传递称为热（heat）,用符号 Q 表示。除热以外,系统与环境之间其他一切被传递的能量称为功（work）,用符号 W 表示。热力学规定:系统吸热为正,即 $Q>0$;放热为负,$Q<0$;系统对环境做功为负,即 $W<0$;环境对系统做功为正,即 $W>0$。热和功的单位均为焦耳（J）。

功有多种形式,广义地看,各种形式的功都可表示为某强度性质与特定的广度性质变化量的乘积。

$$\delta W（机械功）= F（力）\times dl（位移）$$

$$\delta W（体积功）= -p_e（外压）\times dV（体积的改变）$$

$$\delta W'（电功）= E（电动势）\times dq（电量的改变）$$

$$\delta W'（表面功）= \sigma（表面张力）\times dA（表面积的改变）$$

式中,p_e、E、σ 为广义力,dV、dq、dA 为广义位移。

在化学热力学中,将功分为体积功（W）和非体积功（W'）。

从微观上看,热是大量质点以无序运动方式传递的能量;而功则是大量质点以有序运动方式传递的能量。

应当指出,热和功是系统与环境之间能量传递或交换的形式,它们与系统发生变化的具体过程相联系,没有过程就没有热和功;热和功的大小与变化的途径有关,因此热和功不是系统性质,不是状态函数,微小变化过程的热和功不能用全微分表示,而应表示为 δQ 和 δW。

第三节　体积功与可逆过程

一、体积功

由系统体积变化而引起系统与环境间交换的功称为体积功。体积功在化学热力学中具有重要的意义。

将一定量的气体置于横截面积为 A 的气缸中（图 1-1）,假设活塞的重量、活塞与缸壁之间的摩擦力均可忽略不计。缸内气体的压力为 p,施加于活塞上的外压为 p_e,若 $p>p_e$,则气体膨胀。设活塞向

上移动了 $\mathrm{d}l$ 的距离,则系统对环境所做的膨胀功为

$$\delta W = -F_e \mathrm{d}l = -p_e A \mathrm{d}l = -p_e \mathrm{d}V \qquad \text{式}(1\text{-}1)$$

式(1-1)中,$\mathrm{d}V$ 是系统体积的变化。关于体积功应特别注意,不论系统是膨胀还是被压缩,体积功均用 $-p_e \mathrm{d}V$ 来计算,压力一定是外压。

二、几种过程的功

功不是状态函数,其值与过程有关。一定量的气体从体积 V_1 膨胀到体积 V_2,若所经历的过程不同,则所做的功也不相同。

1. **自由膨胀** 外压 p_e 为零的膨胀过程称为自由膨胀,因 $p_e=0$,所以 $W=0$,即系统对外不做功。

2. **恒定外压膨胀** 将一个带有无重量、无摩擦活塞的气缸置于温度为 $T\mathrm{K}$ 的恒温大热源中(图 1-2)。

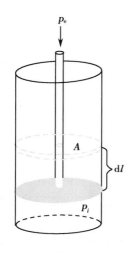

图 1-1 体积功示意图

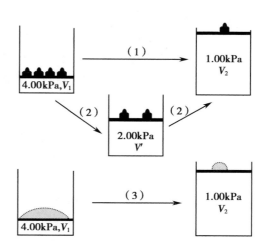

图 1-2 气体不同膨胀过程示意图

气缸内充有一定量的气体,其压力为 p_1(4.00kPa),体积为 V_1。开始时施加在活塞上的外压等于 p_1(亦为 4.00kPa,用 4 个砝码表示)。由于系统压力与外压力相等,活塞静止不动,系统处于平衡状态。在相同始、终态间气体按不同的方式进行膨胀。

(1)一次膨胀过程:将外压 p_e 一次降低到 1.00kPa(即一次移去 3 个砝码),见图 1-2 途径(1),此时气体在外压 p_e 保持恒定下,体积从 V_1 膨胀到 V_2,则此过程系统所做的功为

恒定外压膨胀过程(**动画**)

$$W_1 = -\int_{V_1}^{V_2} p_e \mathrm{d}V = -p_e(V_2 - V_1)$$

W_1 的绝对值相当于图 1-3(a)中阴影部分的面积。

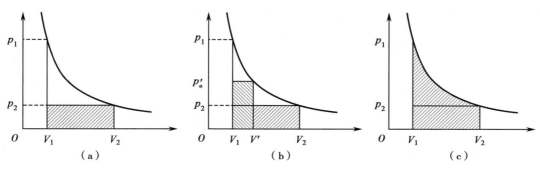

图 1-3 各种过程的体积功(膨胀)

（2）多次膨胀过程：如图 1-2 中途径（2）所示，先将外压降低到 p_e'（2.00kPa，即先移去两个砝码），此时系统在外压恒定为 p_e' 下体积从 V_1 膨胀到 V'；再将外压降低到 p_e（1.00kPa，即再移去一个砝码），此时系统在外压恒定为 p_e 下体积从 V' 膨胀到 V_2，则整个过程系统所做的体积功为两次膨胀的体积功之和

$$W_2 = -p_e'(V'-V_1) - p_e(V_2-V')$$

W_2 的绝对值相当于图 1-3（b）中阴影部分的面积。

显然，$|W_2| > |W_1|$。依此类推，在相同始、终态之间分步越多，系统对外所做的功也就越大。

3. 准静态膨胀过程　在整个膨胀过程中，始终保持外压比气缸内的压力 p 小一个无限小的数值。设想将活塞上面的砝码换成相同重量的细砂，如图 1-2 途径（3）所示。每取下一粒细砂，外压就减少 dp，即降为 $p-dp$，则系统的体积就膨胀了 dV，依次取下细砂，系统的体积就逐渐膨胀，直到 V_2 为止；在整个膨胀过程中 $p_e = p-dp$，所以系统所做的功为

$$W_3 = -\int_{V_1}^{V_2} p_e dV = -\int_{V_1}^{V_2} (p-dp) dV = -\int_{V_1}^{V_2} p dV \qquad 式（1-2）$$

式中略去二级无限小值 $dpdV$。

在上述这种无限缓慢的过程中，系统在任一瞬间的状态都极接近平衡态，整个过程可以看作是由一系列极接近平衡的状态所构成的，因此这种过程称为准静态过程（quasi-static process）。

若气缸中的气体为理想气体且为等温膨胀，则 W_3 为

$$W_3 = -\int_{V_1}^{V_2} p dV = -\int_{V_1}^{V_2} \frac{nRT}{V} dV = -nRT \ln \frac{V_2}{V_1} \qquad 式（1-3）$$

W_3 的绝对值相当于图 1-3（c）中阴影部分的面积。显然

$$|W_3| > |W_2| > |W_1|$$

由此可见，若始、终态相同，过程不同，系统所做的功就不相同，即功与过程密切相关，所以功不是状态函数，不是系统自身的性质，因此不能说系统中含有多少功。显然，在准静态膨胀过程中，系统对外做的功最大。

若采取与图 1-2 中（1）（2）（3）过程相反的步骤，将膨胀后的气体压缩到初始的状态。同理，由于压缩过程不同，环境对系统所做的功亦不相同。

（1）一次恒定外压压缩：将外压一次增加到 p_1（4.00kPa，即加上 4 个砝码），在恒定外压 p_1 下，将气体从 V_2 压缩到 V_1，环境所做的功为

$$W_1' = -p_1(V_1-V_2)$$

因为 $V_2 > V_1$，故 W_1' 为正值，表示环境对系统做功，W_1' 相当于图 1-4（a）中阴影面积。

（2）多次恒定外压压缩：将外压先增加到 p_e'（2.00kPa，即先加上两个砝码），在恒定外压 p_e' 下将系统从 V_2 压缩到 V'；再将外压增加到 p_1（4.00kPa，即再加上两个砝码），在恒定外压 p_1 下将系统从 V' 压缩到 V_1，则环境所做的功为

$$W_2' = -p_e'(V'-V_2) - p_1(V_1-V')$$

W_2' 相当于图 1-4（b）中阴影面积。

（3）准静态压缩过程：若将取下的细砂再一粒粒重新加到活塞上，使外压 p_e 始终比气缸内气体压力 p 大 dp，即在 $p_e = p+dp$ 的情况下，使系统的体积从 V_2 压缩至 V_1，则环境所做的功为

$$W_3' = -\int_{V_2}^{V_1} p_e dV = -\int_{V_2}^{V_1} (p+dp) dV = -\int_{V_2}^{V_1} p dV \qquad 式（1-4）$$

若气体为理想气体且为等温压缩，则

$$W_3' = -\int_{V_2}^{V_1} \frac{nRT}{V} dV = nRT \ln \frac{V_2}{V_1}$$

W_3' 相当于图 1-4（c）中阴影的面积。显然

$$W_1' > W_2' > W_3'$$

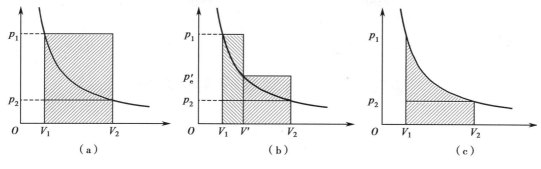

图 1-4 各种过程的体积功（压缩）

由此可见,压缩时分步越多,环境对系统所做的功就越少,准静态压缩过程中环境对系统所做的功最小。

三、可逆过程

上述准静态过程是热力学中一种极为重要的过程。如果将图 1-3(c)与图 1-4(c)及式(1-2)与式(1-4)相比较,显然,准静态膨胀过程所做之功 W_3 与准静态压缩过程所做之功 W_3',大小相等,符号相反。这就是说,当系统恢复到原来状态时,在环境中没有功的得失。亦即当系统恢复原态的同时,环境也恢复原态。

某系统经一过程由状态 1 变为状态 2 之后,如果能使系统和环境都完全复原,则该过程称为可逆过程(reversible process)。反之,系统经一过程之后,如果用任何方法都不能使系统和环境完全复原,则该过程称为不可逆过程(irreversible process)。上述的准静态膨胀或压缩过程就是一个可逆过程。而恒定外压等温膨胀过程,系统复原后,环境总是失去功而得到热,即环境无法复原,故为不可逆过程。

综上所述,热力学可逆过程具有下述特点:

(1)可逆过程是以无限小的变化进行的,系统始终无限接近平衡态,即整个过程是由一系列无限接近平衡的状态所构成。

(2)系统在可逆过程中做最大功,环境在可逆过程中做最小功,即可逆过程效率最高。

(3)以同样的方式、循原过程相反方向进行,可使系统和环境完全恢复原态,而没有任何耗散效应。

可逆过程是经科学抽象的理想过程。自然界中并不存在真正的可逆过程,实际过程只能无限地趋近它。例如液体在其沸点时的蒸发、固体在其熔点时的熔化、可逆电池在电动势差无限小时的充电与放电和在平衡条件下发生的化学反应等,都可近似地视为可逆过程。但是,可逆过程的概念却非常重要。可逆过程是在系统无限接近平衡的状态下进行的,它与平衡态密切相关。后面的有些重要的热力学函数的改变量只有通过可逆过程才能求算。同时,可逆过程最经济,效率最高,将实际过程与可逆过程进行比较,可以确定提高实际过程效率的可能性。

例题 1-1 今有 2mol H_2,起始体积为 $15×10^{-3} m^3$,若在恒定温度 298.2K 时,经下列过程膨胀至终态体积为 $50×10^{-3} m^3$,试计算各过程的功 W。(H_2 可视为理想气体。)

(1)自由膨胀。

(2)反抗恒定外压 100kPa 膨胀。

(3)可逆膨胀。

解:（1）自由膨胀:因为外压 $p_e=0$,故 $W=0$

（2）反抗恒定外压 100kPa 膨胀:

$$W = -p_e(V_2-V_1) = -100×10^3×(50-15)×10^{-3} = -3\ 500J$$

（3）可逆膨胀:

$$W = -nRT\ln\frac{V_2}{V_1} = -2\times8.314\times298.2\times\ln\frac{50}{15} = -5\ 970\text{J}$$

计算结果表明,可逆过程系统做功最大。

第四节　热力学第一定律概述

一、热力学能

通常系统的总能量 E 由下述3部分组成:

1. 系统整体运动的动能 E_T。

2. 系统在外力场中的势能 E_V。

3. 热力学能(thermodynamic energy) U,也称为内能。

在化学热力学中,通常研究的是宏观静止的系统,无整体运动且无特殊的外力场存在(如离心力场、电磁场等),此时 $E_T = 0$,$E_V = 0$,则 $E = U$。所以一般只考虑热力学能。

热力学能是系统内物质所有能量的总和,包括分子的平动能、转动能、振动能、分子间势能、电子运动能及原子核能等。随着人们对于物质结构认识层面的不断深入,还将包括其他形式的能量,因此系统热力学能的绝对值现在还无法确定。但对热力学来说,重要的是热力学能的改变值,热力学正是通过状态函数的改变值来解决实际问题的。

热力学能是系统的性质,当系统处于确定的状态,热力学能就具有确定的数值,其改变值只取决于系统的始态和终态,而与变化的途径无关,所以热力学能是系统的状态函数。系统经一循环过程回到原来的状态,则热力学能的变化值为零。热力学能的大小与系统所含物质的量成正比,即热力学能是系统的广度性质。

对于组成恒定的均相封闭系统,热力学能可以表示为温度和体积的函数

$$U = f(T, V)$$

其全微分为

$$dU = \left(\frac{\partial U}{\partial T}\right)_V dT + \left(\frac{\partial U}{\partial V}\right)_T dV$$

若把 U 看作是温度和压力的函数,$U = f(T, p)$ 则

$$dU = \left(\frac{\partial U}{\partial T}\right)_p dT + \left(\frac{\partial U}{\partial p}\right)_T dp$$

案例分析

第一类永动机永远不可能造成

在13世纪,法国人亨内考设计了"魔轮"装置(图1-5)。轮子被固定在转动轴上,轮子的边缘等距地安装着12根活动短杆,杆端均装有一个铁球。

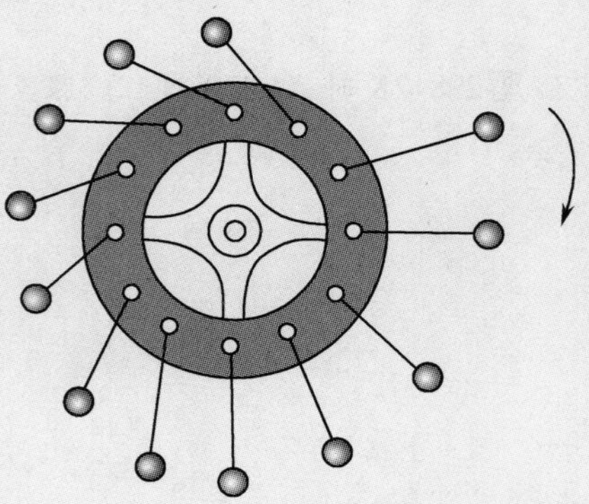

图1-5　"魔轮"装置图

亨内考设想,当轮子转动时,由于右边向下运动的球比左边向上运动的球离转轴远些,因此右边球的转动力矩要比左边的大,这样,轮子就会自动不停地转动下去,并且可带动机器转动。这个设计被不少人以不同的形式复制,但从未实现不停息地转动。这就是所谓的第一类永动机。

问题:为什么第一类永动机永远不可能造成?

分析:虽然右边每个球的转动力矩比左边的大,但是球的数目比左边少。因此,轮子不会持续转动并对外做功,只会摆动几下,就停止不动。由于违反了能量守恒定律,所以第一类永动机永远不可能造成。

二、热力学第一定律的表述

能量有多种形式,可以从一种形式转化为另一种形式,但在转化中总能量保持不变,这就是能量守恒原理,是人类经验的总结。1840 年,焦耳(Joule)在大量实验的基础上,建立了热功转化的当量关系,即 1cal(卡)= 4.184J(焦耳),为能量守恒原理提供了科学依据。将能量守恒原理应用于热力学系统就形成了热力学第一定律。

热力学第一定律有多种表述方式,常见表述如下:

1. 不靠外界供给能量,本身能量也不减少,却能连续不断地对外做功的第一类永动机是不可能造成的。

2. 能量有多种形式,可以从一种形式转化为另一种形式,在转化中能量的总量保持不变。

热力学第一定律的发展简史(拓展阅读)

热力学第一定律是人类经验的总结,无数事实都证明了它的正确性。它无须再用任何原理去证明,因为第一类永动机永远不能造成的事实就是最有力的证明。

三、热力学第一定律的数学表达式

宏观上静止且无外力场存在的封闭系统,若经历某个过程从状态 1 变为状态 2,系统从环境吸热 Q,同时对环境做功 W,则系统热力学能的改变为

$$\Delta U = U_2 - U_1 = Q + W \qquad \text{式(1-5)}$$

U_1、U_2 分别为系统始态和终态的热力学能。若系统发生微小变化,则

$$dU = \delta Q + \delta W \qquad \text{式(1-6)}$$

式(1-5)或式(1-6)是封闭系统的热力学第一定律的数学表达式。它表明了热力学能、热、功相互转化时的定量关系。

显然,对于封闭系统的循环过程,热力学能的改变值 $\Delta U = 0$,则 $Q = -W$,即封闭系统在循环过程中所吸收的热等于系统对环境所做的功。对于孤立系统,$Q = 0$,$W = 0$,则 $\Delta U = 0$,即孤立系统的热力学能始终不变。而对于可逆过程,若寻原过程相反方向进行,当系统复原时,不仅在环境中没有功的得失,而且由 $\Delta U = Q + W$ 可知,$\Delta U = 0$,故 $Q = -W$,所以在环境中也无热的得失。亦即系统和环境同时复原,而没有任何耗散效应。

第五节　焓 和 热 容

一、焓

系统与环境之间传递的热不是状态函数,但在某些特定条件下,某一特定过程的热仅取决于系统的始态和终态。由于大多数化学反应或物理变化是在等压非体积功 W' 为零的条件下进行的,引进状态函数焓将给热效应的求算带来极大方便。

对于某封闭系统,在等容 $\Delta V = 0$ 和非体积功为零的条件下,体积功也为零,所以热力学第一定律式(1-5)可写成

$$\Delta U = Q_V \qquad \text{式(1-7)}$$

对于微小变化

$$dU = \delta Q_V \qquad \text{式(1-8)}$$

式(1-8)中,Q_V 为等容过程的热效应,因为 ΔU 只取决于系统的始、终态,所以在上述条件下,Q_V 也只取决于系统的始、终态。式(1-8)表示,封闭系统经一非体积功为零的等容过程,所吸收的热全部用于

增加系统的热力学能。

对于封闭系统,等压($p_1 = p_2 = p_e$)且非体积功为零的条件下,热力学第一定律式(1-5)可写成

$$\Delta U = U_2 - U_1 = Q_p - p_e(V_2 - V_1)$$
$$U_2 - U_1 = Q_p - p_2 V_2 + p_1 V_1$$
$$Q_p = (U_2 + p_2 V_2) - (U_1 + p_1 V_1) \qquad 式(1-9)$$

由于 U、p、V 均是状态函数,因此($U + pV$)也是状态函数,在热力学上定义($U + pV$)为焓(enthalpy),用 H 表示,即

$$H = U + pV \qquad 式(1-10)$$

所以

$$Q_p = H_2 - H_1$$

即

$$\Delta H = Q_p \qquad 式(1-11)$$

对于微小变化,则

$$dH = \delta Q_p \qquad 式(1-12)$$

式(1-12)中,Q_p 为等压过程的热效应。因为焓是状态函数,ΔH 只取决于系统的始态和终态,所以 Q_p 也只取决于系统的始终态。式(1-11)表示,封闭系统经一等压非体积功为零的过程,所吸收的热全部用于增加系统的焓。

由于系统热力学能的绝对值无法确定,因而也不能确定焓的绝对值。但在一定条件下,可以从系统和环境间热的传递来衡量系统热力学能和焓的变化值。因为 U 和 pV 都是广度性质,所以焓也是广度性质,并具有能量量纲。

例题 1-2 已知在 1 173K 和 100kPa 下,1mol $CaCO_3(s)$ 分解为 $CaO(s)$ 和 $CO_2(g)$ 时吸热 178kJ。试计算此过程的 Q、W、ΔU 和 ΔH。

解:因为此过程为等温等压下的化学反应

$$CaCO_3(s) \longrightarrow CaO(s) + CO_2(g)$$

且非体积功 $W' = 0$,故 $\Delta H = Q_p = 178kJ$

$$W = -p(V_2 - V_1) = -p(V_{产物} - V_{反应物}) \approx -pV_{CO_2} \quad (因为 \ V_g \gg V_s)$$

若将 CO_2 气体视为理想气体,则

$$W = -pV_{CO_2} = -nRT = -1 \times 8.314 \times 1\ 173 = -9.752kJ$$
$$\Delta U = Q + W = 178 - 9.752 = 168.25kJ$$

二、热容

(一)等容热容和等压热容

封闭系统在无化学变化和相变化且非体积功为零的条件下,每升高单位温度所需吸收的热称为热容(heat capacity),用 C 表示。

$$C = \frac{\delta Q}{dT} \qquad 式(1-13)$$

热容的数值与系统所含物质的量有关,1mol 物质的热容称为摩尔热容,用 C_m 表示。若物质的量为 n mol,则其热容为 $C = nC_m$。

因为热与过程有关,所以系统的热容也与过程有关。封闭系统等容过程的热容称为等容热容,用 C_V 表示

$$C_V = \frac{\delta Q_V}{dT} \qquad 式(1-14)$$

对于封闭系统非体积功为零的等容过程,$dU = \delta Q_V$,代入式(1-14)得

$$C_V = \frac{\delta Q_V}{\mathrm{d}T} = \left(\frac{\partial U}{\partial T}\right)_V$$

可见,等容热容等于 $W' = 0$ 的等容过程中热力学能随温度的变化率。从上式可得

$$\mathrm{d}U = C_V \mathrm{d}T$$

$$\Delta U = Q_V = \int_{T_1}^{T_2} C_V \mathrm{d}T \qquad\qquad 式(1\text{-}15)$$

利用上式可以计算无化学变化和相变化且非体积功为零的封闭系统的热力学能的变化值。

　　同理,对于没有化学变化和相变化的封闭系统,在非体积功为零的等压过程中,其等压热容 C_p 可表示为

$$C_p = \frac{\delta Q_p}{\mathrm{d}T} = \left(\frac{\partial H}{\partial T}\right)_p$$

$$\mathrm{d}H = C_p \mathrm{d}T \qquad\qquad 式(1\text{-}16)$$

$$\Delta H = Q_p = \int_{T_1}^{T_2} C_p \mathrm{d}T \qquad\qquad 式(1\text{-}17)$$

利用上式可以计算无化学变化和相变化且非体积功为零的封闭系统焓的变化值。

　　物质的摩尔等压热容 $C_{p,\mathrm{m}}$ 与温度有关,通常用下述经验方程式表示

$$C_{p,\mathrm{m}} = a + bT + cT^2 \qquad\qquad 式(1\text{-}18)$$

$$C_{p,\mathrm{m}} = a + bT + c'/T^2 \qquad\qquad 式(1\text{-}19)$$

式(1-19)中 a、b、c、c' 为随物质及温度范围而变的常数。一些物质的摩尔等压热容参见附录1。

　　例题 1-3　在 101.325kPa 下,2mol 323K 的水(H_2O)变成 423K 的水蒸气,试计算此过程所吸收的热。已知水和水蒸气的平均摩尔等压热容分别为 75.31J/(K·mol) 和 33.47J/(K·mol),水在 373K、101.325kPa 压力下,由液态水变成水蒸气的汽化热为 40.67kJ/mol。

　　解:由 323K 的水变成 373K 的水

$$Q_{p,1} = nC_{p,\mathrm{m}(1)}(T_2 - T_1) = 2 \times 75.31 \times (373 - 323)$$
$$= 7\,531\mathrm{J} = 7.531\mathrm{kJ}$$

由 373K 的水变成 373K 的水蒸气时的相变热为

$$Q_{p,2} = n \cdot \Delta_{\mathrm{vap}}H_{\mathrm{m}} = 2 \times 40.67 = 81.34\mathrm{kJ}$$

由 373K 的水蒸气变成 423K 的水蒸气

$$Q_{p,3} = nC_{p,\mathrm{m}(\mathrm{g})}(T_2 - T_1) = 2 \times 33.47 \times (423 - 373)$$
$$= 3\,347\mathrm{J} = 3.347\mathrm{kJ}$$

因此,全过程所吸收的热为

$$Q_p = Q_{p,1} + Q_{p,2} + Q_{p,3} = 7.531 + 81.34 + 3.347 = 92.22\mathrm{kJ}$$

（二）理想气体的热容

　　在等容过程中系统不做体积功,当等容加热时,系统从环境所吸收的热全部用于增加热力学能。而在等压加热时,系统除增加热力学能外,还要多吸收一部分热用来做膨胀功。所以,气体的 C_p 总是大于 C_V。

　　对于任意没有相变化和化学变化且只做体积功的封闭系统,其 C_p 与 C_V 之差为

$$C_p - C_V = \left(\frac{\partial H}{\partial T}\right)_p - \left(\frac{\partial U}{\partial T}\right)_V$$

将 $H = U + pV$ 代入上式得

$$C_p - C_V = \left(\frac{\partial U}{\partial T}\right)_p + p\left(\frac{\partial V}{\partial T}\right)_p - \left(\frac{\partial U}{\partial T}\right)_V \qquad\qquad 式(1\text{-}20)$$

因为

$$dU = \left(\frac{\partial U}{\partial T}\right)_V dT + \left(\frac{\partial U}{\partial V}\right)_T dV$$

等压下两边同除以 dT 得

$$\left(\frac{\partial U}{\partial T}\right)_p = \left(\frac{\partial U}{\partial T}\right)_V + \left(\frac{\partial U}{\partial V}\right)_T \left(\frac{\partial V}{\partial T}\right)_p$$

代入式(1-20)得

$$C_p - C_V = \left(\frac{\partial U}{\partial V}\right)_T \left(\frac{\partial V}{\partial T}\right)_p + p\left(\frac{\partial V}{\partial T}\right)_p = \left[\left(\frac{\partial U}{\partial V}\right)_T + p\right]\left(\frac{\partial V}{\partial T}\right)_p \qquad 式(1-21)$$

上式可适用于任何均匀的系统。

对于固体或液体系统,因为其体积随温度变化很小,$\left(\frac{\partial V}{\partial T}\right)_p$ 近似为零,故 $C_p \approx C_V$。对于理想气体,

因为 $\left(\frac{\partial U}{\partial V}\right)_T = 0$(焦耳实验的结论),可以得到

$$\left(\frac{\partial V}{\partial T}\right)_p = \frac{nR}{p}$$

代入式(1-21)得

$$C_p - C_V = nR \qquad 式(1-22)$$

或

$$C_{p,m} - C_{V,m} = R \qquad 式(1-23)$$

即理想气体的 $C_{p,m}$ 与 $C_{V,m}$ 均相差 1mol 气体常数 R 值。可以证明其物理意义是 1mol 理想气体温度升高 1K 时,在等压下所做的功。

根据统计热力学可以证明在常温下,对于理想气体,单原子分子的 $C_{V,m} = \frac{3}{2}R$,$C_{p,m} = \frac{5}{2}R$;双原子分子的 $C_{V,m} = \frac{5}{2}R$,$C_{p,m} = \frac{7}{2}R$;多原子分子(非线型)的 $C_{V,m} = 3R$,$C_{p,m} = 4R$。可见在常温下理想气体的 $C_{V,m}$ 和 $C_{p,m}$ 均为常数。

例题 1-4   设在搅拌器中搅拌 1mol O_2 时(视为理想气体),搅拌做功 40.57J,并在等压下使其温度升高 1K,吸热 29.10J,试求该过程的 W、ΔU 和 ΔH。

解:本题中系统虽然是理想气体,但非体积功不为零,所以 $\Delta U = \int_{T_1}^{T_2} C_V dT$ 和 $\Delta H = \int_{T_1}^{T_2} C_p dT$ 两式在此题中不能使用,要按以下方法计算 ΔU 和 ΔH。

$$W = W_{体积功} + W' = -p\Delta V + W' = -nR\Delta T + W'$$
$$= -1 \times 8.314 \times 1 + 40.57 = 32.26J$$
$$\Delta U = Q + W = 29.10 + 32.26 = 61.36J$$
$$\Delta H = \Delta(U + pV) = \Delta U + nR\Delta T = 61.36 + 1 \times 8.314 \times 1 = 69.67J$$

第六节   热力学第一定律在简单
状态变化和相变化中的应用

一、焦耳实验——理想气体的热力学能和焓

为了研究气体的热力学能与体积的关系,焦耳于 1843 年做了如下实验:将两个容量相等且中间以旋塞相连的容器,置于有绝热壁的水浴中。如图 1-6 所示,其中一个容器充有气体,另一个容器抽成真空。待达到热平衡后,打开旋塞,气体向真空膨胀并达到平衡。

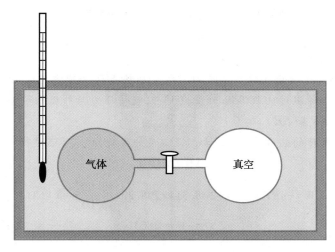

图 1-6　焦耳实验示意图

焦耳实验过程（动画）

实验测得此过程水浴的温度没有变化，$\Delta T = 0$。以气体为系统，水浴为环境，由于 $\Delta T = 0$，说明该过程系统与环境之间无热的交换，即 $Q = 0$。又因为气体向真空膨胀，故 $W = 0$。根据热力学第一定律 $\Delta U = Q + W = 0$，可见气体向真空膨胀时，温度不变则热力学能保持不变。

对一定量的纯物质，热力学能可表示为温度和体积的函数，则

$$dU = \left(\frac{\partial U}{\partial T}\right)_V dT + \left(\frac{\partial U}{\partial V}\right)_T dV$$

实验测得 $dT = 0$，又因为 $dU = 0$，所以

$$\left(\frac{\partial U}{\partial V}\right)_T dV = 0$$

而气体体积发生了变化，$dV \neq 0$，故

$$\left(\frac{\partial U}{\partial V}\right)_T = 0 \qquad\qquad 式（1-24）$$

此式表明，在等温情况下，上述实验气体的热力学能不随体积而变。

同法可证明

$$\left(\frac{\partial U}{\partial p}\right)_T = 0 \qquad\qquad 式（1-25）$$

即在等温时，上述实验气体的热力学能不随压力而变。

由式（1-24）和式（1-25）可以说明，气体的热力学能仅是温度的函数，而与体积、压力无关，即

$$U = f(T) \qquad\qquad 式（1-26）$$

实际上，上述实验是不够精确的，因为水浴中水的热容量很大，因此没有测得水温的微小变化。进一步的实验表明，实际气体向真空膨胀时，温度会发生微小变化，而且这种温度的变化随着气体起始压力的降低而变小。因此可以推论，只有当气体的起始压力趋近于零，即气体趋于理想气体时，上述实验才是完全正确的。所以，只有理想气体的热力学能仅是温度的函数，与体积或压力无关。

对理想气体的焓

$$H = U + pV = f(T) + nRT = f'(T) \qquad\qquad 式（1-27）$$

即理想气体的焓也仅是温度的函数，与体积或压力无关。

$$\left(\frac{\partial H}{\partial V}\right)_T = 0 \qquad \left(\frac{\partial H}{\partial p}\right)_T = 0$$

又因为

$$C_p = \left(\frac{\partial H}{\partial T}\right)_p \quad C_V = \left(\frac{\partial U}{\partial T}\right)_V$$

所以理想气体的 C_p 与 C_V 也仅是温度的函数。

例题 1-5 2mol 单原子理想气体在 298.2K 时,分别按下列 3 种方式从 15.00L 膨胀到 40.00L:(1) 等温可逆膨胀;(2) 等温对抗 100kPa 外压;(3) 在气体压力与外压相等并保持恒定下加热。分别求 3 种过程的 Q、W、ΔU 和 ΔH。

解: (1) 因为理想气体的热力学能和焓都只是温度的函数,所以等温过程

$$\Delta U = \Delta H = 0$$

$$W = -nRT\ln\frac{V_2}{V_1} = -2\times8.314\times298.2\ln\frac{40.00}{15.00} = -4\ 863\text{J}$$

$$Q = -W = 4\ 863\text{J}$$

(2) 同理,$\Delta U = \Delta H = 0$

$$W = -p_e(V_2 - V_1) = -100\times10^3\times(40.00 - 15.00)\times10^{-3} = -2\ 500\text{J}$$

$$Q = -W = 2\ 500\text{J}$$

(3) 气体压力为

$$p = \frac{nRT}{V} = \frac{2\times8.314\times298.2}{15.00\times10^{-3}} = 330.56\text{kPa}$$

$$W = -330\ 560\times(40.00 - 15.00)\times10^{-3} = -8\ 264\text{J}$$

$$T_2 = \frac{p_2 V_2}{nR} = \frac{330\ 560\times40.00\times10^{-3}}{2\times8.314} = 795.2\text{K}$$

$$\Delta H = Q_p = nC_{p,\text{m}}(T_2 - T_1) = n\times\frac{5}{2}R(T_2 - T_1)$$

$$= 2\times\frac{5}{2}\times8.314\times(795.2 - 298.2) = 20\ 660\text{J}$$

$$\Delta U = nC_{V,\text{m}}(T_2 - T_1) = 2\times\frac{3}{2}\times8.314\times(795.2 - 298.2) = 12\ 396\text{J}$$

或

$$\Delta U = Q + W = 20\ 660 - 8\ 264 = 12\ 396\text{J}$$

二、理想气体绝热过程

在绝热过程中,系统与环境之间没有热的交换,即 $Q = 0$,根据热力学第一定律可得

$$\mathrm{d}U = \delta W$$

因为

$$\mathrm{d}U = C_V\mathrm{d}T$$

所以

$$\delta W = \mathrm{d}U = C_V\mathrm{d}T \qquad\qquad \text{式}(1\text{-}28)$$

可见,若 $\delta W \neq 0$,则 $\mathrm{d}T \neq 0$。表明在绝热过程中,只要系统与环境之间有功的交换,系统温度必然发生变化。若系统对环境做功,则系统温度降低,热力学能减小;若环境对系统做功,则系统温度升高,热力学能增加。

对于理想气体的绝热可逆过程,若非体积功 W' 为零,则

$$\delta W = -p_e\mathrm{d}V = -p\mathrm{d}V$$

代入式(1-28)得

$$-p\mathrm{d}V = -\frac{nRT}{V}\mathrm{d}V = C_V\mathrm{d}T$$

或

$$\frac{nRdV}{V}=-C_V\frac{dT}{T}$$

积分得

$$\int_{V_1}^{V_2}\frac{nRdV}{V}=\int_{T_1}^{T_2}-C_V\frac{dT}{T}$$

因理想气体的 C_V 不随温度而变，则

$$nR\ln\frac{V_2}{V_1}=-C_V\ln\frac{T_2}{T_1}$$

又因为理想气体的 $C_p-C_V=nR$，代入上式得

$$(C_p-C_V)\ln\frac{V_2}{V_1}=C_V\ln\frac{T_1}{T_2}$$

两边同除以 C_V，并令 $C_p/C_V=C_{p,m}/C_{V,m}=\gamma$，$\gamma$ 称为热容比。于是上式可写成

$$(\gamma-1)\ln\frac{V_2}{V_1}=\ln\frac{T_1}{T_2}$$

所以

$$T_1V_1^{\gamma-1}=T_2V_2^{\gamma-1}$$

$$TV^{\gamma-1}=K \qquad 式（1-29）$$

K 为常数。若将 $T=\dfrac{pV}{nR}$ 代入上式得

$$pV^{\gamma}=K' \qquad 式（1-30）$$

K' 为另一常数。若将 $V=\dfrac{nRT}{P}$ 代入式（1-29）得

$$T^{\gamma}p^{1-\gamma}=K'' \qquad 式（1-31）$$

　　式（1-29）、式（1-30）、式（1-31）均为理想气体在 $W'=0$ 条件下的绝热可逆过程中的过程方程式。

　　绝热过程所做的功由式（1-28）得

$$W=\int_{T_1}^{T_2}C_VdT$$

若温度范围不太大，C_V 可视为常数，则

$$W=C_V(T_2-T_1) \qquad 式（1-32）$$

对理想气体，$C_p-C_V=nR$，则

$$\frac{nR}{C_V}=\frac{C_p-C_V}{C_V}=\gamma-1$$

所以式（1-32）又可写成

$$W=\frac{nR(T_2-T_1)}{\gamma-1}=\frac{p_2V_2-p_1V_1}{\gamma-1} \qquad 式（1-33）$$

　　式（1-32）和式（1-33）均可用来计算理想气体的绝热功。

　　图 1-7 表明理想气体绝热可逆与等温可逆过程中 p-V 关系的不同，即绝热可逆过程曲线（AC 线）斜率的绝对值总是比等温可逆过程曲线（AB 线）斜率的绝对值大。这可从它们的过程方程式的不同来证明。

　　对绝热可逆过程 $pV^{\gamma}=K'$，则

$$\left(\frac{\partial p}{\partial V}\right)_{Q_r=0}=-\gamma\frac{K'}{V^{\gamma+1}}=-\gamma\frac{pV^{\gamma}}{V^{\gamma+1}}=-\gamma\frac{p}{V}$$

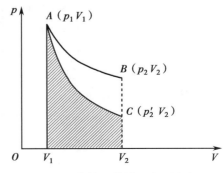

图 1-7　绝热可逆过程（AC）与等温可逆过程（AB）功的示意图

式中下标 $Q_r=0$ 表示绝热可逆过程。

对等温可逆过程 $pV=nRT$,则

$$\left(\frac{\partial p}{\partial V}\right)_T=-\frac{nRT}{V^2}=-\frac{pV}{V^2}=-\frac{p}{V}$$

因为 $\gamma>1$,显然,绝热可逆过程曲线的斜率的绝对值较大。因此,如果从同一始态 A 出发,即同样从体积 V_1 膨胀到 V_2,绝热可逆膨胀过程中气体压力降低更为显著。这是因为在等温可逆膨胀过程中,气体的压力仅随体积的增大而减小。而在绝热可逆膨胀过程中,有气体的体积增大和温度降低两个因素使压力降低,所以气体的压力降低更快。理想气体从 p_1V_1 经等温可逆和绝热可逆膨胀到 V_2 所做的功如图 1-7 所示。曲线 AB 和 AC 下面的面积分别为等温可逆与绝热可逆过程系统所做的功。

例题 1-6 3mol 单原子理想气体从 300K,400kPa 膨胀到最终压力为 200kPa。若分别经(1)绝热可逆膨胀;(2)绝热恒外压 200kPa 膨胀至终态,试分别计算两过程的 Q、W、ΔU 和 ΔH。

解:(1)此过程的始、终态如下

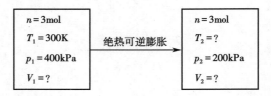

对于单原子理想气体

$$\gamma=\frac{C_{p,m}}{C_{V,m}}=\frac{5/2R}{3/2R}=\frac{5}{3}=1.67$$

据理想气体的绝热可逆过程方程求 T_2

$$T_1^{\gamma}p_1^{1-\gamma}=T_2^{\gamma}p_2^{1-\gamma}$$

代入 T_1、p_1、p_2 求得

$$T_2=\left(\frac{p_1}{p_2}\right)^{\frac{1-\gamma}{\gamma}}\cdot T_1=\left(\frac{400}{200}\right)^{\frac{1-1.67}{1.67}}\times300=227\text{K}$$

因为该过程是绝热过程,即 $Q=0$,则

$$W=\Delta U=nC_{V,m}(T_2-T_1)=3\times\frac{3}{2}\times8.314\times(227-300)=-2\,731\text{J}$$

$$\Delta H=nC_{p,m}(T_2-T_1)=3\times\frac{5}{2}\times8.314\times(227-300)=-4.552\text{kJ}$$

(2)此过程为绝热不可逆过程,始、终态如下:

n=3mol | T_1=300K | 绝热恒外压膨胀 | n=3mol | T_2=?
p_1=400kPa | V_1=? | | p_2=200kPa | V_2=?

因为该过程不是绝热可逆过程,所以不能用上述方法由绝热可逆过程方程式(1-31)求 T_2。

因为绝热过程 $Q=0$,所以

$$W=\Delta U=nC_{V,m}(T_2-T_1)$$

对于恒外压膨胀过程

$$W=-p_e(V_2-V_1)=-p_2(V_2-V_1)$$

$$V_2=\frac{nRT_2}{p_2}\qquad V_1=\frac{nRT_1}{p_1}$$

所以
$$nC_{V,\mathrm{m}}(T_2-T_1)=-p_2\left(\frac{nRT_2}{p_2}-\frac{nRT_1}{p_1}\right)$$

$$3\times\frac{3}{2}\times 8.314(T_2-300)=-3\times 8.314\times T_2+\frac{200}{400}\times 3\times 8.314\times 300$$

求得
$$T_2=240\mathrm{K}$$

$$W=\Delta U=nC_{V,\mathrm{m}}(T_2-T_1)=3\times\frac{3}{2}\times 8.314\times(240-300)=-2\,245\mathrm{J}$$

$$\Delta H=nC_{p,\mathrm{m}}(T_2-T_1)=3\times\frac{5}{2}\times 8.314\times(240-300)=-3\,741\mathrm{J}$$

比较过程(1)与(2)的结果可见,系统从同一始态出发,经绝热可逆和绝热不可逆过程,达不到相同的终态。当终态的压力相同时,由于可逆过程所做的功多,热力学能降低得更多些,导致终态的温度也就更低些。

三、焦耳-汤姆孙效应

(一)节流膨胀

鉴于1843年焦耳的自由膨胀实验不够精确,1852年焦耳和汤姆孙(W. Thomson,即Lord Kelvin)设计了一个节流膨胀实验来观察实际气体在膨胀时所发生的温度变化。其实验装置如图1-8所示。

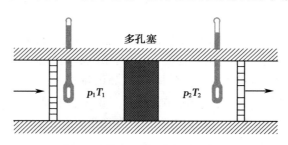

图 1-8　焦耳-汤姆孙实验示意图

在一个圆形绝热筒中部,置有一个刚性多孔塞,使气体通过多孔塞缓慢地进行节流膨胀,并且在多孔塞的两边能够维持一定的压力差。实验时,将压力和温度恒定为p_1和T_1的某种气体,连续地压过多孔塞,使气体在多孔塞右边的压力恒定为p_2,且$p_1>p_2$。由于多孔塞的孔很小,气体只能缓慢地从左侧进入右侧,从p_1到p_2的压差基本上全部发生在多孔塞内。由于多孔塞的节流作用,可保持左室高压p_1部分和右室低压p_2部分的压力恒定不变,即分别为p_1与p_2。这种维持一定压力差的绝热膨胀过程称为节流膨胀(throttling expansion)。当节流膨胀经过一定时间达到稳定状态后,可以测得左、右室气体的温度分别稳定于T_1和T_2,并且$T_1\neq T_2$。实验表明,在通常情况下,实际气体经节流膨胀后温度都将发生变化。

焦耳-汤姆孙实验过程(动画)

(二)节流膨胀是恒焓过程

当节流膨胀达稳定状态后,设一定量的气体由左侧的(p_1,V_1,T_1)状态变为右侧的(p_2,V_2,T_2)状态,由于该过程在绝热条件下进行,即$Q=0$,根据热力学第一定律得

$$\Delta U=W$$

在此过程中环境对系统做功为

$$W_1=p_1V_1$$

系统对环境做功为

$$W_2=-p_2V_2$$

所以整个过程做的总功为

$$W = W_1 + W_2 = p_1 V_1 - p_2 V_2$$

因此

$$\Delta U = U_2 - U_1 = W = p_1 V_1 - p_2 V_2$$

移项后得

$$U_2 + p_2 V_2 = U_1 + p_1 V_1$$

即

$$H_2 = H_1$$

或

$$\Delta H = 0$$

所以,气体的节流膨胀为一恒焓过程。

对于理想气体,焓仅为温度的函数,若焓不变,则温度不变,因此理想气体通过节流膨胀后,其温度保持不变。而对于实际气体,通过节流膨胀后,焓值不变,但温度却发生了变化,这说明实际气体的焓不仅取决于温度,而且还与气体的压力或体积有关。同理,实际气体的热力学能也与气体的压力或体积有关。

（三）焦耳-汤姆孙系数

假设节流膨胀是在 dp 的压差下进行,温度的变化为 dT,定义

$$\mu_{J-T} = \left(\frac{\partial T}{\partial p} \right)_H \qquad\qquad 式（1-34）$$

下标 H 表示该过程焓守恒。μ_{J-T} 称为焦耳-汤姆孙系数。它表示经节流膨胀气体的温度随压力的变化率。因为 T、p 为强度性质,故 μ_{J-T} 亦为强度性质,并且与系统的其他强度性质一样,它也是 T、p 的函数。由于在节流膨胀过程中,$dp<0$,所以若某气体的 $\mu_{J-T}>0$,则说明该气体经节流膨胀后 $dT<0$,即气体的温度降低;反之,若 $\mu_{J-T}<0$,则说明气体经节流膨胀后温度将升高。μ_{J-T} 值的大小,不仅取决于气体的种类,而且还与气体所处的温度和压力有关。在常温下,一般气体的 μ_{J-T} 值为正,而 H_2、He 的 μ_{J-T} 值为负。但是实验证明,当温度降至很低时,它们的 μ_{J-T} 值也可转变为正值。$\mu_{J-T}=0$ 时的温度称为转化温度。

节流膨胀最重要的用途是降温及气体的液化,因而在工业上它被广泛应用于气体的液化和制冷过程中。

四、相变化过程

系统中物理性质和化学性质完全均一的部分称为一个相。物质从一个相转移到另一个相的过程称为相变化过程。当相变过程是在无限接近于两相平衡的温度和压力下进行时,称为可逆相变。例如水在其正常沸点 373K 和标准压力下蒸发成 373K 和标准压力下的水蒸气。若在指定温度下,压力不是该温度下的饱和蒸气压,或者在指定压力下,温度不是该压力对应的温度下的相变称为不可逆相变。例如在标准压力和 268K 的水变成标准压力和 268K 的冰。

（一）等温等压可逆相变

由于可逆相变满足 $W'=0$ 且等压的条件,故相变热等于相变焓。所以

$$\Delta H = Q_p$$
$$W = -p(V_2 - V_1) = -p(V_g - V_1) = -pV_g = -nRT \quad （因为 V_g \gg V_1）$$
$$\Delta U = Q_p + W$$

（二）等温等压不可逆相变

例如 268K、101 325Pa 的过冷水变成 268K、101 325Pa 的冰。该过程为不可逆相变,设计过程如下:

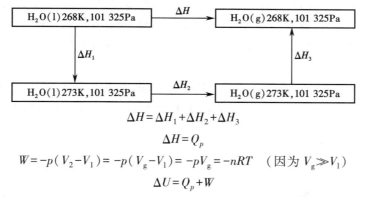

$$\Delta H = \Delta H_1 + \Delta H_2 + \Delta H_3$$
$$\Delta H = Q_p$$
$$W = -p(V_2 - V_1) = -p(V_g - V_1) = -pV_g = -nRT \quad (因为 V_g \gg V_1)$$
$$\Delta U = Q_p + W$$

例题 1-7　试求下列各过程的 Q、W、ΔU 和 ΔH，比较计算结果，并可得出什么结论?

（1）将 1mol 水在 373K、$p = 101.325\text{kPa}$ 下蒸发为水蒸气（设为理想气体），吸热 2 259J/g。

（2）始态与（1）相同，当外界压力恒定为 $p/2$ 时，将水蒸发；然后再将此水蒸气（373K, $p/2$）等温可逆压缩为 373K、p 的水蒸气。

（3）将 1mol 水在 373K、p 放入 373K 的真空箱中，水蒸气立即充满整个真空箱（设水全部汽化），测得其压力为 p。

解：（1）因为在正常相变温度、压力下的相变为可逆相变过程，所以

$$\Delta H_1 = Q_p = Q_1 = 1 \times 18.00 \times 2\,259 = 40.66\text{kJ}$$
$$W_1 = -p_e(V_g - V_1) = -pV_g = -nRT = -1 \times 8.314 \times 373 = -3.101\text{kJ} \quad (因为 V_g \gg V_1)$$
$$\Delta U_1 = Q_1 + W_1 = 40.66 - 3.101 = 37.56\text{kJ}$$

（2）根据题意，由始态（373K、p 的水）变为终态（373K、p 的水蒸气）的功可分为两步计算：即先反抗等外压 $p/2$ 将水汽化为 $p/2$、373K 的水蒸气；然后再等温可逆压缩至终态，注意 $V_g \gg V_1$，则

$$W_2 = -p_e(V_g - V_1) - \int_{V_1}^{V_2} p\mathrm{d}V = -p_e V_g - \int_{V_1}^{V_2} p\mathrm{d}V = -\frac{p}{2} \cdot \frac{nRT}{p/2} - nRT\ln\frac{V_2}{V_1}$$

$$W_2 = -nRT - nRT\ln\left(\frac{p/2}{p}\right) = -0.952\text{kJ}$$

由于始、终态与（1）相同，对于状态函数改变量，则

$$\Delta U_2 = \Delta U_1 = 37.56\text{kJ}$$
$$\Delta H_2 = \Delta H_1 = 40.66\text{kJ}$$
$$Q_2 = \Delta U_2 - W_2 = 37.56 + 0.952 = 38.51\text{kJ}$$

（3）向真空汽化过程，$W_3 = 0$，而始、终态与（1）相同，所以

$$Q_3 = \Delta U_3 = \Delta U_1 = 37.56\text{kJ}$$
$$\Delta H_3 = \Delta H_1 = 40.66\text{kJ}$$

计算结果可见，$Q_1 > Q_2 > Q_3$，$|W_1| > |W_2| > |W_3|$，说明热和功都与过程有关，在可逆相变过程中系统从环境吸收的热量最多，对环境做的功也最大，偏离可逆过程越远，则热和功值就越少。同时也表明，ΔU 和 ΔH 是状态函数的改变量，当始、终态相同时，其改变量与过程无关。

第七节　热　化　学

以热力学第一定律为基础，研究化学反应及伴随过程中的能量变化，是热化学的主要研究内容。反应过程中的能量变化常以吸收或放出热量的形式发生。在非体积功为零的条件下，封闭系统发生化学反应后，当产物的温度回到开始前反应物的温度，系统吸收或放出的热量，称为该反应的热效应

（heat effect of chemical reaction），亦称为反应热。若反应在等压或等容条件下进行，反应热称为等压反应热或等容反应热，用 Q_p 或 Q_V 表示；而 $Q_p = \Delta H$，$Q_V = \Delta U$，所以反应热也可分别用焓变或热力学能变表示，写作 $\Delta_r H$ 或 $\Delta_r U$，下标"r"表示化学反应。热效应的正负与热力学第一定律的规定相同，即吸热为正，放热为负。

热化学数据的测量为化学热力学的建立奠定了基础，也为生产设备和生产程序设计、能量的合理利用提供了必要的资料。此外，生命现象的研究中也离不开对生物机体内各种化学反应热效应的了解。

一、反应进度

对于任意化学反应的计量方程式

$$aA + dD \longrightarrow gG + hH$$

若反应系统中的任意物质用 B 表示，其计量方程式中的系数用 ν_B 表示，对反应物 ν_B 取负值，对产物 ν_B 取正值。因此，对任意化学反应计量方程可用下列通式来表示

$$\sum_B \nu_B B = 0$$

显然，在化学反应中，各物质量的变化是彼此相关的，它们受各物质的化学计量系数所制约。

设某反应在反应起始时和反应进行到 t 时刻时各物质的量分别为

$$
\begin{array}{ccccc}
aA & + & dD \longrightarrow & gG & + & hH \\
\end{array}
$$

$$
\begin{array}{lcccc}
t=0 & n_{A,0} & n_{D,0} & n_{G,0} & n_{H,0} \\
t=t & n_A & n_D & n_G & n_H \\
\end{array}
$$

则反应进行到 t 时刻的反应进度（advancement of reaction）定义为

$$\xi = \frac{\Delta n_B}{\nu_B} = \frac{n_B - n_{B,0}}{\nu_B} \qquad\qquad 式（1\text{-}35）$$

$$d\xi = \frac{dn_B}{\nu_B}$$

ξ 的单位为摩尔（mol）。对于上述反应，则

$$\xi = \frac{n_A - n_{A,0}}{-a} = \frac{n_D - n_{D,0}}{-d} = \frac{n_G - n_{G,0}}{g} = \frac{n_H - n_{H,0}}{h}$$

$$d\xi = \frac{dn_A}{-a} = \frac{dn_D}{-d} = \frac{dn_G}{g} = \frac{dn_H}{h}$$

由此可见，引入反应进度的最大优点是，在反应进行到任一时刻，用任一反应物或产物所表示的反应进度都是相等的。当 $\Delta n_B = \nu_B$ mol 时，$\xi = 1$ mol，表示 a mol 的 A 与 d mol 的 D 完全反应生成 g mol 的 G 和 h mol 的 H，即化学反应按反应方程式的系数比例进行了一个单位的反应。

例题 1-8   合成氨反应的化学计量方程式可写成

（1） $N_2 + 3H_2 \longrightarrow 2NH_3$

（2） $\frac{1}{2}N_2 + \frac{3}{2}H_2 \longrightarrow NH_3$

若反应起始时，N_2、H_2、NH_3 的物质的量分别为 10mol、30mol、0mol，反应进行到 t 时刻，N_2、H_2、NH_3 的物质的量分别为 7mol、21mol、6mol。求 t 时刻时反应（1）和（2）的反应进度。

解：各物质的物质的量的变化量为

$$\Delta n_{N_2} = 7 - 10 = -3mol$$

$$\Delta n_{H_2} = 21 - 30 = -9mol$$

$$\Delta n_{NH_3} = 6 - 0 = 6mol$$

对反应(1)，由反应进度的定义式(1-35)可得

$$\xi = \frac{\Delta n_B}{\nu_B} = \frac{-3}{-1} = \frac{-9}{-3} = \frac{6}{2} = 3\,mol$$

同理，对反应(2)得

$$\xi = \frac{-3}{-\frac{1}{2}} = \frac{-9}{-\frac{3}{2}} = \frac{6}{1} = 6\,mol$$

可见，不论选用反应物还是产物来计算某一时刻的反应进度，所得 ξ 值都相同。但是反应进度的数值却与化学方程式的写法有关。当反应方程式的写法不同时，$\xi = 1\,mol$ 所代表的意义也不同。例如，按方程(1)反应，$\xi = 1\,mol$ 是指 1mol N_2 与 3mol H_2 完全反应生成 2mol NH_3 完成的一个单位的化学反应；而按方程(2)反应，$\xi = 1\,mol$ 则是指 0.5mol 的 N_2 与 1.5mol 的 H_2 完全反应生成 1mol NH_3 所完成的一个单位的化学反应。

反应进度为 1mol 时，反应的热效应分别称为反应的摩尔焓变 $\Delta_r H_m$ 和反应的摩尔热力学能变 $\Delta_r U_m$，即

$$\Delta_r H_m = \frac{\Delta_r H}{\xi}$$

$$\Delta_r U_m = \frac{\Delta_r U}{\xi}$$

$\Delta_r H_m$、$\Delta_r U_m$ 分别表示按所给化学计量方程式完成一个单位化学反应的焓变或热力学能变。

反应进度的引入，不仅对反应热计算甚为重要，更主要的是可以用反应系统中任一物质的物质的量变化来表示反应进行的程度，因此在后面讨论化学平衡和反应速率时还会用到。

二、热化学方程式和标准态

（一）热化学方程式

同时标明热效应 $\Delta_r H_m$（或 $\Delta_r U_m$）值及物质的聚集状态、温度和压力的化学反应方程式称为热化学方程式。通常用 g、l 和 s 表示气态、液态和固态。若固态的晶型不同，还应注明晶型，如 C（石墨）、C（金刚石）。若未注明温度和压力，则是指温度为 298.15K，压力为 100kPa。例如在 298.15K 和 100kPa 下，下列反应的热化学方程式为

（1）$N_2(g) + 3H_2(g) \longrightarrow 2NH_3(g)$　　　　$\Delta_r H_m = -92.22\,kJ/mol$

（2）$\frac{1}{2}N_2(g) + \frac{3}{2}H_2(g) \longrightarrow NH_3(g)$　　　$\Delta_r H_m = -46.11\,kJ/mol$

（3）$H_2(g) + I_2(s) \longrightarrow 2HI(g)$　　　　　$\Delta_r H_m = 53.0\,kJ/mol$

（4）$2HI(g) \longrightarrow H_2(g) + I_2(s)$　　　　　$\Delta_r H_m = -53.0\,kJ/mol$

（5）$H_2(g) + I_2(g) \longrightarrow 2HI(g)$　　　　　$\Delta_r H_m = -9.441\,kJ/mol$

由上述各例可见，当物质的状态、反应方程式进行的方向和化学计量数等不同时，热效应 $\Delta_r H_m$ 的数值和符号也不相同。

对于溶液中进行的反应，例如

$$HCl(aq, \infty) + NaOH(aq, \infty) \longrightarrow NaCl(aq, \infty) + H_2O(l)$$

$$\Delta_r H_m = -57.32\,kJ/mol$$

式中 aq 表示水溶液，∞ 表示为无限稀释的溶液。

（二）物质的标准态

在不同的反应系统中，由于物质组成不同，分子间作用力不同，同一物质的某热力学函数（如焓

等)可能有不同数值。为此,热力学规定了物质的标准态,以便比较和计算。

各物质的标准态分别为:

纯固体和纯液体的标准态为指定温度 T 时,压力为 $p^{\ominus}=100\text{kPa}$ 下的纯固体和纯液体;气态物质的标准态为在指定 T 下,压力为 $p^{\ominus}=100\text{kPa}$ 时具有理想气体性质的纯气体。右上角标"$\ominus$"表示标准态。

在标准压力 $p^{\ominus}$(100kPa)和指定温度下,各参加反应物质均为标准态时的热效应称为反应的标准热效应,以 $\Delta_r H_m^{\ominus}$ 表示。因此,298.15K 和标准状态下,$N_2(g)$ 和 $H_2(g)$ 反应生成氨 $NH_3(g)$ 的热化学方程式为

$$N_2(g)+3H_2(g)\longrightarrow 2NH_3(g)\quad \Delta_r H_m^{\ominus}=-92.22\text{kJ/mol}$$

三、化学反应的 $\Delta_r H_m$ 和 $\Delta_r U_m$ 的关系

大多数化学反应的热效应是在绝热的量热计中测定出来的。其基本原理是先将装有反应物的反应器放入绝热的水浴中,待反应发生后,精确测定出反应前后水温的变化,再根据水的量及其他有关容器的热容等即可求得反应的热效应。量热计测得的是等容热效应 Q_V,而化学反应大多是在等压下进行的,因此需要知道 Q_V 与 Q_p 之间的关系。

设某等温化学反应分别在等压和等容条件下进行,过程如下

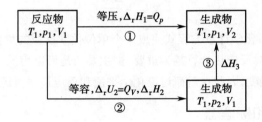

等容反应②与等压反应①的产物虽然相同,但产物的状态不同(即 p、V 不同)。等容反应②的产物的状态,再经途径③即可达到等压反应①的产物的状态。

因为焓是状态函数,所以

$$\Delta_r H_1 = \Delta_r H_2 + \Delta H_3 = \Delta_r U_2 + \Delta(pV)_2 + \Delta H_3$$

对于反应系统中的固态与液态物质,由于其体积与气体组分相比要小得多,且反应前后的体积变化很小,因此其 $\Delta(pV)$ 可忽略不计,只需考虑气体组分的 pV 之差。若假设气体可视为理想气体,则

$$\Delta(pV)_2 = p_2 V_1 - p_1 V_1 = n_p R T_1 - n_r R T_1 = (\Delta n) R T_1$$

n_p、n_r 分别为该反应中气体产物及气体反应物的物质的量,Δn 即为气体产物与气体反应物的物质的量之差值。

对于理想气体,焓仅是温度的函数,故恒温过程③的 $\Delta H_3 = 0$。若产物为固态与液态物质,ΔH_3 一般不为零,但其数值与化学反应的 $\Delta_r H_2$ 相比要小得多,一般可忽略不计,因此

$$\Delta_r H_1 = \Delta_r U_2 + (\Delta n) R T$$

即

$$Q_p = Q_V + (\Delta n) R T \qquad\qquad 式(1\text{-}36)$$

反应热的测量（拓展阅读）

四、赫斯定律

1840 年,赫斯(Hess)在总结大量实验结果的基础上提出了赫斯定律(Hess's law):一个化学反应不论是一步完成还是分几步完成,其热效应总是相同的。这就是说,化学反应的热效应只与反应的始、终态有关,而与反应所经历的途径无关。实验表明,赫斯定律只是对非体积功为零条件下的等容反应或等压反应才严格成立。

赫斯定律实际上是热力学第一定律的必然结果。因为在非体积功为零的条件下,对于等容反应,$\Delta U = Q_V$,对于等压反应,$\Delta H = Q_p$。而热力学能 U 和焓 H 都是状态函数,因此,任一化学反应,不论其反应途径如何,只要始、终态相同,则 ΔU 和 ΔH 必定相同,亦即 Q_V 和 Q_p 与反应的途径无关。

赫斯定律是热化学的基本定律。根据赫斯定律,可以使热化学方程式像普通代数方程式那样进行运算,从已知的一些化学反应的热效应来间接求得那些难以测准或无法测量的化学反应的热效应。

例题 1-9 碳和氧生成一氧化碳的反应热不能由实验直接测得,因为产物中不可避免地会含有二氧化碳,若已知

(1) $C(s) + O_2(g) \longrightarrow CO_2(g)$ $\qquad \Delta_r H_m^{\ominus}(1) = -393.3 \text{kJ/mol}$

(2) $CO(g) + \dfrac{1}{2}O_2(g) \longrightarrow CO_2(g)$ $\qquad \Delta_r H_m^{\ominus}(2) = -282.8 \text{kJ/mol}$

求反应(3)$C(s) + \dfrac{1}{2}O_2(g) \longrightarrow CO(g)$ 的 $\Delta_r H_m^{\ominus}$。

解: 因为反应(1)-反应(2)即得反应(3)

$$C(s) + \frac{1}{2}O_2(g) \longrightarrow CO(g)$$

所以

$$\Delta_r H_m^{\ominus}(3) = \Delta_r H_m^{\ominus}(1) - \Delta_r H_m^{\ominus}(2)$$
$$= -393.3 - (-282.8) = -110.5 \text{kJ/mol}$$

第八节 几种热效应

一、标准摩尔生成焓

等温等压下化学反应的热效应 $\Delta_r H$ 等于生成物焓的总和减去反应物焓的总和,即
$$Q_p = \Delta_r H = (\sum H)_{产物} - (\sum H)_{反应物}$$
若能知道参加反应的各个物质焓的绝对值,就可利用上式方便地求得等温等压下任意化学反应的热效应。但如前所述,物质的焓的绝对值无法求得。为此,人们采用了一个相对标准,规定在指定温度 T、标准压力 $p^{\ominus}$ 下,由最稳定的单质生成标准状态下 1mol 化合物的焓变称为该化合物在此温度下的标准摩尔生成焓(standard molar enthalpy of formation),用 $\Delta_f H_m^{\ominus}$ 表示。

定义中的最稳定单质是指在标准压力 $p^{\ominus}$ 及指定温度 T 下最稳定形态的物质,例如,碳的最稳定形态是石墨而不是金刚石。根据上述定义,规定最稳定单质在指定温度 T 时,其标准摩尔生成焓为零,即 $H_m^{\ominus}$(最稳定单质,$p^{\ominus}$) = 0。

例如,在 298.15K 时下列反应
$$\frac{1}{2}H_2(g, p^{\ominus}) + \frac{1}{2}Cl_2(g, p^{\ominus}) \longrightarrow HCl(g, p^{\ominus})$$
$$\Delta_r H_m^{\ominus} = -92.31 \text{kJ/mol}$$

显然,在 298.15K 时 $HCl(g)$ 的标准摩尔生成焓 $\Delta_f H_m^{\ominus} = -92.31 \text{kJ/mol}$。可见,一个化合物的生成焓并不是这个化合物的焓的绝对值,而是相对于合成它的稳定单质的相对焓。

一些物质在 298.15K 时的标准摩尔生成焓见附录 2。

由物质的标准摩尔生成焓,可以方便地计算在标准状态下的化学反应的热效应。

例如,对于某化学反应可设计成

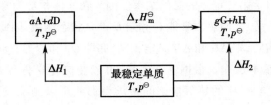

因为焓是状态函数,所以

$$\Delta H_1 + \Delta_r H_m^{\ominus} = \Delta H_2$$

则

$$\Delta_r H_m^{\ominus} = \Delta H_2 - \Delta H_1 \qquad 式(1-37)$$

其中

$$\Delta H_1 = a\Delta_f H_m^{\ominus}(A) + d\Delta_f H_m^{\ominus}(D) = \sum_B (r_B \Delta_f H_m^{\ominus})_{反应物}$$

$$\Delta H_2 = g\Delta_f H_m^{\ominus}(G) + h\Delta_f H_m^{\ominus}(H) = \sum_B (p_B \Delta_f H_m^{\ominus})_{产物}$$

代入式(1-37)得

$$\Delta_r H_m^{\ominus} = \sum_B (p_B \Delta_f H_m^{\ominus})_{产物} - \sum_B (r_B \Delta_f H_m^{\ominus})_{反应物}$$

$$= \sum_B \nu_B \Delta_f H_m^{\ominus}(B) \qquad 式(1-38)$$

式(1-38)中,p_B 和 r_B 分别表示产物和反应物在化学计量方程式中的计量系数,均为正值。ν_B 与前述一致,对反应物为负,对产物为正。可见,任一反应的标准摩尔焓变(等压反应热)等于产物的标准摩尔生成焓总和减去反应物的标准摩尔生成焓总和。

二、标准摩尔燃烧焓

绝大部分的有机化合物不能由稳定单质直接合成,故其标准摩尔生成焓无法直接测得。但有机化合物容易燃烧,由实验可测得其燃烧过程的热效应。人们规定:在标准压力 $p^{\ominus}$ 和指定温度 T 下,1mol 物质完全燃烧的恒压热效应称为该物质的标准摩尔燃烧焓(standard molar enthalpy of combustion),用 $\Delta_c H_m^{\ominus}$ 表示。

定义中的完全燃烧是指燃烧后产物处于最稳定的聚集状态,如化合物中的 C 变为 $CO_2(g)$,H 变为 $H_2O(l)$,N 变为 $N_2(g)$,S 变为 $SO_2(g)$,Cl 变为 $HCl(aq)$ 等。根据上述定义,这些完全燃烧的产物的标准摩尔燃烧焓为零。例如,在 298.15K 及 $p^{\ominus}$ 时,反应

$$CH_3COOH(l) + 2O_2(g) \longrightarrow 2CO_2(g) + 2H_2O(l)$$

$$\Delta_r H_m^{\ominus} = -870.3 kJ/mol$$

显然,该反应的标准摩尔焓变就是 $CH_3COOH(l)$ 的标准摩尔燃烧焓,即 $\Delta_c H_m^{\ominus} = -870.3 kJ/mol$。

一些物质在 298.15K 时的标准摩尔燃烧焓见附录3。

从已知物质的燃烧焓可以求得化学反应的热效应。对某化学反应可设计成

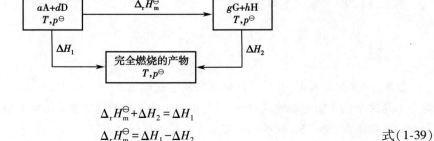

显然

$$\Delta_r H_m^{\ominus} + \Delta H_2 = \Delta H_1$$

所以

$$\Delta_r H_m^{\ominus} = \Delta H_1 - \Delta H_2 \qquad 式(1-39)$$

而

$$\Delta H_1 = \sum_B (r_B \Delta_c H_m^{\ominus})_{反应物}$$

$$\Delta H_2 = \sum_B (p_B \Delta_c H_m^{\ominus})_{产物}$$

代入式(1-39)得

$$\Delta_r H_m^{\ominus} = \sum_B (r_B \Delta_c H_m^{\ominus})_{反应物} - \sum_B (p_B \Delta_c H_m^{\ominus})_{产物}$$

$$= -\sum_B \nu_B \Delta_c H_m^{\ominus}(B) \qquad\qquad 式(1-40)$$

可见,任一反应的热效应等于反应物的标准摩尔燃烧焓总和减去产物的标准摩尔燃烧焓总和。

例题 1-10 在 298.15K 及 $p^{\ominus}$ 时,环丙烷 C_3H_6、C(石墨)和 $H_2(g)$ 的标准摩尔燃烧焓分别为 $-2\,092kJ/mol$、$-393.5kJ/mol$ 和 $-285.8kJ/mol$,若已知丙烯在 298.15K 时的 $\Delta_f H_m^{\ominus} = 20.5kJ/mol$,试分别求算

(1) 298.15K 时,环丙烷的 $\Delta_f H_m^{\ominus}$。

(2) 298.15K 时,环丙烷异构为丙烯反应的 $\Delta_r H_m^{\ominus}$。

解:(1)环丙烷的生成反应为

$$3C(石墨, p^{\ominus}) + 3H_2(g, p^{\ominus}) \longrightarrow C_3H_6(环丙烷, p^{\ominus})$$

$$\Delta_r H_m^{\ominus} = \Delta_f H_m^{\ominus}(C_3H_6) = -\sum_B \nu_B \Delta_c H_m^{\ominus}(B)$$

$$= -[(-3)\times(-393.5) + (-3)\times(-285.8) + 1\times(-2\,092)]$$

$$= 54.1kJ/mol$$

(2)环丙烷异构为丙烯的反应为

$$C_3H_6(环丙烷) \longrightarrow CH_3-CH=CH_2$$

$$\Delta_r H_m^{\ominus} = \sum_B \nu_B \Delta_f H_m^{\ominus}(B)$$

$$= 1\times20.5 + (-1)\times54.1 = -33.6kJ/mol$$

燃烧焓是有机燃料品质好坏的一个重要标志。另外,蛋白质、脂肪、淀粉和糖等都可作为生物体的能源,这些物质的燃烧焓在营养学的研究中也是重要的数据。

案例分析

人体肌肉活动的反应

人体激烈运动时,肌肉收缩产生大量乳酸。乳酸进入肝后,先氧化成丙酮酸,然后经过糖异生作用转变为葡萄糖。葡萄糖释入血液后又可被肌肉摄取,构成乳酸循环。丙酮酸在乳酸循环中通过乙酰 CoA 和三羧酸循环可实现体内糖、脂肪和氨基酸间的互相转化,其在人体三大营养物质的代谢联系中起着重要的枢纽作用。乳酸氧化成丙酮酸是人体肌肉活动的一个重要反应,已知乳酸(固)和丙酮酸在生理温度 310K(37℃)时的燃烧热分别为 $-1\,364kJ/mol$ 和 $-1\,168kJ/mol$。

问题:试问 1mol 乳酸氧化成丙酮酸吸收多少热?

分析:乳酸氧化成丙酮酸的反应为:

$$CH_3CHOHCOOH(s) + \frac{1}{2}O_2(g) = CHCOCOOH + H_2O(l)$$

$$\Delta H = -1\,168 - (-1\,364) = 196kJ$$

三、键焓

一切化学反应都可归结为化学键的旧键断裂和新键形成,并伴有能量的变化,从而产生化学反应的热效应。因此,原则上只要知道化学键的键能和反应中化学键的变化情况,就能算出化学反应的热

效应。遗憾的是,目前为止,有关键能的数据既不完善也不精确。为此,通常采用键焓的方法来估算反应的热效应(焓变)$\Delta_r H_m$。

键能与键焓不同,某个键的键能是指断裂气态化合物中某个具体的键生成气态原子所需的能量,而某个键的键焓则是各种化合物中该键键能的平均值。例如从光谱数据可知

$$H_2O(g) \longrightarrow H(g) + OH(g) \qquad \Delta_r H_m^\ominus(298.15K) = 502.1kJ/mol$$

$$OH(g) \longrightarrow H(g) + O(g) \qquad \Delta_r H_m^\ominus(298.15K) = 423.4kJ/mol$$

可见,在 $H_2O(g)$ 中,断裂第一个 H—O 键与断裂第二个 H—O 键的键能是不同的。若用 $\Delta_b H_m^\ominus(AB)$ 表示 A—B 键的键焓,而根据键焓的定义,H—O 键的键焓为

$$\Delta_b H_m^\ominus(OH) = \frac{502.1 + 423.4}{2} = 462.8kJ/mol$$

一些常见键在 298.15K 的键焓数据可从手册中查得。

显然,任一化学反应的热效应等于反应物的总键焓减去产物的总键焓,即

$$\Delta_r H_m^\ominus = \sum (\Delta_b H_m^\ominus)_{反应物} - \sum (\Delta_b H_m^\ominus)_{产物}$$

由于在化学反应中许多键在反应前后并没有发生变化,因此只需考虑发生变化的化学键的键焓,即

$$\Delta_r H_m^\ominus = \sum (\Delta_b H_m^\ominus)_{断裂} - \sum (\Delta_b H_m^\ominus)_{形成}$$

还需指出,用键焓估算反应热虽不够准确,但在缺乏热力学实验数据的情况下,它可作为一种初步估算的方法。

四、离子的标准摩尔生成焓

对于有离子参加的化学反应,若能知道每种离子的摩尔生成焓,则可计算出这类反应的热效应。由于溶液是电中性的,正负离子总是同时存在,因而无法直接测得一种离子的摩尔生成焓。为此,必须建立一个相对标准,通常规定 H^+ 在无限稀释时的标准摩尔生成焓为零,即

$$\frac{1}{2}H_2(g) \longrightarrow H^+(\infty, aq) + e$$

$$\Delta_f H_m^\ominus(H^+, aq, \infty) = 0$$

由此可求得其他各种离子在无限稀释时的标准摩尔生成焓。

例题 1-11 已知 298.15K,100kPa 时的化学反应

(1) $HCl(g) \xrightarrow{H_2O} H^+(aq, \infty) + Cl^-(aq, \infty)$

　　　$\Delta_r H_m^\ominus = -75.14kJ/mol$

(2) $\frac{1}{2}Cl_2(g) + \frac{1}{2}H_2(g) \longrightarrow HCl(g)$

　　　$\Delta_r H_m^\ominus = -92.30kJ/mol$

求 Cl^- 在无限稀释时的标准摩尔生成焓。

解:因为反应(1)+反应(2)可得

$$\frac{1}{2}Cl_2(g) + \frac{1}{2}H_2(g) \longrightarrow H^+(aq, \infty) + Cl^-(aq, \infty)$$

所以　　　　　　　　$\Delta_r H_m^\ominus = -75.14 - 92.30 = -167.44kJ/mol$

而　　$\Delta_r H_m^\ominus = \Delta_f H_m^\ominus(H^+, aq, \infty) + \Delta_f H_m^\ominus(Cl^-, aq, \infty) - \frac{1}{2}\Delta_f H_m^\ominus(Cl_2, g) - \frac{1}{2}\Delta_f H_m^\ominus(H_2, g)$

　　　　　　$= 0 + \Delta_f H_m^\ominus(Cl^-, aq, \infty) - 0 - 0$

所以

$$\Delta_f H_m^\ominus(Cl^-, aq, \infty) = -167.44kJ/mol$$

同理可求得其他各种离子的标准摩尔生成焓。一些离子的标准摩尔生成焓可从热力学手册中查得。

五、溶解焓和稀释焓

（一）溶解焓

在等温等压下，一定量的物质溶于一定量的溶剂中所产生的热效应称为该物质的溶解焓，它是破坏溶质晶格的晶格能、电离能及溶剂化热等的总和。

溶解焓又分为积分溶解焓和微分溶解焓。在等温等压且非体积功为零条件下，将 n_B 摩尔的溶质 B 溶于一定量的溶剂中形成一定浓度的溶液，若整个过程的焓变为 $\Delta_{isol}H$，则该溶质形成该浓度溶液时的摩尔积分溶解焓（integral molar enthalpy of solution）定义为

$$\Delta_{isol}H_m = \frac{\Delta_{isol}H}{n_B} \qquad 式（1-41）$$

即为 1mol 溶质形成一定浓度溶液的溶解焓。摩尔积分溶解焓不但与溶质、溶剂的种类及溶液的浓度有关，而且还与系统所处的温度和压力有关，如不注明通常指 298.15K 和 100kPa。一些物质在不同浓度的 $\Delta_{isol}H_m$ 可由手册中查得。

若在等温等压及一定浓度的溶液中，再加入 dn_B 摩尔的溶质 B 所产生的微量热效应为 dH（或 δQ_p），则溶质 B 在该浓度的摩尔微分溶解焓（differential molar enthalpy of solution）定义为

$$\Delta_{dsol}H_m = \left(\frac{\partial H}{\partial n_B}\right)_{T,p,n_A} = \left(\frac{\delta Q_p}{\partial n_B}\right)_{T,p,n_A} \qquad 式（1-42）$$

式中，下标 n_A 表示溶剂的物质的量保持恒定。

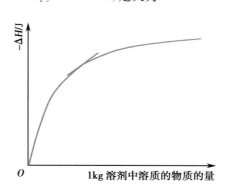

由于再加入溶质的量 dn_B 很少，溶液的浓度可视为不变，所以摩尔微分溶解焓亦可理解为在无限、大量的一定浓度的溶液中，再加入 1mol 溶质所产生的热效应。

摩尔微分溶解焓不能用量热法测定。根据式（1-42），为获得摩尔微分溶解焓，可测定不同数量的溶质在一定量的溶剂中的积分溶解焓，再绘制图 1-9，曲线上某点的斜率即为该浓度的摩尔微分溶解焓。

图 1-9 积分溶解焓和微分溶解焓

（二）稀释焓

稀释焓也可分为积分稀释焓和微分稀释焓。在等温等压下，将一定量的溶剂加到一定浓度的溶液中，使之稀释成另一浓度的溶液时所产生的热效应称为积分稀释焓（integral enthalpy of dilution），用 $\Delta_{idil}H$ 表示，若上述溶液所含溶质的物质的量为 n_B，则摩尔积分稀释焓定义为

$$\Delta_{idil}H_m = \frac{\Delta_{idil}H}{n_A} \qquad 式（1-43）$$

显然，从积分溶解焓可以求得积分稀释焓，例如，从浓度 1 到浓度 2 的摩尔积分稀释焓为

$$\Delta_{idil}H_m = \Delta_{isol}H_m（浓度 2）-\Delta_{isol}H_m（浓度 1） \qquad 式（1-44）$$

即摩尔积分稀释焓为稀释后与稀释前的摩尔积分溶解焓之差。

在等温等压及一定浓度的溶液中，再加入 dn_A 摩尔的溶剂产生 δQ 的热效应时，则摩尔微分稀释焓定义为

$$\Delta_{ddil}H_m = \left(\frac{\delta Q}{dn_A}\right)_{T,p,n_B} = \left(\frac{\partial H}{\partial n_A}\right)_{T,p,n_B} \qquad 式（1-45）$$

由于再加入的溶剂的量 dn_A 很少，溶液浓度可视为不变，所以摩尔微分稀释焓可理解为在无限大量的一定浓度的溶液中再加入 1mol 溶剂时产生的热效应。同理，摩尔微分稀释焓也须采取间接方法

求得,即先测定一定量的溶质在不同数量的溶剂中的积分溶解焓 ΔH,再以 ΔH 对 n_A 作图,曲线上某点的斜率即为该浓度的摩尔微分稀释焓。

六、反应热效应与温度的关系

一般从热力学手册上查得的是 298.15K 时的数据,依据这些数据可计算 298.15K 的化学反应热效应。然而绝大多数化学反应并非在 298.15K 下进行,因此要利用 298.15K 时化学反应的热效应计算任意温度下的热效应,必须知道反应热效应与温度的关系。

在等压条件下,若已知下列化学反应在 T_1 时的反应热效应为 $\Delta_r H_m(T_1)$,则该反应在 T_2 时的反应热效应 $\Delta_r H_m(T_2)$ 可用下述方法求得

$$aA+dD \xrightarrow[T_2]{\Delta_r H_m(T_2)} gG+hH$$

$$\downarrow \Delta H_1 \qquad \uparrow \Delta H_2$$

$$aA+dD \xrightarrow[T_1]{\Delta_r H_m(T_1)} gG+hH$$

若反应物和产物由 T_1 变到 T_2 时无相变化,则

$$\Delta H_1 = \int_{T_2}^{T_1} \left[aC_{p,m}(A)+dC_{p,m}(D) \right] \mathrm{d}T = \int_{T_2}^{T_1} \sum (C_p)_{反应物} \mathrm{d}T$$

$$\Delta H_2 = \int_{T_1}^{T_2} \left[gC_{p,m}(G)+hC_{p,m}(H) \right] \mathrm{d}T = \int_{T_1}^{T_2} \sum (C_p)_{产物} \mathrm{d}T$$

H 是状态函数,所以

$$\Delta_r H_m(T_2) = \Delta H_1 + \Delta_r H_m(T_1) + \Delta H_2$$

$$= \Delta_r H_m(T_1) + \int_{T_1}^{T_2} \left[\sum (C_p)_{产物} - \sum (C_p)_{反应物} \right] \mathrm{d}T \qquad 式(1\text{-}46)$$

$$= \Delta_r H_m(T_1) + \int_{T_1}^{T_2} \Delta C_p \mathrm{d}T$$

式中,ΔC_p 为产物等压热容总和与反应物等压热容总和之差,即

$$\Delta C_p = \left[gC_{p,m}(G)+hC_{p,m}(H) \right] - \left[aC_{p,m}(A)+dC_{p,m}(D) \right]$$

$$= \sum_B \nu_B C_{p,m}(B)$$

根据热容的定义也可直接导出式(1-46)。已知

$$\left(\frac{\partial H}{\partial T} \right)_p = C_p$$

则

$$\left(\frac{\partial \Delta H}{\partial T} \right)_p = \Delta C_p \qquad 式(1\text{-}47)$$

上式移项并积分后即可得到式(1-46)。式(1-46)和式(1-47)均称为基尔霍夫定律(Kirchhoff's law)。

显然,反应热效应随温度的变化是由于反应物与产物的热容不同所致。若 $\Delta C_p = 0$,则反应热不随温度而变;若 $\Delta C_p > 0$,则当温度升高时,反应热将增大;若 $\Delta C_p < 0$,则当温度升高时,反应热将减小。

若温度变化范围不大时,可将 ΔC_p 视为常数,则式(1-46)可写成

$$\Delta_r H_m(T_2) = \Delta_r H_m(T_1) + \Delta C_p(T_2 - T_1) \qquad 式(1\text{-}48)$$

此时各物质的 C_p 为 $T_1 \sim T_2$ 温度范围内的平均等压热容。

若反应物和产物的等压热容与温度有关,其函数关系式为

$$C_{p,m} = a + bT + cT^2$$

则
$$\Delta C_p = \Delta a + \Delta b T + \Delta c T^2 \qquad \text{式(1-49)}$$

式中
$$\Delta a = \sum_B \nu_B a(B)$$

$$\Delta b = \sum_B \nu_B b(B)$$

$$\Delta c = \sum_B \nu_B c(B)$$

将式(1-49)代入式(1-46)积分可得

$$\Delta_r H_m(T_2) = \Delta_r H_m(T_1) + \Delta a(T_2 - T_1) + \frac{1}{2}\Delta b(T_2^2 - T_1^2) + \frac{1}{3}\Delta c(T_2^3 - T_1^3) \qquad \text{式(1-50)}$$

若在 $T_1 \sim T_2$ 范围内,反应物或产物有相变化,由于 $C_{p,m}$ 与 T 的关系是不连续的,因而必须在相变化前后进行分段积分,并加上相变潜热。

例题 1-12　葡萄糖在细胞呼吸中的氧化作用如下列反应

$$C_6H_{12}O_6(s) + 6O_2(g) \longrightarrow 6H_2O(l) + 6CO_2(g)$$

已知在 298K 时,$O_2(g)$、$CO_2(g)$、$H_2O(l)$、$C_6H_{12}O_6(s)$ 的 $C_{p,m}^{\ominus}$ 分别为 29.36J/(mol·K)、37.13J/(mol·K)、75.30J/(mol·K)和218.9J/(mol·K),该反应的 $\Delta_r H_m^{\ominus}(298K) = -2\,801.71$kJ/mol。假设各物质的 $C_{p,m}^{\ominus}$ 在 298~310K 温度范围内不变,求在生理温度310K时该反应的热效应。

解：
$$\Delta C_p^{\ominus} = \sum_B \nu_B C_{p,m}^{\ominus}(B)$$
$$= 6 \times 75.30 + 6 \times 37.13 - 218.9 - 6 \times 29.36$$
$$= 279.52 \text{J/(mol·K)}$$

$$\Delta_r H_m^{\ominus}(310K) = \Delta_r H_m^{\ominus}(298K) + \int_{298}^{310} \Delta C_p^{\ominus} dT$$
$$= -2\,801.71 + 279.52 \times (310 - 298) \times 10^{-3}$$
$$= -2\,798.36 \text{kJ/mol}$$

例题 1-13　$H_2(g)$ 与 $Cl_2(g)$ 的反应如下

$$\frac{1}{2}H_2(g) + \frac{1}{2}Cl_2(g) \longrightarrow HCl(g)$$

已知该反应的 $\Delta_r H_m^{\ominus}(298K) = -92.31$kJ/mol

$$C_{p,m}^{\ominus}(H_2, g) = (26.88 + 4.35 \times 10^{-3}T - 0.327 \times 10^{-6}T^2) \text{J/(K·mol)}$$
$$C_{p,m}^{\ominus}(Cl_2, g) = (31.70 + 10.14 \times 10^{-3}T - 4.04 \times 10^{-6}T^2) \text{J/(K·mol)}$$
$$C_{p,m}^{\ominus}(HCl, g) = (28.17 - 1.81 \times 10^{-3}T + 1.55 \times 10^{-6}T^2) \text{J/(K·mol)}$$

求该反应在 1 273K 时的 $\Delta_r H_m^{\ominus}(1\,273K)$。

解： $\Delta a = 28.17 - 0.5 \times 26.88 - 0.5 \times 31.70 = -1.12$

$\Delta b = (-1.81 - 0.5 \times 4.35 - 0.5 \times 10.14) \times 10^{-3} = -9.06 \times 10^{-3}$

$\Delta c = [1.55 - 0.5 \times (-0.327) - 0.5 \times (-4.04)] \times 10^{-6} = 3.734 \times 10^{-6}$

将上述数据代入式(1-50)得

$$\Delta_r H_m^{\ominus}(1\,273K) = -92.31 \times 10^3 + (-1.12)(1\,273 - 298) + \frac{1}{2} \times (-9.06) \times 10^{-3}$$
$$\times (1\,273^2 - 298^2) + \frac{1}{3} \times 3.734 \times 10^{-6} \times (1\,273^3 - 298^3)$$
$$= -97\,803 \text{J/mol} = -97.803 \text{kJ/mol}$$

能量代谢与微量量热技术简介（拓展阅读）

本 章 小 结

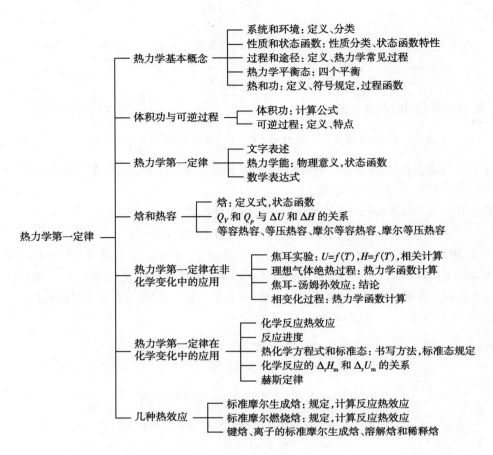

思 考 题

1. 化学上的可逆反应与热力学上的可逆过程有何区别？研究热力学可逆过程有何意义？

2. 一隔板将一刚性绝热容器分为左右两侧,左室气体的压力大于右室气体的压力。现将隔板抽去,左、右气体的压力达到平衡。若以全部气体作为系统,则 ΔU、Q、W 为正？为负？或为零？

3. 若系统经下列变化过程,则 Q、W、$Q+W$ 和 ΔU 各量是否已完全确定？为什么？

（1）使一封闭系统由某一始态经不同途径变到某一终态。

（2）若在绝热的条件下使系统从某一始态变到某一终态。

4. 某一化学反应,若在等温等压下进行,放热 Q_1,焓变为 ΔH_1;若使该反应通过可逆电池来完成,则放热 Q_2,焓变为 ΔH_2,试判断 Q_1 和 Q_2、ΔH_1 和 ΔH_2 是否相同？

5. 在 101.325kPa、373K 下水向真空蒸发成 101.325kPa、373K 的水蒸气(此过程环境温度保持不变)。下述两个结论是否正确？

（1）设水蒸气可以视为理想气体,因为此过程为等温过程,所以 $\Delta U=0$。

（2）此过程 $\Delta H=\Delta U+p\Delta V$,由于向真空汽化,$W=-p\Delta V=0$,所以此过程 $\Delta H=\Delta U$。

6. "在搅拌器中搅拌一定量的液体水,恒压下使其温度升高,则该过程的 $Q_p=\Delta H$"这个结论是否正确？为什么？

7. 夏天打开室内正在运行中的电冰箱的门,若紧闭门窗(设门窗及墙壁均不传热),能否使室内温度降低？为什么？

8. 在 373.15K 和 101.325kPa 下,1mol 水等温蒸发为水蒸气(假设水蒸气为理想气体)。因为此过程中系统的温度不变,所以 $\Delta U=0$,$Q_p=\int C_p\mathrm{d}T=0$。这一结论是否正确? 为什么?

9. 将 Zn 与稀 H_2SO_4 作用,(1) 在开口瓶中进行;(2) 在闭口瓶中进行。何者放热较多? 为什么?

10. 热核反应及原子蜕变反应可否用"产物生成焓总和减去反应物生成焓总和"的方法来求热效应? 为什么?

习　　题

1. (1) 若某系统从环境接受了 160kJ 的功,热力学能增加了 200kJ,则系统将吸收或是放出多少热量? (2) 如果某系统在膨胀过程中对环境做了 100kJ 的功,同时系统吸收了 260kJ 的热,则系统热力学能变化为多少?

2. 试证明 1mol 理想气体在等压下升温 1K 时,气体与环境交换的功等于摩尔气体常数 R。

3. 已知冰和水的密度分别为 $0.92\times10^3\mathrm{kg/m^3}$ 和 $1.0\times10^3\mathrm{kg/m^3}$,现有 1mol 的水发生如下变化:

(1) 在 373.15K、101.325kPa 下蒸发为水蒸气,且水蒸气可视为理想气体。

(2) 在 273.15K、101.325kPa 下变为冰。

试求上述过程系统所做的体积功。

4. 设某 $60\mathrm{m^3}$ 房间内装有一空调,室温为 288K。今在 100kPa 下要将温度升高到 298K,试求需要提供多少热量? 假设其平均热容 $C_{p,m}=29.30\mathrm{J/(mol \cdot K)}$,空气为理想气体,墙壁为绝热壁。

5. 1mol 理想气体从 373.15K、$0.025\mathrm{m^3}$ 经下述 4 个过程变为 373.15K、$0.1\mathrm{m^3}$:

(1) 向真空膨胀。

(2) 恒外压为终态压力下膨胀。

(3) 等温下,先在外压恒定为气体体积等于 $0.05\mathrm{m^3}$ 的压力下膨胀至 $0.05\mathrm{m^3}$ 后,再在恒定外压等于终态压力下膨胀至 $0.1\mathrm{m^3}$。

(4) 等温可逆膨胀。

求上述过程系统所做的体积功,并比较结果,说明什么?

6. 在一个带有无重量无摩擦活塞的绝热圆筒内充入理想气体,圆筒内壁上绕有电炉丝。通电时气体缓慢膨胀,设为等压过程。若(1) 选理想气体为系统;(2) 选电阻丝和理想气体为系统。两过程的 Q、ΔH 分别是等于、小于还是大于零?

7. 分别判断下列各过程中的 Q、W、ΔU 和 ΔH 为正、为负还是为零?

(1) 理想气体自由膨胀。

(2) 理想气体等温可逆膨胀。

(3) 理想气体节流膨胀。

(4) 理想气体绝热、反抗恒外压膨胀。

(5) 水蒸气通过蒸汽机对外做出一定量的功之后恢复原态,以水蒸气为系统。

(6) 水($101\,325\mathrm{Pa}$,273.15K)──→冰($101\,325\mathrm{Pa}$,273.15K)。

(7) 在充满氧的定容绝热反应器中,石墨剧烈燃烧,以反应器及其中所有物质为系统。

8. 已知 $H_2(g)$ 的 $C_{p,m}=(29.07-0.836\times10^{-3}T+2.01\times10^{-6}T^2)\mathrm{J/(K \cdot mol)}$,现将 1mol 的 $H_2(g)$ 从 300K 升至 1 000K,试求:

(1) 等压升温吸收的热及 $H_2(g)$ 的 ΔH。

(2) 等容升温吸收的热及 $H_2(g)$ 的 ΔU。

9. 在 273K 和 500kPa 条件下,2L 的双原子理想气体系统以下述两个过程等温膨胀至压力为

100kPa,求 Q、W、ΔU 和 ΔH。

（1）可逆膨胀。

（2）对抗恒外压 100kPa 膨胀。

10.（1）在 373K、101.325kPa 下，1mol 水全部蒸发为水蒸气，求此过程的 Q、W、ΔU 和 ΔH。已知水的汽化热为 40.7kJ/mol。（2）若在 373K、101.325kPa 下 1mol 水向真空蒸发，变成同温同压的水蒸气，上述各量又如何？（假设水蒸气可视为理想气体。）

11. 1mol 单原子理想气体，始态压力为 202.65kPa，体积为 11.2L，经过 pT＝常数的可逆压缩过程至终态压力为 405.3kPa，求：

（1）终态的体积与温度。

（2）系统的 ΔU 及 ΔH。

（3）该过程系统所做的功。

12. 某理想气体的 $C_{V,m}$＝20.92J/(K·mol)，现将 1mol 的该理想气体于 300K、100kPa 时受某恒外压等温压缩至平衡态，再将此平衡态等容升温至 370K，此时压力为 1 000kPa。求整个过程的 Q、W、ΔU 和 ΔH。

13. 1mol 单原子分子理想气体，在 273.2K、$1.0×10^5$Pa 时发生一变化过程，体积增大一倍，Q＝1 674J，ΔH＝2 092J。

（1）计算终态的温度、压力和此过程的 W、ΔU。

（2）若该气体经等温和等容两步可逆过程到达上述终态，试计算 Q、W、ΔU、ΔH。

14. 在温度为 273.15K 下，1mol 氩气从体积为 22.41L 膨胀至 50.00L，试求下列两种过程的 Q、W、ΔU、ΔH。已知氩气的等压摩尔热容 $C_{p,m}$＝20.79J/(mol·K)（氩气视为理想气体）。

（1）等温可逆过程。

（2）绝热可逆过程。

15. 某理想气体的 $C_{p,m}$＝28.8J/(K·mol)，其起始状态为 p_1＝303.99kPa，V_1＝1.43L，T_1＝298K。经一可逆绝热膨胀至 2.86L。求：

（1）终态的温度与压力。

（2）该过程的 ΔU 及 ΔH。

16. 今有 10L O_2 从 $2.0×10^5$Pa 经绝热可逆膨胀到 30L，试计算此过程的 Q、W、ΔU 及 ΔH。（假设 O_2 可视为理想气体。）

17. 证明

$$C_p - C_V = -\left(\frac{\partial p}{\partial T}\right)_V \left[\left(\frac{\partial H}{\partial p}\right)_T - V\right]$$

18. 设下列各反应均在 298K 和标准压力下进行，试比较下列各反应的 ΔU 和 ΔH 的大小。

（1）蔗糖（$C_{12}H_{22}O_{11}$）的完全燃烧。

（2）乙醇（C_2H_5OH）的完全燃烧。

（3）$C_6H_{12}O_6(s) \longrightarrow 2C_2H_5OH(l) + 2CO_2(g)$

19. 葡萄糖发酵反应如下

$$C_6H_{12}O_6(s) \longrightarrow 2C_2H_5OH(l) + 2CO_2(g)$$

已知 1mol 葡萄糖在 100kPa、298K 下产生 −67.8kJ 的等压反应热，试求该反应的热力学能变化 ΔU 为多少？

20. 298K 的 0.5g 正庚烷在等容条件下完全燃烧，使热容为 8 175.5J/K 的量热计温度上升了 2.94K，求正庚烷在 298K 完全燃烧的 ΔH。

21. 试求下列反应在 298K、100kPa 时的恒压热效应。

（1）$2H_2S(g) + SO_2(g) \longrightarrow 2H_2O(l) + 3S(斜方)$ $Q_V = -223.8kJ$

（2）$2C(石墨) + O_2(g) \longrightarrow 2CO(g)$ $Q_V = -231.3kJ$

（3）$H_2(g) + Cl_2(g) \longrightarrow 2HCl(g)$　　　　　　　　　　$Q_V = -184kJ$

22. 某反应系统，起始时含 10mol H_2 和 20mol O_2，在反应进行的 t 时刻，生成了 4mol 的 H_2O。请计算下述反应方程式的反应进度。

（1）$H_2 + \frac{1}{2}O_2 \longrightarrow H_2O$　　　　（2）$2H_2 + O_2 \longrightarrow 2H_2O$　　　　（3）$\frac{1}{2}H_2 + \frac{1}{4}O_2 \longrightarrow \frac{1}{2}H_2O$

23. 已知下列反应在 298K 时的热效应。

（1）$Na(s) + \frac{1}{2}Cl_2(g) \longrightarrow NaCl(s)$　　　　　　$\Delta_r H_m = -411kJ$

（2）$H_2(g) + S(s) + 2O_2(g) \longrightarrow H_2SO_4(l)$　　　$\Delta_r H_m = -811.3kJ$

（3）$2Na(s) + S(s) + 2O_2(g) \longrightarrow Na_2SO_4(s)$　　$\Delta_r H_m = -1\,383kJ$

（4）$\frac{1}{2}H_2(g) + \frac{1}{2}Cl_2(g) \longrightarrow HCl(g)$　　　　$\Delta_r H_m = -92.3kJ$

求反应 $2NaCl(s) + H_2SO_4(l) \longrightarrow Na_2SO_4(s) + 2HCl(g)$ 在 298K 的 $\Delta_r H_m$ 和 $\Delta_r U_m$。

24. 已知下述反应 298K 时的热效应。

（1）$C_6H_5COOH(l) + 7\frac{1}{2}O_2(g) \longrightarrow 7CO_2(g) + 3H_2O(l)$　　$\Delta_r H_m = -3\,230kJ$

（2）$C(s) + O_2(g) \longrightarrow CO_2(g)$　　　　　　　　　　　　$\Delta_r H_m = -394kJ$

（3）$H_2(g) + \frac{1}{2}O_2(g) \longrightarrow H_2O(l)$　　　　　　　　　$\Delta_r H_m = -286kJ$

求 $C_6H_5COOH(l)$ 的标准摩尔生成热 $\Delta_f H_m^{\ominus}$。

25. 在标准压力和温度 298K 下，测得葡萄糖和麦芽糖的燃烧热 $\Delta_c H_m^{\ominus}$ 为 $-2\,816kJ/mol$ 和 $-5\,648kJ/mol$。试求此条件下，0.018kg 葡萄糖按下列反应方程式转化为麦芽糖的焓变是多少？

$$2C_6H_{12}O_6(s) \longrightarrow C_{12}H_{22}O_{11}(s) + H_2O(l)$$

26. $KCl(s)$ 298.15K 时的溶解过程：

$$KCl(s) \longrightarrow K^+(aq, \infty) + Cl^-(aq, \infty)\quad \Delta_r H_m = 17.18kJ/mol$$

已知 $Cl^-(aq, \infty)$ 和 $KCl(s)$ 的摩尔生成焓分别为 $-167.44kJ/mol$ 和 $-435.87kJ/mol$，求 $K^+(aq, \infty)$ 的摩尔生成焓。

27. 在 298K 时 $H_2O(l)$ 的标准摩尔生成焓为 $-285.83kJ/mol$，已知在 298K 至 373K 的温度范围内 $H_2(g)$、$O_2(g)$ 及 $H_2O(l)$ 的 $C_{p,m}$ 分别为 $28.824J/(K \cdot mol)$、$29.355J/(K \cdot mol)$ 及 $75.291J/(K \cdot mol)$。求 373K 时 $H_2O(l)$ 的标准摩尔生成焓。

28. 反应 $N_2(g) + 3H_2(g) \Longrightarrow 2NH_3(g)$ 在 298K 时的 $\Delta_r H_m^{\ominus} = -92.88kJ/mol$，求此反应在 398K 时的 $\Delta_r H_m^{\ominus}$。已知：

$$C_{p,m}(N_2, g) = (26.98 + 5.912 \times 10^{-3}T - 3.376 \times 10^{-7}T^2)J/(K \cdot mol)$$

$$C_{p,m}(H_2, g) = (29.07 - 0.837 \times 10^{-3}T + 20.12 \times 10^{-7}T^2)J/(K \cdot mol)$$

$$C_{p,m}(NH_3, g) = (25.89 + 33.00 \times 10^{-3}T - 30.46 \times 10^{-7}T^2)J/(K \cdot mol)$$

目标测试

第二章

热力学第二定律

第二章
教学课件

热力学第一定律的本质是能量的守恒。自然界发生的所有过程无一例外地遵守热力学第一定律,但是,自然条件下遵守第一定律的过程并非都能发生。例如,热能自动地从高温物体传向低温物体,而其逆过程就不能自动进行,尽管该逆过程同样遵守热力学第一定律。对于上述简单的过程人们依据常识可以给出正确判断,但对于一个较为复杂的过程,如在一定温度下,对于 $C+O_2 \rightleftharpoons CO_2$ 和其逆反应 $CO_2 \rightleftharpoons C+O_2$,热力学第一定律可以告诉我们系统的热力学能变化分别为 ΔU 和 $-\Delta U$,却无法回答在指定条件下,反应是向生成 CO_2 的方向进行,还是向 CO_2 分解的方向进行,以及进行到什么程度。判断方向和确定程度的问题要由热力学第二定律来解决。

第一节 热力学第二定律概述

一、自发过程的特征

一定条件下,不需任何外力介入就能自动发生的过程称为*自发过程*(spontaneous process)。自然界发生着各种各样的自发过程,这些过程有着共同的特征。

1. 自发过程具有确定的方向和限度 如水自发地从高水位流向低水位,直至两处水位高度相等为止;气体自发地从高压区流向低压区,直至压力相等为止;热量自发地从高温物体传向低温物体,直至两物体温度相等为止;石墨燃烧产生二氧化碳并释放出热量。这些自发过程都具有确定的方向,而限度是在该条件下系统的平衡状态。

2. 自发过程具有不可逆性 上述过程的逆过程,不能自发完成,必须借助外力才能进行。例如,水从低水位不能自发地流向高水位,若想实现水的倒流就必须借助水泵,即环境对系统做功;理想气体向真空膨胀是一个自发过程,过程的 $Q=0$、$W=0$、$\Delta U=0$,经等温压缩可使膨胀后的气体恢复原状,但环境必须对气体做功 W,系统还给环境的不是功,而是等量的热 Q,环境是否也能恢复原状,取决于在不引起其他变化条件下,热能否全部转变为功。

热由高温物体流向低温物体也是自发过程,两物体温度相等后,通过制冷机可以迫使热反向流动,恢复两物体的温差,使系统复原。这种复原的代价是环境消耗了功,同时从系统得到了等量的热。

环境是否也能恢复原状,取决于在不引起其他变化的条件下,热能否全部转变为功。

事实上,所有自发过程是否热力学可逆,都可归结为"在不引起其他任何变化条件下热能否全部变为功"这样一个共同问题。人类经验告诉我们,功能全部转化为热,但在不引起任何变化条件下,热不能全部转变为功。例如,焦耳的热功当量实验(图 2-1),重物自动下降,带动搅拌片旋转,与水摩擦产生的热使水温升高,即机械能转变成等当量的热能。系统能否恢复原状,取决于在不引起任何变化条件下热能否全部转变为等当量的机械能,也就是水能否自动降温,重物能否自动升起。经验告诉我们,这样的过程永远不会自动发生。事

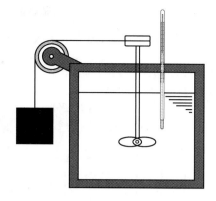

图 2-1 焦耳热功当量实验示意图

实证明,热与功的转化具有方向性,功可以自发地全部转变为热,但在不引起其他变化条件下热不能全部转变为功。要使热全部转变为功,必然引起其他变化。因此可以得出结论:一切自发过程都是不可逆过程。这是自发过程的共同特征,其本质是功与热转换的不可逆性。

3. 自发过程具有做功的能力　原则上一切自发过程都可以利用适当装置做功,过程进行中,其高度差、压力差、电势差和温度差等逐渐减小,直至到达平衡,丧失做功能力。

二、热力学第二定律的经典表述

热力学第二定律是人类在长期实践中,总结出来的关于自发过程的方向和限度的规律。热力学第二定律有多种表述方式,但各种表述方式都是等效的。其中最经典的是克劳修斯(Clausius)和开尔文(Kelvin)的两种表述。

克劳修斯表述:"热量由低温物体传给高温物体而不引起其他变化是不可能的"。就是说,如将热由低温物体取出传到高温物体,必定引起其他变化。制冷机就是将热由低温物体传至高温物体,但环境必须对系统做功,这便是热由低温物体传到高温物体所引起的变化。

开尔文表述:"从单一热源取热使之完全变为功,而不发生其他变化是不可能的"。也可表述为"第二类永动机是不可能造成的"。这种机器与不需外界供给热而能不断循环做功的第一类永动机不同,它是在不违反第一定律前提下设计出的一类机器,比如,它从大海等巨大单一热源取热并转化为功,这个机器做功后再将等量的热还给环境,从而实现永动。这种永动机存在的条件是从单一热源吸热而做出等量的功,同时又不引起其他变化,实践证明是不可能的。要使热全部转变为功,一定引起其他变化。这说明"功转变为热"与"热转变为功"不等价。自发过程伴随着系统做功本领的降低,能量蜕变成更分散、更无序的形式,即自发过程中总能量是恒定的,但能量的形式变化了,质量下降了,这就是自发过程方向的标志。

第二节　卡诺循环和卡诺定理

一、卡诺循环

将热能(热)转变为机械能(功)的装置称为热机(heat engine),自发过程的不可逆性与热能否全部转化为功而不引起其他变化相关。热机效率与热转变为功的限度密切相关。历史上,正是通过对热机效率的研究而得到在指定条件下,自发过程进行的方向和限度的判别标准。

1824 年,法国工程师卡诺(S.Carnot)研究热转变为功的规律,设计了由四步可逆过程构成的循环过程:①等温(T_2)可逆膨胀,由 A→B;②绝热可逆膨胀,由 B→C;③等温(T_1)可逆压缩,由 C→D;

④绝热可逆压缩,由 D→A,如图 2-2 所示。该循环过程称为卡诺循环(Carnot cycle)。由卡诺循环构成的热机为理想热机,称为卡诺热机,其具有热功转化的最大效率。

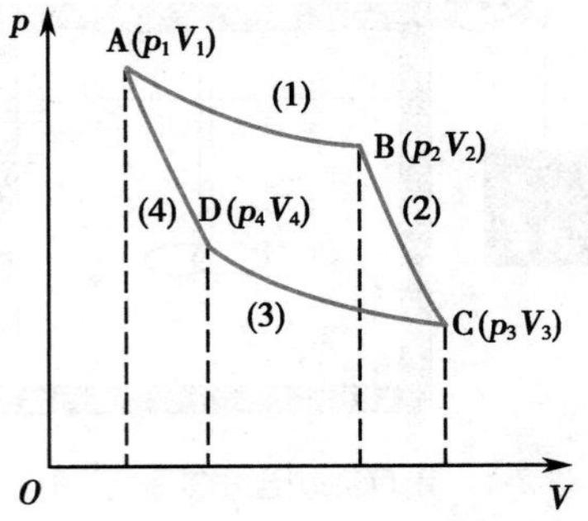

图 2-2　卡诺循环

若工作物质为 1mol 理想气体,现计算卡诺循环过程(图 2-2)中每一步的功和热,以求出卡诺热机的效率。

1. 等温可逆膨胀(A→B)　系统与高温热源(T_2)接触,由 p_1V_1 等温可逆膨胀到 p_2V_2,$\Delta U_1=0$,所做的功与从高温热源吸收的热数值相等。即

$$Q_2=-W_1,\qquad W_1=-\int_{V_1}^{V_2}p\mathrm{d}V=RT_2\ln\frac{V_1}{V_2}$$

W_1 相当于 AB 曲线下所围的面积。

2. 绝热可逆膨胀(B→C)　系统由 $p_2V_2T_2$ 绝热可逆膨胀到 $p_3V_3T_1$,温度降低。由于没有吸热,因此 $Q=0$,系统所做的功为

$$W_2=\Delta U_2=\int_{T_2}^{T_1}C_{V,\mathrm{m}}\mathrm{d}T$$

W_2 相当于 BC 曲线下所围的面积。

3. 等温可逆压缩(C→D)　系统与低温热源(T_1)接触,由 p_3V_3 等温可逆压缩到 p_4V_4,$\Delta U_3=0$,则有

$$Q_1=-W_3,\qquad W_3=-\int_{V_3}^{V_4}p\mathrm{d}V=RT\ln\frac{V_3}{V_4}$$

系统放热 Q_1 到低温热源,W_3 相当于 DC 曲线下所围的面积。

4. 绝热压缩(D→A)　系统由 $p_4V_4T_1$ 绝热可逆压缩到 $p_1V_1T_2$,回到始态,温度升高。同样,$Q=0$,环境对系统所做的功为

$$W_4=\Delta U_4=\int_{T_1}^{T_2}C_{V,\mathrm{m}}\mathrm{d}T$$

W_4 相当于 AC 曲线下所围的面积。

以上 4 步构成可逆循环,系统恢复原态,$\Delta U=0$,所以

$$-W=Q_1+Q_2 \tag{式(2-1)}$$

式中,Q_1 本身为负值。系统做的总功为

$$W=W_1+W_2+W_3+W_4$$

$$=RT_2\ln\frac{V_1}{V_2}+\int_{T_2}^{T_1}C_{V,\mathrm{m}}\mathrm{d}T+RT_1\ln\frac{V_3}{V_4}+\int_{T_1}^{T_2}C_{V,\mathrm{m}}\mathrm{d}T$$

$$=RT_2\ln\frac{V_1}{V_2}+RT_1\ln\frac{V_3}{V_4} \tag{式(2-2)}$$

ABCD 四条线所包围的面积就是系统对环境所做的功 W,因过程②和④是绝热可逆过程,根据理想气体的绝热过程方程,有

$$T_2V_2^{\gamma-1}=T_1V_3^{\gamma-1}$$

$$T_2V_1^{\gamma-1}=T_1V_4^{\gamma-1}$$

$$\frac{V_1}{V_2}=\frac{V_4}{V_3}$$

两式相除得

代入式(2-2)得

$$W=RT_2\ln\frac{V_1}{V_2}+RT_1\ln\frac{V_3}{V_4}$$

$$= R(T_2 - T_1) \ln \frac{V_1}{V_2}$$

热机从高温热源吸热 Q_2，一部分转变为功 W，而另一部分 Q_1 传给低温热源。W 与 Q_2 之比称为热机效率（efficiency of heat engine），用 η 表示。

$$\eta = \frac{-W}{Q_2} = \frac{Q_2 + Q_1}{Q_2} = 1 + \frac{Q_1}{Q_2} \quad (Q_1 < 0)$$

将卡诺循环中的 W、Q_1 和 Q_2 代入上式，可得卡诺热机的效率为

$$\eta = \frac{-W}{Q_2} = \frac{-R(T_2 - T_1) \ln \dfrac{V_1}{V_2}}{-RT_2 \ln \dfrac{V_1}{V_2}} = \frac{T_2 - T_1}{T_2} = 1 - \frac{T_1}{T_2} \qquad \text{式（2-3）}$$

由式（2-3）可以得出结论：

（1）可逆热机的效率与两热源的温度有关，两热源的温差越大，热机的效率越大，热量的利用越完全；两热源的温差越小，热机的效率越低。对于工作蒸汽为 400K、排气为 300K 的蒸汽机，其效率为 $(400-300)/400 = 25\%$，只有 1/4 的热能够转化为功。

（2）若 $T_2 - T_1 = 0$，即等温循环过程中，热机效率等于零，热量一点也不能转变成功。

（3）若 $T_1 = 0$，热机效率 $\eta = 100\%$，但这是不能实现的，因为 0K 不可能通过有限步骤达到，这一问题将在热力学第三定律中阐述。因此热机效率总是小于 1。

二、卡诺定理

卡诺循环为可逆循环过程，由于可逆过程系统对环境做最大功，环境对系统做最小功，所以在相同的两个热源之间工作的热机，卡诺热机的效率最高，这是卡诺定理（Carnot's theorem）的表述之一。卡诺定理的另一表述为，任意可逆热机的效率只与两热源的温度有关，与工作物质无关，否则也将违反热力学第二定律。

现用反证法证明卡诺热机的效率最高。

设在高温热源 T_2 和低温热源 T_1 之间，有两台热机，r 为可逆热机，i 为任意热机，可逆热机的效率为 η_r，任意热机的效率为 η_i，假设 $\eta_r < \eta_i$。调整二热机，使其做功相等，则

$$\frac{W}{Q_2'} > \frac{W}{Q_2}$$

由此得 $Q_2' < Q_2$。现若以任意热机 i 带动可逆热机 r，使 r 逆向运转，所需之功 W 由任意热机 i 供给，如图 2-3 所示，则可逆热机从低温热源吸热 $(Q_2 - W)$，将 Q_2 的热放到高温热源。使两机组合循环一周后，其总结果是：两热机均恢复原态，没有发生其他变化。

高温热源得热：$Q_2 - Q_2' > 0$

低温热源失热：$(Q_2 - W) - (Q_2' - W) = Q_2 - Q_2' > 0$

其净结果是热从低温热源传到高温热源而没有发生其他变化，这与热力学第二定律的克劳修斯说法相悖，故假设 $\eta_r < \eta_i$ 不能成立。因此有

$$\eta_r \geqslant \eta_i \qquad \text{式（2-4）}$$

由此证明卡诺定理是正确的，也就是表明当热源的温度 T_2 和 T_1 确定后，热机效率不可能无限提高，$(T_2 - T_1)/T_2$ 便是热机效率的极限。

用同样的方法可证明热机的效率与工作物质无关：

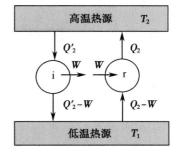

图 2-3 证明卡诺定理示意图

如果 A 和 B 为同一组热源之间的两个可逆热机,其中工作介质不同,采用证明卡诺定理相同方法,以 A+B 为系统,若以 B 带动 A,令 A 倒转,则依式(2-4)证得 $\eta_A \geqslant \eta_B$;若以 A 带动 B,令 B 倒转,则可证明 $\eta_B \geqslant \eta_A$,显然,两个不等式同时成立的条件为 $\eta_A = \eta_B$。这样,从理想气体为工作物质而得出的结论 $\eta = (T_2 - T_1)/T_2$ 就可推广到任意可逆热机。

依据卡诺定理,$\eta_r \geqslant \eta_i$ 可得:

$$\frac{T_2 - T_1}{T_2} \geqslant \frac{Q_2 - Q_1}{Q_2} \qquad \text{式}(2\text{-}5)$$

式中,不等号用于不可逆热机,等号用于可逆热机。卡诺定理将可逆循环与不可逆循环定量地区分开来,为一个新状态函数——熵函数的导出奠定了基础。

第三节 熵函数及过程方向性的判据

一、熵函数的导出

对于卡诺循环,从 $\eta_r = \dfrac{Q_2 + Q_1}{Q_2} = \dfrac{T_2 - T_1}{T_2}$ 可得

$$\frac{Q_1}{T_1} + \frac{Q_2}{T_2} = 0 \qquad \text{式}(2\text{-}6)$$

式中,$\dfrac{Q}{T}$ 称为热温商,式(2-6)的意义是卡诺循环过程的热温商之和为零。

上述结论可推广到任意的可逆循环过程,即:任意可逆循环过程的热温商之和为零,下面证明这一更具有普遍性的结论。

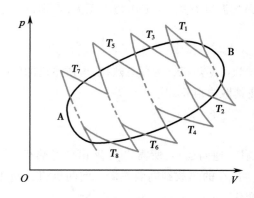

图 2-4 任意可逆循环与卡诺循环的关系

在 $p\text{-}V$ 图(图 2-4)上的任意可逆循环 A-B-A,可以用许多排列极为靠近的可逆等温线 T_1、T_2、T_3……和可逆绝热线,将整个封闭曲线分割成许多小的卡诺循环,图中虚线所代表的可逆绝热过程实际上不存在,因为对上一循环来说是可逆绝热压缩线,而对下一循环来说它是可逆绝热膨胀线,其所做的功互相抵消。因此这些小卡诺循环总效果与图中封闭折线相当,当每个小卡诺循环取的极其微小时,封闭的折线与封闭的曲线重合,即可用一连串的极小的卡诺循环来代替原来的任意可逆循环。

对于每一个小卡诺循环,其热温商之和等于零,即

$$\frac{(\delta Q_1)_r}{T_1} + \frac{(\delta Q_2)_r}{T_2} = 0, \quad \frac{(\delta Q_3)_r}{T_3} + \frac{(\delta Q_4)_r}{T_4} = 0, \quad \cdots\cdots, \quad \frac{(\delta Q_{n-1})_r}{T_{n-1}} + \frac{(\delta Q_n)_r}{T_n} = 0$$

式中,δQ_r 表示任意无限小可逆过程的热交换量,T 是热源的温度。合并上式可得

$$\frac{(\delta Q_1)_r}{T_1} + \frac{(\delta Q_2)_r}{T_2} + \frac{(\delta Q_3)_r}{T_3} + \cdots\cdots + \frac{(\delta Q_n)_r}{T_n} = 0$$

可写成

$$\sum \frac{(\delta Q_B)_r}{T_B} = 0$$

或

$$\oint \frac{(\delta Q_B)_r}{T_B} = 0 \qquad \text{式}(2\text{-}7)$$

这就证明了任意可逆循环过程的热温商之和为零。

若任意一可逆循环(图 2-5),由可逆过程(Ⅰ)和(Ⅱ)构成,则必有

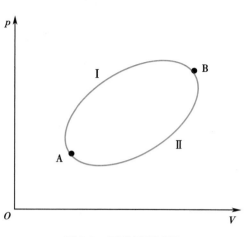

图 2-5 可逆循环过程

$$\int_A^B \left(\frac{\delta Q_r}{T}\right)_I + \int_B^A \left(\frac{\delta Q_r}{T}\right)_{II} = 0$$

$$\int_A^B \left(\frac{\delta Q_r}{T}\right)_I = -\int_B^A \left(\frac{\delta Q_r}{T}\right)_{II} = \int_A^B \left(\frac{\delta Q_r}{T}\right)_{II}$$

此式表明从 A 到 B 沿Ⅰ途径的积分与沿Ⅱ途径的积分相等,说明 $\int_A^B \frac{\delta Q_r}{T}$ 之值只取决于系统的始态 A 与终态 B,而与从状态 A 到状态 B 的途径无关,具有这种性质的量只能是系统某一状态函数的改变值,因为只有状态函数的变化才由始态和终态决定而与途径无关。1854 年克劳修斯称该状态函数为熵(entropy),用符号 S 表示。令 S_A 和 S_B 分别表示始态和终态的熵,则有

$$\Delta S = S_B - S_A = \int_A^B \frac{\delta Q_r}{T} \quad 或 \quad \Delta S - \sum_B \left(\frac{\delta Q_B}{T}\right)_r = 0 \qquad 式(2\text{-}8)$$

上式的意义是:系统由状态 A 到状态 B,ΔS 有唯一的值,等于从 A 到 B 可逆过程的热温商之和。对微小变化,有

$$dS = \frac{\delta Q_r}{T} \qquad 式(2\text{-}9)$$

熵函数的导出(微课)

应该强调,式(2-9)是熵函数全微分的定义式。可逆过程热温商不是熵,而是过程中熵函数的变化。熵函数的单位是 J/K。熵是系统的广度性质,与热力学能 U 和体积 V 一样,具有加和性,系统各部分的熵之和等于系统的总熵。

二、热力学第二定律数学表达式

在两个不同温度热源之间,若有一不可逆热机,根据卡诺定理,不可逆热机效率 η_i 小于可逆热机效率 η_r。

$$\eta_i = \frac{Q_2 + Q_1}{Q_2} = 1 + \frac{Q_1}{Q_2}$$

$$\eta_r = \frac{T_2 - T_1}{T_2} = 1 - \frac{T_1}{T_2}$$

$$1 + \frac{Q_1}{Q} < 1 - \frac{T_1}{T_2}$$

移项可得

$$\frac{Q_1}{T_1} + \frac{Q_2}{T_2} < 0 \qquad 式(2\text{-}10)$$

若推广至任意不可逆循环,使系统在循环中与一系列不同温度 T_B 的热源接触,交换热量分别为 δQ_B,则式(2-10)可表示为

$$\sum_B \left(\frac{\delta Q_B}{T_B}\right)_i < 0 \qquad 式(2\text{-}11)$$

式中括号外下角 i 代表不可逆,因不可逆过程,系统处于非平衡态,系统没有确定的平衡温度,T_B 只能代表热源(环境)的温度。

若系统从状态 A 经不可逆过程到状态 B,然后再从状态 B 经可逆过程返回状态 A,因循环中有不可逆步骤,故整个循环过程为不可逆循环过程(图 2-6)。根据式(2-11),得

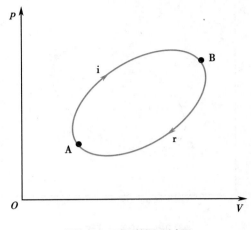

图 2-6　不可逆循环过程

$$\left(\sum_{A}^{B} \frac{\delta Q}{T} \right)_i + \left(\sum_{B}^{A} \frac{\delta Q}{T} \right)_r < 0$$

因

$$\left(\sum_{B}^{A} \frac{\delta Q}{T} \right)_r = S_A - S_B$$

则

$$S_B - S_A > \left(\sum_{A}^{B} \frac{\delta Q}{T} \right)_i$$

或

$$\Delta S - \left(\sum_{A}^{B} \frac{\delta Q}{T} \right)_i > 0 \qquad \text{式(2-12)}$$

从式(2-12)看出,不可逆过程的热温商之和小于该过程系统始、终态之间的熵变。熵是状态函数,熵变数值上等于可逆过程的热温商之和。

因此,对于任意一个过程,必有

$$\Delta S \geqslant \sum_{A}^{B} \frac{\delta Q}{T} \qquad \text{式(2-13)}$$

式中,">"为不可逆过程,"="为可逆过程。

对于一个微小过程,式(2-13)可写成

$$dS - \frac{\delta Q}{T} \geqslant 0 \qquad \text{式(2-14)}$$

式(2-13)和式(2-14)称作克劳修斯不等式(Clausius inequality),也是热力学第二定律的数学表达式。δQ 是实际过程中交换的热,T 是环境的温度。式中等号应用于可逆过程,此时环境与系统处于平衡状态,温度相等;不等号适用于不可逆过程。将 ΔS 与 $\sum \frac{\delta Q}{T}$ 相比较,可以用来判别过程是否可逆。

不可能有 $dS - \frac{\delta Q}{T} < 0$ 的过程发生,因按卡诺定理,在同一组热源之间工作的热机效率不可能超过卡诺热机,否则将违反热力学第二定律。

三、熵增原理与过程方向性的判据

绝热系统中所发生的任何过程,$\sum \delta Q_{绝热} = 0$,根据克劳修斯不等式有

$$\Delta S_{绝热} \geqslant 0 \qquad \text{式(2-15)}$$

对于绝热可逆过程,系统的熵值不变,$\Delta S = 0$;对绝热不可逆过程,系统的熵值增加,$\Delta S > 0$。绝热过程系统的熵值永不减少,这就是熵增原理(principle of entropy increasing)。应该指出,自发过程一定是不可逆过程;而不可逆过程可能是自发过程,也可能是非自发过程。绝热过程系统与环境无热交换,但不排斥以功的形式交换能量。式(2-15)只能判别过程是否可逆,绝不能用来判断过程是否自发。

对于与环境无物质交换、无能量交换的孤立系统,必然是绝热的,式(2-15)也同样适于孤立系统。孤立系统排除了环境对系统任何方式的干扰,因此,孤立系统的不可逆过程必然是自发过程。式(2-15)可表示为

$$\Delta S_{孤立} \geqslant 0 \qquad \text{式(2-16)}$$

孤立系统自发过程的方向总是朝着熵值增大的方向进行,直到在该条件下系统熵值达到最大为

止,即孤立系统中自发过程的限度就是其熵值达到最大。这是孤立系统的熵增原理,孤立系统的熵值永不会减少。

孤立系统的熵变可以用来判断过程的方向和限度。对于一个具体过程,系统与环境间可能发生能量交换,这时如果同时考虑系统和环境,即将系统与其密切相关的环境加在一起考虑,就可构建一个孤立系统,这个孤立系统的熵变就是系统的熵变与环境熵变之和。

$$\Delta S_{孤立} = \Delta S_{系统} + \Delta S_{环境} \geqslant 0 \qquad 式(2\text{-}17)$$

对于给定系统,只要能够计算系统和环境的熵变,就可以依据式(2-17)判别过程的方向。如果 $\Delta S_{孤立} > 0$,就是自发过程,如果 $\Delta S_{孤立} = 0$,就是可逆过程,即过程在该条件下到达了限度。这就解决了热力学第二定律关于自发过程方向和限度的判别问题。下面的问题就是如何计算系统的熵变和环境的熵变。

第四节　熵变的计算

一、环境熵变的计算

与系统相比,环境很大。系统发生变化时所吸收或放出的热量对环境而言是微量的,站在环境角度可视为可逆热,用 $Q_{环,r}$ 表示,$Q_{环,r} = -Q_{系统}$;环境温度和压力也不至于因为这部分热交换而发生变化,其温度和压力均可视为常数。根据熵变的定义,环境的熵变为

$$\Delta S_{环} = \frac{Q_{环,r}}{T_{环}} = -\frac{Q_{系统}}{T_{环}} \qquad 式(2\text{-}18)$$

或省略角标"系统",直接表示为

$$\Delta S_{环} = -\frac{Q}{T_{环}}$$

如何计算或测定系统各过程的 Q 已在热力学第一定律中解决,环境熵变的计算已经不再是问题。若能获知系统的熵变,就可以判断过程的方向和限度了。

二、系统熵变的计算

熵是状态函数,其变化只与始、终态有关,与过程无关。若是可逆过程,可直接用下式计算熵变:

$$\Delta S_{系统} = S_B - S_A = \int_A^B \frac{\delta Q_r}{T} \qquad 式(2\text{-}19)$$

若为不可逆过程,可在始、终态间设计可逆过程,再由式(2-19)计算系统熵变。在后面的计算中,系统熵变将省去下标"系统"。

本节仅讨论纯物质系统简单状态变化及相变化过程的熵变计算,与化学反应有关的熵变及其计算将在后面讨论。

(一)简单状态变化的熵变

1. 理想气体简单状态变化　设 n mol 理想气体,由始态 $A(p_1, V_1, T_1)$ 变到终态 $B(p_2, V_2, T_2)$ 的任意过程,其熵变均可用式(2-19)计算。

$$\Delta S = \int_A^B \frac{\delta Q_r}{T} = \int_A^B \frac{dU - (-p_e)dV}{T} = \int_A^B \frac{dU + pdV}{T} = \int_{T_1}^{T_2} \frac{nC_{V,m}}{T}dT + \int_{V_1}^{V_2} \frac{nR}{V}dV$$

$$\Delta S = nC_{V,m}\ln\frac{T_2}{T_1} + nR\ln\frac{V_2}{V_1} \qquad 式(2\text{-}20)$$

根据理想气体状态方程，$V = \dfrac{nRT}{p}$，同时注意 $C_p - C_V = nR$，式（2-20）变为

$$\Delta S = nC_{p,\mathrm{m}}\ln\frac{T_2}{T_1} - nR\ln\frac{p_2}{p_1} \qquad\qquad \text{式（2-21）}$$

式（2-20）和式（2-21）就是理想气体简单状态变化计算熵变的通用公式，特殊条件下可以进行简化。

$T_1 = T_2$ 时，式（2-20）或式（2-21）可简化为

$$\Delta S = nR\ln\frac{V_2}{V_1} = -nR\ln\frac{p_2}{p_1} \qquad\qquad \text{式（2-22）}$$

$p_1 = p_2$ 时，式（2-21）可简化为

$$\Delta S = nC_{p,\mathrm{m}}\ln\frac{T_2}{T_1} \qquad\qquad \text{式（2-23）}$$

$V_1 = V_2$ 时，式（2-20）可简化为

$$\Delta S = nC_{V,\mathrm{m}}\ln\frac{T_2}{T_1} \qquad\qquad \text{式（2-24）}$$

例题 2-1　1mol 理想气体，300K，从 100kPa 膨胀至 10kPa。计算过程的熵变，并判断过程的可逆性，（1）$p_e = 10$kPa；（2）$p_e = 0$。

解：（1）

$$\Delta S = -nR\ln\frac{p_2}{p_1} = -1\times8.314\ln\frac{10}{100} = 19.14\text{J/K}$$

$$Q = -W = p_e(V_2 - V_1) = p_e\left(\frac{nRT}{p_2} - \frac{nRT}{p_1}\right) = nRTp_e\left(\frac{1}{p_2} - \frac{1}{p_1}\right)$$

$$= 1\times8.314\times300\times10\times10^3\left(\frac{1}{10\times10^3} - \frac{1}{100\times10^3}\right) = 2\,244.8\text{J/mol}$$

$$\Delta S_{环} = \frac{-Q}{T_{环}} = \frac{-2\,244.8}{300} = -7.48\text{J/K}$$

$$\Delta S_{孤} = \Delta S + \Delta S_{环} = 19.14 - 7.48 = 11.66\text{J/K} > 0$$

（2）ΔS 只与始、终态有关，与过程无关，所以过程（2）的 $\Delta S = 19.14$J/K。因 $p_e = 0$，$W = 0$；$T_1 = T_2$，$\Delta U = 0$，所以 $Q = -W = 0$，$\Delta S_{环} = 0$

$$\Delta S_{孤} = \Delta S + \Delta S_{环} = 19.14\text{J/K} > 0$$

（1）、（2）两个过程都是不可逆过程，且（2）的不可逆程度比（1）大。

由例题 2-1 可知，温度相同时，低压气体的熵比高压气体的熵大，即 $S_{低压} > S_{高压}$。

例题 2-2　300K、100kPa 的 1mol 氦气反抗外压 10kPa 绝热膨胀至平衡，假设氦气是理想气体。计算过程的熵变，并判断过程的方向性。

解：因为过程是绝热恒外压膨胀，因此有 $\Delta U = W$

$$nC_{V,\mathrm{m}}(T_2 - T_1) = -p_e(V_2 - V_1) = -p_2\left(\frac{nRT_2}{p_2} - \frac{nRT_1}{p_1}\right) = -nRT_2 + nRT_1\cdot\frac{p_2}{p_1}$$

$$\frac{3}{2}R(T_2 - 300) = -RT_2 + 300R\cdot\frac{10}{100}$$

$$T_2 = 192\text{K}$$

$$\Delta S = nC_{p,\mathrm{m}}\ln\frac{T_2}{T_1} - nR\ln\frac{p_2}{p_1} = \frac{5\times8.314}{2}\ln\frac{192}{300} - 8.314\ln\frac{10}{100} = 9.867\text{J/K}$$

绝热过程 $Q = 0$，所以 $\Delta S_{环} = 0$

$$\Delta S_{孤} = \Delta S + \Delta S_{环} = 9.867 - 0 = 9.867\text{J/K}$$

$\Delta S_{孤}>0$，该过程是自发过程。

2. 理想气体的混合过程　理想气体在等温等压下混合时，ΔU、Q 及 W 都等于零，但混合熵大于零。

例题 2-3　273K 时，用一隔板将容器分割为两部分（图 2-7），一边装有 0.2mol、100kPa 的 O_2，另一边是 0.8mol、100kPa 的 N_2，抽去隔板后，两气体混合均匀。试求气体的混合熵，并判断过程的可逆性。

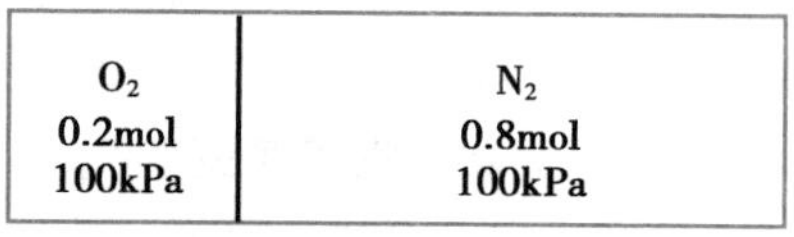

O_2 0.2mol 100kPa	N_2 0.8mol 100kPa

图 2-7　理想气体的混合熵

解： 混合气体中，O_2 和 N_2 的分压分别为

$$p_{O_2}=px_{O_2}, \quad p_{N_2}=px_{N_2}$$

混合前 O_2 与 N_2 的压力与混合后气体的总压力相同，都是 100kPa，对 O_2 而言混合过程压力从 p 改变到 p_{O_2}，根据式（2-22）

$$\Delta S_{O_2}=-n_{O_2}R\ln\frac{p_{O_2}}{p}=-n_{O_2}R\ln x_{O_2}$$

$$=-0.2\times8.314\times\ln0.2=2.676J/K$$

同理

$$\Delta S_{N_2}=n_{N_2}R\ln\frac{p}{p_{N_2}}=-n_{N_2}R\ln x_{N_2}$$

$$=-0.8\times8.314\times\ln0.8=1.484J/K$$

熵是广度性质，系统的熵是 O_2 与 N_2 的熵之和，故

$$\Delta S=\Delta S_{O_2}+\Delta S_{N_2}=2.676+1.484=4.160J/K$$

因 $Q=0$，故 $\Delta S_{环}=0$

$$\Delta S_{孤}=\Delta S+\Delta S_{环}=4.160J/K>0$$

混合过程是自发的。

将例子推广，当气体单独存在与混合后气体压力相等时，则混合过程熵变的通式可写做

$$\Delta_{mix}S=-R\sum_{B}n_B\ln x_B \qquad 式（2-25）$$

式中，x_B 是气体 B 的摩尔分数，$\Delta_{mix}S$ 就是混合熵。

3. 纯物质变温过程的熵变　熵是温度的函数，温度变化时系统熵也随之发生变化。等容条件下

$$dS=\frac{\delta Q_r}{T}=\frac{C_V dT}{T}$$

$$\Delta S=\int_{T_1}^{T_2}\frac{C_V}{T}dT \qquad 式（2-26）$$

同理，等压条件下

$$\Delta S=\int_{T_1}^{T_2}\frac{C_p}{T}dT \qquad 式（2-27）$$

若 $T_2>T_1$，则 $\Delta S>0$，因此对于纯物质 $S_{高温}>S_{低温}$。

例题 2-4　1mol $H_2O(1)$ 于 100kPa 下，自 298K 升温至 323K，已知 $C_{p,m}=75.29J/(K\cdot mol)$，求下列过程系统和环境的熵变，并判断过程的可逆性。（1）热源温度为 973K；（2）热源温度为 373K。

解：（1）

$$\Delta S=\int_{T_1}^{T_2}\frac{nC_{p,m}}{T}dT=nC_{p,m}\ln\frac{T_2}{T_1}=1\times75.29\times\ln\frac{323}{298}=6.065J/K$$

$$\Delta S_{环境}=\frac{-Q}{T_环}=\frac{-\int_{T_1}^{T_2}nC_{p,m}dT}{T_环}=\frac{-nC_{p,m}(T_2-T_1)}{T_环}=-1\times75.29\times\frac{25}{973}=-1.934J/K$$

$$\Delta S_{孤}=\Delta S+\Delta S_{环}=6.065-1.934=4.131J/K>0$$

（2）系统始、终态与（1）相同，$\Delta S=6.065J/K$

$$\Delta S_环 = \frac{-Q}{T_环} = -1 \times 75.29 \times \frac{25}{373} = -5.046 \text{J/K}$$

$$\Delta S_孤 = \Delta S + \Delta S_环 = 6.065 - 5.046 = 1.019 \text{J/K} > 0$$

过程（1）与（2）都是不可逆过程，但（2）过程的不可逆程度较（1）过程的小。

（二）相变化过程的熵变

1. 可逆相变 ΔS 的计算　纯物质在正常相变点发生的相变过程都是可逆相变，如 101.325 kPa 下 273.15K 的水变成 273.15K 的冰，373.15K 的水变成 373.15K 水蒸气等。这些过程是在等温等压条件下可逆进行的，过程的 ΔS 就等于相变热除以相变温度。

$$\Delta S = \frac{Q_r}{T} = \frac{Q_p}{T} = \frac{\Delta H}{T} \qquad\qquad 式（2\text{-}28）$$

如果某物质由固体（s）变为液体（l），再由液体变为气体（g），因熔化和气化过程都是吸热的，$\Delta_{fus}H$ 和 $\Delta_{vap}H$ 均为正值，ΔS_1 和 ΔS_2 均大于 0。

$$s \xrightarrow{\ \Delta S_1\ } l \xrightarrow{\ \Delta S_2\ } g$$

所以温度相同时，有 $S_气 > S_液 > S_固$。

例题 2-5　在 273.15K、101.325kPa 下，1mol 冰融化成水，求系统和环境的熵变，并判断可逆性。已知 273K、101.325kPa 下，冰的熔化热为 6 025J/mol。

解：$\Delta S_系 = \dfrac{\Delta H}{T} = \dfrac{6\ 025}{273.15} = 22.06 \text{J/K}$

$\Delta S_环 = \dfrac{-Q}{T_环} = \dfrac{-6\ 025}{273.15} = -22.06 \text{J/K}$

$\Delta S_孤 = \Delta S + \Delta S_环 = 0$

$\Delta S_孤 = 0$，是一个可逆过程。

如果一个过程，既有纯物质的变温过程，又有可逆相变，其熵变就是两者的加和。

例题 2-6　设一保温瓶内有 20g 298K 的水，再加入 5g 268K 的冰，求：

（1）保温瓶内最终温度；

（2）计算系统的 ΔS。已知：正常冰点下冰的熔化热 $\Delta_{fus}H = 6\ 025$J/mol；冰和水的热容分别为 $C_p(s) = 36.40$J/（K·mol）和 $C_p(l) = 75.29$J/（K·mol）。

解：（1）保温瓶内的变化是绝热过程。设最终系统温度为 T_2，则 20g 298K 水降温到 T_2 所释放的热，与 268K 5g 的冰升温至 273K，在 273K 熔化成液态水，再升温到 T_2 所吸的热相当。若 n 和 n' 分别为系统中冰和水的量，则有

$$n'C_p(l)(298 - T_2) = nC_p(s) \times (273 - 268) + n\Delta_{fus}H + nC_p(l)(T_2 - 273)$$

$$\frac{20}{18}(298 - T_2) \times 75.29 = \frac{5}{18}(36.4 \times 5 + 6\ 025 + 75.29(T_2 - 273))$$

$$T_2 = 276.5 \text{K}$$

（2）为计算系统熵变，设计可逆过程如下：

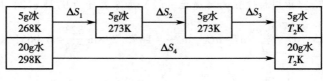

$$\Delta S_1 = \int_{268}^{273} \frac{nC_p(s)}{T} dT = \frac{5}{18} \times 36.4 \times \ln\frac{273}{268} = 0.186\ 9 \text{J/K}$$

$$\Delta S_2 = \frac{n\Delta_{fus}H}{T} = \frac{5}{18} \times \frac{6\ 025}{273} = 6.13 \text{J/K}$$

$$\Delta S_3 = \int_{273}^{276.5} \frac{nC_p(1)}{T} \mathrm{d}T = \frac{5}{18} \times 75.29 \times \ln \frac{276.5}{273} = 0.266\ 4 \text{J/K}$$

$$\Delta S_4 = \int_{298}^{276.5} \frac{n'C_p(l)}{T} \mathrm{d}T = \frac{20}{18} \times 75.29 \times \ln \frac{276.5}{298} = -6.264\ 4 \text{J/K}$$

$$\Delta S = \Delta S_1 + \Delta S_2 + \Delta S_3 + \Delta S_4 = 0.318\ 9 \text{J/K} > 0$$

该过程自发进行。

2. 不可逆相变 ΔS 的计算

例题 2-7 试求 101.325kPa、1mol 的 268K 过冷液态苯变为固态苯的 ΔS，并判断该过程能否自发进行。已知苯的正常凝固点为 278K，在 278K 时的熔化热为 9 940J/mol，液态苯和固态苯的平均摩尔恒压热容分别为 135.77J/（K·mol）和 123J/（K·mol）。

解：268K 的液态苯变为 268K 固态苯是一个不可逆过程，求该变化的熵变需要设计一可逆过程来计算。

$$
\boxed{\text{苯(1)268K,101 325Pa}} \xrightarrow{\Delta S} \boxed{\text{苯(s)268K,101 325Pa}}
$$
$$\downarrow \Delta S_1 \qquad\qquad \uparrow \Delta S_3$$
$$
\boxed{\text{苯(1)278K,101 325Pa}} \xrightarrow{\Delta S_2} \boxed{\text{苯(s)278K,101 325Pa}}
$$

$$\Delta S_1 = C_{p,1} \ln \frac{T_2}{T_1} = 135.77 \times \ln \frac{278}{268} = 4.97 \text{J/K}$$

$$\Delta S_2 = \frac{\Delta H}{T_2} = \frac{-9\ 940}{278} = -35.76 \text{J/K}$$

$$\Delta S_3 = C_{p,s} \ln \frac{T_1}{T_2} = 123 \times \ln \frac{268}{278} = -4.51 \text{J/K}$$

$$\Delta S = \Delta S_1 + \Delta S_2 + \Delta S_3 = -35.30 \text{J/K}$$

用基尔霍夫公式可求出 268K 实际凝固过程的热效应。

$$\Delta H_{268} = \Delta H_{278} + \int_{278}^{268} \Delta C_p \, \mathrm{d}T = -9\ 940 + (123 - 135.77) \times (268 - 278)$$

$$= -9\ 812.3 \text{J/mol}$$

则

$$\Delta S_{环} = \frac{-Q}{T_{环}} = -\frac{\Delta H_{268}}{T_{环}} = \frac{9\ 812.3}{268} = 36.61 \text{J/K}$$

$$\Delta S_{孤立} = \Delta S + \Delta S_{环} = -35.30 + 36.61 = 1.31 \text{J/K} > 0$$

$\Delta S_{孤立} > 0$，上述过程可以自发生进行。

第五节　热力学第三定律概述

一、熵的物理意义

热力学系统是由大量分子组成的集合体，系统的宏观性质是大量分子微观性质综合的体现。解释热力学性质的微观意义，虽不是热力学本身的任务，但对于深入了解热力学函数的物理意义是有益的。如热力学能是系统中大量分子的平均能量，温度与系统中大量分子的平均动能有关，那么如何从微观角度来理解系统的熵？

（一）熵是系统混乱程度的度量

熵变计算结果告诉我们，$S_{固} < S_{液} < S_{气}$，物质从固态经液态到气态，系统中分子的有序性减小，分子运动的混乱程度依次增加；$S_{低温} < S_{高温}$，当物质温度升高时，分子热运动增强，分子的有序性减小，混乱

程度增加；$S_{高压}<S_{低压}$，气体物质，降低压力则体积增大，分子在大的空间中运动，其有序性减小，混乱程度增加；$\Delta S_{mix}>0$，两种气体的扩散混合，混合前就其中某种气体而言，运动空间范围较小，混合后，其运动空间范围增大，因此，混合后的气体分子空间分布较无序。上述各过程尽管不同，但混乱程度增加，熵值增加是共同的特性。由此可以得出结论，熵是系统混乱程度的标志或度量。

　　研究自发过程的共同特征时发现，自发过程都是不可逆的，且不可逆过程都与热功转换的不可逆相关。从微观角度看，功是大量分子定向运动引起的能量传递，分子是有序运动；而热是大量分子混乱运动引起的能量传递。功转变为热是大量分子从有序运动向无序运动的转化，向着混乱度增加的方向进行。也就是说，自发变化的方向是从有序运动向着无序运动的方向进行，直至在该条件下最混乱的状态，即熵值最大的状态。相反，大量分子的无序运动不可能自发地变成有序运动，这就是自发过程不可逆的本质。

（二）熵与概率

　　从孤立系统自发过程熵增方向与系统混乱程度增加方向一致，用有序和无序定性描述系统的变化方向是不够的，本节给出更严谨的概率概念，定量找出熵函数与概率间的函数关系。所谓概率就是某种事件出现的可能性。

　　一个孤立系统处于热力学平衡的宏观状态，由于分子运动的微观状态瞬息万变，一个确定的热力学平衡态，可能对应多个微观状态。与某宏观状态所对应的微观状态数称作热力学概率（probability of thermodynamics），用 Ω 表示。某宏观状态所对应的微观状态数（Ω）越多，该宏观状态出现的可能性也越大。现举例说明。

　　将四个不同颜色的小球 a、b、c、d，装入两个体积相同的箱子，有如下装法（表2-1）。

表2-1　分子分布

宏观分配方式		微观分配方式		微观状态数/Ω	微观概率
盒子1	盒子2	盒子1	盒子2		
4	0	abcd		$C_4^4=1$	$\dfrac{1}{16}$
3	1	abc	d	$C_4^3=4$	$\dfrac{4}{16}$
		abd	c		
		acd	b		
		bcd	a		
2	2	ab	cd	$C_4^2=6$	$\dfrac{6}{16}$
		ac	bd		
		ad	bc		
		bc	ad		
		bd	ac		
		cd	ab		
1	3	a	bcd	$C_4^3=4$	$\dfrac{4}{16}$
		b	acd		
		c	abd		
		d	abc		
0	4		abcd	$C_4^4=1$	$\dfrac{1}{16}$

从该表可见,4 个球总微观状态数是:$2^4 = 16$,式中 2 指两个盒子,4 指共有 4 个球,每种微观状态出现的概率相等,均为 1/16。16 种微观状态所对应的宏观状态有 5 种,不同的宏观状态所包含的微观状态数目不等,其中以均匀分布(2│2)的宏观状态所具有的微观状态数最多,共有 6 种,也就是这种均匀分布的宏观状态的热力学概率 $\Omega = 6$,则此种均匀分布的宏观状态出现的概率最大,为 6/16。由此可知,热力学概率大,其宏观状态出现的概率就大。

若将 1mol 气体装入上述箱子中,其总的微观状态数有 2^N 种,N 个分子全部集中于其中一个箱子的微观状态只有一个,出现概率为 $\left(\dfrac{1}{2}\right)^N$,接近于零,而在两个箱子均匀分布的微观状态数最大,占 2^N 中的绝大部分,使其出现概率接近于 1,可以用均匀分布的微观状态数代替全部微观状态数,即均匀分布的状态就是热力学平衡态。

在孤立系统中,自发过程总是由热力学概率小的状态,向着热力学概率较大的状态变化,直至热力学概率最大即系统达到平衡。这一结果与孤立系统中熵增原理一致,系统的热力学概率 Ω 和系统的熵 S 都趋增加,S 与 Ω 一定存在内在的联系或函数关系:$S = f(\Omega)$。

设一系统由 A、B 两部分组成,热力学概率分别为 Ω_A、Ω_B,相应的熵为 $S_A = f(\Omega_A)$、$S_B = f(\Omega_B)$,根据概率定理,系统的总概率应等于各个部分概率的乘积,即 $\Omega = \Omega_A \cdot \Omega_B$,相应的整个系统的熵等于各部分熵之和,即

$$S = S_A + S_B = f(\Omega_A) + f(\Omega_B) = f(\Omega_A \cdot \Omega_B) = f(\Omega)$$

能够满足上述函数关系的,只有对数函数,即 S 与 Ω 符合对数函数关系,

$$S = k\ln\Omega \qquad\qquad\qquad \text{式}(2\text{-}29)$$

式中,k 是波尔兹曼常数,k 与阿弗加德罗常数 N 的乘积就是气体常数,$k = \dfrac{R}{N} = 1.380\,7 \times 10^{-23} \text{J/K}$。式(2-27)称为波尔兹曼公式,它是将系统的宏观物理量 S 与微观量 Ω 联系起来的重要公式,是宏观量与微观量联系的重要桥梁。

二、热力学第三定律的表述

熵是系统混乱程度的度量。系统的混乱程度越低,熵值越小。比较气、液、固三种状态物质,以固态存在时的熵最小,且当固态温度进一步下降时,系统的熵值也进一步下降。科学家根据一系列低温实验,提出了热力学第三定律:在 0K 任何纯物质完整晶体的熵等于零,即

$$\lim_{T\to 0} S = 0 \qquad\qquad\qquad \text{式}(2\text{-}30)$$

所谓完整晶体即晶体中的原子、分子只有一种排列方式,例如 NO,排列 NONONONO……是完整的,而 NONONOON……是不完整晶体。热力学第三定律的另一种说法就是 0K 不可能通过有限步骤达到。

热力学第三定律是人们在低温领域研究中得到的普遍定律,它的结论与一切实际观测相符合。需注意的是,绝对温度零度虽然不能达到,但是热力学第三定律并不阻止人们设法趋近绝对零度。迄今,人们获得的最低温度已达 10^{-9}K 数量级。

绝对温度零度（文档）

三、规定熵与标准熵

依热力学第三定律而求得的任何物质在温度 T 时的熵值 $S_B(T)$,称为该物质在此状态下的规定熵(conventional entropy)。

$$S_T = \int_0^T dS = \int_0^T \frac{C_p dT}{T} = \int_0^T C_p d\ln T \qquad\qquad \text{式}(2\text{-}31)$$

以 C_p/T 对 T 作图,得图 2-8(a),用图解积分法,求出曲线下的面积,即为该物质在 TK 下的规定熵。

在 $0 \to T$ K 之间有相变化时,应分段计算,并采用对应状态及温度下的 C_p 值。

因 10K 以下 C_p 实验数据不易测定,德拜(Debye)提出在极低温度下物质的 C_V 与 T^3 成正比,$C_V = \alpha T^3$,α 为比例常数,在温度极低时,物质均以凝聚态存在,物质的 $C_V \approx C_p$,从而解决了低温等压热容的问题。应当注意的是,用图解积分法求规定熵时,必须考虑相变过程的熵变,见图 2-8(b)。

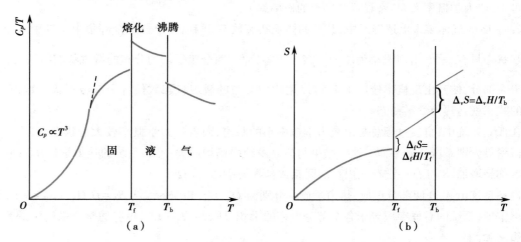

图 2-8　图解积分法求规定熵

标准状态($T, p^\ominus = 100$kPa)下,1mol 物质的规定熵又称该物质在温度 T 时的标准摩尔熵(standard molar entropy),用 $S_{m,B}^\ominus$ 表示。纯物质在 T 温度下的标准摩尔熵可由下述步骤求得

$$S_m^\ominus = \int_0^{10} \frac{\alpha T^3}{T} dT + \int_{10}^{T_{fus}} \frac{C_{p,m(s)}^\ominus}{T} dT + \frac{\Delta_{fus} H_m^\ominus}{T_{fus}} + \int_{T_{fus}}^{T_{vap}} \frac{C_{p,m(l)}^\ominus}{T} dT + \frac{\Delta_{vap} H_m^\ominus}{T_{vap}} + \int_{T_{vap}}^{T} \frac{C_{p,m(g)}^\ominus}{T} dT$$

本书在附表 2 中列出了一些物质处于标准压力 $p^\ominus$ 和 298.15K 下的标准摩尔熵。

四、化学反应的熵变

与利用物质的标准生成焓和标准燃烧焓的方法计算标准状态下化学反应的热效应一样,可利用产物的标准熵与反应物的标准熵之差计算化学反应的标准熵变。对于任意化学反应,若各物质均处于标准状态,则反应的摩尔熵变 $\Delta_r S_m^\ominus$ 可由下式计算

$$\Delta_r S_m^\ominus = \sum_B \nu_B S_{m,B}^\ominus \qquad\qquad 式(2\text{-}32)$$

式中,$S_{m,B}^\ominus$ 为物质 B 的标准摩尔熵,ν_B 为化学计量式中 B 物质的计量系数。

例题 2-8　求反应 $H_2(g) + \frac{1}{2}O_2(g) = H_2O(g)$ 在 298K 及 $p^\ominus$ 条件下的熵变。

解:查表 $S_{m,H_2,g}^\ominus$、$S_{m,O_2,g}^\ominus$、$S_{m,H_2O,g}^\ominus$ 分别为 130.68、205.1 及 188.82J/(K·mol)

则

$$\Delta_r S_m^\ominus = S_{m,H_2O,g}^\ominus - S_{m,H_2,g}^\ominus - \frac{1}{2} S_{m,O_2,g}^\ominus$$

$$= \left(188.82 - 130.68 - \frac{1}{2} \times 205.1\right) = -44.41 \text{J/K}$$

在已知物质的 $S_{m,B}^\ominus$ 及 $C_{p,m,(B)}$ 的条件下,若在温度变化过程中不引起物质的相变,就可以用下式计算等压条件下任意温度化学反应的熵变。

$$\Delta_r S_m^\ominus(T) = \Delta_r S_m^\ominus(298.15) + \int_{298.15}^{T} \frac{\Delta C_{p,m}}{T} dT \qquad\qquad 式(2\text{-}33)$$

若在温度变化过程中物质有相变发生,应注意分段积分,同时考虑相变熵。前面已经解决了化学反应环境的熵变问题,孤立系统的熵变也可以计算出来,就可以判断化学反应的方向和限度。

第六节　亥姆霍兹能和吉布斯能

根据克劳修斯不等式,通过系统熵变和环境熵变计算孤立系统的熵变,并用于过程方向的判别。为满足熵判据的条件,必须同时计算环境的熵变,比较麻烦。事实上,通常的化学变化和相变化等多是在等温等压或等温等容条件下进行的,在等温等压或等温等容条件下,通过克劳修斯不等式可以导出新的状态函数——亥姆霍兹能和吉布斯能。利用系统这两个状态函数的变化就可以判断过程的方向与限度,而无须考虑环境。

一、热力学第一定律、第二定律联合表达式

根据热力学第二定律的数学表达式,可以得到

$$dS \geqslant \frac{\delta Q}{T_{环}}$$

或

$$T_{环}dS \geqslant \delta Q$$

将热力学第一定律 $\delta Q = dU - \delta W$ 代入上式,得

$$T_{环}dS - dU \geqslant -\delta W \qquad 式(2\text{-}34)$$

式中,δW 表示总功,包括非体积功 $\delta W'$ 和体积功 $-p_{外}dV$;不等号表示不可逆过程,等号表示可逆过程。式(2-34)为热力学第一定律和第二定律的联合表达式,引入等温等容和等温等压的条件,对式(2-34)进行转换,从而导出新的状态函数。

二、亥姆霍兹能

在等温条件下,系统的始、终态及环境的温度均相等,$T_1 = T_2 = T_{环}$,式(2-34)可变为

$$d(TS) - dU \geqslant -\delta W$$

或

$$-d(U - TS) \geqslant -\delta W$$

令

$$F \equiv U - TS \qquad 式(2\text{-}35)$$

F 称为亥姆霍兹能(Helmholtz energy),也称功函(work function),因 U、T、S 均为状态函数,则 F 也为状态函数。在等温条件下

$$-dF_T \geqslant -\delta W \qquad 式(2\text{-}36)$$

式(2-36)中,等号表示可逆过程,大于号表示不可逆过程。该式的意义是,封闭系统在等温条件下,亥姆霍兹能的减少等于可逆过程系统所做的最大功,这就是将 F 也称做功函的原因。这里应注意:亥姆霍兹能是状态函数,ΔF 只与系统的始、终态有关,与变化的具体途径无关,但只有在等温可逆过程中,系统所做的最大功才等于亥姆霍兹能的减少;只有在这个条件下,才可根据亥姆霍兹能的变化与做功的大小比较,判断过程的可逆性。

在等温等容、$\delta W' = 0$ 条件下,式(2-36)可表达为

$$-dF_{T,V,W'=0} \geqslant 0$$

或

$$dF_{T,V,W'=0} \leqslant 0 \qquad 式(2\text{-}37)$$

式(2-37)表示,封闭系统在等温等容和非体积功为零的条件下,只有系统亥姆霍兹能减小的过程才会自动发生,当该条件下的亥姆霍兹能达到最小值时系统就达到了平衡状态。这一规则称为最小亥姆霍兹能原理(principle of minimization of Helmholtz energy)。在等温等容和非体积功为零的条件下,不能发生 $dF > 0$ 的过程。因此,式(2-37)是等温等容和非体积功为零的条件下自发过程的判据。

三、吉布斯能

将式(2-34)中的 δW 分为体积功 $-p_e V$ 和非体积功 $\delta W'$ 两项,得到

$$T_{环}\mathrm{d}S-\mathrm{d}U \geqslant p_e\mathrm{d}V-\delta W'$$

在等温等压条件下,即 $T_1=T_2=T_{环}$, $p_1=p_2=p_e$,有

$$-\mathrm{d}(U+pV-TS) \geqslant -\delta W'$$

或

$$-\mathrm{d}(H-TS) \geqslant -\delta W'$$

令

$$G \equiv H-TS \qquad\qquad 式(2-38)$$

称 G 为吉布斯能(Gibbs energy)。因 H、T、S 均为状态函数,则 G 也为状态函数,在等温等压条件下

$$-\mathrm{d}G_{T,p} \geqslant -\delta W' \quad 或 \quad \mathrm{d}G_{T,p} \leqslant \delta W' \qquad\qquad 式(2-39)$$

式(2-39)表明,等温等压条件下,封闭系统吉布斯能减小,等于可逆过程所做非体积功(W'_{max});若系统吉布斯能的减少大于系统所做的非体积功,则过程是自发的。应当指出,吉布斯能是状态函数,ΔG 只由系统的始、终态决定,与变化途径无关。只有在等温等压可逆过程中,吉布斯能的减小才等于系统所做最大非体积功,在该条件下,可根据吉布斯能的变化与所做非体积功的大小,利用式(2-39)判断该过程是否可逆。

通常情况下的化学变化和相变化没有非体积功($\delta W'=0$),在等温等压非体积功等于零的条件下,式(2-39)可写成

$$-\mathrm{d}G_{T,p,W'=0} \geqslant 0$$

或

$$\mathrm{d}G_{T,p,W'=0} \leqslant 0 \qquad\qquad 式(2-40)$$

式(2-40)表明,封闭系统在等温等压和非体积功为零的条件下,只有使系统吉布斯能减小的过程才会自动发生,当该条件下的吉布斯能达到最小值时系统就达到了平衡状态。这一规则称为最小吉布斯能原理(principle of minimization of Gibbs energy),等温等压和非体积功为零的条件下不能自动发生 $\mathrm{d}G>0$ 的过程。多数化学反应是在等温等压和非体积功为零的条件下进行的,因此,式(2-40)是最常用的判据。

四、自发过程方向和限度的判据

判断自发过程进行的方向和限度是热力学第二定律的核心。至此,导出了 S、F 和 G 三个状态函数,其中 S 是基本函数,F 和 G 是两个辅助函数,三个函数分别适于不同条件,用以判断自发过程进行的方向和限度。现将其归纳于表 2-2。

表2-2　自发过程方向及限度的判据

判据名称	适用系统	过程性质	自发过程的方向	数学表达式
熵	孤立系统	任何过程	熵增加	$\mathrm{d}S_{U,V} \geqslant 0$
亥姆霍兹能	封闭系统	等温等容和非体积功为零	亥姆霍兹能减小	$\mathrm{d}F_{T,V,W'=0} \leqslant 0$
吉布斯能	封闭系统	等温等压和非体积功为零	吉布斯能减小	$\mathrm{d}G_{T,p,W'=0} \leqslant 0$

热力学第二定律的数学表达式,即克劳修斯不等式,是封闭系统发生过程可逆性的判据

$$\mathrm{d}S-\frac{\delta Q}{T} \geqslant 0$$

等号适用于可逆过程,不等号表示不可逆过程。

1. 熵判据　孤立系统与环境既无功的交换、也无热的交换。故此,$\mathrm{d}U=0$,孤立系统具有恒热力学能、恒容的性质,则第二定律数学表示式演变为

$$dS_{U,V} \geq 0$$

孤立系统的熵值永远不会减少（熵增原理），孤立系统中熵值增大的过程是自发过程，也是不可逆过程。系统的熵值保持不变的过程是可逆过程，系统处于平衡态；孤立系统中熵值减小的过程永远不可能发生。

2. **亥姆霍兹能判据**　在等温等容和非体积功 $W'=0$ 条件下，封闭系统自发过程朝着亥姆霍兹能减少的方向进行，直至亥姆霍兹能降到极小值（最小亥姆霍兹能原理），系统达到平衡。

$$dF_{T,V,W'=0} \leq 0$$

3. **吉布斯能判据**　在等温等压和 $W'=0$ 条件下，封闭系统自发过程总是朝着吉布斯能减少的方向进行，直至吉布斯能降到极小值（最小吉布斯能原理），系统达到平衡。

$$dG_{T,p,W'=0} \leq 0$$

尽管这三个判据分别适用各自条件，但彼此是相关的，这里不对其相关性进行证明。亥姆霍兹能和吉布斯能判据的优势在于它们克服了熵判据的不足，不用再考虑环境的热力学函数变化，可直接用系统的热力学函数变化判断过程的方向和限度。

第七节　ΔF 和 ΔG 的计算

等温等容条件下，亥姆霍兹能的变化可用于过程方向和限度的判别，其变化值与该条件下系统对外所能做出的最大非体积功有关。同理，在等温等压条件下吉布斯能也是如此，所以 ΔF、ΔG 的计算尤为重要。

ΔF、ΔG 的计算方法主要有两种，第一种是根据 F 和 G 的定义式计算。

根据定义式 $F=U-TS$ 和 $G=H-TS$，可以分别得到

$$\Delta F = \Delta U - \Delta(TS), \quad \Delta G = \Delta H - \Delta(TS)$$

1. 等温条件下

$$\Delta F = \Delta U - T\Delta S, \quad \Delta G = \Delta H - T\Delta S$$

2. 若 $S_1 = S_2$，有

$$\Delta F = \Delta U - S\Delta T, \quad \Delta G = \Delta H - S\Delta T$$

前面已经介绍了如何获取 ΔU、ΔH、ΔS 和 T、S 等，所以 ΔF、ΔG 是可以计算的。

第二种是依据热力学第一、第二定律联合式（2-34）计算。这里以 G 函数为例进行讨论。G 是状态函数，在指定的始态和终态之间 ΔG 为定值，无论是可逆还是不可逆过程，总是设计可逆过程来计算 ΔG。

根据定义 $G=H-TS$，经微分有

$$dG = dH - TdS - SdT$$
$$= dU + pdV + Vdp - TdS - SdT$$

对于非体积功为零的可逆过程，式（2-34）可表示为

$$dU = TdS - pdV$$

代入上式，有　　　　　　　　　　$$dG = -SdT + Vdp \qquad\qquad 式（2-41）$$

对于等温过程，$dG = Vdp$，进行积分，有

$$\Delta G = \int_{p_1}^{p_2} Vdp \qquad\qquad 式（2-42）$$

同理，等温过程的 ΔF 可用下式计算

$$\Delta F = -\int_{V_1}^{V_2} pdV \qquad\qquad 式（2-43）$$

一、理想气体简单状态变化过程的 ΔF 和 ΔG

理想气体简单状态变化过程的 ΔF、ΔG 可利用状态函数的性质或式（2-43）和式（2-42）计算。

例题 2-9   在 298K、1mol 理想气体由 10kPa 等温可逆膨胀至 1kPa，试计算此过程的 ΔU、ΔH、ΔS、ΔF 和 ΔG。

解：对理想气体，等温过程 $\Delta U = 0$，$\Delta H = 0$。

$$\Delta G = \int_{p_1}^{p_2} V \mathrm{d}p = \int_{p_1}^{p_2} \frac{nRT}{p} \mathrm{d}p = nRT\ln\frac{p_2}{p_1} = 1\times8.314\times298\times\ln\frac{1}{10} = -5\,704.8\mathrm{J}$$

$$W_{\mathrm{r}} = nRT\ln\frac{V_1}{V_2} = nRT\ln\frac{p_2}{p_1} = 1\times8.314\times298\ln\frac{1}{10} = -5\,704.8\mathrm{J}$$

$$Q_{\mathrm{r}} = -W_{\mathrm{r}} = 5\,704.8\mathrm{J}$$

$$\Delta S = \frac{Q_{\mathrm{r}}}{T} = 19.14\mathrm{J/K}$$

$$\Delta F = W_{\mathrm{r}} = -5\,704.8\mathrm{J}$$

也可先计算过程的 ΔS，再利用状态函数的性质，$\Delta F = \Delta U - T\Delta S$ 和 $\Delta G = \Delta H - T\Delta S$ 计算。

理想气体等温过程，计算结果 ΔF 与 ΔG 相等，这是理想气体的 U 和 H 只是温度的函数的必然结果。

理想气体的等温等压混合过程：根据式（2-25）计算混合熵

$$\Delta_{\mathrm{mix}}S = -R\sum_{\mathrm{B}} n_{\mathrm{B}}\ln x_{\mathrm{B}}$$

则混合过程的亥姆霍兹能和吉布斯能的变化

$$\Delta_{\mathrm{mix}}F = \Delta_{\mathrm{mix}}U - T\Delta_{\mathrm{mix}}S$$

$$\Delta_{\mathrm{mix}}G = \Delta_{\mathrm{mix}}H - T\Delta_{\mathrm{mix}}S$$

理想气体混合过程的 $\Delta_{\mathrm{mix}}U = \Delta_{\mathrm{mix}}H = 0$，所以

$$\Delta_{\mathrm{mix}}G = \Delta_{\mathrm{mix}}F = RT\sum_{\mathrm{B}} n_{\mathrm{B}}\ln x_{\mathrm{B}} \qquad\qquad 式（2-44）$$

因 x_{B} 为分数，$\ln x_{\mathrm{B}}$ 总是负值，则混合过程 ΔG 为负值，$\Delta G_{T,p,W'=0} < 0$，这是一个自发过程。

二、相变过程的 ΔG

（一）等温等压可逆相变

依据式（2-40），等温等压可逆相变，$\Delta G = 0$。

例题 2-10   1mol 苯在其沸点 353.2K 下蒸发成气体，蒸发热为 394.97kJ/kg，设苯蒸气是理想气体。求：Q、W、ΔU、ΔH、ΔS、ΔF 及 ΔG。

解：1mol 苯为 0.078 08kg

$$Q = 394.97\times0.078\,08 = 30.84\mathrm{kJ}$$

$$W = -p\Delta V = -p(V_{\mathrm{g}} - V_1) \approx -pV_{\mathrm{g}} = -RT = -8.314\times353.2$$

$$= -2\,936.5\mathrm{J}$$

$$\Delta U = Q + W = 27\,903.5\mathrm{J}$$

$$\Delta H = Q = 30.84\mathrm{kJ}$$

$$\Delta S = \frac{Q_{\mathrm{r}}}{T} = \frac{30\,840}{353.2} = 87.32\mathrm{J/K}$$

$$\Delta F = \Delta U - T\Delta S = 27\,903.5 - 353.2\times87.32 = -2\,937.92\mathrm{J}$$

$$\Delta G = 0$$

（二）等温等压不可逆相变

由于 G 是状态函数,所以不可逆过程的 ΔG 可通过设计可逆过程计算。

例题 2-11　试计算在 298K、101.325kPa 条件下,使 1mol $H_2O(g)$ 转变成 298K、101.325kPa 下的液态水的 ΔG。已知 298K,水的饱和蒸气压为 3 168Pa,水的平均密度为 1.000kg/dm³。

解: 该相变为不可逆相变,设计过程如下

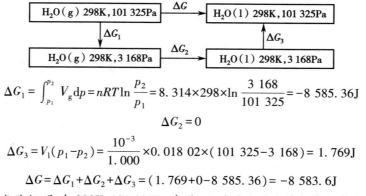

$$\Delta G_1 = \int_{p_1}^{p_2} V_g \, dp = nRT \ln \frac{p_2}{p_1} = 8.314 \times 298 \times \ln \frac{3\,168}{101\,325} = -8\,585.36J$$

$$\Delta G_2 = 0$$

$$\Delta G_3 = V_1(p_1 - p_2) = \frac{10^{-3}}{1.000} \times 0.018\,02 \times (101\,325 - 3\,168) = 1.769J$$

$$\Delta G = \Delta G_1 + \Delta G_2 + \Delta G_3 = (1.769 + 0 - 8\,585.36) = -8\,583.6J$$

$\Delta G < 0$,该过程可自发进行,即在 298K、101 325Pa 条件下,过饱和的水蒸气会凝结成水。

三、化学变化的 $\Delta_r G^{\ominus}$

通过化学反应的 $\Delta_r H^{\ominus}$ 及 $\Delta_r S^{\ominus}$,结合 $\Delta_r G^{\ominus} = \Delta_r H^{\ominus} - T\Delta_r S^{\ominus}$,计算化学反应的 $\Delta_r G^{\ominus}$。

例题 2-12　计算乙烯水合制乙醇反应的 $\Delta_r G^{\ominus}$。

	$C_2H_4(g)$	$H_2O(g)$	$C_2H_5OH(g)$
$\Delta_f H^{\ominus}/(kJ/mol)$	52.26	−241.82	−235.10
$S^{\ominus}/[J/(K \cdot mol)]$	219.56	188.82	282.70

解: 反应式为

$$C_2H_4(g) + H_2O(g) \longrightarrow C_2H_5OH(g)$$

$$\Delta_r H_m^{\ominus} = \Delta_f H^{\ominus}_{C_2H_5OH} - \Delta_f H^{\ominus}_{C_2H_4} - \Delta_f H^{\ominus}_{H_2O}$$

$$= -235.10 - 52.26 - (-241.82) = -45.54kJ$$

$$\Delta_r S_m^{\ominus} = S^{\ominus}_{C_2H_5OH} - S^{\ominus}_{C_2H_4} - S^{\ominus}_{H_2O}$$

$$= 282.70 - 219.56 - 188.82 = -125.68J/K$$

$$\Delta_r G_m^{\ominus} = \Delta_r H_m^{\ominus} - T\Delta_r S_m^{\ominus}$$

$$= -45.54 - 298 \times (-0.125\,7) = -8.08kJ$$

知识拓展

热力学函数在药物晶型转变中的应用

在固体制剂、半固体制剂和混悬剂的研究中,应注意药物是否存在多晶型。药物晶型不同,其物理化学性质也不同,这会直接影响药物的质量和体内生物利用度。同一种药物在一定条件下,不同晶型之间可以相互转化,称为互变型或可逆变型;如果晶型转变是单向的,称为单向变型,或不可逆变型。晶型转化过程与相应的热力学函数密切相关。若药物存在两种晶型 A 和 B,其熔点分别为 $T_{m,A}$ 和 $T_{m,B}$,根据实验测定的晶型 A 转变为晶型 B 的总焓变、总熵变和吉布斯能等热力学参数,可以计算出晶型转变温度为 T_P,当 $T_P < T_{m,A} < T_{m,B}$ 时,两种晶型为互变关系;当 $T_P > T_{m,A} > T_{m,B}$ 时,两种晶型为单变关系。上述热力学方法的研究可以区分在已知的温度条件下药物何种晶型是稳定型,为进一步的制剂研发提供了理论依据。

第八节　热力学函数间的关系

热力学第一定律和第二定律中，主要涉及 U、H、S、G、F、p、V、T 八个状态函数，除 p 和 T 是强度性质外，其余是广度性质。它们之间存在着如下关系

$$H=U+pV$$

$$F=U-TS$$

$$G=H-TS$$

图（2-9）是热力学状态函数的关联图。

一、热力学基本关系式

根据热力学第一、第二定律的联合式，结合热力学关联图有

$$dU=TdS-pdV \qquad 式（2-45）$$

$$dH=dU+d(pV)=TdS+Vdp \qquad 式（2-46）$$

$$dF=dU-d(TS)=-SdT-pdV \qquad 式（2-47）$$

$$dG=dH-d(TS)=-SdT+Vdp \qquad 式（2-48）$$

图 2-9　热力学函数间的关系示意图

这四个式子称为热力学基本方程，其适用条件为组成不变且只做体积功的封闭系统。在推导中引用了可逆过程的条件，但导出的关系式中所有物理量均为状态函数，在始、终态一定时，其变量为定值，热力学关系式与过程是否可逆无关。

由这四个公式可以导出其他一些热力学公式，例如由式（2-45），在等容下可得

$$\left(\frac{\partial U}{\partial S}\right)_V=T$$

在等熵下可得

$$\left(\frac{\partial U}{\partial V}\right)_S=-p$$

同理，可分别得到：

$$T=\left(\frac{\partial U}{\partial S}\right)_V=\left(\frac{\partial H}{\partial S}\right)_p \qquad 式（2-49）$$

$$p=-\left(\frac{\partial U}{\partial V}\right)_S=-\left(\frac{\partial F}{\partial V}\right)_T \qquad 式（2-50）$$

$$V=\left(\frac{\partial H}{\partial p}\right)_S=\left(\frac{\partial G}{\partial p}\right)_T \qquad 式（2-51）$$

$$S=-\left(\frac{\partial F}{\partial T}\right)_V=-\left(\frac{\partial G}{\partial T}\right)_p \qquad 式（2-52）$$

应用热力学基本方程可以计算过程的热力学状态函数变化，如在等温条件下应用式（2-48）计算 ΔG。

例题 2-13　计算在 $-5℃$、$101.325kPa$ 下，1mol 水凝固为冰的 ΔG。已知 $-5℃$ 过冷水和冰的饱和蒸气压分别为 421Pa 和 401Pa，密度分别为 $1.0kg/dm^3$ 和 $0.91kg/dm^3$。

解：该相变为不可逆相变，设计过程如下

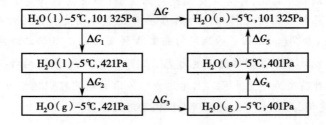

$$\Delta G = \Delta G_1 + \Delta G_2 + \Delta G_3 + \Delta G_4 + \Delta G_5$$

$$\Delta G_2 = \Delta G_4 = 0$$

$$\Delta G = \Delta G_1 + \Delta G_3 + \Delta G_5$$

$$= \int_{p_e}^{p_1} V_1 \mathrm{d}p + \int_{p_1}^{p_s} V_g \mathrm{d}p + \int_{p_s}^{p_e} V_s \mathrm{d}p$$

$$= V_1(p_1 - p_e) + nRT\ln\frac{p_s}{p_1} + V_s(p_e - p_s)$$

$$\Delta G = \frac{18 \times 10^{-3}}{1.0 \times 10^3} \times (421 - 101\ 325) + 1 \times 8.314 \times 268 \times \ln\frac{401}{421} + \frac{18 \times 10^{-3}}{0.91 \times 10^3} \times (101\ 325 - 401)$$

$$= -1.816 - 108.433 + 1.996$$

$$= -108.25\mathrm{J}$$

计算结果表明过程的 $\Delta G < 0$，该过程为自发过程。上述将不可逆过程设计成可逆过程的方法非常重要，应引起关注。

二、麦克斯韦关系式及其应用

状态函数的变化只与始、终态有关，而与过程无关的性质恰是数学中全微分的性质。设 z 是系统某一状态函数，z 是 x 和 y 的函数，即 $z = f(x,y)$，z 的全微分为

$$\mathrm{d}z = \left(\frac{\partial z}{\partial x}\right)_y \mathrm{d}x + \left(\frac{\partial z}{\partial y}\right)_x \mathrm{d}y$$

$$= M\mathrm{d}x + N\mathrm{d}y$$

式中
$$M = \left(\frac{\partial z}{\partial x}\right)_y, \quad N = \left(\frac{\partial z}{\partial y}\right)_x$$

M 和 N 分别是 z 对 x 和 y 的一阶偏导数，若将 M 和 N 分别对 y 和 x 再求偏导数，有

$$\left(\frac{\partial M}{\partial y}\right)_x = \frac{\partial^2 z}{\partial y \partial x} \quad \left(\frac{\partial N}{\partial x}\right)_y = \frac{\partial^2 z}{\partial x \partial y}$$

因二阶混合偏导数与求导次序无关，有

$$\left(\frac{\partial M}{\partial y}\right)_x = \left(\frac{\partial N}{\partial x}\right)_y$$

这个关系称之为麦克斯韦关系（Maxwell's relations）。

将麦克斯韦关系式用于式（2-45）~式（2-48），则有

$$\left(\frac{\partial S}{\partial p}\right)_T = -\left(\frac{\partial V}{\partial T}\right)_p \qquad\qquad 式（2-53）$$

$$\left(\frac{\partial T}{\partial V}\right)_S = -\left(\frac{\partial p}{\partial S}\right)_V \qquad\qquad 式（2-54）$$

$$\left(\frac{\partial T}{\partial p}\right)_S = \left(\frac{\partial V}{\partial S}\right)_p \qquad\qquad 式（2-55）$$

$$\left(\frac{\partial S}{\partial V}\right)_T = \left(\frac{\partial p}{\partial T}\right)_V \qquad\qquad 式（2-56）$$

麦克斯韦关系式的意义在于它将不能或不易直接测量的物理量的变化规律，用易于测量的物理量的变化规律表示出来。如用等压下体积随温度变化的负值 $-\left(\frac{\partial V}{\partial T}\right)_p$ 代替 $\left(\frac{\partial S}{\partial p}\right)_T$，因为熵是不能直接测定的，而体积随温度的变化极容易测定，这就可以帮助我们了解熵随压力的变化规律。下面举例说明麦克斯韦关系式的应用。

例题 2-14 试求在等温条件下，热力学能随体积的变化率。

解: 在等温下,将式(2-45)对体积求导:

$$\left(\frac{\partial U}{\partial V}\right)_T = T\left(\frac{\partial S}{\partial V}\right)_T - p$$

式中$\left(\frac{\partial S}{\partial V}\right)_T$不易直接测定,根据式(2-56),$\left(\frac{\partial S}{\partial V}\right)_T = \left(\frac{\partial p}{\partial T}\right)_V$

所以

$$\left(\frac{\partial U}{\partial V}\right)_T = T\left(\frac{\partial p}{\partial T}\right)_V - p$$

对理想气体,将$p = \frac{nRT}{V}$在V不变的条件下对T求导,有

$$\left(\frac{\partial p}{\partial T}\right)_V = \frac{nR}{V}$$

代入上式得

$$\left(\frac{\partial U}{\partial V}\right)_T = \frac{nRT}{V} - p = p - p = 0$$

例题 2-14 从理论上证明了理想气体的热力学能仅是温度的函数,与气体体积无关。对于非理想气体,若知道其状态方程,也可求出$\left(\frac{\partial U}{\partial V}\right)_T$的具体函数关系。

例题 2-15 试证明$\left(\frac{\partial T}{\partial V}\right)_p\left(\frac{\partial V}{\partial p}\right)_T\left(\frac{\partial p}{\partial T}\right)_V = -1$,并以理想气体验证其正确性。

证明: 对于一定量某实际纯气体,其体积是压力和温度的函数$V = V(p,T)$。

$$dV = \left(\frac{\partial V}{\partial T}\right)_p dT + \left(\frac{\partial V}{\partial p}\right)_T dp$$

当V恒定,$dV = 0$,则

$$\left(\frac{\partial V}{\partial T}\right)_p dT = -\left(\frac{\partial V}{\partial p}\right)_T dp$$

可写成

$$\left(\frac{\partial T}{\partial V}\right)_p\left(\frac{\partial V}{\partial p}\right)_T\left(\frac{\partial p}{\partial T}\right)_V = -1$$

对于 1mol 理想气体,$pV = RT$

$$\left(\frac{\partial T}{\partial V}\right)_p = \frac{p}{R} \qquad \left(\frac{\partial V}{\partial p}\right)_T = -\frac{V}{p} \qquad \left(\frac{\partial p}{\partial T}\right)_V = \frac{R}{V}$$

则

$$\left(\frac{\partial T}{\partial V}\right)_p\left(\frac{\partial V}{\partial p}\right)_T\left(\frac{\partial p}{\partial T}\right)_V = -1$$

三、ΔG 与温度的关系——吉布斯-亥姆霍兹方程

化学反应的$\Delta_r G_1$可通过某一温度T_1下的焓变和熵变计算,如果上述变化在另外一个温度T_2下进行,如何通过$\Delta_r G_1$计算T_2温度下的$\Delta_r G_2$? 现讨论如下。

对于化学反应,根据$\left(\frac{\partial G}{\partial T}\right)_p = -S$可得

$$\left(\frac{\partial \Delta_r G}{\partial T}\right)_p = -\Delta_r S \qquad\qquad 式(2-57)$$

由于反应物和产物的温度相同,所以有

$$\Delta_r G = \Delta_r H - T\Delta_r S \quad 或 \quad -\Delta_r S = \frac{\Delta_r G - \Delta_r H}{T}$$

则式(2-52)可写作

$$\left(\frac{\partial \Delta_r G}{\partial T}\right)_p = \frac{\Delta_r G - \Delta_r H}{T} \qquad\qquad 式(2-58)$$

两边同时除以 T，并整理后，式(2-58)可写成

$$\frac{1}{T}\left(\frac{\partial \Delta_r G}{\partial T}\right)_p - \frac{\Delta_r G}{T^2} = -\frac{\Delta_r H}{T^2}$$

上式的等号左边等于压力不变时，$\dfrac{\Delta_r G}{T}$ 对 T 的偏导数，所以

$$\left(\frac{\partial\left(\dfrac{\Delta_r G}{T}\right)}{\partial T}\right)_p = -\frac{\Delta_r H}{T^2} \qquad\qquad 式(2-59)$$

式(2-57)、式(2-58)和式(2-59)均称为吉布斯-亥姆霍兹方程。在等压条件下，若已知反应在 T_1 温度时的 $\Delta_r G_m(T_1)$，可根据式(2-59)，计算该反应在 T_2 时的 $\Delta_r G_m(T_2)$。

将式(2-59)积分，可得

$$\int d\left(\frac{\Delta_r G}{T}\right)_p = -\int \frac{\Delta_r H}{T^2} dT$$

1. 当温度变化范围不大时，$\Delta_r H$ 可近似为不随温度变化的常数，则上式定积分为

$$\frac{\Delta_r G_2}{T_2} - \frac{\Delta_r G_1}{T_1} = \Delta H\left(\frac{1}{T_2} - \frac{1}{T_1}\right) \qquad\qquad 式(2-60)$$

例题 2-16　298K，反应 $2SO_3(g) \Longrightarrow 2SO_2(g) + O_2(g)$ 的 $\Delta_r G_m = 1.400 \times 10^5 J/mol$，已知反应的 $\Delta_r H_m = 1.966 \times 10^5 J/mol$，且不随温度而变化，求上述反应在 873K 进行时的 $\Delta_r G_m$。

解：根据式(2-60)

$$\Delta_r G_2 = T_2\left[\frac{\Delta_r G_1}{T_1} + \Delta_r H_m\left(\frac{1}{T_2} - \frac{1}{T_1}\right)\right]$$

$$\Delta_r G_{873K} = 873 \times \left[\frac{1.400 \times 10^5}{298} + 1.966 \times 10^5 \times \left(\frac{1}{873} - \frac{1}{298}\right)\right] = 3.082 \times 10^4 J/mol$$

2. 当温度变化范围较大时，$\Delta_r H$ 是温度的函数。等压条件下，$\left(\dfrac{\partial H}{\partial T}\right)_p = C_p$，而 C_p 是温度的函数

$$C_p = a + bT + cT^2 + \cdots$$

产物与反应物恒压热容之差为

$$\Delta_r C_p = \Delta_r a + \Delta_r bT + \Delta_r cT^2 + \cdots$$

则

$$\Delta_r H = \Delta_r H_0 + \int \Delta_r C_p dT$$

$$= \Delta_r H_0 + \int (\Delta_r a + \Delta_r bT + \Delta_r cT^2 + \cdots) dT$$

$$\Delta_r H = \Delta_r H_0 + \Delta_r aT + \frac{1}{2}\Delta_r bT^2 + \frac{1}{3}\Delta_r cT^3 + \cdots \qquad\qquad 式(2-61)$$

式中，$\Delta_r H_0$ 是积分常数，代入式(2-59)，则有

$$\left(\frac{\partial\dfrac{\Delta_r G}{T}}{\partial T}\right)_p = \frac{-\Delta_r H_0 - \Delta_r aT - \dfrac{1}{2}\Delta_r bT^2 - \dfrac{1}{3}\Delta_r cT^3 + \cdots}{T^2}$$

积分得

$$\Delta_r G_T = \Delta_r H_0 - \Delta_r a \cdot T\ln T - \frac{\Delta_r b}{2}T^2 - \frac{\Delta_r c}{6}T^3 + \cdots + IT \qquad\qquad 式(2-62)$$

式中，I 是积分常数。由式(2-62)可以计算 T 温度下的 $\Delta_r G$。

例题 2-17   合成氨反应 $\dfrac{1}{2}N_2(g) + \dfrac{3}{2}H_2(g) \Longrightarrow NH_3(g)$

已知，在 298K 各种气体均处于 100kPa 时，$\Delta_r H_m^{\ominus} = -46.11\text{kJ/mol}$，$\Delta_r G_m^{\ominus} = -16.45\text{kJ/mol}$，试求 1 000K 时的 $\Delta_r G_m^{\ominus}$ 值，各物质的等压热容可以查表。

解： 查表可知

$$\Delta_r C_p = -25.46 + 18.33 \times 10^{-3}T - 2.05 \times 10^{-7}T^2$$

$$\Delta_r H_m^{\ominus} = \Delta H_0 + \int_0^T \Delta_r C_P \, dT$$

$$= \Delta H_0 - 25.46T + \frac{1}{2} \times 18.33 \times 10^{-3}T^2 - \frac{1}{3} \times 2.05 \times 10^{-7}T^3$$

已知 $T = 298K$ 时，$\Delta_r H_m^{\ominus} = -46\,110\text{J/mol}$，可求得 $\Delta H_0 = -39\,340\text{J/mol}$

所以 $$\Delta_r H_m^{\ominus} = -39\,340 - 25.46T + 9.16 \times 10^{-3}T^2 - 0.7 \times 10^{-7}T^3$$

代入式(2-62)

$$\Delta_r G_m^{\ominus} = -39\,340 + 25.46T\ln T - 9.16 \times 10^{-3}T^2 + 0.35 \times 10^{-7}T^3 + IT$$

已知 $T = 298K$，$\Delta_r G_m^{\ominus} = -16\,450\text{J/mol}$，由此可求得

$$I = -65.5$$

所以 $$\Delta_r G_m^{\ominus} = -39\,340 + 25.46T\ln T - 9.17 \times 10^{-3}T^2 + 0.35 \times 10^{-7}T^3 - 65.5T$$

通过上式可求该反应在任一温度进行时的 $\Delta_r G_m^{\ominus}$。

当 $T = 1\,000K$ 时，$\Delta_r G_{m,1\,000}^{\ominus} = 61\,900\text{J/mol}$

计算结果说明，给定条件下的合成氨反应，在 298K 时可以自发进行；而在 1 000K 时，反应不能自发进行。

第九节   非平衡态热力学简介

热力学第二定律指出，孤立系统中，自发变化朝着消除差别、均匀化、混乱度增加、做功能力减小的方向进行，这是能量趋于退化的方向。而生物进化过程是从单细胞到多细胞，从简单到复杂，从无序朝着有序的方向进行。生命体是敞开系统，受环境影响很大，自组织结构形成对生物进化起决定性作用。生物界的自组织现象也十分普遍，蜜蜂是一种低等昆虫，然而千千万万个蜜蜂集体营造出一个个完美无缺的正六边形的蜂巢；蛋白质是生命的重要物质基础，构成蛋白质的氨基酸有 20 余种，若要组成含 100 个氨基酸的蛋白质分子，则大约有 20^{100}（约 10^{130}）种不同排列方式，每种排列方式应是机会均等的，要构成某一特定排列方式的蛋白质分子，其概率是极低的，从经典热力学理论看，由众多的氨基酸随机组成有序特定蛋白质分子几乎是不可能的，但这一合成过程在生物机体中确实进行着。自然界种类繁多的自组织现象，生物界的进化，与前述自发变化趋于无序的退化方向形成鲜明对照，如何把这两种进程统一起来？这需要脱离经典热力学的局限，用新的理论来说明。

一、非平衡态理论

在一定条件下，系统在宏观上不随时间变化的恒定状态称为定态，系统内部不再有任何宏观过程，这样的定态，称热力学平衡态。对热力学平衡态有两个重要特征：状态函数不随时间变化和系统内部不存在物理量的宏观流动，如热流、粒子流等。凡不具备以上任一条件的状态，都称为非平衡态。对孤立系统，定态就是平衡态。开放系统则不同，开放系统达到定态，不一定是平衡态。例如，一金属棒两端分别与两个不同温度的大恒温热源相接触，经一定时间后，金属棒上各点温度不再随时间改变，达到了定态，但不是平衡态，因为系统内部存在宏观的热流。敞开系统的变化强烈依赖外部条件，只要维持两热源温度不变这一外部条件，无论时间多长，金属棒永不会发展到平衡态。生物体在发展

某一阶段可能处于宏观不变的定态,但生物体内进行着新陈代谢过程,因此生物体不随时间变化的状态是非平衡定态,而不是平衡态。

二、普利高津和耗散结构理论

普利高津(I.Prigogine)是比利时物理化学家和理论物理学家,长期从事关于不可逆过程热力学(也称非平衡态热力学)的研究。1945 年他将熵增原理推广到任意系统,提出了最小熵产生定理,该定理是线性不可逆过程热力学理论的主要基石之一。他和同事们于 20 世纪 60 年代提出了适用于不可逆过程整个范围内的一般发展判据,并发展了非线性不可逆过程热力学的稳定性理论,提出了耗散结构理论,为认识自然界中(特别是生命体系中)发生的各种自组织现象开辟了一条新路。由于在这方面的贡献,他获得了 1977 年诺贝尔化学奖。

热力学第二定律指出,对于孤立系统,过程熵变 $\mathrm{d}S \geq 0$,这就是孤立系统的熵增原理,其实质就是从热力学概率较小的非平衡态,自发朝热力学概率增大方向发展,直到具有最大熵的平衡态。

普利高津将熵增原理推广到任意系统(孤立系统,敞开系统),他指出熵是系统的广度性质,当系统处于平衡状态时有确定的熵值,发生变化时,系统的熵变是外熵变和内熵变的和。外熵变是由系统与环境通过界面进行热量交换和物质交换时,进入或流出系统的熵流(entropy flux),是系统与环境间的熵交换,用 $\mathrm{d_e}S$ 表示。内熵变是由系统内部的不可逆过程(如系统内部的扩散、化学反应等)所引起的熵产生(entropy production),用 $\mathrm{d_i}S$ 表示,则

$$\mathrm{d}S = \mathrm{d_e}S + \mathrm{d_i}S \qquad \text{式(2-63)}$$

其中 $\mathrm{d_e}S$ 可正、可负、可为零,而 $\mathrm{d_i}S$ 绝不可能为负值。

$$\mathrm{d_i}S \geq 0 \qquad \text{式(2-64)}$$

系统的熵随时间的变化率 $\dfrac{\mathrm{d}S}{\mathrm{d}t}$,可表示为

$$\frac{\mathrm{d}S}{\mathrm{d}t} = \frac{\mathrm{d_e}S}{\mathrm{d}t} + \frac{\mathrm{d_i}S}{\mathrm{d}t}$$

其中熵流项的一般形式

$$\frac{\mathrm{d_e}S}{\mathrm{d}t} = \sum \frac{1}{T_B} \frac{\delta Q_B}{\mathrm{d}t} + \sum S_B \frac{\mathrm{d}n_B}{\mathrm{d}t}$$

式中,$\dfrac{\delta Q_B}{\mathrm{d}t}$ 是在 T_B 温度下热量流入系统的速率,$\dfrac{\mathrm{d}n_B}{\mathrm{d}t}$ 是物质 B 流入系统的速率,S_B 是物质 B 的偏摩尔熵(偏摩尔量的概念下一章将介绍)。则对任一系统,熵变化率可表示为

$$\frac{\mathrm{d}S}{\mathrm{d}t} = \sum \frac{1}{T_B} \frac{\delta Q_B}{\mathrm{d}t} + \sum S_B \frac{\mathrm{d}n_B}{\mathrm{d}t} + \frac{\mathrm{d_i}S}{\mathrm{d}t} \qquad \text{式(2-65)}$$

对式(2-65)可分下列几种情况讨论:

1. 孤立系统 因 $\dfrac{\mathrm{d}Q_B}{\mathrm{d}t} = 0, \dfrac{\mathrm{d}n_B}{\mathrm{d}t} = 0$,则其熵变化率为

$$\frac{\mathrm{d}S}{\mathrm{d}t} = \frac{\mathrm{d_i}S}{\mathrm{d}t} \qquad \text{式(2-66)}$$

由第二定律知,$\mathrm{d_i}S \geq 0$(即熵增原理),表示系统的熵将趋于最大,生物将达到热力学平衡的死亡状态,这样的系统,生命无法生存。

2. 敞开系统 第一种情况是系统向外流出的熵与系统内产生的熵正好抵消,即 $-\dfrac{\mathrm{d_e}S}{\mathrm{d}t} = \dfrac{\mathrm{d_i}S}{\mathrm{d}t}$,系统可达到非平衡的稳定状态,简称稳态,则 $\dfrac{\mathrm{d}S}{\mathrm{d}t} = 0$,式(2-65)写成

$$\sum \frac{1}{T_B} \frac{\delta Q_B}{\mathrm{d}t} + \sum S_B \frac{\mathrm{d}n_B}{\mathrm{d}t} + \frac{\mathrm{d_i}S}{\mathrm{d}t} = 0 \qquad \text{式(2-67)}$$

成年的生命将维持有序不变。

第二种情况是 $-\dfrac{\mathrm{d}_e S}{\mathrm{d}t} > \dfrac{\mathrm{d}_i S}{\mathrm{d}t}$，说明从周围环境流入的负熵超过内部熵产生，则系统将向更有序的方向发展。这就是生命的进化过程。普利高津将这样形成的有序状态称为耗散结构（dissipative structures）。因为它的形成和维持需要消耗能量。普利高津的非平衡态热力学是研究耗散结构的理论基础。

三、熵与生命

一个健康的生物体是热力学开放系统，基本处于非平衡态的稳态。生物体内有血液流动、扩散、各种物质生化变化等不可逆过程发生，体内熵产生 $\dfrac{\mathrm{d}_i S}{\mathrm{d}t} > 0$。要达到稳态，$\dfrac{\mathrm{d}_e S}{\mathrm{d}t} < 0$，依前分析，包括热量交换和物质交换两项，与环境的热交换取决于机体与环境的温差是正还是负。与环境的物质交换，是有序状态，是靠吸入低熵排出高熵，对人体而言，摄入食物是蛋白质、糖、脂肪，是高度有序化、低熵值的大分子物质；排出的废物是无序的、高熵值的小分子物质。保持 $\mathrm{d}_e S < 0$，以抵消机体内不可逆过程引起的熵产生 $\mathrm{d}_i S > 0$，以维持生命。对开放系统的生物体，以摄取食物并加以分解为代价而成长，使得生物体从无序进入有序的耗散结构状态，这与热力学第二定律并不矛盾。

非平衡态热力学理论和生命有序现象，对医药学也产生了很大影响，人们对健康与疾病的本质有了新的认识。以往将人体健康状态视为平衡态，疾病是不平衡态，而新观点将健康视为非平衡系统稳态，疾病则是对这种稳态的偏离。人体若因某种因素，使负的外熵流不畅通，体内会因熵的增加而引起疾病，称为熵病。中暑是一种典型的熵病。目前，人们正从非平衡稳态理论出发，对医药学的理论开展广泛研究。

本 章 小 结

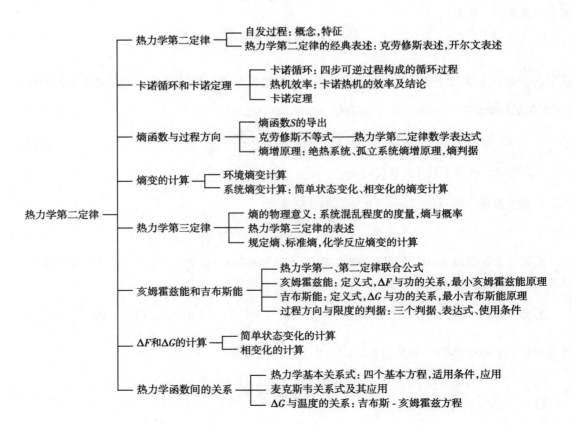

思　考　题

1. 热力学第二定律可表示为:热不能从低温物体传到高温物体,这种说法对吗?

2. 不可逆过程的热温商不是熵变,为什么?

3. 为什么说克劳修斯不等式是过程方向的共同判据? 为什么说它也是过程不可逆程度的判据?

4. 因为 $dS = \dfrac{\delta Q_r}{T}$,所以只有可逆过程才有熵变,这种说法对吗? 为什么?

5. 从同一始态出发,绝热可逆过程和绝热不可逆过程没有相同的终态,为什么?

6. 系统经过一个不可逆循环,环境的熵变一定大于零,为什么?

7. 273K、101.325kPa 条件下,$H_2O(s) \longrightarrow H_2O(l)$ 的 $\Delta S = 22.07 J/(K \cdot mol)$,即 $\Delta S > 0$,故此过程为不可逆过程,这种说法对吗? 为什么?

8. 公式 $\Delta G = \Delta H - T \Delta S$ 的适用条件是什么?

9. 100℃、101.325kPa 的水反抗 0kPa 的外压,蒸发为气体,该过程是否可以用 ΔG 判别过程的方向? 为什么?

10. 如果化学反应的热效应与温度无关,反应的熵变也与温度无关,可否推断反应吉布斯能的变化同样与温度无关? 为什么?

习　　题

1. 1L 理想气体从 3 000K、1 519.9kPa 的始态,经等温膨胀至体积为 10L,计算该过程的 W_{max}、ΔH、ΔU 及 ΔS。

2. 300K 时 1mol H_2 从 1L 向真空膨胀至 10L,求系统的熵变。若使该 H_2 在 300K 从 1L 经恒温可逆膨胀至 10L,其熵变又是多少? 由此得到怎样结论?

3. 0.5L、343K 的水与 0.1L、303K 的水混合,求系统的熵变。已知水的 $C_{p,m} = 75.29 J/(K \cdot mol)$。

4. 有 473K 的锡 250g,落在 283K、1kg 的水中,略去水的蒸发,求达到平衡时此过程的熵变。已知锡的 $C_{p,m} = 24.14 J/(K \cdot mol)$,原子量为 118.71,水的 $C_{p,m} = 75.40 J/(K \cdot mol)$。

5. 1mol 水在 373K 和 101.325kPa 条件下向真空蒸发,变成 373K 和 101.325kPa 的水蒸气,试计算此过程的 ΔS、$\Delta S_{环境}$ 和 $\Delta S_{孤立}$,并判断此过程是否自发。水的蒸发热为 40.64kJ/mol。

6. 试计算 263K 和 100kPa 下,1mol 水凝结成冰这一过程的 ΔS、$\Delta S_{环境}$ 和 $\Delta S_{孤}$,并判断此过程是否为自发过程。已知水和冰的热容分别为 75.3J/(K·mol) 和 37.6J/(K·mol),273K 时冰的熔化热为 6 025J/mol。

7. 有一物系如图所示,将隔板抽去,求平衡后 ΔS。设 O_2 和 H_2 的平均 $C_{p,m}$ 均是 28.03J/(K·mol)。

1mol O_2 283K V	1mol H_2 293K V

8. 在温度为 298K 的室内有一冰箱,冰箱内的温度为 273K。试问欲使 1kg 水结成冰,至少须做多少功? 此冰箱对环境放热多少? 已知冰的熔化热为 334.7J/g。$\left(\text{注:卡诺热机的逆转即为制冷机,可逆制冷机的制冷率} \beta = \dfrac{Q}{W} = \dfrac{T_1}{T_2 - T_1}\right)$

9. 有一大恒温槽,其温度为 369.9K,室温为 299.9K,经过相当时间后,有 4 184J 的热因恒温槽绝

热不良而传给室内空气,试求:

(1) 恒温槽的熵变。

(2) 空气的熵变。

(3) 试问此过程是否可逆。

10. 1mol 甲苯在其沸点 383.2K 时蒸发为气体,求该过程的 Q、W、ΔU、ΔH、ΔS、ΔG 和 ΔF,已知该温度下甲苯的汽化热为 362kJ/kg。

11. 1mol O_2 于 298K 时:(1) 由 100kPa 等温可逆压缩到 600kPa;(2) 在恒外压 600kPa 下,等温压缩到终态。求 Q、W、ΔU、ΔH、ΔF、ΔG、ΔS 和 $\Delta S_{孤立}$。

12. 298K,1mol O_2 从 100kPa 绝热可逆压缩到 600kPa,求 Q、W、ΔU、ΔH、ΔG、ΔS。已知 298K 氧气的规定熵为 205.14J/(K·mol)。$\left(氧为双原子分子,若为理想气体,C_{p,m}=\dfrac{7}{2}R,\gamma=\dfrac{7}{5}\right)$

13. 在 273K,10^3kPa 下,单原子理想气体 10L,绝热膨胀至 100kPa,分别计算下列各条件下的 Q、W、ΔU、ΔH、ΔS。(1) $p_e=p$;(2) $p_e=100$kPa;(3) $p_e=0$。$\left(单原子分子理想气体,C_{V,m}=\dfrac{3}{2}R,\gamma=\dfrac{5}{3}\right)$

14. 在 298K、101.325kPa 下,1mol 过冷水蒸气变为 298K、101.325kPa 的液态水,求此过程的 ΔS 及 ΔG。已知 298K 下,水的饱和蒸气压为 3.167 4kPa,汽化热为 2 217kJ/kg。上述过程能否自发进行?

15. 指出在下述各过程中,系统的 ΔU、ΔH、ΔS、ΔF 和 ΔG 何者为零?

(1) 理想气体卡诺循环。

(2) H_2 和 O_2 在绝热钢瓶中发生反应。

(3) 非理想气体的绝热节流膨胀。

(4) 液态水在 373.15K 和 101.325kPa 下蒸发为水蒸气。

(5) 理想气体的绝热节流膨胀。

(6) 理想气体向真空自由膨胀。

(7) 理想气体绝热可逆膨胀。

(8) 理想气体等温可逆膨胀。

16. 某溶液中化学反应,若在等温等压(298K、100kPa)下进行,放热 40 000J,若使该反应通过可逆电池来完成,则吸热 4 000J。试计算:

(1) 该化学反应的 ΔS。

(2) 当该反应自发进行(即不做电功)时,求环境的熵变及总熵变。

(3) 该系统可能做的最大功。

17. 已知 268K 时,固态苯的蒸气压为 2.28kPa,过冷液态苯蒸气压为 2.64kPa,设苯蒸气为理想气体,求 268K、1mol 过冷苯凝固为固态苯的 ΔG。

18. 计算下列恒温反应的熵变化:

$$2C(石墨)+3H_2(g) \xrightarrow{298K} C_2H_6(g)$$

已知 298K 时 C(石墨)、H_2 和 C_2H_6 的标准熵分别为 5.74J/(K·mol)、130.68J/(K·mol) 和 229.6J/(K·mol)。

19. 计算下列恒温反应(298K)的 $\Delta_r G_m^{\ominus}$:

$$C_6H_6(g)+C_2H_2(g) \xrightarrow{298K} C_6H_5C_2H_3(g)$$

已知 298K 时 $C_6H_5C_2H_3$ 的 $\Delta_f H_m^{\ominus}=147.36$J/(K·mol),$S_m^{\ominus}=345.1$J/(K·mol)。

20. 298K、10kPa 时,金刚石与石墨的规定熵分别为 2.38J/(K·mol) 和 5.74J/(K·mol);其标准燃烧热分别为 −395.4kJ/mol 和 −393.5kJ/mol。计算在此条件下,石墨→金刚石的 $\Delta G_m^{\ominus}$ 值,并说明此时哪种晶体较为稳定。

21. 试由 20 题的结果,求算需增大到多大压力才能使石墨变成金刚石? 已知在 298K 时石墨和金刚石的密度分别为 $2.260×10^3 kg/m^3$ 和 $3.513×10^3 kg/m^3$。

22. 101.325kPa 压力下,斜方硫和单斜硫的转换温度为 368K,今已知在 273K 时,S(斜方)—→ S(单斜)的 $\Delta_r H = 322.17 J/mol$,在 273~373K 之间,硫的摩尔等压热容分别为 $C_{p,m}($斜方$) = (17.24 + 0.0197T) J/(K·mol)$;$C_{p,m}($单斜$) = (15.15 + 0.0301T) J/(K·mol)$,求(1)转换温度 368K 时的 $\Delta_r H_m$;(2)273K 时,转换反应的 $\Delta_r G_m$。

23. 1mol 水在 373K、101.3kPa 下恒温恒压汽化为水蒸气,并继续升温降压为 473K、50.66kPa,求整个过程的 ΔG(设水蒸气为理想气体)。已知:$C_{p,H_2O(g)} = (30.54 + 10.29×10^{-3}T) J/(K·mol)$,$S^{\ominus}_{H_2O(g)}(298K) = 188.72 J/(K·mol)$。

24. 计算下述化学反应在 100kPa 下,温度分别为 298.15K 及 398.15K 时的熵变各是多少? 设在该温度区间内各 $C_{p,m}$ 值是与 T 无关的常数。已知:

	$C_2H_2(g, p^{\ominus})$	$+2H_2(g, p^{\ominus})$	$=\!\!=C_2H_6(g, p^{\ominus})$
$S^{\ominus}_m(J/(K·mol))$	200.92	130.68	229.60
$C_{p,m}(J/(K·mol))$	43.93	28.82	52.63

25. 反应 $CO(g) + H_2O(g) =\!\!= CO_2(g) + H_2(g)$,自热力学数据表查出反应中各物质 $\Delta_f H^{\ominus}_m$、$S^{\ominus}_m$ 及 $C_{p,m}$,求该反应在 298K 和 1000K 时的 $\Delta_r H^{\ominus}_m$、$\Delta_r S^{\ominus}_m$ 和 $\Delta_r G^{\ominus}_m$。

目标测试

（袁　悦）

第三章

多组分系统热力学

第三章
教学课件

学习目标

1. **掌握** 各种浓度的定义和应用,偏摩尔量和化学势概念,多组分系统的化学势判据,稀溶液中的拉乌尔定律和亨利定律及应用,稀溶液的依数性质,溶剂蒸气压降低,沸点升高,凝固点降低和渗透压的计算,稀溶液的分配定律和相关计算。

2. **熟悉** 偏摩尔量的集合公式,组分可变的系统热力学基本关系式,气体混合物的化学势表示,稀溶液中溶剂和溶质的化学势表示。

3. **了解** 溶液和混合物的区别,吉布斯-杜安公式,温度、压力对化学势的影响,化学势在化学平衡和相平衡中的应用,逸度和逸度系数概念,真实溶液的化学势表示,活度和活度系数概念。

本章将讨论热力学第一定律和第二定律在多组分均相系统中的应用,重点是液相均相系统。无论在化工生产还是科研实验中,接触液相系统更多,因此理解和掌握液相均相系统的热力学性质十分重要。

第一节 多组分系统和组成表示法

两种或两种以上物质或组分(component)所形成的系统称为多组分系统(multi-component system)。这里我们主要讨论以分子大小的尺度相互分散的均相系统(homogeneous system),多组分分散系统可以是单相的,也可以是多相的。

多组分的均相系统按组分在热力学中能否作相同处理,可分为混合物和溶液。

1. **混合物** 任何组分可按同样的方法来处理的均相系统称为混合物(mixture)。当我们任选其中一种组分 B 作为研究对象,其结果可以用于任何其他组分。气体均相系统一般为混合物,液体均相系统可以是混合物,也可不是。

2. **溶液** 各组分不能用同样的方法来处理的均相系统称为溶液(solution)。通常将含量较多的组分称为溶剂(solvent),其他组分称为溶质(solute)。溶质和溶剂遵循不同的经验定律,化学势的标准态和内涵也不同。按相态分,溶液分为液态溶液和固态溶液,本章只讨论液态溶液。溶质有电解质和非电解质之分,本章只讨论非电解质。

3. **稀溶液** 如果溶质的含量很少,溶质摩尔分数的总和远小于1,这种溶液称为稀溶液(dilute solution)。稀溶液有依数性质,本章将予以讨论。

简言之,有溶剂、溶质之分者称为溶液,无溶剂、溶质之分者称为混合物。其实,它们并没有本质不同,都是由多种物质以分子形式混合而形成的系统,只是在热力学处理时有所不同。

多组分系统中,各组分的相对含量称为浓度,常用的浓度表示有:

1. **质量分数**(mass fraction) 即 w_B。

$$w_B = \frac{m(B)}{\sum_A m_A}$$

式(3-1)

式中,$m(B)$为组分 B 的质量,$\sum_A m_A$ 为总质量,w_B是量纲为 1 的量,其单位为 1。

2. 摩尔分数（mole fraction）　即 x_B。

$$x_B = \frac{n_B}{\sum_A n_A}$$　　　　式（3-2）

式中,n_B为组分 B 的量,$\sum_A n_A$ 为总量,x_B是量纲为 1 的量,其单位为 1。摩尔分数又称物质的量分数（amount of substance fraction）。对于气态混合物,常用 y_B表示。在相平衡中常用质量分数和摩尔分数表示组分的组成。

3. 物质的量浓度（amount of concentration）　即 c_B。

$$c_B = \frac{n_B}{V}$$　　　　式（3-3）

式中,n_B为组分 B 的物质的量,V 为系统总体积,c_B的单位为 mol/m^3,常用 mol/L。也可用 $[B]$ 表示 c_B,在动力学中常用。

4. 质量摩尔浓度（molality）　即 m_B。

$$m_B = \frac{n_B}{m(A)}$$　　　　式（3-4）

式（3-4）中,n_B为组分 B 的物质的量,$m(A)$为溶剂的质量,m_B的单位为 mol/kg。电化学中常用质量摩尔浓度,对于稀的水溶液,数值上 $1kg$ 水 $\approx 1L$ 溶液,因而$\frac{m_B}{mol/kg} \approx \frac{c_B}{mol/L}$。

例题 3-1　$AgNO_3$ 水溶液当质量分数 $w_B = 0.12$ 时,溶液的密度为 $1.108kg/L$。计算 $AgNO_3$ 的摩尔分数、物质的量浓度和质量摩尔浓度。

解：$AgNO_3$ 和 H_2O 的摩尔质量分别为 $169.87g/mol$ 和 $18.015g/mol$,设有 $1kg$ 溶液,则

$$n_B = \frac{0.12 \times 1\,000}{169.87} = 0.706\,4mol$$

$$n_A = \frac{(1-0.12) \times 1\,000}{18.015} = 48.85mol$$

$$x_B = \frac{n_B}{n_B + n_A} = \frac{0.706\,4}{0.706\,4 + 48.85} = 0.014\,25$$

$$c_B = \frac{n_B}{V} = \frac{0.706\,4}{1/1.108} = 0.782\,7mol/L$$

$$m_B = \frac{n_B}{m(A)} = \frac{0.706\,4}{1 \times (1-0.12)} = 0.802\,7mol/kg$$

案例分析

酒的度数和偏摩尔体积

标准酒度是法国著名化学家盖·吕萨克（Gay Lusaka）提出的,它是指在常压和 20℃ 条件下,每 100ml 酒液中含有的酒精毫升数。这种酒度表示法比较容易理解,因而获得较为广泛的使用。标准酒度又称为盖·吕萨克酒度,通常用百分比表示。

问题：

1. 标准酒度为什么要指定压力和温度?

2. 用 40ml 食用酒精和 60ml 水配制的酒液其标准酒度是 40% 吗? 为什么?

第二节　偏摩尔量

前两章所讨论的热力学系统是单一物质或组成不变的均相封闭系统,这类系统的广度性质(如 U、H、S、G 等),只需用两个变量就足以确定,如 $G=G(T,p)$。对于有化学变化或相变化的系统,各相的物质种类和数量发生改变,因物质本身就包含能量,这时再用两个变量来表示状态就不够了,还应考虑各组分物质的量(n_B)的变化对系统的影响。

现以体积这一广度性质为例说明:293K 和 $p^{\ominus}$ 下,纯乙醇 1g 体积为 1.276ml,纯水 1g 体积是 1.040ml,若乙醇和水以不同比例混合成总量 100g 的溶液,其总体积 V 并不等于它们单独存在时的体积之和,即

$$V(溶液) \neq n_1 V_{m,1} + n_2 V_{m,2}$$

表 3-1 是水与乙醇混合时各组分的体积与溶液体积的实验结果,可见体积的变化量 ΔV 还与溶液的浓度有关。事实说明,只确定温度、压力,系统的广度性质(V)并不能确定,还必须指定浓度。对其他热力学广度性质如 U、S、H、G 等也是如此,为此对组成变化的系统,路易斯(G. L. Lewis)提出了偏摩尔量的概念,来代替纯组分时的摩尔量。

表 3-1　乙醇与水混合液的体积与浓度的关系

质量分数 $w_{乙醇}$	$V_{乙醇}$/ml	$V_水$/ml	溶液体积/(相加值/ml)	溶液体积/(实验值/ml)	ΔV/ml
10	12.67	90.36	103.03	101.84	1.19
20	25.34	80.32	105.66	103.24	2.42
30	38.01	70.28	108.29	104.34	3.45
40	50.68	60.24	110.92	106.93	3.99
50	63.35	50.20	113.55	109.43	4.12
60	76.02	40.16	116.18	112.22	3.96
70	88.69	30.12	118.81	115.25	3.56
80	101.36	20.08	121.44	118.56	2.88
90	114.03	10.04	124.07	122.25	1.82

一、偏摩尔量的定义

设 X 代表多组分系统中任一广度性质(V、U、H、S、G 等),其可以看作是温度 T、压力 p 及各组成的物质的量 n_1、n_2、$\cdots$ 的函数,即

$$X = f(T, p, n_1, n_2, \cdots)$$

当系统状态发生微小变化时,X 有相应的改变,可用全微分表示

$$dX = \left(\frac{\partial X}{\partial T}\right)_{p,n_i} dT + \left(\frac{\partial X}{\partial p}\right)_{T,n_i} dp + \left(\frac{\partial X}{\partial n_1}\right)_{T,p,n_j \neq 1} dn_1 + \left(\frac{\partial X}{\partial n_2}\right)_{T,p,n_j \neq 2} dn_2 + \cdots \qquad 式(3-5)$$

式中,n_i 表示所有组分物质的量均不变,n_j 表示除 B 外其余组分物质的量保持恒定。令

$$X_{B,m} = \left(\frac{\partial X}{\partial n_B}\right)_{T,p,n_j \neq B} \qquad 式(3-6)$$

$X_{B,m}$ 称为多组分系统中 B 物质的偏摩尔量(partial molar quantity),则式(3-5)可写成

$$dX = \left(\frac{\partial X}{\partial T}\right)_{p,n_i} dT + \left(\frac{\partial X}{\partial p}\right)_{T,n_i} dp + \sum_B X_{B,m} dn_B \qquad \text{式（3-7）}$$

在等温等压下，上式变成

$$dX = X_{1,m}dn_1 + X_{2,m}dn_2 + \cdots = \sum_B X_{B,m} dn_B \qquad \text{式（3-8）}$$

由于 X 代表系统任意广度性质，因此有各种不同的偏摩尔量，如

B 物质的偏摩尔体积 $\qquad V_{B,m} = \left(\dfrac{\partial V}{\partial n_B}\right)_{T,p,n_j \neq B}$

B 物质的偏摩尔熵 $\qquad S_{B,m} = \left(\dfrac{\partial S}{\partial n_B}\right)_{T,p,n_j \neq B}$

B 物质的偏摩尔热力学能 $\qquad U_{B,m} = \left(\dfrac{\partial U}{\partial n_B}\right)_{T,p,n_j \neq B}$

B 物质的偏摩尔焓 $\qquad H_{B,m} = \left(\dfrac{\partial H}{\partial n_B}\right)_{T,p,n_j \neq B}$

B 物质的偏摩尔亥姆霍兹能 $\qquad F_{B,m} = \left(\dfrac{\partial F}{\partial n_B}\right)_{T,p,n_j \neq B}$

B 物质的偏摩尔吉布斯能 $\qquad G_{B,m} = \left(\dfrac{\partial G}{\partial n_B}\right)_{T,p,n_j \neq B}$

偏摩尔量的物理意义可理解为：在等温等压条件下，在一定浓度的有限量溶液中，加入 dn_B 的 B 物质（此时系统的浓度几乎保持不变）所引起系统广度性质 X 随该组分的量的变化率。或可理解为在等温等压条件下，向一定浓度的大量溶液中加入 1mol B 物质（此时系统的浓度仍可看作不变）所引起系统广度性质 X 的变化量。多组分系统中的偏摩尔量与纯组分的摩尔量一样，是强度性质，与系统的量无关。

二、偏摩尔量的集合公式

因偏摩尔量是 T,p,n 的函数，在等温等压且溶液浓度不变条件下，偏摩尔量 $X_{B,m}$ 的值也保持不变。根据式（3-6），在等温等压下，各组分 n_B 保持相对数量不变条件下，同时向溶液中加入各组分，以维持溶液浓度不变，则各组分的偏摩尔量也不变。对式（3-8）积分

$$X = X_{1,m}\int_0^{n_1} dn_1 + X_{2,m}\int_0^{n_2} dn_2 + \cdots + X_{i,m}\int_0^{n_i} dn_i$$

$$= n_1 X_{1,m} + n_2 X_{2,m} + \cdots + n_i X_{i,m}$$

$$X = \sum_{B=1}^{i} n_B X_{B,m} \qquad \text{式（3-9）}$$

式（3-9）表明，系统的任一广度性质 X 等于各组分物质的量 n_B 与偏摩尔量 $X_{B,m}$ 乘积之和，这表明在多组分系统中，用偏摩尔量代替摩尔量之后，系统的广度性质 X 具有加和性。式（3-9）称为偏摩尔量的集合公式，它表示处于某一状态时系统的广度性质与各组分偏摩尔量间的关系。例如二组分溶液的体积，依集合公式可写作

$$V = n_1 V_{1,m} + n_2 V_{2,m}$$

例题 3-2 有 298K 摩尔分数为 0.40 的甲醇水溶液，若向大量的此种溶液中加 1mol 的水，溶液体积增加 17.35ml；若向大量的此种溶液中加 1mol 的甲醇，溶液体积增加 39.01ml。试计算将 0.4mol 甲醇及 0.6mol 水混合成溶液时，体积为多少？混合过程中体积变化多少？已知 298K 时甲醇和水的密度分别为 0.791 1g/ml 和 0.997 1g/ml。

解： 已知 $V_{甲醇,m} = 39.01\text{ml/mol}$；$V_{水,m} = 17.35\text{ml/mol}$

按集合公式： $\qquad V = n_1 V_{1,m} + n_2 V_{2,m} = 0.4 \times 39.01 + 0.6 \times 17.35 = 26.01\text{ml}$

未混合前，
$$V = V_{纯甲醇} + V_{纯水} = \frac{32.04}{0.791\ 1} \times 0.4 + \frac{18.02}{0.997\ 1} \times 0.6 = 27.04\text{ml}$$

混合过程中体积变化
$$27.04 - 26.01 = 1.03\text{ml}$$

例题 3-3 298K，100kPa 下，HAc(2)溶于 1kg H_2O(1)中所形成溶液的体积 V 与 HAc 量 n_2 的关系如下：$V = 1\ 002.935 + 51.832n_2 + 0.139\ 4n_2^2\text{ml}$，试将 HAc 和 H_2O 的偏摩尔体积表示为 n_2 的函数，并求 $n_2 = 1.000\text{mol}$ 时 HAc 和 H_2O 的偏摩尔体积。

解：设 $a = 1\ 002.935$，$b = 51.832$，$c = 0.139\ 4$，则 $V = a + bn_2 + cn_2^2$。

HAc 的偏摩尔体积：
$$V_{2,m} = \left(\frac{\partial V}{\partial n_2}\right)_{T,p,n_1} = b + 2cn_2$$

根据偏摩尔量集合公式：
$$V = n_1 V_{1,m} + n_2 V_{2,m}$$

则 H_2O 的偏摩尔体积：
$$V_{1,m} = (V - n_2 V_{2,m})/n_1 = [(a + bn_2 + cn_2^2) - n_2(b + 2cn_2)]/n_1$$

即
$$V_{1,m} = (a - cn_2^2)/n_1$$

当 $n_1 = \dfrac{1\ 000}{18.015\ 2} = 55.508\ 7\text{mol}$，$n_2 = 1.000\text{mol}$ 时，

$$V_{2,m} = b + 2cn_2 = 51.832 + 2 \times 0.139\ 4 \times 1.000 = 52.111\text{ml/mol}$$

$$V_{1,m} = (a - cn_2^2)/n_1 = (1\ 002.935 - 0.139\ 4 \times 1^2)/55.508\ 7 = 18.065\ 6\text{ml/mol}$$

三、吉布斯-杜安公式

偏摩尔量的集合公式限于在等温等压和浓度不变条件下应用，若系统的浓度发生变化，则各组分的偏摩尔量也会改变，对式(3-9)求全微分

$$\mathrm{d}X = n_1\mathrm{d}X_{1,m} + X_{1,m}\mathrm{d}n_1 + n_2\mathrm{d}X_{2,m} + X_{2,m}\mathrm{d}n_2 + \cdots + n_i\mathrm{d}X_{i,m} + X_{i,m}\mathrm{d}n_i \qquad 式(3\text{-}10)$$

将式(3-10)与式(3-8)比较，可得

$$n_1\mathrm{d}X_{1,m} + n_2\mathrm{d}X_{2,m} + \cdots + n_i\mathrm{d}X_{i,m} = 0$$

或
$$\sum_B n_B\mathrm{d}X_{B,m} = 0 \qquad 式(3\text{-}11)$$

式(3-11)即为吉布斯-杜安(Gibbs-Duhem)公式，此式表明在等温等压下，当浓度改变时偏摩尔量发生变化必须满足的条件。例如二组分系统，依式(3-11)两边同除物质的总量，可得

$$x_1\mathrm{d}X_{1,m} + x_2\mathrm{d}X_{2,m} = 0$$

由式可见当一个组分的偏摩尔量增加时，另一个组分的偏摩尔量必将减少，其变化是以此消彼长且符合公式(3-11)的方式进行。

因此，均相系统中偏摩尔量之间关系符合两个关系式：集合公式和吉布斯-杜安公式。

第三节 化 学 势

一、化学势的定义

在所有偏摩尔量中，偏摩尔吉布斯能最重要，这是因为化学变化、相变化常在等温等压下进行，且吉布斯能也是在该条件下自发过程方向和限度的判据。因此，吉布斯提出将偏摩尔吉布斯能 $G_{B,m}$ 称为化学势(chemical potential)，用符号 μ_B 表示：

$$\mu_B = G_{B,m} = \left(\frac{\partial G}{\partial n_B}\right)_{T,p,n_j \neq B} \qquad 式(3\text{-}12)$$

二、广义化学势和组成可变的热力学基本公式

对组成可变系统,4 个热力学基本公式就需要修正。例如系统的吉布斯能除与温度 T、压力 p 有关外,还和系统的组成 n_B 也有关:

$$G=f(T,p,n_1,n_2\cdots)$$

当系统状态发生微小变化时,有

$$dG=\left(\frac{\partial G}{\partial T}\right)_{p,n_i}dT+\left(\frac{\partial G}{\partial p}\right)_{T,n_i}dp+\left(\frac{\partial G}{\partial n_1}\right)_{T,p,n_{j\neq1}}dn_1+\left(\frac{\partial G}{\partial n_2}\right)_{T,p,n_{j\neq2}}dn_2+\cdots$$

在组成恒定时, $\left(\frac{\partial G}{\partial T}\right)_{p,n_i}=-S$, $\left(\frac{\partial G}{\partial p}\right)_{T,n_i}=V$,则上式可写成

$$dG=-SdT+Vdp+\sum_B\mu_B dn_B \qquad 式(3-13)$$

式(3-13)是多组分系统吉布斯能的基本公式,其含意是, G 的改变可由两部分构成:一部分由 T、p 的改变所引起,另一部分是由组分(n_1、n_2、$\cdots$) 的改变所引起,较原来的关系式多了一项 $\sum_B\mu_B dn_B$。

同样,对于热力学能 $U=f(S,V,n_1,n_2\cdots)$,有

$$dU=\left(\frac{\partial U}{\partial S}\right)_{V,n_i}dS+\left(\frac{\partial U}{\partial V}\right)_{S,n_i}dV+\left(\frac{\partial U}{\partial n_1}\right)_{S,V,n_{j\neq1}}dn_1+\left(\frac{\partial U}{\partial n_2}\right)_{S,V,n_{j\neq2}}dn_2+\cdots$$

则

$$dU=TdS-pdV+\sum_B\left(\frac{\partial U}{\partial n_B}\right)_{S,V,n_{j\neq B}}dn_B \qquad 式(3-14)$$

从 U 与 G 的关系 $G=U+pV-TS$ 可得

$$dU=dG-pdV-Vdp+TdS+SdT$$

将式(3-13)代入上式,得

$$dU=TdS-pdV+\sum_B\mu_B dn_B \qquad 式(3-15)$$

比较式(3-15)与式(3-14)可知　　　　$\mu_B=\left(\frac{\partial U}{\partial n_B}\right)_{S,V,n_{j\neq B}}$

同样的方法,按 $H=f(S,p,n_1,n_2\cdots)$,$F=f(T,V,n_1,n_2\cdots)$ 及 H、F 的定义进行处理,可得化学势的另一些表示式

$$\mu_B=\left(\frac{\partial U}{\partial n_B}\right)_{S,V,n_{j\neq B}}=\left(\frac{\partial H}{\partial n_B}\right)_{S,p,n_{j\neq B}}=\left(\frac{\partial F}{\partial n_B}\right)_{T,V,n_{j\neq B}}=\left(\frac{\partial G}{\partial n_B}\right)_{T,p,n_{j\neq B}} \qquad 式(3-16)$$

上述 4 个偏微商都称作化学势,这是化学势的广义定义。要注意:不是任意热力学函数对 n_B 的偏微商都称作化学势,必须满足对应的下角条件。用吉布斯能表示的化学势恰好是偏摩尔量。

至此,对于组成可变的系统,4 个热力学基本公式为

$$dU=TdS-pdV+\sum_B\mu_B dn_B \qquad 式(3-17,a)$$

$$dH=TdS+Vdp+\sum_B\mu_B dn_B \qquad 式(3-17,b)$$

$$dF=-SdT-pdV+\sum_B\mu_B dn_B \qquad 式(3-17,c)$$

$$dG=-SdT+Vdp+\sum_B\mu_B dn_B \qquad 式(3-17,d)$$

以上 4 式是从化学势的广义定义推导获得的,由于实际物理和化学变化常在等温等压条件下进行,所以本教材以后若不特别注明,化学势就是 $\mu_B=\left(\frac{\partial G}{\partial n_B}\right)_{T,p,n_{j\neq B}}$,式(3-17,d)是组成可变、只做体积

功系统最常用的热力学基本公式。

三、温度、压力对化学势的影响

根据偏摩尔量的集合公式,可得化学势的集合公式为

$$G = \sum_{B} n_B \mu_B$$ 式(3-18)

化学势在等温等压下的吉布斯-杜安公式为

$$\sum_{B} n_B d\mu_B = 0$$ 式(3-19)

化学势与压力、温度的关系为

$$\left(\frac{\partial \mu_B}{\partial p}\right)_{T,n_i} = \left[\frac{\partial}{\partial p}\left(\frac{\partial G}{\partial n_B}\right)_{T,p,n_j \neq B}\right]_{T,n_i} = \left[\frac{\partial}{\partial n_B}\left(\frac{\partial G}{\partial p}\right)_{T,n_i}\right]_{T,p,n_j \neq B}$$

由于 $\left(\dfrac{\partial G}{\partial p}\right)_T = V$,代入上式可得化学势与压力的关系

$$\left(\frac{\partial \mu_B}{\partial p}\right)_{T,n_i} = V_{B,m}$$ 式(3-20)

同理,因为 $\left(\dfrac{\partial G}{\partial T}\right)_p = -S$,作类似处理可得化学势与温度的关系

$$\left(\frac{\partial \mu_B}{\partial T}\right)_{p,n_i} = -S_{B,m}$$ 式(3-21)

由上述关系式可知,对于多组分系统,热力学函数关系与纯物质的公式相比,形式并没有改变,只是用偏摩尔量代替摩尔量而已。

四、化学势判据及其应用

对于多组分系统,$dG = -SdT - Vdp + \sum_{B} \mu_B dn_B$

因等温等压非体积功为零,$dG_{T,p,W'=0} \leq 0$,是过程进行方向及限度的判据;依上式,在相同条件下,化学势是多组分系统过程方向及限度的判据,即

$$\sum_{B} \mu_B dn_B \leq 0$$ 式(3-22)

不等号是自发过程,等号是达到平衡。现以相变化和化学变化为例进行具体讨论。

1. 在相平衡中的应用 某系统由 $1, 2, \cdots, i$ 种物质组成,分为 α、β 两相,在等温等压条件下,设有 dn_B 量的 B 物质从 α 相转移到 β 相中,此时系统吉布斯能的总变化

$$dG = dG^\alpha + dG^\beta$$

其中 α 相中 B 物质减少,$dG^\alpha = -\mu_B^\alpha dn_B$,$\beta$ 相中 B 物质增加,$dG^\beta = \mu_B^\beta dn_B$,则

$$dG_{B,T,p} = -\mu_B^\alpha dn_B + \mu_B^\beta dn_B = (\mu_B^\beta - \mu_B^\alpha) dn_B \leq 0$$

因 $dn_B > 0$,则

$$\mu_B^\beta - \mu_B^\alpha \leq 0$$ 式(3-23)

式(3-23)中不等号是自发过程,等号是达到平衡,即组分 B 可自发地从化学势高的 α 相向化学势低的 β 相转移;当 B 组分在 α 相和 β 相中化学势相等时,B 组分在两相中分配达到平衡。

因此多组分多相系统平衡条件是,除系统中各相温度、压力相等外,任意组分 B 在各相中的化学势必须相等,即

$$\mu_B^\alpha = \mu_B^\beta = \cdots = \mu_B^\varphi$$ 式(3-24)

2. 在化学平衡中的应用 某化学反应在等温等压下进行,反应式如下:

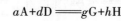

$$aA + dD \Longrightarrow gG + hH$$

当反应进行到某一程度,A、D、G、H 各自有确定量,其化学势也有确定值。设有微小量 $a\mathrm{d}n$ 的 A 和 $d\mathrm{d}n$ 的 D 反应,生成 $g\mathrm{d}n$ 的 G 和 $h\mathrm{d}n$ 的 H,则整个化学反应系统的吉布斯能的改变为

$$\mathrm{d}_r G_{T,p} = \sum \mu_B \mathrm{d}n_B = (g\mu_G + h\mu_H - a\mu_A - d\mu_D)\mathrm{d}n \qquad \text{式(3-25)}$$

当 $\mathrm{d}_r G_{T,p} < 0$,此化学反应可自发进行,由于 $\mathrm{d}n > 0$,则

$$g\mu_G + h\mu_H - a\mu_A - d\mu_D < 0 \quad \text{或} \quad g\mu_G + h\mu_H < a\mu_A + d\mu_D$$

即

$$\sum (\nu_B \mu_B)_{\text{产物}} < \sum (-\nu_B \mu_B)_{\text{反应物}} \qquad \text{式(3-26)}$$

式(3-26)中,ν_B 代表 B 物质在化学计量式中的系数。此式说明,在等温等压、非体积功为零的条件下,若反应物化学势之和高于产物化学势之和,反应将自发进行。

当 $\mathrm{d}_r G_{T,p} = 0$ 时,有

$$g\mu_G + h\mu_H - a\mu_A - d\mu_D = 0$$

即

$$\sum (\nu_B \mu_B)_{\text{产物}} = \sum (-\nu_B \mu_B)_{\text{反应物}} \qquad \text{式(3-27)}$$

即在等温等压、非体积功为零的条件下,产物的化学势之和与反应物化学势之和相等时,该化学反应达到平衡。

通过在相变化和化学变化中化学势的应用,可以看出化学势的物理意义,其作用相当于水势决定水流方向和限度、电势决定电流方向和限度一样,化学势是物质传递过程方向和限度的判据。

第四节　稀溶液中的两个经验定律

稀溶液中有两个重要的经验定律,即拉乌尔(Raoult)定律和亨利(Henry)定律。在溶液热力学处理中这两个定律有很重要的作用。

稀溶液中的两个经验定律(微课)

一、拉乌尔定律

在溶剂中加入非挥发性溶质后,溶剂的蒸气压会降低。1887 年拉乌尔在实验中总结出如下规律:一定温度下,稀溶液溶剂的蒸气压等于纯溶剂的蒸气压乘以溶液中溶剂的摩尔分数。这就是拉乌尔定律(Raoult's law)。用公式表示

$$p_A = p_A^* x_A \qquad \text{式(3-28)}$$

式中,p_A 为溶剂的蒸气压,p_A^* 为纯溶剂的蒸气压,x_A 为溶剂的摩尔分数。对于二组分溶液,$x_A + x_B = 1$,上式可写为

$$p_A = p_A^*(1 - x_B)$$

$$\frac{p_A^* - p_A}{p_A^*} = x_B \qquad \text{式(3-29)}$$

即溶剂蒸气压降低值与纯溶剂蒸气压之比等于溶质的摩尔分数,式(3-29)是拉乌尔定律的另一种表示形式。

溶剂的蒸气压因加入溶质而降低,这可定性地解释为:加入的溶质分子占据了原溶剂的位置和减少了单位表面上溶剂分子的数目,因而也减少了离开液面进入气相的溶剂分子数目,即减少了溶剂的蒸气压;蒸气压的减少量与溶质分子占据液面的比率(即 x_B)成正比。

如果二组分 A 分子和 B 分子大小、性质相似时,则液体表面 A、B 分子除相互替代位置外并无其他作用,此时 A 的蒸气压和 B 的蒸气压都符合拉乌尔定律,这样的系统就是理想液态混合物。对于稀溶液,少量溶质分子对大量溶剂分子而言,其对溶剂分子的作用可以忽略不计,因而溶剂遵循拉乌尔定律。

拉乌尔定律是溶液最基本的经验定律之一,溶液的其他性质如凝固点降低、沸点升高等都可以用

溶剂蒸气压降低来解释。虽然拉乌尔定律最初是从不挥发的非电解质稀溶液中总结出来的,但以后推广到双液系统仍然成立。

案例分析

潜水夫病和亨利定律

　　通常,人体在地面上要承受大气压力,但到了水中,除了大气压之外,人体还需承担水的压力。潜水员在水中每下潜10m约增加一个大气压,必须呼吸有相应压力的混合气体。待潜水员潜到水面下30m,其身体所负荷的压力是在地面上的4倍。为了维持体内外压力平衡,潜水员装备中的呼吸筒需经特别设计,其中的混合气体压力为4倍大气压。当潜水员在一定水深处停留时,人体组织和血液内就会溶解一定量的混合气体,气体溶量随水深的增加而增加,于是潜水员血液中的气体含量会比其在地表时高出许多。如果潜水员上浮的速度过快,血液和组织内会生出小泡,导致身体缺氧。严重时会发生生命危险,这就是潜水夫病。

　　问题:

1. 潜水夫病发生的原因是什么?
2. 气体在水中的溶解度与哪些因素有关?

二、亨利定律

　　亨利根据实验,于1803年总结出稀溶液的另一条重要经验规律为亨利定律(Henry's law):在一定温度和平衡状态下,气体在液体中的溶解度(用摩尔分数表示)和该气体的平衡分压成正比。用公式表示为

$$p_B = k_{x,B} x_B \qquad \text{式(3-30)}$$

式中,x_B是挥发性溶质B(即所溶解的气体)在溶液中的摩尔分数,p_B是平衡时液面上该气体的压力,$k_{x,B}$是一个常数,其数值决定于温度、压力及溶质和溶剂的性质。

　　在稀溶液中,$n_A \geqslant n_B$,上式可写成

$$p_B = k_{x,B} x_B = k_{x,B} \frac{n_B}{n_A + n_B} \approx k_{x,B} \frac{n_B}{n_A} = k_{x,B} \frac{n_B M_A}{m(A)}$$

式中,M_A为溶剂的摩尔质量,可与常数合并,$m(A)$为溶剂的质量,$n_B/m(A)$表示1kg溶剂中溶质的物质的量,即溶质的质量摩尔浓度m_B,上式可写为

$$p_B = k_{m,B} m_B \qquad \text{式(3-31)}$$

　　同理,用物质的量浓度c_B表示,

$$p_B = k_{x,B} x_B \approx k_{x,B} \frac{n_B}{n_A} = k_{x,B} \frac{n_B/V}{n_A/V} = k_{x,B} \frac{c_B}{c_A}$$

式中,V为溶液体积,c_A为溶剂的物质的量浓度,在稀溶液中为定值,可与常数合并,上式可写为

$$p_B = k_{c,B} c_B \qquad \text{式(3-32)}$$

　　式(3-30)、式(3-31)、式(3-32)为亨利定律的3种表达式,$k_{x,B}$、$k_{m,B}$、$k_{c,B}$均为亨利常数。

　　使用亨利定律时须注意以下几点:

　　(1)式中的p_B是气体B在液面上的分压。对于气体混合物,在总压力不大时,亨利定律分别适用于每一种气体。

　　(2)溶质在气体和在溶液中的分子状态必须是相同的。例如氯化氢气体溶于苯中,气相和液相都是呈HCl的分子状态,因此服从亨利定律。但是如果溶解在水中,在气相中是HCl分子,在液相中

则为 H^+ 和 Cl^-,这时亨利定律就不适用。另外,公式中浓度应该是溶解态分子的浓度。例如 NH_3 在水中有解离平衡,一部分 NH_3 以 NH_4^+ 的形式存在,亨利定律就不适用。

（3）大多数气体溶于水时,溶解度随温度的升高而降低,因此升高温度或降低气体的分压都能使溶液更稀、更能服从于亨利定律。

第五节　气体混合物中各组分的化学势

化学势是某物质的偏摩尔吉布斯能,是多组分系统中重要的热力学量。由于不知道纯物质吉布斯能的绝对值,也就不知道多组分系统中某物质化学势的绝对值,但在化学势应用中,所关注的是过程中物质化学势的改变量,而不是其绝对值。因此,对物质处于不同状态（如气态、液态、固态、溶液中组分等）时,可各选定一标准态（standard state）作为相对起点,此点的化学势称为标准态化学势,对于其他状态下物质的化学势,表示为与标准态化学势的关系式,进而解决化学势作为自发变化方向和限度的判据问题。

许多化学反应是在气相中进行的,我们首先推导气体中各组分的化学势表示式,由此可进一步推导溶液中各组分的化学势。

一、理想气体

1. **纯态理想气体的化学势**　纯态物质偏摩尔量就是其摩尔量,则纯物质的化学势就是其摩尔吉布斯能。对纯态的理想气体,当温度保持不变,而压力改变时,根据式（3-20）

$$\left(\frac{\partial \mu}{\partial p}\right)_T = \left(\frac{\partial G_m}{\partial p}\right)_T = V_m$$

将理想气体的摩尔体积 $V_m = \dfrac{RT}{p}$ 代入,有

$$d\mu = V_m dp = \frac{RT}{p}dp$$

对上式定积分:压力从标准压力 $p^\ominus$ 积分到任意压力 p,化学势从标准态 $\mu^\ominus$ 积分到任意态 μ,有

$$\int_{\mu^\ominus}^{\mu} d\mu = RT \int_{p^\ominus}^{p} \frac{dp}{p}$$

$$\mu = \mu^\ominus(T) + RT\ln\frac{p}{p^\ominus} \qquad\qquad 式（3-33）$$

标准压力 $p^\ominus = 100\text{kPa}$ 及任意选定温度的状态为理想气体的标准态,上式中 $\mu^\ominus(T)$ 就是理想气体的标准化学势,因标准态的压力已给定,所以 $\mu^\ominus$ 只是温度的函数,$p/p^\ominus$ 比值是一纯数。

2. **理想气体混合物中组分 B 的化学势**　理想气体混合物,其分子模型和纯态理想气体是相同的,分子间没有相互作用,所以某种气体 B 在理想气体混合物中与单纯存在并具有相同体积时的行为完全一样,因此理想气体混合物中,任一气体 B 的化学势表示式与该气体在纯态时的化学势表示式相同,即

$$\mu_B = \mu_B^\ominus(T) + RT\ln\frac{p_B}{p^\ominus}$$

式中,p_B 为理想气体混合物中 B 气体的分压,而不是混合理想气体的总压,理想气体混合物总压 p 与各组分分压 p_B 的关系遵从道尔顿分压定律

$$p_B = px_B$$

式中,x_B 为 B 的摩尔分数,由此理想气体混合物中组分 B 的化学势表示为

$$\mu_B = \mu_B^\ominus(T) + RT\ln\frac{px_B}{p^\ominus} \qquad\text{式}(3\text{-}34)$$

由上式可知,理想气体混合物中组分 B 的化学势的标准态与其纯理想气体相同。

二、真实气体

1. 纯态真实气体的化学势　对于真实气体,p 与 V 的关系复杂,将其状态方程代入 $\int_{p^\ominus}^{p} V\mathrm{d}p$ 积分,所得化学势表示式也十分复杂,不便于应用。为了克服这一困难,路易斯(G. N. Lewis)于 1901 年提出了一个解决办法,即仍保留理想气体化学势表示的简单形式,而用一校正的压力 f 代替压力 p。f 称为逸度(fugacity)或有效压力(effective pressure),于是真实气体的化学势表示为

$$\mu = \mu^\ominus(T) + RT\ln\frac{f}{p^\ominus} \qquad\text{式}(3\text{-}35)$$

逸度 f 定义为实际压力 p 乘以校正因子 γ：

$$f = \gamma p$$

校正因子 γ 又称为逸度系数(fugacity coefficient),它承担了各种因素形成的偏离,其值不仅与气体特性有关,还与气体所处温度和压力有关。温度一定时,若压力趋近于零,这时真实气体的行为就趋于理想气体行为,逸度就趋近于压力,即 γ 趋近于 1：$\lim\limits_{p\to 0}\dfrac{f}{p}=1$。

2. 真实气体混合物中组分 B 的化学势　对于真实气体混合物中的每个组分,按相同方法处理,即用逸度 f_B 替代 p_B,化学势的表示式为

$$\mu_B = \mu_B^\ominus(T) + RT\ln\frac{f_B}{p^\ominus} \qquad\text{式}(3\text{-}36)$$

从以上各种化学势表示式看出,对于气体物质的标准态,不论是纯态还是混合物,不论是理想气体还是真实气体,都是当 $p_B = p^\ominus$ 时,表现出理想气体特性的纯物质的化学势。

第六节　液态混合物、稀溶液、真实溶液中组分的化学势

一、液态混合物中各组分的化学势

液态混合物不区分溶剂、溶质,任一组分遵从的规律相同,标准态选择相同,只需对其中任一组分进行热力学处理,其结果可适用于其他组分。

液态混合物从分子模型上看,各组分的分子间作用力相同,可表示为 $f_{AA}=f_{BB}=f_{AB}$,各组分的分子体积相同,其宏观表现为混合后无热效应产生、无体积变化,构成混合物时,一种物质的加入对另一种物质只起稀释作用。因此,在一定温度下,任一组分在全部浓度范围内都遵守拉乌尔定律,即理想溶液。因此形成液态混合物时的热力学函数变化为

$$\Delta H = 0$$

$$\Delta V = 0$$

$$\Delta S = -R\sum_B n_B\ln x_B$$

$$\Delta G = RT\sum_B n_B\ln x_B$$

按相平衡条件,任一组分 B 在液相中的化学势一定与平衡气相中的化学势相等,则

$$\mu_B^l = \mu_B^g = \mu_B^\ominus(T) + RT\ln\frac{p_B}{p^\ominus} \qquad\text{式}(3\text{-}37)$$

将 B 的分压 p_B 以拉乌尔定律 $p_B = p_B^* x_B$ 代入上式，B 组分的化学势为

$$\mu_B = \mu_B^{\ominus}(T) + RT\ln\frac{p_B^*}{p^{\ominus}} + RT\ln x_B$$

合并两个常数项：$\mu_B^*(T,p) = \mu_B^{\ominus}(T) + RT\ln\dfrac{p_B^*}{p^{\ominus}}$，得

$$\mu_B = \mu_B^*(T,p) + RT\ln x_B \qquad\qquad 式(3\text{-}38)$$

式中，μ_B^* 是液态混合物中组分 B 的标准态化学势，当 $x_B = 1$，即纯 B 在温度 T 及饱和蒸气压状态，是液态混合物中组分 B 的标准态。

例题 3-4　苯和甲苯近似组成液态混合物。在 298K 时，将 1mol 苯从纯苯中转移到浓度为 $x_苯 = 0.200$ 的大量液态混合物中去，试计算此过程的 ΔG。

解：需要理解化学势就是偏摩尔吉布斯能，即等温等压其他浓度恒定时，变化 1mol B 物质所引起的吉布斯能的改变。始态为纯态，苯的化学势处于标准态，终态为溶液，苯的化学势即为该浓度时的化学势。转移 1mol 物质时的 ΔG 就是终态化学势与始态化学势的差：

$$\mu_苯 = \mu_苯^*(T,p) + RT\ln x_苯$$

$$\Delta G = \mu_苯 - \mu_苯^*(T,p) = RT\ln x_苯 = 8.314\times298\times\ln0.200 = -3\,988J$$

二、理想稀溶液中各组分的化学势

稀溶液有溶质和溶剂之分，它们的标准态不同，遵循的规律也不同，需分别处理。

1. **理想稀溶液溶剂的化学势**　若 A 代表溶剂，B 代表溶质，由于稀溶液中溶剂 A 服从拉乌尔定律，所以溶剂的化学势和液态混合物化学势一样，仍表示为

$$\mu_A = \mu_A^*(T,p) + RT\ln x_A \qquad\qquad 式(3\text{-}39)$$

2. **稀溶液中溶质的化学势**　稀溶液中溶质 B 服从亨利定律。当溶质浓度用摩尔分数表示时，$p_B = k_x x_B$，代入式(3-37)，可得

$$\mu_B^l = \mu_B^g = \mu_B^{\ominus}(T) + RT\ln\frac{p_B}{p^{\ominus}}$$

$$= \mu_B^{\ominus}(T) + RT\ln\frac{k_x}{p^{\ominus}} + RT\ln x_B$$

合并两个常数项：$\mu_{B,x}^*(T,p) = \mu_B^{\ominus}(T) + RT\ln\dfrac{k_x}{p^{\ominus}}$，得

$$\mu_{B,x} = \mu_{B,x}^*(T,p) + RT\ln x_B \qquad\qquad 式(3\text{-}40)$$

式(3-40)中，$\mu_{B,x}^*$ 是 T、p 的函数，可以看成 $x_B = 1$ 且服从亨利定律的那个状态的化学势，见图 3-1(a)。将 $p_B = k_x x_B$ 的直线延长到 M 点，此点是当 x_B 由小变大直至 1 时，仍遵守亨利定律的假想标准态，因当 $x_B = 1$ 时，溶液不是无限稀释，溶质也不再遵从亨利定律，这也是一个参考标准态，图中纯 B 的真实状态用 N 点表示。比较式(3-39)和式(3-40)，可以看出稀溶液中溶剂 A 与溶质 B 的化学势具有相同形式，但对应的标准态是不同的。

若亨利定律公式中浓度表示为质量摩尔浓度 m_B 和物质的量浓度 c_B，将 $p_B = k_m m_B$ 代入式(3-37)，则

$$\mu_B = \mu_B^{\ominus}(T) + RT\ln\frac{k_m m^{\ominus}}{p^{\ominus}} + RT\ln\frac{m_B}{m^{\ominus}} \qquad\qquad 式(3\text{-}41)$$

$$\mu_B = \mu_{B,m}^*(T,p) + RT\ln\frac{m_B}{m^{\ominus}}$$

将 $p_B = k_c c_B$ 代入式(3-37)，则

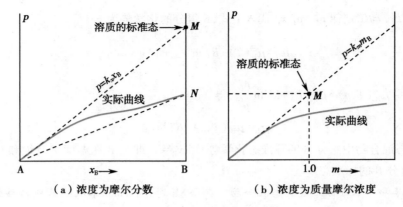

图 3-1　溶液中溶质的标准态

$$\mu_B = \mu_B^{\ominus}(T) + RT\ln\frac{k_c c^{\ominus}}{p^{\ominus}} + RT\ln\frac{c_B}{c^{\ominus}}$$

$$\mu_B = \mu_{B,c}^{*}(T,p) + RT\ln\frac{c_B}{c^{\ominus}}$$

式（3-42）

式（3-41）和式（3-42）分别是采用质量摩尔浓度和物质的量浓度时，稀溶液中溶质的化学势表示式。$\mu_{B,m}^{*}(T,p)$，$\mu_{B,c}^{*}(T,p)$ 分别是 $m_B = 1\text{mol/kg}$ 及 $c_B = 1\text{mol/L}$ 溶液中溶质仍遵从亨利定律的化学势，这也是一假想的状态，见图 3-1（b）中的 M 点。

三、真实溶液中各组分的化学势

为了使真实溶液中物质的化学势表示仍具有简单的形式，将真实溶液对理想态的偏差，全部集中于对真实溶液浓度的校正上，路易斯引入了活度的概念。

对真实溶液中溶剂 A，拉乌尔定律修正为

$$p_A = p_A^{*}\gamma_x x_A$$

令

$$a_{A,x} = \gamma_x x_A$$

其中

$$\lim_{x_A \to 1}\gamma_x = 1$$

式中，γ_x 是对浓度 x 的校正因子，$\gamma_x x_A$ 可以理解为 A 的有效浓度，或称活度（activity），$a_{A,x}$ 是 A 组分用摩尔分数表示的活度。γ_x 称为活度系数（activity coefficient），它表示真实溶液与液体混合物的偏差，是无量纲量，当 x_A 趋于 1，即溶液极稀接近于纯溶剂时，活度系数趋近于 1，此时活度就是浓度。

真实溶液中溶剂的化学势，依式（3-39）表示为

$$\mu_A = \mu_A^{*}(T,p) + RT\ln\gamma_x x_A$$
$$= \mu_A^{*}(T,p) + RT\ln a_{A,x}$$

式（3-43）

对真实溶液中溶质 B，亨利定律修正为

$$p_B = k_x\gamma_x x_B = k_x a_{B,x}$$

式中，$a_{B,x}$ 是溶质 B 用摩尔分数表示的活度，γ_x 是活度系数，$\lim_{x_B \to 0}\gamma_x = 1$，当 B 的浓度趋于零，即溶液极稀时，活度系数趋近于 1。真实溶液中，溶质的化学势，依式（3-40）表示为

$$\mu_B = \mu_B^{*}(T,p) + RT\ln\gamma_x x_B$$
$$= \mu_B^{*}(T,p) + RT\ln a_{B,x}$$

式（3-44）

同理，真实溶液中，溶质浓度用质量摩尔浓度 m_B 和物质的量浓度 c_B 表示，则亨利定律修正为

$$p_B = k_m\gamma_m m_B$$
$$p_B = k_c\gamma_c c_B$$

分别代入式(3-41)和式(3-42),B 的化学势表示为

$$\mu_B = \mu_{B,m}^*(T,p) + RT \ln \frac{\gamma_m m_B}{m^\ominus}$$

$$= \mu_{B,m}^*(T,p) + RT \ln a_{B,m} \qquad \text{式}(3-45)$$

$$\mu_B = \mu_{B,c}^*(T,p) + RT \ln \frac{\gamma_c c_B}{c^\ominus}$$

$$= \mu_{B,c}^*(T,p) + RT \ln a_{B,c} \qquad \text{式}(3-46)$$

式(3-44)、式(3-45)及式(3-46)是采用不同浓度单位时,真实溶液中溶质 B 的化学势表达式,其中 γ_x、γ_m、γ_c 是采用不同浓度单位时浓度的校正因子,称活度系数。其特征是,当溶液无限稀释时,即 x、m、c 趋于零时,对应的 γ 趋于 1。式中的 $\mu_{B,x}^*(T,p)$、$\mu_{B,m}^*(T,p)$、$\mu_{B,c}^*(T,p)$ 分别是采用不同浓度单位时的标准化学势,其对应的标准态分别是:在温度 T 和压力 p 及一定的条件下,溶质的浓度 x_B、m_B、c_B 分别等于 1,且仍遵从亨利定律的假想状态。由于凝聚相中,组分的化学势受压力的影响很小,可以将标准压力替代遵从亨利定律的假想压力,即 $\mu_{B,x}^*(T,p) \approx \mu_{B,x}^\ominus(T)$,$\mu_{B,m}^*(T,p) \approx \mu_{B,m}^\ominus(T)$,$\mu_{B,c}^*(T,p) \approx \mu_{B,c}^\ominus(T)$,分别得到以 100kPa 为标准态压力的各个化学势表达式。

综上所述,各种形态物质的化学势具有相似的形式,可统一表示为

$$\mu_B = \mu_B(标准态) + RT \ln a_B \qquad \text{式}(3-47)$$

式中,a_B 为广义活度,可以理解为有效浓度(或有效压力)与标准态浓度(或标准态压力)之比,对气体、液体有不同的内容,现集中表示于表 3-2 中。

表 3-2　物质的标准态、化学势和活度

物质	标准态	μ_B	a
气体(纯态或在气体混合物中)	在 $p^\ominus$(100kPa)和 T 的纯理想气体	$\mu_B = \mu_B^\ominus(T) + RT \ln \dfrac{p_B}{p^\ominus}$	$\dfrac{f_B}{p^\ominus}$
溶剂 A	在 T,p 时,$x_A = 1$ 的纯 A 状态	$\mu_A = \mu_A^*(T,p) + RT \ln x_A$	$\gamma_A x_A$
溶质 B(摩尔分数表示)	T,p 时,$x_B = 1$ 仍服从亨利定律的假想标准态	$\mu_B = \mu_{B,x}^*(T,p) + RT \ln x_B$	$\gamma_x x_B$
溶质 B(质量摩尔浓度表示)	T,p 时,$m_B = 1\text{mol/kg}$ 仍服从亨利定律的假想标准态	$\mu_B = \mu_{B,m}^*(T,p) + RT \ln \dfrac{m_B}{m^\ominus}$	$\dfrac{\gamma_m m_B}{m^\ominus}$
溶质 B(物质的量浓度表示)	T,p 时,$c_B = 1\text{mol/L}$ 仍服从亨利定律的假想标准态	$\mu_B = \mu_{B,c}^*(T,p) + RT \ln \dfrac{c_B}{c^\ominus}$	$\dfrac{\gamma_c c_B}{c^\ominus}$

第七节　稀溶液的依数性

在溶剂中加入非挥发性溶质后,由于溶液的蒸气压下降,溶液的沸点会升高,凝固点会降低;如果用半透膜将溶液与纯溶剂隔开,则会发生渗透现象产生渗透压力。这些现象就是依数性(colligative properties)的表现,"依数"的含义是指这些性质只与溶质的分子数量有关,与分子的性质无关。下面从化学势出发,导出一些依数性的定量关系。

一、凝固点降低

二相平衡的条件是组分在二相中的化学势相同。设压力为 p,溶液凝固温度为 T,平衡时溶剂 A(浓度为 x_A)在液相中化学势 $\mu_{A,(l)}$ 等于溶剂在固相中化学势 $\mu_{A,(s)}$,即

稀溶液的依数性(微课)

$$\mu_{A,(1)} = \mu_{A,(s)}$$

在压力 p 恒定时,溶剂在液相中的化学势 $\mu_{A,(1)} = f(T, x)$,在纯固相中 $\mu_{A,(s)} = f(T)$。若溶剂浓度改变了 $dx(x \to x + dx)$,凝固点温度相应改变了 $dT(T \to T + dT)$,达到新的平衡时,化学势各自改变但仍保持相等,即

$$\mu_{A,(1)} + d\mu_{A,(1)} = \mu_{A,(s)} + d\mu_{A,(s)}$$

比较两式,可知

$$d\mu_{A,(1)} = d\mu_{A,(s)}$$

即

$$\left(\frac{\partial \mu_{A,(1)}}{\partial T}\right)_{p,x} dT + \left(\frac{\partial \mu_{A,(1)}}{\partial x}\right)_{p,T} dx = \left(\frac{\partial \mu_{A,(s)}}{\partial T}\right)_{p} dT$$

对于稀溶液,$\mu_A = \mu_A^* + RT\ln x_A$,$\left(\dfrac{\partial \mu_B}{\partial T}\right)_{p,n_i} = -S_{B,m}$,代入上式,得

$$-S_{A(1),m} dT + \frac{RT}{x_A} dx_A = -S_{A(s),m} dT$$

将摩尔熔化熵 $\Delta_{fus}S_{A,m} = S_{A(s),m} - S_{A(1),m} = \dfrac{\Delta_{fus}H_{m,A}^*}{T}$ 代入上式,可得

$$\frac{RT}{x_A} dx_A = \frac{\Delta_{fus}H_{m,A}^*}{T} dT$$

设纯溶剂($x_A = 1$)的凝固点为 T_f^*,浓度为 x_A 时的凝固点为 T_f,对上式作定积分,则

$$\int_1^{x_A} \frac{dx_A}{x_A} = \int_{T_f^*}^{T_f} \frac{\Delta_{fus}H_{m,A}^*}{RT^2} dT$$

当温度变化不大时,溶剂的摩尔熔化热 $\Delta_{fus}H_{m,A}^*$ 可看成常数,

$$\ln x_A = -\frac{\Delta_{fus}H_{m,A}^*}{R}\left(\frac{1}{T_f} - \frac{1}{T_f^*}\right) = -\frac{\Delta_{fus}H_{m,A}^*}{R}\left(\frac{T_f^* - T_f}{T_f T_f^*}\right)$$

令 $\Delta T_f = T_f^* - T_f$,$T_f^* T_f \approx (T_f^*)^2$ 代入上式,得到

$$-\ln x_A = \frac{\Delta_{fus}H_{m,A}^*}{R(T_f^*)^2} \cdot \Delta T_f$$

将左式的对数项级数展开,当溶质浓度 $x_B \ll 1$ 时作近似处理,得

$$-\ln x_A = -\ln(1 - x_B) = x_B + \frac{1}{2}x_B^2 + \cdots \approx x_B = \frac{n_B}{n_A + n_B} \approx \frac{n_B}{n_A}$$

式中,n_A、n_B 分别为溶剂和溶质的物质的量,则有

$$\Delta T_f = \frac{R(T_f^*)^2}{\Delta_{fus}H_{m,A}^*} \cdot \frac{n_B}{n_A} \qquad\qquad 式(3\text{-}48)$$

式(3-48)为稀溶液凝固点降低公式。此式表明凝固点降低值 ΔT_f 与溶质的物质的量 n_B 成正比。现将溶质的浓度表示为质量摩尔浓度 m_B,设溶剂的质量为 $m(A)$,

$$\frac{n_B}{n_A} = \frac{n_B}{m(A)/M_A} = M_A \frac{n_B}{m(A)} = M_A m_B$$

令

$$k_f = \frac{R(T_f^*)^2}{\Delta_{fus}H_{m,A}^*} M_A \qquad\qquad 式(3\text{-}49)$$

凝固点降低公式可写成

$$\Delta T_f = k_f m_B \qquad\qquad 式(3\text{-}50)$$

式(3-50)中,k_f 称为凝固点降低常数(freezing point depression constant or cryoscopic constant),其单位是 K·kg/mol。从 k_f 的关系式中可知,其值只与溶剂的性质(如凝固点温度、熔化热和摩尔质量)有关。表 3-3 列出了部分溶剂的 k_f 值。

表 3-3　几种溶剂的 k_f 和 k_b 值

溶剂	$k_f/(K \cdot kg/mol)$	$K_b/(K \cdot kg/mol)$	溶剂	$k_f/(K \cdot kg/mol)$	$K_b/(K \cdot kg/mol)$
水	1.86	0.51	萘	6.94	5.8
醋酸	3.90	3.07	四氯化碳	30	4.95
苯	5.12	2.53	苯酚	7.27	3.04
二硫化碳	3.80	2.37			

由于在公式推导中,利用稀溶液的特定条件作了近似,因此凝固点降低公式只适用于稀溶液,对较浓的溶液会有较大的偏差。此外,在已知溶剂的 k_f 时,测定 ΔT_f,可计算溶质的摩尔质量,这就是凝固点降低法测定物质的摩尔质量的原理。

二、沸点升高

前面已说明由于非挥发性溶质的加入降低了溶液的蒸气压,所以一定压力下气液平衡时的温度上升,即沸点上升。定量关系可按凝固点降低的处理方法,作相同的推导,得

$$\Delta T_b = \frac{R(T_b^*)^2}{\Delta_{vap} H_{m,A}^*} \cdot \frac{n_B}{n_A} \qquad 式(3-51)$$

$$k_b = \frac{R(T_b^*)^2}{\Delta_{vap} H_{m,A}^*} M_A \qquad 式(3-52)$$

$$\Delta T_b = k_b m_B \qquad 式(3-53)$$

式(3-53)中,$\Delta T_b = T_b - T_b^*$(溶液沸点-纯溶剂沸点),为沸点上升值,$\Delta_{vap} H_{m,A}^*$ 为溶剂的摩尔气化热,k_b 为沸点升高常数(boiling point elevation constant or ebullioscopic constant),单位 $K \cdot kg/mol$。从 k_b 的关系式中可知,其值只与溶剂的性质(如沸点温度、气化热和摩尔质量)有关。部分溶剂的 k_b 值见表 3-3,同样沸点升高公式也只适用于稀溶液。

例题 3-5　将 $5.126 \times 10^{-4} kg$ 的萘(B)($M_B = 0.128\,16 kg/mol$)溶于 $5.00 \times 10^{-2} kg$ 的 CCl_4(A)($M_A = 0.153\,82 kg/mol$,298K 时蒸气压为 15.25kPa)中,使得溶液的沸点升高 0.402K,在相同量的 CCl_4 溶剂中,溶入 $6.216 \times 10^{-4} kg$ 未知物,沸点升高 0.647K。求(1)CCl_4 溶剂的 k_b;(2)未知物的摩尔质量;(3)未知物溶液中,298K 时 CCl_4 的蒸气压为多少?

解:(1)将已知物萘的数据代入沸点升高公式,

$$\Delta T_b = k_b m_B = k_b \frac{m(B)/M_B}{m(A)}$$

$$0.402 = k_b \frac{5.126 \times 10^{-4}/0.128\,16}{5.0 \times 10^{-2}} \quad 得 k_b = 5.03 K \cdot kg/mol$$

(2)将未知物的数据代入沸点升高公式

$$0.647 = 5.03 \frac{6.216 \times 10^{-4}/M_{未知物}}{5.0 \times 10^{-2}}$$

得

$$M_{未知物} = 0.096\,6 kg/mol$$

(3)根据拉乌尔定律

$$p_A = p_A^* x_A = p_A^* \frac{m(A)/M_A}{m(A)/M_A + m(B)/M_B}$$

$$p_A = 15.25 \times \frac{5.0 \times 10^{-2}/0.153\,82}{5.0 \times 10^{-2}/0.153\,82 + 6.216 \times 10^{-4}/0.096\,6} = 14.93 kPa$$

三、渗透压

如果用半透膜(只允许溶剂通过、溶质不能通过的膜)将溶液与纯溶剂分开,溶剂分子会透过半

透膜向溶液扩散,这种现象称为渗透(osmosis)。渗透的结果,引起溶液一侧液面上升,平衡时两边液面间的静压差称为渗透压(osmotic pressure),见图 3-2(a)。如果对溶液一方施加额外压力 p_1 以消除液面差,则 p_1 就是渗透压,用 Π 表示,见图 3-2(b)。渗透的驱动力与扩散一样,都是源于浓度差,只是扩散常用于描述溶质分子的移动,渗透用于溶剂分子的移动。渗透过程是溶剂分子从溶剂浓度大的一侧(化学势大)向溶剂浓度小的一侧(化学势小)转移,直到两边化学势相同,是自发进行的过程。

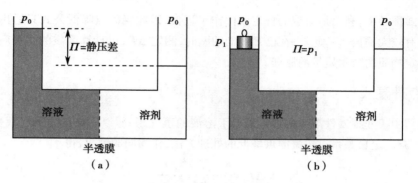

图 3-2　渗透压示意图

　　渗透压的大小取决于溶质的浓度,其定量关系仍可从热力学平衡的角度进行推导。当两边渗透平衡时,左侧溶液中溶剂的化学势 μ_A 等于右侧纯溶剂的化学势 $\mu_A^\ominus$,即

$$\mu_A^\ominus(T,p_0+p_1)+RT\ln x_A=\mu_A^\ominus(T,p_0)$$
$$\mu_A^\ominus(T,p_0+p_1)-\mu_A^\ominus(T,p_0)=-RT\ln x_A \qquad\qquad 式(3-54)$$

等式左边是纯溶剂在恒温条件下不同压力时化学势差(即 ΔG_m),由 $\left(\dfrac{\partial \mu_B}{\partial p}\right)_{T,n_i}=V_{B,m}$,当压力变化不大时,水的摩尔体积 $V_{m,A}$ 视为常数,即

$$\Delta G_m = \int_{p_0}^{p_0+p_1} V_{m,A}\,\mathrm{d}p = V_{m,A}p_1 = \Pi V_{m,A}$$

如前所述,稀溶液中 $x_B \leqslant 1$,将 $-\ln x_A \approx \dfrac{n_B}{n_A}$ 代入式(3-54),得

$$\Pi V_{m,A}=RT\frac{n_B}{n_A}$$

稀溶液中,溶液总体积(V)$\approx$ 溶剂体积($V_{m,A}n_A$),

$$\Pi=\frac{n_B}{V_{m,A}n_A}RT \approx \frac{n_B}{V}RT$$
$$\Pi=c_B RT \qquad\qquad 式(3-55)$$

　　式(3-55)称为范托夫(van't Hoff)公式,式中 c_B 是溶质物质的量浓度,此处 c_B 单位为 mol/m^3。由于在推导过程中作了一些近似,因而只适用于稀溶液。

　　渗透现象在自然界中广泛存在,它在生物的生命过程中起着重要的作用。植物吸收水分和养分是通过渗透作用进行的,动植物的生物膜具有半透膜的性质,血液、细胞液、组织液等必须有相同的渗透压,这对于代谢过程起着极为重要的作用。

　　如果在渗透平衡后继续提高溶液一侧压力,此时溶剂分子将从溶液一侧透过半透膜进入纯溶剂一侧,这称为反渗透(reverse osmosis)。反渗透技术可用于海水淡化、工业污水处理等方面。人体中肾就有反渗透功能,可阻止血液中的糖分排到尿液中。

　　此外,测定大分子化合物溶液的渗透压,可以求出大分子的摩尔质量,这在后续章节中进一步阐述。

例题 3-6　某大分子物质的平均摩尔质量为 25.00kg/mol,298K 下,该物质水溶液渗透压达到 1 539Pa 时,(1) 在 1L 溶液中含有多少大分子物质?(2) 水溶液的凝固点降低多少?已知水的 $k_f=$ 0.51K·kg/mol。

解: (1) 根据渗透压公式: $\Pi = c_B RT = \dfrac{m(B)/M_B}{V} RT$

$$1\ 539 = \frac{m(B)/25}{1 \times 10^{-3}} \times 8.314 \times 298.2 \quad m(B) = 1.552 \times 10^{-2}\text{kg}$$

(2) 按凝固点降低公式,并作近似,在数值上 1L 溶液 ≈ 1kg 溶剂,则

$$\Delta T_f = k_f m_B = k_f \frac{m(B)/M_B}{m(A)} = 0.51 \times \frac{1.552 \times 10^{-2}/25}{1} = 3.17 \times 10^{-4}\text{K}$$

案例分析

输液和渗透压

临床输液需要使用等渗溶液,即渗透压相当于血浆渗透压的溶液。如 0.9% NaCl 溶液和 5% 葡萄糖溶液。对于低于血浆渗透压的溶液称为低渗溶液,血细胞在低渗溶液中会发生水肿和破裂,称为溶血。高于血浆渗透压的溶液称为高渗液,血细胞在高渗溶液可发生脱水而皱缩。

问题:
1. 请解释干海参水发的机制。
2. 为什么临床输液给药时低浓度的药物通常是溶解在 0.9% NaCl 溶液中?

第八节　分　配　定　律

溶质在两个互不相溶的液相中分配有一定的规律,实验证明:在等温等压下,如果溶质同时可溶解在两种互不相溶的溶剂中,该溶质在两相中的浓度比有定值,这就是分配定律(distribution law)。用数学式表示:

$$\frac{m_B(\alpha)}{m_B(\beta)} = K \quad \text{或} \quad \frac{c_B(\alpha)}{c_B(\beta)} = K \qquad\qquad \text{式}(3\text{-}56)$$

式中,$m_B(\alpha)$、$m_B(\beta)$ 分别为溶质 B 在溶剂 α 相和溶剂 β 相中的质量摩尔浓度,$c_B(\alpha)$、$c_B(\beta)$ 为二相中的物质的量浓度,K 为分配系数(distribution coefficient)。影响 K 的因素有:温度、压力、溶剂和溶质的性质等。当溶液浓度不大时,实验结果比较符合分配定律。

分配定律虽是一个经验规则,但可从热力学得到证明。在一定温度和压力时,设溶质 B 在溶剂 α 相和溶剂 β 相中达到分配平衡,则 B 在 α 相的化学势 $\mu_B(\alpha)$ 必等于 B 在 β 相的化学势 $\mu_B(\beta)$,即

$$\mu_B(\alpha) = \mu_B(\beta)$$

代入化学势的表示式,有

$$\mu_B^*(\alpha) + RT\ln a_B(\alpha) = \mu_B^*(\beta) + RT\ln a_B(\beta)$$

整理上式,得

$$\frac{a_B(\alpha)}{a_B(\beta)} = \exp\left[\frac{\mu_B^*(\beta) - \mu_B^*(\alpha)}{RT}\right] = K(T,p)$$

即平衡时,B 在二相中活度比为定值。在浓度不大时,可认为浓度比为定值。

应用分配定律时要注意溶质在二相中必须有相同的形态,如果有解离或缔合的情况,应给予扣除。例如苯甲酸在水和氯仿中的分配,由于苯甲酸在水中部分解离,它在水中的分配浓度是不

包含解离部分的;而苯甲酸在氯仿中有部分缔合(双分子缔合体),在氯仿中的分配浓度也不包含缔合部分。

　　分配定律的一个重要应用是物质的萃取提纯。选择一种对被提取物质溶解度大又对原溶液不相溶的溶剂(萃取剂),通过分配平衡,将被提取物从原溶液转移到新加入的溶剂中,这一过程称萃取。应用分配定律可定量计算萃取的物质量和萃取效率。

　　设在体积为 V_1 的溶液中含有溶质 B 的质量为 W,一次加入体积为 V_2 的溶剂进行萃取,平衡时,原溶液中剩下的溶质的质量为 W_1。分配平衡时,溶质在原溶液中的浓度为 c_1,萃取液中的浓度为 c_2,则有

$$c_1 = \frac{W_1/M_B}{V_1} \quad c_2 = \frac{(W-W_1)/M_B}{V_2}$$

$$\frac{c_1}{c_2} = \frac{W_1/V_1}{(W-W_1)/V_2} = K$$

即

$$W_1 = W \frac{KV_1}{KV_1+V_2}$$

若再用 V_2 的溶剂进行第二次萃取,原溶液中剩下的溶质的质量为 W_2,即

$$W_2 = W_1 \frac{KV_1}{KV_1+V_2} = W \left(\frac{KV_1}{KV_1+V_2} \right)^2$$

用相同体积 V_2 的溶剂进行 n 次萃取,原溶液中剩下溶质的质量为 W_n,则有

$$W_n = W \left(\frac{KV_1}{KV_1+V_2} \right)^n$$

n 次萃取后,已萃取出的溶质的总质量 $W_{萃取} = W - W_n$,即

$$W_{萃取} = W \left[1 - \left(\frac{KV_1}{KV_1+V_2} \right)^n \right] \qquad\qquad 式(3-57)$$

上式可以计算 n 次萃取后得到的物质量,或确定欲提取的物质量,计算萃取次数 n。由于 $\frac{KV_1}{KV_1+V_2} < 1$,因此萃取次数 n 越大,得到的萃取物 $W_{萃取}$ 就越多。

　　如果用相同体积的溶剂进行萃取,多次萃取的效率比一次萃取的效率高,这可以从数学上证明。现以下例的计算加以说明。

　　例题 3-7　常温时,I_2 在水和 CCl_4 中的分配系数为 0.017 7,将 1g I_2 溶解在 10L 水中,用 4.5L CCl_4 萃取,试比较用一次萃取和分三次萃取的萃取量。

　　解:一次萃取时,有

$$W_{萃取,1} = W \left[1 - \left(\frac{KV_1}{KV_1+V_2} \right) \right] = 1 \left[1 - \frac{0.011\,7 \times 10}{0.011\,7 \times 10 + 4.5} \right] = 0.974\,7g$$

分三次萃取时,有

$$W_{萃取,3} = W \left[1 - \left(\frac{KV_1}{KV_1+V_2/3} \right)^3 \right] = 1 \left[1 - \left(\frac{0.011\,7 \times 10}{0.011\,7 \times 10 + 4.5/3} \right)^3 \right] = 0.999\,6g$$

可见分三次萃取的提取量更多。

案例分析

萃取分离和分配定律

　　萃取是利用化合物在两种互不相溶的溶剂中溶解度的不同,使化合物从一种溶剂转移到另一种溶剂的过程,是药物合成中常用的提取步骤。可分为单级萃取和多级萃取。对于单级萃取,料液与萃取剂在混合过程中密切接触,被萃取组分通过两相界面进入萃取剂中,直到其在两相间的分配

基本达到平衡。静置沉降后,液体混合物分离为由萃取剂转变成的萃取液和由料液转变成的萃余液。对于多级萃取,料液和各级萃余液都与新鲜的萃取剂接触,可获得较高的萃取率。

问题:

1. 为什么在药物合成实验和药物实际工业生产中常用多级萃取?

2. 对于多级萃取,对萃取剂有何要求?

本 章 小 结

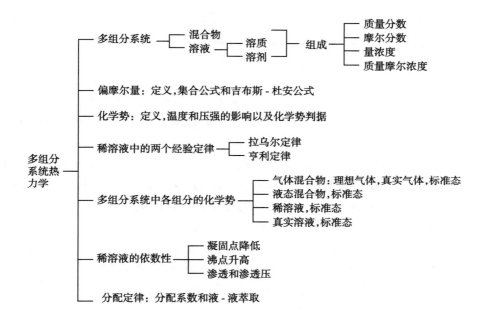

思 考 题

1. 混合物和溶液有何不同?

2. 物质的量浓度 c_B 和质量摩尔浓度 m_B 如何换算?

3. 温度、压力有偏摩尔量吗?

4. 2mol 乙醇与 3mol 水混合,总体积如何计算?

5. A、B 二组分溶液,在等温等压和某一浓度时,组分 A 的偏摩尔量大于 0,组分 B 的偏摩尔量有何规律?

6. 广义化学势的偏微分公式中下标有什么特点?

7. 温度一定时,纯物质的化学势对压力的偏微商就是其摩尔体积,对吗?

8. 多相多组分系统达到平衡需满足哪些条件?

9. 溶剂 A(饱和蒸气压 p_A^*)和溶质 B(亨利常数 $k_{x,B}$)组成理想稀溶液,该系统的蒸气总压如何表示?

10. 溶液的化学势等于各组分化学势之和对吗?

11. 同一稀溶液,组分 B 的浓度用 x_B、m_B、c_B 表示时,化学势的标准态是不同的,那么相应的化学势相同吗?

12. 将少许糖加入到糖水中溶解,此时溶液中糖的化学势增大还是减小?

13. 0.01mol/kg 的葡萄糖溶液和 0.01mol/kg 的果糖溶液的凝固点相同吗?

14. 10g 葡萄糖溶于 1 000g 水中,10g 蔗糖(双糖)溶于另一 1 000g 水中,两者使水的蒸气压下降一样吗?

15. 0.01mol/kg 的葡萄糖和 0.01mol/kg 的氯化钠渗透压相同吗?

16. 农田中若施肥太浓,植物会被"烧死",如何解释?

17. 在体积为 V_1 的溶液中含有溶质 B 的质量为 W,用总体积为 V 的萃取剂分两次萃取,第一次用 $\dfrac{V}{3}$ 的萃取剂,第二次用 $\dfrac{2V}{3}$ 的萃取剂,经两次萃取后在原液中剩下的物质有多少? 用公式表示。

习　题

1. 293K 时,5.00%(质量分数)的硫酸溶液,密度为 1.032g/ml,计算硫酸的摩尔分数、物质的量浓度和质量摩尔浓度($M_{水}=18.02\text{g/mol}$,$M_{硫酸}=98.06\text{g/mol}$)。

2. 指出下列式子中哪些是偏摩尔量,哪些是化学势?

$$\left(\frac{\partial F}{\partial n_i}\right)_{T,p,n_j};\left(\frac{\partial G}{\partial n_i}\right)_{T,V,n_j};\left(\frac{\partial H}{\partial n_i}\right)_{T,p,n_j};\left(\frac{\partial U}{\partial n_i}\right)_{S,V,n_j};\left(\frac{\partial H}{\partial n_i}\right)_{S,p,n_j};\left(\frac{\partial V}{\partial n_i}\right)_{T,p,n_j};\left(\frac{\partial F}{\partial n_i}\right)_{T,V,n_j}$$

3. 有一个水和乙醇形成的溶液,水的摩尔分数为 0.4,乙醇的偏摩尔体积为 57.5ml/mol,溶液的密度为 0.849 4kg/L,求此溶液中水的偏摩尔体积。

4. 298K 时,n 摩尔 NaCl 溶于 1 000g 水中,形成溶液体积 V 与 n 之间关系可表示如下:$V(\text{ml})=1 001.38+16.625n+1.773 8n^{3/2}+0.119 4n^2$。试计算 1mol/kg NaCl 溶液中 H_2O 及 NaCl 的偏摩尔体积。

5. 若把 200g 蔗糖($M=342\text{g/mol}$)溶解在 2 000g 水中,373K 时,水的蒸气压下降多少?

6. 273K 时,101.325kPa 的氧气在 100g 水中可溶解 4.490ml,求氧气溶解在水中的亨利常数 k_x 和 k_m。

7. 已知 370K 时,3%(质量分数)的乙醇溶液的蒸气总压为 101.325kPa,纯水($M=18\text{g/mol}$)的蒸气压为 91.29kPa。试计算该温度时乙醇摩尔分数为 0.02 的溶液,水和乙醇的蒸气分压各为多少?(溶液浓度很低,溶剂服从拉乌尔定律,溶质服从亨利定律。)

8. 比较下列 6 种状态水的化学势:

(a) 373K,101.3kPa,液态;(b) 373K,101.3kPa,气态;

(c) 373K,202.6kPa,液态;(d) 373K,202.6kPa,气态;

(e) 374K,101.3kPa,液态;(f) 374K,101.3kPa,气态。

试问:(1) $\mu(a)$ 与 $\mu(b)$ 谁大? (2) $\mu(c)$ 与 $\mu(a)$ 相差多少? (3) $\mu(d)$ 与 $\mu(b)$ 相差多少? (4) $\mu(c)$ 与 $\mu(d)$ 谁大? (5) $\mu(e)$ 与 $\mu(f)$ 谁大?

9. 293K 时,溶液(1)的组成为 $1NH_3:2H_2O$,其中 NH_3 的蒸气分压为 10.67kPa。溶液(2)的组成为 $1NH_3:8\frac{1}{2}H_2O$,其中 NH_3 的蒸气分压为 3.60kPa。试求:

(1) 从大量溶液(1)中转移 1mol NH_3 至大量溶液(2)中,$\Delta G=?$

(2) 将压力为 101.325kPa 的 1mol $NH_3(g)$ 溶解在大量溶液(2)中,$\Delta G=?$

10. 293K 时,乙醚($M=74\text{g/mol}$)的蒸气压为 58.96kPa,将 10g 某非挥发性有机物溶解在 100g 乙醚中,乙醚的蒸气压下降到 56.80kPa,求该有机物的摩尔质量。

11. CCl_4 的沸点为 349.75K,在 33.70g CCl_4 中溶入 0.600g 的非挥发性某物质后沸点为 351.26K。已知 CCl_4 的沸点升高常数 $k_b=5.16\text{K}\cdot\text{kg/mol}$,求该物质的摩尔质量。

12. 铅($M=207.2\text{g/mol}$)的熔点为 600.5K,熔化热 $\Delta_{fus}H_m^*=5 121\text{J/mol}$,100g 铅中含有 1.08g 银时,凝固点为 588.2K。求(1) 铅的凝固点降低常数 k_f;(2) 银在铅中的摩尔质量,判断银是否以单原

子形式存在？

13. 测得浓度为 20kg/m³ 血红蛋白水溶液在 298K 时的渗透压为 763Pa，求血红蛋白的摩尔质量。

14. 293K 时，某有机物在水和乙醚中的分配系数为 0.4，将 5g 有机物溶解在 100ml 水中，用 40ml 乙醚（已事先被水饱和）萃取，试比较用一次萃取和分两次萃取有机物在水中的剩余量。

目标测试

（陈　刚）

第四章

化 学 平 衡

第四章
教学课件

学习目标

1. **掌握** 化学反应的平衡条件;化学反应等温方程式及其应用;温度、压力、惰性气体等因素对化学平衡的影响。
2. **熟悉** 平衡常数的意义与各种平衡常数的表示方法;$K^{\ominus}$、K_p、K_x、K_c 和 K_n 之间的关系;化学反应的标准吉布斯能变的求算以及与平衡常数的关系;熟悉平衡常数与平衡组成的计算。
3. **了解** 平衡常数的测定方法;反应耦合原理以及生物体内的化学平衡。

由热力学第二定律可知,一切自发过程的方向都是系统趋于平衡态的方向,平衡态是自发过程的限度。化学平衡(chemical equilibrium)是指一定条件下正反应速率等于逆反应速率,各组分浓度不再随时间改变。化学平衡状态是可逆反应在一定条件下进行的最大限度。此时,反应系统的组成不再随时间发生变化,从宏观看是静态,本质上是一种动态平衡,正、反方向上的反应仍在进行。当给定的反应条件改变后,平衡状态将发生变化,直至达到新的平衡。

化学平衡
（微课）

化学平衡在生产实践中有着广泛的应用,化学平衡知识对于药学工作者来说尤为重要。例如我们在新药的设计、合成过程中需要考虑如何控制反应条件以及原料配比,使反应按我们所需要的方向进行,并能达到给定条件下的最高产率,这都将用到化学平衡的知识。

本章运用热力学基本原理和定律,讨论化学反应的方向和限度、化学平衡的条件和平衡组成的计算以及温度、压力、惰性气体等因素对化学平衡的影响等。

第一节 化学反应的吉布斯能变化和平衡条件

一、化学反应的吉布斯能变化

对于封闭系统中的任意化学反应

$$aA+dD \Longrightarrow gG+hH$$

当系统发生微小变化(包括温度、压力及化学变化)时,系统内各物质的量也相应发生变化,若系统只做体积功,则系统吉布斯能的变化为:

$$dG=-SdT+Vdp+ \sum_B \mu_B dn_B \qquad 式(4-1)$$

若反应是在等温等压条件下进行,则

$$dG_{T,p}= \sum_B \mu_B dn_B \qquad 式(4-2)$$

式中,μ_B是任一组分的化学势,根据反应进度的定义 $dn_B=\nu_B d\xi$,代入式(4-2)中,得

$$dG_{T,p}= \sum_B \nu_B \mu_B d\xi \qquad 式(4-3)$$

则有

$$\Delta_r G_m = \left(\frac{\partial G}{\partial \xi}\right)_{T,p} = \sum_B \nu_B \mu_B \qquad \text{式}(4\text{-}4)$$

式中，ν_B 表示参与反应的 B 物质的化学计量数，其符号规定：产物为正，反应物为负；μ_B 表示参与反应的 B 物质的化学势。在反应中保持 μ_B 不变的条件是：在有限量的系统中发生微小的化学反应，即 $d\xi$ 很小，系统中各物质数量的微小变化不足以引起各物质的浓度变化，因而其化学势不变；或是在一个很大的系统中发生了一单位的化学反应时，系统中各物质的浓度可视为不变，因此各物质的化学势视为不变。

式(4-4)中 $\Delta_r G_m$ 为化学反应摩尔吉布斯能变化，其意义是在等温等压、非体积功为零的封闭系统中，反应系统的吉布斯能随反应进度 ξ 的变化率。也可以理解为上述条件下，1mol 反应引起的系统吉布斯能的变化值。在化学反应中，随着反应的进行，反应物和产物的浓度随时都在改变，也就是说 μ_B 随 ξ 而改变，因此 $\Delta_r G_m$ 是 ξ 的函数。

二、化学反应的平衡条件

对于等温等压、非体积功为零的化学反应，根据热力学第二定律，可得

当 $0<\xi<\xi_{eq}$ 时，$\left(\frac{\partial G}{\partial \xi}\right)_{T,p}<0$，正向反应自发进行。

当 $\xi=\xi_{eq}$ 时，$\left(\frac{\partial G}{\partial \xi}\right)_{T,p}=0$，反应达到平衡。

当 $\xi>\xi_{eq}$ 时，$\left(\frac{\partial G}{\partial \xi}\right)_{T,p}>0$，逆向反应自发进行。

化学反应通常不能进行到底的原因（微课）

可以看出，无论反应从正向开始还是从逆向开始，它们都趋向 $\xi=\xi_{eq}$ 的平衡态。吉布斯能 G 与反应进度 ξ 的关系可用图 4-1 中的曲线表示。

当反应物的吉布斯能总和大于产物的吉布斯能总和时，反应自发向右进行，但通常情况下，反应物并不能全部转化成产物，而是进行到一定程度后反应达到平衡。由图 4-1 可以看出，

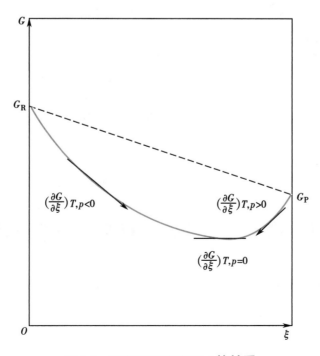

图 4-1 系统的吉布斯能和 ξ 的关系

无论反应从正向开始还是从逆向开始,它们都趋向 $\xi=\xi_{eq}$ 的平衡态。这种现象与"平衡时系统的吉布斯能最低"原理是否矛盾?

为了解释这个问题,现以简单的理想气体反应为例进行说明。

$$aA+dD \Longrightarrow eE$$

开始时系统中 A、D、E 的物质的量分别为 n_A^0、n_D^0 和 n_E^0,当反应进行到某时刻时,A、D、E 的物质的量分别为 n_A、n_D 和 n_E,此刻系统的吉布斯能为

$$
\begin{aligned}
G &= \sum_{B} n_B \mu_B \\
&= n_A \mu_A + n_D \mu_D + n_E \mu_E \\
&= n_A \left(\mu_A^\ominus + RT\ln\frac{p_A}{p^\ominus} \right) + n_D \left(\mu_D^\ominus + RT\ln\frac{p_D}{p^\ominus} \right) + n_E \left(\mu_E^\ominus + RT\ln\frac{p_E}{p^\ominus} \right) \\
&= \left[\left(n_A \mu_A^\ominus + n_D \mu_D^\ominus + n_E \mu_E^\ominus \right) + \left(n_A + n_D + n_E \right) RT\ln\frac{p}{p^\ominus} \right] \\
&\quad + RT\left(n_A\ln x_A + n_D\ln x_D + n_E\ln x_E \right)
\end{aligned}
$$

式中,p 是总压,x_B 是各气体的摩尔分数($p_B=px_B$)。上式中方括号中的数值相当于反应前各种气体单独存在,且各自的压力均为 p 时的吉布斯能之和,可用 $\sum G_B^*$ 表示。最后一项为混合吉布斯能变化,用 ΔG_{mix} 表示。由于 $x_B<1$,所以该项数值小于零。这样上式可以表示为

$$G = \sum G_B^* + \Delta G_{mix} \qquad\qquad 式(4\text{-}5)$$

可以证明 $\sum G_B^*$ 与反应进度 ξ 之间成直线关系,如果不考虑气体之间的混合过程,反应的吉布斯能最低点应在图 4-1 所示的 G_p 点。实际上,由于混合吉布斯能的存在,反应吉布斯能与反应进度之间的关系如图 4-2 所示。图中 R 点相当于反应物 A 和 D 之间未混合时的吉布斯能之和,P 点则为反应物 A 和 D 之间刚刚混合但尚未进行反应时系统的吉布斯能之和。随着反应发生,一旦有产物生成,它就参与混合,产生具有负值的混合吉布斯能,系统的吉布斯能继续下降。根据等温等压下吉布斯能有最低值的原理,最低的 T 点就是平衡点。反之,如果反应由纯 E 开始(S 为起始的吉布斯能),随着反应的进行,生成的 A 和 D 与反应物 E 发生混合,同样导致系统的吉布斯能由 S 点降到 T 点。因此,在系统的吉布斯能和反应进度之间必然存在一个最低点对应化学平衡,这也就是为什么大多数化学反应总是存在平衡而不能进行到底的根本原因。

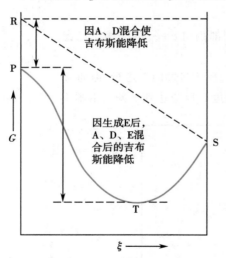

图 4-2　系统的吉布斯能在反应过程中的变化示意图

图中标注:因A、D混合使吉布斯能降低；因生成E后,A、D、E混合后的吉布斯能降低

第二节　化学反应等温方程式与标准平衡常数

一、化学反应等温方程式

等温等压、非体积功为零的条件下发生理想气体反应

$$aA+dD \Longrightarrow gG+hH$$

反应系统的吉布斯能变化为

$$\Delta_r G_m = \sum_B \nu_B \mu_B \qquad\qquad 式(4\text{-}6)$$

对于理想气体,物质 B 的化学势表达式为 $\mu_B(T,p)=\mu_B^\ominus(T)+RT\ln\dfrac{p_B}{p^\ominus}$,将反应中各组分的化学势代入式(4-6),得

$$\Delta_r G_m = \sum_B \nu_B \mu_B^\ominus + \sum_B \nu_B RT\ln\frac{p_B}{p^\ominus}$$

$$\Delta_r G_m^\ominus = \sum_B \nu_B \mu_B^\ominus$$

$$\Delta_r G_m = \Delta_r G_m^\ominus + \sum_B \nu_B RT\ln\frac{p_B}{p^\ominus} \qquad\qquad 式(4\text{-}7)$$

对于上述反应,有

$$\Delta_r G_m = \Delta_r G_m^\ominus + RT\ln\frac{\left(\dfrac{p_G}{p^\ominus}\right)^g \left(\dfrac{p_H}{p^\ominus}\right)^h}{\left(\dfrac{p_A}{p^\ominus}\right)^a \left(\dfrac{p_D}{p^\ominus}\right)^d} \qquad\qquad 式(4\text{-}8)$$

令 $Q_p = \dfrac{\left(\dfrac{p_G}{p^\ominus}\right)^g \left(\dfrac{p_H}{p^\ominus}\right)^h}{\left(\dfrac{p_A}{p^\ominus}\right)^a \left(\dfrac{p_D}{p^\ominus}\right)^d}$,称为"压力商",式(4-8)可写为

$$\Delta_r G_m \doteq \Delta_r G_m^\ominus + RT\ln Q_p \qquad\qquad 式(4\text{-}9)$$

式(4-9)称为化学反应等温方程式(chemical reaction isotherm)。它可以判断等温等压、非体积功为零的条件下化学反应的自发方向和限度。

二、标准平衡常数

等温等压、非体积功为零的条件下,化学反应达平衡时 $\Delta_r G_m = 0$,则有

$$\Delta_r G_m^\ominus = -RT\ln\frac{\left(\dfrac{p_{G,eq}}{p^\ominus}\right)^g \left(\dfrac{p_{H,eq}}{p^\ominus}\right)^h}{\left(\dfrac{p_{A,eq}}{p^\ominus}\right)^a \left(\dfrac{p_{D,eq}}{p^\ominus}\right)^d} \qquad\qquad 式(4\text{-}10)$$

式(4-10)中下标"eq"表示各组分的分压为其平衡分压,因为 $\Delta_r G_m^\ominus$ 仅仅是温度的函数,所以恒温条件下,平衡时的压力商为一常数,以 $K^\ominus$ 表示,则

$$K^\ominus = \frac{\left(\dfrac{p_{G,eq}}{p^\ominus}\right)^g \left(\dfrac{p_{H,eq}}{p^\ominus}\right)^h}{\left(\dfrac{p_{A,eq}}{p^\ominus}\right)^a \left(\dfrac{p_{D,eq}}{p^\ominus}\right)^d} \qquad\qquad 式(4\text{-}11)$$

$K^\ominus$ 被定义为反应标准平衡常数(standard equilibrium constant),也称为热力学平衡常数(thermodynamic equilibrium constant)。将式(4-11)代入式(4-10)得

$$\Delta_r G_m^\ominus = -RT\ln K^\ominus$$

将其代入式(4-9)可得

$$\Delta_r G_m = -RT\ln K^\ominus + RT\ln Q_p \qquad\qquad 式(4\text{-}12)$$

式(4-12)是理想气体化学反应等温方程式的另一种表述。由定义式可知,对于溶液中的各物质 $\mu_B^\ominus$ 也是温度和压力的函数,与组成无关。因此条件给定的某一指定反应,$K^\ominus$ 为常数,标准平衡常数的

大小可作为反应达平衡时反应进行的限度的量度。

对于等温等压、非体积功为零的化学反应,通过计算压力商,代入式(4-12)算得 $\Delta_r G_m$,根据其数值的正负可判断自发反应的方向和限度

当 $Q_p < K^\ominus$ 时,$\Delta_r G_m < 0$,反应正向自发进行。

当 $Q_p > K^\ominus$ 时,$\Delta_r G_m > 0$,反应逆向自发进行。

当 $Q_p = K^\ominus$ 时,$\Delta_r G_m = 0$,反应达平衡。

例题 4-1 已知理想气体反应 $N_2(g) + 3H_2(g) \rightleftharpoons 2NH_3(g)$,温度为 298.15K 时的标准平衡常数 $K^\ominus = 5.97 \times 10^5$。试计算当 N_2,H_2 及 NH_3 的分压分别为 10kPa、10kPa 和 100kPa 时反应的 $\Delta_r G_m$,并指明反应自发进行的方向。当 N_2 和 H_2 的分压不变,NH_3 的分压增大达 1 000kPa 时,反应向哪个方向进行?

解:(1)根据题意可知

$$Q_p = \prod_B \left(\frac{p_B}{p^\ominus}\right)^{\nu_B} = \frac{\left(\frac{p_{NH_3}}{p^\ominus}\right)^2}{\left(\frac{p_{N_2}}{p^\ominus}\right) \cdot \left(\frac{p_{H_2}}{p^\ominus}\right)^3} = \frac{(100/100)^2}{(10/100)(10/100)^3} = 1.0 \times 10^4 < K^\ominus$$

故反应正向自发进行。

(2)同理 $Q_p = \prod_B \left(\frac{p_B}{p^\ominus}\right)^{\nu_B} = \frac{\left(\frac{p_{NH_3}}{p^\ominus}\right)^2}{\left(\frac{p_{N_2}}{p^\ominus}\right) \cdot \left(\frac{p_{H_2}}{p^\ominus}\right)^3} = \frac{(1\ 000/100)^2}{(10/100)(10/100)^3} = 1.0 \times 10^6 > K^\ominus$

反应逆向自发进行。

第三节　平衡常数的表示式

化学反应的标准平衡常数是判断反应限度的重要依据,因此对各种类型化学反应的平衡常数进行讨论是十分必要的。

一、理想气体反应的平衡常数

1. 理想气体反应的标准平衡常数

对于理想气体反应

$$aA + dD \rightleftharpoons gG + hH$$

其标准平衡常数如式(4-11)所示

$$K^\ominus = \frac{\left(\frac{p_{G,eq}}{p^\ominus}\right)^g \left(\frac{p_{H,eq}}{p^\ominus}\right)^h}{\left(\frac{p_{A,eq}}{p^\ominus}\right)^a \left(\frac{p_{D,eq}}{p^\ominus}\right)^d}$$

$K^\ominus$ 是一个无量纲的量,对于一个指定反应来说,仅是温度的函数,与系统的压力和其他条件无关。$K^\ominus$ 越大,反应越完全。

标准平衡常数的数值与化学计量方程的写法相关。例如合成氨的反应:

(1)$N_2(g) + 3H_2(g) \rightleftharpoons 2NH_3(g)$　　$K_1^\ominus = \frac{\left(\frac{p_{NH_3,eq}}{p^\ominus}\right)^2}{\left(\frac{p_{N_2,eq}}{p^\ominus}\right)\left(\frac{p_{H_2,eq}}{p^\ominus}\right)^3}$

（2）$\dfrac{1}{2}N_2(g)+\dfrac{3}{2}H_2(g)\Longrightarrow NH_3(g)$　$K_2^{\ominus}=\dfrac{\left(\dfrac{p_{NH_3,eq}}{p^{\ominus}}\right)}{\left(\dfrac{p_{N_2,eq}}{p^{\ominus}}\right)^{\frac{1}{2}}\left(\dfrac{p_{H_2,eq}}{p^{\ominus}}\right)^{\frac{3}{2}}}$

两个不同写法反应式的平衡常数之间的关系为

$$K_1^{\ominus}=(K_2^{\ominus})^2$$

可见,同一反应,反应式写法不同,其平衡常数的数值也不同。

2. 理想气体反应的经验平衡常数

除了上述讨论的标准平衡常数外,平衡常数还有其他习惯表示法,称为"经验平衡常数"。下面以反应 $aA+dD\Longrightarrow gG+hH$ 为例,分别讨论。

（1）用组分的分压表示的平衡常数 K_p

$$K_P=\dfrac{(p_{G,eq})^g\,(p_{H,eq})^h}{(p_{A,eq})^a\,(p_{D,eq})^d}=\prod_B p_{B,eq}^{\nu_B}\qquad\text{式（4-13）}$$

$$K^{\ominus}=K_p^{\ominus}=\dfrac{\left(\dfrac{p_{G,eq}}{p^{\ominus}}\right)^g\left(\dfrac{p_{H,eq}}{p^{\ominus}}\right)^h}{\left(\dfrac{p_{A,eq}}{p^{\ominus}}\right)^a\left(\dfrac{p_D}{p^{\ominus}}\right)^d}=K_p\,(p^{\ominus})^{-\Delta\nu_B}\qquad\text{式（4-14）}$$

其中,$\Delta\nu_B$ 是各组分化学计量数的代数和,反应物 ν_B 为负值,产物 ν_B 为正值。$\Delta\nu_B=(g+h)-(a+d)$,即式(4-14)可表示为

$$K^{\ominus}=K_p(p^{\ominus})^{-\Delta\nu_B}\qquad\text{式（4-15）}$$

式(4-15)中,K_p 为用分压表示的平衡常数,有量纲,只有在 $\Delta\nu_B=0$ 时才无量纲。气相反应的 $K^{\ominus}$ 只是温度的函数,故 K_p 也仅是温度的函数。

（2）用组分的摩尔分数表示的平衡常数 K_x：对于理想气体的混合系统,若组分 B 的物质的量分数为 x_B,则其分压 p_B 与系统总压 p 的关系为 $p_B=px_B$,因此,有

$$K_x=\dfrac{x_{G,eq}^g\cdot x_{H,eq}^h}{x_{A,eq}^a\cdot x_{D,eq}^d}=\prod_B x_{B,eq}^{\nu_B}\qquad\text{式（4-16）}$$

$$K_p=\dfrac{x_{G,eq}^g\cdot x_{H,eq}^h}{x_{A,eq}^a\cdot x_{D,eq}^d}p^{\Delta\nu_B}=K_xp^{\Delta\nu_B}\qquad\text{式（4-17）}$$

K_x 为用摩尔分数表示的平衡常数,为无量纲的物理量。由式(4-17)可知,K_x 是温度与压力的函数。

（3）用组分的物质的量浓度表示的平衡常数 K_c：对于理想气体的混合系统,组分 B 的分压可表示为 $p_B=c_BRT$,则平衡时有

$$K_c=\dfrac{c_{G,eq}^g\cdot c_{H,eq}^h}{c_{A,eq}^a\cdot c_{D,eq}^d}=\prod_B c_{B,eq}^{\nu_B}\qquad\text{式（4-18）}$$

或　　　　　　　　　　　　$$K_p=K_c\,(RT)^{\Delta\nu_B}\qquad\text{式（4-19）}$$

因为 K_p 仅是温度的函数,由式(4-19)知 K_c 也仅是温度的函数,其量纲为(浓度)$^{\Delta\nu_B}$。

（4）用组分的物质的量表示的平衡常数：对于理想气体的混合系统,若平衡时组分 B 的物质的量为 $n_{B,eq}$,则有

$$K_n=\dfrac{n_{G,eq}^g\cdot n_{H,eq}^h}{n_{A,eq}^a n_{D,eq}^d}=\prod_B n_{B,eq}^{\nu_B}\qquad\text{式（4-20）}$$

或将 $p_B=px_B$,$x_B=n_B\big/\sum_B n_B$ 代入式(4-13),可得

$$K_n = K_p \left(\frac{p_{eq}}{\sum\limits_{B} n_B} \right)^{-\Delta \nu_B} \qquad \text{式（4-21）}$$

K_n 为用物质的量表示的常数，量纲为（物质的量）$^{\Delta \nu_B}$。由式（4-21）可知，K_n 是温度、压力及物质的量的函数。根据 K_p 与其他平衡常数的关系式，我们可以得到 K_n 与其他经验常数的关系。

二、实际气体反应的平衡常数

对实际气体，用逸度代替分压，系统中各物质的活度 $a_B = \dfrac{f_B}{p^\ominus} = \dfrac{\gamma_B p_B}{p^\ominus}$，所以得到真实气体的标准平衡常数，即

$$K^\ominus = \frac{\left(\dfrac{f_{G,eq}}{p^\ominus} \right)^g \left(\dfrac{f_{H,eq}}{p^\ominus} \right)^h}{\left(\dfrac{f_{A,eq}}{p^\ominus} \right)^a \left(\dfrac{f_{D,eq}}{p^\ominus} \right)^d} = \frac{\left(\dfrac{\gamma_G p_{G,eq}}{p^\ominus} \right)^g \left(\dfrac{\gamma_H p_{H,eq}}{p^\ominus} \right)^h}{\left(\dfrac{\gamma_A p_{A,eq}}{p^\ominus} \right)^a \left(\dfrac{\gamma_D p_{D,eq}}{p^\ominus} \right)^d} = K_p^\ominus K_\gamma \qquad \text{式（4-22）}$$

由于气体的 $\mu_B^\ominus$ 只是温度的函数，故气相反应的 $K^\ominus$ 也只与温度有关，但真实气体的逸度系数与温度和压力都有关系，所以 $K_p^\ominus$ 与温度和压力也有关系。但是当压力较低时，真实气体可以近似看成理想气体，这时 $\gamma_B = 1$，$K_p^\ominus$ 也只与温度有关。

三、液相反应的平衡常数

1. 理想溶液各组分间的反应　　在一定的温度和压力下，理想液态混合物中的任一组分 B 的化学势可以表示为

$$\mu_B(T,p) = \mu_B^*(T,p) + RT \ln x_B \qquad \text{式（4-23）}$$

代入式（4-6），根据平衡条件可得

$$K^\ominus = \frac{x_{G,eq}^g x_{H,eq}^h}{x_{A,eq}^a x_{D,eq}^d} = \prod_B x_{B,eq}^{\nu_B} = K_x \qquad \text{式（4-24）}$$

2. 理想稀溶液溶质间的反应　　对于理想稀溶液，溶质符合亨利定律，任一组分 B 的活度 $a_B = \dfrac{c_B}{c^\ominus}$，化学势可表示为

$$\mu_B = \mu_{B,c}^* + RT \ln \frac{c_B}{c^\ominus} \qquad \text{式（4-25）}$$

$$K^\ominus = \frac{\left(\dfrac{c_{G,eq}}{c^\ominus} \right)^g \left(\dfrac{c_{H,eq}}{c^\ominus} \right)^h}{\left(\dfrac{c_{A,eq}}{c^\ominus} \right)^a \left(\dfrac{c_{D,eq}}{c^\ominus} \right)^d} = \prod_B \left(\frac{c_{B,eq}}{c^\ominus} \right)^{\nu_B} = K_c^\ominus = K_c (c^\ominus)^{-\Delta \nu_B} \qquad \text{式（4-26）}$$

如果组分 B 的活度 $a_B = \dfrac{m_B}{m^\ominus}$，化学势表示为 $\mu_B = \mu_{B,m}^* + RT \ln \dfrac{m_B}{m^\ominus}$，那么 $K^\ominus = K_m^\ominus$，即

$$K^\ominus = \frac{\left(\dfrac{m_{G,eq}}{m^\ominus} \right)^g \left(\dfrac{m_{H,eq}}{m^\ominus} \right)^h}{\left(\dfrac{m_{A,eq}}{m^\ominus} \right)^a \left(\dfrac{m_{D,eq}}{m^\ominus} \right)^d} = \prod_B \left(\frac{m_{B,eq}}{m^\ominus} \right)^{\nu_B} = K_m^\ominus = K_m (m^\ominus)^{-\Delta \nu_B}$$

如果组分 B 的活度 $a_B = x_B$，化学势表示为 $\mu_B = \mu_{B,x}^* + RT \ln x_B$，那么 $K^\ominus = K_x^\ominus$。

因为 $\mu_{B,x}^*$、$\mu_{B,c}^*$ 和 $\mu_{B,m}^*$ 是温度和压力的函数，所以 $K_c^\ominus$、$K_m^\ominus$ 和 $K_x^\ominus$ 是温度和压力的函数。但压力 p 的影响较小可忽略不计。对于稀溶液，标准平衡常数的数值依赖于物质标准态的选择。

3. **实际溶液中溶质间的反应** 实际溶液中任一组分 B 的活度可表示为

$$a_B = \frac{\gamma_B c_B}{c^\ominus}, \quad \lim_{c_B \to 0} \gamma_B = 1 \qquad 式(4-27)$$

得

$$K^\ominus = \prod_B \gamma_B^{\nu_B} \prod_B \left(\frac{c_{B,eq}}{c^\ominus} \right)^{\nu_B} = K_\gamma K_c^\ominus = K_\gamma K_c \ (c^\ominus)^{-\Delta\nu_B} \qquad 式(4-28)$$

当组分 B 的活度表示为 $a_B = \frac{\gamma_B m_B}{m^\ominus}$，$\lim\limits_{m_B \to 0} \gamma_B = 1$，则 $K^\ominus = K_\gamma K_m^\ominus$。而当组分 B 的活度表示为 $a_B = \gamma_B x_B$，$\lim\limits_{x_B \to 0} \gamma_B = 1$，则 $K^\ominus = K_\gamma K_x^\ominus$。

例题 4-2 已知温度为 1 000K，压力为标准压力时，反应 $2SO_3(g) \Longrightarrow 2SO_2(g) + O_2(g)$ 的 $K_c = 3.54 \text{mol/m}^3$。求该反应的 K_p 和 K_x 及 $K^\ominus$。

解： 根据题意，该反应 $\Delta\nu_B = 1$，由平衡常数之间的关系式得

$$K_p = K_c (RT)^{\Delta\nu_B}$$
$$= 3.54 \times 8.314 \times 1\,000$$
$$= 2.943 \times 10^4 \text{Pa}$$

$$K_p = K_x p^{\Delta\nu_B}$$

$$K_x = \frac{K_p}{p} = \frac{2.943 \times 10^4}{10^5} = 0.290\,5$$

$$K^\ominus = K_p \ (p^\ominus)^{-\Delta\nu_B} = \frac{K_p}{p^\ominus} = 0.290\,5$$

四、复相反应的平衡常数

反应涉及气相和凝聚相（液相、固体）共同参与的反应称为复相化学反应。如果凝聚相均为纯物质，不形成固溶体或溶液，凝聚态各物质的活度始终等于 1，$a_{B,s} = 1$。其化学势就是标准态化学势，即 $\mu_{B,s}(T,p) = \mu_{B,s}^*$。气体物质的活度 $a_{B,g} = \frac{f_B}{p^\ominus} = \frac{\gamma_B p_B}{p^\ominus}$，化学势 $\mu_{B,g}(T,p) = \mu_{B,g}^\ominus(T) + RT \ln \frac{p_B}{p^\ominus}$，代入 $K^\ominus = \prod\limits_B a_{B,eq}^{\nu_B}$ 可知复相反应的热力学平衡常数只与气态物质有关，即

$$K^\ominus = \prod_B a_{B,g,eq}^{\nu_B} \qquad 式(4-29)$$

例如反应 $CaCO_3(s) \Longrightarrow CaO(s) + CO_2(g)$，组分 $CaCO_3$ 和 CaO 均为纯固体，根据式(4-29)，其标准平衡常数为

$$K^\ominus = \frac{p_{CO_2,eq}}{p^\ominus}$$

$K^\ominus$ 数值只与反应温度有关，在一定温度下，与反应系统中 $CaCO_3$ 和 CaO 的物质的量没有关系，系统达平衡时产物 CO_2 气体的压力总为一定值。这个分解平衡时生成物 CO_2 气体的压力被称为 $CaCO_3$ 在该温度下的分解压。

若气相产物不止一种，分解压是指在一定温度下固体物质分解达到平衡时气相产物的总压。例如反应

$$NH_4HS(s) \Longrightarrow NH_3(g) + H_2S(g)$$

其标准平衡常数可表示为

$$K^{\ominus} = \frac{p_{NH_3,eq}}{p^{\ominus}} \cdot \frac{p_{H_2S,eq}}{p^{\ominus}} = \frac{1}{4}\left(\frac{p_{分解压}}{p^{\ominus}}\right)^2$$

其分解压

$$p_{分解压} = p_{NH_3,eq} + p_{H_2S,eq}$$

一定温度时,对某固体物质的分解反应,当系统中气体物质的总压小于分解压,分解反应可正向自发进行,反之则不分解。因此一定温度下某物质的分解压可用来衡量物质的稳定性,分解压越小越不易分解。

例题 4-3 已知 973K 时,复相反应 $CO_2(g) + C(s) \Longrightarrow 2CO(g)$ 的 $K_p = 90\ 180Pa$,试计算此反应的 K_c 和 $K^{\ominus}$。

解:根据题意,该反应的标准平衡常数只与参与反应的气体物质有关,则

$$K^{\ominus} = \frac{\left(\dfrac{p_{CO,eq}}{p^{\ominus}}\right)^2}{\left(\dfrac{p_{CO_2,eq}}{p^{\ominus}}\right)} = K_p(p^{\ominus})^{-\Delta\nu_B} = \frac{90\ 180}{100\ 000} = 0.90$$

$$K_c = K_p(RT)^{-\Delta\nu_B}$$

$$= \frac{90\ 180}{8.314 \times 973}$$

$$= 11.15 mol/m^3$$

第四节 平衡常数的测定和平衡转化率的计算

一、平衡常数的测定

测定平衡系统中各物质的浓度或者压力,就可以求出平衡常数。常用的测定平衡浓度的方法有物理法和化学法两种。

1. 物理法 物理法是指通过测定平衡系统的物理性质,如折光率、电导率、吸光度、电动势、密度、压力和体积等物理量,从而间接求出平衡系统中各组分的浓度。其优点在于测定时不干扰系统的平衡,对系统无影响,但是需要已知该性质与浓度的关系。

2. 化学法 化学法是指通过加入化学分析试剂的方法直接测定平衡系统中各物质的浓度。其优点是直接得出结果,缺点在于实验中可能需要加入一些分析试剂,这些试剂通常会扰乱原平衡系统。因此,采用化学法时应设法使平衡状态"冻结"。可根据反应特点采用骤冷、稀释、移去催化剂等方法使反应停止,降低平衡的移动,以保证测得的结果是平衡时各组分的浓度。

实际实验中具体选用哪种方法,应根据具体系统,选择最简便适用的方法。无论采用哪种方法,首先都应根据平衡的特点判断反应系统是否已达到平衡,而且保证实验测定过程中系统的平衡不会受到影响。

二、平衡转化率的计算

平衡转化率也称理论转化率或最大转化率,是指反应系统达到平衡状态后,反应物消耗掉的百分数,即

$$平衡转化率 = \frac{平衡时反应物消耗掉的量}{反应物的原始量} \times 100\% \qquad 式(4-30)$$

转化率是指实际反应结束后反应物转化的百分数,与反应进行的时间相关。平衡转化率指反应达平衡后的转化率,因此平衡转化率是转化率的极限值。

实验和工业生产中还常应用平衡产率的概念,平衡产率也称最大产率或理论产率。对于一个有副反应发生的系统,反应物在生产主要产物的同时,也产生一些副产物。平衡产率的定义为

$$平衡产率=\frac{平衡时转化为指定产物的某反应物的量}{反应物的原始量}\times100\%$$

转化率是以原料的消耗来衡量反应的限度,而产率则以产品数量来衡量反应的限度,本质上两者是一致的。

例题 4-4　在 400K、100kPa 时,有 1mol 乙烯与 1mol 水蒸气反应生成乙醇气体,测得标准平衡常数为 0.099,试求:(1) 在此条件下乙烯的转化率;(2) 计算平衡系统中各物质的浓度(气体可视为理想气体)。

解:(1) 设 C_2H_4 的转化率为 α,则

$$C_2H_4(g)+H_2O(g)\rightleftharpoons C_2H_5OH(g)$$

开始 　　　　　　　　　1　　　　　1　　　　　0

平衡 　　　　　　　　1-\alpha　　1-\alpha　　\alpha

平衡后混合物总量 $=(1-\alpha)+(1-\alpha)+\alpha=2-\alpha$

$$K^{\ominus}=\frac{\left(\dfrac{\alpha}{2-\alpha}\right)\left(\dfrac{p}{p^{\ominus}}\right)}{\left(\dfrac{1-\alpha}{2-\alpha}\right)^2\left(\dfrac{p}{p^{\ominus}}\right)^2}=0.099$$

$$\alpha=29.3\%$$

由题知,$p=100kPa$,因此,求得 $\alpha=0.293$,即乙烯的转化率为 29.3%。

(2) 平衡系统中各物质的摩尔分数为

$$x_{C_2H_4}=\frac{1-\alpha}{2-\alpha}=\frac{0.707}{1.707}=0.414$$

$$x_{H_2O}=\frac{0.707}{1.707}=0.414$$

$$x_{C_2H_5OH}=\frac{0.293}{1.707}=0.172$$

例题 4-5　在 800K、100kPa 的条件下,正戊烷异构化为异戊烷(主产物)和新戊烷的反应:

(1) $C_5H_{12}(正)\rightleftharpoons C_5H_{12}(异)$　　$K_{p1}=1.795$

(2) $C_5H_{12}(正)\rightleftharpoons C_5H_{12}(新)$　　$K_{p2}=0.137$

试求 1mol 正戊烷生成异戊烷和新戊烷的量。

解:该反应为简单平行反应,设平衡后异戊烷和新戊烷的量分别为 x 和 y mol,则正戊烷的量为 $(1-x-y)$ mol。

根据反应(1)　$\dfrac{x}{1-x-y}=1.795$

根据反应(2)　$\dfrac{y}{1-x-y}=0.137$

联立后求解,有 $x=0.612mol$,$y=0.0467mol$。

所以,生成异戊烷为 0.612mol,新戊烷的量为 0.0467mol。

由上述题解可知,正戊烷的转化率为

$$\frac{0.612+0.0467}{1}\times100\%=65.9\%$$

其中反应(1)为主反应,反应(2)为副反应,异戊烷的产率为:

$$异戊烷的产率 = \frac{0.612}{1} \times 100\% = 61.2\%$$

结果表明有副反应时,产率低于转化率。

第五节　标准反应吉布斯能变化及化合物的标准生成吉布斯能

一、标准反应吉布斯能变化

平衡常数是化学反应的重要参数,但有时测定比较困难,甚至无法直接测定。公式 $\Delta_r G_m^\ominus = -RT\ln K^\ominus$ 将平衡常数 $K^\ominus$ 与标准反应吉布斯能变化 $\Delta_r G_m^\ominus$ 直接相关,所以 $\Delta_r G_m^\ominus$ 对化学平衡的研究有特别重要的意义。

1. 计算热力学平衡常数　第二节中已经介绍了通过 $\Delta_r G_m^\ominus$ 可计算平衡常数,确定反应的限度,这里不再讲述。

2. 间接计算反应的吉布斯能变化　由已知反应的 $\Delta_r G_m^\ominus$,求相关未知反应的 $\Delta_r G_m^\ominus$,例如:

(1) $C(s) + O_2(g) \longrightarrow CO_2(g)$ 　　　$\Delta_{r,1} G_m^\ominus$

(2) $CO(g) + \frac{1}{2}O_2(g) \longrightarrow CO_2(g)$ 　　$\Delta_{r,2} G_m^\ominus$

(3) $C(s) + \frac{1}{2}O_2(g) \longrightarrow CO(g)$ 　　$\Delta_{r,3} G_m^\ominus = \Delta_{r,1} G_m^\ominus - \Delta_{r,2} G_m^\ominus$

由于反应(3)的产物不稳定,平衡很难用实验的方法直接测定,若已知 $\Delta_{r,1} G_m^\ominus$ 和 $\Delta_{r,2} G_m^\ominus$,就可间接计算反应(3)的 $\Delta_{r,3} G_m^\ominus$ 及平衡常数。

3. 近似估计反应的可能性　当反应物和产物的活度均等于 1 时,可用 $\Delta_r G_m^\ominus$ 判断这一特定条件下反应的方向。事实上,反应物和产物未必处于标准状态,因此须根据化学反应等温式 $\Delta_r G_m = \Delta_r G_m^\ominus + RT\ln Q_a$,用 $\Delta_r G_m$ 来判断反应的方向。

若 $\Delta_r G_m^\ominus$ 的绝对值很大,$\Delta_r G_m^\ominus$ 的数值和符号对 $\Delta_r G_m$ 起决定作用,则可用 $\Delta_r G_m^\ominus$ 估计反应的方向。那么究竟 $\Delta_r G_m^\ominus$ 的数值负到多少反应就能被认为自发进行? 相反,其值正到多少反应就不能自发进行呢? 目前还没有严格的标准。一般来说,$\Delta_r G_m^\ominus > 42kJ/mol$ 可以认为反应不大可能正向自发进行;$\Delta_r G_m^\ominus < -42kJ/mol$ 可以认为反应能自发进行。若 $\Delta_r G_m^\ominus$ 的绝对值不是很大,就不能依据 $\Delta_r G_m^\ominus$ 来判断反应的方向。然而,可以通过调节反应物和产物的浓度比,使反应朝预期的方向进行。

一般有以下几种方法计算化学反应的 $\Delta_r G_m^\ominus$。

(1) 热化学方法:由 $\Delta_r G_m^\ominus = \Delta_r H_m^\ominus - T\Delta_r S_m^\ominus$ 计算。首先,用热化学方法测定反应的热效应 $\Delta_r H_m^\ominus$,再依据热力学第三定律规定熵,可以获得 $\Delta_r S_m^\ominus$,然后求得 $\Delta_r G_m^\ominus$。

(2) 实验测定:通过实验测定反应的平衡常数,计算反应的 $\Delta_r G_m^\ominus$,或者测定相关反应的平衡常数求其 $\Delta_r G_m^\ominus$,再经计算,求得目标反应的 $\Delta_r G_m^\ominus$。

(3) 利用标准生成吉布斯能计算:由化合物的标准生成吉布斯能计算反应的标准反应吉布斯能。

(4) 电化学方法:对可以设计成可逆电池的化学反应,使反应在电池中进行,根据 $\Delta_r G_m^\ominus = -zFE^\ominus$ 计算 $\Delta_r G_m^\ominus$。

二、化合物的标准生成吉布斯能

目前,我们无法知道化合物吉布斯能的绝对值,在实际的热力学研究中,只要选择合适的参考态,获取化合物的标准生成吉布斯能的相对变化值,就可以计算出化学反应的 $\Delta_r G_m^\ominus$。这里规定标准压力

$p^{\ominus}$下,由稳定单质生成 1mol 某化合物时反应的标准吉布斯能变化就是该化合物标准生成吉布斯能(standard Gibbs energy of formation),用 $\Delta_f G_m^{\ominus}$ 表示。下标"f"代表生成,上标"$\ominus$"表示处于标准压力 $p^{\ominus}$。应当指出,这里没有指定温度,也就是标准状态不需指定温度。通常热力学数据表中所给的是298.15K 时的值,与利用化合物标准生成焓求反应焓变的方法一样,利用参加反应各化合物的 $\Delta_f G_m^{\ominus}$ 就可以计算出反应的 $\Delta_r G_m^{\ominus}$。例如,对任意反应:

$$aA+dD \Longrightarrow gG+hH$$
$$\Delta_r G_m^{\ominus} = (g\Delta_f G_{m,G}^{\ominus}+h\Delta_f G_{m,H}^{\ominus})-(a\Delta_f G_{m,A}^{\ominus}+d\Delta_f G_{m,D}^{\ominus})$$
$$\Delta_r G_m^{\ominus} = \sum \nu_B \Delta_f G_{m,B}^{\ominus} \qquad \text{式(4-31)}$$

常见化合物的 $\Delta_f G_{m,B}^{\ominus}$ 数据见附录 2。

例题 4-6 根据 $\Delta_f G_m^{\ominus}$ 的数值,判断下列各种由苯制取苯胺方法的可能性。

(1)先将苯硝化,得硝基苯,再还原得苯胺。

(2)先将苯氯化,得氯代苯,再用氨处理。

(3)苯与氨直接作用。

解:(1) $\qquad$ $C_6H_6(l)+HNO_3(aq)=\!=\!=H_2O(l)+C_6H_5NO_2(l)$

$\Delta_f G_m^{\ominus}$(kJ/mol) $\qquad$ 124.45 $\quad$ -80.71 $\quad$ -237.13 $\quad$ 146.2

$$\Delta_r G_m^{\ominus} = -134.67\text{kJ/mol}$$

$C_6H_5NO_2(l)+3H_2(g)=\!=\!=2H_2O(l)+C_6H_5NH_2(l)$

$\Delta_f G_m^{\ominus}$(kJ/mol) $\qquad$ 146.2 $\qquad$ 0 $\qquad$ -2×237.13 $\quad$ 153.2

$$\Delta_r G_m^{\ominus} = -467.26\text{kJ/mol}$$

(2) $\qquad$ $C_6H_6(l)+Cl_2(g)=\!=\!=HCl(g)+C_6H_5Cl(l)$

$\Delta_f G_m^{\ominus}$(kJ/mol) $\qquad$ 124.45 $\quad$ 0 $\qquad$ -95.3 $\quad$ 116.3

$$\Delta_r G_m^{\ominus} = -103.45\text{kJ/mol}$$

$C_6H_5Cl(l)+NH_3(g)=\!=\!=HCl(g)+C_6H_5NH_2(l)$

$\Delta_f G_m^{\ominus}$(kJ/mol) $\qquad$ 116.3 $\quad$ -16.45 $\quad$ -95.3 $\quad$ 149.21

$$\Delta_r G_m^{\ominus} = -45.94\text{kJ/mol}$$

(3) $\qquad$ $C_6H_6(l)+NH_3(g)=\!=\!=C_6H_5NH_2(l)+H_2(g)$

$\Delta_f G_m^{\ominus}$(kJ/mol) $\qquad$ 124.45 $\quad$ -16.45 $\quad$ 153.2 $\qquad$ 0

$$\Delta_r G_m^{\ominus} = 45.2\text{kJ/mol}$$

计算结果表明,方法(3)的 $\Delta_r G_m^{\ominus}$ 较大,在给定条件下反应基本上不能进行;而方法(1)和(2)的 $\Delta_r G_m^{\ominus}$ 为负值,一般条件下可以进行,事实上,它们在工业上已得到应用。例如,甲醇脱氢反应:

$$CH_3OH(g) \Longrightarrow HCHO(g)+H_2(g)$$

查热力学数据表可知,$CH_3OH(g)$、$HCHO(g)$ 和 $H_2(g)$ 的标准生成吉布斯能 $\Delta_f G_m^{\ominus}$ 分别为 -161.96kJ/mol、-102.52kJ/mol 和 0kJ/mol,因此反应的 $\Delta_r G_m^{\ominus}=59.44$kJ/mol,$\Delta_r G_m^{\ominus}$ 为正值,表明在 298.15K 和 100kPa 下,该反应不能自发进行。但是由于该反应为一吸热反应,升高温度对反应有利,现在来估算一下,在高温下此反应能否进行。

根据 $\Delta_r G_m^{\ominus}=\Delta_r H_m^{\ominus}-T\Delta_r S_m^{\ominus}$,使 $\Delta_r G_m^{\ominus}$ 降低的因素有两个,一个是 $\Delta_r H_m^{\ominus}$,另一个是 $T\Delta_r S_m^{\ominus}$。由 $\Delta_f H_m^{\ominus}$ 计算出反应的 $\Delta_r H_{298}^{\ominus}=92.02$kJ/mol,是吸热反应,焓因素不利于 $\Delta_r G_m^{\ominus}$ 的降低;由规定熵计算出反应的熵变 $\Delta_r S_{298}^{\ominus}=109.66$J/K,升高温度,可使 $T\Delta_r S_m^{\ominus}$ 项加大,从而抵消焓因素的影响。可以计算使反应吉布斯能变化 $\Delta_r G_m^{\ominus}$ 由正值转变到负值所需要的温度,令 $\Delta_r G_m^{\ominus}=0$,则

$$T=\frac{\Delta_r H_m^{\ominus}}{\Delta_r S_m^{\ominus}}=\frac{92.090}{109.644}=847\text{K}$$

结果表明,要使甲醇脱氢反应进行,反应温度最低必须达到 847K。实际生产中,在催化剂电解银的存在下反应温度是 873.2K。

第六节   温度对平衡常数的影响

通常情况下,可依据化学热力学数据计算 298.15K 的平衡常数。而实际的化学反应是在各种不同温度下进行的,因此研究温度对平衡常数的影响就显得十分重要。

根据吉布斯-亥姆霍兹公式,当参加反应的物质都处于标准态时,有

$$\left(\frac{\partial \frac{\Delta_r G_m^\ominus}{T}}{\partial T}\right)_p = -\frac{\Delta_r H_m^\ominus}{T^2} \qquad \text{式}(4\text{-}32)$$

将 $\Delta_r G_m^\ominus = -RT\ln K^\ominus$ 代入,得

$$\left(\frac{\partial \ln K^\ominus}{\partial T}\right)_p = \frac{\Delta_r H_m^\ominus}{RT^2} \qquad \text{式}(4\text{-}33)$$

式(4-33)称为化学反应等压方程式(isobaric reaction equation)或范托夫等压方程式(Van't Hoff isobaric equation),用于研究温度对平衡常数的影响。

对于吸热反应,$\Delta_r H_m^\ominus > 0$,$\left(\frac{\partial \ln K^\ominus}{\partial T}\right)_p > 0$,升高温度,标准平衡常数 $K^\ominus$ 随之增大,平衡向产物方向移动。

对于放热反应,$\Delta_r H_m^\ominus < 0$,$\left(\frac{\partial \ln K^\ominus}{\partial T}\right)_p < 0$,升高温度,标准平衡常数 $K^\ominus$ 随之降低,平衡向反应物方向移动。

将式(4-33)按 $\Delta_r H_m^\ominus$ 是否与温度有关两种情况进行积分,具体研究平衡常数与温度的关系。

1. $\Delta_r H_m^\ominus$ 与温度无关   若 $\Delta_r H_m^\ominus$ 与温度无关或温度变化范围较小,$\Delta_r H_m^\ominus$ 可视为常数,对式(4-33)进行定积分,有

$$\ln\frac{K^\ominus(T_2)}{K^\ominus(T_1)} = \frac{\Delta_r H_m^\ominus}{R}\left(\frac{1}{T_1} - \frac{1}{T_2}\right) \qquad \text{式}(4\text{-}34)$$

由上式看出,在 $\Delta_r H_m^\ominus$ 已知的条件下,已知一个温度下的平衡常数,就可以利用式(4-34)计算另一温度下的平衡常数。若对式(4-33)进行不定积分,有

$$\ln K^\ominus = -\frac{\Delta_r H_m^\ominus}{RT} + C \qquad \text{式}(4\text{-}35)$$

可见,$\ln K^\ominus$ 与 $\frac{1}{T}$ 呈线性关系,其斜率为 $-\frac{\Delta_r H_m^\ominus}{R}$,截距为 C,利用该直线的斜率可计算标准反应热效应。

2. $\Delta_r H_m^\ominus$ 与温度有关   若 $\Delta_r H_m^\ominus$ 与温度有关或温度变化范围较大时,就必须考虑温度对反应热的影响,这时应先确定 $\Delta_r H_m^\ominus$ 与 T 的函数关系,再进行积分。根据基尔霍夫公式,有

$$\Delta_r H_m^\ominus = \Delta H_0 + \Delta a T + \frac{1}{2}\Delta b T^2 + \frac{1}{3}\Delta c T^3 + \cdots \qquad \text{式}(4\text{-}36)$$

将其代入式(4-33)

$$\frac{\mathrm{d}\ln K^\ominus}{\mathrm{d}T} = \frac{\Delta H_0}{RT^2} + \frac{\Delta a}{RT} + \frac{\Delta b}{2R} + \frac{\Delta c}{3R}T + \cdots \qquad \text{式}(4\text{-}37)$$

积分后得

$$\ln K^\ominus = -\frac{\Delta H_0}{R}\frac{1}{T} + \frac{\Delta a}{R}\ln T + \frac{\Delta b}{2R}T + \frac{\Delta c}{6R}T^2 + \cdots + I \qquad \text{式}(4\text{-}38)$$

式(4-38)中, I 是积分常数。将 $\Delta_r G_m^{\ominus} = -RT\ln K^{\ominus}$ 代入, 可求得 $\Delta_r G_m^{\ominus}$ 与温度的关系式:

$$\Delta_r G_m^{\ominus} = \Delta H_0 - \Delta a T\ln T - \frac{\Delta b}{2}T^2 - \frac{\Delta c}{6}T^3 - \cdots - IRT \qquad 式(4-39)$$

例题 4-7　试求甲烷转化反应的平衡常数 $K^{\ominus}$ 与温度的关系式, 并求出 1 000K 时, $K^{\ominus}$ 的值。已知: $C_p = a + bT + cT^2 \text{J}/(\text{mol} \cdot \text{K})$。

$$CH_4(g) + H_2O(g) \Longleftrightarrow CO(g) + 3H_2(g)$$

物质	$\Delta_f H_m^{\ominus}/(\text{kJ/mol})$	$\Delta_f G_m^{\ominus}/(\text{kJ/mol})$	a	$b \times 10^3$	$c \times 10^6$
$CH_4(g)$	−74.81	−50.72	14.15	75.496	−17.99
$H_2O(g)$	−241.818	−228.572	30.00	10.7	−2.022
$CO(g)$	−110.525	−137.168	26.537	7.683 1	−1.172
$H_2(g)$	0	0	29.09	0.836	−0.326 5

解:

$$\Delta_r H_{298}^{\ominus} = -110.525 - (-74.81) - (-241.818) = 206.103\text{kJ}$$

$$\Delta_r G_{298}^{\ominus} = -137.168 - (-50.72 - 228.572) = 142.124\text{kJ}$$

$$\Delta a = 26.537 + 3 \times 29.09 - 14.15 - 30.00 = 69.657$$

$$\Delta b = (7.683\ 1 + 3 \times 0.836 - 75.496 - 10.7) \times 10^{-3} = -76.005 \times 10^{-3}$$

$$\Delta c = (-1.172 - 3 \times 0.326\ 5 + 17.99 + 2.022) \times 10^{-6} = 17.860\ 5 \times 10^{-6}$$

将 $T = 298.15$K 的数据代入下式, 求积分常数 ΔH_0:

$$\Delta H_0 = \Delta_r H_{298}^{\ominus} - \Delta a T - \frac{1}{2}\Delta b T^2 - \frac{1}{3}\Delta c T^3$$

$$= 206.103 \times 10^3 - 69.657 \times 298.15 + \frac{76.005 \times 10^{-3} \times 298.15^2}{2} - \frac{17.860\ 5 \times 10^{-6} \times 298.15^3}{3}$$

$$= 188.556\text{kJ}$$

根据式(4-49)求积分常数 I:

$$I = \frac{1}{RT}\left(-\Delta_r G_m + \Delta H_0 - \Delta a T\ln T - \frac{\Delta b}{2}T^2 - \frac{\Delta c}{6}T^2\right)$$

$$= \frac{1}{8.314 \times 298.15}\left(-142\ 124 + 188\ 556 - 69.657 \times 298.15\ln 298.15\right.$$

$$\left. + \frac{1}{2} \times 76.005 \times 10^{-3} \times 298.15^2 - \frac{1}{6} \times 17.860\ 5 \times 10^{-6} \times 298.15^3\right)$$

$$= -27.674$$

代入式(4-48), 得

$$\ln K^{\ominus} = -\frac{\Delta H_0}{RT} + \frac{\Delta a}{R}\ln T + \frac{\Delta b}{2R}T + \frac{\Delta c}{6R}T^2 + I$$

$$= -\frac{188\ 556}{8.314T} + \frac{69.657\ln T}{8.314} - \frac{76.005 \times 10^{-3}T}{2 \times 8.314} + \frac{17.860\ 5 \times 10^{-6}T^2}{6 \times 8.314} - 27.675$$

$$= -\frac{22\ 679.3}{T} + 8.314\ln T - 4.571 \times 10^{-3}T + 3.580 \times 10^{-7}T^2 - 27.675$$

当 $T = 1\ 000$K 时

$$\ln K^{\ominus} = -\frac{22\ 679.3}{1\ 000} + 8.378\ln 1\ 000 - 4.571 \times 10^{-3} \times 1\ 000 + 3.580 \times 1\ 000^2 - 27.675$$

$$= 3.328\ 8$$

$$K^{\ominus} = 27.9$$

案例分析

利用化学平衡知识解释以下问题:

1. 利用化学平衡知识解释为什么关节炎患者夏天症状减轻,冬天症状加重? 冬天要带护膝保暖?

2. 为什么尿酸高的患者不宜吃小苏打?

分析:

1. 关节炎的病因是由于在关节滑液中形成了尿酸钠(NaUr)晶体,存在以下平衡:

$$Ur^-(尿酸根,aq)+Na^+(aq)\rightleftharpoons NaUr(s) \tag{a}$$

该反应为放热反应,夏天温度高,反应逆向进行,形成尿酸钠晶体少甚至不能形成尿酸晶体,所以疼痛症状减轻;而冬天,温度低,反应正向进行,形成的尿酸晶体多,所以冬天症状加重。冬天佩戴护膝保暖是为了使反应逆向进行,减轻症状。

2. 尿酸高的患者体内存在以下电离平衡:

$$HUr(尿酸,aq)\rightleftharpoons Ur^-(aq)+H^+(aq) \tag{b}$$

小苏打的成分是碳酸氢钠(NaHCO₃),碳酸氢根离子(HCO_3^-)会与 H^+ 结合使上述电离反应正向进行,产生更多的尿酸根(Ur^-),从而使反应(a)正向进行,产生更多的尿酸钠晶体,加重关节炎患者的疼痛。

第七节   其他因素对化学平衡的影响

温度对化学平衡的影响,已由化学反应等压方程式从理论上给出了明确的回答。这一节将讨论压力等其他因素对化学平衡的影响。

一、压力对化学平衡的影响

在温度恒定的情况下,压力改变会引起反应组分化学势的改变,进而导致化学平衡的移动。各组分因聚集状态的不同,化学势受压力的影响程度也不同。下面分别以气体反应系统及凝聚相反应系统两种情况,讨论系统总压对平衡的影响。

1. **气体反应**   理想气体或高温低压的其他气体,K_p 仅是温度的函数,对反应:

$$aA+dD \rightleftharpoons gG+hH$$

有

$$K_x = K_p p^{-\Delta\nu_B}$$

式中,$\Delta\nu_B = (g+h)-(a+d)$,温度一定时,$K_p$ 为一常数,压力 p 变化时就可能导致 K_x 的变化。

当 $\Delta\nu_B > 0$ 时,若 p 增大,则 K_x 减小,增加压力对气体分子数增大的反应不利;当 $\Delta\nu_B < 0$ 时,若 p 增大,则 K_x 增大,增加压力对气体分子数减小的反应有利;当 $\Delta\nu_B = 0$ 时,若 p 增大,则 K_x 不变,即对平衡无影响。

例题 4-8   在 601.2K、100kPa 时,N₂O₄ 有 50.2% 解离为 NO₂。计算该温度下,压力增加至 1 000kPa 时,N₂O₄ 的解离度为多少?

解:设反应初始时,N₂O₄ 的物质的量为 1mol,其解离度为 α,则

$$N_2O_4(g) \rightleftharpoons 2NO_2(g)$$

	N₂O₄(g)	2NO₂(g)	
初始时	1	0	
平衡时	1−α	2α	$n_{总} = 1+α$

$$K^{\ominus} = \frac{\left(\frac{p_{NO_2}}{p^{\ominus}}\right)^2}{\left(\frac{p_{N_2O_4}}{p^{\ominus}}\right)} = \left(\frac{2\alpha}{1+\alpha}\right)^2 \left(\frac{p}{p^{\ominus}}\right)^2 \bigg/ \left(\frac{1-\alpha}{1+\alpha}\right)\left(\frac{p}{p^{\ominus}}\right) = \frac{4\alpha^2 p}{(1-\alpha^2)p^{\ominus}}$$

依题意, $p=100\text{Pa}$, $\alpha=50.2\%$ 代入上式,得

$$K^{\ominus} = \frac{4\alpha^2 p}{(1-\alpha^2)p^{\ominus}} = \frac{4\times0.502^2}{1-0.502^2} = 1.348$$

当 T 不变, $p=1\,000\text{kPa}$ 时,则有

$$K^{\ominus} = \frac{4\alpha^2 p}{(1-\alpha^2)p^{\ominus}} = \frac{4\times\alpha^2}{1-\alpha^2}\frac{1\,000}{100} = 1.348$$

$$\alpha = 18\%$$

该反应 $\Delta\nu_B>0$,压力增大对正反应不利,平衡向逆反应方向移动,解离度减小。

2. 液相(或固相)反应　根据热力学基本关系式 $\left(\frac{\partial G}{\partial p}\right)_T = V$,应用于化学反应系统可得

$$\left(\frac{\partial \Delta_r G_m}{\partial p}\right)_T = \Delta_r V_m$$

式中, $\Delta_r V_m$ 表示系统按计量方程进行 1mol 反应前后体积的变化。凝聚相反应的 $\Delta_r V_m$ 受压力影响很小,可视为常数,积分上式

$$\int_{\Delta_r G_m(p_1)}^{\Delta_r G_m(p_2)} d\Delta_r G_m = \int_{p_1}^{p_2} \Delta_r V_m dp$$

$$\Delta_r G_m(p_2) - \Delta_r G_m(p_1) = \Delta_r V_m(p_2-p_1)$$

若 $p_1=p^{\ominus}$, p_2 为任意状态的压力,则有

$$\Delta_r G_m = \Delta_r G_m^{\ominus} + \Delta_r V_m(p-p^{\ominus})$$

当系统压力变化范围不是很大时, $\Delta_r V_m(p-p^{\ominus})$ 数值较小, $\Delta_r G_m \approx \Delta_r G_m^{\ominus}$,可近似认为压力对平衡没有影响,此时可用 $\Delta_r G_m^{\ominus}$ 来判断反应的方向。当系统压力改变很大时, $\Delta_r V_m(p-p^{\ominus})$ 不再是很小的量,压力将有可能使平衡发生移动,甚至改变反应的方向。若 $\Delta_r V_m>0$,压力增大, $\Delta_r G_m$ 增大,平衡向逆反应方向移动,若 $\Delta_r V_m<0$,压力增大, $\Delta_r G_m$ 减小,平衡向正反应方向移动。

总之,对于凝聚相反应,压力对平衡影响不大,只有当压力改变很大时,压力才会对平衡产生显著的影响。

例题 4-9　已知 298.15K、100Pa 时,石墨和金刚石的标准摩尔生成吉布斯能分别为 0kJ/mol 和 2.900kJ/mol,密度分别为 2.26kg/L 和 3.515kg/L,问:

(1) 298.15K, 100kPa 下,能否由石墨制备金刚石?

(2) 298.15K 时,需多大压力才能使石墨变成金刚石?

解:(1)　　　　　　　　　C(石墨) $\Longrightarrow$ C(金刚石)

$$\Delta_r G_m^{\ominus} = 2.90-0 = 2.90\text{kJ/mol}$$

在此条件下, $\Delta_r G_m^{\ominus}>0$,石墨不能制成金刚石。

(2) 根据 $\left(\frac{\partial \Delta_r G_m^{\ominus}}{\partial p}\right) = \Delta_r V_m$

$$\Delta_r G(p) - \Delta_r G_m^{\ominus} = (p-p^{\ominus})\Delta_r V_m$$

当 $\Delta_r G_m(p)=0$ 时,反应才有可能反应,则有

$$p = -\frac{\Delta_r G_m^{\ominus}}{\Delta_r V_m} + 100\,000 = -\frac{2\,900}{\left(\frac{12}{3.515}-\frac{12}{2.260}\right)\times10^{-6}} + 100\,000 = 1.53\times10^9\text{Pa}$$

即欲使 $\Delta_r G_m^{\ominus}(p)<0$，则压力需增加至大于 1.53×10^6 kPa。在这个压力下，石墨可能变成为金刚石，这已成为制备人造金刚石的方法。

二、惰性组分对化学平衡的影响

惰性组分是指反应系统中不参加化学反应的组分。向系统中加入惰性组分的作用是使系统的总物质的量，即 $\sum\limits_{B'} n_{B'}$ 增加。

当系统总压一定时，惰性气体的存在实际上是对原平衡系统起到了稀释作用，它和减少反应系统总压的效果相同。如在合成氨原料气中常有 Ar、CH_4 等气体；在 SO_2 氧化反应中，需要的是氧气，而通过的是空气，多余的 N_2 不参加反应。

依据摩尔分数的定义：$x_B=\dfrac{n_B}{\sum\limits_{B'} n_{B'}}$，将其代入式（4-13），并经整理，有

$$K_p=\frac{p_G^g p_H^h}{p_A^a p_D^d}=\frac{x_G^g x_H^h}{x_A^a x_D^d}p^{\Delta\nu}=\frac{n_G^g n_H^h}{n_A^a n_D^d}\left(\frac{p}{\sum\limits_{B'} n_{B'}}\right)^{\Delta\nu_B} \qquad 式（4-40）$$

令 $K_n=\dfrac{n_G^g n_H^h}{n_A^a n_D^d}$，并将其代入式（4-40），经整理，有

$$K_p=\frac{n_G^g n_H^h}{n_A^a n_D^d}\left(\frac{p}{\sum\limits_{B'} n_{B'}}\right)^{\Delta\nu_B}=K_n\left(\frac{p}{\sum\limits_{B'} n_{B'}}\right)^{\Delta\nu_B} \qquad 式（4-41）$$

式（4-41）中，n_A、n_D、n_G、n_H 表示平衡时反应中各物质的量，$\sum\limits_{B'} n_{B'}$ 代表物质的总量。

若保持系统的温度和压力不变，惰性组分的影响可以分为以下几种情况：

对 $\Delta\nu_B>0$ 的反应，增加惰性组分使 K_n 增大，平衡向生成产物的方向移动，平衡转化率增大；对 $\Delta\nu_B<0$ 的反应，增加惰性组分使 K_n 减小，平衡向反应物的方向移动，平衡转化率减小；对 $\Delta\nu_B=0$ 的反应，$K_n=K_p^{\ominus}$，惰性组分对平衡没有影响。

例题 4-10 常压下，乙苯脱氢制备苯乙烯，已知 873K 时，$K^{\ominus}$ 为 0.178，若原料气中乙苯和水蒸气的比例为 1∶9，求

（1）乙苯的平衡转化率。

（2）若不通水蒸气，乙苯的转化率为多少？

解：（1）假设通入的乙苯为 1mol，水蒸气为 9mol，乙苯的转化率为 x，则

$$C_6H_5C_2H_5(g)\Longrightarrow C_6H_5C_2H_3(g)+H_2(g)$$

开始	1	0	0
平衡	$1-x$	x	x

平衡后物质总量 $n_{总}=1-x+x+x+9=10+x$

$$K^{\ominus}=\frac{\left(\dfrac{p_{H_2}}{p^{\ominus}}\right)\left(\dfrac{p_{C_6H_5C_2H_3}}{p^{\ominus}}\right)}{\left(\dfrac{p_{C_6H_5C_2H_5}}{p^{\ominus}}\right)}=\frac{\left(\dfrac{x}{10+x}\right)^2\left(\dfrac{p}{p^{\ominus}}\right)^2}{\left(\dfrac{1-x}{10+x}\right)\left(\dfrac{p}{p^{\ominus}}\right)}=\frac{x^2}{(10+x)(1-x)}\frac{p}{p^{\ominus}}=0.178$$

$$x=0.728$$

此时，乙苯的最大转化率为 72.8%。

（2）若不通入水蒸气，平衡后物质总量 $n_{总}=1-x+x+x=1+x$

$$K^{\ominus} = \frac{\left(\dfrac{p_{H_2}}{p^{\ominus}}\right)\left(\dfrac{p_{C_6H_5C_2H_3}}{p^{\ominus}}\right)}{\left(\dfrac{p_{C_6H_5C_2H_5}}{p^{\ominus}}\right)} = \frac{\left(\dfrac{x}{1+x}\right)^2\left(\dfrac{p}{p^{\ominus}}\right)^2}{\left(\dfrac{1-x}{1+x}\right)\left(\dfrac{p}{p^{\ominus}}\right)} = \frac{x^2}{(1+x)(1-x)}\frac{p}{p^{\ominus}} = 0.178$$

$$x = 0.389$$

乙苯的最大转化率为38.9%,可见,水蒸气的加入使乙苯的转化率从38.9%增加到72.8%。

三、反应配比对化学平衡的影响

对于化学反应:

$$a\mathrm{A} + d\mathrm{D} \rightleftharpoons g\mathrm{G} + h\mathrm{H}$$

若原料中只有反应物而无产物,令反应物配比为$\dfrac{n_D}{n_A} = r$,其变化范围为$0 < r < \infty$。在维持温度压力不变的情况下,随着r的增加,组分A的转化率增加,组分D的转化率减小。但产物在混合组分的平衡含量却随着r增加,存在一个极大值。可以证明,当配比$r = \dfrac{d}{a}$,即原料中两种组分的摩尔数之比等于化学计量系数比时,产物G、H在混合组分中的含量为最大。

第八节   反应的耦合

一、反应耦合原理

设同一系统中发生两个化学反应,若一个反应的产物在另一个反应中是反应物之一,则称这两个反应是耦合反应(coupling reaction)。耦合反应可以影响反应平衡位置,甚至使不能进行的反应经过耦合后得以进行,例如:

反应(1)   A+B $\rightleftharpoons$ C+D

反应(2)   C+E $\rightleftharpoons$ F+H

如果反应(1)的$\Delta_r G_{m,1}^{\ominus} \geq 0$,则平衡常数$K_1^{\ominus} \leq 1$,如果D为目标产物,仅由反应(1)得到D的量必然很少。如果反应(2)的$\Delta_r G_{m,2}^{\ominus} \leq 0$,经过耦合之后可以抵消反应(1)的$\Delta_r G_{m,1}^{\ominus}$正值,而且可以使整个反应(3)[反应(1)+反应(2)]的$\Delta_r G_{m,3}^{\ominus} = \Delta_r G_{m,1}^{\ominus} + \Delta_r G_{m,2}^{\ominus} \leq 0$,从而反应(3) A+B+E $\rightleftharpoons$ D+F+H 得以进行。可以认为,这是由于反应(2)$\Delta_r G_{m,2}^{\ominus}$的负值很大,将反应(1)带动起来了。

例如:甲醇的氧化反应

反应(1)$\mathrm{CH_3OH(l)} \rightleftharpoons \mathrm{HCHO(l)} + \mathrm{H_2(g)}$,在298.15K时,反应的$\Delta_r G_{m,1}^{\ominus} = 52.57\,\mathrm{kJ/mol} > 0$。

反应(2)$\mathrm{H_2(g)} + 1/2\mathrm{O_2(g)} \rightleftharpoons \mathrm{H_2O(l)}$,同温下,反应的$\Delta_r G_{m,2}^{\ominus} = -228.5\,\mathrm{kJ/mol} < 0$。

反应(1)单独反应几乎没有甲醛生成,而与反应(2)耦合后得到反应(3),平衡组成中可以明显检测到甲醛的生成,反应如下:

$$\mathrm{CH_3OH(l)} + \frac{1}{2}\mathrm{O_2(g)} \rightleftharpoons \mathrm{HCHO(l)} + \mathrm{H_2O(l)}$$

在298.15K时,该反应的$\Delta_r G_{m,3}^{\ominus} = -175.9\,\mathrm{kJ/mol}$。因此,$\mathrm{H_2}$的氧化反应可明显带动甲醇氧化为甲醛的反应,工业上正是采用这种反应耦合来实现以甲醇为原料的甲醛生产。这种通过耦合带动反应进行的方法,在设计新的合成路线时常常用到。

二、生物体内的化学平衡

目前生命科学已成为各领域的研究热点,人们开始从分子水平研究生命的奥秘,当把热力学原理和方法应用于生命系统中能量关系的研究时,就产生了新的分支学科——生物能力学(bioenergetics),又称生物能量学。

由于生物化学家与物理化学家研究问题的角度不同,对溶液标准状态的规定也不相同,因为体液的 pH 是 7 左右,生物化学家将氢离子的标准态规定为 $c_{H^+} = 10^{-7}$ mol/L,其他物质的标准态同物理化学热力学中规定一致。在生物化学过程中,凡涉及氢离子的反应,其反应的标准摩尔吉布斯能变化用符号 $\Delta_r G_m^{\oplus}$ 表示,以便区别于 $\Delta_r G_m^{\ominus}$。在有氢离子参加的生化反应中,$\Delta_r G_m^{\oplus}$ 和 $\Delta_r G_m^{\ominus}$ 有时相差很大。

设有生化反应:

$$A + D \Longrightarrow G + xH^+$$

物质 A、D、G 的标准态为 $c_A^{\ominus} = c_D^{\ominus} = c_G^{\ominus} = 1$ mol/L,$c_{H^+}^{\oplus} = 10^{-7}$ mol/L。$\Delta_r G_m^{\oplus}$ 与 $\Delta_r G_m^{\ominus}$ 的关系为

$$\Delta_r G_m^{\oplus} = \Delta_r G_m^{\ominus} + RT \ln \left(\frac{c_{H^+}}{c^{\ominus}} \right)^x = \Delta_r G_m^{\ominus} + xRT \ln 10^{-7}$$

如果 $x = 1$,$T = 298.15$K,则

$$\Delta_r G_m^{\oplus} = \Delta_r G_m^{\ominus} - 39.94 \text{kJ/mol}$$

例如,葡萄糖的代谢过程中,第一步是从葡萄糖转化为 6-磷酸葡萄糖:

（1）

葡萄糖　　　　　　　　　6-磷酸葡萄糖

这一步反应在生理条件下(pH 7.0,310K),$\Delta_{r,1} G_m^{\ominus} = 13.4$kJ/mol,吉布斯能变化是很大的正值,在一般情况下反应不会发生。然而在三磷酸腺苷(ATP)的水解反应驱动下,该反应能得以进行。

（2）$ATP(aq) + H_2O(aq) \Longrightarrow ADP(aq) + P_i(aq)$

式中,ADP 代表二磷酸腺苷,而 P_i 是无机磷酸盐,此反应在生理条件下的吉布斯能变化为 $\Delta_{r,2} G_m^{\ominus} = -30.5$kJ/mol。反应(1)和反应(2)构成耦合反应:

（3）葡萄糖 + ATP $\Longrightarrow$ 6-磷酸葡萄糖 + ADP

反应(3)的 $\Delta_{r,3} G_m^{\ominus} = -17.2$kJ/mol,吉布斯能变化是一较大的负值,反应能自发进行。三磷酸腺苷水解反应是放能的,它可以驱动许多其他反应。

例题 4-11　NAD$^+$ 和 NADH 是烟酰胺腺嘌呤二核苷酸的氧化态和还原态,存在下列反应:NADH+H$^+$ $\longrightarrow$ NAD$^+$ + H$_2$。已知 298.15K 时该反应的 $\Delta_r G_m^{\ominus} = -21.83$kJ/mol。当 $p_{H_2} = 1\,000$Pa、[NADH] = 0.015mol/L、[H$^+$] = 3×10^{-5}mol/L、[NAD$^+$] = 4.6×10^{-3}mol/L 时,求该反应的 $\Delta_r G_m^{\oplus}$、$K^{\oplus}$ 和 $K^{\ominus}$,以及不同标准态规定下的 $\Delta_r G_m$,由计算结果可以得到什么结论?

解:根据

$$\Delta_r G_m^{\oplus} = \Delta_r G_m^{\ominus} + xRT \ln 10^{-7} = -RT \ln K^{\oplus}$$

可得

$$\begin{aligned}
\Delta_r G_m^{\oplus} &= \Delta_r G_m^{\ominus} + xRT \ln 10^{-7} \\
&= \Delta_r G_m^{\ominus} - RT \ln 10^{-7} = 18.12 \text{kJ/mol}
\end{aligned}$$

$$K^{\oplus} = 6.697 \times 10^{-4}$$

$$\Delta_r G_m^{\ominus} = -RT \ln K^{\ominus}$$

$$K^{\ominus} = 6\,697.3$$

根据

$$\Delta_r G_m = \Delta_r G_m^{\oplus} + RT\ln \frac{\dfrac{c_{NAD^+}}{c^{\ominus}}\dfrac{p_{H_2}}{p^{\ominus}}}{\dfrac{c_{NADH}}{c^{\ominus}}\dfrac{c_{H^+}}{c_{H^+}^{\ominus}}}$$

$$= 18\ 120 + 8.314 \times 298.15 \times \ln \frac{0.004\ 6 \times 0.01}{0.015 \times \dfrac{3 \times 10^{-5}}{10^{-7}}}$$

$$= -10.36\ kJ/mol$$

$$\Delta_r G_m = \Delta_r G_m^{\ominus} + RT\ln \frac{\dfrac{c_{NAD^+}}{c^{\ominus}}\dfrac{p_{H_2}}{p^{\ominus}}}{\dfrac{c_{NADH}}{c^{\ominus}}\dfrac{c_{H^+}}{c^{\ominus}}}$$

$$= -21\ 830 + 8.314 \times 298.15 \times \ln \frac{0.004\ 6 \times 0.01}{0.015 \times 3 \times 10^{-5}}$$

$$= -10.36\ kJ/mol$$

上述计算结果表明,反应条件一定时,标准态规定不同只会影响反应的标准吉布斯能变化值和标准平衡常数的数值,不会影响反应的 $\Delta_r G_m$,而恒温、恒压和非体积功为零的化学反应(包括生化反应)的方向只能依据 $\Delta_r G_m$ 来判断。

人类及其他生物体依靠体内的各种平衡或准平衡关系维持着生命,体内的平衡研究是一个崭新的研究领域,引起众多科学家的兴趣。由于生命体是一个敞开系统,将经典热力学理论用到生物现象上常遇到困难,更多地需要用非平衡理论加以解释,它还需要更多的新知识和新理论。

知识拓展

为何人体血液的 pH 会保持相对稳定的数值范围

人体内血液的正常 pH 是 7.40±0.05,这一范围可以保证人体血液中的各种反应正常进行。人体新陈代谢所产生的酸(碱)性物质会不断地进入血液,但血液的 pH 仍会保持相对稳定,这是因为血液中存在着两对电离平衡,其中一对是碳酸氢根(HCO_3^-,碱性)和碳酸(H_2CO_3,酸性)之间的平衡,另一对是磷酸氢根(HPO_4^{2-},碱性)和磷酸二氢根($H_2PO_4^-$,酸性)的平衡。下面以 HCO_3^- 和 H_2CO_3 的电离为例说明血液 pH 稳定的原因。人体血液中 H_2CO_3 和 HCO_3^- 物质的量之比为 1:20,维持血液的 pH 为 7.4。当酸性物质进入血液时,电离平衡向生成碳酸的方向进行,过多的碳酸由肺部加重呼吸排出二氧化碳,减少的 HCO_3^- 由肾脏调节补充,使血液中 HCO_3^- 与 H_2CO_3 仍维持正常的比值,使 pH 保持稳定。当碱性物质进入人体血液,与 H_2CO_3 相互作用,上述平衡向逆反应方向移动,过多的 HCO_3^- 由肾脏吸收,同时肺部呼吸变浅,减少二氧化碳的排出,血液的 pH 仍保持稳定。如果出现肾功能障碍、肺功能衰退或腹泻、高烧等疾病时,血液中的 HCO_3^- 和 H_2CO_3 比例失调,就会造成酸中毒或碱中毒。临床指标:血液 pH>7.35,为碱中毒;血液 pH<7.35,为酸中毒。因此,在生活中要控制肉类和主食的摄入量,应该多吃蔬菜和水果,以利于维持人体内的酸碱平衡。

本 章 小 结

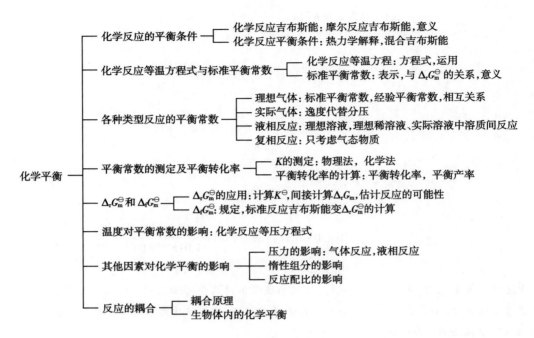

思 考 题

1. 若化学反应严格遵循系统的"摩尔吉布斯-反应进度"的曲线进行,则该反应最终处于曲线的哪一个区域?

2. 对一给定的化学反应,其平衡常数是一个不变的常数。这种说法对吗? 为什么?

3. 因为 $\Delta_r G_m^{\ominus} = -RT\ln K^{\ominus}$,所以任一化学反应参与反应的所有物质都处在标准态时的反应就正好对应反应的平衡。这种说法正确吗? 说明原因。

4. 一定条件下,某反应的 $Q_a > K^{\ominus}$,$\Delta_r G_m > 0$,我们可以选用合适的催化剂催化反应系统,使反应得以进行。这种说法正确吗? 说明原因。

5. 在一定温度下,什么类型的反应有下列关系 $K_p = K_x = K_m = K_c$?

6. 通常可用哪些方法判断所研究的系统是否达到平衡?

7. 计算化学反应的 $\Delta_r G_m^{\ominus}$ 的方法有哪些?

8. 牙齿表面附有一层硬的、组成为 $Ca_5(PO_4)_3OH$ 的保护层。该物质在唾液中存在下列平衡

$$Ca_5(PO_4)_3OH \underset{矿化}{\overset{脱矿}{\rightleftharpoons}} 5Ca^{2+} + 3PO_4^{3-} + OH^-$$

进食后,细菌和酶作用于食物产生有机酸,牙齿就会受到腐蚀,试简要说明原因。

9. 温度、压力恒定且无其他功时,某反应的 $\Delta_r G_m^{\ominus} = -5kJ/mol$,则该反应自发的方向如何?

10. 若选择不同的标准态,化学反应的 $\Delta_r G_m^{\ominus}$ 也不同,这时反应的 $\Delta_r G_m$ 是否也会改变?

习 题

1. 已知 298.15K 时,反应 $H_2(g) + \frac{1}{2}O_2(g) \rightleftharpoons H_2O(g)$ 的 $\Delta_r G_m^{\ominus}$ 为 -228.75kJ/mol。298.15K 时水的饱和蒸汽压为 3.166 3kPa,水的密度为 997kg/m³。求 298.15K 反应 $H_2(g) + \frac{1}{2}O_2(g) \rightleftharpoons H_2O(l)$ 的

$\Delta_r G_m^{\ominus}$。

2. 1 000K 时反应 C(s)+2H$_2$(g)⟶CH$_4$(g) 的 $\Delta_r G_m^{\ominus}$ = 19 290J/mol。现有与碳反应的混合气体，其中含有 CH$_4$(g)10%，H$_2$(g)80%，N$_2$(g)10%（体积百分数）。试问：

（1）T = 1 000K、p = 100kPa 时，甲烷能否形成？

（2）在（1）的条件下，压力需增加到多少，上述合成甲烷的反应才可能进行？

3. 在一个抽空的容器中引入氯和二氧化硫，若它们之间没有发生反应，则在 375.3K 时的分压应分别为 47.836kPa 和 44.786kPa。将容器保持在 375.3K，经一定时间后，压力变为常数，且等于 86.096kPa。求反应 SO$_2$Cl$_2$(g) ⟶SO$_2$(g)+Cl$_2$(g) 的 $K^{\ominus}$。

4. 718.2K 时，反应 H$_2$(g)+I$_2$(g)⟶2HI(g) 的标准平衡常数为 50.1。取 5.3mol I$_2$ 与 7.94mol H$_2$，使之发生反应，计算平衡时生成的 HI 的量。

5. 300K 时，反应 A(g)+B(g)⟶AB(g) 的 $\Delta_r G_m^{\ominus}$ = −8 368J/mol，欲使等摩尔的 A 和 B 有 40% 变成 AB，需多大总压力？

6. 298.15K 时，反应 A(g)⟶B(g)，在 A 和 B 的分压分别为 1.0×10^{6}Pa 和 1.0×10^{5}Pa 时达到平衡，计算 $K^{\ominus}$ 和 $\Delta_r G_m^{\ominus}$。当 A 和 B 的分压分别为 2.0×10^{6}Pa 和 1.0×10^{5}Pa 及 A 和 B 分压分别为 1.0×10^{7}Pa 和 5.0×10^{5}Pa 时反应的 $\Delta_r G_m$，并指出反应能否自发进行？

7. 合成氨时所用的氢和氧的比例为 3:1，在 673K、1 000kPa 压力下，平衡混合物中氨的摩尔百分数为 3.85%。

（1）求 N$_2$(g)+3H$_2$(g)⟶2NH$_3$(g) 的 $K^{\ominus}$。

（2）在此温度时，若要得到 5% 氨，总压力为多少？

8. 已知甲醇蒸气的标准生成吉布斯能 $\Delta_f G_m^{\ominus}$ 为 −161.96kJ/mol。试求甲醇（液）的标准生成吉布斯能（假定气体为理想气体，且已知 298.15K 的蒸气压为 16.59kPa）。

9. 298.2K 时，丁二酸(C$_4$H$_6$O$_4$)在水中的溶解度为 0.715mol/kg，从热力学数据表中得知，C$_4$H$_6$O$_4$(s)、C$_4$H$_5$O$_4^-$(m=1) 和 H$^+$(m=1) 的标准生成吉布斯能 $\Delta_f G_B^{\ominus}$ 分别为 −748.099kJ/mol、−723.037kJ/mol 和 0kJ/mol。试求 298.2K 下丁二酸在水溶液中的第一电离平衡常数。

10. 在一真空的容器中放入固体 NH$_4$HS，于 298.15K 下分解为 NH$_3$(g)与 H$_2$S(g)，平衡时容器内的压力为 66.66kPa。（1）当放入 NH$_4$HS(s)时容器中已有 39.99kPa 的 H$_2$S(g)，求平衡时容器中的压力；（2）容器中原有 6.666kPa 的 NH$_3$(g)，问需加多大压力的 H$_2$S(g)，才能形成固体 NH$_4$HS？

11. 现有理想气体间反应 A(g)+B(g)⟶C(g)+D(g)，开始时，A 与 B 均为 1mol，25℃下，反应达到平衡时，A 与 B 各为 0.333 3mol。

（1）求反应的 $K^{\ominus}$。

（2）开始时，A 为 1mol，B 为 2mol。

（3）开始时，A 为 1mol，B 为 1mol，C 为 0.5mol。

（4）开始时，C 为 1mol，D 为 2mol。

（2）（3）（4）分别求反应达平衡时 C 的物质的量。

12. 设在某一定的温度下，有一定量的 PCl$_5$(g)在标准压力 $p^{\ominus}$ 体积为 1L，在该情况下 PCl$_5$(g)的离解度设为 50%，用计算说明在下列几种情况中，PCl$_5$(g)的离解度是增大还是减小。

（1）使气体的总压力降低，直到体积增加到 2L。

（2）通入氮气，使体积增加到 2L，而压力仍为 101.325kPa。

（3）通入氮气，使压力增加到 202.65kPa，而体积仍为 1L。

（4）通入氯气，使压力增加到 202.65kPa，而体积仍为 1L。

13. 在 448～688K 的温度区间内，用分光光度法研究下面的气相反应：I$_2$+环戊烯⟶2HI+环戊二烯,得到 $K^{\ominus}$ 与温度(K)的关系为: $\ln K^{\ominus}=17.39-\dfrac{51\,034}{4.575T}$。

(1) 计算在 573K 时,反应的 $\Delta_r G_m^{\ominus}$、$\Delta_r H_m^{\ominus}$ 和 $\Delta_r S_m^{\ominus}$。

(2) 若开始时用等量的 I_2 和环戊烯混合,温度为 573K、起始总压为 100kPa,求平衡后 I_2 的分压。

(3) 若起始压力为 1 000kPa,试求平衡后 I_2 的分压。

14. CO_2 与 H_2S 在高温下有如下反应: $CO_2(g)+H_2S(g)\Longleftrightarrow COS(g)+H_2O(g)$,今在 610K,将 4.4×10^{-3}kg 的 CO_2 加入 2.5L 体积的空瓶中然后再充入 H_2S 使总压为 1 000kPa。平衡后水的摩尔分数为 0.02。同上实验,在 620K,平衡后水的摩尔分数为 0.03(计算时可假定气体为理想气体)。

(1) 计算 610K 时的 $K^{\ominus}$。

(2) 求 610K 时的 $\Delta_r G_m^{\ominus}$。

(3) 计算反应的热效应 $\Delta_r H_m^{\ominus}$。

15. 在 373K 下,反应: $COCl_2(g)\Longleftrightarrow CO(g)+Cl_2(g)$ 的 $K_p=8\times10^{-9}$, $\Delta S_{373}^{\ominus}=125.5$J/K。

计算:(1) 373K,总压为 202.6kPa 时 $COCl_2$ 的解离度。

(2) 373K 下上述反应的 $\Delta H^{\ominus}$。

(3) 总压为 202.6kPa,$COCl_2$ 的解离度为 0.1% 时的温度,设 $\Delta C_p=0$。

16. 某反应在 1 100K 附近,温度每升高 1K,K_p 比原来增大 1%,求在此温度附近,该反应的 ΔH。

17. (1) 在 1 393K 下用 $H_2(g)$ 还原 $FeO(s)$,平衡时混合气体中 $H_2(g)$ 的摩尔分数为 0.54。求 $FeO(s)$ 的分解压。已知同温度下,$2H_2O(g)\Longleftrightarrow 2H_2(g)+O_2(g)$ 的 $K^{\ominus}=3.4\times10^{-13}$。(2) 在炼铁炉中,氧化铁按如下反应还原: $FeO(s)+CO(g)\Longleftrightarrow Fe(s)+CO_2(g)$。求:1 393K 下,还原 1mol FeO 需要多少摩尔 CO? 已知同温度下 $2CO_2(g)\Longleftrightarrow 2CO(g)+O_2(g)$ 的 $K^{\ominus}=1.4\times10^{-12}$。

18. 已知 298.15K,$CO(g)$ 和 $CH_3OH(g)$ 标准摩尔生成焓 $\Delta_f G_m^{\ominus}$ 分别为 -110.525kJ/mol 和 -200.67kJ/mol;$CO(g)$、$H_2(g)$、$CH_3OH(l)$ 的标准摩尔熵 $S_m^{\ominus}$ 分别为 197.674J/(mol·K)、130.684J/(mol·K) 及 126.8J/(mol·K)。又知 298.15K 时甲醇的饱和蒸气压为 16.59kPa,摩尔气化热 $\Delta H_m^{\ominus}=38.0$kJ/mol,蒸气可视为理想气体。利用上述数据,求 298.15K 时,反应 $CO(g)+2H_2(g)\Longleftrightarrow CH_3OH(g)$ 的 $\Delta_r G_m^{\ominus}$ 及 $K^{\ominus}$。

19. 试求 298.15K 时,下述反应的 $K_a^{\ominus}$

$$CH_3COOH(l)+C_2H_5OH(l)\Longleftrightarrow CH_3COOC_2H_5(l)+H_2O(l)$$

已知各物质的标准生成吉布斯能 $\Delta_f G_m^{\ominus}$ 为

物质	$\Delta_f G_m^{\ominus}$(kJ/mol)
$CH_3COOH(l)$	-389.9
$CH_3COOC_2H_5(l)$	-332.55
$H_2O(l)$	-237.129
$C_2H_5OH(l)$	-168.49

20. 反应 $2SO_2(g)+O_2(g)\Longleftrightarrow 2SO_3(g)$ 在 1 000K 时的 $K^{\ominus}=3.4\times10^{-5}$,计算 1 100K 时的 $K^{\ominus}$。已知该反应的 $\Delta_r H_m^{\ominus}=-189$kJ/mol,并设在此温度范围内 $\Delta_r H_m^{\ominus}$ 为常数。

目标测试

(栾玉霞)

第五章

相　平　衡

学习目标

1. **掌握**　相、组分数和自由度的概念；相律的物理意义及其在相图中的应用；克劳修斯-克拉珀龙方程及其在单组分系统中的应用及计算；杠杆规则及其在相图中的应用。

2. **熟悉**　低共熔系统相图的意义和应用；双液系统的 $p\text{-}x$ 图和 $T\text{-}x$ 图、恒沸系统的特点；蒸馏和精馏的原理；三组分系统的组成表示法；部分互溶三液系统相图及其在萃取过程中的应用。

3. **了解**　根据相图绘制冷却曲线或根据冷却曲线绘制简单相图的方法；沸点仪的原理和使用方法；水盐系统的相图及其简单应用。

在一个系统中，纯物质在一定条件下可以在气相、液相、固相之间相互转变，物质从一个相转移到另一个相的过程称为相变过程，如蒸发、冷凝、溶解、熔化、结晶、升华等都是实验室或制药生产中常见的相变过程。它一般情况下是物理变化，不会产生新的物质，也不会改变系统中物质的量；有时相变过程也会伴随有新物质的产生或旧物质的消失，如在不稳定的固熔体相平衡中。当相转移过程达到平衡时称为相平衡（phase equilibrium），常见的相平衡如气-液平衡、固-液平衡、气-固平衡等。

相平衡是物理化学中重要的平衡之一，研究相平衡可以为一些复杂的相变化过程找到最有利的实验条件，从而解决科学实验和生产过程中的相关问题。例如在分离和提纯混合物时，可采用分级结晶、减压蒸馏、精馏、水蒸气蒸馏、萃取等方法，这些方法都与相平衡过程有关，其实验操作条件都是依据相平衡的研究结果而确定的。药物制剂的配伍研究是药物研究中的重要环节，相平衡为这方面的研究提供了重要的理论依据。在新材料和纳米系统研究中，相平衡同样扮演了重要的角色。

相平衡从形式上看是各种各样的，但相平衡过程都遵守统一的"相律"。相律是由吉布斯在1876年用热力学方法所确立的，它是物理化学中最具普遍性的定律之一。本章将推导相律并结合相律讨论单组分系统和多组分系统中一些变量间的相互关系，分析相平衡系统中，相态和温度、压力、组分等参数的关系。

第一节　相律及其基本概念

相律（phase rule）是平衡系统中相数、独立组分数与自由度（温度、压力、组成……）等变量之间应遵守的关系。相律只适用于相平衡系统，只能告诉我们在平衡系统中有几个相、有几个自由度，至于具体是什么相、自由度是什么变量则需要根据具体情况而定，相律不能回答。在引出相律的数学表达式之前，需先介绍相、组分数、自由度等几个基本概念。

一、基本概念

（一）相

相（phase）是系统中物理性质和化学性质完全均一的部分。含有一个相的系统称为均相系统；包含两个或两个以上相的系统称为多相系统或复相系统。多相系统中,不同的相之间有明显的分界面,越过界面时,物理性质和化学性质将发生突变。

系统中所包含的相的数目称为相数(number of phase),用符号 Φ 表示。一般实验条件下,任何气体都能无限均匀混合,彼此间没有相界面的存在,它们的内部性质是完全均匀的,所以系统中无论存在多少种气体,都只有一个相。对于液态物质,根据相互溶解关系可以是一个相也可以是多个相,如果完全互溶则为一个相,否则有一个液层就有一个相,不管多少种液体相互混合一般不超过三个相。固体一般是有一个固体便是一个相,无须考虑它们的质量和体积,如 $CaCO_3(s)$ 和 $Na_2CO_3(s)$ 的混合物是两个相,而大块的 NaCl 晶体和微小的 NaCl 粉末是同一个相。如果一个固态物质能在分子、离子水平上均匀地分散在另一固态物质中,则可形成固态混合物(solid mixture),一般情况下如果两个组分的分子、原子或离子大小和性质相近,在晶格中能相互取代就容易形成固态混合物,例如 Ag 与 Au 在熔融状态时能完全互溶,当凝固成固态时也能以任何比例以分子分散状态完全互溶形成固态混合物,这时为一个相。药剂学中固体分散体就是固态混合物或类固态混合物。由于不同晶形的物质性质如热容、折光率、密度和熔点等是不同的,一种纯固体有几种不同的晶形,就有几个相,如碳有三种单质存在形式,石墨、金刚石和 C_{60},它们是三个不同的相,又如单斜硫与正交硫是两个相。

（二）物种数与组分数

平衡系统中所含的化学物质数称为物种数(number of chemical species),用符号 S 表示。足以表示系统中所有各相组成所需的最少物种数,称为独立组分数,简称组分数(number of component),用符号 K 表示。

物种数与组分数是两个不同的概念,系统中每一种化学物质都称为物种,但确定各相的物质分布情况时并不需要指明所有物种的含量。当不存在化学反应时,系统的物种数与组分数是相同的,例如由 NaCl 和 H_2O 组成的系统,NaCl 与 H_2O 都是化学物质,所以 $S=K=2$。如果系统中有化学平衡存在,例如由 $HI(g)$、$H_2(g)$ 和 $I_2(g)$ 三种物质构成的系统,存在下列化学平衡:

$$2HI(g) \Longrightarrow H_2(g)+I_2(g)$$

系统中 $S=3$,但 $K=2$,因为三个物质中任一物质都可以由其他两个物质经化学反应而产生,我们可以不加入这种物质,但它必然存在于系统之中,它在平衡时的含量,可以由其他两种物质的含量通过平衡常数来计算,因此 $K=2$。同理,如果系统中有更多的化学平衡并且是独立的,设为 R 个,则组分数就比物种数少 R 个,即 $K=S-R$。

在某些情况下,还有一些特殊的浓度限制条件。例如,上述系统中如果反应前只有 $HI(g)$,达到化学平衡时,按照化学反应计量式,所产生的 $H_2(g)$ 与 $I_2(g)$ 的摩尔比为 $1:1$,这就是浓度限制条件,这种情况下系统的组分数为1,即为单组分系统。因此系统的组分数可表示如下:

$$组分数=物种数-独立的化学平衡数-独立的浓度限制条件$$
$$即\ K=S-R-R'$$

式中,R' 为浓度限制条件数。应该注意,浓度限制条件只在同一相中方能应用,不同相间不存在浓度限制条件,例如碳酸钙的分解反应:

$$CaCO_3(s) \Longrightarrow CaO(s)+CO_2(g)$$

虽然分解反应产生的 $CaO(s)$ 与 $CO_2(g)$ 的物质量相同,但由于一个是固相,另一个是气相,其间不存在浓度关系,故组分数应是 2 而不是 1。

例题 5-1   系统中有 $H_2O(g)$、$C(s)$、$CO(g)$、$CO_2(g)$、$H_2(g)$ 五种物质,其间有化学反应,求该系统在平衡后的组分数。

解:系统中可能发生的化学反应有三个

（1）$H_2O(g)+C(s) \Longrightarrow CO(g)+H_2(g)$

（2）$CO_2(g)+H_2(g) \Longrightarrow H_2O(g)+CO(g)$

（3）$CO_2(g) + C(s) \Longrightarrow 2CO(g)$

但其中只有两个反应是独立的，第三个反应可通过其他两个反应获得，即（1）+（2）=（3），所以 $R = 2$，系统中各种物质间无浓度限制条件，$R' = 0$。

所以 $$K = S - R - R' = 5 - 2 - 0 = 3$$

例题 5-2 在一抽空的容器中放有过量的碳酸氢铵 $NH_4HCO_3(s)$，加热时可发生下列反应：

$$NH_4HCO_3(s) \Longrightarrow NH_3(g) + CO_2(g) + H_2O(g)$$

求该系统的组分数。

解：因 $R = 1$，$R' = 2[p(NH_3, g) = p(CO_2, g) = p(H_2O, g)]$

所以 $$K = S - R - R' = 4 - 1 - 2 = 1$$

还需要说明一点，一个系统的物种数可以随着人们考虑问题的方式不同而不同，但系统的组分数总是一个定值。例如 NaCl 与 H_2O 的饱和溶液构成的系统，如果只考虑相平衡，$S = 2$，$K = 2$，即 NaCl 和 H_2O。亦可以认为系统中存在的物种有 $NaCl(s)$、Na^+、Cl^-、H_2O、H_3O^+、OH^-，因此 $S = 6$，但是这 6 个物种之间必然存在两个独立的化学（电离）平衡，即：$NaCl(s) \Longrightarrow Na^+ + Cl^-$ 和 $2H_2O \Longrightarrow H_3O^+ + OH^-$；存在两个浓度限制关系：$c(Na^+) = c(Cl^-)$ 与 $c(H_3O^+) = c(OH^-)$，因此 $K = S - R - R' = 6 - 2 - 2 = 2$，组分数仍然是 2，不受影响。

（三）自由度

平衡系统中，若不发生旧相消失或新相产生，在一定范围内可以任意改变的强度性质的最多数目，称为**自由度**（degrees of freedom），用符号 f 表示。一般情况下，这些强度因素是指温度、压力及浓度等。例如，单一液相的水，可在一定范围内任意改变温度和压力，仍能保持单一液相，此时 $f = 2$；水与水蒸气呈两相平衡时，系统的可变因素仍是温度与压力，但这二者之间存在函数关系，只有一个是独立可变的，因此 $f = 1$。氯化钠的水溶液，在不饱和时有两个变量，分别为温度和浓度，$f = 2$，如果是饱和溶液，浓度是温度的函数，这时 $f = 1$。

二、相律

假设一多组分多相平衡系统中含有 K 个组分（1,2,3,…,K）及 Φ 个相（$\alpha,\beta,\gamma,…,\Phi$），平衡时 K 个组分分布于每个相中。从热力学可知，确定系统中每一个相的状态通常要指定温度、压力和组成（浓度）三种强度因素。对于多组分多相平衡系统，由于各相的温度、压力和组成之间存在定量关系式，要确定它的状态并不需要指定所有 Φ 个相中的温度、压力和组成，因此找出平衡时这些强度因素间的关系式，就能知道指定多少强度因素（温度、压力和组成）可以确定此种系统的状态。

对于多组分多相系统的平衡必须符合以下条件：

1. **热平衡** 平衡时相与相之间没有热量交换，条件是各相间的温度相同。

$$T^\alpha = T^\beta = T^\gamma = \cdots = T^\Phi$$

2. **力平衡** 平衡时相与相之间没有压力差存在，条件是各相间的压力相等。

$$p^\alpha = p^\beta = p^\gamma = \cdots = p^\Phi$$

3. **相平衡** 平衡时各相间不存在物质转移，条件是各组分在各相间的化学势相等。

$$\mu_B^\alpha = \mu_B^\beta = \mu_B^\gamma = \cdots = \mu_B^\Phi$$

由热平衡和力平衡条件可知，系统中所有各相都具有相同的温度和压力，因此只需指定一个温度和压力就可以确定整个系统的温度和压力，这就是系统的两个基本变量 T 和 p。

系统的浓度变量并非全是独立的，假定 K 个组分分布在每个相中，那么每一相中都有 $K-1$ 个浓度变量（因为总量是 100%），系统共有 Φ 个相，则系统的总浓度变量为 $\Phi(K-1)$ 个。

多相平衡系统中由于相平衡的存在，将有多个浓度限制条件成立，它们不全是独立的。根据相平衡条件可知,每一组分在各个相中化学势相等。由化学势的公式 $\mu_B = \mu_B^*(T,p) + RT\ln x_B$,可知化学势是浓度的函数,化学势相等的关系式,就是浓度变量间的定量关系式。如果一个组分同时存在于 Φ 个相中,就有 $\Phi-1$ 个化学势相等的关系式,即有 $\Phi-1$ 个浓度间定量关系式,对 K 个组分来说,就有 $K(\Phi-1)$ 个浓度间定量关系式。应从浓度变量总数中减去 $K(\Phi-1)$ 个浓度间定量关系式,因此系统的总自由度数应为

$$f = \Phi(K-1) + 2 - K(\Phi-1) = K - \Phi + 2 \qquad 式(5-1)$$

这就是相律的表达式。式中,K 为独立组分数,Φ 是相数,数字 2 是指温度和压力两个变量,如果我们指定了温度或压力,则式(5-1)应改写成

$$f^* = K - \Phi + 1 \qquad 式(5-2)$$

式中,f^* 为条件自由度。如果系统中存在渗透膜,平衡时系统有压力差存在,这时系统的压力项会增加,一般有一个渗透膜将增加一个压力项。若除温度与压力外,在某些特殊场合,系统还受其他因素如磁场、电场、重力场等影响,这时式(5-1)中的 2 应根据具体影响因素写成 n,即

$$f = K - \Phi + n \qquad 式(5-3)$$

例题 5-3 碳酸钠与水可形成下列三种含水化合物:

$$Na_2CO_3 \cdot H_2O;Na_2CO_3 \cdot 7H_2O;Na_2CO_3 \cdot 10H_2O$$

(1) 试说明大气压力(101.325kPa)下,与碳酸钠水溶液和冰共存的含水盐最多可以有几种?

(2) 试说明在 303K 时,可与水蒸气平衡共存的含水盐最多有几种?

解: 此系统由 Na_2CO_3 及 H_2O 构成,$K=2$。虽然可有多种固体含水盐存在,但每形成一种含水盐,物种数增加 1 的同时,增加 1 个化学平衡关系式,因此组分数仍为 2。

(1) 大气压力下,相律变为

$$f^* = K - \Phi + 1 = 2 - \Phi + 1 = 3 - \Phi$$

自由度最少时相数最多,即 $f^*=0$ 时,$\Phi=3$。因此,与 Na_2CO_3 水溶液及冰共存的含水盐最多只能有一种。

(2) 指定 $T=303K$ 时,相律变为

$$f^* = K - \Phi + 1 = 2 - \Phi + 1 = 3 - \Phi$$

$f^*=0$ 时,$\Phi=3$。因此,与水蒸气平衡共存的含水盐最多只能有 2 种。

例题 5-4 试说明下列平衡系统的自由度数为若干?

(1) 298K 及标准压力下,$NaCl(s)$ 与其水溶液平衡共存。

(2) $I_2(s)$ 与 $I_2(g)$ 呈平衡。

解:(1) $K=2$

$$f = 2 - 2 + 0 = 0$$

指定温度、压力,饱和 $NaCl$ 溶液的浓度为定值,系统无自由度。

(2) $K=1$

$$f = 1 - 2 + 2 = 1$$

系统的压力等于所处温度下 $I_2(s)$ 的平衡蒸气压。因 p 和 T 之间有函数关系。

第二节 单组分系统

将相律应用于单组分系统,这时相律的一般表达式为

$$f = 1 - \Phi + 2 = 3 - \Phi$$

当 $f=0$ 时,$\Phi=3$,单组分系统最多只能有三个相平衡共存;当 $\Phi=1$ 时,$f=2$,最多有两个独立变量,即温度和压力。所以单组分系统可以用 p-T 平面图来全面描述系统的相平衡关系。

单组分系统
(微课)

一、单组分系统的相图

相图（phase diagram）是表达系统中相的状态与温度、压力、组成之间相互关系的图形。其特点是直观，从相图中可直接了解各个变量之间的关系及在给定条件下物质存在的相态、相变化的方向和限度等信息，绝大多数相图都是根据实验数据绘制的，一般不能从理论上绘制相图。

（一）水的相图

水的相图是最常见的单组分系统相图。图 5-1 是根据实验数据绘制的水的相图。由图可见，AB、AD、AE 三条曲线交于点 A，把平面划分成三个区域 BAE、EAD 及 BAD，这三个区域分别是液态水、冰和水蒸气的单相区，即 $\Phi=1,f=2$，所以是双变量系统。这说明，温度和压力可以同时在该区域内变化，而不会导致旧相的消失或新相生成。从 BAE 区域的范围可以看出，水在很宽的温度范围内都能保持液体状态，这是因为每个水分子都能和另外四个水分子形成氢键。

AB 线是气-液平衡线，线上每一点代表一定温度下水的蒸气压或一定外压下水的沸点，AB 线不能任意延伸，它终止于临界点（critical point）B，B 点的温度是 647K，对应的压力为 22.3Mpa，在临界点时水的液态和气态密度相等，气液二相的界面消失，水在这种状态时称为超临界状态（supercritical state）。

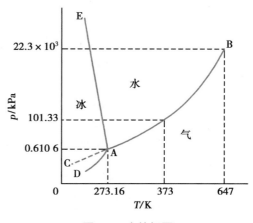

图 5-1　水的相图

AD 线是固-气平衡线，即冰的饱和蒸气压曲线（升华线），它表示冰和水蒸气平衡，AD 线理论上可延长至 0K 附近。

BA 的延长线 AC 是过冷水与蒸气的平衡线，如果沿着 BA 线控制实验条件，将水缓慢冷却，可使其在 0℃ 以下而不结冰，该状态下的水被称为过冷水，它是一种亚稳态。但是如果将冰缓慢升温，它的终止点在 A，实验证明并不存在过热的冰。

AE 线是固-液平衡线，即冰的熔点与外压的关系曲线，称为熔点曲线，在此线上是冰与水的平衡。图中 AE 线的斜率为负值，说明当压力增高时冰的熔点将降低，这是因为水的密度大于冰，0℃ 时，冰的密度为 916.7kg/m³，而液态水的密度为 999.87kg/m³。AE 线不能无限向上延伸，E 点终止于 220MPa，如果继续增加压力将会形成 6 种不同晶形结构的冰（这种现象称为同质多晶型），相图将变得复杂，冰的熔点也会随温度的升高而升高，压力足够大时，水的凝固点会大于 0℃，称为热冰（hot ice），如压力为 2 094MPa 时，冰的熔点为 76℃。

把相律应用在两相平衡线上，$\Phi=1,f=1$，这时系统的 T 和 p 两个变量在一定范围内只能指定一个，即为单变量系统。若指定 T，则系统的平衡压力 p 就是曲线上对应的值；反之，如果指定了 p，则 T 亦由系统本身确定。例如 373.16K（100℃）时水的蒸气压必定是 101.325kPa；又如锅炉中饱和蒸气的压力是 506.6kPa，则相应的温度必定是 424.26K（151.1℃）。AB、AD、AE 三条两相平衡线上压力与温度之间的关系，可由后面介绍的克拉珀龙方程或克劳修斯-克拉珀龙方程来描述。

图中三条曲线的交点 A 称为三相点（triple point），气、固、液三相共存，$\Phi=3,f=0$，这时温度和压力都被确定，即为无变量系统。实验指出，水的三相点仅当 T=273.16K（0.009 8℃）及 p=0.610 6kPa 时才能实现。由于三相点的温度固定不变，因此可以用它作为热力学温标的温度基准点。水的三相点温度的精确测定是我国科学家黄子卿完成的，他对热力学温度单位所做的功绩，是中国科学家对世界计量科技发展的一项重要贡献。水的三相点与通常所说的水的冰点（freezing point）不同。三相点是严格的单组分

黄子卿与水的三相点的测定（拓展阅读）

系统,而冰点是在水中溶有空气和外压为101.325kPa时测得的数据。由于水中溶有空气,形成了稀溶液,冰点较三相点下降了0.002 42℃;三相点时系统的蒸气压是0.610 6kPa,而测冰点时系统的外压为101.325kPa,由于压力的不同,冰点又下降了0.007 47℃,所以水的冰点比三相点下降了0.002 42+0.007 47≈0.01℃,即等于0℃,此时温度为273.15K而不是273.16K。

从图5-1看出,当温度低于三相点A时,如将系统的压力降至AD线以下,固态冰可以不经过熔化而直接气化,此为升华(sublimation)过程。升华在制药工艺上有重要应用。

知识拓展

冷冻干燥技术的药学应用

冷冻干燥(drying by freezing)技术是把含有水分的物料冻结成冰点以下的固体,在真空条件下使冰直接升华,以水蒸气形式除去,从而得到干燥产品的一种技术,也称为升华干燥。此技术最早在食品中应用较多,后逐步应用于生物及制药等工艺。如某些生物制品或抗生素等在水溶液中不稳定又不易得到结晶,可先将这类药物水溶液装入敞口安瓿瓶,用快速深度冷冻方法,短时间内全部凝结成冰,同时将系统压力降至冰的饱和蒸气压以下,使冰升华除去溶剂,封口后便得到可长时间储存的粉针剂。由于在低温下操作,药物不致受热分解,并使溶质变成疏松的海绵状固体,有利于使用时快速溶解,此外,经冷冻干燥的药品还有剂量准确、药品成分损失小、结构稳定、复水性好并容易恢复活性、药效显著等优点,因此,该技术广泛用于药物包埋剂脂质体、口服速溶药物及固体蛋白药物等的制备。

三相点的压力是确定升华操作条件的重要数据,有关物质在三相点时的蒸气压数据不多,但一般情况下,三相点的温度与固态物质的熔点温度很接近,因此可以将在熔点时的蒸气压近似地看作为三相点时的蒸气压,一些有机物在熔点时的蒸气压数据见表5-1。

表5-1   一些有机化合物在熔点时的蒸气压

化合物	熔点/K	熔点时的蒸气压/kPa
顺丁烯二酸酐	333	0.44
萘	352	0.9
苯甲酸	493	0.8
β-萘酚	395	0.33
苯酐	404.6	0.99
水杨酸	432	2.4
α-樟脑	452	49.3

案例分析

固态及超临界二氧化碳的用途及原理

二氧化碳(CO_2)是地球大气层的组成之一。固态CO_2称为"干冰","干冰"可用于低温冷冻,也可以用于给舞台制造烟雾特效。CO_2还有一种超临界状态,称为"超临界流体",CO_2的超临界流体常被用作特殊反应溶剂或超临界萃取剂。

问题:

1. 干冰用于低温冷冻的原理是什么?

2. 为什么"干冰"可以用于制造舞台烟雾特效?

3. CO_2作为超临界萃取剂的原理是什么?

（二）二氧化碳相图

二氧化碳的相图是另一类重要的单组分系统相图，见图 5-2。与水的相图很相似，OA、OB 和 OC 相交于 O 点，把平面分成 AOB、AOC 和 BOC 三个区，分别是固相区、气相区和液相区。OA 线是固-气平衡线（固体的升华曲线），OB 线是固-液平衡线（固体的熔点曲线），OC 是气-液平衡线（气体的冷凝曲线）。

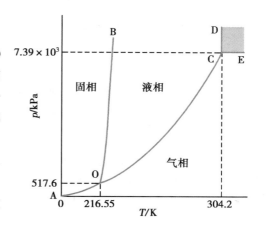

图 5-2　CO_2 的相图

O 点是 CO_2 的三相点，温度为 216.55K（−56.6℃）、压力为 517.6kPa。CO_2 的三相点压力较高，在大气压力（101.325kPa）下，它只能以固态或气态存在，此时对敞开在空气中的固态 CO_2 加热，它就会升华为气态。固态 CO_2 称为"干冰"，101.325kPa 压力时，其升华温度为 194.65K（−78.5℃），因此，干冰常用于低温冷冻。

OC 线终止于 C 点，这是 CO_2 的临界点，临界温度是 304.2K，临界压力是 7.39MPa，临界点时的密度为 448kg/m³。DCE 区（图中阴影区）是 CO_2 的超临界状态区，此时 CO_2 称为超临界流体（supercritical fluid），CO_2 超临界流体具有对有机物溶解能力强、选择性好、可在接近室温下操作等优点，常被用作特殊反应溶剂或超临界萃取剂。近年来，超临界二氧化碳萃取技术已广泛应用于中草药及其他天然产物的萃取，如郁金香中挥发油的提取、银杏叶中槲皮素及山奈素的提取、白芷中香豆素的提取等，采用超临界二氧化碳流体萃取，可在低温下通过控制压力等手段调节有效成分在二氧化碳中的溶解度，成分保留全，效率高，无污染。

对于单组分系统，如果在一定温度与压力下固态只出现一种晶形，则都具有相似于水和二氧化碳相图的基本图形。可能出现的差异是固-液平衡线的斜率一般为正值，即压力增大，熔点亦升高，其原因是固态熔融成液态后体积会略有增加。如果物质在固态时存在两种或两种以上晶形，例如硫有单斜硫（固）与斜方硫（固）两种晶形，及液态硫与气态硫四种相态，由于单组分只能三相共存，因而在硫的相图中会出现四个三相点（见习题 4）。相图中点、线、面的分析方法与水的相图相同。

二、克劳修斯-克拉珀龙方程

克劳修斯-克拉珀龙方程（Clausius-Clapeyron equation）是应用热力学原理定量研究纯物质两相平衡的一个典型例子。

假设在一定温度 T 和压力 p 时，某纯物质的两相间达到平衡。当温度由 T 变到 $T+dT$，压力由 p 变到 $p+dp$ 时，两相又达到了新的平衡。如下图所示，应有

$$T,p \qquad 相(\alpha) \xrightleftharpoons{\Delta G=0} 相(\beta)$$

$$\downarrow dG(\alpha) \qquad \downarrow dG(\beta)$$

$$T+dT,p+dp \qquad 相(\alpha) \xrightleftharpoons{\Delta G=0} 相(\beta)$$

显然
$$dG(\alpha)=dG(\beta)$$

根据 $dG=-SdT+Vdp$，可得

$$-S(\alpha)dT+V(\alpha)dp=-S(\beta)dT+V(\beta)dp$$

$$\frac{dp}{dT}=\frac{S(\beta)-S(\alpha)}{V(\beta)-V(\alpha)}=\frac{\Delta S_m}{\Delta V_m} \qquad 式(5\text{-}4)$$

式中，ΔS_m 和 ΔV_m 分别为 1mol 物质由 α 相转变到 β 相时的熵变和体积变化。对于等温等压可逆相

变,$\Delta S_m = \dfrac{\Delta H_m}{T}$,其中 ΔH_m 是相变时的焓变,将 ΔS_m 表达式代入式(5-4),即得

$$\frac{\mathrm{d}p}{\mathrm{d}T} = \frac{\Delta H_m}{T\Delta V_m} \qquad\qquad 式(5\text{-}5)$$

上式即为克拉珀龙方程。它表明了两相平衡时的平衡压力随温度的变化率。由于相 α 和相 β 并未指定是何种相,所以,式(5-5)对于纯物质的任何两相平衡均适用。现分别讨论几种两相平衡的情形。

1. 气-液平衡   将式(5-5)应用于气-液平衡,则 $\mathrm{d}p/\mathrm{d}T$ 是指液体的饱和蒸气压随温度的变化率,ΔH_m 为摩尔气化焓 $\Delta_{vap}H_m$,$\Delta V_m = V_m(g) - V_m(l)$ 即气液两相摩尔体积之差。在通常温度下(指距离临界温度较远时),$V_m(g) \gg V_m(l)$,故 $\Delta V_m = V_m(g) - V_m(l) \approx V_m(g)$,假设蒸气符合理想气体定律,于是式(5-5)可写为

$$\frac{\mathrm{d}p}{\mathrm{d}T} = \frac{\Delta_{vap}H_m}{TV_m(g)} = \frac{\Delta_{vap}H_m p}{RT^2}$$

或

$$\frac{\mathrm{d}\ln p}{\mathrm{d}T} = \frac{\Delta_{vap}H_m}{RT^2} \qquad\qquad 式(5\text{-}6)$$

此式称为克劳修斯-克拉珀龙方程的微分形式。当温度变化范围不大时,$\Delta_{vap}H_m$ 可看成常数。将上式积分,可得

$$\ln p = -\frac{\Delta_{vap}H_m}{RT} + C \qquad\qquad 式(5\text{-}7)$$

式(5-7)中,C 为积分常数。由此可知,将 $\ln p$ 对 $1/T$ 作图应为一直线,斜率为 $(-\Delta_{vap}H_m/R)$,由斜率可求算液体的摩尔气化焓 $\Delta_{vap}H_m$。

如果将式(5-6)在 T_1 和 T_2 之间作定积分,则得

$$\ln\frac{p_2}{p_1} = \frac{\Delta_{vap}H_m}{R}\left(\frac{1}{T_1} - \frac{1}{T_2}\right) \qquad\qquad 式(5\text{-}8)$$

式(5-8)为克劳修斯-克拉珀龙方程的定积分形式。该式表明,只要知道液体的 $\Delta_{vap}H_m$,就可从一个温度 T_1 下的饱和蒸气压求另一个温度 T_2 下的饱和蒸气压,或者从一个压力 p_1 时的沸点求另一个压力 p_2 时的沸点。

当缺乏液体的气化焓数据时,有时可用一些经验性规则进行近似估计。例如,正常液体(非极性,非缔合性液体)符合下面的特鲁顿规则(Trouton rule):

$$\frac{\Delta_{vap}H_m}{T_b} \approx 88 \mathrm{J/(K \cdot mol)} \qquad\qquad 式(5\text{-}9)$$

式中,T_b 为正常沸点。

例题 5-5   已知苯的摩尔气化焓为 34.92kJ/mol,在常压下(101.325kPa)的沸点为 353.5K,试计算:(1) 52kPa 时,苯的沸点;(2) 293K 时,苯的蒸气压。

解:(1) 根据式(5-8)

$$\ln\frac{p_2}{p_1} = \frac{\Delta_{vap}H_m}{R}\left(\frac{1}{T_1} - \frac{1}{T_2}\right)$$

将已知数据代入,有

$$\ln\frac{52}{101.325} = \frac{34.92 \times 10^3}{8.314}\left(\frac{1}{353.5} - \frac{1}{T_2}\right)$$

得

$$T_2 = 335\mathrm{K}$$

即 52kPa 时,苯的沸点为 62℃。

（2）再次利用式(5-8)，并将已知数据代入，则有

$$\ln \frac{p_2}{101.325} = \frac{34.92 \times 10^3}{8.314} \left(\frac{1}{353.5} - \frac{1}{293} \right)$$

解得

$$p_2 = 8.714\text{kPa}$$

即293K时，苯的蒸气压为8.714kPa。

2. 气-固平衡　由于固体的体积与蒸气的体积相比可忽略，即$V_m(g) \gg V_m(s)$，因此，式(5-5)中$\Delta V_m = V_m(g) - V_m(s) \approx V_m(g)$，$\Delta H_m$为摩尔升华焓$\Delta_{sub}H_m$，同理可得与式(5-6)、式(5-7)、式(5-8)完全相同形式的公式。

3. 固-液平衡　对于固液平衡来说，由于固体和液体的体积相差不多，$\Delta V_m = V_m(l) - V_m(s)$，式(5-5)中的各项不能被忽略，可改成下列形式

$$d\text{p} = \frac{\Delta_{fus}H_m}{\Delta_{fus}V_m} \cdot \frac{d\text{T}}{\text{T}} \tag{式(5-10)}$$

式(5-10)中，$\Delta_{fus}H_m$为摩尔熔化焓，$\Delta_{fus}V_m$为液固摩尔体积之差。当温度变化范围不大时，$\Delta_{fus}H_m$、$\Delta_{fus}V_m$均可近似看成一常数，于是在T_1和T_2之间积分可得

$$\text{p}_2 - \text{p}_1 = \frac{\Delta_{fus}H_m}{\Delta_{fus}V_m} \cdot \ln \frac{\text{T}_2}{\text{T}_1} \tag{式(5-11)}$$

如用泰勒(Taylor)级数展开，上式可写成

$$p_2 - p_1 = \frac{\Delta_{fus}H_m}{\Delta_{fus}V_m} \cdot \frac{T_2 - T_1}{T_1} \tag{式(5-12)}$$

例题5-6　273.2K和101.325kPa下，冰和水的密度分别为916.7kg/m³和999.9kg/m³，冰的熔化焓为6 025J/mol。试计算：（1）冰的熔点随压力的变化率；（2）近似估算压力为151.99×10³kPa时水的凝固点。

解：（1）将式(5-10)改写成$\dfrac{dT}{dp} = T \dfrac{\Delta_{fus}V_m}{\Delta_{fus}H_m}$

$$\Delta_{fus}V = \left(\frac{1}{999.9} - \frac{1}{916.7} \right) \times 18 \times 10^{-3}$$

$$= -1.632 \times 10^{-6} \text{m}^3/\text{mol}$$

$$\frac{dT}{dp} = 273.2 \times \frac{-1.632 \times 10^{-6}}{6\ 025} = -7.40 \times 10^{-8} \text{K/Pa}$$

计算表明压力每增加1Pa，水的冰点下降7.40×10^{-8}K。

（2）将式(5-11)改写成$\ln \dfrac{T_2}{T_1} = \dfrac{\Delta_{fus}V_m}{\Delta_{fus}H_m} \cdot (p_2 - p_1)$

$$\ln \frac{T_2}{273.2} = \frac{-1.632 \times 10^{-6}}{6\ 025} \times (151.99 \times 10^6 - 101.325 \times 10^3)$$

$$T_2 = 262.2\text{K 或} -11.0\text{℃}，$$

即压力为151.99×10³kPa时，水的凝固点为-11.0℃。

第三节　完全互溶双液系统

二组分系统相律的一般表达式为

$$f = 2 - \Phi + 2 = 4 - \Phi$$

上式表明，当$f = 0$时，$\Phi = 4$，即二组分系统最多可有四相共存，如水与$(NH_4)_2SO_4$构成的系统，在温度和压力都足够低时，可以出现$(NH_4)_2SO_4$固体、冰、溶液和水蒸气四相平

完全互溶双液系统（微课）

衡。当 $\Phi=1$ 时，$f=3$，即二组分系统最多可有三个独立变量，通常指的是温度、压力和组成（浓度）。显然这样的系统需要用三维空间的立体图才能表达。如果保持一个因素为常量，二组分的相图仍可用平面图来表示，这相当于立体图中的一个截面，它可以有三种类型，即恒温相图（p-x 图），恒压相图（T-x 图）和 T-p 图，其中前两种最为常用。由于在这样的情况下系统的温度或压力已经固定，因而二组分系统的相律形式可以写成 $f^* = 3 - \Phi$。

二组分系统相图的类型很多，本书只在本节、第四节和第五节中介绍一些典型类型。

一、理想的完全互溶双液系统

（一）理想的完全互溶液态混合物的蒸气压

设液体 A 和液体 B 组成理想的完全互溶液态混合物，根据拉乌尔定律

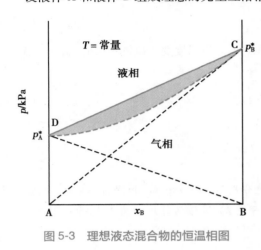

图 5-3　理想液态混合物的恒温相图

$$p_A = p_A^* x_A$$

$$p_B = p_B^* x_B$$

液态混合物上方蒸气压为二组分分压之和，即

$$p = p_A + p_B = p_A^* x_A + p_B^* x_B$$

$$= p_A^* (1 - x_B) + p_B^* x_B$$

$$p = p_A^* + (p_B^* - p_A^*) x_B \qquad \text{式(5-13)}$$

可以看出，p_A、p_B 和 p 与液态混合物的组成都是线性关系。如果将压力对组成作图，可分别得三条直线，见图 5-3。AC 为组分 B 的蒸气压曲线；BD 为组分 A 的蒸气压曲线；CD 为液态混合物的总蒸气压曲线。当 $p_A^* < p_B^*$ 时，$p_A^* < p < p_B^*$，总压介于两纯组分的饱和蒸气压之间。

（二）理想的完全互溶液态混合物的恒温相图（p-x 图）

通常情况下，液态混合物达到气-液两相平衡时，气态混合物遵守道尔顿分压定律，则有

$$p_A = p y_A, \quad p_B = p y_B$$

式中，y_A、y_B 分别为 A、B 在气相中的摩尔分数，p 是液态混合物的蒸气压。将拉乌尔定律代入得

$$y_A p = p_A^* x_A \qquad \text{式(5-14)}$$

$$y_B p = p_B^* x_B \qquad \text{式(5-15)}$$

或

$$\frac{y_A}{x_A} = \frac{p_A^*}{p}, \quad \frac{y_B}{x_B} = \frac{p_B^*}{p} \qquad \text{式(5-16)}$$

从式（5-16）可知，若 $p_A^* < p_B^*$，亦即纯液体 B 比 A 容易挥发，因 $p_A^* < p < p_B^*$，所以，$y_A < x_A$，$y_B > x_B$。这说明，在定温下易挥发组分 B 在气相中的浓度要大于在液相中的浓度，对于难挥发组分 A 则相反。这就是精馏操作能提纯液态混合物的原因。将式（5-13）代入式（5-15）可得

$$y_B = \frac{p_B^* x_B}{p_A^* + (p_B^* - p_A^*) x_B} \qquad \text{式(5-17)}$$

式（5-17）说明对于理想液态混合物，当 x_B 确定后 y_B 就有确定值。如果要全面描述液态混合物蒸气压与气、液两相平衡组成的关系，可先根据式（5-13）在 p-x 图上画出液相线，即图 5-3 中的 CD 实线。然后从液相线上取不同的 x_B 值代入式（5-17），求出相应的气相组成 y_B 值，把它们连接起来构成气相线，即图 5-3 中连接 CD 的虚线，气相线总是在液相线下面。液相线以上的高压区域是液相区，气相线以下的低压区域为气相区。液相线与气相线之间则是气-液平衡共存的两相区。

相图中，表示系统的温度、压力及总组成的状态点称为物系点（point of system）；表示平衡时各相

温度、压力和组成的点称为相点,它们之间的关系可用图 5-4 说明。当系统处于单相区时,物系点和相点均在图中 a 点。当物系点处于两相平衡区时,如图中 O 点,系统呈气-液两相平衡状态,通过物系点 O 的连线 CE 称为连结线,C 点和 E 点是连结线分别与气、液两条相线的交点,C 点和 E 点分别为液相点和气相点,代表液相和气相的组成。由此可见,在气液两相平衡区,系统的总组成与各相的组成是不一致的,这时气、液两相点组成的相对量和物系点的关系遵守下述杠杆规则。

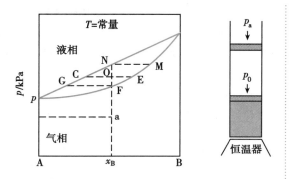

图 5-4　两组分气液平衡的恒温相图

下面讨论混合气体的加压液化在恒温相图(p-x-y 图)中的相变过程。图 5-4 是两组分气-液平衡的恒温相图,在一个带有理想活塞的气缸中盛有含 A、B 两组分的气相,总组成为 x_B。p 较小时,物系点处于气相区中的 a 点,当 p 增加时,物系点从 a 点垂直上升,在到达 F 点之前一直是气相,当上升到 F 点时,物系点进入两相平衡区,这时气相开始凝聚,最初出现的液滴其组成为 G,压力继续增加,物系点到达 O 点时,系统呈气-液两相平衡,两相组成分别为 C 点和 E 点。物系点自 F 移向 O 点的过程中,平衡两相的组成及量都在不断地改变,液相点由 G 沿液相线变成 C,气相点由 F 沿气相线移到 E。当压力再增大,物系点到达 N 点时,系统中气相几乎全部凝结为液相,最后剩下的微量蒸气组成如图中 M 点所示,此后物系点进入液相区,以上就是气体加压液化的过程。

二、杠杆规则

设 A 的物质的量为 n_A,B 的物质的量为 n_B,A 与 B 相混合,当温度恒定,压力为 p_1 时,物系点的位置为 O,呈气-液两相平衡(图 5-5),液相的相点为 M,总量为 $n_液$,物质 B 的摩尔分数为 x_1;气相的相点为 N,总量为 $n_气$,物质 B 的摩尔分数为 x_2;NM 称连结线。对于组分 B,存在于气液两相中,所以 B 的总物质的量等于分配在气液两相中的物质的量之和,即

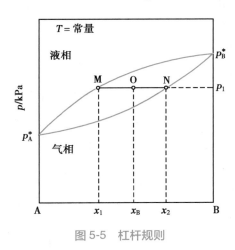

图 5-5　杠杆规则

$$n_总 x_B = n_液 x_1 + n_气 x_2 \qquad 式(5-18)$$

因为 $n_总 = n_液 + n_气$,所以

$$(n_液 + n_气) x_B = n_液 x_1 + n_气 x_2$$

整理得

$$n_液(x_B - x_1) = n_气(x_2 - x_B)$$

由图 5-5 可看出,$x_B - x_1 = \overline{OM}$,$x_2 - x_B = \overline{ON}$,所以

$$n_液 \cdot \overline{OM} = n_气 \cdot \overline{ON} \qquad 式(5-19)$$

可以将 MN 比作以 O 为支点的杠杆,液相物质的量乘以 $\overline{MO}$,等于气相物质的量乘以 $\overline{NO}$,这个关系称为杠杆规则(lever rule)。从上述推导过程可以看出,由于没有任何假定,所以这个规则具有普适意义。对于任意的两相平衡区都适用,既适用于 p-x 图也适用于 T-x 图,相图的组成可用摩尔分数表示,也可用质量分数表示。

三、非理想的完全互溶双液系统

(一)恒温相图(p-x 图)

大多数真实的液态混合物都是非理想的液态混合物,它们的蒸气压和浓度之间不符合拉乌尔定

律,存在各种偏差。如果实测值比拉乌尔定律的计算值大,则这种偏差称为正偏差;如果比计算值小,则为负偏差。当正、负偏差较小时,液态混合物的总蒸气压介于两个纯组分蒸气压之间,如水-甲醇混合液和氯仿-乙醚混合液,其恒温相图见图5-6和图5-7;当正偏差较大时,混合物的总蒸气压出现极大点,如苯-乙醇混合物,其恒温相图见图5-8;当负偏差较大时,总蒸气压出现极小点,如水-硝酸溶液,其恒温相图见图5-9。

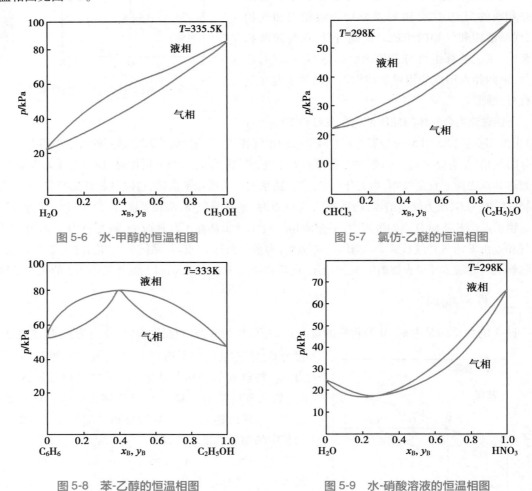

图 5-6   水-甲醇的恒温相图   图 5-7   氯仿-乙醚的恒温相图

图 5-8   苯-乙醇的恒温相图   图 5-9   水-硝酸溶液的恒温相图

一般来说,组分 A 发生正偏差或负偏差时,组分 B 亦发生相同类型的偏差。实际上二组分互溶系统以正偏差居多。当二组分极性差别很大时,蒸气压出现更大的正偏差,甚至变成部分互溶或完全不互溶的系统。

真实液态混合物对拉乌尔定律的偏差是两个组分之间的分子相互作用的结果。如水-甲醇液态混合物,当甲醇分子进入到水相后,减弱了液态水分子之间的氢键作用,增加了水分子向气相逃逸的倾向,故出现正偏差,但甲醇和水之间的分子作用力依然是较大的,所以偏差较小。如果是乙醇混合到水相中,由于乙醇的疏水作用增强,进一步减弱了水分子间的氢键作用力,这导致乙醇-水系统出现较大的正偏差,在恒温相图上会出现最高点。在苯和乙醇的液态混合物中,乙醇是极性化合物,分子之间有一定的缔合作用,当非极性苯分子混入之后,使乙醇分子间的缔合体发生解离,使液相中非缔合乙醇分子数增加,使液体分子更容易向气相蒸发,因此产生较大的正偏差。一般情况下,当非极性烃分子(如苯)加入到极性的醇类(如乙醇)中时,会产生较大的正偏差,这种过程常伴随有吸热现象和体积增加。

在氯仿和乙醚系统中,由于乙醚是非极性化合物,非常容易蒸发,当加入极性较强的氯仿后,在氯仿与乙醚之间形成 $C(Cl)_3H\cdots O(C_2H_5)_2$,混合物中游离的两种分子数目都减小,产生较小负偏差。

HNO_3 与 H_2O 混合后，HNO_3 溶解于水中，并且产生电离作用，其结果使 HNO_3 与 H_2O 分子都减少了，因此产生较大的负偏差，HCl、甲酸等和 H_2O 混合后与此情况相同。一般形成这类溶液时常伴有放热现象和体积缩小的效应。

（二）恒压相图（T-x 图）及其测定方法

通常蒸馏或精馏都是在恒压下进行的，所以讨论双液系统的恒压相图（T-x 图）更具有实用意义。图 5-10 是乙醚-氯仿和苯-乙醇液态混合物的恒压相图，它们的恒温相图是图 5-7 和图 5-8。可以看到，恒压相图的形状与恒温相图相比恰似"倒转"的图形，当恒温相图上出现最高点时，在恒压图上有最低点；恒温相图上出现最低点时，恒压相图上将有最高点。在恒压相图上，气相线一定在液相线的上面。

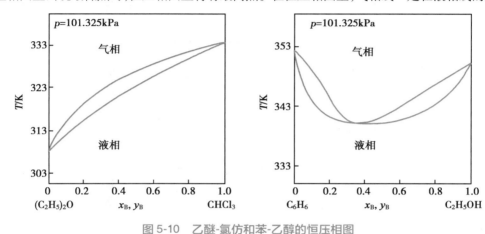

图 5-10　乙醚-氯仿和苯-乙醇的恒压相图

液态混合物的恒压相图只能通过实验数据绘制。实验数据一般用沸点仪（boiling point apparatus）测量，这个方法是 1925 年由斯维托斯拉夫斯基建立的，一直沿用至今。图 5-11 是沸点仪示意图，它是一只带有回流冷凝管的长颈圆底烧瓶。冷凝管底端有一球形小室，用来收集冷凝的气相样品，加热元件浸没在液相中。实验时将不同浓度的样品逐次加入烧瓶内，加热液态混合物至温度计的读数恒定不变，此时的温度即为液态混合物的沸点。液态混合物蒸发出的蒸气被冷凝成液体回流入瓶内，用冷凝管下端球形小室中的冷凝液，可测量平衡时的气相组成。通过支管 L 直接从圆底烧瓶中吸取液态混合物可测量液相的组成。实验中通常取少量样品，用物理方法（如测折射率、密度或色谱法等）确定样品组成，亦可用化学方法测定。用此方法测得的实验数据，以沸点为纵坐标，组成为横坐标作图，把对应于各沸点的气相组成（圆点）和液相组成（三角点）画在图上，将所有气相组成的各点连成曲线即为气相线，将代表液相组成的各点连成曲线即液相线，画出的液态混合物的恒压相图，如图 5-12 所示。

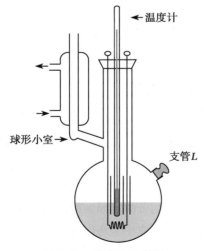

图 5-11　沸点仪示意图

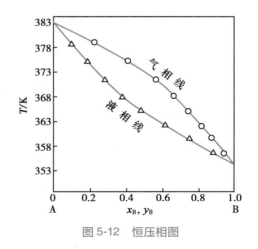

图 5-12　恒压相图

（三）恒沸点和恒沸混合物

图 5-13 总结出五种类型的气-液平衡的恒温相图和恒压相图。实线表示液相线,虚线表示气相线。

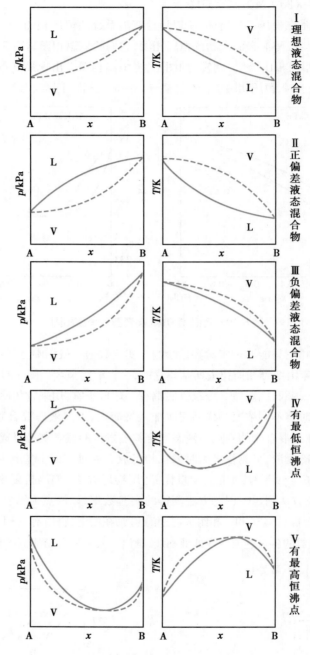

图 5-13　各种类型的气-液平衡相图

从图 5-13 中的 Ⅳ 及 Ⅴ 中可以看出,在恒温相图和恒压相图的最高(低)点处气相线与液相线相切,表示该点气相组成等于液相组成,这时的混合物称为恒沸混合物(azeotropic mixture),其沸点称为恒沸点(azeotropic point)。有较大正偏差的液态混合物有最低恒沸点,有较大负偏差的液态混合物将出现最高恒沸点。恒沸混合物在恒定外压下有固定的沸点,这与单一组分的情形一样,但恒沸物的组成随外压而改变(表 5-2)。当外压达到某一数值时恒沸点甚至消失,这种性质是化合物所不具备的,所以恒沸物是混合物,并非化合物。

在恒压下,恒沸物组成有恒定不变的值。例如盐酸和 H_2O 在大气压下的恒沸物组成是 6.000mol/L HCl,在容量分析中可用作标准溶液。各类恒沸物的组成和沸点见表 5-3 和表 5-4。

表 5-2 压力对乙醇-水恒沸混合物组成的影响

压力/kPa	101.3	53.3	26.7	21.3	9.33
恒沸混合物组成,w(乙醇)/%	95.57	96.0	97.5	99.5	100

表 5-3 具有最低恒沸点的恒沸混合物

组分 A	沸点/K	组分 B	沸点/K	恒沸混合物	
				$w(B)$/%	沸点/K
H_2O	373.16	C_2H_5OH	351.46	95.57	351.31
H_2O	373.16	$CH_3COC_2H_5$	352.8	89.7	346.6
CCl_4	349.91	CH_3OH	337.86	20.56	328.86
CS_2	319.41	CH_3COCH_3	329.31	33	312.36
$CHCl_3$	334.36	CH_3OH	337.86	12.6	326.56
C_2H_5OH	351.46	C_6H_6	352.76	68.24	340.79
C_2H_5OH	351.46	$CHCl_3$	334.36	93.0	332.56

表 5-4 具有最高恒沸点的恒沸混合物

组分 A	沸点/K	组分 B	沸点/K	恒沸混合物	
				$w(B)$/%	沸点/K
H_2O	373.16	HCl	193.16	20.24	381.74
H_2O	373.16	HNO_3	359.16	68	393.66
H_2O	373.16	HBr	206.16	47.5	399.16
H_2O	373.16	HCOOH	374	77	380.26
$CHCl_3$	343.36	CH_3COCH_3	329.31	20	337.86
C_6H_5OH	455.36	$C_6H_5NH_2$	457.56	58	459.36

四、蒸馏与精馏

蒸馏(distillation)与精馏(fractional distillation)是分离液态混合物的重要方法,在工厂和实验室中得到广泛应用。

(一)平衡蒸馏

在说明蒸馏原理之前,先了解一下液态混合物的平衡蒸发过程,如图 5-14,将一定组成的液态混合物置于恒压密闭的容器中加热,注意在整个过程中不从系统中移走任何物质。当加热到 $T_初$ 时,液态混合物沸腾,此温度称为初沸点,此时的液相点和气相点分别是 a 和 a'。当加热到 T_0 时,液相点和气相点分别是 b 和 b'。当液态混合物的温度升到 $T_终$ 时,液态混合物将全部气化,最后一

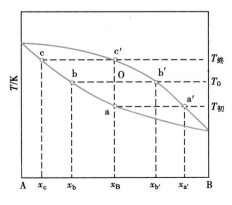

图 5-14 平衡蒸发和简单蒸馏原理

滴液相组成对应的点为 c,气相组成和最初的液相相同,此温度称为液态混合物的终沸点,由此可见液态混合物没有固定的沸点,只有沸程(range of boiling point),温度范围是 $T_{初} \sim T_{终}$。因此,沸程大小可用来判断液体的纯度。

(二)简单蒸馏

最简单的蒸馏器由蒸馏瓶、冷凝器和收集容器组成,将液态混合物置于蒸馏瓶中加热,沸腾时形成的蒸气通过冷凝器不断蒸出,用容器按不同的沸程收集馏出液。如果收集 $T_{初} \sim T_0$ 的馏分,蒸馏原理见图 5-14,当溶液的温度到达 $T_{初}$ 时,液态混合物沸腾,此时有蒸气蒸出,蒸气相到达冷凝器中,经冷凝后变成馏出液,馏出液第一滴的组成近似为 $x_{a'}$。当沸点由 $T_{初}$ 上升到 T_0 时,蒸气相的组成由 $x_{a'}$ 变到 $x_{b'}$,因此馏出液的总组成近似为 $x_{a'}$ 和 $x_{b'}$ 间的平均值。蒸馏瓶中剩余液相的组成是 x_b。

蒸馏是一个动态的过程,在蒸馏过程中随着低沸点组分的蒸出,溶液的沸点不断升高,馏出液组成不断沿气相线变化,蒸馏瓶中液体组成也将沿着液相线变化。如果一直蒸馏到最后一滴,液态混合物的沸点将会上升到纯 A 的沸点,蒸馏瓶中液体的组成也变为高沸点的纯 A 组分。

(三)分馏和精馏原理

用简单蒸馏的方法只能按不同沸程(即按不同沸点范围)收集若干份馏出液,或除去原溶液中不挥发性杂质,并不能将二组分完全分离。要使混合液较好地实现完全分离,需采用"分馏"或"精馏"的方法。分馏的原理可以通过下述过程结合相图 5-15 加以说明。

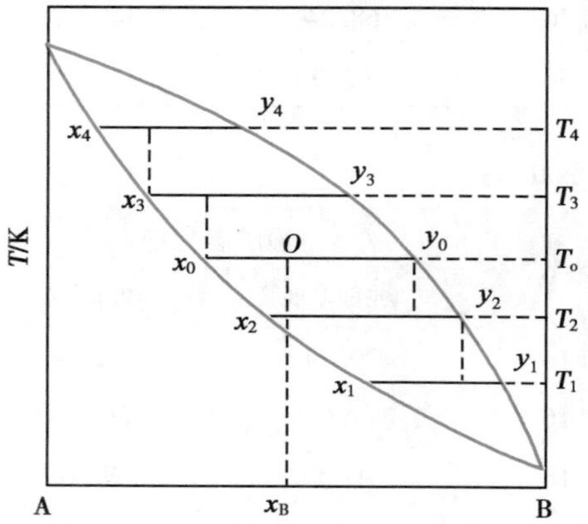

在恒压下加热液态混合物,蒸发的气相不直接进入冷凝管,而是通过一定长度的带空心刺或装填料的分馏管后再到达冷凝管,这就相当于同时进行了多次简单蒸馏,能提高分离效果。如图 5-15,加热组成为 x_B 的液态混合物,当液体沸腾时并不移出气相,系统的温度继续升高,分馏管中的气相达到 T_0,这时气液两相达到平衡,液相组成为 x_0 和气相组成为 y_0。气相 y_0 将在分馏器中继续上升并冷却到温度 T_2,此时气液两相在 x_2 与 y_2 之间达平衡,再把 y_2 冷却到 T_1,又可得到 x_1 与 $y_1 \cdots$,到达分馏管顶部的气相通往冷凝器被强制冷却成液体后离开系统,由于气相点的变化不断向 B 移动,在理论上经过多次的冷凝,气相组成就无限接近纯 B。

图 5-15 分馏原理图

剩余的液相 x_0 将在分馏管中下降的同时被从蒸馏瓶中上升的热蒸气加热,温度升高到 T_3,此时平衡的气相为 y_3,液相为 x_3。组成为 x_3 的液相在分馏管中继续下降,温度升高到 T_4,得到平衡的气相 y_4 及液相 $x_4 \cdots$,由此可以看出液相中高沸点组分 A 越来越多,最后剩余在蒸馏瓶中的液相为纯的高沸点组分 A。

根据上面的讨论,对于完全互溶的二组分液-液系统,把气相不断地部分冷凝,或将液相不断地部分气化,都能在气相中浓集低沸点组分,在液相中浓集高沸点组分。这样进行一连串的部分气化与部分冷凝,可将混合物 A、B 根据沸点不同进行完全分离,这就是分馏原理。

分馏实际操作中由于分馏器等条件的限制,分离效果并不理想,工业上和实验室中这种部分气化与部分冷凝是在精馏塔和精馏柱中进行的。图 5-16 是筛板精馏塔示意图。塔主要由三部分组成:①底部的加热釜(又称塔釜),一般用蒸气加热釜中物料,使之沸腾并部分气化;②精馏塔(实验室中称为精馏柱),其外壳用隔热物质保温,塔身内上下排列着多块塔板,现代的精馏塔常用填料或筛网代替老式塔板,以提高精馏效率;③顶部装有冷凝器和调节阀,使低沸点的蒸气自塔顶进入冷凝器,冷凝液部分回流入塔内以保持精馏塔的稳定操作,其余部分收集为低沸点馏分,高沸点馏分则流入加热釜并从釜底排出。进料口的位置在中间某层塔板上,经过预热的原料液与该层液体的温度一致。

精馏塔在稳定操作时,每块塔板的温度是恒定的,且自下而上温度逐渐降低,塔身的温度是靠从塔釜蒸发的蒸气来维持的,塔身使用良好的保温材料保温。现分析第 n 块塔板和上一层($n+1$)及下一层($n-1$)之间的传质变化过程,以此说明精馏塔的工作原理:设第 n 块塔板平衡温度为 T_n,见图 5-17(a)。精馏塔稳定工作时,每块塔板的液相和气体都处于平衡状态中,T_n 温度的塔板:$x_n \rightleftharpoons y_n$,$T_{n+1}$ 温度的上层塔板:$x_{n+1} \rightleftharpoons y_{n+1}$,$T_{n-1}$ 温度的下层塔板:$x_{n-1} \rightleftharpoons y_{n-1}$。第 n 块塔板上的气相将穿过蒸气孔上升到较低温度(T_{n+1})的上层塔板,液相通过溢流口流到较高温度(T_{n-1})的下层塔板,上层的液相(x_{n+1})和下层的气相(y_{n-1})也以同样的方式分别注入本层塔板,每一层塔板上,气液两相充分接触,进行传热传质,等同于一个动态的简单蒸馏。从图 5-17(b)可见,自下而上气相中的低沸点组成逐渐增加,$y_{n-1}<y_n<y_{n+1}$,而高沸点组成是从上而下逐渐增加 $x_{n-1}>x_n>x_{n+1}$,只要精馏塔有足够的塔板数量,最后就可以在塔顶得到纯低沸点组分,在塔底得到纯高沸点组分。

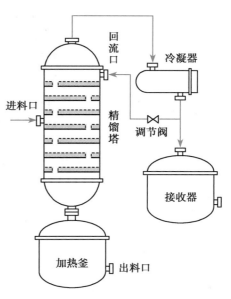

图 5-16　筛板塔示意图

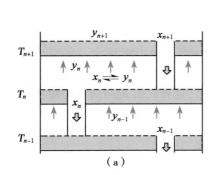

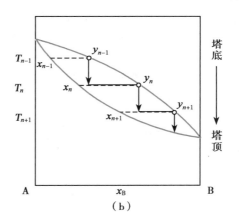

图 5-17　精馏基本原理

对具有最高或最低恒沸点的二组分系统,精馏只能得到一个纯组分和恒沸混合物,而不能分离纯 A 及纯 B。最高恒沸混合物一定在塔釜,最低恒沸混合物一定在塔顶。对于这类系统,可以将恒沸点组成作为分界,将 T-x 图分成两个简单相图,然后分别加以讨论,研究其精馏过程和产物。

例题 5-7　表 5-5 是大气压力下,用沸点仪测得的乙酸乙酯-乙醇液态混合物的沸点-组成数据,(1) 绘出乙酸乙酯-乙醇的恒压相图;(2) 当混合物的组成 $x_{乙醇}=0.8$ 时,最初馏出物的组成是什么? 当蒸馏到 74.2℃ 时,整个馏出物的组成是什么? (3) 将溶液蒸馏到最后一滴时,蒸馏瓶中的物质组成是什么? 如果密闭蒸馏到最后一滴,蒸馏瓶中的物质组成是什么? (4) $x_{乙醇}=0.6$ 的混合物能通过分馏得到纯乙酸乙酯和乙醇吗?

表 5-5　乙酸乙酯-乙醇液态混合物的沸点-组成(101.325kPa)

T/℃	77.15	76.70	75.0	72.6	71.8	71.6	72.0	72.8	74.2	76.4	77.7	78.3
$x_{乙醇}$	0.00	0.025	0.100	0.240	0.360	0.462	0.563	0.710	0.833	0.942	0.982	1.00
$y_{乙醇}$	0.00	0.070	0.164	0.295	0.398	0.462	0.507	0.600	0.735	0.880	0.965	1.00

解：（1）根据表中数据作图，如图 5-18 所示。

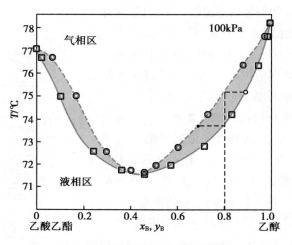

图 5-18　乙酸乙酯-乙醇恒压相图

完全互溶双液系气-液相图的绘制（视频）

（2）从相图可见，$x_{乙醇}=0.8$ 的乙醇和乙酸乙酯混合液的初沸点为 73.7℃，最初馏出物的组成为 $x_{乙醇}=0.69$。

当蒸馏到 74.2℃ 时，整个馏出物的组成 $x_{乙醇}≈(0.69+0.735)/2=0.713$。

（3）普通蒸馏是动态过程，如果蒸馏到最后一滴，随着最低恒沸混合物的不断蒸出，蒸馏瓶中的物质组成是高沸点物质，该题中将是纯乙醇。密闭蒸馏属于平衡蒸馏过程，蒸馏到最后一滴时，蒸馏瓶中的物质组成 $x_{乙醇}=0.89$。

（4）该体系是具有最低恒沸混合物的体系，$x_{乙醇}=0.6$ 的混合物精馏后只能得到 $x_{乙醇}=0.462$ 的恒沸混合物和乙醇，不能分馏到纯乙酸乙酯。

第四节　部分互溶和完全不互溶的双液系统

部分互溶和完全不互溶的双液系统（微课）

一、部分互溶的双液系统

两种液体由于极性等性质有显著差别，以至于在常温时只能有条件的相互溶解，超过一定范围便要分层形成两个液相，这种系统称为部分互溶的双液系统。

图 5-19 是恒压下水和正丁醇的温度-组成图。压力为 101.325kPa、温度为 293K 时，在水中（图中为 d）逐滴加入正丁醇，最初正丁醇完全溶解，溶液清澈透明呈单一液相。继续加入正丁醇，当浓度达到 7.8% 时，物系点在 e 点，系统出现混浊，这是由于光线在相界面上的反射现象，表示正丁醇在水中已达饱和。继续滴加正丁醇不会增加其在水中的溶解度，这时系统将分层，正丁醇本身形成一个新的液相，图中在 g 点，与原来的 e 平衡共存。这个新液相并非纯正丁醇，是被水饱和的正丁醇，它的组成为 79.9%。e 与 g 是两个平衡共存的液相，互称为共轭相（conjugated phase），它们的组成就是该温度下水和醇的相互溶解度。不论物系点 x 在 eg 水平线上如何移动，两个共轭相 e 和 g 均有不变的组成，只是两相的相对量有增减。它们的相对量可

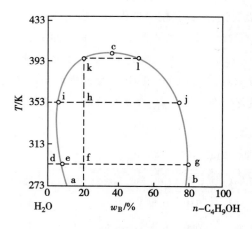

图 5-19　水-正丁醇系统的溶解度图

由杠杆规则决定。若再继续加入正丁醇,物系点在连结线上向右移动,当到达 g 时,液相 e 将消失,系统开始呈单一液相。当物系点向右离开 g 时,系统成为水在醇中的不饱和液相。用同样方法在 353K 下重复上述操作,即可得到水相 i(6.9%)和正丁醇相 j(73.5%),用同样方法在不同温度下重复上述操作,即可得到一系列共轭相,将各相的相点连接起来得到 ac 及 bc 两条曲线。显然,温度变化时,正丁醇在水中溶解度沿 ac 线变化。因此,ac 线又称为正丁醇在水中的溶解度曲线。同样的,水在正丁醇中的溶解度沿 bc 线变化。两曲线在 c 点汇合,c 点所对应的温度称为临界溶解温度(critical solution temperature)。当温度超过此点,正丁醇与水能以任何比例互相溶解。在低于临界温度时,若物系点落在曲线帽形区内,则只能部分互溶,因此为两相区。物系点在帽形区以外则是单相区。具有最高临界温度的系统比较多,例如还有苯胺-水、苯胺-己烷、二硫化碳-甲醇等。

例题 5-8　图 5-19 是标准压力下水-正丁醇的溶解度图,在 293K 时,往 100g 水中慢慢滴加正丁醇,试根据相图求:

(1) 系统开始变浑浊时,加入正丁醇的质量(g)。

(2) 正丁醇的加入量为 25.0g 时,一对共轭相的组成和质量。

(3) 至少应加入多少正丁醇才能使水层消失。

(4) 若加入正丁醇 25.0g 并将此混合液加热至 353K,两共轭液层的质量比。

(5) 若将(4)中的混合液在常压下一边搅拌一边加热,在什么温度下系统将由浑浊变清。

解:(1) 在图 5-19 中,纯水的状态点为 d(293K,0%)。恒温滴加正丁醇时,物系点从 d→e 变化,达 e 点时,正丁醇在水中达到饱和。稍微过量系统立即变浑浊,e 点对应的组成为 7.8%。设 m_1 是应往 100.0g 水中加入的正丁醇量,则

$$\frac{m_1}{m_1+100}=0.078, \quad m_1=8.46g$$

(2) 正丁醇的加入量为 25g 时,系统的总组成为 25/(100+25)×100% = 20%。此时物系点为 f,在两相区内,两个共轭相为 e 和 g,它们的组成可由图中读出:水相 e(7.8%),正丁醇相 g(79.9%)。由杠杆规则得到

$$\frac{w_{水相}}{w_{醇相}}=\frac{\overline{fg}}{\overline{ef}}或\frac{w_{水相}}{w_{总}}=\frac{\overline{fg}}{\overline{eg}}$$

$$w_{水相}=w_{总}\times\frac{\overline{fg}}{\overline{eg}}=(100.0+25.0)\times\frac{79.9-20.0}{79.9-7.8}=103.9g$$

$$w_{醇相}=125.0-103.9=21.1g$$

(3) 保持温度不变,不断滴加正丁醇,系统的总组成沿 f→g 变化,两液层的数量将发生变化,但各相的组成保持不变。当物系总组成达到 g 点时,水层消失。设此时共加入正丁醇 m_2(g),有

$$\frac{m_2}{m_2+100}=0.799, \quad m_2=\frac{79.9}{1-0.799}=397.5g$$

(4) 将 100.0g 水和 25.0g 正丁醇的混合物加热至 353K 时。物系点为 h,平衡的共轭相的相点为 i 和 j,它们的组成分别为水相 i:6.9%,正丁醇相 j:73.5%。由杠杆规则得到

$$\frac{w_{水相}}{w_{醇相}}=\frac{\overline{hj}}{\overline{ih}}=\frac{73.5-20.0}{20.0-6.9}=4.08$$

(5) 当系统总组成不变(20%),不断升温时,系统中两液层的组成将分别沿 i→k(水层),j→l(醇层)变化。两液层质量比也在发生变化,水相逐渐增多,正丁醇相不断减少,当水相的组成达到 k 点时,正丁醇相消失。k 点对应的温度是 397.66K,这时系统将由浑浊(两相)变澄清(单相)。

当温度降低时,某些部分互溶系统的相互溶解度增大;当温度降到足够低时,可以完全互溶,在此

温度以下,两种液体可以任意比例互溶,此温度称为下临界溶解温度。例如水与三乙基胺就属于这种类型,见图5-20。

有些系统在温度-组成图上既有上临界温度又有下临界温度。例如333K以下水和烟碱能以任何比例互溶,333K以上就分为两个液层,而超过483K,又成为一个均匀液相。这个系统的相图有完全封闭式的溶解度曲线,见图5-21。

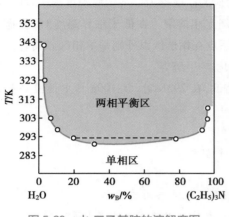

图5-20　水-三乙基胺的溶解度图

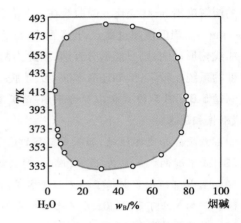

图5-21　水-烟碱的溶解度图

有临界溶解温度的部分互溶双液系,当温度升高到临界溶解温度以后就是完全互溶双液系。很多没有临界溶解温度的双液系,气-液平衡相图和液-液平衡相图会有部分重叠,如水-异丁醇系统(图5-23),这类系统仍然可以用分馏的方法进行分离。

二、完全不互溶的双液系统

如果两种液体在性质上差别很大,它们间的相互溶解度就很小,例如水与烷烃、水与芳香烃、水与二硫化碳等,这样的系统可看作完全不互溶的双液系统。在这种系统中任一液体的蒸气压与同温度下单独存在时完全一样,与两种液体存在的量无关。溶液上面的总蒸气压就等于各液体单独存在时蒸气压之和。例如当液体A和B组成上述系统,系统的总蒸气压 $p = p_A^* + p_B^*$,由于系统的蒸气压大于任一纯组分的蒸气压,因此系统的沸点必然低于任一纯液体的沸点。

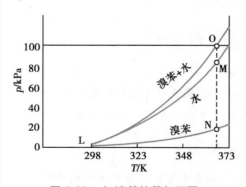

图5-22　水-溴苯的蒸气压图

图5-22是溴苯和水的蒸气压曲线图。图中LN为溴苯的蒸气压随温度的变化曲线。若将LN在图中延伸与外压101.325kPa水平线相交,它的沸点应为429K(图中未画出)。LM是水的蒸气压随温度的变化曲线,它的正常沸点为373K(100℃)。如果把同一温度下溴苯和水的蒸气压相加,则得LO线。由图可见,混合系统在368K(95℃)时水和溴苯蒸气压之和已达到101.325kPa,故混合液在368K就沸腾了,这个温度比两种纯物质的沸点都低。

两种液体在较低的温度下共沸,并且能按一定的比例蒸出,由于两种液体是不互溶的,因此冷凝分层后就很容易将它们分开。以上这种性质对提纯某些有机化合物极为有利,对于摩尔质量大,沸点高,在高温直接蒸馏提取时易分解的某些物质,尤其是提取植物中某些挥发性成分如芳香油等,可采用与水共沸在低于373K的温度下蒸出的方法。因共存的另一相是水,故产品芳香无异味,这种方法称水蒸气蒸馏(steam distillation)。

进行水蒸气蒸馏时,应使水蒸气以气泡的形式通过有机液体,这样可起到供热和搅拌作用,蒸气的气相经冷凝除去水层即得产品。

将蒸出的蒸气看作理想气体,则在气相中水与有机物 B 的摩尔比为:

$$\frac{n_{H_2O}}{n_B}=\frac{p^*_{H_2O}}{p^*_B}$$

$$\frac{n_{H_2O}}{n_B}=\frac{W_{H_2O}/M_{H_2O}}{W_B/M_B}=\frac{p^*_{H_2O}}{p^*_B}$$

$$\frac{W_{H_2O}}{W_B}=\frac{p^*_{H_2O}M_{H_2O}}{p^*_B M_B}$$

式(5-20)

水蒸气蒸馏装置（图片）

W 和 M 分别代表质量和摩尔质量。式中,W_{H_2O}/W_B 称为水蒸气消耗系数,即蒸出单位质量有机物所需水蒸气的量。有机物与水相比,虽然蒸气压较低,但摩尔质量较大,从上式可以看出,等式右端分子和分母中 p^* 与 M 的乘积相差不会太大,所以蒸出单位质量有机物时所耗水蒸气不会太多。

例题 5-9 欲用水蒸气蒸馏法蒸出 1kg 溴苯,问理论上需要多少 kg 水蒸气?馏出物中溴苯的质量百分浓度是多少?已知在溴苯-水的沸点 368K 时,纯水的蒸气压力为 84.7kPa,溴苯的蒸气压力为 16.7kPa。

解: 根据式(5-20)

$$\frac{W_{H_2O}}{W_B}=\frac{p^*_{H_2O}M_{H_2O}}{p^*_B M_B}$$

$$W_{H_2O}=1\times\frac{84.7\times10^3}{16.7\times10^3}\times\frac{18.02}{157}=0.582kg$$

$$c_{溴苯}=\frac{1}{1+0.582}\times100\%=63.2\%$$

蒸馏 1kg 溴苯理论上需消耗 0.582kg 水蒸气。馏出物中含溴苯 63.2%(W/W)。

例题 5-10 水和异丁醇在标准大气压力下的二元恒压平衡相图如图 5-23 所示。

(1) 指出各个相区存在的相态及自由度。

(2) 组成为 w_1 的稀溶液精馏后,在塔顶和塔釜分别得到什么?

(3) 能根据此相图设计合理的工业分馏过程,完全分离水和异丁醇吗?如果能,请写出大致的分离流程。

解:

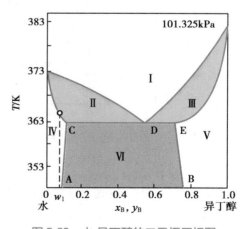

图 5-23 水-异丁醇的二元恒压相图

(1) I 相区:水和异丁醇气相区,$f=2$。II,III 相区:气液平衡区,$f=1$。IV 相区:异丁醇溶解于水的单一的溶液相区,$f=2$。V 相区:水溶解于异丁醇的单一溶液相区,$f=2$。VI 相区:两个液相的平衡相区,$f=1$。

(2) 组成为 w_1 的稀溶液精馏可在塔顶得到组成为 D 的最低恒沸混合物,在塔釜得到水。

(3) 第一步:组成为 w_1 的稀溶液进入精馏塔 1 精馏,塔釜分离出部分水,塔顶得到最低恒沸混合物。第二步:最低恒沸混合物降温进入液-液平衡相区,得到组成对应点近似为 C 和 E 的两个液相,利用液体分离器分离。第三步:组成对应点为 E 的液相进入精馏塔 2 精馏,塔釜得纯异丁醇。组成对应点为 C 的液相导入精馏塔 1 精馏。利用两精馏塔和一个液体分离器可实现水-异丁醇完全分离的连续分离操作。

第五节　二组分固-液系统

　　固-液平衡相图是一类重要的凝聚系统相图。由于压力对凝聚系统相平衡的影响甚微，所以常不考虑压力的影响，这类系统相律可以写成 $f^* = K - \Phi + 1$。由于固相之间也存在完全互溶、部分互溶和完全不互溶等情况，以及组分间还可以发生化学反应产生新的物种，因此固-液平衡相图的类型很多，有些图形较为复杂，但它们是由若干个基本类型的相图构成，所以只要掌握了各类相图的基本特征，分析复杂相图时就容易多了。

一、简单低共熔系统相图

（一）热分析法绘制相图

　　热分析法是观察系统在缓慢冷却或加热过程中，温度随时间的变化情况来判断有无相变化的发生。如果温度随时间的变化是均匀的，则系统内无相变发生；如果温度随时间变化的曲线出现转折点或水平线段，则系统内有相变发生，这是由于在相变过程中总伴随有热效应的原因。热分析法绘制的温度随时间变化的曲线称为冷却曲线(cooling curve)。

　　现以邻硝基氯苯和对硝基氯苯系统的相图为例，具体说明如何从冷却曲线绘制相图。配制 $x_{对}$ 分别为 1、0.7、0.33、0.2、0 的五个样品，在常压下先加热使其完全熔为液态，然后在一定条件下任其自然冷却，每隔一定时间记录样品温度一次，直到全部凝固，再读几次温度后停止。根据所得数据将温度对时间作图，画出各个样品的冷却曲线，如图 5-24(a) 所示。

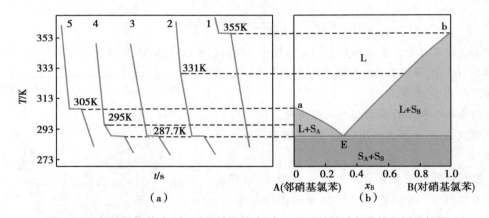

图 5-24　邻硝基氯苯（A）-对硝基氯苯（B）二元系统的冷却曲线和恒压相图

　　冷却曲线 1 对应的是纯对硝基氯苯样品。在熔点(355K)以上时，系统是液态。冷却过程中温度均匀下降，因此曲线的上部线段斜率比较均匀。当冷却到 355K 时，由于有对硝基氯苯从液相中结晶出来，此时 $\Phi = 2$，$f^* = 1 - 2 + 1 = 0$，表明在此平衡条件下温度与组成都不会发生变化，因此出现一个温度恒定的水平线段。当液相全部凝固后，此时 $\Phi = 1$，$f^* = 1 - 1 + 1 = 1$，冷却曲线又从水平变为倾斜降温。样品 5 是纯的邻硝基氯苯，冷却曲线形状与曲线 1 完全相似，在 305K 时也有一个水平线段，该温度是纯邻硝基氯苯的熔点。

　　冷却曲线 2 是 $x_{对} = 0.7$ 的样品。在 331K 以上为熔融液的冷却阶段，温度均匀下降。当冷却到 331K 时，熔融液中对硝基氯苯已达饱和，开始有固态晶体析出，此时为固液两相平衡，$\Phi = 2$，$K = 2$，$f^* = 2 - 2 + 1 = 1$，因此在保持两相平衡的情况下，温度仍可改变，由于凝固热的放出使冷却速度变慢，冷却曲线的斜率变小，出现了转折点。当继续降温到 287.7K，熔融液中对硝基氯苯和邻硝基氯苯同时析出,成为三相平衡系统,此时 $\Phi = 3$, $K = 2$, $f^* = 2 - 3 + 1 = 0$,因而温度亦不能改变,在冷却曲线上出现了水平线段。该线段所对应的温度为熔融液可能存在的最低温度,称为最低共熔点(eutectic point)。直到所有熔融液全部凝固,液相消失,自由度恢复为1,温度才继续下降。$x_{对} = 0.2$ 的第4个样品的冷却曲线和上述曲线2完全相似,不同点是当温度冷却到295K 先析出的是固体邻硝基氯苯。含 $x_{对} = 0.33$ 的第3个样品的冷却曲线的形状与纯物质很相似,在冷却过程没有转折点,只在287.7K 时出现一水平线段,其原因是样品的组成恰为三相共存时熔融液的组成。当温度下降到287.7K 时,对硝基氯苯与邻硝基氯苯同时达到饱和并同时析出,而在此前并不析出纯的对硝基氯苯或纯的邻硝基氯苯,因此在冷却曲线上只出现一个水平线段。如果将含 $x_{对} = 0.33$ 的样品加热,也在287.7K 时熔化,显然这种组成的熔点最低。

将上述五条冷却曲线中固体开始析出的温度,以及低共熔温度,描绘在温度-组成图中,将开始有固态析出的点连结起来,把低共熔点连结起来便得完整的对硝基氯苯-邻硝基氯苯的相图,如图5-24(b)所示。

图5-24(b)中 aEb 线以上为熔融物的单相区。aE 线代表纯固态邻硝基氯苯与熔化物平衡时液相组成与温度的关系曲线,亦可理解为在邻硝基氯苯中含有对硝基氯苯时邻硝基氯苯的熔点降低曲线。Eb 线为纯固态对硝基氯苯与液相平衡时液相组成与温度的关系曲线,亦称为对硝基氯苯的熔点降低曲线。在曲线 aEb 以下,最低共熔线以上为两相共存区。E 点叫低共熔点(温度为287.7K, $x_{对} = 0.33$),对应于该温度的水平直线为三相平衡线(两端点除外),平衡共存的三相是固态邻硝基氯苯、固态对硝基氯苯及液相 E。在此线以下是邻硝基氯苯和对硝基氯苯两种固体共存的区域。相图中已注明了各区域的稳定相。在两相共存区中可用杠杆规则计算两相的数量比。

(二)溶解度法绘制相图

案例分析

粗盐的重结晶

欲从质量分数为0.30 的 $(NH_4)_2SO_4$ 水溶液中提取 $(NH_4)_2SO_4$ 晶体,若将该溶液降温时首先析出的是冰而不是盐,若继续降温达到或低于某一温度时,虽然会有 $(NH_4)_2SO_4$ 晶体析出,但它是与冰晶混在一起的。欲得到纯净的 $(NH_4)_2SO_4$ 晶体,需先将质量分数为0.30 的 $(NH_4)_2SO_4$ 溶液蒸发浓缩,使质量分数超过0.398,然后再降温才可得到纯的 $(NH_4)_2SO_4$ 晶体。

问题:

1. 为什么需浓缩溶液至质量分数超过0.398后再降温才能得到纯 $(NH_4)_2SO_4$ 晶体?

2. 如何根据相图拟定粗盐精制的步骤?

一些水-盐平衡系统可以通过溶解度法绘制相图。表5-6列出了 $(NH_4)_2SO_4$ 溶液在不同浓度时的冰点和不同温度下 $(NH_4)_2SO_4$ 的溶解度,根据表中数据作图,得 H_2O-$(NH_4)_2SO_4$ 系统相图,如图5-25。这类相图在结晶法提制纯盐、低温系统的获得等方面具有重要的应用。

表5-6　H_2O-$(NH_4)_2SO_4$ 系统的固-液相平衡数据

温度/K	$w(NH_4)_2SO_4$/%	固相	温度/K	$w(NH_4)_2SO_4$/%	固相
267.7	16.7	冰	254	38.4	冰+$(NH_4)_2SO_4$
262	28.6	冰	273	41.4	$(NH_4)_2SO_4$
255	37.5	冰	283	42.2	$(NH_4)_2SO_4$

续表

温度/K	$w(NH_4)_2SO_4/\%$	固相	温度/K	$w(NH_4)_2SO_4/\%$	固相
293	43	$(NH_4)_2SO_4$	343	47.8	$(NH_4)_2SO_4$
303	43.8	$(NH_4)_2SO_4$	353	48.8	$(NH_4)_2SO_4$
313	44.8	$(NH_4)_2SO_4$	363	49.8	$(NH_4)_2SO_4$
323	45.8	$(NH_4)_2SO_4$	373	50.8	$(NH_4)_2SO_4$
333	46.8	$(NH_4)_2SO_4$	382(沸点)	51.8	$(NH_4)_2SO_4$

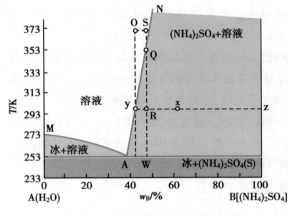

图 5-25　H_2O-$(NH_4)_2SO_4$ 的相图

图 5-25 中 AN 是 $(NH_4)_2SO_4$(固)的溶解度曲线,MA 是水的冰点下降曲线,在 A 点(254K),冰、$(NH_4)_2SO_4$(固)与溶液三相共存。当溶液原组成在 A 点左边时,冷却时析出冰,而在 A 点右边时,溶液冷却时析出$(NH_4)_2SO_4$(固)。当溶液组成恰好在 A 点时,冷却后,冰和$(NH_4)_2SO_4$同时析出形成低共熔混合物。

类似的水盐系统还有多种(表 5-7),按照最低共熔点的组成来配制冰和盐的量,就可以获得较低的冷冻温度。在化工生产中,经常以 $CaCl_2$ 水溶液作为冷冻的循环液,就是因为以最低共熔点的浓度配制该盐水时,在 218.17K 以上不会结冰。

表 5-7　一些水-盐系统的低共熔混合物组成和最低共熔点

盐	最低共熔点/K	低共熔混合物组成/盐的重量%(w)
NaCl	252	23.3
KCl	262.5	19.7
NH_4Cl	257.8	18.9
$CaCl_2$	218.16	29.9
$(NH_4)_2SO_4$	254.06	39.8

利用水-盐系统的相图,可以通过重结晶的方法精制盐类。例如要获得较纯的$(NH_4)_2SO_4$固体,可先将粗盐溶解在热水中,其浓度必须控制在 A 点右边,设为 S 点(353K,80℃,47.5%),然后过滤去除不溶性杂质,再冷却达 Q 点时即开始有$(NH_4)_2SO_4$晶体析出。继续冷却到常温 R 点,过滤得晶体。$(NH_4)_2SO_4$ 的量可用杠杆规则求得:

$$\frac{m_{液相}}{m_{固相}} = \frac{\overline{Rz}}{\overline{Ry}}$$

移走$(NH_4)_2SO_4$固体后,剩余的母液组成为 y 点对应的组成。可再加热到 O 点,溶入粗盐使物系点自 O 点移到 S 点。如此循环,每次均可得到一定数量的精制$(NH_4)_2SO_4$晶体。最后母液中杂质增加会影响产品质量,这时必须对母液进行处理或废弃。药品的提纯可利用重结晶法。

二、生成化合物的相图

有些二组分固-液平衡系统可能会生成化合物,形成第三个物种。例如:

$$aA+dD \Longrightarrow A_aD_d$$

系统中物种数 S 增加1,但同时有一独立的化学反应 $R=1$,则组分数 $K=S-R-R'=3-1-0=2$,因此仍然是二组分系统。

可以将这种系统分为形成稳定化合物和形成不稳定化合物两种类型来讨论。

(一)形成稳定化合物的相图

所生成的化合物熔化时,固态化合物与熔融液组成相同,则此化合物称为稳定化合物,其熔点称为"相合熔点"。苯酚(A)与苯胺(B)能生成分子比为1∶1的化合物 $C_6H_5OH \cdot C_6H_5NH_2$(C),化合物 C 有稳定的熔点,为304K,此系统的相图如图5-26所示。一般可将此相图看作由两个低共熔相图所组成,图中各相区的稳定态均已注明,其他讨论情况与上节所述的简单低共熔相图相同。只是当系统在 D 点时,是单组分系统,其冷却曲线的形式与纯物质相同,即在熔点时出现一水平线段。

退热镇痛药复方氨基比林是由氨基比林和巴比妥以物质的量比2∶1加热熔融而成。二者生成1∶1的 AB 型分子化合物,此化合物再与剩余的氨基比林共熔,其镇痛作用比未经熔融处理者要好。

很多无机物与水能生成多种水合物,如水与硫酸形成三种稳定水合物,$H_2SO_4 \cdot H_2O$、$H_2SO_4 \cdot 2H_2O$ 和 $H_2SO_4 \cdot 4H_2O$。图5-27是 H_2O 和 H_2SO_4 的相图,有四个低共熔点,该图可分成四个简单低共熔相图来分析。从图5-27中看出,质量百分数为98%的硫酸在273K(0℃)左右凝固,在冬季运输或贮存时会发生冻结,可能引起事故;如果将浓度改为93%,则形成 H_2SO_4-$H_2SO_4 \cdot H_2O$ 低共熔混合物,凝固温度降低至238K(−35℃)左右,从而可避免发生事故。

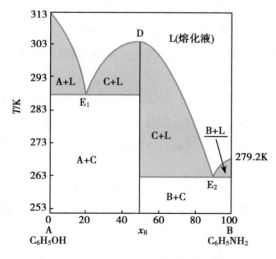

图5-26 苯酚和苯胺系统相图

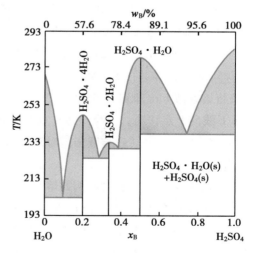

图5-27 H_2O-H_2SO_4 的相图

(二)生成不稳定化合物的相图

有时两组分 A 和 B 能形成一种不稳定化合物 C_1,将其加热,还没有达到熔点,它就分解为熔化物和一个新的固体 C_2,这个反应可表示为:

$$C_1(固) \Longrightarrow C_2(固)+熔融液$$

C_2 可以是 A 或 B,亦可能是新的化合物。由于不稳定化合物分解后产生的液相与原来固态化合物的组成并不相同,因此称它具有不相合的熔点,这种反应称为"转熔反应"。由于化合物的分解产生了新的物质,而出现了二组分三相平衡的情况,即固相 C_1、C_2 和熔融液三相平衡,$f^* = 2-3+1 = 0$,系统的温度和组成都不能变,在冷却曲线上应该出现水平线段。转熔反应基本上是可逆的,加热时反应向右进行,冷却时向左进行。

图 5-28 为 CaF_2-$CaCl_2$ 系统的固-液平衡相图,图中各区域已标出稳定存在的相。由图可见,$CaCl_2$ 和 CaF_2 能生成不稳定化合物 $CaF_2 \cdot CaCl_2$,它在其不相合熔点 737℃ 时发生转熔反应:

$$CaF_2 \cdot CaCl_2(固) \underset{放热}{\overset{吸热}{\rightleftharpoons}} CaF_2(固) + 熔融液$$

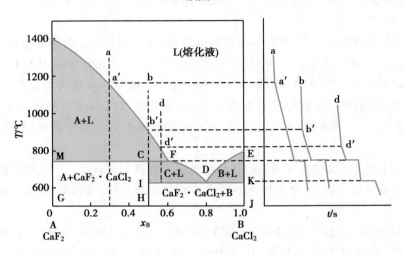

图 5-28　CaF_2-$CaCl_2$ 的相图和冷却曲线

当熔融液组成在 F 点以右时,冷却过程中发生的变化与前面低共熔系统所讨论的有关情况相同。在 F 点左边若将熔融液 a 冷却到 a′时,开始有 CaF_2(s)析出,冷却曲线上有转折点;继续冷却,CaF_2 不断析出,液相组成沿 a′F 线向 F 点移动;当温度下降到 737℃ 时,组成为 F 的熔化液和已经析出的 CaF_2(s)发生转熔反应,生成不稳定化合物 $CaF_2 \cdot CaCl_2$(s),建立三相平衡,冷却曲线出现水平线段,温度维持不变。当转熔反应结束,液相 F 消失,系统中尚有多余的 CaF_2(s)存在;若进一步降温,系统进入 CaF_2 与 $CaF_2 \cdot CaCl_2$ 固体共存的区域。

若将熔融液 b 冷却到 b′点时,CaF_2(s)开始析出。随着温度的下降,CaF_2(s)不断析出,液相组成沿 b′F 线向 F 点移动。当冷却到 C 点温度时,发生转熔反应。当反应结束,因系统中的组成恰是化合物的组成,故 CaF_2(s)与液相同时消失,系统全部生成 $CaF_2 \cdot CaCl_2$(s),变成单组分系统,温度继续下降。

若熔融液组成在 C 与 F 间,例如熔融液 d,则在 737℃ 以前的冷却过程与 a 和 b 点相同。但由于系统中所含 CaF_2 的量小于化合物中所含 CaF_2 的量,因此在 737℃ 发生转熔反应时,固体 CaF_2 全部转化以后,还剩余少量的液相 F。温度继续下降,系统进入 $CaCl_2 \cdot CaF_2$(s)和液相的两相区。当温度再降低时,不断有 $CaF_2 \cdot CaCl_2$(s)析出,液相组成沿 FD 线向 D 移动,在 IK 线上生成低共熔混合物,也是一个三相平衡,冷却曲线又出现平台。

能生成不稳定化合物的系统还有:Na-K、Au-Sb、KCl-CuCl$_2$、H_2O-NaCl、苦味酸-苯等。

三、固态混合物系统相图

两种固体的混合物加热熔化后,再冷却成固体时,如果一种组分能均匀分散在另一种组分中,便构成固态混合物,又称为固熔体。根据两种组分在固相中的相互溶解程度不同,一般分为"完全互溶"和"部分互溶"两种固态混合物。

（一）固相完全互溶系统的相图

当系统中的两个组分不仅能在液相中完全互溶,而且在固相中也能完全互溶时,其 T-x 图与完全互溶双液系统的 T-x 图形式相似,系统中最多只有液相和固相两个相共存。根据相律 $f^* = 2-2+1 = 1$,即在压力恒定时,系统的自由度为 1 而不是 0。因此,这种系统的冷却曲线上不可能出现水平线段。图 5-29 的 Bi-Sb 系统的相图及冷却曲线即为一例。

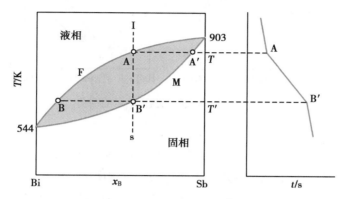

图 5-29　Bi-Sb 系统的相图和冷却曲线

图中上部区域为液相区,下部区域为固相区,中间楔形区为液相和固相共存的两相平衡区。F 线为液相冷却时开始析出固相的"凝点线",M 线为固相加热时开始熔化的"熔点线"。由图 5-29 可以看出,平衡液相的组成与固相的组成是不同的,液相中熔点较低的组分含量要大于固相中该组分的含量。将系统 1 冷却到 A 点,将有固溶体 A'析出,如果在降温过程中始终能保持固、液两相的平衡,则随着固相的析出,液相组成沿 AFB 线移动,固相组成沿 A'MB'线移动。当液相组成到达 B 点时,固相组成到达 B'点,这时固相组成与冷却前的液相组成相同,即液相全部固化了。

从图 5-29 可见,将固态混合物 s 加热,在温度 T' 时固体开始熔化,称为初熔点;当温度达到 T 时,固体全部熔化,称为终熔点,$T' \sim T$ 称为熔程。一般情况下,当固体物质中含有杂质后就没有固定的熔点,只能测到熔程。

在冷却过程中,为了使液相和固相始终保持平衡,必须具备两个条件:①要使析出的固相与液相始终保持接触;②为了保持固相组成均匀一致,组分在固相中的扩散速率必须大于其从液相中析出的速率。以上两个条件只有在冷却过程很慢时方能满足。如果冷却速率比较快,高熔点组分析出的速率超过其在固相内部扩散的速率,这时液相只来得及与固相的表面达到平衡,固相内部还保持着最初析出时的固相组成,其中含有较多的高熔点组分。此时固相析出的温度范围将要扩大。因为当温度达到 T' 时,固相只有表面的组成为 A,整个固相组成在 A'~B'之间,此时液相不会全部消失,而且固相和液相亦不成平衡。所以随着温度的降低,继续有固相析出,直到液相组成与固相表面组成相同时为止,这就是说,一直冷却到低熔点组分 Bi 的熔点时,液相方全部固化。在上述冷却过程中,析出的固相其组成是不均匀的,先析出者高熔点组分较多,越往后析出的固相中高熔点组分就越少,最后析出的一点固相则几乎是纯 Bi 了。根据上述原理,可以提纯金属。但另一方面,在制备合金时,快速冷却会因固相组成不均匀而造成合金性能缺陷。为了使固相组成均匀一致,可将固相温度升高到接近于熔化的温度,在此温度保持适当长的时间,让固相扩散达到组成均匀一致,这种方法称为"扩散退火"。有时候也需要合金的表面和内部组成结构不同,这时用快速冷却的方法就能获得表面和内部组成不一样的材料,例如切削工具、刀具等,需要材料表面有硬度,内部要有韧性,可以先将铁碳合金(钢)加热至接近熔点,然后将其迅速放入冷却液中快速冷却,就能得到表面含碳量较高的材料,这种方法称为"淬火"。

与气-液平衡的温度-组成图类似,有时在生成固态混合物的相图中会出现最高熔点或最低熔点,见图 5-30。在此最高熔点或最低熔点处,液相组成和固相组成相同,此时的冷却曲线上应出现水平线段。不过,目前发现的具有最高熔点的相图还很少。

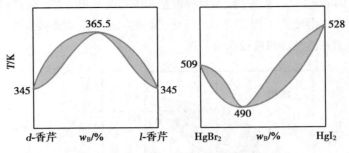

图 5-30 具有最高和最低熔点的相图

(二) 固相部分互溶系统的相图

固相部分互溶的现象与液相部分互溶的现象很相似,也是一种物质在另一种物质中有一定的溶解度,超过此浓度将有另一种固态混合物产生。两物质的互溶度往往与温度有关。对这种系统来说,系统中可以有三个相(两个固态混合物和一个液相)共存。因此,根据相律 $f^* = 2-3+1 = 0$,在冷却曲线上可能出现水平线段。这类相图仅讨论系统中有一个低共熔点的类型。

KNO_3-$TlNO_3$ 属这类系统,见图 5-31。图中各区域已标出稳定存在的相。ACFH 区为 $TlNO_3$ 溶解在 KNO_3 中形成的固态混合物 α,BDGI 为 KNO_3 溶解在 $TlNO_3$ 中形成的固态混合物 β。这类相图可以看作是从完全不互溶的固-液相图演变来的。当两种组分在固态时,如果相互溶解度减小,在图 5-31 中将表现为固态混合物 α 区及固态混合物 β 区的面积要缩小,亦即曲线 CFH、DGI 会分别向两边移动,如果二组分在固态时完全不互溶,则曲线 CFH 将与 CA 线重合,DGI 线与 DB 线重合,就出现了简单的低共熔相图。

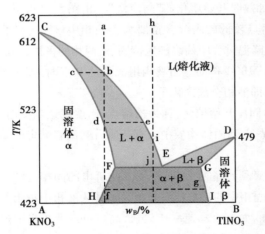

图 5-31 固相部分互溶系统的相图

图中 CE 和 DE 线是不同组成的熔化液开始凝固时的温度曲线,CF 和 DG 线是不同组成的固态混合物开始熔融时的温度曲线,FH 和 GI 线是不同温度下 A、B 两组分在固态时的相互溶解度曲线,E 是最低共熔点。若物系点为 FEG 线上任意一点,则系统内有组成为 F 的固态混合物 α、组成为 G 的固态混合物 β 和组成为 E 的熔融液三相共存,系统自由度为 0,各相组成和温度都有定值。

若将组成为 a 的熔化液冷却,当冷却至 b 点时,开始析出固态混合物 α,其组成为 c。此后液相组成沿 CE 线向 e 点移动,同时与之平衡的固态混合物的组成沿 CF 线向 d 点移动,并且平衡两相的相对量符合杠杆规则。当冷却到 d 点时,液相 e 消失,剩下组成为 d 的固态混合物,其组成保持不变直到 f 点。在此温度下固态混合物 β 已达饱和,开始分离出组成为 g 的固态混合物 β。此后两种固态混合物的组成分别沿 FH 和 GI 线向 H 和 I 点移动。

若冷却组成为 h 的熔化液,当冷至 i 点时,有固态混合物 α 析出。当冷至 J 点时,固态混合物 α 的组成变为 F,而液相组成变为 E,同时组成为 G 的固态混合物 β 也从熔化液中析出。由于此时是三相共存,自由度等于 0,温度和各相组成都保持不变,直到液相消失。此后两个固态混合物的组成分别沿 FH 和 GI 线变化。

属于这类系统的还有尿素-氯霉素、尿素-磺胺噻唑、PEG6000-水杨酸、Ag-Cu、Pb-Sb 等。

四、固液平衡相图应用

低共熔相图广泛应用于分离提纯盐类,在药物研究和生产中也有广泛的应用。

1. 利用熔点变化检查样品纯度　测定熔点是估计样品纯度的常用方法,大部分情况下熔点偏低含杂质就多。若测得样品的熔点与标准品相同,为了确证两者是同一种化合物,可把样品与标准品混合后再测熔点,如果熔点不变则证明是同一种物质,否则熔点将会大幅度降低,这种鉴别方法称为混合熔点法。

2. 药物的配伍及防冻制剂　两种固体药物的低共熔点如果接近室温或在室温以下,易形成糊状物或呈液态,不宜混在一起配方,这是药物调剂配伍中应注意的问题。

3. 改良剂型及增进药效　在显微镜下观察,发现从冷却曲线转折点至水平线段之间的固体颗粒大且不均匀,而在低共熔点析出的低共熔混合物则是细小、均匀的微晶。微晶的分散度越高,表面能就越大,可表现为溶解度增加等性质。例如,难溶于水的药物服用后不易被吸收,药效慢,如果与尿素或其他能溶于水并已知无毒的化合物共熔,用快速冷却方法制成低共熔混合物,因尿素在胃液中能很快溶解,剩下高度分散的药物,其溶解速度和溶解度都比大颗粒要高,有利于药物的吸收。

4. 结晶与蒸馏的综合利用　对硝基氯苯(A)与邻硝基氯苯(B)既能形成简单低共熔系统,又能形成具有最低恒沸物的气-液平衡系统。此二组分系统的 T-x 气液平衡相图见图 5-32 的上端,当系统减压蒸馏并保持压力为 4kPa 时,有最低恒沸混合物生成,恒沸点为 393K,恒沸混合物中含邻硝基氯苯 58%。在温度低时又能形成低共熔固-液系统见图 5-32 的下端,有一最低共熔混合物形成,低共熔点为 287.7K,低共熔混合物中含邻硝基氯苯 67%。欲分离此混合物时,可先将混合物温度降低到接近最低共熔点,分离出一种异构体。将剩下的低共熔物在减压下精馏,得馏出液为恒沸物 C 和残液邻硝基氯苯。再将 C 冷却至接近 E 点温度,析出对硝基氯苯,如此交替使用,能使系统跨过恒沸点及低共熔点而将混合物分离。

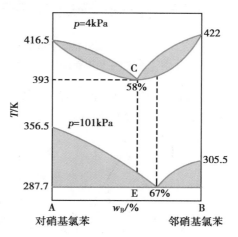

图 5-32　具有最低共熔点和最低恒沸点的二元系统的 T-x 相图

第六节　三组分系统

在三组分系统中,按照相律 $f = K - \Phi + 2 = 5 - \Phi$,当 $\Phi = 1$ 时,$f = 4$,因此三组分系统中最多可以有四个独立变量,即温度、压力和两个浓度。要全面表示三组分系统的相图需要用四个坐标图,而四度空间只是逻辑上的推理,一般无法构成具体的形象。为了方便问题的讨论,往往设温度、压力恒定,则用平面图即可表示。

三组分系统
（微课）

一、等边三角形组成表示法

三组分系统的组成常用等边三角形表示法,见图 5-33。三角形的每一顶点,代表一纯组分(即 100% A,100% B,100% C),三角形的三条边各代表 A 和 B、B 和 C、C 和 A 构成的二组分系统,三角形中任何一点都表示三组分系统的组成。例如 P 点的组成可以确定如下:作平行于三条边的直线交三条边于 a、b、c 三点,可以证明:Pa + Pb + Pc = AB = AC = BC。如果将每条边等分为 100 份,代表 100% ,则

$Pa=A\%$, $Pb=B\%$, $Pc=C\%$。实际上此法可以简化成,从 P 点作 Pa 平行于 AB,Pd 平行于 AC,此二线将 BC 边截成三段,可以看出 $Ba=C\%$,$ad=A\%$,$dC=B\%$。用相同的方法可以将不同组成的三组分系统,在三角形中标出位置。

等边三角形坐标具有以下特点:

1. 通过任一顶点的直线,如图 5-34 中的 Ad 线,线上各点代表不同的系统,A 的含量也各异,但其中 B 与 C 的百分含量比一定相同。例如系统沿 Ad 线向 d 移动,A 的含量逐渐减少,而 B 与 C 的含量比始终是 6:4。两盐-水系统脱水的变化就是这样的。

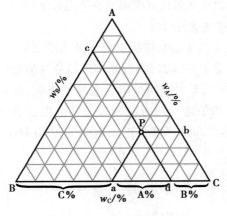

图 5-33　三组分系统组成的
等边三角形表示法

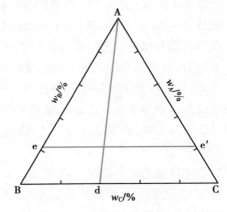

图 5-34　三组分系统等边三角形
组成表示法的特点

2. 平行于三角形某边的任意一条直线上,相对应顶点所表示的组分含量恒定不变。例如图 5-34 中 ee′线上各点均含 20% 的 A。

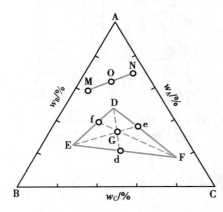

图 5-35　两个或三个三组分系统的混合

3. 如果有两个三组分系统 M 和 N 合并成一新系统见图 5-35,则新系统的组成一定在 M、N 二点的连线上。新系统的位置与 M、N 两系统的相对量有关,可由杠杆规则决定。如新系统组成为 O 点,则 M 与 N 的相对量为 $w_M/w_N=NO/MO$。

4. 如果由 D、E、F 三个三组分系统合并成一新系统,则新系统的物系点 G 一定在三角形 DEF 的重心上。也可用杠杆规则先求出 D、E 两个系统合并后的位置 f 点,再用同样方法求出 f 与 F 相混合后系统的组成点 G。可以看出 G 就是三角形 DEF 的重心,所以又称为重心规则。

以上这些规则都可以通过几何原理证明。除了等边三角形法外,三组分系统还经常使用直角三角形法。

二、三组分水盐系统

(一)固体是纯盐的系统

图 5-36 是 $H_2O(A)$-$NaCl(B)$-$KCl(C)$ 三组分在 298K 时的相图。图中的 D 和 E 点分别代表在 298K 时 NaCl 和 KCl 在水中的溶解度。

若向已经饱和了 NaCl 的水溶液中加入 KCl,则饱和溶液的浓度沿 DF 线改变。同样向已经饱和了 KCl 的水溶液中加入 NaCl,则饱和溶液的浓度沿 EF 线改变。因此 DF 线是 NaCl 在含有不同量 KCl 的水溶液中的溶解度曲线,EF 线是 KCl 在含有不同量 NaCl 的水溶液中的溶解度曲线,F 点是 DF 线和 EF 线的交点,此组成的溶液中同时饱和了 KCl 与 NaCl。DFEA 是不饱和的单相区。在 BDF 区域内是固体 NaCl 与其饱和溶液的两相平衡区,亦即 NaCl 的结晶区。设物系点为 G,作 BG 连线交 DF 于 G_1,G_1 表示与固体 NaCl 相平衡的饱和溶液组成,根据杠杆规则

$$\frac{\text{NaCl}(B)\text{量}}{\text{溶液}(G_1)\text{量}} = \frac{\overline{GG_1}}{\overline{BG}}$$

同理,CEF 区是 KCl 的结晶区。在 BFC 区域内是固态 NaCl、固态 KCl 和组成为 F 的共饱和溶液三相共存的区域,所以此区域内系统的自由度为零。

（二）生成水合物的系统

Na_2SO_4 与 H_2O 能生成 $Na_2SO_4 \cdot 10H_2O(S_2 \cdot 10H_2O)$ 固体,该水合物的组成在图 5-37 中用 B 表示,因此 E 点是水合物在纯水中的溶解度,而 EF 线是水合物在含有 NaCl 溶液中的溶解度曲线,其他情况与图 5-36 相似。BS_1S_2 区为三种固态 S_1、S_2、$S_2 \cdot 10H_2O$ 共存的三相区。

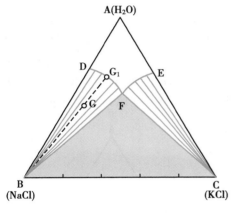

图 5-36 三组分水盐系统相图

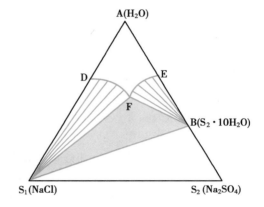

图 5-37 有水合物生成的系统

（三）生成复盐的系统

如果两种盐能生成复盐,其相图如图 5-38 所示。图中 M 点为复盐的组成,曲线 FG 为复盐的饱和溶解度曲线。F 点为同时饱和了 S_1 和复盐(M)的溶液组成。G 点为同时饱和了 S_2 和复盐(M)的溶液组成。G 和 F 点都是三相点。若 S_1 和 S_2 的混合物的组成在 IJ 之间,当加水进入 FGM 区时可得到稳定的复盐及溶液。若组成在 S_1I 或 S_2J 之间,则系统加水后当物系点分别与 S_1F 或 S_2G 线相遇时,复盐即分解,只能得到固体 S_1 或 S_2。

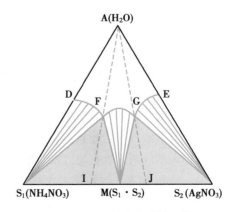

图 5-38 有复盐生成的系统

三、部分互溶的三液系统

这类系统中,三对液体间可以是一对部分互溶、两对部分互溶或三对部分互溶。

（一）三对液体中有一对部分互溶

三种液体例如氯仿、醋酸和水,在定温下水与醋酸以及氯仿与醋酸可以任意比例互溶,而氯仿与水只能部分互溶,当氯仿中含水很少或水中含氯仿很少时可以相互溶解,系统呈均匀一相,如果含量增加达饱和后,再在氯仿层中加水或水层中加氯仿都会出现两个平衡的共轭液层。

图 5-39 中的底边相当于氯仿和水的二组分系统。b 点代表被水饱和了的氯仿层,而 c 点为被氯

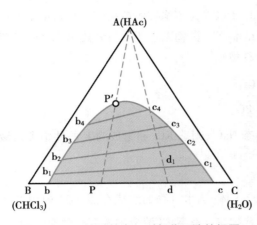

图 5-39   三液系统有一对部分互溶的相图

仿饱和了的水层,这是一对共轭相。现取组成为 d 的二组分系统,从图中看出它分成 b、c 两个液层。今在 d 混合物中加入 A(醋酸),则物系点将沿虚线 dA 进入帽形区内。由于醋酸能与氯仿或水无限互溶,加入醋酸将使共轭相的相互溶解度增大,表现在 b_1c_1 的连结线相比于 bc 将会缩短。由于醋酸在液层 c_1 中的溶解量比液层 b_1 中多,所以 c_1 点离 A 点的距离比 b_1 点离 A 的距离要小一些,因此连结线 b_1c_1 不平行于 BC 底边。两共轭液层 c_1、b_1 的相对量,可根据杠杆规则算得

$$\frac{b_1 \text{ 相的量}}{c_1 \text{ 相的量}} = \frac{\overline{d_1c_1}}{\overline{d_1b_1}}$$

继续加入醋酸时,可以在图中画出一系列的连结线,两液层的组成和量亦不断变化,当加入醋酸使物系点到达 c_4 时,物系点恰与帽形曲线相交,此时 b_4 相的量趋近为零,当系统越过此点时,b_4 相消失,系统成为一相。

若物系点自 P 开始,随着醋酸的加入连结线愈来愈短,两液层的组成逐渐靠近,最后缩为一点 P′,此时两液层的组成完全相同,系统成为一个均匀的液相,这种由两个三组分共轭溶液变成一个三组分溶液的 P′ 点称为临界点。临界点不一定是最高点,超过该点系统不再分层。

在曲线 bP′c 以内是两相区,曲线以外是单相区。一般来说,相互溶解度是随着系统温度升高而增加的,因此当温度升高时相图中帽形区面积将缩小,降低温度时,帽形区将扩大。相图属于这一类的系统还有:乙醇(A)-苯(B)-水(C)等。这类相图在液-液萃取过程中有重要应用。

(二)萃取的基本原理

以图 5-40 来说明萃取过程,图中 A 是需要被提取的物质,F 是 A 溶于原溶剂 B 的料液,S 为萃取剂。在料液 F 中加萃取剂 S,则物系点将沿虚线 FS 向 S 点靠

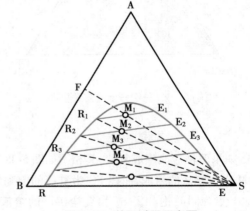

图 5-40   萃取过程示意图

近。若加适量萃取剂 S 后物系点位置为 M_1,此时萃余相 R_1 和萃取相 E_1 呈两相平衡。用分液法将 R_1 分离后再加入萃取剂 S 进行第二次萃取,新物系点为 M_2,平衡时仍为两相,即 R_2 及 E_2,如再将 R_2 分离,加入 S 进行第三次萃取,则 R_2 相中物质 A 的浓度将减低,如此继续萃取,萃余相将向 R 点靠近,溶剂 B 中的 A 物质含量越来越低,萃取次数足够多时最后萃余相中 A 的量趋于零。萃取实验中选择萃取剂很重要,一般要求与被萃取物质必须有良好的溶解度而与原溶剂不溶或微溶。

在工业上,萃取常常是在萃取塔中进行的。萃取塔的种类很多,经常是将比重大的相从塔的上端输入,比重小的从塔的下端输入,由于料液和萃取剂的密度不同,它们在塔内充分对流混合进行传质,最后轻液自塔顶溢出,重液自塔底排出,相当于在塔中进行连续多级萃取。

三元相图在纳米乳和亚微乳制备中的应用（**拓展阅读**）

本 章 小 结

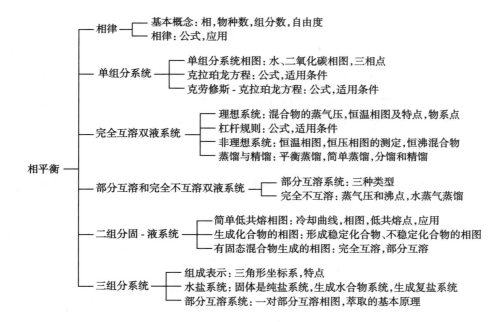

思 考 题

1. 相平衡研究的过程都是物理过程吗？相转移过程中有化学变化吗？

2. 纯氮气和空气是一个相吗？

3. 当两个相的温度相同但压力不同时，两个相能达到平衡吗？如果两相的压力相同而温度不同，两相能达平衡吗？

4. 在抽真空容器中，有一定量的 $NH_4HS(s)$，加热后 $NH_4HS(s)$ 分解，试说明平衡系统的组分数和自由度。

5. 恒温恒压下，某葡萄糖和氯化钠同时溶于水中，用一张只允许水通过的半透膜将此溶液与纯水分开。当系统达到平衡后，系统的自由度为多少？

6. 说明物系点和相点的区别，什么时候物系点和相点是统一的？

7. 物质的存在状态有气、液和固态，物质还有其他存在状态吗？

8. 图 5-2 中，当系统处于临界点 C 时，自由度是多少？

9. 如用二氧化碳超临界流体作萃取剂，最低的工作压力是多少？能在室温下进行此操作吗？

10. 在一高压容器中有足够量的水，向容器中充入氮气到压力为 10MPa，这时还能用克劳修斯-克拉珀龙方程计算水的沸点吗？

11. 平衡蒸发是静态的，而蒸馏是一个动态的过程，试用实验室的常用仪器设计一实验并结合相图加以说明。

12. 参考表 5-4 的数据，氯仿和甲醇各 50%（质量百分数）的系统精馏后，能分离得到纯氯仿吗？

13. 浓度为 6.00mol/L 的 HCl 为什么能作为标准溶液使用，2.00mol/L 和 10.00mol/L 为什么不能作标准溶液使用？

14. 二元固-液系统中，当发生转熔反应时，自由度一定为零吗？当纯固体含有杂质后，熔点一定会降低吗？如果不是，请用相图分析固体掺杂后熔点的变化情况。

15. 请用萃取的原理说明清洗玻璃仪器表面时,为什么要用少量多次的方法? 做萃取操作时,选择萃取剂的原则是什么?

16. 三组分系统相图中的连结线,又称为结线,请问结线的含义是什么? 结线和杠杆规则有联系吗?

习　题

1. 指出下列平衡系统的组分数、自由度各为多少?

(1) $NH_4Cl(s)$ 部分分解为 $NH_3(g)$ 和 $HCl(g)$。

(2) 若在上述系统中额外再加入少量的 $NH_3(g)$。

(3) $NH_4HS(s)$ 和任意量的 $NH_3(g)$ 及 $H_2S(g)$ 平衡。

(4) $C(s)$、$CO(g)$、$CO_2(g)$、$O_2(g)$ 在 $100℃$ 时达平衡。

2. 在水、苯和苯甲酸的系统中,若指定了下列事项,试问系统中最多可能有几个相,并各举一例。

(1) 指定温度。

(2) 指定温度和水中苯甲酸的浓度。

(3) 指定温度、压力和苯中苯甲酸的浓度。

3. 试求下述系统的自由度数,若 $f \neq 0$,则指出变量是什么。

(1) 在标准压力 $p^{\ominus}$ 下,水与水蒸气平衡。

(2) 水与水蒸气平衡。

(3) 在标准压力 $p^{\ominus}$ 下,I_2 在水中和在 CCl_4 分配已达平衡,无 $I_2(s)$ 存在。

(4) $NH_3(g)$、$H_2(g)$、$N_2(g)$ 已达平衡。

(5) 在标准压力 $p^{\ominus}$ 下,$NaOH$ 水溶液与 H_3PO_4 水溶液混合后。

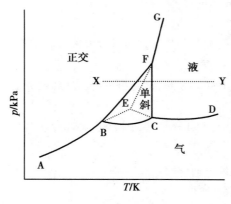

图 5-41　硫的相图

(6) 在标准压力 $p^{\ominus}$ 下,H_2SO_4 水溶液与 $H_2SO_4 \cdot 2H_2O$ (固)已达平衡。

4. 图 5-41 是硫的相图。

(1) 写出图中各线和点代表哪些相的平衡。

(2) 叙述系统的状态由 X 在恒压下加热至 Y 所发生的变化。

5. 氯仿的正常沸点为 $334.6K$(外压为 $101.325kPa$),试求氯仿的摩尔气化焓及 $313K$ 时的饱和蒸气压。

6. 今把一批装有注射液的安瓿瓶放入高压消毒锅内加热消毒,若用 $151.99kPa$ 的水蒸气进行加热,问锅内的温度有多少度? (已知 $\Delta_{vap}H_m = 40.67kJ/mol$)

7. 氢醌的蒸气压实验数据如下:

	固-气		液-气	
温度/K	405.55	436.65	465.15	489.65
压力/kPa	0.133 3	1.333 4	5.332 7	13.334

求:(1) 氢醌的升华焓、蒸发焓、熔化焓(设它们均不随温度而变)。

(2) 气、液、固三相共存时的温度与压力。

(3) 如果在 $500K$ 时沸腾,求此时的外压。

8. 为了降低空气的湿度,让压力为 $101.325kPa$ 的潮湿空气通过一管道,冷却至 $248.15K$。试用下列数据,估计在管道出口处空气中水蒸气的分压。水在 283.15K 和 273.15K 时的蒸气压分别为 1.228kPa 和 0.610 6kPa,273.15K 时冰的熔化焓为 333.5kJ/kg(假定所涉及的焓变都不随温度而变)。当此空气的温度回升到 293.15K 时(压力仍为 101.325kPa),问这时的空气相对湿度为多少?

9. 两个挥发性液体 A 和 B 构成一理想的液态混合物,在某温度时液态混合物的蒸气压为 54.1kPa,在气相中 A 的摩尔分数为 0.45,液相中为 0.65,求此温度下纯 A 和纯 B 的蒸气压。

10. 由甲苯和苯组成理想的液态混合物含 30%(w/%)的甲苯,在 303.15K 时纯甲苯和纯苯的蒸气压分别为 4.87kPa 和 15.76kPa,问 303.15K 时液态混合物上方的总蒸气压和各组分的分压各为多少?

11. 在 101.325kPa 下,测得 HNO_3-H_2O 系统的温度-组成为:

T/K	373	383	393	395	393	388	383	373	358.5
$x(HNO_3)_{液}$	0.00	0.11	0.27	0.38	0.45	0.52	0.60	0.75	1.00
$y(HNO_3)_{气}$	0.00	0.11	0.17	0.38	0.70	0.90	0.96	0.98	1.00

(1) 画出此系统的恒压相图(T-x 图)。

(2) 将 3mol HNO_3 和 2mol H_2O 的混合气冷却到 387K,求互相平衡的两相组成和两相的相对量为多少?

(3) 将 3mol HNO_3 和 2mol H_2O 的混合物蒸馏,若从最初的馏出物开始,收集沸程为 4K 时,整个馏出物的组成为多少?

(4) 将 3mol HNO_3 和 2mol H_2O 的混合物进行完全蒸馏,能得什么纯物质?

12. 水和异丁醇系统的恒压相图如图 5-42。

(1) 指出各个相区存在的相态及自由度。

(2) 组成为 w_1 的稀溶液精馏后,在塔顶和塔釜分别得到什么?

(3) 能根据此相图设计合理的工业分馏过程,完全分离水和异丁醇吗? 如果能,请写出大致的分离流程。

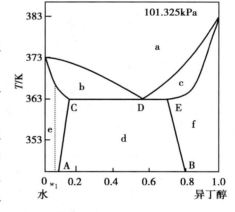

图 5-42 水-异丁醇系统的恒压相图

13. 已知液体 A 与液体 B 可形成理想的液态混合物,液体 A 的正常沸点为 338.15K,其气化焓为 35kJ/mol。由 2mol A 和 8mol B 形成的液态混合物在标准压力下的沸点为 318.15K。将 $x_B = 0.60$ 的液态混合物置于带活塞的气缸中,开始时活塞紧紧压在液面上,在 318.15K 下逐渐减小活塞上的压力。求:(1) 出现第一个气泡时系统的总压和气泡的组成;(2) 当溶液几乎全部气化,最后仅有一小滴液体时液相的组成和体系的总压。

14. 水和乙酸乙酯是部分互溶的,设在 310.75K,二相互呈平衡,其中一相含有 6.75% 酯,而另一相含水 3.79%(质量百分浓度)。设拉乌尔定律适用于液态混合物的各相,在此温度时,纯乙酸乙酯的蒸气压为 22.13kPa,纯水的蒸气压是 6.40kPa。试计算:(1) 酯的分压;(2) 水蒸气分压;(3) 总蒸气压。

15. 若在合成某有机化合物之后进行水蒸气蒸馏,混合物的沸腾温度为 368.15K。实验时的大气压为 99.20kPa,368.15K 时水的饱和蒸气压为 84.53kPa。馏出物经分离、称重,已知水的质量分数占 45.0%。试估计此化合物的分子量。

16. 图 5-43 是某二元固-液系统的相图。

(1) 表示出各相区存在的相态。

(2) 试绘出分别从 a、b、c、d 各点开始冷却的冷却曲线。

(3) 说明混合物 d 和 e 在冷却过程中的相变化。

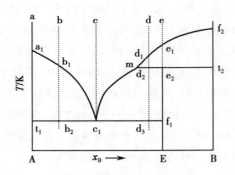

图 5-43 二元固-液系统相图

17. 下表列出邻二硝基苯和对二硝基苯的混合物在不同组成时的熔点数据。

对二硝基苯/(w/%)	完全熔化温度/K	对二硝基苯/(w/%)	完全熔化温度/K
100	446.5	40	398.2
90	440.7	30	384.7
80	434.2	20	377.0
70	427.5	10	383.6
60	419.1	0	389.9
50	409.6		

（1）绘制 T-w 图，并求最低共熔混合物的组成。

（2）如果系统的原始组成分别为含对二硝基苯75%和45%，问用结晶法能从上述混合物中回收得到纯对-二硝基苯的最大百分数为多少？

18. 图 5-44 是 FeOn-Al$_2$O$_3$ 相图。请指出各相区相态。

19. 图 5-45 是三组分系统 KNO$_3$-NaNO$_3$-H$_2$O 的相图，实线是 298K 时的相图，虚线是 373K 下的相图，一机械混合物含 70% 的 KNO$_3$ 及 30% 的 NaNO$_3$，请根据相图拟定分离步骤。

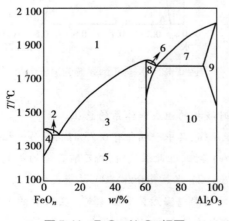

图 5-44 FeOn-Al$_2$O$_3$ 相图

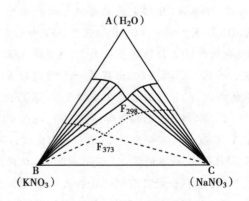

图 5-45 KNO$_3$-NaNO$_3$-H$_2$O 三组分相图

20. KNO$_3$-NaNO$_3$-H$_2$O 系统在 278K 时有一个三相点，在这一点无水 KNO$_3$ 和无水 NaNO$_3$ 同时与一饱和溶液达平衡。已知此饱和溶液含 KNO$_3$ 为 9.04%（质量分数），含 NaNO$_3$ 为 41.01%（质量分数）。如果有 70g KNO$_3$ 和 30g NaNO$_3$ 的混合物，欲用重结晶方法回收 KNO$_3$，试计算在 278K 时最多能回收 KNO$_3$ 多少克？

21. 某温度时在水、乙醚和甲醇的各种三元混合物中二液层的组成如下：

$w_{甲醇}$/%		0	10	20	30
$w_{水}$/%	液层（1）	93	82	70	45
	液层（2）	1	6	15	40

根据以上数据绘制三组分系统相图，并指出图中的两相区。

22. 如图 5-46 是二对和三对部分互溶的三组分系统相图，请指出各相区物质存在状态。

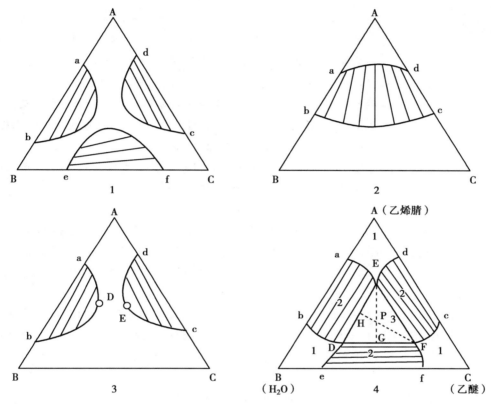

图 5-46　题 22 图

目标测试

（李　森）

第六章

电 化 学

第六章
教学课件

学习目标

1. **掌握** 电化学的基本概念；电导率和摩尔电导率的意义及它们与浓度的关系；电解质溶液的离子平均活度系数的概念及计算；常见可逆电极的构成、电池的设计及正确的书写方式；电化学与热力学函数的关系；能斯特方程及电池电动势、电极电势的计算；电池电动势测定的应用。

2. **熟悉** 法拉第电解定律；离子独立运动定律及应用；分解电压及极化的概念；可逆电极的类型和书写方法，能正确书写电极反应和电池反应；电解过程的基本概念和基本原理。

3. **了解** 离子迁移数的意义及常用测定方法；电解质溶液理论；电池电动势的产生机制及测定原理；电极极化的产生原因。

电化学(electrochemistry)是一门研究化学能与电能之间相互转化及转化过程所遵循规律的科学。在两百多年的发展进程中,电化学理论不断得以完善,研究内容不断扩展,与其他学科的相互交叉和渗透不断加深,形成了诸如生物电化学、纳米与材料电化学、环境电化学、能源电化学、光电化学等新的理论分支。

电化学在国民经济的多个领域应用广泛并对经济发展发挥重要的促进作用,例如许多民用和军用化工产品和原料都是采用电化学方法生产的;化学电源在日常生活及汽车、通讯、航空航天、医学等方面得到广泛应用;电化学分析手段在工农业、环境保护和医药卫生等方面都有重要的应用等。

本章主要从电解质溶液、可逆电池电动势和电解与极化三个方面阐述电化学领域的基础知识。

第一节　法拉第电解定律和离子的电迁移

法拉第电解定律和离子的电迁移（微课）

一、电解质溶液的导电机制

能够导电的物体称为导体(conductor)。根据导电机制的不同,导体可分为电子导体(electronic conductor)和离子导体(ionic conductor)两种。

电子导体包括金属(如 Cu、Zn)、石墨及石墨烯、一些金属氧化物(如 PbO_2)和金属碳化物(如 WC)等,电流的传输是通过自由电子的定向迁移实现的。电子导体也称为第一类导体,特点是导电过程中除了本身可能发热外,不发生任何化学变化,导电能力随温度升高而降低。

离子导体包括电解质溶液、固体电解质(如 AgBr、PbI_2)和熔融盐等,电流的传输由正、负离子的定向迁移来实现。离子导体也称第二类导体,其特点是导电过程中有化学反应发生,且导电能力随温度升高而增大。

电子导体和离子导体可组合构成电解池(electrolytic cell)或原电池(primary cell),实现化学能和电能之间的相互转化。其中,将电能转化为化学能的装置叫电解池[图 6-1(a)];将化学能转化为电能的装置叫原电池[图 6-1(b)]。两种装置通常都包括电解质溶液和两个电极(electrode)。

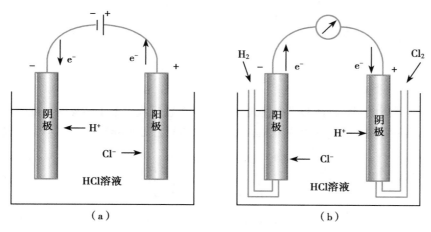

(a) 电解池;(b) 原电池
图 6-1　电化学装置示意图

电池中的氧化还原反应发生在电极上。按电化学惯例,发生氧化反应放出电子的电极称为阳极(anode),而发生还原反应获得电子的电极称为阴极(cathode)。或者也可按物理学惯例,即电流流动的方向命名。电势高的电极为正极(positive electrode),电势低的电极为负极(negative electrode),电流由正极经过外电路流向负极。因此,原电池中的正极为阴极,负极为阳极;电解池中的阳极为正极,阴极为负极。需注意区别。

下面以图 6-1(a)所示的电解池来说明电能和化学能之间的相互转化。

将两个铂电极与外电源连接,并插入 HCl 溶液中。如果外电源电势足够高,接通电源后,电流流入阳极(正极),而电子则由阳极经过外电路流进阴极(负极)。与此同时,溶液中的 H^+ 向阴极迁移,从电极表面夺取电子,发生还原反应;而 Cl^- 向阳极迁移,在电极表面释放电子,发生氧化反应。即

阴极	$2H^+(aq)+2e^- \longrightarrow H_2(g)$
阳极	$2Cl^-(aq) \longrightarrow Cl_2(g)+2e^-$
电极反应的总结果	$2HCl(aq) \longrightarrow H_2(g)+Cl_2(g)$

两电极上发生的氧化或还原反应称为电极反应(reaction of electrode),两电极反应的总结果称为电池反应(reaction of cell)。

以上例子表明,正、负离子向两电极的定向迁移,可以实现电流在溶液内部的传导;而两电极上氧化和还原反应的彼此独立进行,又可以实现电流在电极与溶液界面处的连续。两种过程同时进行在电解池中构成了闭合回路,从而实现电能和化学能之间的相互转化。原电池实现化学能和电能之间相互转化的机制与此相同。

二、法拉第电解定律

1834 年,法拉第(M.Faraday)在总结大量实验结果的基础上,归纳出电解时电极上发生反应的物质的量与通过的电量之间的关系,称为法拉第电解定律(Faraday's law of electrolysis)。实验结果表明:

1. 在任一电极上发生化学反应的物质的量与通入的电量成正比;

2. 在几个串联的电解池中通入一定的电量后,各个电极上发生化学反应的物质的量相同。

电化学中,以含有单位元电荷 e(即一个质子或一个电子的电荷绝对值)的物质作为物质的量基本单元,如 H^+、$\frac{1}{2}Mg^{2+}$、$\frac{1}{3}PO_4^{3-}$ 等。1mol 元电荷所具有的电量称为法拉第常数,用 F 表示:

$$F = e \times L$$
$$= 1.602\ 2 \times 10^{-19} \times 6.022\ 1 \times 10^{23}$$
$$= 96\ 486.09 C/mol \approx 96\ 500 C/mol$$

式中，e 为元电荷的电量，L 为阿伏伽德罗常数。因此，当电解时通过的电量为 Q 时，电极上参加反应的物质 B 的物质的量 n 为

$$n = \frac{Q}{zF} \quad 或 \quad Q = nzF \qquad\qquad 式(6-1)$$

式(6-1)为法拉第电解定律的数学表达式，其中 z 为电极反应中电子转移的计量系数。

例题 6-1　在一含有 $CuSO_4$ 溶液的电解池中通入 2.0A 直流电 482 秒，问有多少质量的铜沉积在阴极上？

解：通入的电量 Q 为

$$Q = tI = 482 \times 2.0 = 964.0 C$$

阴极的电极反应为 $Cu^{2+} + 2e \longrightarrow Cu$，由式(6-1)可求出阴极上析出 Cu 的物质的量 n 为

$$n = \frac{Q}{zF} = \frac{964.0}{2 \times 96\ 500} = 0.005\ 0mol$$

因此，沉积在电极上的铜的质量 m 为

$$m = n \times M = 0.005\ 0 \times 64 = 0.32g$$

法拉第电解定律没有使用的限制条件，适用于任何温度和压力，是自然界中最准确定律之一，各种电量计就是基于该定律设计的。

三、离子的电迁移

（一）离子的电迁移现象

电解质溶液中通入电流以后，溶液中的正、负离子将分别向阴极和阳极作定向移动，离子的这种在外电场作用下发生的定向运动称为离子的**电迁移**（electromigration）。由于离子迁移速率不同，电迁移的结果将造成电解质在两极附近溶液中的浓度变化。如图 6-2 所示。

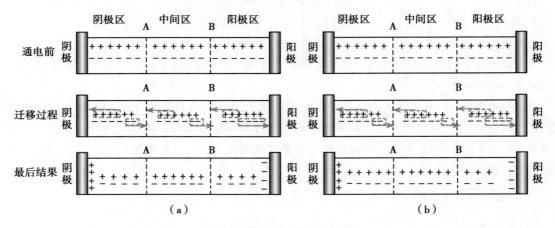

图 6-2　离子电迁移现象示意图

图中 A、B 为两个假想截面，它们将电解池分为阴极区、中间区和阳极区 3 个区域。通电前，各区域均各含有 6mol 的一价正、负离子，分别用"+""−"号的数量来表示。当接通电源并通入 4mol 电子的电量后，4mol 的正离子在阴极发生还原反应，4mol 的负离子在阳极发生氧化反应。与此同时，溶液中的正、负离子分别作定向移动，共同承担起电量在电解质溶液内部的输运任务，而输运电量的多少与正、负离子的迁移速率 r_i 有关。因此，需要分两种情况讨论。

1. **正、负离子的迁移速率相等**　由于 $r_+ = r_-$，则正、负离子输运的电量相同，在 A、B 截面上均有 2mol 的正离子和 2mol 的负离子相向通过。通电结束后，电极附近的溶液浓度发生了相同的变化，即阴极区和阳极区正、负离子均各减少了 2mol，中间区浓度不变。如图 6-2（a）所示。

2. **正离子的迁移速率是负离子的 3 倍**　由于 $r_+ = 3r_-$，正离子输运的电量将是负离子的 3 倍，即在 A、B 截面上每有 3mol 正离子通过的同时，仅有 1mol 负离子相向通过。通电结束后，阴极区和阳极区溶液的浓度发生了不同的变化，阴极区正、负离子各减少了 1mol，阳极区正、负离子则各减少了 3mol，同样中间区浓度不变。如图 6-2（b）所示。

由上述讨论可得出以下结果：

（1）通过溶液的总电量 Q 等于正离子迁移的电量 Q_+ 和负离子迁移的电量 Q_- 之和。即

$$Q = Q_+ + Q_-\qquad\qquad 式(6\text{-}2)$$

（2）

$$\frac{阳极区减少的物质的量}{阴极区减少的物质的量} = \frac{正离子迁移的电量\ Q_+}{负离子迁移的电量\ Q_-} = \frac{正离子的迁移速率\ r_+}{负离子的迁移速率\ r_-}\qquad 式(6\text{-}3)$$

（二）离子迁移数

前已述及，由于正、负离子的电迁移速率不同，每种离子输运的电量也不同。它们之间的比例关系可以用离子迁移数（transference number）表示，即某种离子 B 迁移的电量与通过溶液的总电量之比，用 t_B 表示。对于只含有一种正离子和一种负离子的电解质溶液而言，正、负离子的迁移数分别为

$$t_+ = \frac{Q_+}{Q} = \frac{Q_+}{Q_+ + Q_-}\quad\quad t_- = \frac{Q_-}{Q} = \frac{Q_-}{Q_+ + Q_-}\qquad 式(6\text{-}4)$$

根据式（6-3），可得

$$t_+ = \frac{r_+}{r_+ + r_-}\quad\quad t_- = \frac{r_-}{r_+ + r_-}\qquad 式(6\text{-}5)$$

显然，$t_+ + t_- = 1$，且离子的迁移数是单位为 1 的量。表 6-1 是 298K 时一些正离子的迁移数 t_+。

表 6-1　298K 时，一些正离子在不同浓度和不同电解质中的迁移数 t_+

电解质	$c/$（mol/L）						
	0.01	0.02	0.05	0.10	0.20	0.5	1.0
HCl	0.825 1	0.826 6	0.829 2	0.831 4	0.833 7	—	—
LiCl	0.329 9	0.326 1	0.321 1	0.316 6	0.311 2	0.300	0.287
NaCl	0.391 8	0.390 2	0.387 6	0.385 4	0.362 1		
KCl	0.490 2	0.490 1	0.489 9	0.489 8	0.489 4	0.488 8	0.488 2
KBr	0.483 3	0.483 2	0.483 1	0.483 3	0.484 1	—	—
KI	0.488 4	0.488 3	0.488 2	0.488 3	0.488 7		
KNO$_3$	0.508 4	0.508 7	0.509 3	0.510 3	0.512 0	—	—
BaCl$_2$	0.440 3	0.436 8	0.431 7	0.425 3	0.418 5	0.398 6	0.379 2
CaCl$_2$	0.426 4	0.422 0	0.414 0	0.406 0	0.395 3		

由表 6-1 可以看出，同一种离子在不同电解质中的迁移速率不同。当负离子相同时，同价正离子在水溶液中，随离子半径的减小，水化离子半径逐渐增大，在溶液中的运动阻力增大，则迁移数随之下降，如 $t(Li^+) < t(Na^+) < t(K^+)$。浓度对离子的迁移速率也有不同程度的影响，若价数不同，则高价离子受浓度的影响较大。此外，温度对离子的迁移数也有影响。一般温度升高，正、负离子的迁移数趋于相等。

离子的迁移数可由希托夫（Hittorf）法、界面移动法和电动势法测得。

第二节 电解质溶液的电导及测定

一、电导、电导率和摩尔电导率

电解质溶液的导电能力通常以电导(conductance)和电导率(conductivity)来表示。

电导是电阻 R 的倒数,符号为 G,则有

$$G = \frac{1}{R} \qquad\qquad 式(6-6)$$

电导的单位为 S(西门子,siemens)或 Ω^{-1}。

电导率是电阻率 ρ 的倒数,符号为 κ。已知 $R = \rho \frac{l}{A}$,则有

$$G = \kappa \frac{A}{l} \qquad\qquad 式(6-7)$$

上式表明,电导率为单位截面积和单位长度导体的电导,单位为 S/m。对电解质溶液而言,电导率是指相距 1m,截面积为 $1m^2$ 的两平行电极间放置 $1m^3$ 电解质溶液时所具有的电导。

由于电导率不仅与电解质的种类有关,还与溶液的浓度有关,因此,为了较好地表达电解质溶液的导电能力,还常使用摩尔电导率(molar conductivity)。摩尔电导率是指相距为 1m 的两平行电极间

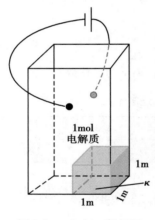

图 6-3 Λ_m 与 κ 的关系

放置含有 1mol 电解质的溶液时所具有的电导,用 Λ_m 表示。显然,该情况下电解质溶液的体积 V_m 将随浓度 c 而改变,即 $V_m = 1/c$,c 的单位为 mol/m^3。由图 6-3 可知,摩尔电导率与电导率的关系为

$$\Lambda_m = \kappa V_m = \frac{\kappa}{c} \qquad\qquad 式(6-8)$$

摩尔电导率的单位为 $S \cdot m^2/mol$。这里需注意,用摩尔电导率比较不同电解质溶液导电能力大小时必须将荷电量规定在同一标准下。例如,KCl、$NaNO_3$、NaOH,以及 KCl、$1/2MgCl_2$ 和 $1/3H_3PO_4$ 有相同的荷电量,它们的导电能力就可以由相应的 Λ_m 值大小加以判断。此外,$\Lambda_m(MgCl_2)$ 和 $\Lambda_m\left(\frac{1}{2}MgCl_2\right)$ 都是氯化镁的摩尔电导率,但由于指定物质的基本单元不同,两者的关系为 $\Lambda_m(MgCl_2) = 2\Lambda_m\left(\frac{1}{2}MgCl_2\right)$。

二、电导率、摩尔电导率与浓度的关系

电导率和摩尔电导率与电解质溶液的浓度均有关,但是变化规律并不相同。

一般而言,单位体积溶液中,导电粒子的数目随浓度的增大而增多,因此电导率也随之增加。但是,就强电解质而言,由于在溶液中完全解离,当浓度增加到一定程度后,溶液中正、负离子间的相互作用增大,离子的运动速率将减慢,电导率反而下降。若以电导率对浓度作图,所作曲线上将出现最高点。而弱电解质的电导率随浓度的变化并不显著,这是因为浓度增大时,弱电解质的解离度减小,离子数目变化不大。图 6-4 为 298K 时,一些电解质的电导率与电解质溶液浓度间的关系曲线。可以看出,强酸、强碱的电导率最大,其次是盐类,弱电解质的电导率最低。

总体而言,电解质溶液的摩尔电导率 Λ_m 随浓度的降低而增加,但是,强、弱电解质的变化规律亦不尽相同,见图 6-5。当浓度接近无限稀释时,强电解质的 Λ_m 较平坦且线性地接近一定值,而弱电解质的 Λ_m 则变化幅度很大,很难外推至一定值。这是因为强电解质在溶液中是完全解离的,稀释只是

削弱了离子间的相互作用,使得离子的电迁移速率增大,Λ_m也随之增大。而弱电解质的解离度随溶液的稀释而增大,当稀释到一定程度后,解离度迅速增大,溶液中离子数急剧增加。因此,Λ_m迅速上升,曲线变得非常陡峭。

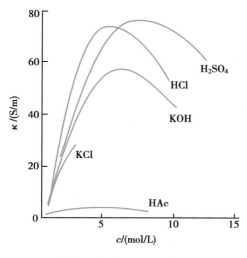

图 6-4　电解质溶液的电导率与浓度的关系

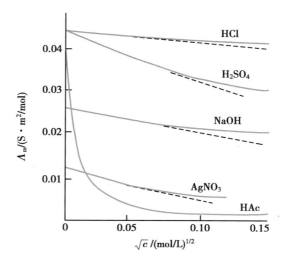

图 6-5　电解质溶液的摩尔电导率与浓度的关系

科尔劳施(Kohlrausch)根据大量实验结果,发现浓度小于 0.001mol/L 的强电解质溶液中,Λ_m 与 $\sqrt{c}$ 之间存在线性关系:

$$\Lambda_m = \Lambda_m^{\infty}(1 - \beta\sqrt{c}) \qquad \text{式}(6\text{-}9)$$

式中,Λ_m^{∞} 是无限稀释时的摩尔电导率,也称极限摩尔电导率(limiting molar conductivity),可以用直线外推法求得;β 为经验常数,与电解质、溶剂的性质及温度有关。

弱电解质的 Λ_m 与 $\sqrt{c}$ 之间不存在式(6-9)的关系,无法用外推法求得其 Λ_m^{∞}。

三、离子独立运动定律

科尔劳施在研究了大量电解质的有关实验数据后,发现在相同温度的无限稀释溶液中,具有同一正离子(或负离子)的盐类,其摩尔电导率的差值为一定值,而与同存的另一种离子无关。表 6-2 列出了一些强电解质在 298K 时的无限稀释摩尔电导率。

表 6-2　298K 时一些强电解质的无限稀释摩尔电导率 Λ_m^{∞}

电解质	$\Lambda_m^{\infty}/$ (S·m²/mol)	$\Delta\Lambda_m^{\infty}/$ (S·m²/mol)	电解质	$\Lambda_m^{\infty}/$ (S·m²/mol)	$\Delta\Lambda_m^{\infty}/$ (S·m²/mol)
KCl	0.014 99	3.49×10^{-3}	HCl	0.042 62	0.49×10^{-3}
LiCl	0.011 50		HNO$_3$	0.042 13	
KNO$_3$	0.014 50	3.49×10^{-3}	KCl	0.014 99	0.49×10^{-3}
LiNO$_3$	0.011 01		KNO$_3$	0.014 50	
KOH	0.027 15	3.49×10^{-3}	LiCl	0.011 50	0.49×10^{-3}
LiOH	0.023 67		LiNO$_3$	0.011 01	

由表中数据可以看出,具有相同负离子的钾盐和锂盐溶液,如 KCl 与 LiCl、KNO$_3$ 与 LiNO$_3$、KOH 与 LiOH,3 对电解质的 Λ_m^{∞} 之差均为 3.49×10^{-3}S·m²/mol,与负离子的性质无关。同样,具有相同正离子的氯化物和硝酸盐溶液的 Λ_m^{∞} 之差也是一恒定值(0.49×10^{-3}S·m²/mol),而与正离子的性质无

关。由此可知,在无限稀释的溶液中,所有电解质全部电离,离子间彼此独立运动,互不影响,每一种离子对电解质溶液的导电都有恒定的贡献,即无限稀释摩尔电导率 Λ_m^∞ 反映的是离子间没有相互作用时电解质所具有的导电能力。因此,科尔劳施提出了离子独立运动定律(law of independent migration of ions),即

$$\Lambda_m^\infty = \lambda_{m,+}^\infty + \lambda_{m,-}^\infty \qquad\qquad 式(6\text{-}10)$$

式中, $\lambda_{m,+}^\infty$ 和 $\lambda_{m,-}^\infty$ 分别为无限稀释时正、负离子的摩尔电导率。

　　显然,若能得知各种离子的无限稀释摩尔电导率,就可利用离子独立运动定律计算任意电解质的 Λ_m^∞ ,或者由已知强电解质的 Λ_m^∞ 间接地计算弱电解质的 Λ_m^∞ 。例如

$$\Lambda_m^\infty(HAc) = \lambda_m^\infty(H^+) + \lambda_m^\infty(Ac^-)$$
$$= [\lambda_m^\infty(H^+) + \lambda_m^\infty(Cl^-)] + [\lambda_m^\infty(Na^+) + \lambda_m^\infty(Ac^-)] - [\lambda_m^\infty(Na^+) + \lambda_m^\infty(Cl^-)]$$
$$= \Lambda_m^\infty(HCl) + \Lambda_m^\infty(NaAc) - \Lambda_m^\infty(NaCl)$$

　　例题 6-2　298K 时,已知苯巴比妥钠的 $\Lambda_m^\infty(NaP)$ 为 $73.5\times10^{-4}S\cdot m^2/mol$,盐酸的 $\Lambda_m^\infty(HCl)$ 为 $426.1\times10^{-4}S\cdot m^2/mol$,氯化钠的 $\Lambda_m^\infty(NaCl)$ 为 $126.4\times10^{-4}S\cdot m^2/mol$,求苯巴比妥溶液的无限稀释摩尔电导率 $\Lambda_m^\infty(HP)$ 。

　　解: 根据式(6-10)及醋酸的 Λ_m^∞ 的计算方法,有

$$\Lambda_m^\infty(HP) = \lambda_m^\infty(H^+) + \lambda_m^\infty(P^-) = \Lambda_m^\infty(HCl) + \Lambda_m^\infty(NaP) - \Lambda_m^\infty(NaCl)$$
$$= 426.1\times10^{-4} + 73.5\times10^{-4} - 126.4\times10^{-4}$$
$$= 373.2\times10^{-4}S\cdot m^2/mol$$

　　一些离子在 298K 时的无限稀释摩尔电导率见表 6-3。须注意的是,由于在电场力的作用下, H^+ 和 OH^- 并不是通过自身的定向移动来传导电流,而是在相邻水分子间通过链式传递实现电荷的快速转移,导电效率远远高于其他离子,故摩尔电导率也远远大于其他离子。

表 6-3　298K 时,一些离子的无限稀释摩尔电导率(水溶液中)

正离子	$\lambda_{m,+}^\infty\times10^4/(S\cdot m^2/mol)$	负离子	$\lambda_{m,-}^\infty\times10^4/(S\cdot m^2/mol)$
H_3^+O	349.8	OH^-	198.3
Li^+	38.69	F^-	55.4
Na^+	50.11	Cl^-	76.34
K^+	73.50	Br^-	78.4
NH_4^+	73.5	I^-	76.8
Ag^+	61.92	CN^-	82
$1/2Mg^{2+}$	53.06	NO_3^-	71.44
$1/2Ca^{2+}$	59.50	CH_3COO^-	40.9
$1/2Sr^{2+}$	69.46	HCO_3^-	44.5
$1/2Ba^{2+}$	63.64	$1/2CO_3^{2-}$	83.0
$1/2Cu^{2+}$	54.0	$1/2SO_4^{2-}$	80.0
$1/2Zn^{2+}$	54.0	$1/3PO_4^{3-}$	92.8
$1/3La^{3+}$	69.6	$1/3[Fe(CN)_6]^{3-}$	99.1

　　由式(6-4)可知,某离子的迁移数是该离子输运的电量在通入的总电量中所占的分数,亦即该离子的导电能力占电解质总导电能力的分数。因此,离子的迁移数也可看作是某种离子摩尔电导率占电解质的摩尔电导率的分数。1-1 价型的电解质在无限稀释时,有

$$\Lambda_{\mathrm{m}}^{\infty} = \lambda_{\mathrm{m},+}^{\infty} + \lambda_{\mathrm{m},-}^{\infty}$$

$$t_{+}^{\infty} = \frac{\lambda_{\mathrm{m},+}^{\infty}}{\Lambda_{\mathrm{m}}^{\infty}} \qquad t_{-}^{\infty} = \frac{\lambda_{\mathrm{m},-}^{\infty}}{\Lambda_{\mathrm{m}}^{\infty}} \qquad\qquad 式（6-11）$$

四、电导测定及一些应用

（一）电解质溶液电导的测定

电解质溶液的电导或电导率都是通过电导仪或电导率仪直接测定的,其特点是测量范围广,操作简单,可直接读数,若配接数据采集装置,还可获得连续的数据。常用的电导率仪有笔形、便携式、实验室和工业用等类型。

电导仪和电导率仪的测量原理基本相似,图 6-6 是电导率仪的测量原理图。图中可见,测量回路由电导电极(R_x)、高频交流电源、分压电阻(R_{m})、放大电路和指示器组成。E 为高频交流电源工作时设定的电压;E_{m} 为分压电阻两端的电位降。这样,电导电极的等效电阻 R_x 与 E_{m} 之间符合以下关系

$$E_{\mathrm{m}} = \frac{ER_{\mathrm{m}}}{R_{\mathrm{m}} + R_x} = \frac{ER_{\mathrm{m}}}{R_{\mathrm{m}} + Q/\kappa}$$

式中,Q 为电导池常数,$Q = l/A$。当 E、R_{m}、Q 均为常数时,电解质溶液电导率的变化将引起 E_{m} 的相应变化。E_{m} 值经放大器放大后,换算成电导率,直接由指示器表头读出。实际操作时只需按仪器使用要求,将电导电极插入被测溶液中,即可读出溶液的电导或电导率值。

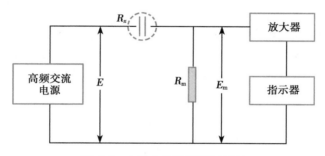

图 6-6　电导率仪的测量原理图

例题 6-3　298K 时,用一电导池常数为 $23\mathrm{m}^{-1}$ 的电导电极测得 $0.005\mathrm{mol/L}$ 的 $1/2\mathrm{K_2SO_4}$ 溶液的电导为 $2.66 \times 10^{-3}\mathrm{S}$。求:$0.005\mathrm{mol/L}$ 的 $1/2\mathrm{K_2SO_4}$ 溶液的摩尔电导率 $\Lambda_{\mathrm{m}}(1/2\mathrm{K_2SO_4})$。

解: $0.005\mathrm{mol/L}$ 的 $1/2\mathrm{K_2SO_4}$ 溶液的电导率 κ 为

$$\kappa = G\frac{l}{A} = 2.66 \times 10^{-3} \times 23.00 = 6.12 \times 10^{-2}\mathrm{S/m}$$

然后,再由式(6-8)计算摩尔电导率 Λ_{m},即

$$\Lambda_{\mathrm{m}}(1/2\mathrm{K_2SO_4}) = \frac{\kappa}{c} = \frac{6.12 \times 10^{-2}}{0.005 \times 10^3} = 0.012\mathrm{S \cdot m^2/mol}$$

（二）电导测定的应用

电导测定在化学和生物医药学领域都有广泛的应用,如蛋白质的等电点测定,乳状液类型的判断,临界胶束浓度的测定等。这里主要介绍电导测定在水的纯度检验及化学上的一些应用。

1. 水的纯度检验　一般自来水因含有杂质,电导率在 $1.0 \times 10^{-1}\mathrm{S/m}$ 左右,普通蒸馏水的电导率在 $1.0 \times 10^{-3}\mathrm{S/m}$ 左右,而重蒸馏水和去离子水的电导率可小于 $1 \times 10^{-4}\mathrm{S/m}$。因此,电导率越小,水中所含离子杂质越少,水的纯度越高。理论上算得纯水的电导率为 $5.5 \times 10^{-6}\mathrm{S/m}$。

一些电子工业或精密科学实验需要高纯水,电导率要小于 $1 \times 10^{-5}\mathrm{S/m}$。电导法测水质纯度还用于环境监测。

制剂生产中的用水

制剂生产中的水通常分为饮用水、纯化水、注射用水和灭菌注射用水。药品生产企业应确保制药用水在制备、贮存、分配和使用环节中的质量符合预期用途的要求,并应当对制药用水及原水的水质进行定期检测。各国药典中对纯化水和注射用水等制药用水均规定了相应的检查项目,以控制和保证水的质量。比如,《欧洲药典》(2000 年增补版)和《美国药典》(2000 年 24版)中均规定对制药纯化水进行电导率检测。《中国药典》则在 2010 年版中对纯化水和注射用水的检查项目中增加了电导率,以替代原来对氯化物、硫酸盐、钙盐和二氧化碳的检查。298K时,纯化水的电导率限度值为 $5.1 \times 10^{-4} \text{S/m}$,注射用水的限度值为 $1.3 \times 10^{-4} \text{S/m}$。

2. 弱电解质解离度和解离常数的计算　一定浓度下,弱电解质的解离度比较小,溶液中参与导电的离子浓度较低。虽然溶液无限稀释时,弱电解质全部解离,所有离子都参与导电,但此时溶液中的离子浓度同样较低。这样,两种情况下离子间的相互作用都可以忽略不计。因此,弱电解质在无限稀释时的 Λ_m^{∞} 和某一浓度下的 Λ_m 之差别,主要是由每摩尔电解质溶液中离子数目的不同而引起的。根据解离度的定义,可以得到

$$\alpha = \frac{\Lambda_m}{\Lambda_m^{\infty}}$$
式(6-12)

由 α 可进一步求得弱电解质的解离常数 $K^{\ominus}$。

以 AB 型弱电解质为例,若起始浓度为 c,则

$$\text{AB} \longrightarrow \text{A}^+ + \text{B}^-$$

平衡时　　　　　　　　　　$c(1-\alpha)$　　$c\alpha$　　$c\alpha$

$$K^{\ominus} = \frac{\alpha^2 \cdot \dfrac{c}{c^{\ominus}}}{1-\alpha}$$

将式(6-12)代入,得

$$K^{\ominus} = \frac{\Lambda_m^2 \cdot \dfrac{c}{c^{\ominus}}}{\Lambda_m^{\infty}(\Lambda_m^{\infty} - \Lambda_m)}$$
式(6-13)

若测得某一浓度下的 Λ_m,可利用上式计算解离常数 $K^{\ominus}$。另外,式(6-13)也可以变换为

$$\frac{1}{\Lambda_m} = \frac{\Lambda_m \dfrac{c}{c^{\ominus}}}{K^{\ominus}(\Lambda_m^{\infty})^2} + \frac{1}{\Lambda_m^{\infty}}$$
式(6-14)

测定一系列浓度的 Λ_m 后,以 $\dfrac{1}{\Lambda_m}$ 对 $\Lambda_m(c/c^{\ominus})$ 作图,可由直线的斜率和截距分别求得 $K^{\ominus}$ 和 Λ_m^{∞}。式(6-13)和式(6-14)均称为奥斯特瓦尔德(Ostwald)稀释定律,它适用于 1-1 型的弱电解质。

例题 6-4　298K 时,实验测得不同浓度醋酸水溶液的摩尔电导率数值为

$\Lambda_m \times 10^4 / (\text{S} \cdot \text{m}^2/\text{mol})$	20.00	14.09	10.20	7.06	5.09
$c/(\text{mol/L})$	0.006 25	0.012 5	0.025	0.050	0.100

试根据奥斯特瓦尔德稀释定律,求算醋酸的解离常数和无限稀释摩尔电导率。

解:按式(6-14),求出各浓度下的 $\dfrac{1}{\Lambda_m}$ 和 $\Lambda_m(c/c^{\ominus})$,相关数值列表如下,即

$\dfrac{1}{\varLambda_{\mathrm{m}}}$/[mol/(S $\cdot$ m^2)]	500. 00	709. 72	980. 39	1 416. 43	1 964. 64
$\varLambda_{\mathrm{m}}(c/c^{\ominus})\times10^{7}$/(S $\cdot$ m^2/mol)	125. 00	176. 13	255. 00	353. 00	509. 00

以 $\dfrac{1}{\varLambda_{\mathrm{m}}}$ 对 $\varLambda_{\mathrm{m}}(c/c^{\ominus})$ 作直线回归,直线斜率为 $3.84\times10^{7}\mathrm{mol}^{2}/(\mathrm{S}^{2}\cdot\mathrm{m}^{4})$,截距为 $26.01\mathrm{mol}/(\mathrm{S}\cdot\mathrm{m}^{2})$,见图 6-7。即

$$\frac{1}{K^{\ominus}(\varLambda_{\mathrm{m}}^{\infty})^{2}}=3.84\times10^{7}\ \mathrm{mol}^{2}/(\mathrm{S}^{2}\cdot\mathrm{m}^{4})$$

$$\frac{1}{\varLambda_{\mathrm{m}}^{\infty}}=26.01\mathrm{mol}/(\mathrm{S}\cdot\mathrm{m}^{2})$$

联立两式,求得 $\varLambda_{\mathrm{m}}^{\infty}=384.47\times10^{-4}\mathrm{S}\cdot\mathrm{m}^{2}/\mathrm{mol}$,$K^{\ominus}=1.76\times10^{-5}$。

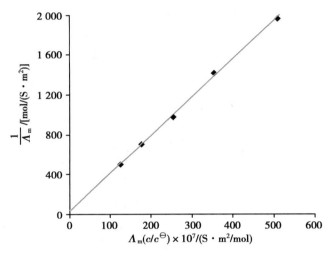

图 6-7　$\dfrac{1}{\varLambda_{\mathrm{m}}}$ 对 $\varLambda_{\mathrm{m}}$($c/c^{\ominus}$) 的线性拟合图（例题 6-4 图）

3. 难溶盐溶解度的测定　电导法可以方便地测定难溶盐在水中的溶解度。例如,$AgCl$、$BaSO_4$ 等难溶盐在水中的溶解度很小,其饱和溶液可视作无限稀,因此溶液的摩尔电导率可以用无限稀释摩尔电导率代替,即 $\varLambda_{\mathrm{m}}=\varLambda_{\mathrm{m}}^{\infty}$。又由于溶液极稀,水对溶液电导率的贡献不可忽略,必须将其减去才是难溶盐的电导率,即 $\kappa(盐)=\kappa(溶液)-\kappa(水)$。因此,难溶盐的饱和溶液浓度的计算公式为

$$c(饱和)=\frac{\kappa(溶液)-\kappa(水)}{\varLambda_{\mathrm{m}}} \qquad 式(6-15)$$

由饱和溶液的浓度可进一步计算难溶盐的溶解度 s 及标准活度积常数 $K_{\mathrm{sp}}^{\ominus}$。需要指出的是,计算非 1-1 型难溶电解质的溶解度时,$\varLambda_{\mathrm{m}}$ 和 c 所取的基本单元要一致。例如硫酸钡,可取 $\varLambda_{\mathrm{m}}(BaSO_4)$ 和 $c(BaSO_4)$,或 $\varLambda_{\mathrm{m}}\left(\dfrac{1}{2}BaSO_4\right)$ 和 $c\left(\dfrac{1}{2}BaSO_4\right)$。

例题 6-5　298K 时,测得 $AgCl$ 饱和溶液的电导率 κ 为 $3.41\times10^{-4}\mathrm{S/m}$,所用水的电导率 κ 为 $1.52\times10^{-4}\mathrm{S/m}$。试求该温度下 $AgCl$ 饱和溶液的浓度、溶解度及标准活度积常数。

解:查表得 $\lambda_{\mathrm{m}}^{\infty}(Ag^{+})=61.92\times10^{-4}\mathrm{S}\cdot\mathrm{m}^{2}/\mathrm{mol}$,$\lambda_{\mathrm{m}}^{\infty}(Cl^{-})=76.34\times10^{-4}\mathrm{S}\cdot\mathrm{m}^{2}/\mathrm{mol}$,则

$$\varLambda_{\mathrm{m}}(AgCl)=\varLambda_{\mathrm{m}}^{\infty}(AgCl)$$

$$=(61.92+76.34)\times10^{-4}=13.83\times10^{-3}\mathrm{S}\cdot\mathrm{m}^{2}/\mathrm{mol}$$

$$c(饱和) = \frac{\kappa(AgCl)}{\Lambda_m(AgCl)} = \frac{\kappa(溶液) - \kappa(水)}{\Lambda_m^\infty(AgCl)}$$

$$= \frac{(3.41 - 1.52) \times 10^{-4}}{13.83 \times 10^{-3}} = 1.37 \times 10^{-2} \, mol/m^3$$

溶解度 s 的定义为每千克水溶解的固体千克数。对于极稀溶液,1kg 溶液的体积近似等于 1L。所以,AgCl 的溶解度为

$$s(AgCl) = c(饱和) \cdot M(AgCl)$$

$$= 1.37 \times 10^{-2} \times 10^{-3} \times 143.5 \times 10^{-3} = 1.97 \times 10^{-6} \, kg/kg \, 水$$

$$K_{sp}^\ominus(AgCl) = \frac{c(Ag^+)}{c^\ominus} \cdot \frac{c(Cl^-)}{c^\ominus} = (1.37 \times 10^{-5})^2 = 1.88 \times 10^{-10}$$

4. 电导滴定　利用滴定终点前后溶液电导变化的转折来确定终点的方法称为电导滴定(conductometric titration)。电导滴定可用于酸碱中和反应、氧化还原反应和沉淀反应等。尤其当溶液浑浊或颜色很深时,电导滴定更能显示出它特殊的价值。

滴定时,由于离子浓度的变化,以及相关离子的替代作用,溶液的电导率将随之发生改变。例如 NaOH 滴定 HCl 时,随着 NaOH 的加入,电导率较小的 Na^+ 离子取代了溶液中电导率很大的 H^+ 离子,溶液的电导率减小,直至到达滴定终点。继续滴加 NaOH,溶液中 Na^+ 和 OH^- 离子的浓度不断增大,而 OH^- 离子的电导率又很大,所以溶液的电导率又很快增加。若以溶液的电导率对滴定液的体积作图,可以得到如图 6-8 中的滴定曲线 a,两条线段的交点即为滴定终点。

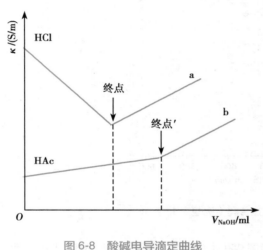

图 6-8　酸碱电导滴定曲线

若用 NaOH 滴定 HAc 时,由于 HAc 为弱酸,解离度很小,滴定开始时溶液电导率较低。加入 NaOH 后,随着 NaAc 的不断生成,溶液的电导率逐渐增加。终点后继续加入 NaOH,由于 Na^+ 离子和电导率很大的 OH^- 离子的增加,溶液的电导率很快增加。由滴定曲线的转折点可求得终点,见图 6-8 中的曲线 b。

第三节　强电解质溶液的活度和活度系数

一、电解质和离子的平均活度和平均活度系数

强电解质在水溶液中几乎全部解离成离子。因此,即使是稀溶液,离子与离子以及离子与溶剂分子之间也存在相互作用,使得电解质溶液的行为偏离理想溶液。因此,溶液中强电解质 B 的化学势表示中的浓度需用活度代替(见本书第三章),即

$$\mu_B = \mu_B^\ominus(T) + RT\ln a_B$$

该式对解离出的正、负离子同样适用,即

$$\mu_+ = \mu_+^\ominus(T) + RT\ln a_+ \qquad\qquad 式(6\text{-}16)$$

$$\mu_- = \mu_-^\ominus(T) + RT\ln a_- \qquad\qquad 式(6\text{-}17)$$

其中,a_+ 和 a_- 分别为正、负离子的活度,并且

$$a_+ = \gamma_+(m_+/m^\ominus) \qquad a_- = \gamma_-(m_-/m^\ominus) \qquad 式(6\text{-}18)$$

式中,γ_+ 和 γ_-、m_+ 和 m_- 分别表示正、负离子的活度系数以及离子的质量摩尔浓度。

任一强电解质 $M_{\nu_+}A_{\nu_-}$，在溶液中按下式完全解离，即

$$M_{\nu_+}A_{\nu_-} \longrightarrow \nu_+ M^{z_+} + \nu_- A^{z_-}$$

则有

$$a_B = a_+^{\nu_+} a_-^{\nu_-} \qquad\qquad 式(6-19)$$

由于溶液中不存在单独的正离子或负离子，目前也没有任何严格的实验方法可以直接测得单个离子的活度，因此任意电解质的活度无法按上式求得，需引入电解质的离子平均活度（mean activity of ions）$a_\pm$、离子平均活度系数（mean activity coefficient of ions）$\gamma_\pm$ 和离子平均质量摩尔浓度（mean molality of ions）$m_\pm$ 的概念，并定义为

$$a_\pm = (a_+^{\nu_+} a_-^{\nu_-})^{1/\nu} \qquad\qquad 式(6-20)$$

$$\gamma_\pm = (\gamma_+^{\nu_+} \gamma_-^{\nu_-})^{1/\nu} \qquad\qquad 式(6-21)$$

$$m_\pm = (m_+^{\nu_+} m_-^{\nu_-})^{1/\nu} \qquad\qquad 式(6-22)$$

以上式子中，$\nu = \nu_+ + \nu_-$。三个平均物理量之间的关系为

$$a_\pm = \gamma_\pm \frac{m_\pm}{m^\ominus} \qquad\qquad 式(6-23)$$

因此，由上面的讨论可以得出

$$a_B = a_\pm^\nu = \left(\gamma_\pm \frac{m_\pm}{m^\ominus}\right)^\nu \qquad\qquad 式(6-24)$$

式(6-24)表明，电解质活度或离子平均活度可由平均活度系数 $\gamma_\pm$ 及平均质量摩尔浓度 $m_\pm$ 求得，而 $\gamma_\pm$ 可通过依数性、电池电动势和溶解度等方法测得。表6-4列出了298K时水溶液中一些电解质的平均活度系数。任意电解质 $M_{\nu_+}A_{\nu_-}$ 的 $m_\pm$ 可以由电解质的质量摩尔浓度 m_B 求出，即

$$m_+ = \nu_+ m_B \qquad m_- = \nu_- m_B$$

$$m_\pm = (m_+^{\nu_+} m_-^{\nu_-})^{1/\nu} = (\nu_+^{\nu_+} \nu_-^{\nu_-})^{1/\nu} m_B \qquad\qquad 式(6-25)$$

表 6-4　298K 时一些电解质的离子平均活度系数 $\gamma_\pm$

$m/$ (mol/kg)	0.001	0.005	0.01	0.05	0.10	0.50	1.0	4.0
HCl	0.965	0.928	0.904	0.830	0.796	0.757	0.819	1.762
NaCl	0.966	0.929	0.904	0.823	0.778	0.682	0.658	0.783
KCl	0.965	0.927	0.901	0.815	0.769	0.650	0.605	0.582
HNO$_3$	0.965	0.927	0.902	0.823	0.785	0.715	0.720	0.982
NaOH			0.899	0.818	0.766	0.693	0.679	0.890
CaCl$_2$	0.887	0.783	0.724	0.574	0.518	0.448	0.500	2.934
K$_2$SO$_4$		0.781	0.715	0.529	0.441	0.262	0.210	
H$_2$SO$_4$	0.830	0.639	0.544	0.340	0.265	0.154	0.130	0.171
BaCl$_2$		0.781	0.725	0.556	0.496	0.396	0.399	
CuSO$_4$		0.560	0.444	0.230	0.164	0.066	0.044	
ZnSO$_4$	0.734	0.477	0.387	0.202	0.148	0.063	0.043	

例题 6-6　分别计算 $m = 0.05\text{mol/kg}$ 的 KCl（$\gamma_\pm = 0.815$）和 K$_2$SO$_4$（$\gamma_\pm = 0.529$）溶液的离子平均质量摩尔浓度 $m_\pm$、离子平均活度 $a_\pm$ 和电解质活度 a。

解：（1）KCl 为 1-1 价型，$\nu_+ = \nu_- = 1$，$\nu = 2$

$$m_\pm = (m_+^{\nu_+} m_-^{\nu_-})^{1/\nu} = (\nu_+^{\nu_+} \nu_-^{\nu_-})^{1/\nu} m$$

$$= (1 \times 1)^{1/2} \times 0.05 = 0.05\text{mol/kg}$$

$$\alpha_{\pm} = \gamma_{\pm} \frac{m_{\pm}}{m^{\ominus}} = 0.815 \times 0.05/1 = 0.040\ 75$$

$$\alpha = \alpha_{\pm}^{\nu} = (0.040\ 75)^2 = 1.66 \times 10^{-3}$$

（2）K_2SO_4 为 1-2 价型，$\nu_+ = 2$，$\nu_- = 1$，$\nu = 3$

$$m_{\pm} = (\nu_+^{\nu_+} \nu_-^{\nu_-})^{1/\nu} m = (2^2 \times 1)^{1/3} \times 0.05 = 0.079\ 4\ mol/kg$$

$$a_{\pm} = \gamma_{\pm} \frac{m_{\pm}}{m^{\ominus}} = 0.529 \times 0.079\ 4/1 = 0.042\ 0$$

$$a = a_{\pm}^{\nu} = 0.042\ 0^3 = 7.41 \times 10^{-5}$$

二、离子强度

表 6-4 中的数据表明，一定温度下，在稀溶液范围内，影响离子平均活度系数的主要因素是离子浓度和离子价数。1921 年，路易斯（Lewis）根据大量实验数据，提出了离子强度（ionic strength）I 的概念，用以度量由溶液中的离子电荷所形成的静电场之强度，定义式为

$$I = \frac{1}{2} \sum_B m_B z_B^2 \qquad \text{式（6-26）}$$

式中，m_B 和 z_B 分别为各种离子的质量摩尔浓度和相应的价数。

例题 6-7 计算 0.01mol/kg KCl、0.02mol/kg K_2SO_4 和 0.05mol/kg $ZnSO_4$ 的混合水溶液的离子强度 I。

解： $I = \frac{1}{2} \sum_B m_B Z_B^2$

$$= \frac{1}{2}[0.01 \times 1^2 + 0.01 \times (-1)^2 + 2 \times 0.02 \times 1^2 + 0.02 \times (-2)^2 + 0.05 \times 2^2 + 0.05 \times (-2)^2]$$

$$= 0.27mol/kg$$

路易斯还进一步总结出稀溶液中，离子平均活度系数和离子强度之间的经验关系式

$$\ln \gamma_{\pm} = -常数\sqrt{I}$$

该式实际上适用于 1-1 价型的电解质。

三、德拜-休克尔极限定律

1923 年德拜-休克尔（Debye-Hückel）提出了离子互吸理论，将电解质溶液对理想溶液的偏差归因于离子之间的静电吸引力。由于静电作用，每个中心离子周围都被电荷符号相反的离子所包围，形成离子氛。离子氛与中心离子作为一个整体考虑是电中性的，与溶液中其他部分之间无静电作用。基于离子氛模型，再结合其他的假定，德拜-休克尔导出了稀溶液中单个离子活度系数与离子强度的关系式

$$\ln \gamma_B = -Az_B^2 \cdot \sqrt{I} \qquad \text{式（6-27）}$$

式中 A 在温度和溶剂一定时为定值，可由相关数据手册（如 *Lange's Handbook of Chemistry*）中查得。298K 的水溶液中，$A = 1.172(kg/mol)^{1/2}$。由于单个离子的活度系数无法直接测定，将上式变换成离子平均活度系数的表达形式，可以得到

$$\ln \gamma_{\pm} = -AZ_+ |Z_-| \sqrt{I} \qquad \text{式（6-28）}$$

式（6-27）和式（6-28）均为德拜-休克尔极限定律（Debye-Hückel's limiting law），与路易斯经验式一致。德拜-休克尔极限定律表明，离子浓度和离子的价数决定了离子的平均活度系数，而与电解质本性无关。该式适用于离子强度小于 0.01mol/kg 的稀溶液，当溶液趋向于无限稀释时（$\sqrt{I} \to 0$），算得的 $\gamma_{\pm}$ 与实验值有较好的相符性。而当溶液的离子强度增大时，理论值与实验值逐渐偏离，应用时需对德拜-休克尔公式进行修正。

例题 6-8 298K 时，$ZnCl_2$ 水溶液的浓度为 0.002mol/kg，试用德拜-休克尔极限公式计算该溶液的离子平均活度系数 $\gamma_\pm$。

解：

$$I = \frac{1}{2}\sum_B m_B Z_B^2 = \frac{1}{2}\left[0.002\times2^2 + 0.004\times(-1)^2\right] = 0.006\,\text{mol/kg}$$

$$\ln\gamma_\pm = -AZ_+\,|\,Z_-\,|\sqrt{I}$$

$$= -1.172\times2\times|\,(-1)\,|\cdot\sqrt{0.006} = -0.181\,6$$

$$\gamma_\pm = 0.834$$

第四节 可逆电池

一、可逆电池的基本概念

原电池可以实现化学能向电能的转化，简称电池。如果这种能量转换是以热力学上可逆的方式进行的，则称为可逆电池（reversible cell）。由热力学知识可知，在等温等压条件下，系统吉布斯能的减小，等于可逆过程中所做的最大非体积功（W'_{max}），即

$$(\Delta_r G_m)_{T,p} = W'_{max}$$

可逆电池的基本概念（微课）

而电池中，非体积功只有电功。若可逆电池的电动势为 E，电极上发生氧化还原反应的电荷数为 z，则电池所做的电功为

$$W'_{max} = -zEF \qquad\qquad 式(6\text{-}29)$$

因此，系统吉布斯能的变化与可逆电池的电动势之间存在着下列关系

$$(\Delta_r G_m)_{T,p} = -zEF \qquad\qquad 式(6\text{-}30)$$

式（6-30）是电化学中十分重要的关系式，它如同桥梁般将热力学与电化学联系在一起，使人们既可以用热力学的知识计算化学能转变为电能的最高限度，为提高电池性能和研制新的化学电源提供依据，也为热力学问题的研究提供了电化学手段和方法。

按照热力学上的可逆概念，可逆电池必须同时满足以下条件：

1. 电池内进行的化学反应必须可逆，即充电反应和放电反应互为逆反应。

2. 能量的转换必须可逆，即充、放电时，通过电池的电流十分微小，这样才能保证电池内的化学反应是在无限接近平衡态的条件下进行的。

3. 电池中所进行的其他过程（如离子的迁移等）也必须可逆。

例如，将锌棒和铜棒分别插入 $ZnSO_4$ 和 $CuSO_4$ 溶液中，两个电解质溶液之间用膜或素烧瓷分开。也可将两个电解质溶液放在不同的容器中，然后用盐桥相连。用导线连接两金属棒，则反应立即进行，同时电子沿着导线从锌极流向铜极，从而产生电流，这是典型的原电池。现设该电池的电动势为 E，并将其与一电动势为 E' 的外加电源并联，如图 6-9 所示。当 $E>E'$，电池将放电，电极反应和电池反应分别为

负极　　　$Zn \longrightarrow Zn^{2+} + 2e^-$

正极　　　$Cu^{2+} + 2e^- \longrightarrow Cu$

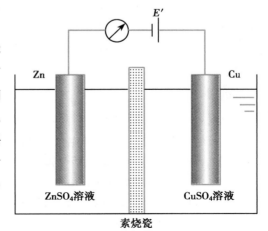

图 6-9 与外电源并联的铜锌双液电池

电池反应 $\qquad$ $Zn+CuSO_4 \longrightarrow Cu+ZnSO_4$

当 $E<E'$，电池将充电，电极反应和电池反应分别为

阴极 $\qquad$ $Zn^{2+}+2e^- \longrightarrow Zn$

阳极 $\qquad$ $Cu \longrightarrow Cu^{2+}+2e^-$

电池反应 $\qquad$ $Cu+ZnSO_4 \longrightarrow Zn+CuSO_4$

由此可见，该电池的充、放电反应互为逆反应。当通过的电流无限小时，能量转化也可逆，则此电池是一可逆电池。

如果上述电池中 $ZnSO_4$ 和 $CuSO_4$ 溶液不用盐桥或素烧瓷隔开，则充放电时，溶液接界处的离子扩散将不可逆。这样，虽然满足充放电时电池反应可逆和通过的电流无限小的条件，但由于离子扩散的不可逆性，仍然是不可逆电池。也有一些电池，它们充、放电时的反应就不是可逆关系，则这种电池一定是不可逆电池。如将铜棒和锌棒插入稀硫酸溶液中构成的电池（图 6-10）。放电时电池反应为 $Zn+2H^+ \longrightarrow Zn^{2+}+H_2$，充电时电池反应为 $2H^++Cu \longrightarrow H_2+Cu^{2+}$。

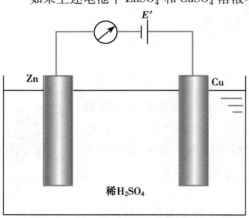

图 6-10　与外电源并联的铜锌单液电池

二、可逆电极的种类

根据电极反应的特点不同，构成可逆电池的可逆电极主要有以下三类。

1. **第一类电极**　这类电极主要包括金属电极（metal electrode）、气体电极（gas electrode）和汞齐电极（amalgam electrode）等。

金属电极是指金属和电解质溶液中该金属的离子达成平衡的电极，如 Cu 棒插在 Cu^{2+} 离子溶液中。当作为正极或负极时，铜电极组成和电极反应分别为

正极 $\qquad$ $Cu^{2+}(a) \mid Cu(s)$ $\qquad$ $Cu^{2+}(a)+2e^- \longrightarrow Cu(s)$

负极 $\qquad$ $Cu(s) \mid Cu^{2+}(a)$ $\qquad$ $Cu(s) \longrightarrow Cu^{2+}(a)+2e^-$

显然，电极上的氧化和还原反应互为逆反应。

一些活泼的金属，如 Na、K，不可直接和其相应离子的溶液组成电极，但可以把金属溶于汞，做成汞齐电极。如钠汞齐电极：$Na^+(a_+) \mid Na(Hg)(a)$，相应的电极反应为 $Na^+(a_+)+Hg(l)+e^- \longrightarrow Na(Hg)(a)$。

气体电极由吸附某种气体达平衡的惰性金属片与含有该种气体元素的离子溶液构成。金属片在这里不仅起导电作用，还有促进电极平衡建立的作用，使用最多的是金属铂。常见的气体电极有氢电极、氧电极和氯电极，它们作为正极时的电极组成和电极反应分别为

氢电极 $\qquad$ $H^+(a_+) \mid H_2(g) \mid Pt$ $\qquad$ $2H^+(a_+)+2e^- \longrightarrow H_2(g)$

氧电极 $\qquad$ $OH^-(a_-) \mid O_2(g) \mid Pt$ $\qquad$ $O_2(g)+H_2O+4e^- \longrightarrow 4OH^-(a_-)$

氯电极 $\qquad$ $Cl^-(a_-) \mid Cl_2(g) \mid Pt$ $\qquad$ $Cl_2(g)+2e^- \longrightarrow 2Cl^-(a_-)$

氢电极也可在碱性介质中，氧电极也可在酸性介质中，它们的电极组成和电极反应与上述不同。

2. **第二类电极**　这类电极包括金属-难溶盐电极（metal-insoluble metal salt electrode）和金属-难溶氧化物电极（metal-insoluble metal oxide electrode）。它们容易制备，电极电势较稳定，故在电化学中常被用作标准电极或参比电极（reference electrode）。

金属-难溶盐电极是在金属表面覆盖一层该金属的难溶盐，然后浸入含有该难溶盐的负离子溶液中构成。最常用的有甘汞电极（calomel electrode）和银-氯化银电极（silver-silver chloride electrode）。

它们作为正极时的电极组成分别为 $Cl^-(a_-)\,|\,Hg_2Cl_2(s)\,|\,Hg(l)$ 和 $Cl^-(a_-)\,|\,AgCl(s)\,|\,Ag(s)$，相应的电极反应为

$$Hg_2Cl_2(s)+2e^- \longrightarrow 2Hg(l)+2Cl^-(a_-)$$

$$AgCl(s)+e^- \longrightarrow Ag(s)+Cl^-(a_-)$$

金属-难溶氧化物电极是在金属表面覆盖一层该金属的氧化物，然后浸在含有 H^+ 或 OH^- 离子的溶液中构成。例如，在酸性和碱性介质中的 Hg-HgO 电极

电极 $\qquad\qquad\qquad\qquad OH^-(a_-)\,|\,HgO(s)\,|\,Hg(l)$

电极反应 $\qquad\qquad\qquad HgO(s)+H_2O+2e^- \longrightarrow Hg+2OH^-(a_-)$

电极 $\qquad\qquad\qquad\qquad H^+(a_+)\,|\,HgO(s)\,|\,Hg(l)$

电极反应 $\qquad\qquad\qquad HgO(s)+2H^+(a_+)+2e^- \longrightarrow Hg(l)+H_2O$

3. 第三类电极　这类电极同样需借助惰性金属（如 Pt）起导电作用，插入于含有某种离子的两种不同氧化态的溶液中。由于电极反应只涉及溶液中离子间的氧化还原反应，故又称氧化还原电极（oxidation-reduction electrode）。如 Fe^{2+} 与 Fe^{3+} 构成的电极，电极组成为 $Fe^{3+}(a_1),Fe^{2+}(a_2)\,|\,Pt$，电极反应为

$$Fe^{3+}(a_1)+e^- \longrightarrow Fe^{2+}(a_2)$$

三、可逆电池的书写方式

为了方便而科学地书面表达电池组成和结构，1953 年，国际纯粹与应用化学联合会（International Union of Pure and Applied Chemistry，IUPAC）作了具体的书写规定：

1. 发生氧化反应的负极写在左边，发生还原反应的正极写在右边。

2. 电极与电极液接触产生的相界面用单垂线"｜"表示，可混溶的两种液体之间的接界面用逗号"，"表示。若两种溶液之间的接界电势（junction potential）已经用盐桥降至最低，则用双垂线表示盐桥"‖"。

3. 注明电池中各物质所处的状态（g、l、s），气体要标明压力，溶液要标明浓度或活度。

4. 不能直接作为电极的气体和液体，如 $H_2(g)$、$O_2(g)$、$Br_2(l)$ 等，应标明其依附的惰性金属（如 Pt、Au）。

5. 应注明电池工作的温度和压力。若不写明，则指 298K 和 100kPa。

依照上述规定，图 6-9 的铜锌电池的书写方式为

$$Zn(s)\,|\,ZnSO_4(a_1)\,\|\,CuSO_4(a_2)\,|\,Cu(s)$$

四、可逆电池电动势的测定

可逆电池的电动势测定必须在电路中通过电流几乎为零的情况下进行，否则电池中会发生化学反应，导致溶液浓度不断的变化。为了满足这一条件，应采用波根多夫（Poggendoff）补偿法，在电路上安置一个方向相反而大小与待测电池相同的外加电动势，以对抗原电池的电动势。这时电路中几乎没有电流通过，测得的即是可逆电池的电动势。

电势差计是根据补偿法原理设计的一种测量电池电动势的仪器，其工作原理见图 6-11。图中 E_w 为工作电源，K 为双向开关，E_s 为标准电池，E_x 为被测电池，G

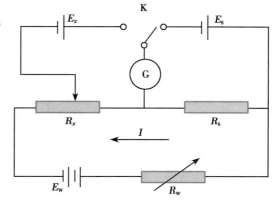

图 6-11　电势差计工作原理示意图

为检流计(用作示零指示),R_w为调节工作电流的变阻器,R_s为标准电池的补偿电阻,R_x为被测电池的补偿电阻。测定时调整标准电阻R_s值,接通标准电池E_s,调整工作电阻R_w,使检流计 G 指零,即对消E_s,此时工作电流为定值,即$I=\dfrac{E_s}{R_s}=$常数。然后接通待测电池E_x,调整电阻R_x,使检流计 G 指零,此时待测电池的电动势E_x等于电阻R_x两端的电压降,$E_x=IR_x=$常数$\times R_x$,R_x在电势差计上直接表示为电动势值。

五、电池电动势产生的原因

电池的电动势(electromotive force)主要由三种电势差构成,即电极和电解质溶液之间的界面电势差、两种不同电解质溶液或相同电解质但浓度不同的溶液之间的接界电势差以及导线和电极之间的接触电势差。下面分别对三种电势差进行讨论。

(一) 电极-溶液界面电势差

把金属片插入水中,极性很大的水分子将与金属晶格中的金属离子相互作用使之水化。在水化能足够大时,这些水化金属离子有可能离开金属表面而溶入水相,使金属表面带负电,而液相带正电。

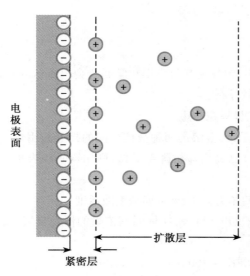

电极表面

扩散层

紧密层

图 6-12　双电层结构示意图

如果将金属浸入含有该金属离子的水溶液中,情况类似,只是当溶液中的金属离子更容易获得电子时,这些金属离子将获得电子,沉积在金属表面,使金属带正电而液相带负电。以上两种情况,都将在金属-溶液界面上形成双电层(electric double layer)结构(图 6-12)。由于离子的静电吸引及离子热运动的结果,带相反电荷的离子一部分吸附在金属表面,形成厚度约为10^{-10}m 的紧密层(contact layer);另一部分向溶液中扩散成为扩散层(diffusion layer),扩散层的厚度与溶液中离子的浓度有关,一般在$10^{-10}\sim10^{-6}$m 范围内变动。金属-溶液界面上双电层的存在,阻止了金属离子进一步向溶液中的溶入或向电极表面的沉积,最后达成平衡,形成电势差,称为电极-溶液界面电势差,或称电极电势(electrode potential)。电极-溶液界面电势差是电池电动势的一个重要组成部分。

(二) 接触电势

金属晶格中的电子可以从金属表面逸出。由于不同金属的电子逸出功不同,两种金属的接触界面上,电子分布将不相等,由此产生的电势差称为接触电势(contact potential)。接触电势的数值一般比较小,常忽略不计。

(三) 液体接界电势

两种不同的电解质溶液或是电解质相同但浓度不同的溶液相互接触时,由于离子的迁移速率不同,在接触界面上也会形成双电层,产生微小的电势差,称为液体接界电势(liquid junction potential)或扩散电势(diffuse potential)。如:两种不同浓度 HCl 溶液的接界面上,HCl 将由浓的一侧向稀的一侧扩散。由于H^+离子的扩散速率大于Cl^-离子,在浓度小的一侧有过剩H^+离子而带正电,在浓度大的一侧有Cl^-离子过剩而带负电,这样在溶液接界面上形成双电层。双电层的存在,使离子扩散通过界面的速率发生改变。速率快者减慢,速率慢者加快,最后达到稳态,离子以相同的速率通过界面,在界面处形成稳定的电势差。

液体接界电势不是很大,一般在 30mV 左右。但是,它的存在,将引起电池的不可逆性。所以,在实际工作中常在两种溶液之间连接一个盐桥(salt bridge)来尽量减小液体接界电势。盐桥是一 U 形管,内装有用琼脂固定的高浓度电解质溶液。一般是用饱和 KCl 溶液,但如果组成电池的电解质溶液中含有 Ag^+、Hg_2^{2+} 等,须改用 NH_4NO_3 或 KNO_3 溶液。

（四）电池电动势

根据上述讨论,铜-锌电池中,各相界面上的电势差应包括以下几个部分

$$Cu(导线)\mid Zn(s)\mid ZnSO_4(a)\mid CuSO_4(a)\mid Cu(s)$$

$$\varepsilon_{接触} \qquad \varepsilon_- \qquad \varepsilon_{液接} \qquad \varepsilon_+$$

其中,$\varepsilon_{接触}$ 表示接触电势,$\varepsilon_{液接}$ 表示液体接界电势,ε_+ 和 ε_- 分别为两电极与溶液界面间的电势差。原电池的电动势为电池内各相界面上的电势差的代数和,因此,整个电池的电动势为:

$$E=\varepsilon_{接触}+\varepsilon_-+\varepsilon_{液接}+\varepsilon_+$$

若忽略 $\varepsilon_{接触}$ 以及用盐桥基本消除 $\varepsilon_{液接}$ 后,电池的电动势则主要由电极与溶液界面电势差组成,即

$$E=\varepsilon_-+\varepsilon_+ \qquad\qquad 式(6\text{-}31)$$

注意,式(6-31)只是从理论上说明电池电动势的组成,要真正计算电池电动势,需要用第六节讲到的相对于标准氢电极的电极电势(φ)值,也可用第五节中的电池电动势的能斯特方程计算得到。

第五节　可逆电池热力学

一、电池电动势的能斯特方程

一定温度下,某可逆电池的电池反应为

$$aA+dD \longrightarrow gG+hH$$

根据化学反应等温式可知

$$\Delta_r G_m = \Delta_r G_m^{\ominus}+RT\ln\frac{a_G^g \cdot a_H^h}{a_A^a \cdot a_D^d} \qquad\qquad 式(6\text{-}32)$$

由式(6-30)已知 $\Delta_r G_m=-zEF$,而当参加电池反应的各组分均处于标准态时,式(6-30)又可表示为

$$\Delta_r G_m^{\ominus}=-zE^{\ominus}F \qquad\qquad 式(6\text{-}33)$$

将式(6-33)和式(6-30)一起代入式(6-32),则有

$$E=E^{\ominus}-\frac{RT}{zF}\ln\frac{a_G^g \cdot a_H^h}{a_A^a \cdot a_D^d} \qquad\qquad 式(6\text{-}34)$$

上式称为电池反应的能斯特方程(Nernst equation),是可逆电池的基本关系式。它表示在恒定温度下,电池电动势与参加反应的各组分活度间的定量关系。由式(6-34)可以推知,同一种电池反应的不同的化学方程式,E 具有相同的数值。

例题 6-9　试计算在 298K 时,电池 $Pt\mid H_2(100kPa)\mid HCl(0.1mol/kg)\mid AgCl(s)\mid Ag(s)$ 的电动势 E。已知该温度下,电池的标准电动势 $E^{\ominus}$ 为 0.222 4V。

解: 电极反应

负极　　　　　　　　$\dfrac{1}{2}H_2(p) \longrightarrow H^+(a_{H^+})+e^-$

正极　　　　　　　　$AgCl(s)+e^- \longrightarrow Ag(s)+Cl^-(a_{Cl^-})$

电池反应　　　$\dfrac{1}{2}H_2(p)+AgCl(s) \longrightarrow H^+(a_{H^+})+Cl^-(a_{Cl^-})+Ag(s)$

根据式(6-36),可得

$$E = E^{\ominus} - \frac{RT}{zF}\ln\frac{a_{H^+} a_{Cl^-} \cdot a_{Ag}}{[p_{H_2}/p^{\ominus}]^{1/2} a_{AgCl}}$$

Ag、AgCl 为纯固体,其活度视为 1,$p_{H_2}/p^{\ominus}=1$,$z=1$,故上式可写为

$$E = E^{\ominus} - \frac{RT}{F}\ln(a_{H^+} a_{Cl^-})$$

对 HCl:$a_{H^+} \cdot a_{Cl^-} = a_{\pm}^2 = \left(\gamma_{\pm}\frac{m}{m^{\ominus}}\right)^2$

查表可得:298K 时,0.1mol/kg HCl 的 $\gamma_{\pm}=0.796$,故

$$a_{H^+} \cdot a_{Cl^-} = \left(\gamma_{\pm}\frac{m}{m^{\ominus}}\right)^2 = \left(0.796\times\frac{0.1}{1}\right)^2 = 6.336\times10^{-3}$$

$$E = E^{\ominus} - \frac{RT}{F}\ln(a_{H^+} \cdot a_{Cl^-})$$

$$= 0.222\,4 - \frac{8.314\times298}{96\,500}\times\ln6.336\times10^{-3}$$

$$= 0.352\,4V$$

二、标准电池电动势和平衡常数的关系

已知 $\Delta_r G_m^{\ominus} = -zE^{\ominus}F$,而 $\Delta_r G_m^{\ominus}$ 与反应标准平衡常数之间的关系为

$$\Delta_r G_m^{\ominus} = -RT\ln K_a^{\ominus}$$

因此,标准电池电动势 $E^{\ominus}$ 与反应的标准平衡常数 $K_a^{\ominus}$ 之间有

$$E^{\ominus} = \frac{RT}{zF}\ln K_a^{\ominus} \qquad\qquad 式(6-35)$$

由实验测得各反应物均处于标准态时的电池电动势,或查出标准电极电势数值,就可求出电池反应的平衡常数。

例题 6-10 298K 时,将反应 $Ce^{4+}+Fe^{2+}\longrightarrow Fe^{3+}+Ce^{3+}$ 设计成电池,实验测得该电池在标准态下的电池电动势 $E^{\ominus}=0.84V$,试写出该电池的电池表达式,反应的 $\Delta_r G_m^{\ominus}$ 和 $K_a^{\ominus}$。

解:按反应设计的电池为

$$Pt \mid Fe^{2+}(a=1), Fe^{3+}(a=1) \parallel Ce^{4+}(a=1), Ce^{3+}(a=1) \mid Pt$$

由式(6-35),可得

$$\ln K_a^{\ominus} = \frac{zFE^{\ominus}}{RT} = \frac{1\times96\,500\times0.84}{8.314\times298}$$

$$K_a^{\ominus} = 1.6\times10^{14}$$

$$\Delta_r G_m^{\ominus} = -zFE^{\ominus} = 1\times96\,500\times0.84 = 8.1\times10^4 J = 81kJ$$

三、电池电动势与电池反应的热力学函数间的关系

根据热力学中的吉布斯-亥姆霍兹公式

$$\left[\frac{\partial(\Delta_r G_m)}{\partial T}\right]_p = -\Delta_r S_m$$

将 $\Delta_r G_m = -zEF$ 代入上式,得到

$$\Delta_r S_m = zF\left(\frac{\partial E}{\partial T}\right)_p \qquad\qquad 式(6-36)$$

式(6-36)中 $\left(\frac{\partial E}{\partial T}\right)_p$ 称为电池电动势的温度系数,可由实验测定。

已知等温条件下，$\Delta_r G_m = \Delta_r H_m - T\Delta_r S_m$，将 $\Delta_r G_m = -zEF$ 和式(6-36)代入，则有

$$\Delta_r H_m = -zEF + zFT\left(\frac{\partial E}{\partial T}\right)_p \qquad\qquad 式(6-37)$$

电池电动势及温度系数可以测得很精确，故用电化学方法所得到的热力学函数变化量比热力学方法测得的数据更准确。

已知温度一定时，$Q_r = T\Delta_r S_m$，将式(6-36)代入，得

$$Q_r = zFT\left(\frac{\partial E}{\partial T}\right)_p \qquad\qquad 式(6-38)$$

式中，Q_r 为电池恒温可逆工作时吸收或放出的热，可分三种情况讨论：

1. 当 $\left(\dfrac{\partial E}{\partial T}\right)_p > 0$，则 $Q_r > 0$，电池工作时从环境吸热。

2. 当 $\left(\dfrac{\partial E}{\partial T}\right)_p < 0$，则 $Q_r < 0$，电池工作时向环境放热。

3. 当 $\left(\dfrac{\partial E}{\partial T}\right)_p = 0$，则 $Q_r = 0$，电池工作时不吸热也不放热。

必须指出的是，在电池中化学反应做了非体积功（电功），压力一定下电池可逆放电时的热量 Q_r 不等于一般化学反应的 $\Delta_r H_m$，将式(6-38)代入式(6-37)可以得出两者间的关系，即

$$\Delta_r H_m = -zFE + Q_r \qquad\qquad 式(6-39)$$

例题 6-11　298K 时，电池 $Pt\,|\,H_2(p^\ominus)\,|\,H_2SO_4(0.01mol/kg)\,|\,O_2(p^\ominus)\,|\,Pt$ 的电动势 $E = 1.228V$，$\left(\dfrac{\partial E}{\partial T}\right)_p = -8.49\times10^{-4}\,V/K$。试写出该电池的电池反应，并求算该温度下电池反应的 $\Delta_r G_m$、$\Delta_r H_m$、$\Delta_r S_m$ 及可逆放电时与环境交换的热量 Q_r。

解： 负极　　　　　　$$H_2(p^\ominus) \longrightarrow 2H^+(a_{H^+}) + 2e^-$$

正极　　　　　$$\frac{1}{2}O_2(p^\ominus) + 2H^+(a_{H^+}) + 2e^- \longrightarrow H_2O(l)$$

电池反应　　　　$$H_2(p^\ominus) + \frac{1}{2}O_2(p^\ominus) \longrightarrow H_2O(l)$$

$$\Delta_r G_m = -zEF$$
$$= -2\times96\,500\times1.228 = -237.0kJ/mol$$

$$\Delta_r S_m = zF\left(\frac{\partial E}{\partial T}\right)_p$$
$$= 2\times96\,500\times(-8.49\times10^{-4}) = -163.9J/(K\cdot mol)$$

$$\Delta_r H_m = \Delta_r G_m + T\Delta_r S_m$$
$$= -237.0 + 298\times(-163.9)\times10^{-3} = -285.8kJ/mol$$

$$Q_r = T\Delta_r S_m = 298\times(-163.9) = -48.8kJ/mol$$

第六节　标准氢电极与电极电势

一、标准氢电极

由式(6-31)可知，若能从理论上计算或从实验上测得任一电极与溶液界面上的电势差，便可求得电池电动势的绝对值。遗憾的是目前尚无法得到单个电极的电极电势绝对值，因为实验测得的均为由两个电极组成的整个电池的电动势。但是可以选定一个相对标准，通过比较的方法得到单个电极

的电极电势相对值,因为实际应用时只要知道相对值就已足够。

1953 年,IUPAC 建议选用氢离子活度为 1、氢气压力为 100kPa 的 标准氢电极(standard hydrogen electrode)作为标准电极,用以测定任意电极的电极电势,并规定在任意温度下标准氢电极的电极电势 $\varphi_{H^+/H_2}^{\ominus}$ 为零。

标准氢电极的制备方法如下:将镀有蓬松铂黑的铂片浸入氢离子活度等于 1 的溶液中,然后通入标准压力 $p^{\ominus}$ 的纯净氢气,使其不断冲击铂片,并被铂黑吸附直到饱和,由此构成标准氢电极(图 6-13)。

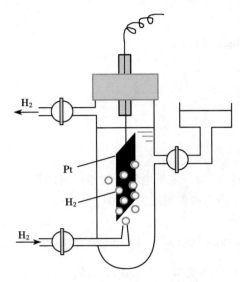

图 6-13   氢电极构造示意图

二、电极电势

用标准氢电极测定任意电极的电极电势时,标准氢电极作为负极,而待测电极作为正极,用盐桥消除液体接界电势后,组成了下面所示的原电池:

$$Pt \mid H_2(p^{\ominus}) \mid H^+(a_{H^+}=1) \parallel 待测电极$$

该电池电动势的数值和符号,就是待测电极的电极电势的数值和符号,用 φ 表示。当电极处在标准态下,即参加电极反应的各物质的活度都等于 1,这时的电极电势为标准电极电势 $\varphi^{\ominus}$。由于是将待测电极作为发生还原作用的正极,所以以此规定所得的电极电势又称还原电势。由还原电势计算电池电动势的规定为

$$E = \varphi_+ - \varphi_- \qquad 式(6-40)$$

当组成电池的各组分均处于标准态时

$$E^{\ominus} = \varphi_+^{\ominus} - \varphi_-^{\ominus} \qquad 式(6-41)$$

要确定铜电极 $Cu^{2+}(a_{Cu^{2+}}=1) \mid Cu$ 的电极电势,可组成电池

$$Pt \mid H_2(p^{\ominus}) \mid H^+(a_{H^+}=1) \parallel Cu^{2+}(a_{Cu^{2+}}=1) \mid Cu(s)$$

负极 $\qquad\qquad\qquad H_2(p^{\ominus}) \longrightarrow 2H^+(a_{H^+}=1) + 2e^-$

正极 $\qquad\qquad\qquad Cu^{2+}(a_{Cu^{2+}}=1) + 2e^- \longrightarrow Cu(s)$

电池反应 $\qquad\qquad H_2(p^{\ominus}) + Cu^{2+}(a_{Cu^{2+}}=1) \longrightarrow Cu(s) + 2H^+(a_{H^+}=1)$

由于 $Cu^{2+}(a_{Cu^{2+}}=1)$ 比 $H^+(a_{H^+}=1)$ 更易获得电子,电池工作时电极上发生的反应与电池表达式一致,则该电池的电动势应为正值。在 298K 时,实验测得上述电池的电动势为 0.337V,由式(6-40)可得铜电极的标准电极电势 $\varphi_{Cu^{2+}/Cu}^{\ominus} = 0.337V$。

若将锌电极 $Zn^{2+}(a_{Zn^{2+}}=1) \mid Zn(s)$ 与氢电极组成电池

$$Pt \mid H_2(p^{\ominus}) \mid H^+(a_{H^+}=1) \parallel Zn^{2+}(a_{Zn^{2+}}=1) \mid Zn(s)$$

负极 $\qquad\qquad\qquad H_2(p^{\ominus}) \longrightarrow 2H^+(a_{H^+}=1) + 2e^-$

正极 $\qquad\qquad\qquad Zn^{2+}(a_{Zn^{2+}}=1) + 2e^- \longrightarrow Zn(s)$

电池反应 $\qquad H_2(p^{\ominus}) + Zn^{2+}(a_{Zn^{2+}}=1) \longrightarrow 2H^+(a_{H^+}=1) + Zn(s)$

298K 时,实验测得上述电池的电动势为 0.763V。由于 Zn 比 $H_2(p^{\ominus})$ 更易失去电子,作为正极的锌电极上实际进行的是氧化反应,即按电池书写方式写出的电池反应是非自发的,则该电池的电动势应为负值。因此,由式(6-40)可得锌电极的标准电极电势 $\varphi_{Zn^{2+}/Zn}^{\ominus} = -0.763V$。

电极电势也可通过电极电势的能斯特方程计算得到。今有电池

$$Pt \mid H_2(p) \mid H^+(a_{H^+}) \parallel Cu^{2+}(a_{Cu^{2+}}) \mid Cu(s)$$

负极 $\qquad\qquad\qquad H_2(p) \longrightarrow 2H^+(a_{H^+}) + 2e^-$

正极 $\qquad\qquad\qquad Cu^{2+}(a_{Cu^{2+}}) + 2e^- \longrightarrow Cu(s)$

电池反应
$$H_2(p)+Cu^{2+}(a_{Cu^{2+}})\longrightarrow 2H^+(a_{H^+})+Cu(s)$$

电池电动势的计算式为
$$E=E^{\ominus}-\frac{RT}{2F}\ln\frac{a_{H^+}^2\cdot a_{Cu}}{a_{H_2}\cdot a_{Cu^{2+}}}$$

根据式 $E=\varphi_+-\varphi_-$,将上式拆成两部分

$$E=(\varphi_{Cu^{2+}/Cu}^{\ominus}-\varphi_{H^+/H_2}^{\ominus})-\left(\frac{RT}{2F}\ln\frac{a_{Cu}}{a_{Cu^{2+}}}-\frac{RT}{2F}\ln\frac{a_{H_2}}{a_{H^+}^2}\right)$$

$$=\left(\varphi_{Cu^{2+}/Cu}^{\ominus}-\frac{RT}{2F}\ln\frac{a_{Cu}}{a_{Cu^{2+}}}\right)-\left(\varphi_{H^+/H_2}^{\ominus}-\frac{RT}{2F}\ln\frac{a_{H_2}}{a_{H^+}^2}\right)$$

$$=\varphi_{Cu^{2+}/Cu}-\varphi_{H^+/H_2}$$

因此

$$\varphi_{Cu^{2+}/Cu}=\varphi_{Cu^{2+}/Cu}^{\ominus}-\frac{RT}{2F}\ln\frac{a_{Cu}}{a_{Cu^{2+}}}$$

$$\varphi_{H^+/H_2}=\varphi_{H^+/H_2}^{\ominus}-\frac{RT}{2F}\ln\frac{a_{H_2}}{a_{H^+}^2}$$

显然,以上两式分别对应铜电极和氢电极的还原反应。将上述计算公式推广到任意电极的还原反应
$$m\text{ 氧化态}+ze^-\longrightarrow n\text{ 还原态}$$

电极电势的计算式为

$$\varphi=\varphi^{\ominus}-\frac{RT}{zF}\ln\frac{a_{\text{还原态}}^n}{a_{\text{氧化态}}^m}\qquad\text{式(6-42)}$$

式(6-42)即为电极反应的能斯特方程。与电池电动势一样,同一种电极反应的 φ 与化学方程式的写法无关。

例题 6-12　试为下述反应设计电池,写出电极反应,并求算 298K 时电池的电动势。电池反应为: $Zn(s)+2Fe^{3+}(a=0.1)\longrightarrow Zn^{2+}(a=0.01)+2Fe^{2+}(a=0.001)$。

解:设计电池如下
$$Zn(s)\mid Zn^{2+}(a=0.01)\parallel Fe^{3+}(a=0.1),Fe^{2+}(a=0.001)\mid Pt$$

电极反应为
负极
$$Zn(s)\longrightarrow Zn^{2+}(a=0.01)+2e^-$$
正极
$$2Fe^{3+}(a=0.1)+2e^-\longrightarrow 2Fe^{2+}(a=0.001)$$

查电极电势表,得: $\varphi_{Fe^{3+}/Fe^{2+}}^{\ominus}=0.771V$, $\varphi_{Zn^{2+}/Zn}^{\ominus}=-0.7628V$。则

$$E=\varphi_+-\varphi_-$$
$$=\left[\varphi_{Fe^{3+}/Fe^{2+}}^{\ominus}-\frac{RT}{2F}\ln\left(\frac{a_{Fe^{2+}}}{a_{Fe^{3+}}}\right)^2\right]-\left(\varphi_{Zn^{2+}/Zn}^{\ominus}-\frac{RT}{2F}\ln\frac{a_{Zn}}{a_{Zn^{2+}}}\right)$$
$$=\left[0.771-\frac{8.314\times298}{2\times96500}\ln\left(\frac{0.001}{0.1}\right)^2\right]-\left(-0.7628-\frac{8.314\times298}{2\times96500}\ln\frac{1}{0.01}\right)$$
$$=1.71V$$

也可直接代入电池反应的能斯特方程中计算,得

$$E=E^{\ominus}-\frac{RT}{zF}\ln\frac{a_{Zn^{2+}}a_{Fe^{2+}}^2}{a_{Zn}a_{Fe^{3+}}^2}$$

$$=[0.771-(-0.7628)]-\frac{8.314\times298}{2\times96500}\ln\frac{0.01\times(0.001)^2}{(0.1)^2}$$

$$=1.71V$$

　　电极电势的数值大小反映了电极中反应物质得到或失去电子能力的强弱。电极电势越正,组成电极的氧化态物质越容易得到电子;电极电势越负,则还原态物质越容易失去电子。因此,将任意两个电极组成电池时,电势高者应为正极,电势低者则为负极。标准电极电势有许多重要应用,如确定电池的标准电动势、判断氧化还原反应的方向、计算平衡常数等。一些常用电极在298K时的标准电极电势数值可由物理化学数据手册(如 *Lange's Handbook of Chemistry*)上查得。

第七节　浓差电池

　　前面所讨论的电池中,物质变化涉及的是化学反应,这类电池称为化学电池。但也有一类电池,物质变化的净作用仅仅是由高浓度向低浓度的扩散,这类电池则称为浓差电池(concentration cell)。浓差电池有单液浓差和双液浓差两种。

一、单液浓差电池

　　单液浓差电池,也称电极浓差电池,它是由材料相同而活度不同的两个电极插入同一电解质溶液中构成的。例如电池

$$\text{Pt} \mid \text{H}_2(p_1) \mid \text{HCl}(m) \mid \text{H}_2(p_2) \mid \text{Pt}$$

电极反应为

负极
$$\text{H}_2(p_1) \longrightarrow 2\text{H}^+(m) + 2\text{e}^-$$

正极
$$2\text{H}^+(m) + 2\text{e}^- \longrightarrow \text{H}_2(p_2)$$

总变化为
$$\text{H}_2(p_1) \longrightarrow \text{H}_2(p_2)$$

电池电动势为
$$E = -\frac{RT}{2F}\ln\frac{p_2/p^\ominus}{p_1/p^\ominus} = \frac{RT}{2F}\ln\frac{p_1}{p_2}$$

　　在温度一定时,这类电池的电动势只与两电极上物质的活度有关。当 $p_1 > p_2$ 时,上述电池的电动势为正值,即气体由高压向低压的扩散为自发过程。

二、双液浓差电池

　　双液浓差电池,亦称溶液浓差电池,它是由相同的两电极插入两个电解质相同而活度不同的溶液中构成的。例如电池

$$\text{Ag}(\text{s}) \mid \text{AgNO}_3(a_1) \parallel \text{AgNO}_3(a_2) \mid \text{Ag}(\text{s})$$

电极反应为

负极
$$\text{Ag}(\text{s}) \longrightarrow \text{Ag}^+(a_1) + \text{e}^-$$

正极
$$\text{Ag}^+(a_2) + \text{e}^- \longrightarrow \text{Ag}(\text{s})$$

总变化为
$$\text{Ag}^+(a_2) \longrightarrow \text{Ag}^+(a_1)$$

电池电动势为
$$E = -\frac{RT}{F}\ln\frac{a_1}{a_2} = \frac{RT}{F}\ln\frac{a_2}{a_1}$$

　　同样,这类电池的电动势在温度一定时亦仅与两电极溶液的活度有关。当 $a_2 > a_1$ 时,上述电池的电动势也为正值,即物质由高浓度向低浓度的迁移为自发过程。

三、双联浓差电池

　　双液浓差电池中,在两个不同浓度溶液间插入了盐桥,以基本消除液接电势。若要完全消除液接电势,可用两个电解质浓度不同的相同电池串接在一起,构成双联浓差电池。例如

$$\mathrm{Pt}\,|\,\mathrm{H}_2(p^{\ominus})\,|\,\mathrm{HCl}(a_1)\,|\,\mathrm{AgCl}(s)\,|\,\mathrm{Ag}(s)-\mathrm{Ag}(s)\,|\,\mathrm{AgCl}(s)\,|\,\mathrm{HCl}(a_2)\,|\,\mathrm{H}_2(p^{\ominus})\,|\,\mathrm{Pt}$$

左电池反应为

$$\frac{1}{2}\,\mathrm{H}_2(p^{\ominus})+\mathrm{AgCl}(s)\longrightarrow \mathrm{Ag}(s)+\mathrm{HCl}(a_1)$$

$$E_{左}=(\varphi^{\ominus}_{\mathrm{AgCl/Ag}}-\varphi^{\ominus}_{\mathrm{H}^+/\mathrm{H}_2})-\frac{RT}{F}\ln a_1$$

右电池反应为

$$\mathrm{Ag}(s)+\mathrm{HCl}(a_2)\longrightarrow \frac{1}{2}\,\mathrm{H}_2(p^{\ominus})+\mathrm{AgCl}(s)$$

$$E_{右}=(\varphi^{\ominus}_{\mathrm{H}^+/\mathrm{H}_2}-\varphi^{\ominus}_{\mathrm{AgCl/Ag}})+\frac{RT}{F}\ln a_2$$

整个双联电池的反应为

$$\mathrm{HCl}(a_2)\longrightarrow \mathrm{HCl}(a_1)$$

所以,其实质就是一个浓差电池,总电池电动势为

$$E_{总}=E_{左}+E_{右}=\frac{RT}{F}\ln\frac{a_2}{a_1}$$

第八节　电池电动势的应用

一、判断反应方向

由于电池电动势 E 和化学反应的 $\Delta_r G_m$ 之间存在关系 $\Delta_r G_m = -zEF$,因此,可以根据电池电动势的正负号,判断电池反应的方向。按化学反应方向设计电池,若电池的电动势 $E>0$,则 $\Delta_r G_m <0$,表明正方向上的化学反应能自发进行;若电池的电动势 $E<0$,则 $\Delta_r G_m >0$,表明逆方向上的化学反应为自发反应。

由于电池电动势为正、负电极的电极电势之差,因此也可根据有关电极电势的数值大小判断反应进行的方向。

例题 6-13　298K 时,将两电极 $\mathrm{Sn}(s)\,|\,\mathrm{SnCl}_2(a=1)$ 和 $\mathrm{Pb}(s)\,|\,\mathrm{PbCl}_2(a=1)$ 组成电池,并判断金属铅能否置换出溶液中的锡。若将 SnCl_2 和 PbCl_2 的活度分别调整为 0.1 和 0.01,结果又如何?

解:查表得 $\varphi^{\ominus}_{\mathrm{Pb}^{2+}/\mathrm{Pb}}=-0.126\mathrm{V}$,$\varphi^{\ominus}_{\mathrm{Sn}^{2+}/\mathrm{Sn}}=-0.136\mathrm{V}$。根据电极的标准电极电势判断,标准态下发生的氧化还原反应为

$$\mathrm{Pb}^{2+}(a=1)+\mathrm{Sn}(s)\longrightarrow \mathrm{Pb}(s)+\mathrm{Sn}^{2+}(a=1)$$

负极　　　　　　　　$\mathrm{Sn}(s)\longrightarrow \mathrm{Sn}^{2+}(a=1)+2\mathrm{e}^-$

正极　　　　　　　　$\mathrm{Pb}^{2+}(a=1)+2\mathrm{e}^-\longrightarrow \mathrm{Pb}(s)$

设计电池为　　　　　$\mathrm{Sn}(s)\,|\,\mathrm{Sn}^{2+}(a=1)\,\|\,\mathrm{Pb}^{2+}(a=1)\,|\,\mathrm{Pb}(s)$

标准电池电动势为

$$E^{\ominus}=\varphi^{\ominus}_+-\varphi^{\ominus}_-=-0.126-(-0.136)=0.01\mathrm{V}$$

由于电池电动势大于零,所设定电池的反应为自发反应,即铅不能从溶液中置换出锡。

当 SnCl_2 和 PbCl_2 的活度分别调整为 0.1 和 0.01 时,两电极的电极电势各为

$$\varphi_{\mathrm{Pb}^{2+}/\mathrm{Pb}}=\varphi^{\ominus}_{\mathrm{Pb}^{2+}/\mathrm{Pb}}-\frac{RT}{2F}\ln\frac{a_{\mathrm{Pb}}}{a_{\mathrm{Pb}^{2+}}}$$

$$=-0.126-\frac{8.314\times298}{2\times96\,500}\ln\frac{1}{0.01}$$

$$= -0.185V$$

$$\varphi_{Sn^{2+}/Sn} = \varphi_{Sn^{2+}/Sn}^{\ominus} - \frac{RT}{2F}\ln\frac{a_{Sn}}{a_{Sn^{2+}}}$$

$$= -0.136 - \frac{8.314 \times 298}{2 \times 96\ 500}\ln\frac{1}{0.1}$$

$$= -0.166V$$

由于 $\varphi_{Pb^{2+}/Pb} < \varphi_{Sn^{2+}/Sn}$，即正极电极电势小于负极电极电势，电池电动势小于零，因此新活度条件下的反应实为标准态电池反应的逆反应，即

$$Pb(s) + Sn^{2+}(a=0.1) \longrightarrow Pb^{2+}(a=0.01) + Sn(s)$$

组成的电池为

$$Pb(s)\ |\ Pb^{2+}(a=0.01)\ \|\ Sn^{2+}(a=0.1)\ |\ Sn(s)$$

此条件下，铅可以置换出溶液中的锡。

二、求难溶盐的活度积

难溶盐的活度积在科学实验和化工生产上都具有重要的指导价值。难溶盐的溶解过程也可以通过设计电池来实现，并利用两电极的标准电极电势 $\varphi^{\ominus}$ 计算出 $E^{\ominus}$，进而可求得 $K_{sp}^{\ominus}$。这是除电导法之外，测定难溶盐活度积的又一种常用方法。

例题 6-14　试用 $\varphi^{\ominus}$ 数据计算难溶盐 AgCl 在 298K 时的活度积 $K_{sp}^{\ominus}$。

解：该题可用两种方法来解。

方法一：根据 AgCl 溶解过程 $AgCl(s) \longrightarrow Ag^+ + Cl^-$，设计电池为

$$Ag(s)\ |\ AgNO_3(a_1)\ \|\ KCl(a_2)\ |\ AgCl(s)\ |\ Ag(s)$$

负极

$$Ag(s) \longrightarrow Ag^+(a_1) + e^-$$

正极

$$AgCl(s) + e^- \longrightarrow Cl^-(a_2) + Ag(s)$$

电池反应

$$AgCl(s) \longrightarrow Ag^+ + Cl^-$$

查表得 298K 时，$\varphi_{AgCl/Ag}^{\ominus} = 0.222\ 4V$，$\varphi_{Ag^+/Ag}^{\ominus} = 0.799\ 1V$。则

$$E^{\ominus} = \varphi_{AgCl/Ag}^{\ominus} - \varphi_{Ag^+/Ag}^{\ominus} = 0.222\ 4 - 0.799\ 1 = -0.576\ 7V$$

利用式(6-35)可算得 AgCl 的活度积为

$$\ln K_{sp}^{\ominus} = \frac{zFE^{\ominus}}{RT} = \frac{1 \times 96\ 500 \times (-0.576\ 7)}{8.314 \times 298}$$

$$K_{sp}^{\ominus} = 1.76 \times 10^{-10}$$

方法二：本例中电池的正极也可以看作是 Ag(s) 与 Ag^+ 构成的第一类电极，设想电极反应由下面两步组成

$$AgCl(s) \longrightarrow Ag^+ + Cl^- \tag{1}$$

$$Ag^+ + e^- \longrightarrow Ag \tag{2}$$

总电极反应仍为

$$AgCl(s) + e^- \longrightarrow Ag + Cl^- \tag{3}$$

以上三个反应的吉布斯能变化之间的关系为

$$\Delta_r G_{m,1}^{\ominus} + \Delta_r G_{m,2}^{\ominus} = \Delta_r G_{m,3}^{\ominus}$$

因此

$$-RT\ln K_{sp}^{\ominus} + (-F\varphi_{Ag^+/Ag}^{\ominus}) = -F\varphi_{AgCl/Ag}^{\ominus}$$

将相关数据代入上式，同样可算得 AgCl 难溶盐的活度积为 $K_{sp}^{\ominus} = 1.76 \times 10^{-10}$。

另外，上式经变换后可表示为

$$\varphi_{AgCl/Ag}^{\ominus} = \varphi_{Ag^+/Ag}^{\ominus} + \frac{RT}{F}\ln K_{sp}^{\ominus}$$

即金属电极的标准电极电势与其相应的难溶盐电极的标准电极电势之间可通过难溶盐的活度积相互换算。

三、求离子平均活度系数

以下列电池为例

$$Pt \mid H_2(p^{\ominus}) \mid HCl(m) \mid AgCl(s) \mid Ag(s)$$

电池反应为

$$\frac{1}{2}H_2(p^{\ominus}) + AgCl(s) \longrightarrow Ag(s) + H^+(m) + Cl^-(m)$$

电池电动势为

$$E = E^{\ominus} - \frac{RT}{F}\ln\frac{a_{H^+} a_{Cl^-} a_{Ag}}{(p_{H_2}/p^{\ominus})^{1/2} a_{AgCl}} = E^{\ominus} - \frac{RT}{F}\ln(a_{H^+} a_{Cl^-})$$

由于 $a_{H^+} a_{Cl^-} = a_{\pm}^2 = \gamma_{\pm}^2\left(\dfrac{m}{m^{\ominus}}\right)^2$，代入上面的电动势计算公式中，得

$$E = E^{\ominus} - \frac{2RT}{F}\ln\frac{m}{m^{\ominus}} - \frac{2RT}{F}\ln\gamma_{\pm} \qquad 式(6-43)$$

若给定温度下电池的标准电动势已知，测得不同浓度 HCl 溶液的电池电动势后，即可由上式算得相应浓度下 HCl 溶液的离子平均活度系数 $\gamma_{\pm}$。反之，若离子平均活度系数可由德拜-休克尔极限公式计算得到，则可求得 $E^{\ominus}$。

对 1-1 型电解质，在稀溶液范围内，德拜-休克尔极限公式可表示为

$$\ln\gamma_{\pm} = -A' \mid z_+ z_- \mid \sqrt{I} = -A'\sqrt{m}$$

将上式代入式(6-43)，经整理后可得

$$E + \frac{2RT}{F}\ln\frac{m}{m^{\ominus}} = E^{\ominus} + \frac{2RTA'}{F}\sqrt{m} \qquad 式(6-44)$$

即 $\left(E + \dfrac{2RT}{F}\ln\dfrac{m}{m^{\ominus}}\right)$ 与 $\sqrt{m}$ 在稀溶液范围内呈直线关系，将直线外推至 $m\rightarrow0$，由截距可以得到 $E^{\ominus}$ 值。

例题 6-15 298K 时，电池为

$$Pt \mid H_2(100kPa) \mid HBr(m) \mid AgBr(s) \mid Ag(s)$$

当 HBr 溶液取不同浓度时，该电池电动势有如下数据，即

$m \times 10^4/(mol/kg)$	1.262	4.172	10.994	37.19
E/V	0.533 0	0.472 2	0.422 8	0.361 7

试求该电池的标准电动势 $E^{\ominus}$；当 HBr 的浓度为 0.010mol/kg 时，$E = 0.312\ 6V$，求此浓度下 HBr 的 $\gamma_{\pm}$。

解： 该电池的电池反应为

$$\frac{1}{2}H_2(100kPa) + AgBr(s) \longrightarrow Ag(s) + H^+(m_+) + Br^-(m_-)$$

根据式(6-55)，由题中所给数据分别算出 $E + \dfrac{2RT}{F}\ln\dfrac{m}{m^{\ominus}}$ 和 $\sqrt{m}$ 的数值，分别为

$\sqrt{m} \times 10^2/(mol/kg)^{1/2}$	1.123	2.043	3.316	6.098
$\left(E + \dfrac{2RT}{F}\ln\dfrac{m}{m^{\ominus}}\right)/V$	0.072 0	0.072 6	0.073 0	0.074 4

以 $E + \dfrac{2RT}{F}\ln\dfrac{m}{m^{\ominus}}$ 为纵坐标，$\sqrt{m}$ 为横坐标作图（图6-14），外推到 $\sqrt{m}\rightarrow0$，则其截距为 $E^{\ominus}$。

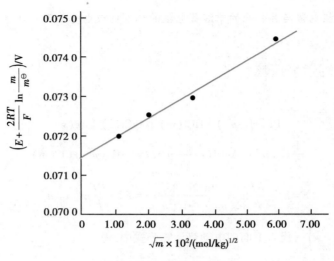

图 6-14   例题 6-15 附图

由图 6-14 可见：$E^\ominus = 0.071\ 5\text{V}$。再将 $m = 0.010\ 0\text{mol/kg}$，$E = 0.312\ 6\text{V}$ 代入式（6-43），可以算得 HBr 的 $\gamma_\pm$，即

$$
\begin{aligned}
\ln\gamma_\pm &= \frac{F}{2RT}\left(E^\ominus - E - \frac{2RT}{F}\ln\frac{m}{m^\ominus}\right) \\
&= \frac{96\ 500}{2\times 8.\ 314\times 298}\times\left(0.\ 071\ 5 - 0.\ 312\ 6 - \frac{2\times 8.\ 314\times 298}{96\ 500}\ln\frac{0.\ 010\ 0}{1}\right) \\
&= -0.\ 090\ 2
\end{aligned}
$$

即

$$\gamma_\pm = 0.914$$

四、测定溶液的 pH 值

用电动势法测定溶液的 pH 时，通常选用对氢离子可逆的电极和另一个电极电势已知的参比电极组成电池。最常用的参比电极是甘汞电极，其电极电势与 Cl^- 的活度有关，见表 6-5。H^+ 指示电极则有氢电极、醌-氢醌电极和玻璃电极（glass electrode）。由于氢电极的使用条件十分严格，又极易中毒，因此实际测定时，常用醌-氢醌电极和玻璃电极。而醌-氢醌电极在使用时有一定的 pH 范围限制，故目前使用最普遍的是玻璃电极。

表 6-5   不同浓度甘汞电极的电极电势

KCl 浓度	φ_{298K}/V	φ_T/V
0.1mol/L	0.333 7	$0.333\ 7 - 7.0\times 10^{-5}(T-298)$
1mol/L	0.280 1	$0.280\ 1 - 2.4\times 10^{-4}(T-298)$
饱和	0.241 2	$0.241\ 2 - 7.6\times 10^{-4}(T-298)$

玻璃电极的主要构成部分（图 6-15）是一个球形的玻璃膜泡，膜的组成一般是 72% SiO_2、22% Na_2O 和 6% CaO，膜泡内装入一定 pH 的缓冲溶液，并插入一根 Ag-AgCl 电极。玻璃电极不受溶液中氧化剂和还原剂的作用，适用于较大的 pH 范围（一般 pH = 1~9）。若改变玻璃膜的组成，使用范围可扩大至 pH = 1~14。将玻璃泡浸入待测溶液中，构成的玻璃膜电极的电极电势为

$$\varphi_{玻璃} = \varphi_{玻璃}^\ominus + \frac{RT}{F}\ln(a_{H^+})_x = \varphi_{玻璃}^\ominus - \frac{2.303RT}{F}\text{pH}$$

式中，$\varphi_{玻璃}^\ominus$ 为玻璃电极的标准电极电势。由于不同的玻璃电极，其膜的组成及制备方法不同，$\varphi_{玻璃}^\ominus$ 也

不相同。

将玻璃电极与甘汞电极组成电池,由电池电动势可求得溶液的 pH。例如:

Ag(s)│AgCl(s)│KCl(0.1mol/kg)│玻璃膜│待测溶液(a_{H^+})‖摩尔甘汞电极

298K 时,电池电动势

$$E = \varphi_{甘汞} - \varphi_{玻璃} = 0.280\ 1 - \left(\varphi_{玻璃}^{\ominus} - 2.303\frac{RT}{F}\text{pH}\right)$$

整理后,可得

$$\text{pH} = \frac{(E - 0.280\ 1 + \varphi_{玻璃}^{\ominus})F}{2.303RT} \qquad 式(6\text{-}45)$$

实际测量时,通常先用已知 pH 的标准缓冲溶液(如饱和酒石酸氢钾,0.01mol/kg 硼砂等)对玻璃电极标定出 $\varphi_{玻璃}^{\ominus}$,然后再测定未知溶液的 pH。

设 pH_s 和 pH_x 分别为标准缓冲溶液和待测溶液的 pH 值,则由式(6-45)可以得到用玻璃电极测定溶液 pH 的计算公式:

$$\text{pH}_x = \text{pH}_s + \frac{(E_x - E_s)F}{2.303RT} \qquad 式(6\text{-}46)$$

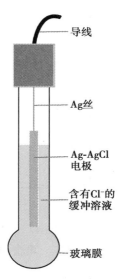

图 6-15　玻璃电极

五、电势滴定

以滴定过程中电池电动势的突变来指示滴定终点到达的分析方法称为电势滴定(potentiometric titrations)。电势滴定和电导滴定都属于电化学分析法,适用于那些难以用指示剂监控滴定终点的反应,操作十分简便。

将一支对待分析离子可逆的电极插入该离子的溶液中,并与参比电极(如甘汞电极)组成电池。在滴定过程中,随着滴定溶液的加入,待测溶液中待分析离子的浓度会不断变化,电池电动势也随之改变,记录所加入的滴定溶液体积 V 及对应的电池电动势 E,做 $E\text{-}V$ 图,在接近滴定终点时,少量滴定液就能引起电动势的突变,从而可确定滴定终点的到达。

第九节　电解与电极的极化

可逆电池中,电极反应都是在平衡或接近平衡的条件下进行,可用热力学方法处理。但在实际工作中,要使电化学过程以一定的速度进行,无论是原电池还是电解池系统中,总是会有一定的电流流过。因此,电极上将发生极化作用,导致电极过程偏离热力学平衡态。这一节将简单讨论电极的极化作用及一些规律。

一、分解电压

直流电通过电解质溶液,阳离子向阴极迁移,阴离子向阳极迁移,并分别在电极上发生氧化还原反应,这就是电解过程。例如 H_2SO_4 水溶液的电解。如图 6-16 所示,在硫酸水溶液中插入两根铂电极,并联接电路。随着外加电压的改变,流经电解池的电流也随之变化,记录电压和电流值,可作出如图 6-16 所示的电流-电压曲线。当外加电压很小时,电解池中几乎没有电流通过。随着外加电压的增大,电流略有增加,但电极上观察不到电解的发

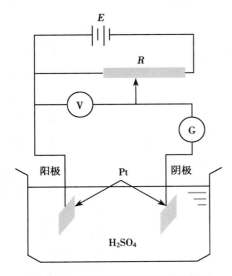

图 6-16　分解电压测定装置示意图

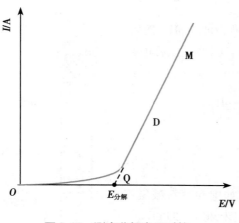

图 6-17　测定分解电压时的
电流-电压曲线图

生。当电压增大到某一临界值后,电流呈急剧上升趋势,同时两电极上有连续气泡逸出。这一临界电压就是**分解电压**(decomposition voltage),即电解过程中使两电极上连续不断发生氧化还原反应所需的最小外加电压,用 $E_{分解}$ 表示,可通过图 6-17 中的直线 MD 反向延伸至电流为零处(即 Q 点)得到。

上述电解池中两电极上进行的反应为:

阴极　　　　　　$2H^+(a) + 2e^- \longrightarrow H_2(p)$

阳极　　　　　　$H_2O(l) \longrightarrow 2H^+(a) + \frac{1}{2}O_2(p) + 2e^-$

电解反应　　　　$H_2O(l) \longrightarrow H_2(p) + \frac{1}{2}O_2(p)$

由于阴极和阳极产生的氢气和氧气吸附在电极表面,与溶液中相应的离子一起分别构成了氢电极和氧电极,从而构成电池

$$Pt \mid H_2(p) \mid H_2SO_4(m) \mid O_2(p) \mid Pt$$

此电池将产生一个与外加电压相抗衡的反电动势,即原电池的可逆电动势 $E_{可逆}$。在 298K 时,该电池的电动势为 1.23V。显然,外加电压只要稍大于此电动势值就能使电解顺利进行,故该电动势值又称理论分解电压 $E_{理论}$。但是,实际电解时,由于电极的极化,所测得的分解电压 $E_{分解}$ 要比 $E_{可逆}$ 大很多,如上述电解池的实际分解电压约为 1.7V。

表 6-6 给出了一些电解质的 $E_{分解}$、$E_{理论}$ 及它们之间的偏差情况。由表中数据可知,分解电压的大小与电极反应的产物有关。表中所列的一些酸、碱在光亮铂电极上的分解电压与电解质性质无关,均在 1.7V 左右,这是因为这些物质的电解产物均为 H_2 和 O_2。

表 6-6　几种浓度为 $\frac{1}{z}$ mol/L 电解质溶液的分解电压(光亮 Pt 电极)

电解质溶液	实际分解电压 $E_{分解}$/V	电解产物	理论分解电压 $E_{理论}$/V	($E_{分解}-E_{理论}$)/V
HNO_3	1.69	H_2+O_2	1.23	0.46
H_2SO_4	1.67	H_2+O_2	1.23	0.44
H_3PO_4	1.70	H_2+O_2	1.23	0.47
$NaOH$	1.69	H_2+O_2	1.23	0.46
KOH	1.67	H_2+O_2	1.23	0.44
$NH_3 \cdot H_2O$	1.74	H_2+O_2	1.23	0.51
HCl	1.31	H_2+Cl_2	1.37	0.06
$CdSO_4$	2.03	$Cd+O_2$	1.26	0.77
$Cd(NO_3)_2$	1.98	$Cd+O_2$	1.25	0.73
$CoCl_2$	1.78	$Co+Cl_2$	1.69	0.09
$CuSO_4$	1.49	$Cu+O_2$	0.51	0.98
$NiSO_4$	2.09	$Ni+O_2$	1.10	0.99
$AgNO_3$	0.70	$Ag+O_2$	0.04	0.66
$ZnSO_4$	2.55	$Zn+O_2$	1.60	0.95

二、电极的极化与超电势

（一）电极的极化

若电极上没有电流通过,则电极处于平衡状态,电池电动势及电极电势均为可逆状态时的数值

$$E_{可逆} = \varphi_{可逆,阳} - \varphi_{可逆,阴}$$

当有电流通过时,电极的平衡状态受到破坏,电极电势也随之偏离可逆值,且偏离程度随电极上电流密度的增加而增加。这种有电流通过电极时,电极电势偏离可逆值的现象称为电极的极化(polarization of electrode)。

电极的极化现象产生的原因有多种,其中以浓差极化和电化学极化最为普遍。

1. 浓差极化 在一定电流密度下,若电极反应速率较快,而离子扩散速率较慢,将导致电极附近溶液的浓度与溶液本体(即远离电极的均匀溶液)中的浓度不同,从而引起电极电势与可逆电极电势发生偏离。这种由于浓度差所造成的极化称为浓差极化(concentration polarization)。例如,将两支银电极插入 $AgNO_3$ 溶液中进行电解,阴极发生的电极反应为 $Ag^+ + e^- \longrightarrow Ag$。由于电极附近溶液中的 Ag^+ 离子很快沉积到电极上,而本体溶液中的 Ag^+ 离子来不及扩散到电极附近加以补充,造成阴极附近的溶液中 Ag^+ 离子的浓度 m'_{Ag^+} 小于本体溶液中 Ag^+ 离子的浓度 m_{Ag^+},其结果如同将银电极插入一浓度较小的溶液中一样。若把浓度近似看成活度,则可以写出电极在有电流及没有电流通过时的电极电势计算式

$$\varphi_{可逆,阴} = \varphi^{\ominus}_{Ag^+/Ag} - \frac{RT}{F}\ln\frac{1}{m_{Ag^+}}$$

$$\varphi_{不可逆,阴} = \varphi^{\ominus}_{Ag^+/Ag} - \frac{RT}{F}\ln\frac{1}{m'_{Ag^+}}$$

因为 $m'_{Ag^+} < m_{Ag^+}$,所以 $\varphi_{不可逆,阴} < \varphi_{可逆,阴}$。同理可得,阳极极化的结果将使 $\varphi_{不可逆,阳} > \varphi_{可逆,阳}$。即浓差极化的结果,使得阴极的电极电势小于可逆值,而阳极的电极电势则高于可逆值。

浓差极化是由于离子扩散速率跟不上电极反应速率而产生的,因此可通过提高离子扩散速率的方式来降低浓差极化,如搅拌溶液或升高温度。

2. 电化学极化 通常电极反应是由多个连续步骤完成的,整个电极反应的速率决定于最慢的一步,而这一步的进行往往需要比较高的活化能。因此,在电解时,为了使电极上的反应能顺利进行,就必须通过增加外加电压的途径给予反应系统一定的能量。这样,使得阴极电势较其可逆的电极电势更低一些,阳极电势较其可逆的电极电势更高一些。这种由于电极反应动力学的原因而形成的电极电势与可逆电极电势间的偏差现象,称为电化学极化(electrochemical polarization)。

（二）超电势

1. 超电势 由上所述,由于电极的极化,实际电解时,要使正离子在阴极得到电子析出产物,外加的阴极电势必须比可逆电极电势更负一些;要使负离子在阳极失去电子析出相应产物,则外加的阳极电势必须比可逆电极电势更正一些。电极极化的程度,可以用超电势(overpotential)或过电势来度量,其符号为 η。为了保证超电势是一正值,阴极和阳极的超电势分别定义为

$$\eta_{阴} = \varphi_{可逆,阴} - \varphi_{不可逆,阴} \qquad\qquad 式(6-47)$$

$$\eta_{阳} = \varphi_{不可逆,阳} - \varphi_{可逆,阳} \qquad\qquad 式(6-48)$$

由浓差极化和电化学极化所形成的超电势分别称为浓差超电势(concentration overpotential)和电化学超电势(electrochemical overpotential)。

实际电解时,在电流密度不是很大的情况下,分解电压应为

$$E_{分解} = \varphi_{不可逆,阳} - \varphi_{不可逆,阴}$$

$$=\varphi_{可逆,阳}+\eta_{阳}-\varphi_{可逆,阴}+\eta_{阴}$$

$$=\varphi_{可逆,阳}-\varphi_{可逆,阴}+\eta_{阳}+\eta_{阴}$$

即超电势的存在,使得电解时施加于电池上的电压大于理论分解电压。

　　2. 超电势的影响因素　一般来说,金属析出的超电势较小,而气体析出的超电势较大,而且与电极材料、电流密度、电极表面的状态及电解质的性质和浓度等因素有关。下面只讨论影响气体析出超电势的两种主要因素。

　　(1) 电极材料:实验证明,当同一气体在不同电极上逸出时,其超电势的数值相差很大。如 H_2 在 Pt 电极上逸出时,超电势很小,但在如 Hg、Pb 等电极上逸出时,超电势却相当大。其他气体也有类似现象。表6-7列出了当电流密度较小时,H_2 和 O_2 在不同电极上的超电势值。

表6-7　电流密度较小时,H_2 和 O_2 在一些电极上的超电势值

电极	η_{H_2}/V	η_{O_2}/V	电极	η_{H_2}/V	η_{O_2}/V
铂黑	0.000	0.3	Ni	0.2~0.4	0.05
Pt	0.000	0.4	Cu	0.4~0.6	—
Au	0.02~0.1	0.5	Cd	0.5~0.7	0.4
Fe	0.1~0.2	0.3	Zn	0.6~0.8	—
光亮铂	0.2~0.4	0.5	Hg	0.8~1.0	—
Ag	0.2~0.4	0.4	Pb	0.9~1.0	0.3

　　(2) 电流密度:实验证明,对任何电极,气体的超电势均随电流密度的增加而增大。1905年,塔菲尔(Tafel)在研究氢的活化过电势时,提出了超电势与电流密度的定量关系

$$\eta=a+b\ln(j/[j]) \tag{式(6-49)}$$

式中,j 为电流密度,$[j]$ 是电流密度的单位(A/m^2),a、b 为经验常数。a 是单位电流密度时的超电势值,与电极材料、电极表面状态、溶液组成和实验温度等有关。对不同的电极材料,b 的数值则相差不大,室温下约为 0.050V。

　　3. 超电势的测定　超电势的数值可以由实验测得,装置见图6-18。A 为待测电极,B 为辅助电极,C 为参比电极(通常选用电势较稳定的甘汞电极)。具体测定方法为:用对消法先测出待测电极的

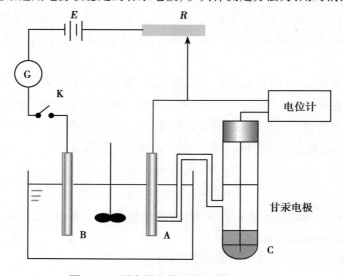

图 6-18　测定超电势和极化曲线的装置

可逆电极电势,然后通过调节可变电阻 R,由小至大不断改变电流密度,再测定不同电流密度下的电极电势值。若测定时充分搅拌溶液,则超电势值将不包括浓差超电势,而仅为电化学超电势。以电流密度 j 对电极电势作图,可得待测电极的极化曲线(图 6-19)。由图可见,电解池和原电池中阴极和阳极的极化曲线是各不相同的,下面分别讨论之。

图 6-19(a)为电解池中两电极的极化曲线。由于电解池的阳极为正极,阴极为负极,故阳极极化曲线应位于阴极极化曲线的右方。根据两条极化曲线的变化趋势,不难理解,只有当外加端电压(即分解电压)$E_{分解}$大于电池的平衡电动势 $E_{可逆}$,不可逆电解反应才能得以进行,而且电流密度越大,其不可逆程度亦越大,消耗电能也越多。

图 6-19(b)为原电池的电极极化曲线。在原电池中,因负极为阳极,正极为阴极,故阳极极化曲线位于阴极极化曲线的左方。当原电池不可逆放电时,随着电流密度的增加,超电势也随之增大,则正、负两极的极化曲线相互靠近,使原电池两端的电势差逐渐减小。因此,对原电池而言,电流密度的增加,将增加电池的不可逆程度,所能做的电功也逐渐减小。

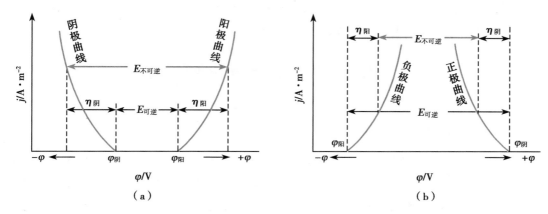

(a)电解池中两电极的极化曲线;(b)原电池中两电极的极化曲线

图 6-19　电流密度与电极电势的关系

电极极化,从能量消耗的角度来看是不利的,因为电解时将消耗较多的电能,而作为电源时,所能做的电功也会减少。但人们也可利用电极的极化,如电化学中的极谱分析就是利用浓差极化来进行的。利用电极极化还可以在电解时有选择地获得所希望的电解产物。如氢的超电势很高,可以使很多活泼的金属元素,如 Fe、Zn、Ni 等,在阴极上电解还原,进行电镀或制备金属。

例题 6-16　在 298K 和标准压力下,用 Pt 作电极,以一定的电流密度电解含有浓度均为 1.00mol/kg 的 Zn^{2+} 和 Fe^{2+} 的中性溶液。若 H_2 在 Pt、Fe、Zn 上的超电势分别为 0.29V、0.4V 和 0.7V。试确定 H^+、Zn^{2+} 和 Fe^{2+} 三种离子的析出顺序。设离子的活度系数均等于 1。

解:三种离子析出时相应的电极反应为 $H^+ + e^- \longrightarrow 1/2H_2$,$Zn^{2+} + 2e^- \longrightarrow Zn$,$Fe^{2+} + 2e^- \longrightarrow Fe$。查电极电势表,$\varphi^{\ominus}_{Zn^{2+}/Zn} = -0.763V$,$\varphi^{\ominus}_{Fe^{2+}/Fe} = -0.440V$。则电解开始时三种离子的析出电势分别为

$$\varphi_{Zn^{2+}/Zn} = \varphi^{\ominus}_{Zn^{2+}/Zn} + \frac{RT}{2F}\ln a_{Zn^{2+}}$$

$$= -0.763 + \frac{8.314 \times 298}{2 \times 96\,500} \times \ln 1 = -0.763V$$

$$\varphi_{Fe^{2+}/Fe} = \varphi^{\ominus}_{Fe^{2+}/Fe} + \frac{RT}{2F}\ln a_{Fe^{2+}}$$

$$= -0.440 + \frac{8.314 \times 298}{2 \times 96\,500} \times \ln 1 = -0.440V$$

$$\varphi_{H^+/H_2} = \varphi_{H^+/H_2}^{\ominus} + \frac{RT}{F}\ln a_{H^+} - \eta_{H_2-Pt}$$

$$= 0 + \frac{2.303 \times 8.324 \times 298}{96\,500} \times \lg 10^{-7} - 0.29$$

$$= -0.414 - 0.29 = -0.704V$$

还原电势的正值越大,其氧化态越容易还原而析出,所以 Fe 先析出。

当 Fe 析出后,H_2 在 Fe 上的析出电势为

$$\varphi_{H^+/H_2} = \varphi_{H^+/H_2}^{\ominus} + \frac{RT}{F}\ln a_{H^+} - \eta_{H_2-Fe}$$

$$= 0 + \frac{2.303 \times 8.324 \times 298}{96\,500} \times \lg 10^{-7} - 0.4$$

$$= -0.814V$$

Fe 析出后,比较此时 Zn 电极和氢电极的电极电势,可知 Zn 开始析出,而 H_2 在 Zn 上的析出电势负值更大。所以,三种离子的析出顺序为 Fe^{2+}、Zn^{2+}、H^+。

第十节 生物电化学

一、生化系统的标准电极电势

在生物系统中,很多氧化还原过程还同时有 H^+ 的转移,而且生物系统中的反应,大部分是在体温和接近酸碱中性的条件下进行的,此时 H^+ 的标准态为 $a_{H^+} = 10^{-7}$,其他物质均与物理化学中标准态规定相同。生物标准态的电极电势用 $\varphi^{\oplus}$ 表示,其与物理化学标准态的电极电势之间有以下两种关系。

1. H^+ 作为产物出现时,如反应方程式可表示为

$$A(a=1) + D(a=1) + ze^- \longrightarrow G(a=1) + H^+(a_{H^+} = 10^{-7})$$

则

$$\varphi^{\oplus} = \varphi^{\ominus} - \frac{RT}{zF}\ln\frac{a_G a_{H^+}}{a_A a_D} = \varphi^{\ominus} - \frac{RT}{zF}\ln 10^{-7}$$

在 298K 时,两者的关系为

$$\varphi^{\oplus} = \varphi^{\ominus} + 0.414/z \qquad\qquad 式(6-50)$$

2. H^+ 作为反应物出现时,298K 时相应的关系为

$$\varphi^{\oplus} = \varphi^{\ominus} - 0.414/z \qquad\qquad 式(6-51)$$

表 6-8 列出了一些重要的生物氧化还原系统的标准电极电势。

表 6-8 一些生物体内重要的氧化还原系统的标准电极电势(298K,pH=7.00)

氧化态	还原态	$\varphi^{\oplus}/V$
乙酸	乙醛	-0.58
铁氧还蛋白-Fe^{3+}	铁氧还蛋白-Fe^{2+}	-0.432
H^+	H_2	-0.42
$NADP^+$	NADPH	-0.324

续表

氧化态	还原态	$\varphi^{\ominus}/V$
NAD^+	NADH	−0.32
FAD	$FADH_2$	−0.22
核黄素	氢化核黄素	−0.219
草酰乙酸盐	苹果酸盐	−0.166
去氢抗坏血酸	抗坏血酸	−0.045
MB	MBH_2	+0.011
延胡索酸盐	琥珀酸盐	+0.031
肌红蛋白-Fe^{3+}	肌红蛋白-Fe^{2+}	+0.046
血红蛋白-Fe^{3+}	血红蛋白-Fe^{2+}	+0.17
氧化细胞色素 C	细胞色素 C	+0.26

二、生物膜电势

膜电势(membrane potential)是在同一电解质、不同浓度的两溶液间放入一层膜,由于膜的界面上发生离子或电子的交换、吸附、扩散、选择性渗透或萃取等作用,因此在膜的两个界面上产生的电势差。这里的膜可以是玻璃膜、无机或有机离子交换膜和生物膜等。

例如一简单系统为

$$M^+A^-(a_2)\ |\ 膜\ |\ M^+A^-(a_1)$$

如果所用的膜为阳离子交换膜,只允许阳离子 M^+ 通过,而阴离子 A^- 不能通过。当扩散达平衡后,M^+ 离子在膜两侧的电化学势相等,即

$$\tilde{\mu}_{M^+,1}=\tilde{\mu}_{M^+,2} \qquad\qquad 式(6\text{-}52)$$

在电化学中,带电物质的电化学势定义为化学势(μ_i)与电功($zF\varphi_i$)之和。故有

$$\tilde{\mu}_{M^+,1}=\mu_{M^+,1}+zF\varphi_1 \qquad\qquad 式(6\text{-}53)$$

$$\tilde{\mu}_{M^+,2}=\mu_{M^+,2}+zF\varphi_2 \qquad\qquad 式(6\text{-}54)$$

而溶液中离子的化学势为

$$\mu_{M^+}=\mu_{M^+}^{\ominus}+RT\ln a_{M^+} \qquad\qquad 式(6\text{-}55)$$

将式(6-53)、式(6-54)、式(6-55)代入式(6-52),经整理后得

$$\varphi_{膜}=\varphi_1-\varphi_2=\frac{RT}{zF}\ln\frac{a_{M^+,2}}{a_{M^+,1}} \qquad\qquad 式(6\text{-}56)$$

若 $a_{M^+,2}>a_{M^+,1}$,则 $\varphi_1>\varphi_2$,表明阳离子移向 1 相。如果保持一相中离子的活度不变,则膜电势的变化只与另一相中的离子活度有关,这就是离子选择性膜电极测定某组分活度的依据。

当上述的膜为细胞膜时,由于正常生物细胞内的 K^+ 浓度远大于细胞外的 K^+ 浓度,而细胞外 Na^+ 浓度则超过细胞内 Na^+ 浓度很多。细胞内的负离子主要是大分子蛋白质。在静息状态下,细胞膜主要对 K^+ 开放,其他离子的通透性很小。在浓度差的驱动下,K^+ 从细胞内向细胞外扩散,而带负电的蛋

白质分子不能移出。随着 K^+ 的外流,在膜内产生净负电荷、膜外产生净正电荷。此种电场的存在将阻止 K^+ 离子的进一步向外扩散,但却有利于 K^+ 由外向内的逆向扩散,最后达到动态平衡,即 K^+ 在两相中的化学势相等。同时,在膜内外则形成一稳定的电势差即膜电势,生理学上称静息电位(resting potential)。将细胞内、外液体组成电池

$$\text{Ag(s)} \mid \text{AgCl(s)} \mid \text{KCl(aq)} \mid \text{内液} \mid \text{细胞膜} \mid \text{外液} \mid \text{KCl(aq)} \mid \text{AgCl(s)} \mid \text{Ag(s)}$$
$$（\beta \text{ 相}）\qquad\qquad\qquad（\alpha \text{ 相}）$$

根据式(6-56),膜电势为

$$\Delta\varphi = \varphi_\alpha - \varphi_\beta = \frac{RT}{F}\ln\frac{a_{K^+}(\beta)}{a_{K^+}(\alpha)} \qquad\qquad 式（6\text{-}57）$$

在生物化学上,常用下式表示膜电势

$$\Delta\varphi = \varphi_{内} - \varphi_{外} = \frac{RT}{F}\ln\frac{a_{K^+}(外)}{a_{K^+}(内)} \qquad\qquad 式（6\text{-}58）$$

在静息状态时,神经细胞内液体中 K^+ 离子的浓度是细胞外的 35 倍左右,若假定活度系数均为 1,则可用上式计算出膜电势约为 -91mV,而实验测得值为 -70mV,这主要是因为生命体中溶液并非处于平衡态。膜在静息时都处于负电势,大致为 $-100 \sim -10\text{mV}$。例如心室肌细胞的膜电势为 $-90 \sim -85\text{mV}$,肝细胞的膜电势约为 -40mV,红细胞为 -10mV。

在静息电位基础上,当刺激神经细胞传递,或当肌肉细胞收缩时,细胞膜电势会发生短暂的波动,由负值改变为正值,并传播到细胞的各个部分。例如心室肌细胞受外来刺激后,该处的细胞膜对 Na^+ 的通透性突然升高,而对 K^+ 的通透性却显著降低。由于大量 Na^+ 流入膜内,膜内电势急剧上升,使膜电势由 -90mV 改变至 $+30\text{mV}$ 左右,这种电势变化称为动作电位(action potential)。视觉、听觉、触觉等器官感受外界,我们的思维过程等都与细胞膜电势的变化有关,并由此可以来研究生物机体的活动情况。例如,心电图就是测量心肌收缩和松弛时心肌膜电势的相应变化,来判断心脏工作是否正常。同样,通过脑电图也可以了解大脑中神经细胞的电活性,通过肌电图可以监测骨架肌肉电活性等。

膜电势的变化规律在医药科学和生命体中的应用很多,并且是当前生物电化学研究中的一个十分活跃的领域。

三、电化学在生物体中的应用

电化学与生命科学密切相关。随着生命科学的快速发展,电化学方法已应用在生命科学的各个研究领域,并发挥越来越重要的作用。在理论上,单细胞电活动的特点,神经传导功能,生物电产生原理,特别是膜离子流理论的建立都取得了一系列突破。医学上,可利用器官生物电的综合测定来判断器官功能,也给某些疾病的诊断和治疗提供了科学依据。

生物电化学是由电生物学、生物物理学、生物化学以及电化学等多门学科交叉形成的一门独立的学科,它是通过用电化学的基本原理和实验方法,在生物体和有机组织的整体以及分子和细胞两个不同水平上研究或模拟研究电荷(包括电子、离子及其他电活性粒子)在生物体系和其相应模型体系中分布、传输和转移及转化的化学本质和规律的一门新型学科。研究的内容包括生物体内各种氧化还原反应(如呼吸链、光合链等)过程的热力学和动力学、生物膜及模拟生物膜上电荷与物质的分配和转移功能、生物电现象及其电动力学科学实验、生物电化学传感等电分析方法在活体和非活体中生物物质检测及医药分析中的应用、仿生电化学(如仿生燃料电池、仿生计算机等)等方面的研究,已经成为生命科学最重要的研究方法之一。

本 章 小 结

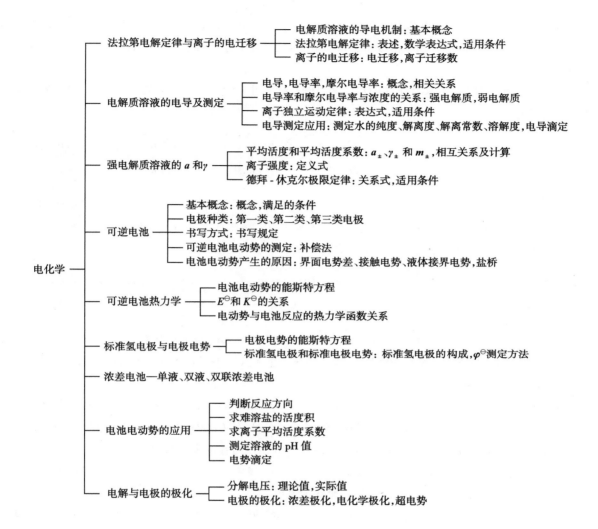

电化学

- 法拉第电解定律与离子的电迁移
  - 电解质溶液的导电机制：基本概念
  - 法拉第电解定律：表述，数学表达式，适用条件
  - 离子的电迁移：电迁移，离子迁移数
- 电解质溶液的电导及测定
  - 电导，电导率，摩尔电导率：概念，相关关系
  - 电导率和摩尔电导率与浓度的关系：强电解质，弱电解质
  - 离子独立运动定律：表达式，适用条件
  - 电导测定应用：测定水的纯度、解离度、解离常数、溶解度，电导滴定
- 强电解质溶液的 a 和 γ
  - 平均活度和平均活度系数：$a_\pm$、$\gamma_\pm$ 和 $m_\pm$，相互关系及计算
  - 离子强度：定义式
  - 德拜 - 休克尔极限定律：关系式，适用条件
- 可逆电池
  - 基本概念：概念，满足的条件
  - 电极种类：第一类、第二类、第三类电极
  - 书写方式：书写规定
  - 可逆电池电动势的测定：补偿法
  - 电池电动势产生的原因：界面电势差、接触电势、液体接界电势，盐桥
- 可逆电池热力学
  - 电池电动势的能斯特方程
  - $E^\ominus$ 和 $K^\ominus$ 的关系
  - 电动势与电池反应的热力学函数关系
- 标准氢电极与电极电势
  - 电极电势的能斯特方程
  - 标准氢电极和标准电极电势：标准氢电极的构成，$\varphi^\ominus$ 测定方法
- 浓差电池—单液、双液、双联浓差电池
- 电池电动势的应用
  - 判断反应方向
  - 求难溶盐的活度积
  - 求离子平均活度系数
  - 测定溶液的 pH 值
  - 电势滴定
- 电解与电极的极化
  - 分解电压：理论值，实际值
  - 电极的极化：浓差极化，电化学极化，超电势

思 考 题

1. 原电池和电解池有何不同？

2. 电解质溶液的导电能力与哪些因素有关？

3. 为什么定义了电导率还要定义摩尔电导率？两者有什么关系？

4. 电解质溶液的电导测定有何实际意义？

5. 如何实现化学能向电能的转化？

6. 满足可逆电池的条件是什么？

7. 如何书写电池表达式？

8. 盐桥的作用是什么？选择盐桥时应注意什么问题？

9. 单个电极的电极电势如何确定？

10. 电池电动势的测量有何应用？

11. 电极极化产生的原因是什么？

12. 膜电势产生的原因是什么？有什么重要应用？

习　题

1. 以铂为电极,当强度为 0.10A 的电流通过 $AgNO_3$ 溶液时,在阴极有银析出,同时阳极放出氧气。试计算通电 10 分钟后,(1) 阴极析出银的质量;(2) 温度为 298K,压力为 100kPa 时,放出氧气的体积。

2. 298K 时,测得不同浓度 $Er(NO_3)_3$ 在 DMF 溶剂中的摩尔电导率数据(见下表),请求算 $\Lambda_m^\infty[Er(NO_3)_3]$。

$c/(mol/L)$	0.000 162	0.000 490	0.000 952	0.001 683
$\Lambda_m \times 10^4/(S \cdot m^2/mol)$	191.80	145.0	116.67	92.14

3. 298K 时,已知 NaOH、NaCl 和 NH_4Cl 溶液无限稀释时的摩尔电导率分别为 248.41×10^{-4}、126.4×10^{-4} 和 $149.8 \times 10^{-4} S \cdot m^2/mol$,试计算该温度下 $NH_3 \cdot H_2O$ 溶液的无限稀释摩尔电导率。

4. 298K 时,实验测得不同浓度苯甲酸溶液的摩尔电导率数值如下:

$\Lambda_m/(S \cdot m^2/mol)$	0.021 84	0.016 93	0.009 501	0.006 832	0.004 478	0.003 265
$c \times 10^3/(mol/L)$	0.091 57	0.183 1	0.915 7	1.831	4.578	9.157

试根据奥斯特瓦尔德稀释定律,求算苯甲酸的解离常数和无限稀释摩尔电导率。

5. 298K 时,水的离子积为 1.008×10^{-14},已知该温度下 $\lambda_m^\infty(H^+) = 349.8 \times 10^{-4} S \cdot m^2/mol$,$\lambda_m^\infty(OH^-) = 198.0 \times 10^{-4} S \cdot m^2/mol$,求纯水的理论电导率。

6. 298K 时,测得 $BaSO_4$ 饱和水溶液电导率为 $4.58 \times 10^{-4} S/m$。已知该浓度时所用水的电导率为 $1.52 \times 10^{-4} S/m$,$\Lambda_m^\infty[1/2Ba(NO_3)_2]$ 为 $1.351 \times 10^{-2} S \cdot m^2/mol$,$\Lambda_m^\infty(1/2H_2SO_4)$ 为 $4.295 \times 10^{-2} S \cdot m^2/mol$,$\Lambda_m^\infty(HNO_3)$ 为 $4.211 \times 10^{-2} S \cdot m^2/mol$。计算该温度下 $BaSO_4$ 的标准溶度积常数和溶解度。

7. 试分析:(1) 弱碱 NH_4OH 滴定弱酸 HAc;(2) KCl 滴定 $AgNO_3$;(3) $MgSO_4$ 滴定 $Ba(OH)_2$ 时,溶液电导率的变化情况,并作出相应的滴定曲线示意图。

8. 分别计算浓度为 0.1mol/kg 的 $CuSO_4$($\gamma_\pm = 0.164$)和 $K_4Fe(CN)_6$($\gamma_\pm = 0.141$)的离子平均质量摩尔浓度、离子平均活度以及电解质的活度。

9. 298K 时,在 0.01mol/kg 的水杨酸(HA)溶液中含有 0.01mol/kg 的 KCl 和 0.01mol/kg 的 Na_2SO_4。已知水杨酸在此温度下的 $K_c = 1.06 \times 10^{-5}$,求此混合溶液的离子强度。

10. 根据德拜-休克尔极限定律,计算 298K 时 0.005mol/kg 的 $CaCl_2$ 水溶液中 Ca^{2+} 和 Cl^- 的活度系数和离子平均活度系数。

11. 试写出下列各电池的电极反应和电池反应:

(1) $Cu(s)|CuSO_4(a_1)\|AgNO_3(a_2)|Ag(s)$

(2) $Pb(s)|PbSO_4(s)|K_2SO_4(a_1)\|HCl(a_2)|AgCl(s)|Ag(s)$

(3) $Pt|H_2(p)|NaOH(a)|HgO(s)|Hg(l)$

(4) $Pt|H_2(p_1)|H_2SO_4(m)|H_2(p_2)|Pt$

(5) $K(Hg)(a_1)|K^+(a_2)\|Cl^-(a_3)|Hg_2Cl_2(s)|Hg(l)$

12. 将下列化学反应设计成原电池:

(1) $2Ag^+(a_1)+H_2(p) \longrightarrow 2Ag(s)+2H^+(a_2)$

(2) $AgCl(s)+I^-(a_1) \longrightarrow AgI(s)+Cl^-(a_2)$

（3）$Pb(s)+Hg_2Cl_2(s)\longrightarrow PbCl_2(s)+2Hg(l)$

（4）$PbO(s)+H_2(p)\longrightarrow Pb(s)+H_2O(l)$

（5）$AgBr(s)+H_2(p)\longrightarrow 2Ag(s)+2HBr(a)$

13. 写出下面电池的电极反应和电池反应，并计算 298K 时电池的电动势。已知电池的标准电动势为 0.440 2V。

$$Fe(s)\mid Fe^{2+}(a=0.05)\parallel H^+(a=0.1)\mid H_2(100kPa)\mid Pt$$

14. 写出下列浓差电池的电池反应，并计算 298K 时的电池电动势。

（1）$Pt\mid H_2(p^\ominus)\mid H^+(a_1=0.01)\parallel H^+(a_2=0.1)\mid H_2(p^\ominus)\mid Pt$

（2）$Pt\mid Cl_2(p^\ominus)\mid Cl^-(a=1)\mid Cl_2(2p^\ominus)\mid Pt$

（3）$Ag(s)\mid AgCl(s)\mid Cl^-(a_1=0.01)\parallel Cl^-(a_1=0.002)\mid AgCl(s)\mid Ag(s)$

（4）$Cu(s)\mid Cu^{2+}(a_1=0.004)\parallel Cu^{2+}(a_2=0.01)\mid Cu(s)$

15. 291K 和 $p^\ominus$ 下，白锡到灰锡的转变处于平衡，且相变热为 -2.01kJ/mol。计算在 273K 和 298K 时，以下电池的电动势：

$$Sn(s,白锡)\mid SnCl_2(aq)\mid Sn(s,灰锡)$$

16. 测得电池 $Zn(s)\mid ZnCl_2(a=0.05)\mid AgCl(s\mid Ag(s)$ 的电动势在 298K 时为 1.015V，温度系数 $\left(\dfrac{\partial E}{\partial T}\right)_p$ 为 -4.92×10^{-4}V/K，试写出电池反应并计算当电池有 2mol 电子电量输出时，电池反应的 Δ_rG_m、Δ_rS_m、Δ_rH_m 及电池的可逆热 Q_r。

17. 298K 时，将某可逆电池短路使其放电 1mol 电子的电量，此时放电的热量恰好等于该电池可逆操作时所吸收热量的 40 倍，试计算此电池的电动势。已知此电池电动势的温度系数 $\left(\dfrac{\partial E}{\partial T}\right)_p$ 为 1.40×10^{-4}V/K。

18. 电池 $Ag(s)\mid AgCl(s)\mid KCl(m)\mid Hg_2Cl_2(s)\mid Hg(l)$ 的电池反应为

$$Ag(s)+\frac{1}{2}Hg_2Cl_2(s)\longrightarrow AgCl(s)+Hg(l)$$

已知 298K 时，此电池反应的焓变 Δ_rH_m 为 5 435J/mol，各物质的标准摩尔熵数据为

物质	Ag(s)	AgCl(s)	Hg(l)	Hg_2Cl_2(s)
$S_m^\ominus$/J/(K·mol)	42.7	96.2	77.4	195.6

试计算该温度下电池的电动势 E 及电池电动势的温度系数 $\left(\dfrac{\partial E}{\partial T}\right)_p$。

19. 写出下列电池的电池反应：

$Cd(s)\mid Cd^{2+}(a=0.01)\parallel Cl^-(a=0.5)\mid Cl_2(100kPa)\mid Pt$，并计算 298K 时，各电极的电极电势及电池电动势，根据计算结果指出此电池反应能否自发进行。

20. 298K 时，有如下三个电极：

① $Pt\mid Cl_2(100kPa)\mid Cl^-(a=1.5)$

② $Ag(s)\mid AgI(s)\mid I^-(a=0.000\ 1)$

③ $Pt\mid Ce^{3+},Ce^{4+}(a_{Ce^{3+}}/a_{Ce^{4+}}=2)$

已知 $\varphi_1^\ominus=1.51V,\varphi_2^\ominus=-0.152\ 2V,\varphi_3^\ominus=1.359\ 5V$。若按①-②、②-③、①-③方式组成电池，该如何组合？并计算各电池的电动势。

21. 298K 时，有反应 $Pb(s)+Cu^{2+}(a=0.5)\longrightarrow Pb^{2+}(a=0.1)+Cu(s)$，试为该反应设计电池，并计算（1）电池电动势；（2）电池反应的吉布斯能变化；（3）若将上述反应写成 $2Pb(s)+2Cu^{2+}(a=0.5)\longrightarrow 2Pb^{2+}(a=0.1)+2Cu(s)$，（1）、（2）所得结果有何变化？

22. 298K 时,已知 $\varphi^{\ominus}_{Ag^+/Ag} = 0.799V$,$\varphi^{\ominus}_{Ag(NH_3)_2^+/Ag} = 0.373V$,试计算 $Ag(NH_3)_2^+$ 的络合平衡常数 $K^{\ominus}_{络合}$。

23. 298K 时,已知 $\varphi^{\ominus}_{Hg_2^{2+}/Hg} = 0.788V$,$\varphi^{\ominus}_{Hg^{2+}/Hg} = 0.854V$,试计算(1) 反应 $Hg^{2+}+e \longrightarrow 1/2Hg_2^{2+}$ 的标准电极电势;(2) 为反应 $Hg+Hg^{2+} \longrightarrow Hg_2^{2+}$ 设计电池,并计算该反应的标准平衡常数。

24. 298K 时,测得电池

$$Pt \mid H_2(100kPa) \mid NaOH(aq) \mid HgO(s) \mid Hg(l)$$

的电动势为 0.926 5V。已知水的标准生成热 $\Delta_f H^{\ominus}_m = -285.81kJ/mol$,有关物质的规定熵数据如下:

物质	HgO(s)	O_2(g)	H_2O(l)	Hg(l)	H_2(g)
$S^{\ominus}_m/J/(K \cdot mol)$	72.22	205.10	70.08	77.40	130.67

试求 HgO 在此温度下的分解压。

25. 298K 时,测得电池 $Pt \mid H_2(100kPa) \mid H_2SO_4(m=0.5) \mid Hg_2SO_4(s) \mid Hg(l)$ 的电动势为 0.696 0V,求 H_2SO_4 在溶液中的离子平均活度系数。已知 $\varphi^{\ominus}_{Hg_2SO_4/Hg}$ 为 0.615 8V。

26. 在 298K,有电池 $Sb(s) \mid Sb_2O_3(s) \mid 某溶液 \parallel KCl(饱和) \mid Hg_2Cl_2(s) \mid Hg(l)$。当某溶液为 pH = 3.98 的缓冲液时,测得电池的电动势为 0.228V,当它被换成待测 pH 的溶液时,测得电池的电动势为 0.345V,试计算待测液的 pH。

27. 298K 时,电池 $Pt \mid H_2(100kPa) \mid HCl(m) \mid Hg_2Cl_2(s) \mid Hg(l)$ 在不同盐酸浓度时的电动势数值为:

$m/(mol/kg)$	0.075 08	0.037 69	0.018 87	0.005 04
E/V	0.411 9	0.445 2	0.478 7	0.543 7

试用作图法求出该电池的标准电动势,并计算盐酸浓度为 0.075 08mol/kg 时的离子平均活度系数。

28. 298K,100kPa 时,用镀铂黑的铂电极在电流密度为 $50A/m^2$ 的条件下电解 $a_{H^+} = 1$ 的酸性水溶液,求分解电压。已知 $\eta_{H_2} = 0V$,$\eta_{O_2} = 0.487V$。

29. 298K,100kPa 时,用 Pb(s) 电极电解 H_2SO_4 溶液($m = 0.10mol/kg$,$\gamma_{\pm} = 0.265$)。若在电解过程中,把 Pb 电极作为阴极,甘汞电极($c_{KCl} = 1mol/L$)作为阳极组成原电池,测得其电动势 E 为 1.068 5V。试求 $H_2(100kPa)$ 在铅电极上的超电势(只考虑 H_2SO_4 一级解离)。已知 $\varphi^{\ominus}_{Hg_2Cl_2/Hg} = 0.280 2V$。

目标测试

(杨 峰)

第七章

化学动力学

第七章
教学课件(一)

第七章
教学课件(二)

　　化学动力学(chemical kinetics)是研究化学反应速率和机制的科学,其基本任务:一是研究反应速率和各种因素(例如浓度、压力、温度、辐射、介质、催化剂、光、电等)对反应速率的影响。我们可以利用唯物辩证法的内外因作用原理来理解影响因素与反应速率的相互关系。化学动力学主要为人们提供选择反应的最佳条件,使反应朝着人们希望的方向、速率进行。二是研究化学反应的历程,旨在揭示反应物质的内部结构与其反应性能的关系,找出决定反应速率的关键所在,以便更有效地控制和调节反应速率,从而达到加速希望反应和抑制副反应的目的。因此,化学动力学是研究化学反应速率和机制的科学,是物理化学的一个重要组成部分。动力学理论的提出、建立与发展,就是在物理化学领域通过科学实践不断发现真理,又通过科学实践不断证实真理和发展真理的辩证过程。

　　化学反应涉及两个基本问题:在指定条件下反应进行的方向和限度,这是化学热力学的研究内容;反应进行的速率和反应机制,这是化学动力学所要解决的问题。用化学热力学方法只能判断化学反应进行的方向和限度,即解决反应的可能性问题,却不能揭示反应的机制,也不能预言反应的速率,即不能解决反应的现实性问题,这个问题是化学动力学的任务。

　　化学动力学在药物的研制和生产过程中有广泛的应用。如生产工艺条件的优化和工艺流程的选择、药物制剂的稳定性和有效期预测、药物在体内的吸收、分布、代谢和排泄过程等都要涉及化学动力学的知识。解决这些问题的理论基础是化学动力学。

第一节　化学反应速率及速率方程

一、反应速率的表示与测定

(一) 反应速率的表示

　　反应速率(reaction rate)在不同情况下可用不同的方法表示。在单相反应(homogeneous reaction)中,反应速率一般以在单位时间、单位体积中反应物的量的减少或产物的量的增加来表示。如果反应系统的体积不变,反应速率也可用单位时间内反应物或产物的浓度变化来表示。随着反应的进行,反应物或产物的浓度时刻都在发生变化,如图 7-1。对大多数反应来说,反应速率也将随时间不断变化,因而需以微分形式表达。图 7-1 中曲线上各点的切线斜率的绝对值,即为反应速率 r。

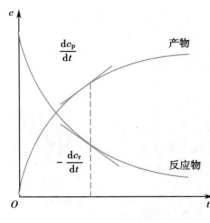

图 7-1   化学反应中各组分的
浓度与时间的关系

在化学反应中,每一反应组分(反应物或产物)的物质的量或浓度,都严格按照各自的计量系数成比例地改变,不论用哪一种反应组分的物质的量或浓度变化来表达反应速率都是等效的。但是,如果反应式中各反应组分的计量系数不同,则用不同的反应组分所表达的反应速率,在数值上是不等的。对于恒容反应

$$aA+dD \longrightarrow gG+hH$$

反应速率可分别表示为

$$r_A = -\frac{dc_A}{dt} \quad r_D = -\frac{dc_D}{dt} \quad r_G = \frac{dc_G}{dt} \quad r_H = \frac{dc_H}{dt} \qquad 式(7\text{-}1)$$

对反应物而言,dc 为负值,为使反应速率恒为正值,微分式取负号;对产物而言,dc 为正值,则取正号。它们之间有如下的关系

$$\frac{r_A}{a} = \frac{r_D}{d} = \frac{r_G}{g} = \frac{r_H}{h} = r \qquad 式(7\text{-}2)$$

为了克服用不同组分浓度的变化表示同一反应的反应速率有不同数值的弊端,反应速率用单位时间、单位体积内反应进度的变化 $\dfrac{d\xi}{Vdt}$ 来表示。根据反应进度的定义 $d\xi = \dfrac{dn_B}{\nu_B}$,式中 ν_B 为计量方程式中各物质的系数,对反应物取负值,对产物取正值。在恒容条件下,反应速率 r 可表示为

$$r = \frac{d\xi}{Vdt} = \frac{1}{\nu_B}\frac{dc_B}{dt} \qquad 式(7\text{-}3)$$

对于上面任意反应,反应速率 r 可写为

$$r = \frac{1}{\nu_A}\frac{dc_A}{dt} = \frac{1}{\nu_D}\frac{dc_D}{dt} = \frac{1}{\nu_G}\frac{dc_G}{dt} = \frac{1}{\nu_H}\frac{dc_H}{dt}$$

由此可见,对同一个化学反应,用反应进度表达的反应速率具有单一数值,与所选择的物质无关,但与计量方程式的写法有关。反应速率 r 的量纲为 $N/(L^3T)$,其中 N、L、T 分别为物质的量、长度和时间等基本物理量的量纲符号,若浓度用 mol/m^3 表示,时间用秒(s)表示,则 r 的单位为 $mol/(m^3 \cdot s)$。

对于气相反应,往往用参加反应各组分的分压代替浓度,反应速率可表示为:$r' = \dfrac{dp_B}{\nu_B dt}$,若分压的单位为帕($Pa$),时间的单位为秒($s$),则 r 的单位是 Pa/s。例如,合成氨的反应

$$N_2 + 3H_2 \longrightarrow 2NH_3$$

$$r' = -\frac{dp_{N_2}}{dt} = -\frac{1}{3}\frac{dp_{H_2}}{dt} = \frac{1}{2}\frac{dp_{NH_3}}{dt}$$

式中各物质压力均为 t 时的分压。对于理想气体 $p_B = c_B RT$,故 $r' = r(RT)$。

在各种不同方法表示的反应速率中,以反应进度表示的反应速率最为规范,而实际工作中各种表示方法都在普遍使用。

(二)反应速率的测定

由反应速率的定义可知,要得出反应速率 r,需要知道 $\dfrac{dc}{dt}$ 值,此值可从 $c \sim t$ 曲线上某一点的斜率求

得(图7-1)。因此,求解反应速率r,首先要测出不同时刻反应物或产物之一的浓度,绘制出$c \sim t$曲线。测定浓度的方法可分为化学法和物理法两大类。

化学法是用化学分析方法来测定反应进行到不同时刻的反应物或产物的浓度。当从系统中取出一部分样品进行分析时,必须使样品中的反应立即停止,或使其速率降至可以忽略的程度。为此常采用骤冷、冲淡、加入阻化剂或移出催化剂等方法。此法的优点是能直接测得各时刻浓度的绝对值,但操作较烦琐,且有时没有合适的方法使反应停止。

物理法是测定系统的某一与反应物或产物浓度呈单值函数的物理量随时间的变化。此物理量的变化应能准确反映物质浓度的变化,最好与浓度变化呈线性关系。通常可利用的物理量有压力、体积、折射率、旋光度、吸光度、电导、电动势、导热率等。此法的优点是迅速而方便,通常不必中止反应,可在反应容器中进行连续测定,易于实现自动记录。但由于此法不是直接测定浓度,首先须找出所测定的物理量与反应物或产物浓度之间的关系。

二、基元反应与反应分子数

(一) 基元反应

由反应物微粒(分子、原子、离子或自由基等)一步直接生成产物的反应,称为基元反应(elementary reaction)。由多个基元反应组成的反应称为总反应(overall reaction)或复杂反应(complex reaction)。例如,H_2 和 I_2 的气相反应

(1) $$H_2 + I_2 \longrightarrow 2HI$$

这是一个总反应,由以下基元反应组成

(2) $$I_2 + M_{(高能)} \Longrightarrow 2I \cdot + M_{(低能)}$$

(3) $$H_2 + 2I \cdot \longrightarrow 2HI$$

式中,I·表示有一个未配对价电子的自由碘原子,M 表示反应系统中存在的各种惰性物质(例如反应器壁,或其他杂质分子,起到传递能量的作用)。I_2 分子与高能量的 M 相碰撞,生成两个 I·自由原子,M 则失去能量,这一步反应是可逆的。两个 I·再与一个 H_2 分子碰撞,生成两个 HI 分子。

一个总反应要经过若干个基元反应才能完成,这些基元反应代表了反应所经过的途径,动力学上就称为反应机制(reaction mechanism),如方程(2)~(3)就代表了方程(1)H_2 与 I_2 反应的机制。

(二) 反应分子数

基元反应方程式中各反应物分子个数之和称为反应分子数(molecularity of reaction)。此处的反应物分子应理解为分子、离子、自由原子或自由基的总称。已知的反应分子数只有 1、2 和 3。

大多数基元反应都是双分子反应,例如

$$CH_3COOH + C_2H_5OH \longrightarrow CH_3COOC_2H_5 + H_2O \quad (酯化反应)$$

单分子反应多见于分解反应或异构化反应,例如

$$C_2H_5Cl \longrightarrow C_2H_4 + HCl \quad (分解反应)$$

$$\begin{array}{c} H-C-COOH \\ \| \\ H-C-COOH \end{array} \rightleftharpoons \begin{array}{c} H-C-COOH \\ \| \\ HOOC-C-H \end{array} \quad (异构化反应)$$

三分子反应较为少见,一般只出现在有自由基或自由原子参加的反应中,例如

$$H_2 + 2I \cdot \longrightarrow 2HI$$

更多个分子同时碰撞的概率几乎为零,目前尚未发现更多分子数的基元反应。

三、反应速率方程与反应级数

表示反应速率与浓度等参数之间的关系,或表示浓度等参数与时间关系的方程称为化学反应的

速率方程(rate equation)或动力学方程(kinetic equation)。速率方程可表示为微分式 $r=f(c)$ 或积分式 $c=f(t)$,其具体形式随不同反应而异。

(一) 基元反应的速率方程

基元反应是机制最简单的反应,是构成总反应的基本单元。只有基元反应才有普遍适用的反应速率方程。在恒温下,基元反应的速率正比于各反应物浓度的幂的乘积,各浓度的幂数等于基元反应方程中各相应反应物的系数。这就是质量作用定律(mass action law),它适用于基元反应。

设反应 A+2D ⟶ G 是一个基元反应,则由质量作用定律可得其反应速率方程

$$r=kc_A c_D^2$$

式中比例常数 k 称为反应速率常数(reaction-rate constant)或比反应速率(specific reaction rate),简称速率常数或比速率。它们是各反应物都为单位浓度时的反应速率,因而 k 的数值与各反应物浓度无关,其数值与反应条件如温度、催化剂、溶剂等有关,有时甚至还与反应容器的材料、表面状态及表面积有关。

对于总反应,只有分解为若干个基元反应后,才能逐个运用质量作用定律。例如,前述的碘和氢气的气相反应

(1) $$H_2+I_2 \longrightarrow 2HI$$

可分解为以下的基元反应

(2) $$I_2+M_{(高能)} \underset{k_2}{\overset{k_1}{\rightleftharpoons}} 2I\cdot +M_{(低能)}$$ (快)

(3) $$H_2+2I\cdot \overset{k_3}{\longrightarrow} 2HI$$ (慢)

根据质量作用定律,可以得到每一步基元反应的速率方程。

反应(2)中正逆反应速率分别为:

$$r_1=k_1 c_{I_2} c_M \quad 和 \quad r_2=k_2 c_I^2 \cdot c_M$$

反应(3)中反应速率为: $$r_3=k_3 c_I^2 \cdot c_{H_2}$$

实验表明,反应(2)能快速达到平衡,即 $r_1=r_2$

$$k_1 c_{I_2} c_M = k_2 c_I^2 \cdot c_M$$

得到 $$c_I^2 \cdot = \frac{k_1}{k_2} c_{I_2}$$

在实验温度下,慢反应(3)的速率决定了总反应速率

$$r_{总} \approx r_3 = k_3 c_I^2 \cdot c_{H_2} = \frac{k_3 k_1}{k_2} c_{I_2} c_{H_2} = k_{总} c_{I_2} c_{H_2}$$

需要注意的是,这个总反应的速率方程具有和质量作用定律相同的形式,因而这一反应长期以来被误认为是基元反应。

(二) 总反应的速率方程及反应级数

对于任意的总反应,不论机制是否清楚,研究化学动力学问题总要由实验测定出速率方程。测定速率方程,不只是为了证实机制,也是研究反应速率的规律、寻找反应的适宜条件所必需的。

根据实验数据归纳出的速率方程称为经验反应速率方程,一般情况下,反应速率与反应物浓度的幂乘积成正比。

在具有反应物浓度幂乘积形式的速率方程中,各反应物浓度的幂,称为该反应物的级数。所有反应物的级数之和,称为该反应的总级数或反应级数(reaction order)。各反应物的级数及反应的总级数都须由实验确定,其值与计量方程中各反应物的系数及系数之和无关。

例如,化学反应

$$aA+dD \longrightarrow gG+hH$$

其速率方程可写为

$$r_B = \pm\frac{dc_B}{dt} = k_B c_A^\alpha c_D^\beta \qquad\qquad 式(7\text{-}4)$$

或

$$r = \frac{1}{\nu_B}\frac{dc_B}{dt} = kc_A^\alpha c_D^\beta \qquad\qquad 式(7\text{-}5)$$

式中浓度项的幂 α、β 分别为物质 A、D 的级数,其值与反应物的计量系数 a、d 无关,必须由实验确定。反应的总级数 n 为各反应物级数的代数和,即

$$n = \alpha + \beta$$

反应级数与反应分子数是两个不同的概念。反应分子数是参加基元反应的分子数目,其值只能是正整数。目前已知的只有单分子、双分子和三分子反应。反应级数是由实验确定的速率方程中各反应物浓度幂的代数和。反应级数可以是整数,也可以是分数;可以是正数,也可以是负数或零。反应级数的大小表示浓度对反应速率的影响程度,级数越大,表示速率受浓度的影响越大。

通常基元反应的分子数和级数相等,几分子反应就是几级反应。但反过来却不成立。例如,有零级反应,但不可能有零分子反应。

不同的总反应的速率方程,有的具有反应物浓度幂乘积的形式,有的则完全没有这种幂乘积的形式。例如氢与氯、溴、碘三种卤素单质的气相反应,具有相似的计量方程

（1）　　　　　　　　　　$H_2 + I_2 \longrightarrow 2HI$

（2）　　　　　　　　　　$H_2 + Br_2 \longrightarrow 2HBr$

（3）　　　　　　　　　　$H_2 + Cl_2 \longrightarrow 2HCl$

但实验得到的反应速率方程却完全不同。反应（1）的速率方程为

$$r = kc_{H_2} c_{I_2}$$

反应（2）的速率方程为

$$r = \frac{kc_{H_2}\sqrt{c_{Br_2}}}{1 + \dfrac{k'c_{HBr}}{c_{Br_2}}}$$

反应（3）的速率方程为

$$r = kc_{H_2} c_{Cl_2}^{1/2}$$

反应（1）和（3）的速率方程具有反应物浓度幂乘积的形式,总级数分别是 2 级和 1.5 级。反应（2）则没有这一形式,因此该反应没有简单的反应级数,反应级数的概念对此反应不适用。

反应的级数与构成它的各基元反应的分子数之间没有必然的联系。例如,前述氢和卤素的气相反应

$H_2 + I_2 \longrightarrow 2HI$　　　　是二级反应,但不是双分子反应。

$H_2 + Cl_2 \longrightarrow 2HCl$　　　　是 1.5 级反应,但不是 1.5 分子反应。

同一化学反应在不同的反应条件下可表现出不同的反应级数。例如,在含有维生素 A、B_1、B_2、B_6、B_{12}、C、叶酸、烟酰胺等的复合维生素制剂中,叶酸的热降解反应在 323K 以下为零级反应,在 323K 以上为一级反应;维生素 C 在 323~343K 的热降解反应,浓度大于 70mg/5ml 时为零级反应,小于 70mg/5ml 时为一级反应。

第二节　具有简单级数的反应

本节讨论的是具有简单级数的反应,是指微分速率方程具有反应物浓度幂乘积的形式,且各反应物的级数皆为正整数或零的反应。尽管反应级数简单,反应机制可能很复杂。

以微分形式表达速率方程能明显地反映出浓度对反应速率的影响,便于进行理论分析。但在实际应用中,还希望得到浓度随时间的变化规律,即以积分形式表达的速率方程。微分速率方程和积分速率方程互为逆运算。

一、一级反应

若反应

$$A \longrightarrow G$$

为一级反应(first order reaction),则反应速率与 A 的浓度的一次方成正比,其微分速率方程为

$$r_A = -\frac{dc_A}{dt} = k_A c_A \qquad 式(7\text{-}6)$$

式中,c_A 为反应物在 t 时刻的浓度。将上式移项并积分

$$\int_{c_{A,0}}^{c_A} -\frac{dc_A}{c_A} = \int_0^t k_A dt$$

式中,$c_{A,0}$ 为反应物的初浓度($t=0$ 时的浓度)。积分得

$$\ln\frac{c_{A,0}}{c_A} = k_A t \qquad 式(7\text{-}7)$$

上述积分式也可用指数形式表达

$$c_A = c_{A,0} e^{-k_A t} \qquad 式(7\text{-}8)$$

由式(7-7)或式(7-8)可计算反应速率常数 k_A、某一时刻的反应物浓度 c_A 或达到某一浓度所需的时间 t。有时也用 x 表示经过 t 时间后反应物消耗的浓度,在 t 时刻反应物浓度 $c_A = c_{A,0} - x$,则式(7-7)也可表达为

$$\ln\frac{c_{A,0}}{c_{A,0}-x} = k_A t \qquad 式(7\text{-}9)$$

一级反应具有以下特征:

1. 速率常数 k_A 的量纲为 T^{-1},单位为 s^{-1}(或 min^{-1}、h^{-1}、d^{-1} 等)。因单位中不含浓度,故 k_A 的量值与所用的浓度单位无关。

2. 将式(7-7)改写为

$$\ln c_A = \ln c_{A,0} - k_A t \qquad 式(7\text{-}10)$$

可以看出 $\ln c_A$ 与 t 为线性关系。直线的斜率为 $-k_A$,截距为 $\ln c_{A,0}$。

3. 通常将反应物消耗一半所需的时间称为半衰期(half life),记作 $t_{1/2}$。将 $c_A = \dfrac{c_{A,0}}{2}$ 代入式(7-7),可得

$$t_{1/2} = \frac{\ln 2}{k_A} \qquad 式(7\text{-}11)$$

式(7-11)表明,一级反应的半衰期与速率常数成反比,与反应物起始浓度无关。对于一个给定的反应,由于速率常数有定值,所以半衰期也是定值。

反应物消耗的分数也可用其他数值表达。例如,研究药物分解反应时,常用分解 10% 所需的时间,记作 $t_{0.9}$。恒温下,$t_{0.9}$ 是与浓度无关的常数。

$$t_{0.9} = \frac{1}{k_A}\ln\frac{10}{9} \qquad 式(7\text{-}12)$$

4. 由于 k_A 是常数,在时间间隔为定值时,式(7-7)的左边 $\ln\dfrac{c_{A,0}}{c_A}$ 也为定值。即经历相同的时间间

隔后,反应物浓度变化的分数相同,这也是一级反应的特征之一。

一级反应很常见,许多热分解反应、分子重排反应、放射性元素的蜕变等都符合一级反应规律。药物在生物体内的吸收、分布、代谢和排泄过程,也常近似地被看作一级反应。

例题 7-1　药物进入人体后,一方面在血液中与体液建立平衡,另一方面由肾排出。达平衡时药物由血液移出的速率可用一级反应速率方程表示。在人体内注射 0.5g 四环素,然后在不同时刻测定其在血液中浓度,数据见表格,求:(1) 四环素在血液中的半衰期;(2) 欲使血液中四环素浓度不低于 0.37mg/100ml,需间隔几小时注射第二次?

t/h	4	8	12	16
$c/(mg/100ml)$	0.48	0.31	0.24	0.15

解:(1) 以 $\ln c_A$ 对 t 作直线回归得图 7-2,图中直线的斜率为 $-0.093\ 6 h^{-1}$,则 $k = 0.093\ 6\ h^{-1}$

$$t_{1/2} = \frac{\ln 2}{k} = 7.4h$$

(2) 由直线的截距得初浓度 $c_0 = 0.69 mg/100ml$。血液中四环素浓度降为 $0.37 mg/100ml$ 所需的时间为

$$t = \frac{1}{k}\ln\frac{c_0}{c} = 6.7h$$

因此,为使血液中四环素浓度不低于 $0.37 mg/100ml$,应在约 6h 后注射第二次。

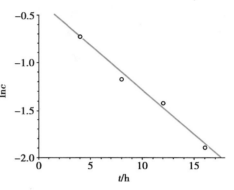

图 7-2　四环素血药浓度与时间的关系

例题 7-2　偶氮甲烷的气相分解反应 $CH_3NNCH_3(g) \longrightarrow C_2H_6(g) + N_2(g)$ 为一级反应。在一个温度为 560K 的密闭容器中,CH_3NNCH_3 的初压力为 21.3kPa,1 000s 后容器中的总压力为 22.7kPa,求 k 及 $t_{1/2}$。

解:将气体视为理想气体,在密闭容器中,反应物的初浓度正比于它的初压力。因 1mol 的气态反应物分解后生成 2mol 的气态产物,反应后总压力将会增加,且增加的量正比于反应物消耗的量。

$$\ln\frac{c_0}{c} = \ln\frac{c_0}{c_0-x} = \ln\frac{p_0}{p_0-(p-p_0)} = kt$$

$$k = \frac{1}{t}\ln\frac{p_0}{2p_0-p} = 6.80\times10^{-5}\,s^{-1}$$

$$t_{1/2} = \frac{\ln 2}{k} = 1.02\times10^4\,s$$

二、二级反应

反应速率与一种反应物浓度的平方成正比,或与两种反应物浓度的乘积成正比的反应都是**二级反应**(second order reaction)。

二级反应(微课)

二级反应常见的两种类型有

$$aA \longrightarrow G \quad 或 \quad A+D \longrightarrow G$$

前者的微分速率方程为

$$r_A = -\frac{dc_A}{dt} = k_A c_A^2 \qquad\qquad 式(7\text{-}13)$$

后者的微分速率方程为

$$r_A = -\frac{dc_A}{dt} = k_A c_A c_D \qquad\qquad 式(7\text{-}14)$$

先讨论只有一种反应物的二级反应,将式(7-13)整理后对等式两端作定积分

$$\int_{c_{A,0}}^{c_A} - \frac{dc_A}{c_A^2} = \int_0^t k_A dt$$

得

$$\frac{1}{c_A} - \frac{1}{c_{A,0}} = k_A t \qquad\qquad 式(7\text{-}15)$$

此式即为符合式(7-13)的二级反应的积分速率方程。

再来讨论两种反应物的二级反应

$$A + D \longrightarrow G$$

1. 若两种反应物 A 和 D 的初浓度相等,即 $c_{A,0} = c_{D,0}$,则反应进行到任意时刻都有 $c_A = c_D$,式(7-14)可化为式(7-13),积分结果同式(7-15)。

2. 若反应物 A 和 D 的初浓度不相等,即 $c_{A,0} \neq c_{D,0}$,则在任意时刻 $c_A \neq c_D$。其微分速率方程为式(7-14),令经过 t 时间后,反应物 A、D 消耗掉的浓度为 x,则该时刻

$$c_A = c_{A,0} - x, \quad c_D = c_{D,0} - x$$
$$dc_A = d(c_{A,0} - x) = -dx$$

代入式(7-14),得

$$\frac{dx}{dt} = k_A (c_{A,0} - x)(c_{D,0} - x)$$

移项后对等式两端作定积分

$$\int_0^x \frac{dx}{(c_{A,0} - x)(c_{D,0} - x)} = \int_0^t k_A dt$$

积分得

$$\frac{1}{c_{A,0} - c_{D,0}} \ln \frac{c_{D,0}(c_{A,0} - x)}{c_{A,0}(c_{D,0} - x)} = k_A t \qquad\qquad 式(7\text{-}16)$$

或

$$\frac{1}{c_{A,0} - c_{D,0}} \ln \frac{c_{D,0} c_A}{c_{A,0} c_D} = k_A t \qquad\qquad 式(7\text{-}17)$$

以上两式即为符合式(7-14)的二级反应的积分速率方程。

二级反应具有如下特征:

1. 速率常数 k_A 的量纲为 $L^3/(NT)$,单位为 $m^3/(mol \cdot s)$ 或 $L/(mol \cdot s)$ 等。k_A 的数值与浓度和时间的单位都有关。

2. 将式(7-15)改写为

$$\frac{1}{c_A} = \frac{1}{c_{A,0}} + k_A t \qquad\qquad 式(7\text{-}15a)$$

将式(7-17)改写为

$$\ln \frac{c_{D,0} c_A}{c_{A,0} c_D} = (c_{A,0} - c_{D,0}) k_A t \qquad\qquad 式(7\text{-}17a)$$

由式(7-15a)可看出,$\frac{1}{c_A}$ 与 t 为线性关系,直线的斜率为 k_A,截距为 $\frac{1}{c_{A,0}}$。由式(7-17a)可看出,以 $\ln \frac{c_{D,0} c_A}{c_{A,0} c_D}$ 对 t 作图,可得一过原点的直线,直线的斜率为 $(c_{A,0} - c_{D,0}) k_A$。

3. 将 $c_A = \frac{c_{A,0}}{2}$ 代入式(7-15),整理后可得半衰期 $t_{1/2}$,其值与反应物初浓度成反比。

$$t_{1/2} = \frac{1}{k_A c_{A,0}} \qquad \text{式}(7-18)$$

对于符合式(7-17)($c_{A,0} \neq c_{D,0}$)的二级反应,A 和 D 的半衰期是不同的,对整个反应没有半衰期的概念。

对于具有下列速率方程的反应:A+B $\longrightarrow$ G

$$r = k c_A c_B$$

若 $c_{B,0} \gg c_{A,0}$,在反应过程中反应物 B 的浓度几乎保持不变,可以看作常数,即 $c_B = c_{B,0}$,这时 $r = k c_A c_B$ 可以表示为 $r = k c_A c_{B,0}$,或 $r = k' c_A$,原来的二级反应就具有一级反应的特征了,将其称为准一级反应(pseudo first order reaction)。值得注意的是 k' 和 k 有不同的量纲和单位。蔗糖水解是个典型的准一级反应的例子。

二级反应是一类常见的反应,溶液中的许多有机反应都符合二级反应规律,例如,加成、取代和消除反应等。

例题 7-3 乙酸乙酯皂化为二级反应

$$CH_2COOC_2H_5(D) + NaOH(A) \longrightarrow CH_3COONa + C_2H_5OH$$

NaOH 的初浓度为 $c_{A,0} = 0.009\,80 \text{mol/L}$,$CH_3COOC_2H_5$ 的初浓度为 $c_{D,0} = 0.004\,86 \text{mol/L}$。298K 温度下用酸碱滴定法测得如下数据,求速率常数 k。

t/s	0	178	273	531	866	1 510	1 918	2 401
$10^3 c_A/(\text{mol/L})$	9.80	8.92	8.64	7.92	7.24	6.45	6.03	5.74
$10^3 c_D/(\text{mol/L})$	4.86	3.98	3.70	2.97	2.30	1.51	1.09	0.800

解:先由上列数据计算出 $\ln \frac{c_{D,0} c_A}{c_{A,0} c_D}$,$\ln \frac{c_{D,0} c_A}{c_{A,0} c_D}$ 对 t 作直线,如图 7-3。直线的斜率为 $5.21 \times 10^{-4} \text{s}^{-1}$,$k = \frac{\text{斜率}}{c_{A,0} - c_{D,0}} = 0.106 \text{L/(mol·s)}$。

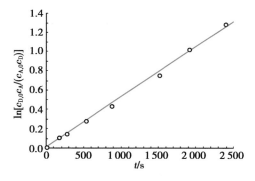

图 7-3 乙酸乙酯皂化反应图解

例题 7-4 上例中的乙酸乙酯皂化反应,也可用电导法测定其速率常数,298K 时浓度都为 $0.020\,0 \text{mol/L}$ 的 $CH_3COOC_2H_5$ 和 NaOH 溶液以等体积混合,在不同时刻测得混合后溶液的电导率 κ 如下,求反应速率常数 k。

t/min	0	5	9	15	20	25
$\kappa/(\text{S/m})$	0.240 0	0.202 4	0.183 6	0.163 7	0.153 0	0.145 4

解:随着反应的进行,溶液中电导率较大的 OH^- 离子逐渐被电导率较小的 CH_3COO^- 离子取代,溶液的电导率值逐渐减小。在稀溶液中,反应物浓度的减小与电导率值的减小成正比

$$c_{A,0} - c_A = A(\kappa_0 - \kappa_t)$$

得到

$$c_{A,0} = A(\kappa_0 - \kappa_\infty) \qquad c_A = A(\kappa_t - \kappa_\infty)$$

$$A = c_{A,0}/(\kappa_0 - \kappa_\infty)$$

式中,κ_0 为 $t=0$ 时的电导率值,κ_t 为 t 时刻的电导率值,κ_∞ 为 $t=\infty$ 即反应进行完毕时的电导率值。将其代入积分速率方程式(7-15)

$$\frac{1}{c_A} - \frac{1}{c_{A,0}} = k_A t$$

整理后得

$$\kappa_t = \frac{1}{c_{A,0}k_A} \frac{\kappa_0 - \kappa_t}{t} + \kappa_\infty$$

κ_t 与 $\dfrac{\kappa_0 - \kappa_t}{t}$ 为线性关系,直线的斜率为 $\dfrac{1}{c_{A,0}k_A}$,截距为 κ_∞。

由给出的数据计算 $\dfrac{\kappa_0 - \kappa_t}{t}$ 如下

$t/\min$	0	5	9	15	20	25
$\left[10^3 \dfrac{\kappa_0 - \kappa_t}{t}\right]/[S/(m \cdot \min)]$	—	7.520	6.267	5.087	4.350	3.784

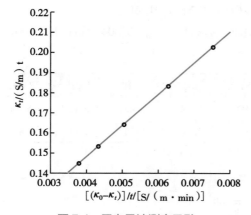

图 7-4　用电导法测定乙酸
乙酯皂化反应速率常数图解

以 κ_t 对 $\dfrac{\kappa_0 - \kappa_t}{t}$ 作直线,如图 7-4,直线的斜率为 15.42min。

$$k = \frac{1}{c_{A,0} \times 斜率} = \frac{1}{0.010\ 0 \times 15.42}$$

$$= 6.49 \text{mol}^{-1} \cdot L \cdot \min^{-1} = 0.108 L/(\text{mol} \cdot s)$$

与上例中所求得的 k 值一致。

三、零级反应

反应速率与反应物浓度无关的反应是零级反应 (zero order reaction)。零级反应的微分速率方程为

乙酸乙酯皂
化反应速率
常数的测定
（视频）

$$r_A = -\frac{dc_A}{dt} = k_A c_A^0 = k_A \qquad 式(7-19)$$

将上式整理后作定积分

$$\int_{c_{A,0}}^{c_A} - dc_A = \int_0^t k_A dt$$

积分得

$$c_{A,0} - c_A = k_A t \qquad 式(7-20)$$

零级反应具有如下特征:

1. 速率常数 k_A 的量纲为 $N/(L^3 T)$,单位为 $\text{mol}/(\text{m}^3 \cdot s)$ 或 $\text{mol}/(L \cdot s)$ 等。在零级反应中,反应速率为一常数即速率常数。

2. 将式(7-20)改写为

$$c_A = c_{A,0} - k_A t$$

可以看出 c_A 与 t 为线性关系,直线的斜率为 $-k_A$,截距为 $c_{A,0}$。

3. 将 $c_A = \dfrac{c_{A,0}}{2}$ 代入式(7-20),可得零级反应的半衰期,其值与反应物初浓度成正比

$$t_{1/2} = \frac{c_{A,0}}{2k_A} \qquad 式(7-21)$$

4. 当 $c_A = 0$ 时, $t = \dfrac{c_{A,0}}{k_A}$,这说明对零级反应,反应所需的时间是有限的,反应是可以进行完全的。

常见的零级反应有某些光化反应、电解反应、表面催化反应等。在一定条件下,它们的反应速率分别只与光强度、电流和表面状态有关,而与反应物浓度无关。有些难溶固体药物与水形成混悬剂,一定温度下这些药物在水中的浓度为一常数(溶解度),因此这些药物在水中的降解反应,不论其速率与浓度有无关系,都可表现为零级反应。

现将一些典型的简单级数反应的微分及积分速率方程及其特征列表比较。见表 7-1。表中 n 级反应只列出了其微分速率方程为 $-\dfrac{\mathrm{d}c_A}{\mathrm{d}t}=k_A c_A^n$ 的一种简单形式。

表 7-1 简单级数反应的速率方程小结

n	微分速率方程	积分速率方程	$t_{1/2}$	线性关系	k 的单位
0	$\dfrac{-\mathrm{d}c_A}{\mathrm{d}t}=k_A$	$c_{A,0}-c_A=k_A t$	$\dfrac{c_{A,0}}{2k_A}$	$c_A \sim t$	$\mathrm{mol}/(\mathrm{L}\cdot\mathrm{s})$
1	$\dfrac{-\mathrm{d}c_A}{\mathrm{d}t}=k_A c_A$	$\ln\dfrac{c_{A,0}}{c_A}=k_A t$	$\dfrac{\ln 2}{k_A}$	$\ln c_A \sim t$	s^{-1}
2	$\dfrac{-\mathrm{d}c_A}{\mathrm{d}t}=k_A c_A^2$	$\dfrac{1}{c_A}-\dfrac{1}{c_{A,0}}=k_A t$	$\dfrac{1}{k_A c_{A,0}}$	$\dfrac{1}{c_A}\sim t$	$\mathrm{L}/(\mathrm{mol}\cdot\mathrm{s})$
2	$\dfrac{-\mathrm{d}c_A}{\mathrm{d}t}=k_A c_A c_D$	$\dfrac{1}{c_{A,0}-c_{D,0}}\ln\dfrac{c_{D,0}c_A}{c_{A,0}c_D}=k_A t$	对 A 和 D 不同	$\ln\dfrac{c_{D,0}c_A}{c_{A,0}c_D}\sim t$	$\mathrm{L}/(\mathrm{mol}\cdot\mathrm{s})$
n^*	$\dfrac{-\mathrm{d}c_A}{\mathrm{d}t}=k_A c_A^n$	$\dfrac{(1/c_A^{n-1}-1/c_{A,0}^{n-1})}{n-1}=k_A t$	$\dfrac{2^{n-1}-1}{(n-1)k_A c_{A,0}^{n-1}}$	$\dfrac{1}{c_A^{n-1}}\sim t$	$(\mathrm{mol}/\mathrm{L})^{1-n}/\mathrm{s}$

注:$^*n\neq 1$。

四、反应级数的测定

反应级数的
确定(微课)

大多数化学反应的微分速率方程都可以表达为下列的幂乘积形式

$$r_A=-\frac{\mathrm{d}c_A}{\mathrm{d}t}=k_A c_A^{\alpha} c_D^{\beta} c_E^{\gamma}\cdots$$

反应级数为 $n=\alpha+\beta+\gamma+\cdots$,有的反应虽不具备这样的形式,但在一定范围内也可近似地按这样的形式处理,上式即是经验速率方程。

建立动力学方程的关键是确定化学反应的速率常数 k 和 $\alpha,\beta,\gamma\cdots$ 的数值。下面介绍几种常用的确定速率常数和反应级数的方法。

(一)微分法

若反应微分速率方程具有如下的简单形式

$$-\frac{\mathrm{d}c_A}{\mathrm{d}t}=k_A c_A^n$$

等式两端取对数后得

$$\ln\left(-\frac{\mathrm{d}c_A}{\mathrm{d}t}\right)=\ln k_A+n\ln c_A$$

以 $\ln\left(-\dfrac{\mathrm{d}c_A}{\mathrm{d}t}\right)$ 对 $\ln c_A$ 作图为一直线,直线的斜率为 n,截距为 $\ln k_A$。

通过实验得到不同时刻反应物的浓度数据作 $c_A \sim t$ 图,如图 7-5(a)。在不同浓度处作曲线的切线,切线斜率的绝对值即为此时的反应速率$\left(-\dfrac{\mathrm{d}c_A}{\mathrm{d}t}\right)$。分别将浓度及其对应的反应速率取对数,以 $\ln\left(-\dfrac{\mathrm{d}c_A}{\mathrm{d}t}\right)$ 对 $\ln c_A$ 作图,如图 7-5(b)。通过直线的斜率和截距,可分别求得反应级数 n 和速率常数 k_A。此法称为微分法(differential method)。

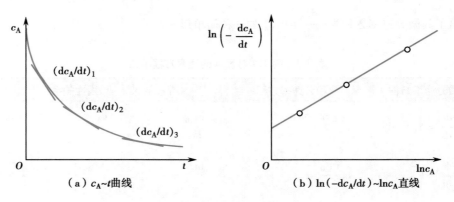

图 7-5　微分法确定反应级数(1)

有时反应产物对反应速率有影响,为了排除这种干扰,可采用初速率法(又称初浓度法)。对若干个不同初浓度 $c_{A,0}$ 的溶液进行实验,分别作出它们的 $c_A \sim t$ 曲线,如图 7-6(a)。在每条曲线初浓度 $c_{A,0}$ 处求相应的斜率,其绝对值即为初速率 $-\dfrac{\mathrm{d}c_{A,0}}{\mathrm{d}t}$,然后作 $\ln\left(-\dfrac{\mathrm{d}c_{A,0}}{\mathrm{d}t}\right) \sim \ln c_{A,0}$ 图,如图 7-6(b)。由图中直线的斜率和截距,可分别求得反应级数 n 和速率常数 k_A,初速率法也是一种微分法。

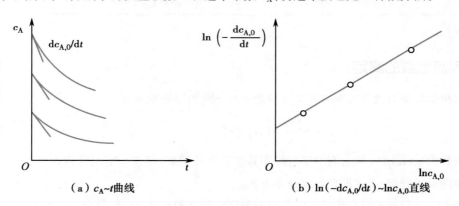

图 7-6　微分法确定反应级数(2)

无论反应级数是整数还是分数,微分法都是适用的。然而在作 $c \sim t$ 曲线和曲线上某些点的切线时,主观性较大,对于同一组实验数据,不同的人可能会得出不同的结果。

（二）积分法

积分法(integration method)也称尝试法,是确定反应级数和反应速率常数的常用方法。将不同时刻测得的反应物浓度数据,分别代入各反应级数的积分速率方程中,若按某个积分速率方程计算的速率常数 k 基本为一常数,则积分速率方程对应的级数即为该反应的级数,速率常数就是这些 k 的平均值。例如,将各组数据代入一级反应的积分速率方程求得的 k 值基本相等,则为一级反应。否则,尝试代入其他级数反应。也可以根据各级反应的特征,把相应浓度的某种函数对时间 t 作图,得到一条直线。例如,若以 $\ln c_A$ 对时间 t 作图得一条直线,则该反应是一级反应;若以 $\dfrac{1}{c_A}$ 对时间 t 作图为一条直线,则为二级反应,等。

　　反应级数是简单的整数时,积分法是有效的方法。当级数是分数时,则很难尝试了,这也是这种方法的不足。

（三）半衰期法

　　若反应微分速率方程为

$$r_A = -\frac{dc_A}{dt} = k_A c_A^n$$

则半衰期 $t_{1/2}$ 与反应物初浓度 $c_{A,0}$ 的关系为

$$t_{1/2} = \frac{B}{c_{A,0}^{n-1}}$$

式中 B 在级数确定后为一常数。若以两个不同初浓度 $c_{A,0}$ 和 $c'_{A,0}$ 的溶液进行实验,测得其半衰期分别为 $t_{1/2}$ 和 $t'_{1/2}$,则

$$\frac{t_{1/2}}{t'_{1/2}} = \left(\frac{c'_{A,0}}{c_{A,0}}\right)^{n-1} \quad 或 \quad n = 1 + \frac{\ln(t_{1/2}/t'_{1/2})}{\ln(c'_{A,0}/c_{A,0})}$$

由两组数据即可求得反应级数 n。如果数据较多,则用作图法更为准确。

$$\ln t_{1/2} = (1-n)\ln c_{A,0} + \ln B$$

由 $\ln t_{1/2} \sim \ln c_{A,0}$ 图中直线的斜率可求得反应级数 n。

　　此法不限于用 $t_{1/2}$,也可用反应进行到其他任意分数的时间。

（四）孤立法

　　如果对反应速率有影响的反应物不止一种,其微分速率方程符合下式

$$r_A = k_A c_A^\alpha c_D^\beta c_E^\gamma \cdots$$

可用孤立法求级数。所谓孤立法是除某一反应物外,设法使其他物质浓度在反应过程中基本不变。例如,使反应物 A 的浓度远小于反应物 D、E 的浓度(一般相差 40 倍以上),在整个反应中 D、E 的浓度可视为常数。此时上式可变为 $r_A = k'_A c_A^\alpha$,再用前述各种方法求得 A 反应物的级数 α。同理可分别求得 D、E 反应物的级数 β、γ,依此类推。总反应级数 $n = \alpha + \beta + \gamma + \cdots$。

第三节　温度对反应速率的影响

　　以上论述了恒温下反应物浓度与反应速率的关系。对大多数反应来说,温度对反应速率的影响比浓度的影响更为显著。在讨论温度对反应速率的影响时,应排除浓度的影响。因此,通常讨论反应速率常数与温度之间的关系。

一、阿伦尼乌斯方程

　　温度升高时,绝大多数化学反应的速率增大。阿伦尼乌斯(Arrhenius)根据大量的实验数据,提出了速率常数与温度之间的关系式,即著名的阿伦尼乌斯方程(Arrhenius equation)。

$$k = A e^{-\frac{E_a}{RT}} \qquad\qquad 式(7\text{-}22)$$

式中,A 称为指前因子(pre-exponential factor)或频率因子,E_a 称为实验活化能或表观活化能,简称活化能(activation energy)。它们都是由实验得到的经验常数。E_a 的单位为 J/mol。A 的单位与 k 相同。阿伦尼乌斯对活化能作出了合理的解释,后续研究表明,指前因子 A 也有特定的物理意义。一般化学反应的活化能约在 40~400kJ/mol 之间。因为活化能出现在阿伦尼乌斯方程的指数项里,对反应速率的影响极大。其他条件不变时,活化能越大,反应速率就越小。反之亦然。

式(7-22)也可表达为对数形式

$$\ln k = -\frac{E_a}{RT} + \ln A \qquad 式(7-23)$$

由上式看出，$\ln k$ 与 $\frac{1}{T}$ 有线性关系，直线的斜率为 $-\frac{E_a}{R}$，截距为 $\ln A$。

式(7-23)两边对 T 微分，可得微分形式

$$\frac{d\ln k}{dT} = \frac{E_a}{RT^2} \qquad 式(7-24)$$

此式表明 $\ln k$ 随 T 的变化率与活化能成正比，即活化能越高，反应速率对温度越敏感。对于活化能不同的反应，当温度增加时，反应速率均增加，E_a 大的反应速率增加的倍数比 E_a 小的反应速率增加的倍数大。这种关系可用下述关系式说明。若有两个不同反应，活化能分别为 E_{a1} 和 E_{a2}，根据式(7-24)，则

$$\frac{d\ln k_1}{dT} = \frac{E_{a1}}{RT^2} \qquad \frac{d\ln k_2}{dT} = \frac{E_{a2}}{RT^2}$$

两式相减得

$$\frac{d\ln(k_1/k_2)}{dT} = \frac{E_{a1} - E_{a2}}{RT^2}$$

若 $E_{a1} > E_{a2}$，等式右边项大于零，当温度升高时，k_1/k_2 的比值增加，表明 k_1 随温度增加的倍数大于 k_2 的增加倍数。反之，若 $E_{a1} < E_{a2}$，等式右边项小于零，当温度升高时，$\frac{k_1}{k_2}$ 的比值减小，即 k_2 随温度增加的倍数大于 k_1 的增加倍数。因此，若有几个活化能不同的反应可同时进行，升高温度对活化能大的反应相对有利；反之，降低温度则对活化能小的反应相对有利。生产上利用这个性质来选择适宜温度加速主反应，抑制副反应。

对式(7-24)积分，可得积分形式

$$\ln\frac{k_2}{k_1} = -\frac{E_a}{R}\left(\frac{1}{T_2} - \frac{1}{T_1}\right) \qquad 式(7-25)$$

式(7-22)~式(7-25)是阿伦尼乌斯方程的几种表示形式。利用式(7-25)，若已知两个温度 T_1、T_2 下的速率常数 k_1、k_2，可求活化能 E_a。或已知 E_a 和某一温度及该温度下的速率常数，可求另一温度下的速率常数。

例题 7-5 $CO(CH_2COOH)_2$ 在水溶液中的分解为一级反应。在 333.15K 和 283.15K 温度下的速率常数分别为 $5.484\times10^{-2}s^{-1}$ 和 $1.080\times10^{-4}s^{-1}$，求该反应的活化能和在 303.15K 下的速率常数 $k_{303.15}$。

解： 由式(7-25)

$$\ln\frac{k_2}{k_1} = -\frac{E_a}{R}\left(\frac{1}{T_2} - \frac{1}{T_1}\right)$$

得

$$\ln\frac{1.080\times10^{-4}}{5.484\times10^{-2}} = -\frac{E_a}{8.314}\left(\frac{1}{283.15} - \frac{1}{333.15}\right)$$

$$E_a = 97.73kJ/mol$$

$$\ln\frac{k_{303.15}}{5.484\times10^{-2}} = -\frac{97.73\times10^3}{8.314}\left(\frac{1}{303.15} - \frac{1}{333.15}\right)$$

$$k_{303.15} = 1.670\times10^{-3}s^{-1}$$

应当指出，并非所有化学反应都符合或近似符合阿伦尼乌斯方程。图 7-7 给出了一些不符合阿伦尼乌斯方程的典型反应的 $k\sim T$ 关系。图中(a)为爆炸反应；(b)为酶催化反应；(c)为碳和某些烃类的氧化反应；(d)是一种反常的类型，温度升高反应速率反而下降。例如，$2NO + O_2 \longrightarrow 2NO_2$ 即属这一类型。

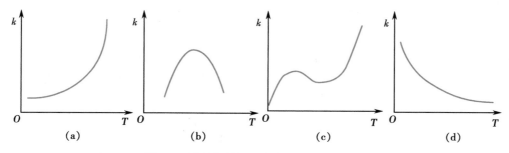

图 7-7 速率常数与温度之间的关系示意图

阿伦尼乌斯方程最初是从气相反应中总结出来的,后来发现也适用于液相反应或复相催化反应。它既适用于基元反应,也适用于一些具有反应物浓度幂乘积形式的总反应。此时的 E_a、A 及 k 皆为对总反应而言的表观参数。

二、活化能

阿伦尼乌斯方程和活化能概念的提出,大大促进了化学动力学的发展。但也应指出,关于活化能的定义,目前尚未完全统一,随着反应速率理论的发展,人们对活化能的理解也在逐步深化。

发生化学反应的首要条件是反应物之间的相互碰撞,但却不是每一次碰撞都能发生化学反应。只有少数能量足够高的分子碰撞后才能发生反应,这样的分子称为活化分子。活化分子的平均能量与所有反应物分子的平均能量之差称为阿伦尼乌斯活化能或实验活化能。活化分子的平均能量与所有反应物分子的平均能量都随温度的升高而增大,两者之差近似为常数。

反应物分子要发生反应必须克服分子间的斥力,除一些特殊反应(例如,$CH_3 \cdot + CH_3 \cdot \longrightarrow C_2H_6$)外,还必须破坏分子内原有的化学键,这些都需要足够的能量。两个活化分子靠得足够近、旧键即将断裂、新键即将生成的状态称为活化状态。对于一个特定的化学反应,反应物分子必须具有某一特定的最低能量,才能发生反应。超过这一特定能量的分子即为活化分子,活化分子可以顺利地翻越这一特定能峰发生反应。这一概念可由图 7-8 示意。

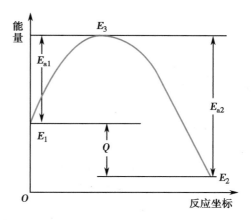

图 7-8 活化能示意图

图中,E_1 为基元反应中反应物分子的平均能量,E_2 为产物分子的平均能量,E_3 为活化分子或活化态分子的平均能量。E_1、E_2、E_3 皆为温度的函数。活化分子的平均能量与反应物分子的平均能量之差 E_{a1} 为正反应的活化能;与产物分子的平均能量之差 E_{a2} 为逆反应的活化能。E_{a1} 和 E_{a2} 都近似地与温度无关,两者之差即为反应热 Q。若是等容反应,此能量为 ΔU;若为等压反应,此能量为 ΔH。

阿伦尼乌斯曾将他的方程与范托夫(van't Hoff)等容方程相比较。等容条件下可逆进行的基元反应,令 k_1、k_2 分别为正、逆反应的速率常数。根据质量作用定律,平衡常数 $K_c = \dfrac{k_1}{k_2}$,由图 7-8 可知,$\Delta U = E_{a1} - E_{a2}$。根据阿伦尼乌斯方程

有
$$\frac{d\ln(k_1/k_2)}{dT} = \frac{(E_{a1} - E_{a2})}{RT^2}$$

将 $K_c = \dfrac{k_1}{k_2}$,$\Delta U = E_{a1} - E_{a2}$,代入上式,得范托夫等容方程

$$\frac{\mathrm{d}\ln K_c}{\mathrm{d}T} = \frac{\Delta U}{RT^2}$$

以上讨论并非很严密,活化能 E_a 在阿伦尼乌斯方程中是与温度无关的常数,而 ΔU 或 ΔH 都与温度有关。所以严格讲阿伦尼乌斯活化能 E_a 也应是温度的函数。考虑到温度对 E_a 的影响,所以阿伦尼乌斯活化能可采取如下的定义

$$E_a = RT^2 \frac{\mathrm{d}\ln k}{\mathrm{d}T} = -R \frac{\mathrm{d}\ln k}{\mathrm{d}(1/T)} \qquad \text{式}(7\text{-}26)$$

按式(7-26)所得到的 E_a 称为实验活化能或阿伦尼乌斯活化能(简称活化能),式中 k 值可以是从实验求得或从动力学理论计算而得。

阿伦尼乌斯活化能只对基元反应才有明确的物理意义。对总反应而言,阿伦尼乌斯活化能只是一个表观参数,它是构成总反应的各基元反应活化能的特定组合。表观活化能虽无明确的物理意义,但仍可以认为是阻碍反应进行的一个能量因素。例如,某总反应的表观速率常数 $k = k_1 k_2 k_3^{-1/2}$,则其表观活化能为

$$E_a = E_{a1} + E_{a2} - E_{a3}/2$$

案例分析

药品稳定性预测

药品的稳定性是指原料药及制剂保持其物理、化学、生物学和微生物学性质的能力。稳定性研究贯穿药品研究与开发的全过程。在药品稳定性研究中,原药含量是考察项目之一,一般以原药量降低10%的时间定为药物贮存有效期。在实际工作中,通常需要快速有效的方法预测药物制剂的稳定性,从而进一步为研究工作提供基础。如果药物降解速度非常慢,在室温下降解10%需要若干年,而企业为了使药品尽快上市,急需在短时间内拿到相关数据,那我们需要怎么办呢?

分析:研究药物含量的变化与降解时间的关系,这就是动力学稳定性问题,其核心是降解速率的大小。受温度、光照、溶剂等影响,药物主要发生水解、氧化、光解等化学变化。我们知道温度每升高10℃,化学反应速率通常增加到原来的2~4倍。由化学动力学原理可知,大多数化学反应,温度对速率常数的影响可由阿伦尼乌斯方程描述,可以计算不同温度下的速率常数。不同反应级数的反应采用不同的动力学方程,大部分药物在保存过程中发生变质失效符合一级动力学的规律,如乙酰磺胺和盐酸丁卡因水剂等。还有少量药物的变质失效符合零级动力学规律,主要是一些难溶于水而形成悬浮液的药物,如阿司匹林悬浮液。

方法:高温加速实验法。将药物置于较高温度条件下,测定药物含量随时间的变化。温度越高,药物降解速度越快,因此可以在短时间内知道药物在高温条件下的降解速率,然后利用阿伦尼乌斯方程,可获得药物降解反应的活化能。再根据活化能求得药物在室温下的降解速率常数,最后利用相关的动力学方程得到药物在室温下的保质期等相关信息。这也提醒我们须冷藏的药物必须严格低温保存,以防变质。

三、药物贮存期预测

药物在贮存过程中常因发生水解、氧化等反应而使含量逐渐降低,乃至失效。预测药物贮存期通常有留样观察法和加速试验法。留样观察法是将药物或制剂在室温下贮存,定期测定含量来确定有效期。尽管此法得到的贮存期准确,但对于放置几年而含量变化不大的稳定药物而言,该法测定有效期耗时太长。对于新制剂、新药物有效期的考察,常用加速试验法。加速试验法就是应用化学动力学

的原理,在较高的温度下进行试验,使药物降解反应加速进行,经数学处理后得出药物在室温下的贮存期。加速试验法可分为恒温法和变温法,恒温法又分为经典恒温法、温度系数法及温度指数法,在此只介绍经典恒温法。

经典恒温法预测药物的有效期,主要是根据不同药物的稳定程度选取几个较高的试验温度,测定各温度下药物浓度随时间的变化,确定药物降解的反应级数,并求出在各试验温度下的反应速率常数 k。然后依据阿伦尼乌斯方程,以 $\ln k$ 对 $\dfrac{1}{T}$ 作图,外推求得药物在室温下的速率常数 $k_{298.15}$。或 $\ln k$ 对 $\dfrac{1}{T}$ 作线性回归,将 $T=298.15\mathrm{K}$ 代入回归方程求出 $k_{298.15}$,再将其代入到相应级数的积分公式,即可算出在室温下药物含量降低至合格限所需的时间,即贮存期。经典恒温法在较短时间内可得到结果,但试验工作量大,而且药物在升温分解过程中级数不能改变。

对阿伦尼乌斯方程作如下变形,无须知道反应级数及各温度下的速率常数 k,也可求得药物的贮存期。因为在各级反应中,药物分解一定百分数所需的时间 t_α 都与 k 成反比,则

$$\ln t_\alpha = 常数 - \ln k$$

将此式代入式(7-23),得

$$\ln t_\alpha = \frac{E_a}{RT} + 常数'$$

可在浓度的某种函数 $f(c)$ 或某种与浓度有关的物理量(如吸光度)与 t 图上,直接找出各不同温度下的 t_α。以 $\ln t_\alpha$ 对 $\dfrac{1}{T}$ 作线性回归,将 $T=298.15\mathrm{K}$ 代入回归方程,可得到该温度下的 t_α,即室温下的贮存期。此法试验量并未减少,只是数据处理相对简化。

动力学参数如反应级数 n、速率常数 k、活化能 E_a 及半衰期 $t_{1/2}$ 可通过图解法和统计法获得,后一种方法更为常用。

例题 7-6　雷公藤甲素注射液分别在 338.15K、348.15K、358.15K、368.15K 四个温度下进行稳定性加速试验,测定不同时间的浓度,确定雷公藤甲素注射液的降解为一级反应。求出了各温度下雷公藤甲素降解的速率常数 k 值及降解 10% 所需时间 $t_{0.9}$,试求 298.15K 时药物的 $t_{0.9}$。

T/K	$10^3\,(1/T)/\mathrm{K}^{-1}$	$10^3 k/\mathrm{h}^{-1}$	$t_{0.9}/\mathrm{h}$	$\ln t_{0.9}$
338.15	2.957	1.723	61.17	4.114
348.15	2.872	4.077	25.85	3.252
358.15	2.792	8.714	12.10	2.493
368.15	2.716	18.79	5.61	1.725

解:方法一　以 $\ln k$ 对 $\dfrac{1}{T}$ 作线性回归,得直线方程

$$\ln k = -9\,874 \times \frac{1}{T} + 22.85 \qquad 相关系数\ r=0.999\,9$$

将 $T=298.15\mathrm{K}$ 代入上式,得反应速率常数 $k_{298.15}=3.489\times10^{-5}/\mathrm{h}$,代入式(7-12)得 298.15K 下的 $t_{0.9}$

$$t_{0.9} = \frac{0.105\,4}{3.489\times10^{-5}} = 3\,021\mathrm{h} \approx 126\mathrm{d}$$

方法二　以 $\ln t_{0.9}$ 对 $\dfrac{1}{T}$ 作线性回归,得直线方程

$$\ln t_{0.9} = 9\,871 \times \frac{1}{T} - 25.08 \qquad 相关系数\ r=0.999\,9$$

将 $T = 298.15K$ 代入上式,得

$$t_{0.9} = 3\ 041h \approx 127d$$

此结果与方法一接近。

第四节 几种典型的复杂反应

复杂反应(或总反应)是由两个或两个以上的基元反应组成的。不同的组合方式可以构成不同类型的复杂反应。典型的复杂反应有对峙反应、平行反应、连续反应。

一、对峙反应

正、逆两个方向都能进行的反应称为对峙反应(opposing reaction),又称为对行反应或可逆反应。此处可逆与热力学所述的可逆有本质的不同,这里的可逆仅指反应可以双向进行之意。严格地说,任何反应都不能完全进行到底,都是对峙反应。但是当偏离平衡态太远时,逆向反应往往可忽略不计。对峙反应的逆向反应速率不能忽略,它的特点是很容易达到平衡。

最简单的情况是正、逆反应都是一级反应,这样的对峙反应称为 1-1 级对峙反应。如

$$A \underset{k_2}{\overset{k_1}{\rightleftharpoons}} G$$

$t = 0$	$c_{A,0}$	0
t	c_A	$c_G = c_{A,0} - c_A$
平衡	$c_{A,eq}$	$c_{G,eq} = c_{A,0} - c_{A,eq}$

正反应速率为　　　　　　　　　　　　$r_{正} = k_1 c_A$

逆反应速率为　　　　　　　　　　　　$r_{逆} = k_2 c_G$

A 消耗的总反应速率为正、逆反应速率之差

$$-\frac{dc_A}{dt} = r_{正} - r_{逆} = k_1 c_A - k_2 c_G$$

令 $c_{A,0}$ 为反应物 A 的初浓度,则 $c_G = c_{A,0} - c_A$,代入上式,得

$$-\frac{dc_A}{dt} = k_1 c_A - k_2(c_{A,0} - c_A) = (k_1 + k_2)c_A - k_2 c_{A,0} \qquad \text{式}(7\text{-}27)$$

当反应达到平衡时,正、逆反应速率相等,总反应速率为零,反应物和产物浓度分别趋于常数 $c_{A,eq}$ 和 $c_{G,eq}$,则

$$k_1 c_{A,eq} = k_2 c_{G,eq} = k_2(c_{A,0} - c_{A,eq})$$

或　　　　　　　　　　　　　　$(k_1 + k_2)c_{A,eq} = k_2 c_{A,0}$

代入式(7-27),得到含有平衡浓度的微分速率方程

$$-\frac{dc_A}{dt} = (k_1 + k_2)(c_A - c_{A,eq}) \qquad \text{式}(7\text{-}28)$$

将 $dc_A/dt = d(c_A - c_{A,eq})/dt$ 代入上式,整理后积分,得

$$\ln \frac{c_{A,0} - c_{A,eq}}{c_A - c_{A,eq}} = (k_1 + k_2)t \qquad \text{式}(7\text{-}29)$$

式(7-29)即为 1-1 级对峙反应的积分速率方程。以 $\ln(c_A - c_{A,eq})$ 对 t 作图可得一条直线,由直线的斜率可求得 $(k_1 + k_2)$,再由平衡常数 $K_c = \dfrac{k_1}{k_2}$,可分别求得 k_1 和 k_2。

对峙反应很常见,许多分子内重排或异构化反应、醇与酸的酯化反应等都符合对峙反应规律。当

正反应速率远大于逆反应速率时,即 $k_1 \gg k_2$,$c_{A,eq} \approx 0$,则可按一级反应处理。

图 7-9 为 1-1 级对峙反应的 c-t 图。其特征是经过足够长的时间后,反应物和产物都分别趋近于它们的平衡浓度 $c_{A,eq}$ 和 $c_{G,eq}$。

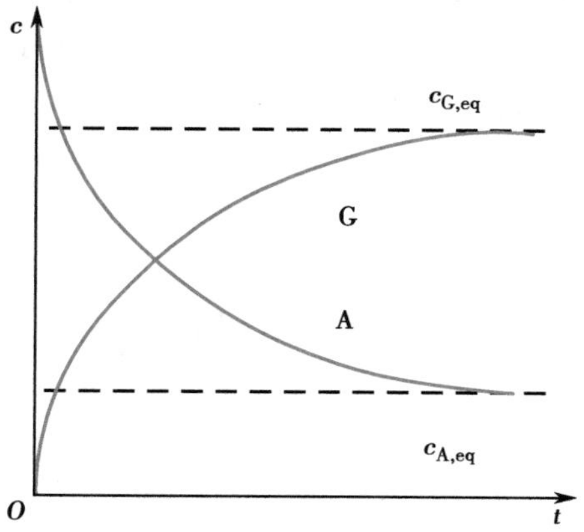

例题 7-7 某 1-1 级对峙反应 $A \underset{k_2}{\overset{k_1}{\rightleftharpoons}} G$,已知 $k_1 = 10^{-4} s^{-1}$,$k_2 = 2.5 \times 10^{-5} s^{-1}$,反应开始时只有反应物 A。求 (1) A 和 G 浓度相等所需的时间;(2) 经过 6 000s 后 A 和 G 的浓度。

图 7-9 1-1 级对峙反应的 c-t 曲线

解:(1) 先求出 $c_{A,eq}$,再求反应至 $c_A = c_G = \dfrac{c_{A,0}}{2}$ 所需的时间 t。

由 $K_c = \dfrac{c_{G,eq}}{c_{A,eq}} = \dfrac{c_{A,0} - c_{A,eq}}{c_{A,eq}} = \dfrac{k_1}{k_2} = 4$,得 $c_{A,eq} = \dfrac{c_{A,0}}{5}$

将 $c_{A,eq} = \dfrac{c_{A,0}}{5}$ 和 $c_A = \dfrac{c_{A,0}}{2}$ 代入式(7-29),得

$$\ln \frac{c_{A,0} - c_{A,0}/5}{c_{A,0}/2 - c_{A,0}/5} = (k_1 + k_2)t$$

解之得

$$t = 7\ 847s$$

(2) 在指定时间后 A 和 G 的浓度都与反应物初浓度有关。将 $c_{A,eq} = \dfrac{c_{A,0}}{5}$ 和 $t = 6\ 000s$ 代入式(7-29),得

$$\ln \frac{c_{A,0} - c_{A,0}/5}{c_A - c_{A,0}/5} = (k_1 + k_2)t$$

整理后得

$$c_A = 0.578c_{A,0} \qquad c_G = c_{A,0} - c_A = 0.422c_{A,0}$$

对峙反应达到平衡时,$K_c = \dfrac{k_1}{k_2}$,将此式代入式(7-27),得

$$-\frac{dc_A}{dt} = k_1\left(c_A - \frac{1}{K_c}c_G\right)$$

此式表明,对于一定的 c_A 和 c_G,反应速率同时与 k_1 和 K_c 有关。对正向反应是吸热的对峙反应,升高温度 k_1 和 K_c 都增大,故适当升高反应温度,既可增大反应速率,又有利于使反应正向进行。对正向是放热的对峙反应,升高温度 k_1 增大 K_c 减小。因此,反应温度的选择应同时考虑热力学和动力学两个因素。低温下 K_c 大亦即 $\dfrac{1}{K_c}$ 小,这时 k_1 为影响反应速率的主要因素,因而低温时反应速率随着温度的上升而加快。随着温度的升高,K_c 逐渐减小,$\dfrac{1}{K_c}$ 逐渐上升为影响速率的主要因素,即高温时随着温度的升高,反应速率减小。因此,反应速率将随着温度的升高先上升而后下降,出现极大值。这时的温度,工业上称为最佳反应温度 T_m。

T_m 与反应物的初浓度和转化率有关。当反应物的初浓度给定时,最佳反应温度 T_m 随转化率的增大而减小,若能使反应温度按此规律逐步降低,就可使反应速率一直处于最大值。

二、平行反应

一种或几种反应物同时进行几个不同的反应,称为平行反应(parallel reaction)。例如,在生物体

内 AMP(腺苷酸)可以转化为 ATP(三磷酸腺苷)和 IMP(肌苷酸)就是一个平行反应。一般将速率较大的或生成目的产物的反应称为主反应,将其他反应称为副反应。

平行反应可区分为具有相同级数和不同级数的平行反应,为便于讨论,这里只讨论由两个一级反应组成的平行反应

两个支反应的速率分别为

$$\frac{dc_G}{dt} = k_1 c_A \qquad\qquad 式(7\text{-}30)$$

$$\frac{dc_H}{dt} = k_2 c_A \qquad\qquad 式(7\text{-}31)$$

A 消耗的总反应速率为两者之和

$$-\frac{dc_A}{dt} = k_1 c_A + k_2 c_A = (k_1 + k_2) c_A \qquad\qquad 式(7\text{-}32)$$

其积分速率方程为

$$c_A = c_{A,0} e^{-(k_1 + k_2)t} \qquad\qquad 式(7\text{-}33)$$

将式(7-33)分别代入式(7-30)和式(7-31),整理后作定积分,得

$$c_G = \frac{k_1}{k_1 + k_2} c_{A,0} \left[1 - e^{-(k_1 + k_2)t} \right] \qquad\qquad 式(7\text{-}34)$$

$$c_H = \frac{k_2}{k_1 + k_2} c_{A,0} \left[1 - e^{-(k_1 + k_2)t} \right] \qquad\qquad 式(7\text{-}35)$$

图 7-10 为一级平行反应中反应物和产物的 c-t 曲线。

将式(7-34)与式(7-35)相除,得

$$\frac{c_G}{c_H} = \frac{k_1}{k_2} \qquad\qquad 式(7\text{-}36)$$

即在任一时刻,各反应产物浓度之比等于各支反应的速率常数之比。这一结论对于级数相同的平行反应均成立(但应注意,若反应物不止一种,在各支反应速率方程中各物质的分级数应相同)。当然,若平行反应的级数不同,上述结论不成立。

在同一时刻,分别测定出反应物和各产物的浓度,式(7-33)和式(7-36)联立,即可分别求得 k_1 和 k_2。

改变反应温度可以改变平行反应中各支反应的相对反应速率,从而使目的产物增加。倘若目的产物反应的活化能高于其

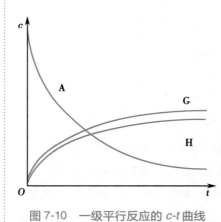

图 7-10 一级平行反应的 c-t 曲线

他反应,则可考虑适当提高反应温度;倘若目的产物反应的活化能低于其他反应,则可考虑适当降低反应温度。当然,这仅是针对反应产物的比例而言,实际操作温度的选择还要结合其他因素综合考虑。

三、连续反应

一个反应要经历几个连续的中间步骤方能生成最终产物,并且前一步的产物为后一步的反应物,则该反应称为连续反应(consecutive reaction)。放射性元素的逐级蜕变、二元酸酯的逐级皂化及多糖的水解等都属于这类反应。例如,龙胆三糖的水解反应

$$C_{18}H_{32}O_{16}+H_2O \longrightarrow C_6H_{12}O_6+C_{12}H_{22}O_{11}$$

龙胆三糖　　　　　果糖　龙胆二糖

$$C_{12}H_{22}O_{11}+H_2O \longrightarrow 2C_6H_{12}O_6$$

龙胆二糖　　　　　葡萄糖

最简单的连续反应为一级连续反应

$$A \xrightarrow{k_1} G \xrightarrow{k_2} H$$

反应物 A 的消耗速率为

$$-\frac{dc_A}{dt}=k_1 c_A \qquad\qquad 式(7-37)$$

中间产物 G 由第一步反应生成,被第二步反应消耗

$$\frac{dc_G}{dt}=k_1 c_A-k_2 c_G \qquad\qquad 式(7-38)$$

最终产物 H 由第二步反应生成

$$\frac{dc_H}{dt}=k_2 c_G \qquad\qquad 式(7-39)$$

将式(7-37)积分,得

$$c_A=c_{A,0}e^{-k_1 t} \qquad\qquad 式(7-40)$$

将式(7-40)代入式(7-38),得

$$\frac{dc_G}{dt}+k_2 c_G-k_1 c_{A,0}e^{-k_1 t}=0$$

此式为一阶常系数线性微分方程,其解为

$$c_G=\frac{k_1}{k_2-k_1}c_{A,0}(e^{-k_1 t}-e^{-k_2 t}) \qquad\qquad 式(7-41)$$

由反应的计量方程式可得

$$c_{A,0}=c_A+c_G+c_H$$

将式(7-40)和(7-41)代入上式,得

$$c_H=c_{A,0}\left[1-\frac{1}{k_2-k_1}(k_2 e^{-k_1 t}-k_1 e^{-k_2 t})\right] \qquad\qquad 式(7-42)$$

图 7-11 为 c_A、c_G 和 c_H 与时间 t 的曲线关系。反应物浓度 c_A 随时间增长而减小,符合一级反应积分速率方程;最终产物浓度 c_H 随时间增长而增大。中间产物浓度 c_G 开始时随时间增长而增大,经过某一极大值后则随时间增长而减小,这是连续反应中间产物浓度变化的特征。连续反应的另一特征是总反应速率取决于速率最慢的步骤,此步骤称为速控步骤(rate controlling process)。

中间产物浓度所能达到的极大值记为 $c_{G,m}$,相应的反应时间记为 t_m。将式(7-41)对 t 求导并令其为零

$$\frac{dc_G}{dt}=\frac{k_1}{k_2-k_1}c_{A,0}(k_2 e^{-k_2 t}-k_1 e^{-k_1 t})=0$$

解之得

$$t_m=\frac{\ln(k_2/k_1)}{k_2-k_1} \qquad\qquad 式(7-43)$$

再代入式(7-41),得

$$c_{G,m}=c_{A,0}\left(\frac{k_1}{k_2}\right)^{[k_2/(k_2-k_1)]} \qquad\qquad 式(7-44)$$

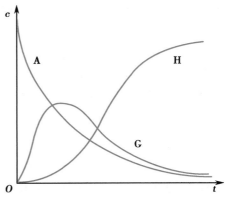

图 7-11　连续反应的 c-t 曲线

如果中间产物 G 为目的产物,则 t_m 为结束反应的最佳时间。式(7-43)及式(7-44)可用于连续反应的定量计算,也可用于研究药物在体内代谢血药浓度达峰时间和相应的最大血药浓度的计算,即把药物在体内的吸收和消除两个过程近似地看作两个连续一级反应,而 k_1 作为一级吸收速率常数,k_2 作为一级消除速率常数。

例题 7-8　已知 2,3-4,6-二丙酮古洛糖酸在酸性溶液中水解生成抗坏血酸的反应是一级连续反应

$$2,3\text{-}4,6\text{-}二丙酮古洛糖酸(A) \xrightarrow{k_1} 抗坏血酸(G) \xrightarrow{k_2} 分解产物(H)$$

在一定条件下测得 323.15K 时 $k_1 = 0.42 \times 10^{-2}\,\mathrm{min^{-1}}$,$k_2 = 0.20 \times 10^{-4}\,\mathrm{min^{-1}}$,求:323.15K 时抗坏血酸的浓度达极大值的时间及相应的最大产率。

解: 由式(7-43)得

$$t_m = \frac{\ln(k_2/k_1)}{k_2 - k_1} = \frac{\ln(0.20 \times 10^{-4}/0.42 \times 10^{-2})}{0.20 \times 10^{-4} - 0.42 \times 10^{-2}} = 1\,279\,\mathrm{min} \approx 21\,\mathrm{h}$$

由式(7-44)得

$$c_{G,m} = c_{A,0}\left(\frac{k_1}{k_2}\right)^{[k_2/(k_2-k_1)]} = c_{A,0}\left(\frac{0.42 \times 10^{-2}}{0.20 \times 10^{-4}}\right)^{[0.20 \times 10^{-4}/(0.20 \times 10^{-4} - 0.42 \times 10^{-2})]} = c_{A,0} \times 0.975$$

最大产率为

$$\frac{c_{G,m}}{c_{A,0}} \times 100\% = 97.5\%$$

四、复杂反应的速率公式近似处理

对许多复杂反应,特别是其中包含连续反应的复杂反应,速率公式的求解相当困难。一般采用近似方法处理,常用的简化处理方法有速控步骤近似法(rate controlling process approximation)、稳态近似法(steady state approximation)和平衡态近似法(equilibrium state approximation)。

(一) 速控步骤近似法

在讨论连续反应时曾经指出,其总速率取决于最慢一步的速率,这种处理方法,即为速控步骤近似法。速控步骤的速率与其他各串联步骤的速率相差的倍数越大,所得结果越准确。例如,在上述连续反应 $A \xrightarrow{k_1} G \xrightarrow{k_2} H$ 中,H 物质浓度的精确解为式(7-42)所示

$$c_H = c_{A,0}\left[1 - \frac{1}{k_2 - k_1}(k_2 e^{-k_1 t} - k_1 e^{-k_2 t})\right]$$

当 $k_1 \ll k_2$ 时,则上式可简化为

$$c_H = c_{A,0}(1 - e^{-k_1 t})$$

此结果是先求微分方程的解析解,再加 $k_1 \ll k_2$ 的条件得到的。若用速控步骤近似法进行处理,求解过程可大大简化。因为 $k_1 \ll k_2$,表明第一步为速控步骤,所以反应总速率方程为

$$-\frac{dc_A}{dt} = k_1 c_A$$

积分上式可得 $c_A = c_{A,0} e^{-k_1 t}$,因为 $c_{A,0} = c_A + c_G + c_H$,由于 $k_1 \ll k_2$,G 不可能积累,$c_G \approx 0$,$c_H = c_{A,0} - c_A$,因此

$$c_H = c_{A,0}(1 - e^{-k_1 t})$$

可见用速控步骤近似法,也能得到与精确解简化后的相同结果,但求解过程更为简单。

(二) 稳态近似法

在连续反应 $A \xrightarrow{k_1} G \xrightarrow{k_2} H$ 中,如果 $k_2 \gg k_1$,例如在中间产物 G 为活泼的自由原子或自由基等的反应中,则可以认为中间产物 G 一旦生成,就立刻进行下一步反应生成最终产物 H,G 的浓度一直处于很小的状态,如图 7-12 所示。在反应过程中,中间产物的生成与消耗速率几乎相等,G 的浓度近

似为常数,处于稳态。则

$$\frac{dc_G}{dt} = 0 \qquad \text{式（7-45）}$$

用这种近似得到总反应速率方程的方法称为稳态近似法。

对于上面的连续反应,用解微分方程的方法求出了中间产物 G 的浓度与时间的关系式（7-41）

$$c_G = \frac{k_1}{k_2 - k_1} c_{A,0} (e^{-k_1 t} - e^{-k_2 t})$$

当 $k_2 \gg k_1$ 时,上式简化为

$$c_G = \frac{k_1}{k_2} c_{A,0} e^{-k_1 t} = \frac{k_1}{k_2} c_A$$

$k_2 \gg k_1$,说明中间产物 G 的浓度很小,且不随时间而改变,按稳态法近似

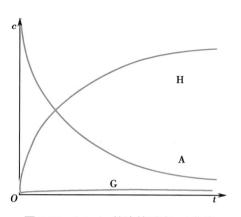

图 7-12　$k_2 \gg k_1$ 的连续反应 c-t 曲线

$$\frac{dc_G}{dt} = k_1 c_A - k_2 c_G = 0$$

则

$$c_G = \frac{k_1}{k_2} c_A$$

该法避开了解微分方程的麻烦,其结果与解微分方程后化简的结果一致。

对于包含对峙反应的连续反应,如

$$A \underset{k_2}{\overset{k_1}{\rightleftharpoons}} B \overset{k_3}{\longrightarrow} D$$

只有满足 $k_2 + k_3 \gg k_1$ 时,方可应用稳态法,即 B 的消失反应要远较它的生成反应容易进行,此条件保证 B 一旦生成即由于 B→D 及 B→A 的反应即刻消失,即 B 的生成速率近似等于它的消耗速率。此时 B 的浓度很小,且为常数。

（三）平衡态近似法

若反应机制中包含一个快速平衡的对峙反应,其后是一个较慢的速控步骤,则总反应速率等于速控步骤速率。总反应速率方程中往往含有中间产物,可利用对峙反应的平衡常数 K 及与反应物浓度的关系,求出中间产物的浓度,从而得到不含中间产物浓度项的总速率方程。这种处理方法称为平衡态近似法。例如在以下催化反应中,其机制方程如下

（1）
$$A + K \underset{k_2}{\overset{k_1}{\rightleftharpoons}} AK$$

（2）
$$AK + D \overset{k_3}{\longrightarrow} AD + K$$

式中,K 为催化剂,AK 为反应物与催化剂生成的中间产物。上述反应如果满足 $k_2 \gg k_3$ 及 $k_2 \gg k_1$ 两个条件,此时可应用平衡态近似法。前一条件说明反应（2）是速控步骤,这时反应（1）的平衡能够维持。后一条件保证平衡能很快建立。据速控步骤近似法,总反应速率表示为

$$\frac{dc_{AD}}{dt} = k_3 c_{AK} c_D \qquad \text{式（7-46）}$$

应用平衡态近似法,则由反应（1）的平衡常数

$$K_c = \frac{k_1}{k_2} = \frac{c_{AK}}{c_A c_K}$$

可得

$$c_{AK} = \frac{k_1}{k_2} c_A c_K$$

将上式代入式(7-46)得：

$$\frac{dc_{AD}}{dt} = \frac{k_1 k_3}{k_2} c_A c_K c_D = k' c_A c_D \qquad \text{式}(7\text{-}47)$$

式中，k' 为表观速率常数

$$k' = \frac{k_1 k_3}{k_2} c_K$$

由此可见，利用速控步骤和平衡态近似法，可以简便地从反应机制得出速率方程。

从上例中可以看出，如果对峙反应其后的反应为速控步骤，则总反应速率及表观速率常数仅取决于速控步骤及它以前的平衡过程，与以后的各基元反应无关。

速控步骤近似法、稳态近似法、平衡态近似法都是处理化学动力学过程的近似法，对于复杂的反应机制，恰当地选取上述方法，可以方便地求出与实验结果相符合的速率方程。

第五节　链反应及速率方程

链反应(chain reaction)又称连锁反应，是一类常见而又有其特殊规律的复杂反应。链反应是由大量的、反复循环的连续反应组成的，通常有自由原子或自由基参加的反应。自由原子或自由基是含有未成对电子的原子或基团，例如 $H\cdot$、$Cl\cdot$、$OH\cdot$、$CH_3\cdot$、$CH_3CO\cdot$ 等。它们因具有很高的化学活性而不能稳定存在，一经生成就立刻同其他物质发生反应。许多有机化合物在空气中的氧化、燃料的燃烧、不饱和烃的聚合等，都是链反应。

链反应分 3 个阶段进行，它们是：链引发(chain initiation)、链传递(chain propagation)和链终止(chain termination)。

1. 链引发　链引发是产生自由基或自由原子的过程，是链反应中最难进行的过程。这一过程所需的活化能很大，约在 200~400kJ/mol 之间。

链引发的方式通常为加热、光照、加入化学引发剂或其他高能辐射，例如 α、β、γ 或 X 射线。

2. 链传递　自由基或自由原子非常不稳定，一经生成就立刻同其他物质发生反应。反应中又可产生新的自由基或自由原子，如此连续循环进行，构成了链传递过程。链传递是链反应中最活跃的过程，是链反应的主体，一个自由基或自由原子在这一过程中可使大量反应物分子发生反应。链传递反应的活化能很小，一般小于 40kJ/mol，因而这一过程进行得很快。

3. 链终止　链终止是自由基或自由原子销毁的过程，是链反应的最后阶段。链终止反应的活化能很小或为零。

自由基销毁的过程可以是自由基相互结合成稳定分子，而将能量传递给系统中其他分子或以光量子的形式放出；也可以与器壁碰撞而失去活性。链反应速率与器壁的形状、表面涂料及填充料等都有关系，这种器壁效应是链反应的特点之一。减小容器体积、相对增加器壁表面积，或加入固体粉末，都可使链反应速率减小或终止。

$HCl(g)$ 的合成反应

$$H_2(g) + Cl_2(g) \longrightarrow 2HCl(g)$$

为一链反应，经研究反应机制如下

链引发

$$(1)\ Cl_2 + M_{(高能)} \xrightarrow{k_1} 2Cl\cdot + M_{(低能)} \qquad E_a = 242kJ/mol$$

链传递

$$(2)\ Cl\cdot + H_2 \xrightarrow{k_2} HCl + H\cdot \qquad E_a = 25kJ/mol$$

（3）$H \cdot + Cl_2 \xrightarrow{k_3} HCl + Cl \cdot$　　　$E_a = 12.6 kJ/mol$

……

链终止

（4）$2Cl \cdot + M_{(低能)} \xrightarrow{k_4} Cl_2 + M_{(高能)}$　　　$E_a = 0 kJ/mol$

式中 M 可以是稳定分子或器壁。

从实验测得此总反应的速率方程为

$$\frac{dc_{HCl}}{dt} = kc_{H_2} c_{Cl_2}^{1/2}$$

其速率方程也可由反应机制推出。根据反应机制，只有（2）、（3）两步有 HCl 生成，所以

$$\frac{dc_{HCl}}{dt} = k_2 c_{Cl \cdot} c_{H_2} + k_3 c_{H \cdot} c_{Cl_2} \tag{式（7-48）}$$

$H \cdot$ 和 $Cl \cdot$ 是高活性的中间产物，达到稳定态后，浓度不再随时间而改变，可应用稳态近似法处理。$H \cdot$ 在反应（2）中生成，在反应（3）中消耗，故

$$\frac{dc_{H \cdot}}{dt} = k_2 c_{Cl \cdot} c_{H_2} - k_3 c_{H \cdot} c_{Cl_2} = 0 \tag{式（7-49）}$$

则　　　　　　　　　　　　　$k_2 c_{Cl \cdot} c_{H_2} = k_3 c_{H \cdot} c_{Cl_2}$　　　　　　　　　　　式（7-50）

$Cl \cdot$ 在反应（1）、（3）中生成，而在反应（2）、（4）中消耗，故

$$\frac{dc_{Cl \cdot}}{dt} = 2k_1 c_{Cl_2} c_M - k_2 c_{Cl \cdot} c_{H_2} + k_3 c_{H \cdot} c_{Cl_2} - 2k_4 c_{Cl \cdot}^2 c_M = 0 \tag{式（7-51）}$$

将式（7-50）代入式（7-51）得

$$c_{Cl \cdot} = \left(\frac{k_1}{k_4} c_{Cl_2} \right)^{1/2} \tag{式（7-52）}$$

将式（7-50）和式（7-52）代入式（7-48）即得

$$\frac{dc_{HCl}}{dt} = 2k_2 \left(\frac{k_1}{k_4} \right)^{1/2} c_{H_2} c_{Cl_2}^{1/2} = kc_{H_2} c_{Cl_2}^{1/2}$$

上式与实验所得速率方程一致。式中 $k = 2k_2 \left(\dfrac{k_1}{k_4} \right)^{1/2}$。

链反应可分为直链反应和支链反应两种类型。直链反应是指链传递过程中每个基元反应只产生一个新自由基或自由原子。上述 H_2 和 Cl_2 的气相反应就是一个直链反应。

支链反应是指链传递过程中每个基元反应可产生两个或两个以上新自由基或自由原子。例如，H_2 的燃烧就是一个支链反应：

$$H_2 \longrightarrow 2H \cdot \qquad \text{链引发}$$

由于每一个自由原子参加反应后可以产生两个自由原子，这些自由原子又可以再参加直链或支链的反应，使自由基或自由原子的数目急剧增加，反应速率迅速加快，支链反应往往导致爆炸。

臭氧层吸收掉太阳放射出的大量紫外线,为地球提供了天然屏障。然而,由于 $CFCl_3$、CF_2Cl_2 等卤化碳(氟利昂)污染物进入大气的平流层,氟利昂降解产生 Cl 与臭氧发生链反应消耗臭氧层,产生了臭氧空洞。上述过程主要涉及两个反应:

$$O_3+Cl \longrightarrow ClO+O_2$$

$$O+ClO \longrightarrow Cl+O_2$$

臭氧层遭到破坏会影响海洋生物种群数量及存活率,加重地球温室效应等,我们应该共同保护环境,保持自然生态平衡。

应强调指出,只有直链反应才可用稳态近似法建立其速率方程。因为直链反应稳定进行时,自由基或自由原子的浓度可近似地被视为常数。由于在支链反应中活泼中间物成倍增长,不可能建立稳态,故支链反应不能用稳态近似法建立其速率方程。

第六节　反应速率理论简介

当人们发现了一些有关化学反应速率的规律之后,就希望能从理论上对这些规律加以解释,并利用反应速率理论来预言化学反应的速率。初期的反应速率理论往往与解释和完善阿伦尼乌斯方程有关。本节对反应速率理论只简单介绍气体反应的碰撞理论及过渡态理论。各种反应速率理论均以基元反应为对象。

一、碰撞理论

1818 年路易斯(W. C. M. Lewis)在阿伦尼乌斯提出的活化能概念的基础上,结合气体分子运动论,建立了反应速率的碰撞理论(collision theory)。该理论是以硬球碰撞为模型,导出宏观速率常数的计算公式,故又称为硬球碰撞理论(hard-sphere collision theory)。

碰撞理论有如下的基本假定:

1. 分子必须经过碰撞才能发生反应,但并不是每次碰撞都一定发生反应。

2. 相互碰撞的一对分子所具有的平动能必须足够高,并超过某一临界值,才能发生反应。这样的分子称为活化分子,活化分子的碰撞称为有效碰撞。

3. 单位时间单位体积内发生的有效碰撞次数就是化学反应的速率。

碰撞理论
(动画)

以双分子气相反应为例

$$A+D \longrightarrow G$$

令单位时间单位体积内反应物分子 A 和 D 的碰撞总次数为 Z_{AD},称为碰撞频率(collision frequency)。其中有效碰撞次数所占的比例称为有效碰撞分数(effective collision fraction),这一分数等于活化分子数 N_i 在总分子数 N 中所占的比值 $\dfrac{N_i}{N}$。则反应速率为

$$-\frac{dN_A}{dt} = Z_{AD}\frac{N_i}{N} \tag{式(7-53)}$$

式中,N 为单位体积中的反应物分子数。碰撞理论就是要由气体分子运动论计算出 Z_{AD} 和 $\dfrac{N_i}{N}$,从而求得反应速率和速率常数。

Z_{AD} 和 $\dfrac{N_i}{N}$ 与分子的形状和分子之间的相互作用情况有关。为简化计算,在简单碰撞理论中又作了如下假设:

1. 分子为无内部结构的刚性球体。

2. 分子之间除了在碰撞的瞬间外,没有其他相互作用。

3. 在碰撞的瞬间,两个分子的中心距离为它们的半径之和。

这样的分子模型称为硬球分子模型(molecular model of hard sphere)。硬球分子毕竟不同于真实分子,所以简单碰撞理论得到的定量结果往往与实验事实有相当的差距。

根据气体分子运动论,两种硬球分子 A 和 D 在单位时间单位体积内的碰撞次数为

$$Z_{AD} = N_A N_D (r_A + r_D)^2 \sqrt{\frac{8\pi RT}{\mu}} \qquad 式(7\text{-}54)$$

式中,N_A、N_D 分别为单位体积内 A、D 分子的个数,r_A、r_D 分别为 A、D 分子的半径,μ 为 A、D 分子的折合摩尔质量,$\mu = \dfrac{M_A M_D}{M_A + M_D}$,$M_A$、$M_D$ 分别为 A、D 分子的摩尔质量,T 为热力学温度。Z_{AD} 的单位为 $1/(m^3 \cdot s)$。

根据波尔兹曼(Boltzmann)能量分布定律,气体中平动能超过某一临界值 E_c 的分子,即活化分子,在总分子中所占的比例为

$$\frac{N_i}{N} = e^{\frac{-E_c}{RT}} \qquad 式(7\text{-}55)$$

式中,E_c 为气体分子的临界平动能,其单位为 J/mol。

将式(7-54)和式(7-55)代入式(7-53),并将式(7-53)中单位体积内气体分子数 N 改用物质的量浓度 c,$c = \dfrac{N}{L}$,L 为阿伏伽德罗常数,得反应速率方程

$$-\frac{dc_A}{dt} = L c_A c_D (r_A + r_D)^2 \sqrt{\frac{8\pi RT}{\mu}} e^{\frac{-E_c}{RT}} \qquad 式(7\text{-}56)$$

与由质量作用定律所得的双分子反应速率方程

$$-\frac{dc_A}{dt} = k_A c_A c_D$$

相比较,得双分子反应速率常数

$$k_A = L (r_A + r_D)^2 \sqrt{\frac{8\pi RT}{\mu}} e^{\frac{-E_c}{RT}} \qquad 式(7\text{-}57)$$

对于特定的反应,r_A、r_D 和 μ 都是常数,恒温下 $L(r_A + r_D)^2 \sqrt{\dfrac{8\pi RT}{\mu}}$ 也为常数,令其为 Z°_{AD},与式(7-54)比较,得

$$Z^{\circ}_{AD} = \frac{Z_{AD}}{L c_A c_D}$$

则式(7-57)可写为

$$k = k_A = Z^{\circ}_{AD} e^{\frac{-E_c}{RT}} \qquad 式(7\text{-}58)$$

式中,Z°_{AD} 称为频率因子,其物理意义是当反应物为单位浓度时,在单位时间单位体积内以物质的量表示的 A、D 分子相互碰撞次数(摩尔次数),单位为 $m^3/(mol \cdot s)$。E_c 为发生有效碰撞时其相对动能在连心线上的分量必须超过的临界能,故 E_c 又称为阈能,是与温度无关的量。在碰撞理论中,E_c 也称为活化能,即活化分子应具有的最低能量。

式(7-58)为碰撞理论的基本公式,它与阿伦尼乌斯方程 $k = A e^{-\frac{E_a}{RT}}$ 在形式上极为相似。频率因子 Z°_{AD} 相当于阿伦尼乌斯方程中的指前因子 A(A 因此也被称为频率因子),E_c 相当于阿伦尼乌斯方程中的活化能 E_a。这样,阿伦尼乌斯方程中的经验常数 A 在这里找到了物理意义,A 也被看作是当反应物

为单位浓度时,在单位时间单位体积内以物质的量表示的 A、D 分子相互碰撞次数。

应当指出,Z_{AD}° 和 E_c 虽然在形式上分别与 A 和 E_a 相当,但其物理意义并非严格一致。在阿伦尼乌斯方程中,A 为与温度无关的常数;而在碰撞理论中,Z_{AD}° 正比于温度的平方根。将 Z_{AD}° 表达为 $Z_{AD}^{\circ}=Z'\sqrt{T}$,则式(7-58)可写作

$$k=Z'\sqrt{T}\,e^{\frac{-E_c}{RT}} \qquad\qquad 式(7\text{-}58a)$$

将等式两端取对数后,对 T 微分,得

$$\frac{\mathrm{d}\ln k}{\mathrm{d}T}=\frac{RT/2+E_c}{RT^2}$$

与阿伦尼乌斯方程的微分形式

$$\frac{\mathrm{d}\ln k}{\mathrm{d}T}=\frac{E_a}{RT^2}$$

相比较,得

$$E_a=E_c+\frac{RT}{2}$$

通常 E_a 或 E_c 都远大于 $\dfrac{RT}{2}$,因此可以认为 $E_a\approx E_c$。

对分子结构比较简单的反应来说,碰撞理论计算所得的反应速率常数与实验值能较好地符合。但对大多数反应来说,实验测得的速率常数 k 常小于碰撞理论的计算值,有时要小很多。为纠正这一误差,可在式(7-58)中引入一个校正因子 P,得

$$k=PZ_{AD}^{\circ}\,e^{\frac{-E_c}{RT}} \qquad\qquad 式(7\text{-}58b)$$

P 为一校正常数,称为概率因子(或空间因子、方位因子),其值一般在 $10^{-9}\sim1$ 之间。P 的物理意义一般定性地解释为:当两个活化分子相互碰撞时,也并非都能发生反应。只有发生在活化分子中特定部位(一般是反应基团所在部位)的碰撞,才能发生化学反应。这样的碰撞才是真正的有效碰撞,它们在活化分子之间碰撞总数中所占的比例,即为概率因子 P。上述解释在 P 值很低(例如 $P=10^{-6}$)时就显得过于勉强,在少数反应中 P 值大于1,也与上述解释相抵触。

碰撞理论不但解释了阿伦尼乌斯方程中 $\ln k$ 与 $\dfrac{1}{T}$ 的线性关系,而且根据式(7-58a),若以 $\ln\dfrac{k}{\sqrt{T}}$ 对 $\dfrac{1}{T}$ 作图,将得到更好的直线,尤其是在温度较高时。实验结果证实了这一点。但是由于碰撞理论没有考虑碰撞时分子内部结构及能量的变化细节,因而存在着一些不可避免的缺陷,如临界能 E_c 不能由理论计算得出,频率因子 Z_{AD}° 的计算值与实验结果有相当的差距,对概率因子 P 未能作出令人信服的解释。

二、过渡态理论

1935 年以后,埃林(H. Eyring)、波兰尼(M. Polanyi)等人在统计力学和量子力学发展的基础上提出了反应速率的过渡态理论(transition state theory)。该理论避免了碰撞理论的某些不足之处,并在原则上提供了一种方法,只需知道分子的某些基本性质,例如振动频率、质量、核间距离等,即可计算反应速率常数。故该理论又称为绝对反应速率理论(absolute rate theory)。

过渡态理论的基本假定是:

1. 反应系统的势能是原子间相对位置的函数。

2. 在由反应物生成产物的过程中,分子要经历一个价键重排的过渡阶段。处于这一过渡阶段的

分子称为活化配合物(activated complex)或过渡态(transition state)。

3. 活化配合物的势能高于反应物或产物的势能。此势能是反应进行时必须克服的势垒。

4. 活化配合物与反应物分子处于某种平衡状态。总反应速率取决于活化配合物的分解速率。

设有双分子反应

$$A+BC \longrightarrow AB+C$$

在单原子分子 A 与双原子分子 BC 碰撞生成产物双原子分子 AB 和单原子分子 C 的过程中,A、B、C 三原子间相互作用的势能与它们之间的距离 r_{AB}、r_{BC}、r_{AC}(或与 r_{AB}、r_{BC} 及其夹角 θ)有关。令 E 为这一势能,则

$$E=f(r_{AB}, r_{BC}, r_{AC})$$

或

$$E=f(r_{AB}, r_{BC}, \theta)$$

若要用图形表达势能 E 与三个独立变量 r_{AB}、r_{BC}、r_{AC}(或与 r_{AB}、r_{BC}、θ)之间的关系,则需用一个无法在纸面上画出的四维图形。此时可令其中一个变量(例如 θ)为常数,则

$$E=f(r_{AB}, r_{BC})$$

这样 E 与 r_{AB}、r_{BC} 之间的关系就可以用一个三维立体图形表达。

两个原子(或分子)之间既存在引力,也存在斥力,两者皆随原子间距离的增大而减弱,但斥力比引力减弱得更快。当两原子相距无穷远时,它们之间的引力和斥力都为零,系统的势能也为零;当它们逐渐靠近时,势能逐渐减小;当两原子间距离 r 为某一特定值时,系统的势能达一极小值;此后若两原子继续靠近,则它们之间的斥力迅速增大,势能也随之迅速增大。图 7-13 为两原子间距离与系统势能之间的关系,图中 r_0 为双原子分子中的平衡核间距离。

对于上述双分子反应,A 原子沿双原子分子 B—C 连心线方向从 B 原子侧(即 $\theta=\pi$)与 BC 分子碰撞时,对反应最为有利。图 7-14 为此过程中系统的势能 E 与原子间距离 r_{AB}、r_{BC} 之间的关系。系统处于 r_{AB}、r_{BC} 平面上的某一位置时所具有的势能,由这一点的高度表示。r_{AB}、r_{BC} 平面上所有各点的高度汇集成一个马鞍形的曲面,称为势能面。图中势能面上的各曲线,是曲面上高度相等(即势能相等)之各点的连线,称为等势线,类似于地形图中的等高线。

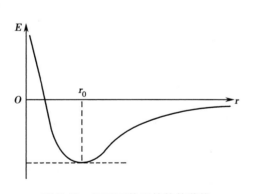

图 7-13 双原子体系的势能曲线

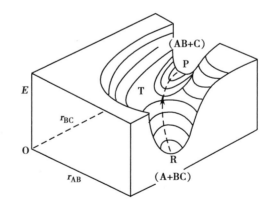

图 7-14 反应 A+BC⟶AB+C 的势能面

图 7-14 中的 R 点为反应的始态(A+BC),P 点为反应的终态(AB+C)。R 点和 P 点都处于势能面上的低谷(相当于图 7-13 中的 r_0)。当 A 原子沿 B—C 分子连心线 B 原子侧向 BC 分子逐渐靠近时,r_{AB} 逐渐减小而 r_{BC} 逐渐增大,系统的势能沿 RT 线逐渐升高,到 T 点时系统的势能达一极大值。T 点称为鞍点(saddle point)。过 T 点后,系统的势能沿 TP 线下降直到 P 点。此时 A、B 原子结合成分子而 C 原子离去。途径 RTP 称为反应坐标(reaction coordination)。与 T 点相应的构型称为活化配合物或过渡态。

势能面(图片)

图 7-14 中 T 点与 R 点的势能之差称为势垒,记为 E_b。E_b 即为过渡态理论中反应的活化能,即活化配合物与反应物两者最低势能之差。严格地讲为温度 $T=0K$ 时的活化能 E_0,见图 7-15。

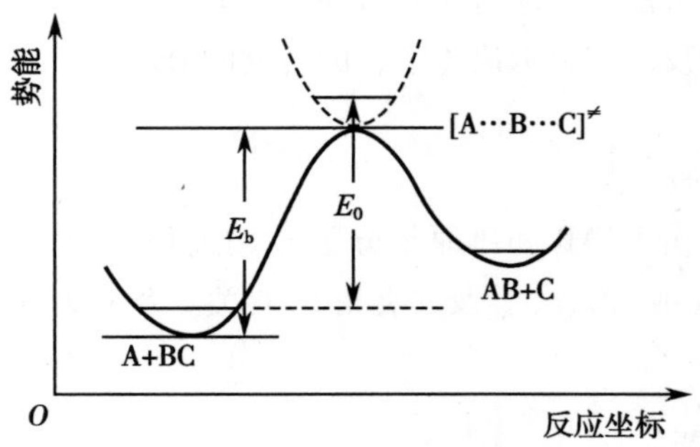

图 7-15 给出了反应物、产物和活化配合物的振动能级。振动能即使在温度为 0K 也不会消失,此时的振动能称为零点能(zero-point energy)。活化配合物的零点能与反应物的零点能之差,就是温度为 0K 时反应的活化能 E_0。由图 7-14 可看出,反应途径 RTP 是反应中所需势能最低的途径,即反应最容易进行的途径,其他任何可能的途径所需克服的势垒,都较这一途径高。势垒的存在从理论上表明了实验活化能 E_a 的实质。

图 7-15　反应历程势能图

过渡态理论也认为反应物分子必须发生有效碰撞才能反应,并且对有效碰撞的过程有较详细的描述。以上述双分子反应为例

$$A+BC \rightleftharpoons [A\cdots B\cdots C]^{\neq} \longrightarrow AB+C$$

A 和 BC 分子的有效碰撞是通过 A、B、C 三个原子的几何构型(或相对位置)的连续变化来实现的。其中有一个势能最高(相应于势能曲面上的鞍点 T)的构型,即活化配合物(或过渡态)$[A\cdots B\cdots C]^{\neq}$。

过渡态理论还认为,反应物 A 和 BC 与活化配合物 $[A\cdots B\cdots C]^{\neq}$ 间为快速平衡,以浓度表示的化学平衡常数为

$$K_c^{\neq} = \frac{c_{ABC^{\neq}}}{c_A c_{BC}} \qquad \text{式}(7\text{-}59)$$

与此相比,后一步 $[A\cdots B\cdots C]^{\neq}$ 分解为产物为慢步骤,其分解速率决定了总反应速率。由于活化配合物很不稳定,通常只需沿反应途径方向振动一次即可使其分解为产物,若 $[A\cdots B\cdots C]^{\neq}$ 在反应途径方向上的振动频率为 $\nu^{\neq}$,即单位时间振动 $\nu^{\neq}$ 次,则其分解速率为

$$r = -\frac{dc_{ABC^{\neq}}}{dt} = \nu^{\neq} c_{ABC^{\neq}} = \nu^{\neq} K_c^{\neq} c_A c_{BC} \qquad \text{式}(7\text{-}60)$$

通常每消耗一个活化配合物分子 $[A\cdots B\cdots C]^{\neq}$,也将消耗一个 A 分子,故上式也可写作

$$r = -\frac{dc_A}{dt} = \nu^{\neq} K_c^{\neq} c_A c_{BC}$$

将此式与双分子基元反应速率方程 $r = -\frac{dc_A}{dt} = kc_A c_{BC}$ 相比较,得

$$k = \nu^{\neq} K_c^{\neq}$$

这就是由过渡态理论得出的计算反应速率常数的基本公式,可用统计热力学方法和热力学方法从理论上分别计算速率常数 k。

1. 统计热力学方法计算 k

根据统计热力学中化学平衡常数与配分函数的关系式

$$K_c^{\neq} = \frac{c_{ABC^{\neq}}}{c_A c_{BC}} = \frac{f^{\neq}}{f_A f_{BC}} e^{-\frac{E_0}{RT}} \qquad \text{式}(7\text{-}61)$$

式中,E_0 是活化配合物的零点能与反应物零点能的差值,f 是不包括零点能和体积项 V 的分子配分函数。对于活化配合物,沿反应坐标方向的振动(不对称伸缩振动)不稳定,它对应的频率 $\nu^{\neq}$ 比一般的振动频率低,这一振动的配分函数为

$$f_{v^{\neq}}^{\neq} = \frac{1}{1-e^{-\frac{hv^{\neq}}{k_B T}}}$$

由于 $hv^{\neq} \ll k_B T$，上式可近似表示为 $f_{v^{\neq}}^{\neq} \approx \frac{k_B T}{hv^{\neq}}$，$k_B$ 是波尔兹曼常数。将 $f_{v^{\neq}}^{\neq}$ 从活化配合物的配分函数 $f^{\neq}$ 分离出来，剩余部分记作 $f^{\neq\prime}$，于是

$$f^{\neq} = f^{\neq\prime} \frac{k_B T}{hv^{\neq}} \qquad \text{式(7-62)}$$

将式(7-62)代入式(7-61)，后再代入 $k = v^{\neq} K_c^{\neq}$ 的表示式，得

$$k = v^{\neq} K_c^{\neq} = v^{\neq} \frac{k_B T}{hv^{\neq}} \frac{f^{\neq\prime}}{f_A f_{BC}} e^{-\frac{E_0}{RT}}$$

$$k = \frac{k_B T}{h} \frac{f^{\neq\prime}}{f_A f_{BC}} e^{-\frac{E_0}{RT}} = \frac{k_B T}{h} K_c^{\neq\prime} \qquad \text{式(7-63)}$$

式(7-63)就是用统计热力学方法处理的过渡态理论计算速率常数的公式。式中 $\frac{k_B T}{h}$ 在一定温度下有定值。$K_c^{\neq\prime}$ 与式(7-61)中的 $K_c^{\neq}$ 有微妙区别，前者用 $f^{\neq\prime}$ 代替了 $f^{\neq}$，扣除了沿反应坐标方向振动的贡献。

原则上只要知道了有关分子的结构，而不通过动力学实验，就可以按式(7-63)计算配分函数，从而计算速率常数 k。

虽然过渡态理论提供了一个完全由微观结构和运动形式计算反应速率常数 k 的途径和方法，但在实际运算时，除了一些极为简单的反应系统外，还存在不少困难。由于活化配合物的寿命极短，目前还不能由光谱测定其结构参数，统计力学和量子力学计算方面还存在很大困难，如此等等，过渡态理论在实际应用方面受到很大限制，还需进行很多修正和补充。

2. 热力学方法计算 k

定义标准摩尔活化吉布斯能为

$$\Delta_r^{\neq} G_m^{\ominus} \overset{\text{def}}{=\!=} -RT \ln K^{\neq\prime} \qquad \text{式(7-64)}$$

由热力学公式可知

$$\Delta_r^{\neq} G_m^{\ominus} = \Delta_r^{\neq} H_m^{\ominus} - T\Delta_r^{\neq} S_m^{\ominus} \qquad \text{式(7-65)}$$

$\Delta_r^{\neq} G_m^{\ominus}$、$\Delta_r^{\neq} H_m^{\ominus}$ 和 $\Delta_r^{\neq} S_m^{\ominus}$ 分别表示在标准状态下，由反应物生成活化配合物这一过程中系统的状态函数 G、H、S 的增量，分别称为标准摩尔活化吉布斯能、标准摩尔活化焓和标准摩尔活化熵。将式(7-64)式(7-65)代入式(7-63)，得

$$k = \frac{k_B T}{h} e^{-\frac{\Delta_r^{\neq} G_m^{\ominus}}{RT}} = \frac{k_B T}{h} e^{\frac{\Delta_r^{\neq} S_m^{\ominus}}{R}} e^{\frac{-\Delta_r^{\neq} H_m^{\ominus}}{RT}} \qquad (7-66)$$

式(7-66)即为过渡态理论用热力学方法计算反应速率常数的公式。它能适用于任何形式的基元反应。只要能计算出 $\Delta_r^{\neq} G_m^{\ominus}$、$\Delta_r^{\neq} H_m^{\ominus}$ 和 $\Delta_r^{\neq} S_m^{\ominus}$，原则上就可计算出 $K^{\neq\prime}$ 和 k。但因活化配合物的结构很难确定，使这一理论的应用受到限制。

3. 过渡态理论与碰撞理论的比较

（1）在对两个理论的讨论过程中，引出了几个与能量有关的物理量，如 E_c、E_0、E_b 和 $\Delta_r^{\neq} H_m^{\ominus}$ 等，它们的物理意义各不相同，这在前面已有讨论。

（2）与碰撞理论相比，过渡态理论计算速率常数不需引入校正因子 P，式(7-66)还表明，化学反应的速率是由活化焓和活化熵两个因素共同决定的，这些都是过渡态理论比碰撞理论优越的地方。式(7-66)中的活化焓和活化熵对速率常数的影响刚好相反，这就是为什么有些反应的活化焓彼此很

接近,但它们的反应速率却相差很大;而有些反应的活化焓虽然彼此相差很大,但在相同条件下反应速率仍很接近,这主要是由于它们的活化熵不同引起的。

（3）式(7-66)中的 $\dfrac{k_B T}{h}e^{\frac{\Delta_r^{\neq} S_m^{\ominus}}{R}}$ 与式(7-58b)中的 PZ_{AD}° 在公式中地位相似,且 Z_{AD}° 的数值与 $\dfrac{k_B T}{h}$ 相近, $e^{\frac{\Delta_r^{\neq} S_m^{\ominus}}{R}}$ 与 P 相近。因此,校正因子 P 的大小决定于活化熵,这一点过渡态理论比碰撞理论更进了一步。除单分子外,形成活化配合物表示系统的混乱度下降, $\Delta_r^{\neq} S_m^{\ominus}$ 为负值。从活化熵的概念可以说明为什么不同的反应,它们的校正因子 P 会相差如此悬殊(从 10^{-9} 到 1),这主要是活化熵相差很大造成的。这为碰撞理论中校正因子 P 的合理解释提供了依据。

第七节　溶液中的反应

和气相反应相比,溶液中的化学反应更为常见。由于溶剂的存在,溶液中的反应比气相中的反应要复杂得多。最简单的情况是溶剂仅仅作为介质,对反应物分子是惰性的。在这种情况下,溶液中反应的动力学参数与气相反应中的相近。表 7-2 列出 N_2O_5 在一些溶剂中的分解反应就是这种情况。

表 7-2　N_2O_5 在不同溶剂中分解的数据（298.15K）

溶剂	$10^5 k/s^{-1}$	$\ln(A/s^{-1})$	$E_a/(kJ/mol)$
气相	3.38	31.3	103.3
CCl_4	4.09	31.3	101.3
$CHCl_3$	3.72	31.3	102.5
$C_2H_2Cl_2$	4.79	31.3	102.1
CH_3NO_2	3.13	31.1	102.5
Br_2	4.27	30.6	100.4

但更多的情况是溶剂影响化学反应。同一个反应在气相中进行和在液相中进行可有不同的速率、不同的反应机制及生成不同的产物,这些都是溶剂效应引起的。溶剂效应对溶液中化学反应的影响可分为两大类:物理效应和化学效应。物理效应是指由于溶剂化而使反应物具有离解、传能与传质作用以及溶剂的介电性质对离子反应物间的相互作用。化学效应是指溶剂分子的催化作用以及溶剂分子作为反应物或产物直接参与化学反应。因此,研究溶剂效应对化学反应的影响就成为研究溶液反应动力学的主要内容。

一、笼效应

溶液中每个分子的运动都受到相邻分子的阻碍,反应物分子都可视为被周围的溶剂分子包围着,

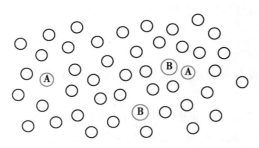

图 7-16　笼效应示意图

发生反应的分子要通过扩散穿过周围的溶剂分子之后,才能彼此接近发生反应。反应后生成的产物分子也要穿过周围的溶剂分子扩散后而离开。从微观角度看,可以形象地将周围的溶剂分子看作是形成了一个笼,反应物 A 和 B 处于笼中,如图 7-16。

A 和 B 分子通过扩散进入同一笼中,在同一笼中发生反复碰撞,这被称为一次遭遇。这一对分子 A、B 称为"遭遇对",记为 A：B。遭遇对在笼中可连续重复

碰撞,然后偶有机会产物分子或原来分子"逃"出这个笼子经扩散又进入另一笼子,这种扩散跳动完全是随机的。可见溶液中分子的碰撞与气体中分子的碰撞不同,前者的碰撞是间断式进行的,一次遭遇相当于一批碰撞,它包含着多次的碰撞,后者的碰撞是连续的。所谓笼效应(cage effect)是指反应物分子在溶剂形成的笼中进行的多次碰撞(或振动),这种碰撞或振动将一直持续到反应分子从笼中挤出。由于笼效应的存在,减少了不同笼中反应物分子之间的碰撞机会。然而,当两个反应物偶然进入同一笼中并反复碰撞,即增加了同一个笼中反应物分子相互碰撞的机会。据粗略估算,在水溶液中,一对无相互作用的分子被关在同一笼中的持续时间约为 $10^{-12} \sim 10^{-11} \mathrm{s}$,在此期间约进行 $100 \sim 1\,000$ 次碰撞。就单位时间单位体积内反应物分子之间的总碰撞次数而言,溶液中的反应与气相反应大致相同,不会有数量级上的变化。溶剂的存在不会使活化分子数减少。若溶剂与反应物分子间无特殊作用,则一般来说碰撞理论对溶液中的反应也是适用的。并且对于同一反应无论在气相中或在溶液中进行,它的概率因子 P 和活化能 E_a 大体具有同样的数量级,因而化学反应速率也大体相同。上述 N_2O_5 在气相和液相的分解反应恰好说明了这一点。

二、活化控制和扩散控制

笼效应(动画)

一般来说,在溶液中进行的化学反应要经过以下几个步骤:

1. 反应物分子 A、B 扩散到同一溶剂笼中形成遭遇对 A : B。
2. A : B 发生反应生成产物或不发生反应而重新分离。
3. 产物从笼子挤出。

上述过程可描述如下:

$$A+B \underset{k_{-d}}{\overset{k_d}{\rightleftharpoons}} A : B$$

$$A : B \overset{k_r}{\longrightarrow} P$$

式中,k_d 为 A、B 分子形成遭遇对扩散过程的速率常数,k_{-d} 为遭遇对分离成 A、B 过程的速率常数,k_r 为遭遇对进行反应生成产物 P 的速率常数。反应过程中,遭遇对的浓度基本不变,可用稳态假设处理,则

$$\frac{\mathrm{d}c_{A:B}}{\mathrm{d}t}=k_d c_A c_B - k_{-d} c_{A:B} - k_r c_{A:B}=0$$

$$c_{A:B}=\frac{k_d c_A c_B}{k_{-d}+k_r}$$

于是

$$\frac{\mathrm{d}c_P}{\mathrm{d}t}=k_r c_{A:B}=\frac{k_r k_d}{k_{-d}+k_r} c_A c_B = k c_A c_B \qquad\qquad 式(7\text{-}67)$$

式(7-67)为二级反应速率方程,k 为表观速率常数

$$k=\frac{k_r k_d}{k_{-d}+k_r}$$

对式(7-67)作如下讨论:

(1)当 $k_r \gg k_{-d}$,即化学反应速率很快,一旦形成遭遇对立即反应。此时 $k \approx k_d$,式(7-67)简化为

$$r=k_d c_A c_B$$

这时,总反应速率等于 A 和 B 通过扩散形成遭遇对 A : B 的速率,反应受扩散控制,这样的反应称为扩散控制反应。例如,溶液中的某些离子反应、有自由基参加的反应,其反应速率受扩散控制。扩散速率与温度的关系也符合阿伦尼乌斯方程,由于扩散活化能较小,因此,扩散控制的反应速率对温度不十分敏感。

(2)若遭遇对生成产物的活化能大,此时化学反应较慢,$k_{-d} \gg k_r$,则

$$k = \frac{k_r k_d}{k_{-d}} = k_r K_d$$

式中，K_d 为反应物分子形成遭遇对的平衡常数，遭遇对的平衡基本上不受化学反应的影响。这时总反应速率取决于遭遇对的化学反应速率，反应受活化控制，称这样的反应为活化控制反应。活化控制反应的活化能一般大于 80kJ/mol，其反应速率对温度比较敏感。

三、溶剂性质对反应速率的影响

对于大多数溶液中的反应，特别是离子反应，溶剂的物理效应和化学效应对反应速率有明显的影响。溶剂对反应速率的影响极其复杂，以下简述一些定性规律。

1. 溶剂的极性　实验表明，如果产物的极性大于反应物的极性，则在极性溶剂中的反应速率比在非极性溶剂中的大；反之，如果产物的极性小于反应物的极性，则在极性溶剂中的反应速率比在非极性溶剂中的小。表 7-3 列出两个反应在不同溶剂中进行的速率。在前一个反应中，产物的极性小于反应物的极性；而在后一个反应中，产物的极性大于反应物的极性。

表 7-3　溶剂极性对反应速率的影响

溶剂	$k_{323.15K}$ $(CH_3CO)_2O + C_2H_5OH \longrightarrow$ $CH_3COOC_2H_5 + CH_3COOH$	$k_{373.15K}$ $(C_2H_5)_3N + C_2H_5I \longrightarrow$ $(C_2H_5)_4NI$
正己烷	0.011 9	0.000 18
苯	0.004 6	0.005 8
氯苯	0.004 3	0.023
对甲氧基苯	0.002 9	0.04
硝基苯	0.002 4	70.1

2. 溶剂化的影响　根据反应速率的过渡态理论，在反应物转化为产物之前先形成活化配合物。如果活化配合物的溶剂化程度比反应物大，则该溶剂能降低反应的活化能而使反应速率加快；反之，若反应物的溶剂化程度比活化配合物大，则反应的活化能升高而使反应速率减慢。

3. 溶剂的介电常数　对于离子或极性分子之间的反应，溶剂的介电常数(dielectric constant)将影响离子或极性分子之间的引力或斥力，从而影响其反应速率。溶剂的介电常数越大，溶液中离子之间的相互作用力就越小。因此，对同种电荷离子之间的反应，溶剂的介电常数越大反应速率也越大；反之，对异种电荷离子之间的反应或对离子与极性分子之间的反应，溶剂的介电常数越大反应速率就越小。

例如，OH^- 催化巴比妥类药物在水中的水解是同种电荷离子之间的反应。加入介电常数比水小的物质，例如，甘油、乙醇等，将使反应速率减小。

巴比妥钠　　　　　　　　　　　　乙酰脲

4. 离子强度　实验表明，离子之间的反应速率受溶液离子强度的影响。可以证明，在稀溶液中，离子反应的速率与溶液离子强度之间的关系如下：

$$\ln k = \ln k_0 + 2z_A z_B A\sqrt{I} \qquad\qquad 式(7\text{-}68)$$

式中，z_A、z_B 分别为反应物 A、B 的离子电荷数，I 为离子强度，k_0 为离子强度为零时(无限稀释时)的速率常数,A 为与溶剂和温度有关的常数,对 298.15K 的水溶液而言,$A = 1.172$。

由式(7-68)可知,对同种电荷离子之间的反应,溶液的离子强度越大反应速率也越大;对异种电荷离子之间的反应,溶液的离子强度越大反应速率就越小。若反应物之一不带电荷,$z_A z_B$ 等于零,溶液的离子强度与反应速率无关。

第八节 光 化 反 应

由光照射而引起的化学反应称为光化学反应,简称光化反应(photochemical reaction)。对光化学反应有效的光是可见光和紫外线,红外线由于能量较低,很难促使分子中的电子跃迁到激发态,故不足以引发化学反应(红外激光例外)。一般化学反应又称为热反应(thermal reaction),反应所需的活化能来源于分子间的热运动引起的碰撞。从电子能级来讲,热化学反应研究的是电子能量处于最低能级的基态化学反应。在光化反应中,分子的活化能来自对光的吸收,反应物分子吸收光量子后,一般发生电子能级或分子的振动、转动能级的量子化跃迁而处于较高能量的激发态。因此,光化反应研究的是电子激发态分子进行的化学反应。在高能量激发态下,分子比基态下更容易发生化学反应。

光化反应的现象早已为人们所熟悉。植物在阳光下把 CO_2 和 H_2O 变成糖类化合物和氧气,这一在叶绿素参与下进行的光化反应是人类赖以生存的基础。摄影胶片上卤化银的分解,染料在阳光下的褪色,药物在光照下分解变质等,都是光化反应。汽车尾气中的碳氢化合物和氮氧化合物在阳光作用下形成光化学烟雾,污染环境,并危害人类健康,开发高性能催化剂和绿色出行可减少危害,为实现国家 2060 年碳中和目标做出贡献。

一、光化反应的特点

1. 在恒温恒压和不做非体积功的条件下,热反应总是向着使系统吉布斯能降低即 $\Delta_r G_m < 0$ 的方向进行,而许多光化反应既可以朝着系统吉布斯能降低的方向进行,也可以朝着系统吉布斯能增加即 $\Delta_r G_m > 0$ 的方向进行。对于在光作用下发生的 $\Delta_r G_m > 0$ 反应,在切断辐射光源之后,反应总是向吉布斯能降低的方向进行。

2. 在热反应中,反应所需的活化能来源于分子的碰撞,因而反应速率受温度的影响很大。而在光化反应中,活化能来源于光子的能量,反应速率主要取决于光的照度而受温度的影响较小。温度对光化反应速率的影响,发生在继活化过程之后进行的热反应中。

3. 在对峙反应中,正、逆方向只要有一个是在光照射下进行,当反应达到平衡时称为光化平衡或光稳定态。同一对峙反应,若既可按热反应方式进行,又可按光化学方式进行,但两者的平衡常数与组成并不相同。光化反应的平衡常数与照射光的强度有关,光的强度改变,平衡常数随之改变,因此不能用热力学平衡常数衡量光化反应的平衡与组成,也不能用热力学中的 $\Delta_r G_m^{\ominus}$ 数据计算光化反应的平衡常数。

4. 光化反应通常有比热反应更高的选择性。例如,利用单色光可以使混合物中某一组分激发成高能量状态,因而可以有选择地引发化学反应,而加热混合物可使其中所有组分的平动能都增加。激光具有高度的单色性,可以有选择地激发分子中特定的化学键,因而激光化学反应(尤其是红外激光化学反应)具有高度的选择性,为人们实现"分子裁剪"的愿望指出了研究方向。由于光化反应比热反应具有许多独特的特点,因此其在科学研究、医学、化工生产及军事领域得到广泛的应用。此外,光化反应还有其自身的特点和规律,以下作一简要介绍。

二、光化学基本定律

1. 光化学第一定律 "只有被系统吸收的光,才有可能引起光化学反应。"该定律是 19 世纪由格罗特斯(Grotthus)和德拉波(Draper)总结出来的,故该定律亦称格罗特斯-德

分子裁剪 (图片)

拉波定律。

没有被吸收的光固然不能引起化学反应,被吸收的光也并非都会引起化学反应。有时原子、分子吸收光后,不久又以光的形式将能量放出,而不发生化学反应。光可以直接被反应物吸收而引起化学反应,也可以被反应系统中其他物质吸收而间接地引起化学反应。后者称为感光反应(或光敏反应),吸收光而间接引起反应的物质称为感光剂(或光敏剂),它们本身在反应前后不发生变化。例如植物在阳光下进行的光合作用就是一个感光反应,叶绿素为这一反应中的感光剂,它吸收波长为 400～700nm 的可见光。

分子或原子对光的吸收或发射都是量子化的。根据量子学说,光子的能量 ε 与光的频率 ν 成正比

$$\varepsilon = h\nu = \frac{hc}{\lambda}$$

式中,h 为普朗克(Planck)常数,$h = 6.626 \times 10^{-34}$ J·s,c 为真空中的光速,$c = 2.998 \times 10^8$ m/s,λ 为真空中的波长。分子或原子吸收一个具有特定能量的光子后,就由低能级跃迁到高能级而成为活化分子。这一过程称为光化反应的初级过程(primary process)。初级过程必须在光的照射下才能进行。

2. 光化学第二定律　"在光化反应的初级过程中,被活化的分子或原子数等于被吸收的光子数。"该定律是 20 世纪初由斯塔克(Stark)和爱因斯坦(Einstein)提出来的,故称为斯塔克-爱因斯坦定律,又称为光化学第二定律。该定律适用的光源强度范围为 10^{14}～10^{18} 光子/s。应当指出,在激光作用下,由于激光光强度超过了上述范围,有的分子可发生多光子吸收。所以,在光强度更高、激发态分子寿命较长的情况下,该定律不适用。根据该定律,活化 1mol 分子或原子需要吸收 1mol 光子,1mol 光子所具有的能量称为摩尔光量子能量,用符号 E_m 表示。其值与光的频率或波长有关

$$E_m = Lh\nu = \frac{Lhc}{\lambda} = \frac{6.022 \times 10^{23} \times 6.626 \times 10^{-34} \times 2.998 \times 10^8}{\lambda} = \frac{0.1196}{\lambda} \text{J/mol}$$

式中,L 为阿伏伽德罗常数,λ 的单位为 m。表 7-4 列出了不同波长的光的摩尔光量子能量。

表 7-4　不同波长光的摩尔光量子能量

光的颜色	λ/nm	$10^{19}h\nu$/J	$10^{-4}E_m$/(J/mol)
红外	1 000	1.99	11.96
红	700	2.84	17.08
橙	620	3.20	19.29
黄	580	3.42	20.62
青	530	3.75	22.59
蓝	440	4.23	25.45
紫	420	4.73	28.48
紫外	300	6.63	39.87
紫外	200	9.93	59.80

光化定律只适用于光化反应的初级过程。在初级过程中,一个光子活化一个分子或原子,但并不意味着使一个分子或原子发生光化反应。分子或原子被光子活化之后所进行的一系列过程称为光化反应的次级过程(secondary process)。次级过程为一系列的热反应,不再需要受光照射。每个活化分子或原子在次级过程中,可能引起一个或多个分子发生反应,也可能不发生反应而以各种形式释放出能量而重新回到基态。

三、量子效率

为了衡量光化反应的效率,引入量子效率(quantum efficiency)的概念。

量子效率的定义为

$$\Phi = \frac{反应物消失的分子数}{吸收的光子数} = \frac{反应物消失的物质的量}{吸收光子物质的量} \qquad 式(7\text{-}69)$$

不同的光化反应,量子效率的值有很大差别。例如 HI 光化分解反应,反应机制为

$$HI \xrightarrow{h\nu} H\cdot + I\cdot \qquad\qquad 初级过程$$

$$H\cdot + HI \longrightarrow H_2 + I\cdot \qquad\qquad 次级过程$$

$$2I\cdot + M_{(低能)} \longrightarrow I_2 + M_{(高能)} \qquad 次级过程$$

一个光子可使两个 HI 分子分解,量子效率 $\Phi = 2$。而在 H_2 和 Cl_2 的气相光化反应中,量子效率高达 10^6,这是因为该反应的次级过程是一系列的链反应。如果初级过程分子吸收光子后变为激发态分子,处于激发态的分子有一部分未来得及反应便失去活性,此时 $\Phi < 1$。如 CH_3I 的光解反应,$\Phi = 0.01$。表 7-5 列出一些光化反应的量子效率。

表 7-5　某些光化反应的量子效率

	反应	λ /nm	Φ	备注
气相	$2NH_3 \longrightarrow N_2 + 3H_2$	210	0.25	与压力有关
	$SO_2 + Cl_2 \longrightarrow SO_2Cl_2$	420	1	
	$2HBr \longrightarrow H_2 + Br_2$	207~253	2	
	$CH_3CHO \longrightarrow CH_4 + CO$	250~310	1~138	在 373~673K
	$CO + Cl_2 \longrightarrow COCl_2$	400~436	10^3	随温度降低而减小,也与反应物的压力有关
	$H_2 + Cl_2 \longrightarrow 2HCl$	400~436	直到 10^6	随 H_2 的压力和杂质而变
液相	蒽的二聚作用	313~365	0.48	溶剂为苯、甲苯或二甲苯
	$2Fe^{2+} + I_2 \longrightarrow 2Fe^{3+} + 2I^-$	579	1	溶剂为水
	$H_2O_2 \longrightarrow H_2O + 1/2O_2$	310	7~80	溶剂为水

例题 7-9　肉桂酸在光照下溴化生成二溴肉桂酸。在温度为 303.6K,用波长为 435.8nm,强度为 0.001 4J/s 的光照射 1 105s 后,有 7.5×10^{-5} mol 的 Br_2 发生了反应。已知溶液吸收了入射光的 80.1%,求量子效率。

解:入射光的 E_m 为

$$E_m = \frac{Lhc}{\lambda} = \frac{0.119\,6}{4.358 \times 10^{-7}} = 2.744 \times 10^5 \text{J/mol}$$

吸收的光量子的量为

$$0.001\,4 \times 0.801 \times 1\,105/2.744 \times 10^5 = 4.515 \times 10^{-6}\text{mol}$$

量子效率为

$$\Phi = 7.5 \times 10^{-5}/4.515 \times 10^{-6} = 16.6$$

四、光对药物稳定性的影响

有的药物对光很不稳定,在光作用下分解,这不仅使药效降低,有的甚至产生对人体有剧毒的物质。因此,新原料药和新药制剂要进行光稳定性考察,以确定光解产物对人体是否产生危害,以及危害达到的程度。同时,考察药物的光解速率,以确定药物是否需要避光,并结合其他稳定性研究,最终确定药物的贮存期。这里主要讨论在光照射下药物贮存期的计算。

在光照射下,药物贮存期主要取决于光照量。在光源一定时,药物在光照射下含量下降的程度与

入射光的照度 E 与时间 t 的乘积 Et 累积光量（cumulative illuminance）有关。研究药物在光照射下的稳定性和预测其贮存期，就需要在较高的照度下测定药物含量变化，找出药物含量 c 与累积光量 Et 的关系，由此算出在自然贮存条件的较低照度下，药物含量下降至合格限所需的时间，即贮存期。由于药物在光照射下的降解速率除与光的照度有关外，还与光源的波长密切相关。要预测药物在室内自然光照射下的贮存期，就应以自然光为光源。但自然光的照度不稳定，累积光量采用照度时间的积分值 $\int_0^t E\mathrm{d}t$ 表示。测定这一积分值的方法目前有化学法和脉冲计数法。前者操作较繁且可持续测定的时间很短。后者采用仪器将光转换成频率与照度成正比的电脉冲，再对这些脉冲进行累加计数并直接显示出累积光量，避免了前一方法的缺点。

例题 7-10　己酸孕酮注射液对光很不稳定，其贮存期主要取决于光照量。在晴天室外遮阴处较强的自然光照射下进行光照试验，定时抽样，用分光光度法和脉冲计数法，分别测得己酸孕酮的相对标示含量 c/c_0 和试验样品放置处的累积光量如下，已知当地室内年平均累积光量 $\left(\int_0^t E\mathrm{d}t\right)_{year}$ 为 $3.5\times10^5\mathrm{lx}\cdot\mathrm{h}$，求该药物在室内自然光照射下的贮存期 $t_{0.9}$。

t/h	0	14.5	24.4	36.6	49.2	55.3	66.2	82.3	94.1	105.1	116.2
$\int_0^t E\mathrm{d}t/(\mathrm{klx}\cdot\mathrm{h})$	0	150	300	463	609	756	910	1 053	1 210	1 354	1 507
$c/c_0/\%$	100	96.6	92.6	88.5	84.0	78.7	74.9	71.4	69.1	65.6	60.8

解：以己酸孕酮的相对标示含量 c/c_0 对放置试验样品处的累积光量 $\int_0^t E\mathrm{d}t$ 作直线回归，得直线方程

$$c/c_0 = -26.2\int_0^t E\mathrm{d}t + 99.99$$

表明己酸孕酮的光解反应为零级反应。把 $c/c_0=90\%$ 代入直线方程得累积光量

$$\left(\int_0^t E\mathrm{d}t\right)_{0.9} = 3.8\times10^5\mathrm{lx}\cdot\mathrm{h}$$

$$t_{0.9} = \frac{\left(\int_0^t E\mathrm{d}t\right)_{0.9}}{\left(\int_0^t E\mathrm{d}t\right)_{年}} = \frac{3.8\times10^5}{3.5\times10^5} \approx 1.1\mathrm{year}$$

第九节　催 化 反 应

催化反应在工业生产和科学实验中十分常见，药物的化学合成路线中也常见催化反应，如酸碱催化，金属催化，相转移催化，生物酶催化等。

通过加入一种或多种少量的物质，能使化学反应的速率显著增大，而这些物质本身在反应前后的数量及化学性质都不改变。这种现象称为催化作用（catalysis）。起催化作用的物质称为催化剂（catalyst）。

催化剂可以是有目的地加入反应系统的，也可以是在反应过程中自发产生的。后者是一种或几种反应产物或中间产物，称为自催化剂（autocatalyst），这种现象称为自催化作用（autocatalysis）。例如，$KMnO_4$ 与草酸反应时生成的 Mn^{2+} 就是该反应的自催化剂。有时反应系统中一些偶然的杂质、尘埃或反应容器壁等，也具有催化作用。例如，在 473K，玻璃容器中进行的溴与乙烯的气相加成反应中，玻璃容器壁就具有催化作用。

根据反应物、产物和催化剂相态的异同，催化反应可分为均相催化（homogeneous catalysis）和多相

催化(heterogeneous catalysis)两类。前者指催化剂、反应物和产物都为气相或均匀的液相;后者多见于固相催化剂催化气相或液相反应。酶的大小约为 10~100nm 之间,酶催化反应(反应物和产物多为液相)可视为介于单相催化和多相催化之间。

一、催化反应的特点

由于催化剂的参与使催化反应具有以下特征:

1. 催化剂参与化学反应,但在反应前后的数量及化学性质不变。催化剂的物理性质在反应前后可以发生变化,例如,外观、晶形改变等。

2. 催化剂不改变平衡状态,即催化剂不改变平衡常数的数值,只能缩短到达平衡的时间,由此还可得出一个重要的推论,对于一个对峙反应,催化剂在使正反应加速的同时,也使逆反应加速同样的倍数。这就为寻找催化剂的实验提供了很大的方便。

3. 催化剂只能使热力学所允许($\Delta_r G_m < 0$)的反应加速进行,不能使热力学中所不允许($\Delta_r G_m > 0$)的反应发生。

4. 催化剂具有选择性。这里的选择性包括两种情况。一是指不同类型的反应需要选择不同性质的催化剂。例如,氧化反应的催化剂与脱氢反应的催化剂是不同的。二是指对于同样的反应物若选择不同的催化剂,也可能获得不同的产物。例如,250℃下乙烯氧化,如果选用 Ag 作催化剂,主要产物是环氧乙烷,而改用 Pd 时主要产物却是乙醛。

各种催化剂都有选择性,只是强弱不同而已。一般来说,酶催化的选择性最强,配合物催化剂次之,金属催化剂及酸碱催化剂最弱。工业中常用下式来表达催化剂的选择性:

$$选择性 = \frac{转化为目的产物的原料量}{原料转化总量} \times 100\%$$

5. 许多催化剂对杂质很敏感。有时少量的杂质就能显著影响催化剂的效能。在这些物质中,能使催化剂的活性、选择性、稳定性增强者称为助催化剂(catalytic accelerator),而能使催化剂的上述性质减弱者称为抑制剂(inhibitor)。作用很强的阻化剂只要极微的量就能严重阻碍催化反应的进行,这些物质称为催化剂的毒物(poison)。催化剂的中毒可以是永久性的,也可以是暂时性的。后者只要将毒物除去,催化剂的效力仍可恢复。例如,合成氨反应采用铁作催化剂,氧和水蒸气可引起暂时性中毒,而硫化物则可引起永久性中毒。

二、催化反应的基本原理

催化剂的催化原理随不同的催化剂和催化反应而异。通常是催化剂与反应物分子形成了不稳定的中间化合物或配合物,或发生了物理或化学的吸附作用,从而改变了反应途径,大幅度地降低了反应的活化能 E_a,使反应速率显著增大。而在这些不稳定的中间产物继续反应后,催化剂又被重新复原。催化剂生成中间产物的反应机制,可用以下通式表示。设有催化反应

$$A + D \xrightarrow{K} AD$$

式中 K 为催化剂,其催化机制可表达为

(1)
$$A + K \underset{k_2}{\overset{k_1}{\rightleftharpoons}} AK$$

(2)
$$AK + D \xrightarrow{k_3} AD + K$$

式中 AK 为反应物与催化剂生成的中间产物。反应(1)为一快速平衡,反应(2)为速控步骤,总反应速率方程为式(7-47)

$$\frac{dc_{AD}}{dt} = \frac{k_1 k_3}{k_2} c_K c_A c_D = k' c_A c_D$$

表观速率常数、表观活化能和表观指前因子分别为

$$k' = \frac{k_1 k_3}{k_2} c_K = \left(\frac{A_1 A_3}{A_2} c_K \right) \cdot e^{\frac{-(E_{a1}+E_{a3}-E_{a2})}{RT}}$$

$$E_a' = E_{a1} + E_{a3} - E_{a2}$$

$$A' = \frac{A_1 A_3}{A_2} c_K$$

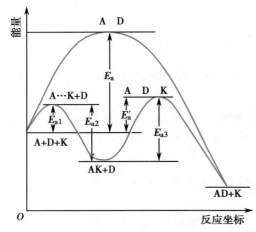

图 7-17 催化反应的活化能与反应的途径

图 7-17 为上述反应机制中活化能的示意图。图中 E_a 为非催化反应的活化能,E_a' 为催化反应的活化能,各曲线上的峰代表活化分子的平均能量。

应当指出,并非所有能降低活化能的物质都能使反应显著加速而成为催化剂。催化反应的表观指前因子 A' 中含有催化剂浓度 c_K,而在反应系统中 c_K 通常是很小的。多数催化剂能使反应的活化能降低 80kJ/mol 以上,足以弥补 c_K 低对反应速率的不利影响。表 7-6 比较了一些催化反应和非催化反应的活化能。

表 7-6 催化反应和非催化反应的活化能

反应	$E_a/$ (kJ/mol) 非催化反应	$E_a/$ (kJ/mol) 催化反应	催化剂
$2HI \longrightarrow H_2+I_2$	184. 1	104. 6	Au
$2H_2O \longrightarrow 2H_2+O_2$	244. 8	136. 0	Pt
$2SO_2+O_2 \longrightarrow 2SO_3$	251. 0	62. 76	Pt
$3H_2+N_2 \longrightarrow 2NH_3$	334. 7	167. 4	Fe-Al$_2$O$_3$-K$_2$O
蔗糖在盐酸溶液中的分解反应	107. 1	39. 3	转化酶

三、酸碱催化

酸碱催化是液相催化中研究得最多、应用得最广泛的一类催化反应。酸碱催化反应通常是离子型反应,其本质在于质子的转移。许多离子型有机反应,例如,酯的水解、醇醛缩合、脱水、水合、聚合、烷基化等反应,大多可被酸或碱所催化。

酸碱催化可分为专属酸碱催化(specific acid-base catalysis)和广义酸碱催化(general acid-base catalysis)。前者特指以 H^+(在水溶液中为 H_3O^+,在醇溶液中为 ROH_2^+)或 OH^- 为催化剂的反应。后者是根据布朗斯特(Brönsted)定义的广义酸碱为催化剂的催化反应。

根据布朗斯特的广义酸碱概念,凡能给出质子的物质称为广义酸,凡能接受质子的物质称为广义碱,它们可以是离子,也可以是中性分子。

硝基胺的水解既可被专属碱 OH^- 催化,也可被广义碱 CH_3COO^- 催化,两者的结果相同。

$$NH_2NO_2 + OH^- \longrightarrow NHNO_2^- + H_2O$$

$$NHNO_2^- \longrightarrow N_2O + OH^-$$

或

$$NH_2NO_2 + CH_3COO^- \longrightarrow NHNO_2^- + CH_3COOH$$

$$NHNO_2^- \longrightarrow N_2O + OH^-$$

$$CH_3COOH+OH^- \longrightarrow CH_3COO^- +H_2O$$

通常,广义酸催化反应的机制可用以下通式表达:

$$S+HA \longrightarrow SH^+ +A^- \longrightarrow P+HA$$

式中,HA 为广义酸催化剂,给出质子。S 为反应物,是广义碱,接受质子。P 为产物。

广义碱催化反应的机制通常可用以下通式表达:

$$HS+B \longrightarrow S^- +HB^+ \longrightarrow P+B$$

式中,B 为广义碱催化剂,接受质子。HS 为反应物,是广义酸,给出质子。

由此看出,酸碱催化的主要特征就是质子的转移。质子转移是一个相当快的过程。酸碱催化剂在反应中起到了提供或接受质子的作用,从而具有催化作用。

酸催化剂的催化能力取决于它给出质子的能力,即酸性的强度。酸性越强,催化能力也越强。碱催化剂的催化能力取决于它接受质子的能力,即碱性的强度。碱性越强,催化能力也越强。

许多药物溶液中需加入缓冲剂,有些缓冲剂往往会催化药物的水解,起到广义酸碱的催化作用。如醋酸盐、枸橼酸盐缓冲剂可催化氯霉素的水解,HPO_4^{2-} 对青霉素 G 的水解有催化作用。在处方设计时应选择对药物水解无催化作用的缓冲剂或降低缓冲剂的浓度。

有的反应,例如,药物水解反应,既可被酸催化,又可被碱催化。其反应速率可表达为

$$-\frac{dc_S}{dt} = k_0 c_S + k_{H^+} c_{H^+} c_S + k_{OH^-} c_{OH^-} c_S$$

式中,k_0 表示在溶剂参与下反应自身的速率常数,k_{H^+} 和 k_{OH^-} 分别为被酸、碱催化的速率常数,称为酸、碱催化系数。c_S 表示反应物浓度,c_{H^+} 和 c_{OH^-} 分别表示 H^+(在水溶液中为 H_3O^+)和 OH^- 的浓度。令 k 为上述反应的总速率常数

$$k = k_0 + k_{H^+} c_{H^+} + k_{OH^-} c_{OH^-} \qquad \text{式}(7\text{-}70)$$

在水溶液中,上式也可表达为

$$k = k_0 + k_{H^+} c_{H^+} + k_{OH^-} \frac{K_W}{c_{H^+}} \qquad \text{式}(7\text{-}70a)$$

水溶液中进行的酸碱催化反应,其反应速率常数与溶液的 pH 密切相关。图 7-18 为上述反应的 $k \sim$ pH 示意图。

当溶液的 pH 较小时,反应以酸催化为主,$k \approx k_{H^+} c_{H^+}$,形成图中曲线的左段;当 pH 较大时,反应以碱催化为主,$k \approx k_{OH^-} c_{OH^-}$,形成曲线的右段;pH 居中时,酸或碱催化作用都不大,$k \approx k_0$,形成曲线的中段。

将式(7-70a)两端对 c_{H^+} 微分,并令其为零

$$\frac{dk}{dc_{H^+}} = k_{H^+} - \frac{k_{OH^-} K_W}{c_{H^+}^2} = 0$$

整理后可得使反应速率最慢的(即药物溶液最稳定的)pH,记为 $(pH)_m$,即

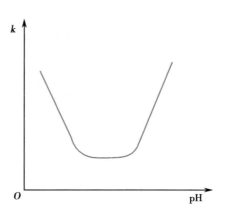

图 7-18　pH 与反应速率常数的关系

$$(pH)_m = (\lg k_{H^+} - \lg k_{OH^-} - \lg K_W)/2 \qquad \text{式}(7\text{-}71)$$

需要说明的是,药物水解反应的速率常数与 pH 的关系并非都与图 7-18 相同,水解反应机制不同,速率常数与 pH 的关系也不同。

一些药物在一定的 pH 下能进行催化水解反应,如维生素 C、阿司匹林、普鲁卡因的水溶液在配制成溶液时,应注意调节 pH 值,以保持稳定。调整 pH 值稳定的同时要考虑到药物的溶解度、药效和人体的生理适应各个方面。

在酸碱催化反应中,酸或碱催化系数 k_{H^+}、k_{OH^-} 代表了催化剂的催化能力,其值与酸或碱的解离常数 K_a 或 K_b 有关。对于酸催化反应,k_{H^+} 与 K_a 有如下关系

$$k_{H^+} = G_a K_a^\alpha$$

或

$$\ln k_{H^+} = \ln G_a + \alpha \ln K_a$$

对于碱催化反应,k_{OH^-} 与 K_b 的关系为

$$k_{OH^-} = G_b K_b^\beta$$

或

$$\ln k_{OH^-} = \ln G_b + \beta \ln K_b$$

式中,G_a、G_b、α、β 都是经验常数,与反应种类、溶剂种类和反应温度有关。α 和 β 的值在 $0 \sim 1$ 之间。上述关系式称为布朗斯特酸碱催化规则,该规则普遍适用于单相酸碱催化反应。对某一酸催化反应,可用不同的酸作催化剂进行实验,得到不同的酸催化时的 k_{H^+},以 $\ln k_{H^+}$ 对 $\ln K_a$ 作图得一直线,其斜率为 α,截距为 $\ln G_a$。类似的方法用于碱催化,亦可求得 β 和 $\ln G_b$。利用布朗斯特酸碱催化规则,可用少数几种催化剂做实验,将其结果推广到其他催化剂,供选择催化剂时作参考。

四、酶催化

酶是由生物或微生物产生的一种具有催化能力的特殊蛋白质,其相对分子质量为 $10^4 \sim 10^6$。以酶为催化剂的反应称为**酶催化反应**(enzyme catalysis)。几乎所有在生物体内进行的化学反应都是在酶的催化下完成的。可以认为,没有酶的催化作用就没有生命现象。

与一般催化反应相比,酶催化反应具有以下显著特点:

1. 高度的选择性　酶对其所催化的底物具有较严格的选择性,一种酶仅作用于一种或一类化合物,或一定的化学键,催化一定的化学反应并产生一定的产物。有的酶只对一种物质的某种旋光异构体起作用。如从酵母中分离出来的乳酸脱氢酶,只催化 L-乳酸脱氢生成丙酮酸,而对 D-乳酸则没有影响。

2. 催化效率高　比一般的无机或有机催化剂可高出 $10^8 \sim 10^{12}$ 倍。例如,过氧化氢酶能在 1s 内分解 1×10^5 个过氧化氢分子,而石油裂解所使用的硅酸铝催化剂在 773K 条件下,约 4s 才分解一个烃分子。

3. 反应条件温和　一般催化剂常在高温或高压条件、强酸或强碱性介质下使用。而酶催化反应的条件温和,一般在常温常压进行,介质也是中性或是近中性。

酶对外界条件很敏感,高温、强酸、强碱、紫外线、重金属盐都能使酶失去活性。

酶催化(图片)

米恰利(Michaelis)和门顿(Menten)先后研究了酶催化反应动力学,提出了酶催化的反应机制,即 Michaelis-Menten 机制,指出酶(E)首先与底物(S)结合形成中间化合物(ES),然后中间化合物(ES)再进一步分解为产物(P),并释放出酶(E)

$$E + S \underset{k_2}{\overset{k_1}{\rightleftharpoons}} ES \overset{k_3}{\longrightarrow} E + P$$

ES 分解为产物(P)的速率很慢,为速控步骤,总反应速率方程为

$$r = \frac{dc_P}{dt} = k_3 c_{ES} \qquad\qquad 式(7\text{-}72)$$

通常在酶催化反应中,酶的浓度比底物浓度小很多:$c_E \ll c_S$,因此 $c_{ES} \ll c_S$。当反应稳定进行时,ES 可按稳态近似法处理

$$\frac{dc_{ES}}{dt} = k_1 c_S c_E - k_2 c_{ES} - k_3 c_{ES} = 0 \qquad\qquad 式(7\text{-}73)$$

$$c_{ES} = \frac{k_1 c_E c_S}{k_2 + k_3} = \frac{c_E c_S}{K_M} \qquad\qquad 式(7\text{-}74)$$

$$K_M = \frac{k_2 + k_3}{k_1} = \frac{c_E c_S}{c_{ES}}$$

式(7-74)称为米氏公式,式中K_M称为米氏常数(Michaelis constant),此常数可以看作是反应:$E+S \rightleftharpoons ES$的不稳定常数。

令酶的初浓度为$c_{E,0}$,它是游离酶和中间化合物的总浓度

$$c_{E,0}=c_E+c_{ES} \quad 或 \quad c_E=c_{E,0}-c_{ES}$$

代入式(7-74),整理后得

$$c_{ES}=\frac{c_{E,0}c_S}{K_M+c_S}$$

代入式(7-72),得

$$r=\frac{dc_P}{dt}=k_3c_{ES}=\frac{k_3c_{E,0}c_S}{K_M+c_S} \qquad 式(7-75)$$

此式即为酶催化反应的速率方程。当底物浓度很小时,$c_S \ll K_M$,上式可简化为

$$r=\frac{dc_P}{dt}=\frac{k_3}{K_M}c_{E,0}c_S$$

对底物为一级反应。

当底物浓度很大时,$c_S \gg K_M$,则式(7-75)可简化为

$$r=\frac{dc_P}{dt}=k_3c_{E,0}$$

即反应速率与酶的总浓度成正比,与底物浓度无关,对底物为零级反应。

当$c_S \to \infty$时,反应速率趋于最大值$r_m=k_3c_{E,0}$,此时所有的酶都与底物结合而生成中间化合物。将$r_m=k_3c_{E,0}$代入式(7-75),得

$$r=\frac{r_mc_S}{K_M+c_S} \quad 或 \quad \frac{r}{r_m}=\frac{c_S}{K_M+c_S} \qquad 式(7-76)$$

当$r=r_m/2$时,$K_M=c_S$。即当反应速率为最大速率的一半时,底物的浓度就等于米氏常数。图7-19为反应速率r与底物浓度c_S的关系。

K_M是酶催化反应的特性常数,不同的酶K_M不同,同一种酶催化不同的反应时K_M也不同。大多数纯酶的K_M值在$10^{-4} \sim 10^{-1}$mol/L之间,其大小与酶的浓度无关。

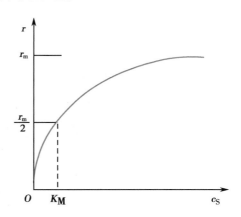

图7-19 典型的酶催化反应速率曲线

知识拓展

催化不对称合成手性药物

手性药物的研发早已成为世界新药发展的战略方向和热点领域。利用化学手段获得手性药物的方法主要是拆分外消旋体、化学计量不对称合成和催化不对称合成。催化不对称合成法已发展成最具经济有效地合成手性药物的方法。William S. Knowles 和 Ryoji Noyorl 通过氢化反应合成出一系列可以催化重要反应的分子,从而得到目标手性分子,K. Barry Sharpless 利用环氧化反应,实现了非对称合成手性产品。他们开辟了一个全新的研究领域,为人类做出了杰出的贡献,这在医药产品的工业合成、新药的开发方面具有重要的意义,因此他们共同获得了2001年诺贝尔化学奖。这一突破广泛应用于治疗帕金森病的左旋多巴(L-DOPA)的工业化规模生产。催化剂虽然是化学家常用的基本工具,但长期以来只有金属基催化剂和酶供化学家选择,其中能

够实现不对称催化的催化剂更为稀少。Benjamin List 和 David W. C. MacMillan 在 2000 年各自独立开发了第三类催化剂,一种建立在有机小分子基础上的"不对称有机催化剂",它们的优点是不需要昂贵的金属化合物,这些金属化合物通常对健康和环境有害。它们驱动的反应就是"不对称催化反应",可以有效合成多种新药物分子等,通过扩充催化剂种类,推动了不对称有机催化方法的迅猛发展。Benjamin List 和 David W. C. MacMillan 因开发了这种精确的分子构建新工具——"有机催化",而被授予 2021 年诺贝尔化学奖。这对药物研究产生了巨大的影响,使化学和药物合成更加环保。

本 章 小 结

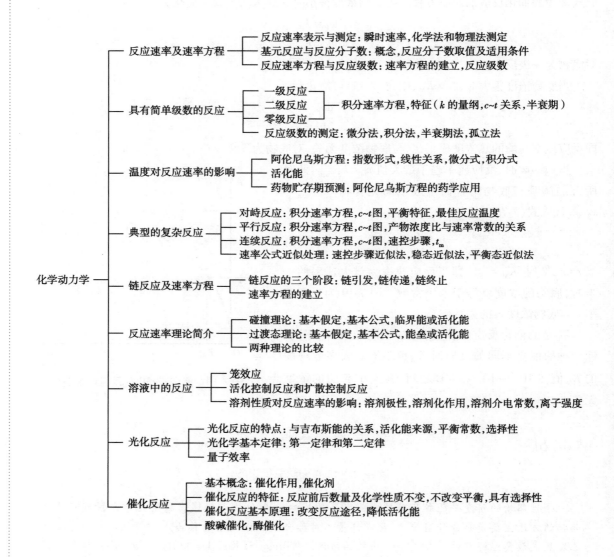

思 考 题

1. 某化学反应为一级反应,在不同时刻 t 测定反应物浓度 c,计算反应速率常数 k。若实验中发生了一个错误,在反应已进行了一段时间后才开始计时,并将此时刻计作 t_0;将此时的浓度计作 c_0。这个错误将使测得的速率常数 k 偏大、偏小还是不影响 k 的测定值?

2. 有两个独立的化学反应,其活化能 $E_{a1}>E_{a2}$,温度对哪个反应的速率影响更大?若两个反应的指前因子相等,哪个反应的速率常数更大?

3. 大部分化学反应的速率随温度的升高而增大,请用反应速率的碰撞理论解释这一现象。

4. 阿伦尼乌斯方程中的 E_a、碰撞理论中的 E_c 和过渡态理论中的 $\Delta_r^{\neq} H_m^{\ominus}$ 的物理意义是什么?它们是否与温度有关?

5. 合成氨的反应是一个放热反应,降低反应温度有利于提高平衡转化率,但实际生产中这一反应都是在高温高压和有催化剂存在的条件下进行,为什么?

6. 一个反应在不同的温度和相同的起始浓度时,反应速率是否相同?速率常数是否相同?活化能是否相同?

7. 一个反应在相同的温度和不同的起始浓度时,反应速率是否相同?速率常数是否相同?转化率是否相同?

8. 若基元反应 A→2D 的活化能为 E_a,2D→A 的活化能为 E_a',问:

(1) 加入不同的催化剂,对 E_a 的影响是否相同?

(2) 加入催化剂,对 E_a 和 E_a' 有何影响?

(3) 提高反应的温度,对 E_a 和 E_a' 有何影响?

习　题

1. 在 100ml 水溶液中含有 0.03mol 蔗糖和 0.1mol HCl,用旋光计测得在 301K 经 20min 有 32% 的蔗糖发生了水解。已知其水解为一级反应,求:(1) 反应速率常数;(2) 反应开始时和反应至 20min 时的反应速率;(3) 40min 时已水解的蔗糖百分数。

2. N_2O_5 分解反应 $N_2O_5 \rightarrow 2NO_2 + 1/2 O_2$ 是一级反应,已知其在某温度下的速率常数为 $4.8 \times 10^{-4} s^{-1}$。(1) 求 $t_{1/2}$;(2) 若反应在密闭容器中进行,反应开始时容器中只充有 N_2O_5,其压力为 66.66kPa,求反应开始后 10s 和 10min 时的压力。

3. （反应式）为一级反应,在某温度下的反应过程中定时取样,加入过量的碱使反应迅速停止,然后在某波长处用分光光度计测定溶液的吸收度,得如下结果,求反应速率常数。

t/s	0	300	780	1 500	2 400	3 600	∞
A	0	0.036	0.074	0.120	0.162	0.199	0.249

4. 某一级反应 A→G,在某温度下初速率为 4×10^{-3} mol/(L·min),2h 后的速率为 1×10^{-3} mol/(L·min)。求:(1) 反应速率常数;(2) 半衰期;(3) 反应物初浓度。

5. 醋酸甲酯的皂化为二级反应,酯和碱的初浓度相等,在温度为 298K 时用标准酸溶液滴定系统中剩余的碱,得如下数据,求:(1) 反应速率常数;(2) 反应物初浓度;(3) 反应完成 95% 所需的时间。

t/min	3	5	7	10	15	21	25
$c_{碱} \times 10^3/(mol/L)$	7.40	6.34	5.50	4.64	3.63	2.88	2.54

6. 某物质 A 的分解是二级反应。恒温下反应进行到 A 消耗掉初浓度的 1/3 所需要的时间是 2min，求 A 消耗掉初浓度的 2/3 所需要的时间。

7. 对于一级反应，试证明转化率达到 87.5% 所需时间为转化率达到 50% 所需时间的 3 倍。对于二级反应又应为多少？

8. 在 1 129K 温度下测得 NH_3 在钨丝上的催化分解反应 $NH_3 \longrightarrow \frac{1}{2}N_2 + \frac{3}{2}H_2$ 的动力学数据如下，求反应级数与 1 129K 温度下的速率常数（以浓度表示）。

t/s	200	400	600	1 000
$p_总/kPa$	30.40	33.33	36.40	42.40

9. 在某温度下进行的气相反应 $A+D \longrightarrow G$ 中，保持 D 的初压力（1.3kPa）不变，改变 A 的初压力，测得反应的初速率如下：

$p_{A,0}/kPa$	1.3	2.0	3.3	5.3	8.0	13.3
$10^4 r_0/(kPa/s)$	1.3	1.6	2.1	2.7	3.3	4.2

保持 A 的初压力（1.3kPa）不变，改变 D 的初压力，测得反应的初速率如下：

$p_{D,0}/kPa$	1.3	2.0	3.3	5.3	8.0	13.3
$10^4 r_0/(kPa/s)$	1.3	2.5	5.3	10.7	19.6	42.1

（1）若系统中其他物质不影响反应速率，求该反应对 A 和 D 的级数；（2）求反应总级数；（3）求用压力表示的反应速率常数 k_p；（4）若反应温度为 673K，求用浓度表示的反应速率常数 k_c。

10. 阿司匹林的水解为一级反应。373.15K 下速率常数为 7.92 d^{-1}，活化能为 56.484kJ/mol。求 290.15K 下水解 30% 所需的时间。

11. 二级反应 $A+D \longrightarrow G$ 的活化能为 92.05kJ/mol。A 和 D 的初浓度均为 1mol/L，在 293.15K 30min 后，两者各消耗一半。求：（1）在 293.15K 反应 1h 后两者各剩多少；（2）313.15K 下的速率常数。

12. 溴乙烷的分解是一级反应，活化能为 230.12kJ/mol，指前因子为 $3.802×10^{33}s^{-1}$。求：（1）反应以每分钟分解 1/1 000 的速率进行时的温度；（2）以每小时分解 95% 的速率进行时的温度。

13. 青霉素 G 的分解反应是一级反应，由下列实验结果计算：（1）反应的活化能及指前因子；（2）在 298.15K 温度下分解 10% 所需的时间。

T/K	310.15	316.15	327.15
$t_{1/2}/h$	32.1	17.1	5.8

14. 人体吸入的氧气与血液中的血红蛋白（Hb）反应，生成氧和血红蛋白（HbO_2）：

$$Hb+O_2 \longrightarrow HbO_2$$

此反应对 Hb 和 O_2 均为一级。在体温下的速率常数 $k=2.1×10^6 L/(mol·s)$。为保持血液中 Hb 的正常浓度 $8.0×10^{-6}mol/L$，血液中氧的浓度必须保持 $1.6×10^{-6}mol/L$。求：

（1）正常情况下 HbO_2 的生成速率。

（2）在某种疾病中，HbO_2 生成速率达到 $1.1×10^{-4}L/(mol·s)$，导致 Hb 的浓度过高。为保持 Hb 的正常浓度需输氧。血液中的氧气浓度需要多大？

15. 某药物在一定温度下分解的速率常数与温度的关系为

$$\ln k = -\frac{8\,938}{T} + 20.40$$

k 的单位是 h^{-1}。求：（1）30℃时每小时分解百分之几？（2）若此药物分解30%即失效，30℃下保存的有效期为多长？（3）若要求此药物有效期达到2年，保存温度不能超过多少度？

16. 将1%盐酸丁卡因水溶液安瓿分别置于338.15K、348.15K、358.15K、368.15K恒温水浴中加热，在不同时间取样测定其含量，得以下结果，当相对含量降至90%即为失效。求该药物在室温（298.15K）下的贮存期。

338.15K		348.15K		358.15K		368.15K	
t/h	c/%	t/h	c/%	t/h	c/%	t/h	c/%
0	100	0	100	0	100	0	100
48	98.04	48	96.01	24	95.26	24	90.72
96	96.13	96	91.58	48	90.75	48	80.69
144	94.26	144	87.37	72	86.00	72	71.73
192	92.34	192	83.55	96	81.50	96	63.83
				120	77.24	120	56.75

17. 某对峙反应 $A \underset{k_2}{\overset{k_1}{\rightleftharpoons}} G$，已知在某温度下 $k_1 = 0.006\text{min}^{-1}$，$k_2 = 0.002\text{min}^{-1}$。若反应开始时只有 A，浓度为 1mol/L，求：（1）反应达平衡后 A 和 G 的浓度；（2）使 A 和 G 浓度相等所需的时间；（3）反应进行至 100min 时 A 和 G 的浓度。

18. 已知某平行反应 $A \overset{k_1}{\underset{k_2}{\diagup \diagdown}} \begin{matrix} G \\ H \end{matrix}$ 的活化能和指前因子如下，问：（1）温度升高时，哪个反应的速率常数增加得更快（指倍率）？（2）温度升高能否使 $k_1 > k_2$？（3）当温度从 300K 上升至 1 000K 时，产物 G 与 H 之比值将增大还是减小？改变多少倍？

反应	1	2
E_a/（kJ/mol）	108.8	83.7
A/s^{-1}	10^3	10^3

19. 血药浓度通常与药理作用密切相关，血药浓度过低不能达到治疗效果，血药浓度过高又可能发生中毒现象。已知卡那霉素最大安全治疗浓度为 35μg/ml，最小有效浓度为 10μg/ml。当以 1kg 体重 7.5mg 的剂量静脉注射入人体后 1.5h 和 3h 测得其血药浓度分别为 17.68μg/ml 和 12.50μg/ml，药物在体内的消除可按一级反应处理。求：（1）速率常数；（2）经过多长时间注射第二针；（3）允许的最大初次静脉注射剂量。

20. H_2 和 Cl_2 的光化反应吸收波长为 4.8×10^{-7}m 的光，量子效率为 10^6。在此条件下吸收 1J 的辐射能，可生成多少摩尔的 HCl？

21. 某物质 A 在有催化剂 K 存在时发生分解，得产物 G。若用 X 表示 A 和 K 所生成的活化络合物，并假设反应按下列步骤进行：

$$（1）A+K \overset{k_1}{\longrightarrow} X \quad （2）X \overset{k_2}{\longrightarrow} A+K \quad （3）X \overset{k_3}{\longrightarrow} G+K$$

达稳态后，$dc_X/dt = 0$，求：（1）反应速率 $-dc_A/dt$ 的一般表达式（式中不含 X 项）；（2）$k_2 \gg k_3$ 的反应速

率简化表达式;(3) $k_3 \gg k_2$ 的反应速率简化表达式。

22. 浓度为 0.056mol/L 的葡萄糖溶液在 413.15K 温度下被不同浓度的 HCl 催化分解,得如下数据,在酸性溶液中可忽略 OH^- 的催化作用,求 k_{H^+} 和 k_0。

K/h^{-1}	0.003 66	0.005 80	0.008 18	0.010 76	0.012 17
$c_{H^+}/(mol/L)$	0.010 8	0.019 7	0.029 5	0.039 4	0.049 2

23. 某有机化合物 A 在 323K,酸催化下发生水解反应。当溶液的 pH = 5 时,$t_{1/2}$ = 69.3min;pH = 4 时,$t_{1/2}$ = 6.93min。$t_{1/2}$ 与 A 的初浓度无关。已知反应速率方程为:$-\dfrac{dc_A}{dt} = k_A c_A^\alpha c_{H^+}^\beta$。求:(1) α 及 β;(2) 323K 时的速率常数 k_A;(3) 在 323K、pH = 3 时,A 水解 80% 所需的时间。

24. 酶 E 作用在某一反应物 S 上而产生氧,其反应机制可表达为:$E + S \underset{k_2}{\overset{k_1}{\rightleftharpoons}} ES \overset{k_3}{\longrightarrow} E + P$。实验测得不同的初浓度底物时氧产生的初速率 r_0 数据如下,计算反应的米氏常数 K_M,并解释其物理意义。

$c_{S,0}/(mol/L)$	0.050	0.017	0.010	0.005	0.002
$r_0 \times 10^{-6}/[mol/(L \cdot min)]$	16.6	12.4	10.1	6.6	3.3

25. 已知 $Cl \cdot (g) + H_2(g) \longrightarrow HCl(g) + H \cdot (g)$ 是一个基元反应,反应物分子的摩尔质量和直径分别为:$M_{Cl \cdot} = 35.45g/mol$,$M_{H_2} = 2.016g/mol$,$d_{Cl \cdot} = 0.2nm$,$d_{H_2} = 0.15nm$。请根据碰撞理论计算该反应的指前因子 A(令 $T = 350K$)。

26. N_2O_5 的热分解反应在不同温度下的速率常数如下,求:(1) 阿伦尼乌斯方程中的 E_a 和 A;(2) 该反应在 323.15K 温度下的 $\Delta_r^{\neq} G_m^{\ominus}$、$\Delta_r^{\neq} H_m^{\ominus}$ 和 $\Delta_r^{\neq} S_m^{\ominus}$。

T/K	298.15	308.15	318.15	328.15	338.15
$10^5 k/s^{-1}$	1.72	6.65	24.95	75.0	240

目标测试

（林玉龙）

第八章

表 面 化 学

第八章
教学课件

相界面是指两相之间具有几个分子层厚度的过渡区。根据形成界面的物质的聚集状态可将界面分为气-液、气-固、液-液、液-固、固-固界面。习惯上将其中一相为气体的界面称为表面(surface),其他则称为界面(interface)。表面现象(surface phenomena)是自然界随处可见的现象。本章将从表面现象入手,研究表面现象的本质、规律和应用。

表面化学的基本原理和方法在物理学、化学、生物学等学科以及化工、环保、采矿、材料、土壤、食品、医药等领域有着广泛的应用。尤其在药学领域,从药物的合成、提取、分离和分析、制剂的制备、贮存和使用、药物在体内的作用和代谢等,都涉及各种各样的表面化学问题。特别是近年来纳米技术的快速发展为提高难溶性药物的口服吸收带来了曙光,国内外多个口服纳米药物制剂被批准上市。例如,2003 年上市的用于化疗后止吐的阿瑞吡坦、2004 年上市的用于治疗高胆固醇血症的非诺贝特是将难溶药物纳米化,大幅度增大药物颗粒的表面积,药物溶解度巨增,口服吸收显著提高。诸如此类的科技进展,都离不开表面化学理论的指导。

第一节 表面吉布斯能、表面张力以及表面的热力学关系式

一、比表面

一定量的物质,表面积越大,表面效应越明显。凝聚相的物质其表面积与分散程度有关,分散程度越高,表面积越大。

单位质量物质所具有的表面积称为比表面(specific surface area)或分散度(degree of dispersion),其定义为

$$a_m = \frac{A}{m} \qquad \text{式(8-1)}$$

式中,A 为物质的表面积,m 为物质的质量,a_m 的单位为 m^2/kg 或 m^2/g。也可用单位体积物质所具有的表面积表示物质的分散度

$$a_V = \frac{A}{V}$$

式中，V 为物质的体积，a_V 的单位为 m^{-1}。

例题 8-1 将半径为 r 的固体颗粒分散成半径 $r_1 = \frac{r}{10}$ 的小颗粒，若固体颗粒为球形，试计算分散后颗粒的总表面积 A_1 与原固体颗粒的表面积 A 之比。

解：分散前固体颗粒的表面积　　　　　　　　$A = 4\pi r^2$

分散后的颗粒数目　　　　　　　$n_1 = \dfrac{\dfrac{4}{3}\pi r^3}{\dfrac{4}{3}\pi r_1^3} = 1\,000$

分散后颗粒的总表面积　　　　$A_1 = n_1 4\pi r_1^2 = 1\,000 \times 4\pi \left(\dfrac{r}{10}\right)^2 = 10 \times 4\pi r^2$

所以　　　　　　　　　　　　　　　$\dfrac{A_1}{A} = 10$

可以证明，当 $r_n = r/10^n$ 时，$A_n/A = 10^n$。可见，颗粒分散愈细，比表面积愈大，表面效应也就愈突出。一般情况下，由于表面层分子在整个系统中所占的比重很小，所以表现出来的性质往往被忽略了。但对于一个高度分散的系统，其表面性质对整个系统性质的影响就不容忽视了。在药剂学中，常将难溶性药物微粉化，通过增加药物分散度改善药物的吸收。

二、表面吉布斯能与表面张力

（一）表面吉布斯能

形成界面的两相密度不同，两相内分子间的相互作用力也不同，因此，处于界面层的分子和体相内部分子受力不同。例如，对于液体及其蒸气形成的界面，液体密度大，分子间距离近，分子间相互作用力大，体相中的分子受周围其他分子的吸引，各方向的力相互抵消，合力为零。而表面层分子却不同，由于气体密度比液体小得多，表面层分子与气相分子间的引力相对较小，存在垂直于表面并指向液体内部的合力（图 8-1）。当把一个分子从液体内部拉入表面层时，必须对系统做功以克服体相分子对该分子的引力。在指定温度、压力和组成的条件下，可逆增加表面积 dA 时环境对系统所做的功称为表面功。表面功的大小和 dA 成正比

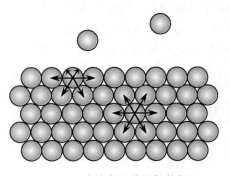

图 8-1　液体表面分子与体相分子受力示意图

$$\delta W' = \sigma dA \qquad \text{式（8-2）}$$

式中，σ 为比例系数，即在温度、压力和组成恒定的条件下，可逆地增加单位表面积对系统所做的表面功。

根据热力学第二定律

$$dG_{T,p,n_B} = \delta W'_r \qquad \text{式（8-3）}$$

因此，式（8-2）可表示为

$$dG_{T,p,n_B} = \sigma dA \qquad \text{式（8-4）}$$

$$\sigma = \left(\frac{\partial G}{\partial A}\right)_{T,p,n_B} \qquad \text{式（8-5）}$$

式（8-5）是 σ 的热力学定义，其物理意义为：在温度、压力和组成恒定的条件下，增加单位面积表面时系统吉布斯能的增量。σ 被称作表面吉布斯能（surface Gibbs energy），简称表面能，单位为 J/m^2。

将体相分子移至表面需要对系统做功，因此表面的分子具有更高的能量，表面吉布斯能正是单位

面积表面的分子比其处于体相时所高出的那一部分吉布斯能。一个分散度很高的系统,表面积很大,蓄积了大量表面能量,这正是引起各种表面现象的根本原因。

（二）表面张力

早在表面吉布斯能的概念提出之前的一个世纪,就有人提出了表面张力的概念。液膜自动收缩、液滴自动缩成球形以及毛细现象等,都使人们确信有一种作用在液体表面的力。下面有趣的实验也可以证明这种力的存在。

若将一个系有丝线圈的金属环从肥皂水中拉出后,会形成一层液膜,丝线圈可以在液膜上自由移动,而且其形状是随意的,见图8-2(a)。若将丝线圈内液膜刺破,丝线圈受到拉力的作用,立即绷紧成圆形,见图8-2(b)。

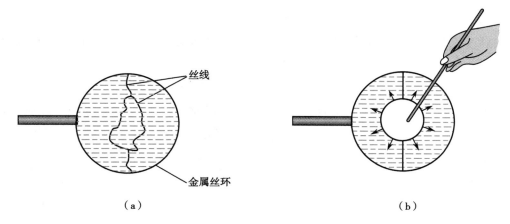

丝线

金属丝环

（a）　　　　　　　　　（b）

图 8-2　表面张力的作用

例如,在 AB 边可以移动且无摩擦力的矩形框架上做肥皂液膜（图8-3）。若无相反外力作用,肥皂液膜会自动收缩,使 AB 边自动向左滑动。若要维持液膜大小不变,必须在活动边 AB 上施加一个向右的外力。

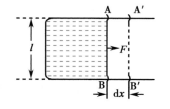

图 8-3　表面张力示意图

上述现象表明,液体表面存在一种使液面收缩的力,称为表面张力（surface tension）或界面张力（interfacial tension）。

温度、压力恒定时,在图8-3中的 AB 边施加向右的力 F,使 AB 边在可逆的情况下向右移动 dx,增加表面积为 dA。设 $AB=l$,外力对液膜所做的功为

$$\delta W' = F dx$$

系统得功后并没有引起体积的变化,所做的是表面功

$$\delta W' = \sigma dA = F dx$$

因为液膜有正反两个表面,所以

$$\sigma dA = \sigma(2l dx) = F dx$$

$$\sigma = \frac{F}{2l}$$

式(8-6)

因此,σ 就是作用于液面上单位长度线段上的表面收缩力,即表面张力。表面张力的方向与表面相切,并指向表面缩小的方向,单位是 N/m。

可以看出,人们用表面吉布斯能和表面张力能分别从热力学和力学角度讨论表面现象。表面吉布斯能和表面张力虽然物理意义不同,但它们是完全等价的,具有等价的量纲和相同的数值。本章习惯上使用的名称是表面张力,但用热力学理论讨论表面现象时,往往使用的是表面吉布斯能。

表面张力的方向（微课）

表面张力可以通过实验测定。测定液体表面张力的常用方法有环法、毛细管上升法、最大气泡压力法、滴体积(重)法、吊片法等。

液体表面张力的测定方法(拓展阅读)

由于表面张力产生于物质内部的分子间引力,因此物质的性质会影响表面张力的大小。例如,极性水分子之间会形成氢键,分子间作用力很大,因此其表面张力远远大于非极性的有机化合物(表8-1)。对于金属和离子型晶体,由于质点间被金属键和离子键连结,其表面张力远远大于有机物的固体。

两相界面上的界(表)面张力的产生有两个原因:两相之间密度的不同和两相分子间相互作用力的不同。显然,界(表)面张力的大小还和形成相界面的另一相有关(表8-1)。

表 8-1　一些物质在 293K 时的界(表)面张力或表面吉布斯能

液体/空气	$\sigma \times 10^3/$(N/m 或 J/m^2)	液体/液体	$\sigma \times 10^3/$(N/m 或 J/m^2)
水	72.75	苯/水	35.0
苯	28.88	四氯化碳/水	45.0
乙醇	22.27	橄榄油/水	22.8
乙二醇	46.0	液体石蜡/水	53.1
甘油	63.0	乙醚/水	9.7
液体石蜡	33.1	正丁醇/水	1.8
棉子油	35.4	正庚烷/水	5.02
橄榄油	35.8	正庚烷/汞	378
蓖麻油	39.8	苯/汞	357
汞	484	水/汞	375

表面张力和温度有关。一般情况下,温度升高,物质的表面张力下降。这是由于升高温度,分子的热运动加剧,动能增加,分子间的引力减弱,从而使得液体分子由体相移至表面所需的能量减少。同时,升高温度也会使两相之间的密度差减小。此二因素在宏观上均表现为温度升高表面张力下降。例如,纯液体和其蒸气之间的表面张力随温度升高而下降,直至液体的临界温度,此时气液界面消失,表面张力为零。但是也有例外,有少数金属熔体的表面张力随温度的升高而增大,对此现象目前仍无被广泛接受的合理解释。一些经验公式描述了表面张力和温度之间的关系,其中一个关于纯液体的经验公式为

$$\sigma = \sigma_0 \left(1 - \frac{T}{T_C}\right)^n$$

式中,T_C 为临界温度,σ 为液体在温度 T 时的表面张力,σ_0 和 n 为常数,对于多数有机液体,n 等于 11/9。

压力对表面张力的影响很小。溶液的组成也会影响表面张力的大小,这部分内容将在本章第四节讨论。

三、表面的热力学关系式

考虑系统做非体积功——表面功时,多组分系统的热力学函数基本关系式可以表示为:

$$dU = TdS - pdV + \sigma dA + \sum_B \mu_B dn_B \qquad 式(8\text{-}7)$$

$$dH = TdS + Vdp + \sigma dA + \sum_B \mu_B dn_B \qquad 式(8\text{-}8)$$

$$dF = -SdT - pdV + \sigma dA + \sum_{B} \mu_B dn_B \qquad \text{式（8-9）}$$

$$dG = -SdT + Vdp + \sigma dA + \sum_{B} \mu_B dn_B \qquad \text{式（8-10）}$$

则

$$\sigma = \left(\frac{\partial U}{\partial A}\right)_{S,V,n_B} = \left(\frac{\partial H}{\partial A}\right)_{S,p,n_B} = \left(\frac{\partial F}{\partial A}\right)_{T,V,n_B} = \left(\frac{\partial G}{\partial A}\right)_{T,p,n_B} \qquad \text{式（8-11）}$$

从式（8-11）可以得出，表面吉布斯能是在指定变量和组成不变的条件下，增加单位表面积时系统热力学能、焓、亥姆霍兹能、吉布斯能的增量。

对于组成不变的等容或等压系统，式（8-9）和式（8-10）可分别表示为

$$dF_{V,n_B} = -SdT + \sigma dA \qquad \text{式（8-12）}$$

$$dG_{p,n_B} = -SdT + \sigma dA \qquad \text{式（8-13）}$$

根据麦克斯韦关系式

$$\left(\frac{\partial S}{\partial A}\right)_{T,V,n_B} = -\left(\frac{\partial \sigma}{\partial T}\right)_{A,V,n_B} \qquad \text{式（8-14）}$$

$$\left(\frac{\partial S}{\partial A}\right)_{T,p,n_B} = -\left(\frac{\partial \sigma}{\partial T}\right)_{A,p,n_B} \qquad \text{式（8-15）}$$

对于组成不变的等容系统，式（8-7）可表示为

$$dU_{V,n_B} = TdS + \sigma dA$$

则

$$\left(\frac{\partial U}{\partial A}\right)_{T,V,n_B} = T\left(\frac{\partial S}{\partial A}\right)_{T,V,n_B} + \sigma$$

代入式（8-14），得

$$\left(\frac{\partial U}{\partial A}\right)_{T,V,n_B} = \sigma - T\left(\frac{\partial \sigma}{\partial T}\right)_{A,V,n_B} \qquad \text{式（8-16）}$$

同理，对于组成不变的等压系统，从式（8-8）和式（8-15）可以得到

$$\left(\frac{\partial H}{\partial A}\right)_{T,p,n_B} = \sigma - T\left(\frac{\partial \sigma}{\partial T}\right)_{A,p,n_B} \qquad \text{式（8-17）}$$

式（8-16）和式（8-17）称为表面吉布斯-亥姆霍兹公式。$\left(\frac{\partial U}{\partial A}\right)_{T,V,n_B}$ 为系统的表面热力学能。由于表面积增加，表面熵也增加，即 $\left(\frac{\partial S}{\partial A}\right)_{T,V,n_B}$ 或 $-\left(\frac{\partial \sigma}{\partial T}\right)_{A,V,n_B}$ 总是正值，所以在等温等容条件下形成新的表面时，系统从环境吸热。

第二节　弯曲表面的性质

一、弯曲表面的附加压力

（一）弯曲液面的附加压力

将连有肥皂泡的细管接通大气后，肥皂泡会缩小成一小液滴。该现象说明，肥皂泡液膜内外存在压力差，该压力差是由弯曲液面引起的。

在液体的表面取一圆形区域，其在截面图上的圆弧用 AB 表示（图 8-4 中的虚线）。对于圆形区域，表面张力作用在 AB 上，力的方向和液面相切并且和 AB 相垂直。当液体表面是水平面时，表面张力的作用方向也是水平的，作用在 AB 圆弧周边各方向的表面张力相互抵消，合力为零，如图 8-4（a）所示。如果液体表面是弯曲的，作用在圆弧 AB 周边上的表面张力不在一个水平面上，因而产生一个垂直于液体表面的合力。对于凸液面，合力的方向指向液体内部，见图 8-4（b），此时液体内部分子受

到的压力大于外部压力；对于凹液面，表面张力的合力指向液体外部，见图8-4(c)，此时液体内部分子受到的压力小于外部的压力。

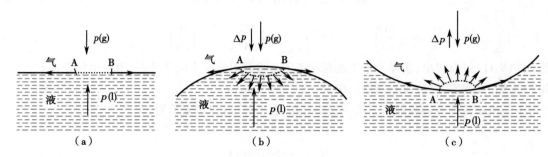

（a）平液面；（b）凸液面；（c）凹液面

图8-4 弯曲液面的附加压力

弯曲液面内外的压力差称为附加压力(excess pressure)，用符号 Δp 表示，方向指向弯曲液面的曲率中心。

$$p(1) = p(g) + \Delta p$$

（二）杨-拉普拉斯公式

弯曲液面附加压力的大小与液面的曲率半径和液体的表面张力有关。球形曲面的附加压力与曲率半径和表面张力之间的关系可证明如下。

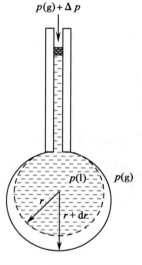

图8-5 附加压力与曲率半径的关系

在一充满液体的具塞毛细管下端有一半径为 r 的球形液滴与管内液体成平衡状态（图8-5）。此时液滴内的压力 $p(1)$ 等于外压 $p(g)$ 和附加压力 Δp 之和。施少许压力于活塞，使毛细管中的液体体积变化 dV，此时液滴的表面积将增加 dA。环境对系统所做的功既是克服附加压力使液体各部分体积改变而做的体积功，也可以看作是克服表面张力使液体表面积增加而做的表面功，这两种功是等价的，即

$$\delta W = \delta W'$$

由于

$$\delta W = -\Delta p dV', \qquad \delta W' = \sigma dA$$

毛细管减小的体积 dV' 等于液滴增加的体积 dV，即

$$dV' = -dV$$

因此

$$\Delta p dV = \sigma dA$$

对于球形液滴，

$$A = 4\pi r^2 \qquad dA = 8\pi r dr$$

$$V = \frac{4}{3}\pi r^3 \qquad dV = 4\pi r^2 dr$$

因此

$$\Delta p = \frac{2\sigma}{r} \qquad\qquad\qquad 式(8\text{-}18)$$

对于一个任意曲面需要两个曲率半径来描述。在通过曲面上任意一点 O（图8-6）的法线上可做两个相互垂直的截面 R_1 和 R_2，R_1、R_2 分别在曲面上截出弧 A_1B_1 和弧 A_2B_2，这两条弧线在 O 点的曲率半径 r_1 和 r_2 的倒数就是曲面在 O 点的曲率。可以证明，曲面在 O 点的附加压力 Δp 与表面张力 σ 和曲率半径 r 之间有如下关系：

$$\Delta p = \sigma\left(\frac{1}{r_1} + \frac{1}{r_2}\right) \qquad\qquad 式(8\text{-}19)$$

此式即杨-拉普拉斯公式(Yong-Laplace equation)。

对于球形表面，$r_1 = r_2 = r$，式(8-19)可写作 $\Delta p = \dfrac{2\sigma}{r}$，即还原为式(8-18)；对于圆柱形曲面，$r_1 = \infty$，则 $\Delta p = \dfrac{\sigma}{r}$；对于平液面，$r_1 = r_2 = \infty$，则 $\Delta p = 0$。

由式(8-19)可以得知：①附加压力与曲率半径的大小成反比，即液滴越小，液体受到的附加压力越大；②凹液面的曲率半径为负值，因此附加压力也是负值，凹液面下的液体受到的压力比平液面下的液体受到的压力小；③附加压力的大小与表面张力有关，液体的表面张力大，产生的附加压力也较大。

用杨-拉普拉斯公式可以解释为什么自由液滴和气泡都呈球形。若液滴呈不规则形状，液体表面各点的曲率半径不同，所受到的附加压力大小和方向都不同(图8-7)。这些力的作用最终会使液滴呈球形。

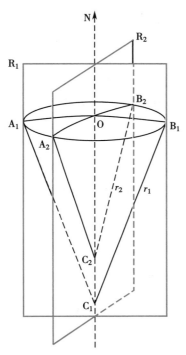

图 8-6　任意曲面的曲率半径

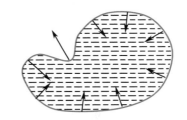

图 8-7　不规则形状液滴上的附加压力

二、弯曲表面的蒸气压

设在一定温度 T 下，某液体与其饱和蒸气达到平衡。根据相平衡条件

$$\mu(l) = \mu(g) \qquad\qquad 式(8\text{-}20)$$

此时气体的压力等于该温度下液体的饱和蒸气压 p^*，液体的压力为 $p(l)$ [若为单组分系统，$p(l) = p(g) = p^*$，若有惰性气体如空气存在，$p(l) = p_{atm}$，$p(g) = p^{*\prime} \approx p^*$]。如果把液体分散成半径为 r 的小液滴，由于弯曲液面受到了附加压力，因此小液滴中的液体受到的压力不同于水平液面下的液体所受到的压力，蒸气压也随之改变。此时液体的压力为 $p(l) + \Delta p$，气体的压力为小液滴的饱和蒸气压 $p(g) = p_r^*$。在建立新的平衡后，气相和液相的化学势仍然相等

$$\mu(l) + d\mu(l) = \mu(g) + d\mu(g) \qquad\qquad 式(8\text{-}21)$$

比较式(8-21)和式(8-20)可得

$$d\mu(l) = d\mu(g)$$

即

$$\left[\frac{\partial \mu(1)}{\partial p(1)}\right]_T \mathrm{d}p(1) = \left[\frac{\partial \mu(g)}{\partial p(g)}\right]_T \mathrm{d}p(g)$$

根据式(3-20)可以得到：

$$V_\mathrm{m}(1)\,\mathrm{d}p(1) = V_\mathrm{m}(g)\,\mathrm{d}p(g)$$

设 $V_\mathrm{m}(1)$ 和压力无关,蒸气为理想气体,积分上式

$$V_\mathrm{m}(1)\int_{p(1)}^{p+\Delta p}\mathrm{d}p(1) = RT\int_{p^*}^{p_r^*}\mathrm{dln}p(g)$$

$$\frac{M}{\rho}\Delta p = RT\ln\frac{p_r^*}{p^*}$$

设液滴为球形,并将式(8-18)代入,得

$$\ln\frac{p_r^*}{p^*} = \frac{2\sigma M}{RT\rho r} \qquad\qquad 式(8\text{-}22)$$

式中,M 为液体的摩尔质量,ρ 为液体的密度。式(8-22)称为开尔文公式(Kelvin equation)。该式阐明了在指定温度下液体的蒸气压和曲率半径之间的关系,即液面的弯曲度越大或曲率半径越小,其蒸气压相对正常蒸气压变化越大。对于凸液面的液体(如小液滴),$r>0$,其蒸气压大于正常蒸气压,曲率半径越小,蒸气压越大。对于凹液面的液体(如玻璃毛细管中的水),$r<0$,其蒸气压小于正常蒸气压,曲率半径的绝对值越小,蒸气压越小。

很多表面现象可以通过开尔文公式得到解释。

例题 8-2　在 298.15K 时,水的饱和蒸气压为 2 337.8Pa,密度为 0.998 2×10³kg/m³,表面张力为 72.75×10⁻³N/m。试利用开尔文公式计算半径在 $10^{-9}\sim10^{-5}$ m 范围变化的球形液滴或气泡的相对蒸气压 p_r^*/p^*。

解:开尔文公式 $\ln\dfrac{p_r^*}{p^*} = \dfrac{2\sigma M}{RT\rho r}$

当 $r = 10^{-5}$ m 时,对于气泡,凹形液面 $r = -10^{-5}$ m,代入开尔文公式得

$$\ln\frac{p_r^*}{p^*} = \frac{2\times72.75\times10^{-3}\times18.015\times10^{-3}}{8.314\times298.15\times0.998\,2\times10^3\times(-10^{-5})} = -1.077\,4\times10^{-4}$$

$$\frac{p_r^*}{p^*} = 0.999\,9$$

对于液滴,凸形液面 $r = 10^{-5}$ m

$$\ln\frac{p_r^*}{p^*} = 1.077\,4\times10^{-4}, \qquad \frac{p_r^*}{p^*} = 1.000\,1$$

计算结果见表8-2。

表8-2　液滴(气泡)半径与蒸气压关系

r/m		10^{-5}	10^{-6}	10^{-7}	10^{-8}	10^{-9}
p_r^*/p^*	小液滴	1.000 1	1.001	1.011	1.114	2.937
	小气泡	0.999 9	0.998 9	0.989 7	0.897 7	0.340 5

从表8-2中的数据可以看出,当液滴的曲率半径较大时,蒸气压的改变并不明显,当曲率半径小于 10^{-8} m 时,蒸气压的变化超过10%;当曲率半径减小至 10^{-9} m 时,蒸气压的变化已有三倍之多。

开尔文公式也可以用于固体。根据亨利公式,溶质的蒸气压和其在溶液中的活度成正比

$$p_\mathrm{B} = ka_\mathrm{B}$$

将其代入开尔文公式可得

$$\ln \frac{a_r}{a_{正常}} = \frac{2\sigma_{sl}M}{RT\rho r}$$

式(8-23)

式中，a_r 和 $a_{正常}$ 分别为与微小固体颗粒及普通固体呈平衡时溶液（饱和溶液）的活度，σ_{sl} 为固-液界面张力，ρ 为固体的密度，r 为微小固体颗粒的半径，M 是固体的摩尔质量。

由式(8-23)可以看出，在指定温度时，固体的溶解度与其粒子半径成反比，即越小的固体颗粒溶解度越大。实验室中常采用陈化法来得到较大颗粒的固体，即将新生成沉淀的饱和溶液长时间的放置，使较小颗粒的固体逐渐溶解，较大颗粒的固体长大。此外，药剂学中常采用减小固体药物粒径的方法提高难溶性药物的溶解度。

三、亚稳状态和新相的生成

系统中形成新相时，往往是少数分子形成聚集体，再以此为中心长大成新相种子，然后新相种子逐渐长大成为新相。由此可知，新相生成将面临诸多困难。首先要有足够的能量去克服将之前相对自由的分子束缚到一起所必须跃过的能垒；新生相还将给系统带来巨大的表面能；由于新生成相在初始阶段曲率半径很小，由开尔文公式可知，这些新相粒子的蒸气压与正常状态有很大的不同，这将使新相生成更加困难。

（一）过热液体

加热表面光洁容器中的纯净液体，当温度升至液体的沸点时，由于液体内生成的微小蒸气泡曲率半径很小，在凹液面上的附加压力使气泡难以生成，只有继续加热液体，使其蒸气压大到和外界压力相等时，液体才会沸腾。这种温度高于沸点但仍不沸腾的液体称为过热液体（super-heated liquid）。

例题 8-3 在 101.325kPa、373.15K 的纯水中，离液面 0.01m 处有一个半径为 10^{-5}m 的气泡。已知水的密度为 958.4kg/m^3，表面张力为 $58.9×10^{-3}$N/m，水的汽化热为 40.66kJ/mol。试求：（1）气泡内水的蒸气压 p_r^*；（2）气泡受到的压力；（3）设水在沸腾时形成的气泡半径为 10^{-5}m，试估算水的沸腾温度。

解：（1）开尔文公式 $\ln \dfrac{p_r^*}{p^*} = \dfrac{2\sigma M}{RT\rho r}$

$$\ln \frac{p_r^*}{101.325} = \frac{2×58.9×10^{-3}×18.015×10^{-3}}{8.314×373.15×958.4×(-10^{-5})}$$

$$p_r^* = 101.318\text{kPa}$$

凹液面引起水的蒸气压下降，使其在正常沸点不能沸腾。

（2）气泡所受到的压力有大气压 p_{atm}、水柱的静压力 $p_{静}$ 及凹液面引起的附加压力 Δp：

$$p_{静} = \rho gh = 958.4×9.81×0.01×10^{-3} = 0.094\text{kPa}$$

$$\Delta p = \frac{2\sigma}{r} = \frac{2×58.9×10^{-3}}{10^{-5}}×10^{-3} = 11.78\text{kPa}$$

气泡存在所需克服的压力

$$p = p_{atm} + \Delta p + p_{静}$$

$$= 101.325 + 11.78 + 0.094 = 113.20\text{kPa}$$

由上面的计算可以看出，气泡很小时，主要是凹液面所导致的附加压力使气泡受到的压力远远大于气泡内的蒸气压，因此气泡不可能存在。若水在沸腾时最初生成的气泡半径为 10^{-5}m，则水在 373.15K 不可能沸腾，必须升高温度使气泡内的蒸气压等于气泡所受到的压力时，水才开始沸腾。

（3）根据克劳修斯-克拉珀龙方程 $\ln \dfrac{p_2}{p_1} = \dfrac{-\Delta_{vap}H_m}{R}\left(\dfrac{1}{T_2} - \dfrac{1}{T_1}\right)$

$$T_2 = \left(\frac{R\ln\dfrac{p_2}{p_1}}{-\Delta_{vap}H_m} + \frac{1}{T_1} \right)^{-1}$$

$$= \left(\frac{8.314 \times \ln\dfrac{113.20}{101.318}}{-40.67 \times 10^3} + \frac{1}{373.15} \right)^{-1}$$

$$= 376.33K(103.2℃)$$

根据题目所给条件,水在 103.2℃ 即高于正常沸点 3.2℃ 才会沸腾。

平时我们烧开水时很少会出现过热现象,这是由于容器的表面不够光滑,同时水中会溶有少量气体。而在加热蒸馏水或液体试剂等纯净液体时,由于使用的容器表面比较光滑,液体比较纯净,会出现液体温度达到并超过沸点也不沸腾的现象,即形成过热液体。过热液体不稳定,侵入气泡或杂质时,会产生剧烈的沸腾,并伴有爆裂声,即发生暴沸(bumping)。暴沸有时是十分危险的。为了避免出现过热液体而防止暴沸,通常使用鼓泡、搅拌或加热前在液体中加入沸石或毛细管的方法。搅拌可以使液体受热均匀,同时也会生成空气气泡。加热时,气体受热从沸石或毛细管中出来,在液体中生成小气泡。作为新相种子的这些气泡有较大的直径,在液体沸腾时极大地降低了由于液面弯曲而带来的阻碍。

（二）过饱和蒸气

在一定的温度下,当某气体的分压大于其在该温度下的饱和蒸气压时,该气体将自发凝聚成液体或固体。但是当气体十分纯净时,往往其分压大于饱和蒸气压仍不能凝聚,形成过饱和蒸气(supersaturated vapor)。新生成的凝聚相极其微小,根据开尔文公式,微小液滴的蒸气压远远大于该物质的正常蒸气压,如图 8-8(a)所示。因此,虽然该气体的分压已经大于其正常蒸气压,但对于将要形成的微小新相液滴来说仍未饱和,故不可能凝聚。就像我们常看到天空乌云密布却没有雨滴下落一样。灰尘、容器等固体的粗糙表面都能成为饱和蒸气凝聚时的新相中心,使新生成的凝聚相从一开始就具有较大的曲率半径,其蒸气压更接近正常数值。人工降雨(雪)就是根据这个原理,向云层中撒入固体颗粒,使已经饱和的水蒸气凝结成雨(雪)。

（三）过冷液体

低于凝固点而不析出固体的液体就是过冷液体(super-cooling liquid)。过冷液体的产生同样是由于新生相微粒具有较高的蒸气压所致。从相图 8-8(b)中可以看到,正常情况下物质的熔点在液体蒸气压曲线 OC 和固体的蒸气压曲线 OA 的交点 O 处,微小固体颗粒的蒸气压高于正常值,因此其蒸气压曲线 BD 在 OA 线上方,和液体蒸气压曲线 OC 的延长线交于 D,D 点是微小固体颗粒的熔点。从图

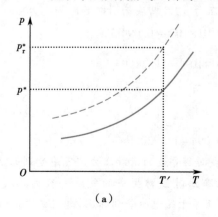
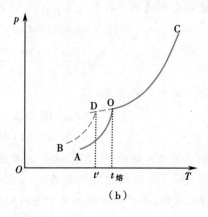

（a）过饱和蒸气相图;（b）过冷液体相图

图 8-8　亚稳定状态示意图

上可以看到,正常情况下的凝固点O,对于有较高蒸气压的微小固体颗粒来说,仍处于气液平衡区,是不可能有固体析出的。向液体中投入该物质的固体作为新相种子,可使固体以较大的粒径析出。

（四）过饱和溶液

根据式(8-23)可知,较小颗粒的固体有较大的溶解度,已达到饱和浓度的溶液对于微小固体颗粒来说并没有饱和,也就不可能有固体析出,这就形成了过饱和溶液(super-saturated solution)。如前所述,加入晶种有助于固体析出。

前面叙述的过热、过冷、过饱和等现象都是热力学不稳定状态,但是它们又能在一定条件下较长时间内稳定存在,这种状态称为亚稳定状态(metastable state)。亚稳定状态出现在新相生成时,是由于新相种子生成困难而引起的。为即将形成的新相提供种子或核,可以解除系统所处的亚稳定状态。

第三节　溶液的表面吸附

一、溶液表面张力等温线

在前两节中讨论了纯液体的表面张力以及纯液体的表面性质。对于单组分系统,温度、压力确定,系统的性质就可以确定,即指定温度、压力下,纯液体有确定的表面张力。本节讨论的是多组分系统——溶液。多组分系统的性质和组成有关,因此溶液的表面张力除了与温度、压力、溶剂的性质有关外,还与溶质的性质和浓度有关。在恒温条件下,以溶液的表面张力对浓度作图,所得曲线称为溶液表面张力等温线(surface tension isotherm curve)。水是最常用也是最重要的溶剂,在水溶液中,不同溶质水溶液的表面张力等温线大致分为三种类型,如图8-9所示。

第一种类型:随着溶质浓度的增加,溶液的表面张力略有上升,如图8-9中的曲线Ⅰ所示。属于此类的溶质有多数无机盐、酸、碱和蔗糖、甘油等多羟基有机物。这些溶质的分子间相互作用力很强,其与溶剂分子间的相互作用也比较强,如溶质分子和水之间有很强的溶剂化作用,因而增大了水溶液的表面张力。这类物质称为非表面活性物质(non-surface-active substance)。

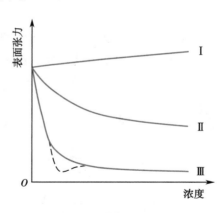

图8-9　溶液表面张力与浓度的关系

第二种类型:随着溶质浓度的增加,溶液的表面张力缓慢下降,如图8-9中的曲线Ⅱ所示。属于此类的溶质有极性较强的低分子量有机物,如醇、醛、酸、酯等。这些物质虽然也溶于水,但和溶剂间的相互作用力较弱。

第三种类型:当溶液中有很少量的溶质时,溶液的表面张力随溶液浓度的增加而急剧下降,当达到一定浓度后,溶液的表面张力值趋于恒定,不再随溶液浓度的增大而改变,如图8-9中的曲线Ⅲ所示。当溶质不纯时,曲线Ⅲ会出现最低点,呈图中虚线所示的形式。属于此类的溶质有含有较强极性和非极性基团(一般含8个碳以上)结构的有机物,如烷基磺酸盐、羧酸盐等。

溶质使溶剂的表面张力降低的性质称为表面活性(surface activity)。具有表面活性的物质称为表面活性物质(surface active substance),如第二种和第三种溶质。第二种溶质具有较弱的表面活性。而第三种溶质能在较低的浓度下显著降低溶剂的表面张力,即具有较强的表面活性,这类物质也称为表面活性剂(surfactant)(详见本章第六节)。

一些经验公式可用来描述表面张力和浓度的关系,最常用的是希什科夫斯基(Szyszkowski)公式:

$$\frac{\sigma_0-\sigma}{\sigma_0}=b\ln\left(1+\frac{c/c^{\ominus}}{a}\right)$$ 式(8-24)

式中，σ_0 和 σ 分别表示溶剂和浓度为 c 的溶液的表面张力；a、b 为经验常数，同系物中 b 值相同，a 值的大小和碳链的长度有关。式(8-24)适用于低浓度的表面活性剂溶液。

二、溶液的表面吸附现象和吉布斯面

（一）溶液的表面吸附现象

温度为 T、压力为 p 时，表面吉布斯能 $G_{表面}=\sigma A$，微分后 $dG_{表面}=\sigma dA+Ad\sigma$。根据热力学第二定律，自发过程的方向为 $dG_{T,p}<0$。对于纯液体，指定温度下表面张力为一确定值，即 $d\sigma=0$，则 $dG_{表面}=\sigma dA$，这种情况下 $dG_{T,p}<0$ 的自发方向为自动缩小表面积。对于溶液，其表面张力不仅是温度的函数，还和组成有关。溶液不仅会自发缩小表面积到最小，还会尽可能改变表面浓度使表面张力降到最低。

溶液自发降低表面张力的方式是改变表面层的浓度。对于图 8-9 中曲线 I 的这类溶质，浓度增加表面张力增大，溶液表面层的溶质分子会自动向溶液体相转移，以降低表面层的浓度；而图 8-9 中曲线 II、III 所示的表面活性物质，它们的存在会降低表面张力，因此溶质会富集在表面层。溶液自发降低表面张力的趋势，使溶液体相和表面层之间出现浓度差。浓度差又引起溶质向低浓度方向扩散，而使溶液体相和表面层之间的浓度趋于均匀一致。这两种相反的作用达到平衡时，溶质在表面层与体相中的浓度维持一个稳定的差值，这种现象称为溶液的表面吸附（surface adsorption）。溶质在表面层的浓度大于体相浓度称为正吸附，表面层浓度小于体相浓度称为负吸附。

（二）吉布斯面

1878 年吉布斯提出了溶液的表面吸附量和表面张力、组成之间关系的热力学处理方法。首先介绍吉布斯面。

设定一个最简单的系统：溶液中只含有一种溶质，溶液上方的气相由溶剂和溶质的蒸气组成，即一个二组分两相系统。用 1、2 分别表示溶剂和溶质，α、β 分别表示气相和液相。溶液的表面层是一个具有几个分子层厚度的薄层，在这个薄层内组成是连续变化的。

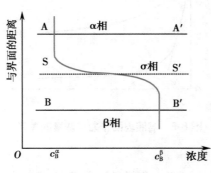

图 8-10　两相界面层结构示意图

图 8-10 是一个溶液表面结构的示意图。选定 AA′和 BB′两个平面，假定两相间组成的变化都发生在 AA′平面和 BB′平面之间的区域内，从 AA′平面至 α 相内部系统组成是均匀的，系统中任一组分 B 的浓度为 c_B^{α}；从 BB′平面至 β 相内部系统组成同样也是均匀的，B 的浓度为 c_B^{β}。吉布斯在两相交界区划定了一个作为 α 相和 β 相分界的理想的几何平面 SS′，并假定从 SS′平面至 α 相内部组成都是均匀的，从 SS′平面到 β 相内部组成也是均匀的。从 α 相到 β 相在 SS′平面上组成发生了突变，从 c_B^{α} 变到了 c_B^{β}。这个平面称为吉布斯面或 σ 相。根据吉布斯面计算系统中 B 组分物质的量 n_B'：

$$n_B'=n_B^{\alpha}-n_B^{\beta}=c_B^{\alpha}V^{\alpha}+c_B^{\beta}V^{\beta}$$

式中，n_B^{α}、n_B^{β} 分别为 B 组分在 α 相和 β 相中物质的量；V^{α}、V^{β} 分别为 α 相、β 相的体积。

吉布斯把 B 组分实际物质的量 n_B 和根据吉布斯面计算的物质的量 n_B' 之间的差值全部归结到 σ 相，即 B 物质在吉布斯面的过剩量 n_B^{σ}：

$$n_B^{\sigma}=n_B-n_B'=n_B-(c_B^{\alpha}V^{\alpha}+c_B^{\beta}V^{\beta})$$ 式(8-25)

对于同一个吉布斯面，不同组分的表面过剩量是不同的；对于同一组分，吉布斯面选择的位置不同，所得到的表面过剩量也不同。吉布斯将 SS′的位置选择在溶剂的表面过剩量为零的位置,即 $n_1^\sigma = 0$。

图 8-11 是溶液表面层中 SS′位置的选择和溶液表面过剩量的示意图。(a)图是表面层中溶剂的浓度变化示意图。当选择 SS′的位置使 ASD 和 B′S′D 的面积相等时,$n_1^\sigma = 0$。(b)图是表面层中溶质的浓度变化曲线。若溶质在溶液表面形成正吸附时,曲线所包围的面积(图中阴影部分)是溶质在 σ 相的过剩量 n_2^σ。

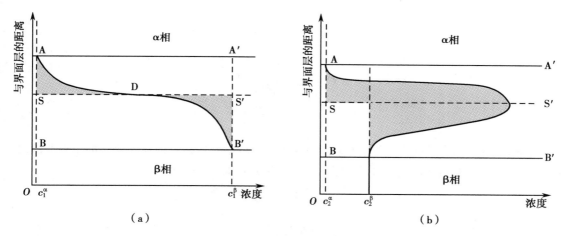

图 8-11 溶液表面过剩量示意图

单位面积表面上 B 组分的过剩量称为表面吸附量(surface adsorption quantity),用符号 Γ_B 表示

$$\Gamma_B = \frac{n_B^\sigma}{A} \qquad\qquad 式(8\text{-}26)$$

三、吉布斯吸附等温式及其应用

(一)吉布斯吸附等温式

对于一个微小的变化,系统吉布斯能的变化为

$$dG = -SdT + Vdp + \sigma dA + \sum \mu_B dn_B$$

对于恒温恒压下的二组分溶液,σ 相的吉布斯能变化为

$$dG^\sigma = \sigma dA + \mu_1^\sigma dn_1^\sigma + \mu_2^\sigma dn_2^\sigma \qquad\qquad 式(8\text{-}27)$$

式中的 μ_1^σ、μ_2^σ 分别为溶剂和溶质在 σ 相的化学势。当温度、压力、组成不变时,σ 和 μ_B 均为常数,对式(8-27)积分得

$$G^\sigma = \sigma A + \mu_1^\sigma n_1^\sigma + \mu_2^\sigma n_2^\sigma \qquad\qquad 式(8\text{-}28)$$

对式(8-28)全微分得

$$dG^\sigma = \sigma dA + Ad\sigma + \mu_1^\sigma dn_1^\sigma + n_1^\sigma d\mu_1^\sigma + \mu_2^\sigma dn_2^\sigma + n_2^\sigma d\mu_2^\sigma \qquad 式(8\text{-}29)$$

比较式(8-29)和式(8-27)得

$$Ad\sigma + n_1^\sigma d\mu_1^\sigma + n_2^\sigma d\mu_2^\sigma = 0$$

据前所述

$$n_1^\sigma = 0, \qquad \frac{n_2^\sigma}{A} = \Gamma_2$$

达到平衡后

$$\mu_2^\sigma = \mu_2(体相)$$

所以

$$d\sigma = -\Gamma_2 d\mu_2$$

或

$$\Gamma_2 = -\left(\frac{\partial \sigma}{\partial \mu_2}\right)_T$$

由于多组分系统中各组分的化学势是相互关联的,μ_1 和 μ_2 不可能独立改变,因此也不可能有独

立的某一组分的绝对表面吸附量 Γ_B。吉布斯选择了溶剂(组分1)的表面吸附量为零的位置为 SS′分界面的位置,其他组分(B≠1)在 SS′面的吸附是相对组分 1 的,此时的表面吸附量记作 $\Gamma_{B,1}$。在二组分系统中,溶质的相对表面吸附量记作 $\Gamma_{2,1}$,即

$$\Gamma_{2,1} = -\left(\frac{\partial\sigma}{\partial\mu_2}\right)_T$$

溶质的化学势

$$\mu_2 = \mu_{2(T)}^* + RT\ln a_2$$
$$\mathrm{d}\mu_2 = RT\mathrm{d}\ln a_2$$

所以

$$\Gamma_{2,1} = -\frac{1}{RT}\left(\frac{\partial\sigma}{\partial\ln a_2}\right)_T$$

或

$$\Gamma_{2,1} = -\frac{a_2}{RT}\left(\frac{\partial\sigma}{\partial a_2}\right)_T \tag{式(8-30)}$$

式(8-30)称为吉布斯吸附等温式(Gibbs absorption isotherm),是表面物理化学的重要公式之一。对于理想液态混合物或稀溶液,可以用浓度 c_2 代替活度 a_2,略去下标可得

$$\Gamma = -\frac{1}{RT}\left[\frac{\partial\sigma}{\partial\ln(c/c^{\ominus})}\right]_T$$

或

$$\Gamma = -\frac{c/c^{\ominus}}{RT}\left[\frac{\partial\sigma}{\partial(c/c^{\ominus})}\right]_T \tag{式(8-31)}$$

式中 Γ 的单位是 $\mathrm{mol/m^2}$。

吉布斯吸附等温式不仅适用于溶液表面,同时也适用于任意两相界面。在应用于其他面时,要注意公式中的各物理量要换成相应系统和界面的数据。

根据吉布斯吸附等温式可以得知:

当 $\left[\dfrac{\partial\sigma}{\partial(c/c^{\ominus})}\right]_T > 0$ 时,$\Gamma < 0$,即溶质的浓度增加、溶液的表面张力随之增大时,溶液的表面吸附量为负,溶质在表面层的浓度小于体相浓度,是负吸附。

当 $\left[\dfrac{\partial\sigma}{\partial(c/c^{\ominus})}\right]_T < 0$ 时,$\Gamma > 0$,即溶质的浓度增加、溶液的表面张力反而下降时,溶液的表面吸附量为正,溶质在表面层的浓度大于体相浓度,是正吸附。

为了验证吉布斯吸附等温式,后人做了很多工作。其中一个著名的实验是由 McBain 等人完成的。他们设计了一个水槽,在上面装了一个可快速移动的刀片,能将溶液表面刮下约 0.1mm 的一个薄层。根据被刮下溶液中所含溶质的量及水槽的表面积,可以计算出溶液的表面吸附量。实验结果和用吉布斯公式计算的结果相符。

例题 8-4 为验证吉布斯公式设计了如下实验:298K 时配制浓度为 4.00g/kg 的苯基丙酸溶液,用特制刮刀在 310cm² 的表面刮下 2.3g 溶液,测其浓度为 4.013g/kg。

(1)试根据此实验数据计算表面吸附量。

(2)已知不同浓度下苯基丙酸溶液的表面张力如下:

$c/(\mathrm{g/kg})$	3.5	4.0	4.5
$\sigma/(\mathrm{N/m})$	0.056	0.054	0.052

试用吉布斯吸附等温式计算表面吸附量,并与(1)的实验结果进行比较。

解:(1)根据表面吸附量的定义

$$\Gamma = \frac{\Delta n}{A} = \frac{\Delta cm/M}{A}$$

$$= \frac{(4.013-4.00)\times 2.3\times 10^{-3}}{150\times 310\times 10^{-4}}=6.4\times 10^{-6}\text{mol/m}^2$$

（2）根据吉布斯吸附等温式

$$\Delta\sigma = \frac{(0.054-0.056)+(0.052-0.054)}{2}=-0.02\text{N/m}$$

$$\Delta c = \frac{(4.0-3.5)+(4.5-4.0)}{2}=0.5\text{g/kg}$$

$$\frac{\mathrm{d}\sigma}{\mathrm{d}c}=\frac{\Delta\sigma}{\Delta c}=\frac{-0.02}{0.5}=-0.04\text{N/[m}\cdot\text{(g/kg)]}$$

$$\Gamma = -\frac{c/c^{\ominus}}{RT}\frac{\mathrm{d}\sigma}{\mathrm{d}(c/c^{\ominus})}$$

$$= \frac{-4.00}{8.314\times 298}\times(-0.04)=6.5\times 10^{-6}\text{mol/m}^2$$

根据吉布斯吸附等温式计算的结果和实验结果基本符合。

（二）吉布斯吸附等温式的应用

运用吉布斯吸附等温式可以计算溶质在溶液表面的吸附量，并绘制表面吸附等温线。常用的方法有两种：

1. 数学解析法　利用溶液表面张力 σ 与浓度 c 之间关系的经验公式，对浓度进行微分，求得 $\mathrm{d}\sigma/\mathrm{d}c$。

例题8-5　根据希什科夫斯基经验公式［式（8-24）］讨论表面吸附量随浓度变化的规律，并绘制表面吸附等温线。

解：将希什科夫斯基经验公式［式（8-24）］变换为如下形式

$$-\sigma = -\sigma_0+\sigma_0 b\ln\left(1+\frac{c/c^{\ominus}}{a}\right)$$

对 $c/c^{\ominus}$ 微分得

$$-\left[\frac{\partial\sigma}{\partial(c/c^{\ominus})}\right]_T=\frac{b\sigma_0}{a+c/c^{\ominus}}$$

代入吉布斯吸附等温式得

$$\Gamma = -\frac{c/c^{\ominus}}{RT}\cdot\left[\frac{\partial\sigma}{\partial(c/c^{\ominus})}\right]_T=\frac{b\sigma_0}{RT}\cdot\frac{c/c^{\ominus}}{a+(c/c^{\ominus})} \tag{式（8-32）}$$

温度恒定，$\dfrac{b\sigma_0}{RT}$ 为常数，记为 K，则式（8-32）可写作

$$\Gamma = K\frac{c/c^{\ominus}}{a+(c/c^{\ominus})}$$

当浓度很小时，$c/c^{\ominus}\ll a$，$a+(c/c^{\ominus})\approx a$，则

$$\Gamma = \frac{b\sigma_0(c/c^{\ominus})}{aRT}=K'\frac{c}{c^{\ominus}}$$

此时表面吸附量 Γ 和浓度 c 之间呈线性关系，Γ 随 c 的增大而增大。

当浓度较大，使 $c/c^{\ominus}\gg a$ 时，$a+(c/c^{\ominus})\approx c/c^{\ominus}$，则

$$\Gamma = \frac{b\sigma_0}{RT}=K=\Gamma_m$$

此时溶液的表面吸附趋于饱和，吸附量不再随浓度而改变，Γ_m 为溶液的饱和吸附量。由于 $\sigma\sim c$ 经验式只适用于浓度小于 CMC 的表面活性剂（参见本章第六节）的溶液，溶液体相浓度很小，相对于

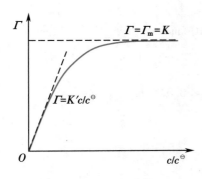

图 8-12　溶液表面吸附量
随浓度的变化

饱和吸附时的表面层浓度可以忽略,因此可以将 Γ_m 近似看作是饱和吸附时表面层的浓度。

$\Gamma \sim c$ 曲线如图 8-12 所示。

2. 实验方法　测定溶液在不同浓度 c 时的表面张力 σ,以表面张力 σ 对溶液浓度 c 作图,得到表面张力等温线;再用图解法求出表面张力等温线上各指定浓度点切线的斜率,即该浓度下的 $\left[\dfrac{\partial \sigma}{\partial (c/c^{\ominus})}\right]_T$;根据吉布斯吸附等温式就可以求出各浓度下溶液的表面吸附量,绘制 $\Gamma \sim c$ 曲线。

第四节　铺展与润湿

一、液体的铺展

液体在另外一种与其不互溶的液体表面自动展开成膜的过程称铺展(spreading)。设液体 A 与液体 B 不互溶,A 在 B 表面铺展的过程中液体 B 的表面消失,形成了液体 A 的表面和液体 A、B 之间的新界面,如图 8-13 所示。在一定的温度和压力下,可逆铺展单位表面积时,系统表面吉布斯能的增量为

$$\Delta G_{T,p} = \sigma_A + \sigma_{A,B} - \sigma_B \qquad \text{式(8-33)}$$

当 $\Delta G_{T,p} \leqslant 0$ 时,液体 A 可以在液体 B 表面铺展。

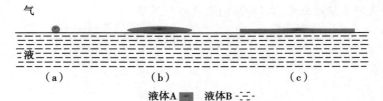

液体A ▬▬　液体B -·-·-

(a)球形液滴;(b)透镜状液滴;(c)铺展

图 8-13　液-液界面示意图

实际应用中,常用铺展系数(spreading coefficient)S 判断一种液体能否在另一种与其不互溶的液体表面上铺展:

$$S = -\Delta G_{T,p} \quad \text{或} \quad S = \sigma_B - \sigma_A - \sigma_{A,B} \qquad \text{式(8-34)}$$

当 $S \geqslant 0$ 时,液体 A 可以在液体 B 表面铺展。实际上,两种液体完全不互溶的情况很少见,常常是接触后相互溶解而达到饱和。在这种情况下,判断两种液体相互关系所用的表面张力数据应该为溶解了少量 B 的液体 A 的表面张力和被 A 饱和了的液体 B 的表面张力。

例题 8-6　293K 时,一滴己醇滴在洁净的水面上,已知有关的表面张力数据为:$\sigma_{水} = 72.8 \times 10^{-3} \text{N/m}$,$\sigma_{己醇} = 24.8 \times 10^{-3} \text{N/m}$,$\sigma_{醇,水} = 6.8 \times 10^{-3} \text{N/m}$;当己醇和水相互饱和后 $\sigma'_{水} = 28.5 \times 10^{-3} \text{N/m}$,$\sigma'_{己醇} = \sigma_{己醇}$,$\sigma'_{醇,水} = \sigma_{醇,水}$。试问己醇在水面上开始和终了的形状。

解:$S_{己醇,水} = \sigma_{水} - \sigma_{己醇} - \sigma_{醇,水}$

$$= (72.8 - 24.8 - 6.8) \times 10^{-3} = 41.2 \times 10^{-3} \text{N/m} > 0$$

开始时己醇在水面上铺展成膜。

$$S'_{己醇,水} = \sigma'_{水} - \sigma'_{己醇} - \sigma'_{醇,水}$$

$$= (28.5 - 24.8 - 6.8) \times 10^{-3} = -2.9 \times 10^{-3} \text{N/m} < 0$$

已经在水面上铺展的己醇又缩回成透镜状液滴。

部分液体在水面上的铺展系数见表8-3。

表8-3　室温下某些有机物在水面上的铺展系数（N/m）

化合物	$\sigma_{油} \times 10^3$	$\sigma_{油,水} \times 10^3$	$\sigma'_{油} \times 10^3$	$\sigma'_{油,水} \times 10^3$	$S \times 10^3$	$S' \times 10^3$
二硫化碳	32.4	48.6	31.8	70.49	−8.9	−9.9
正庚醇	26.8	7.9	26.4	28.53	37.8	−5.8
二碘甲烷	50.6	45.8	50.5	62.2	−23.9	−34.2
苯	28.88	35.07	28.82	62.36	8.84	−1.49

二、固体的润湿

广义上讲,固体表面的润湿(wetting)是指表面上一种流体被另一种流体所取代的过程。通常,润湿是指固体表面的气体被液体取代,或一种液体被另一种液体取代。更多时候,润湿是指用水取代固体表面的气体或其他液体,因此常把能增强水在固体表面取代其他流体作用的物质称为润湿剂。

润湿是一个很常见的现象,也是一个非常重要的表面现象。没有润湿就没有生命。生产活动中的洗涤、印染、注水采油等,药剂学中混悬剂的制备、外用制剂在皮肤和黏膜的表面黏附等都与此密切相关。在很多情况下需要的是反润湿,如选矿、防水织物等。

(一) 固体的润湿

根据固体和液体之间的接触情况,可以将润湿分为三类:沾湿(adhesion)、浸湿(immersion)和铺展润湿(spreading)(图8-14)。固体和液体接触形成固液界面的过程称为沾湿,如图8-14(a)所示;固体浸入液体形成固液界面的过程称为浸湿,如图8-14(b)所示;液体铺展在固体表面形成固液界面的过程称为铺展润湿,如图8-14(c)所示。

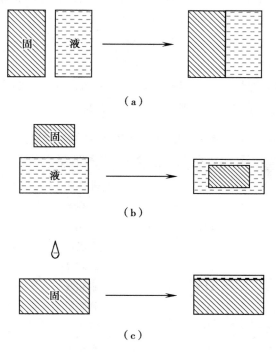

(a) 沾湿;(b) 浸湿;(c) 铺展润湿

图8-14　三种润湿类型示意图

当润湿单位面积的固体表面时,三种润湿过程表面吉布斯能的变化分别为

沾湿 $$\Delta G_a = \sigma_{s,l} - \sigma_{l,g} - \sigma_{s,g}$$ 式(8-35)

浸湿 $$\Delta G_i = \sigma_{s,l} - \sigma_{s,g}$$ 式(8-36)

铺展润湿 $$\Delta G_s = \sigma_{s,l} + \sigma_{l,g} - \sigma_{s,g} = -S$$ 式(8-37)

式中,$\sigma_{s,g}$、$\sigma_{l,g}$ 和 $\sigma_{s,l}$ 分别为固-气、液-气、固-液界面的界面张力,S 为铺展系数。

当 $\Delta G \leqslant 0$ 时,液体可以润湿固体表面。$\Delta G_a \leqslant 0$,可以沾湿;$\Delta G_i \leqslant 0$,可以浸湿;$\Delta G_s \leqslant 0$ 或 $S \geqslant 0$,可以铺展润湿。对于同一系统,$\Delta G_s > \Delta G_i > \Delta G_a$,若 $\Delta G_s \leqslant 0$,必有 $\Delta G_i < \Delta G_a < 0$,显然铺展润湿的标准是润湿的最高标准。

几种密度相差很大且互不相溶的液体之间相互接触的情况,也可以用相同的方法讨论。在实际应用中,由于固体的界面张力测定困难,因此不是用能量变化的数据,而是用接触角来判断润湿情况。

(二) 接触角

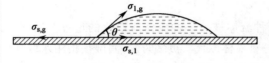

图 8-15 接触角

设液滴在固体表面处于平衡状态,气-液界面与固-液界面间的夹角为 θ(图 8-15),θ 即接触角(contact angel),则

$$\sigma_{s,g} - \sigma_{s,l} = \sigma_{l,g} \cos\theta$$ 式(8-38)

该公式称杨氏公式(Young equation),也称润湿公式。将式(8-38)分别代入式(8-35)、式(8-36)、式(8-37)可得

$$\Delta G_a = \sigma_{s,l} - \sigma_{l,g} - \sigma_{s,g} = -\sigma_{l,g}(1+\cos\theta)$$ 式(8-39)

$$\Delta G_i = \sigma_{s,l} - \sigma_{s,g} = -\sigma_{l,g}\cos\theta$$ 式(8-40)

$$\Delta G_s = \sigma_{s,l} + \sigma_{l,g} - \sigma_{s,g} = -\sigma_{l,g}(\cos\theta - 1)$$ 式(8-41)

可以看出,只要测出液体的表面张力和接触角,就可以对各种润湿情况做出判断。实际上,只要测出接触角即可以判断润湿状态。因为润湿判据为 $\Delta G \leqslant 0$,表面张力是正值,所以,ΔG 是否小于零取决于接触角的大小。根据式(8-39)、式(8-40)、式(8-41)可以计算出各润湿类型的接触角判据

沾湿 $\theta \leqslant 180°$

浸湿 $\theta \leqslant 90°$

铺展润湿 $\theta = 0°$

在讨论液体对固体的润湿性时,一般是把 90° 的接触角作为是否润湿的标准:$\theta \geqslant 90°$ 为不润湿,$\theta < 90°$ 为润湿。表 8-4 是部分药物及辅料粉末与水的接触角。

表 8-4 部分药物及辅料粉末与水的接触角(水中已饱和了药物或辅料)

物质	接触角/°	物质	接触角/°
碳酸钙	58	非那西丁	78
硬脂酸铝	120	地高辛	49
硬脂酸镁	121	巴比妥	70
硬脂酸	98	戊巴比妥	86
水杨酸	103	磺胺噻唑	53
硬脂酸钙	115	磺胺嘧啶	71
氯霉素	59	磺胺甲基嘧啶	58
茶碱	48	安定	83
氨茶碱	47	咖啡因	43
硼酸	74	强的松	63
消炎痛	90	异烟肼	49

（三）毛细现象

毛细现象(capillary phenomenon)是弯曲液面的附加压力使得和毛细管壁润湿的液体沿毛细管上升的现象。

设表面张力为 σ 的液体在毛细管(半径为 R)中形成凹液面,液体与管壁的接触角为 θ,液面的曲率半径为 r(图 8-16)。由于液面弯曲而产生向上的附加压力使毛细管中的液体上升,上升高度为 h。平衡后使液体上升的附加压力 Δp 等于毛细管内液柱产生的向下的静压力 $p_{静}$。

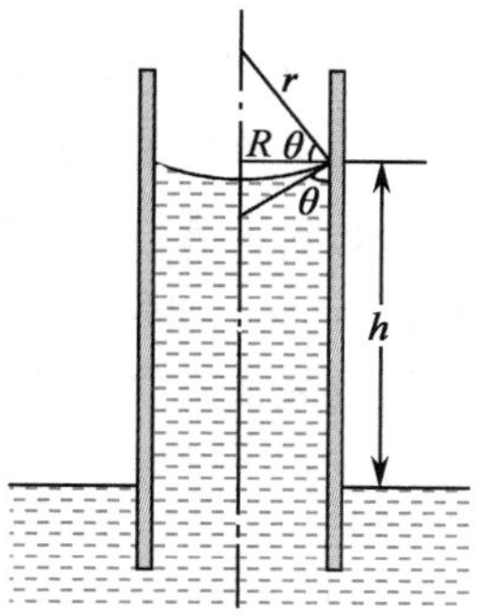

因为

$$p_{静} = (\rho_{液} - \rho_{气})gh \approx \rho_{液}gh$$

又

$$\Delta p = \frac{2\sigma}{r}, r\cos\theta = R$$

所以

$$\Delta p = \frac{2\sigma\cos\theta}{R}$$

因此

$$\rho_{液}gh = \frac{2\sigma\cos\theta}{R}$$

即

$$h = \frac{2\sigma\cos\theta}{\rho_{液}gR} \qquad\qquad 式(8\text{-}42)$$

图 8-16　毛细现象

由式(8-42)可以看出,当液体可以润湿毛细管壁,即形成凹液面时,$\theta < 90°$,$h > 0$,毛细管内液面上升;若液体不能润湿毛细管壁,即形成凸液面时,$\theta > 90°$,$h < 0$,毛细管内液面下降,低于正常液面;若液体和毛细管壁完全润湿,$\theta = 0°$,此时式(8-42)可简化为

$$h = \frac{2\sigma}{\rho_{液}gR} \qquad\qquad 式(8\text{-}43)$$

毛细现象不仅发生在毛细管内,物料堆积产生的毛细间隙也会出现毛细现象。例如土壤中的水分会沿着毛细间隙上升至地表,棉布纤维的间隙由于毛细作用而吸收汗水。

（四）毛细管凝结

多孔性固体物质内有很多毛细孔隙,能润湿该固体的液体可以在这些孔隙内形成凹液面。在一定温度下,液体的蒸气分压虽然低于其正常的饱和蒸气压,但对于这些凹液面已经过饱和了,蒸气分子会自发地在这些毛细孔内凝结成液体,这种现象称为毛细管凝结(capillary condensation)。毛细管凝结是硅胶作为干燥剂的工作原理。空气中的水分子被硅胶内孔壁吸附,在毛细孔内形成凹液面,当空气中的湿度较大时,水蒸气会自动在孔内的凹液面上液化,达到干燥空气的目的。

第五节　不溶性表面膜

一、不溶性表面膜及其性质

水的表面张力较大,很多水不溶性物质(有些需要溶剂的帮助)能在水面上铺展成膜,该膜称为表面膜(surface membrane)。其中不溶性表面活性物质在适当条件下可以形成一个分子厚度的稳定的膜,分子的极性基在水中,非极性基伸向空气。这种膜称为单分子表面膜(monomolecular film or monolayer)。

很早以前,人们就知道不溶性表面膜的存在和作用。在 19 世纪末,富兰克林(Flanklin)定量测定了平息池塘风浪所需的最少油量,这已经是在研究单分子膜了。直到 1917 年,朗缪尔(Langmuir)设计了膜天平,开始了对表面膜的系统研究。

表面膜的性质主要包括表面压、表面电势、表面黏度和表面光学性质等。

（一）表面压及其测定

将两根火柴棒平行靠近地放在洁净的水面上,然后在它们之间的水面上滴一滴油酸,可以观察到,两根火柴棒会立即被推向相反的方向。这个现象说明,展开的油膜对浮在水面上的火柴棒有一种推动力。膜对单位长度浮物所施加的推力称为表面压（surface pressure）,用 π 表示。

设浮物长度为 l,则油膜对浮物施加的力为 πl,若油膜将浮物推动的距离为 dx,则油膜对浮物所做的功为 $\pi l dx$。油膜推动浮物移动 dx 距离后,膜面积增加 $l dx$,同时洁净水面的面积将减少 $l dx$。若水和油膜的表面张力分别为 σ_0 和 σ,则系统吉布斯能降低了 $(\sigma_0 - \sigma) l dx$。设系统表面吉布斯能的降低全部用于扩大油膜面积做功,则

$$\pi l dx = (\sigma_0 - \sigma) l dx$$

$$\pi = \sigma_0 - \sigma \qquad\qquad\qquad 式（8-44）$$

由此可见,π 在数值上等于水和油膜的表面张力之差。由于水的表面张力 σ_0 较大,$\sigma_0 - \sigma > 0$,所以浮物被推向纯水一边。

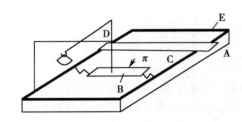

图 8-17　膜天平测表面压示意图

膜天平法是最常用的测定表面压的方法。图 8-17 是膜天平的示意图。在涂有石蜡的浅盘 E 上放一片装有扭力丝的憎水薄浮片 B,浮片两端用涂了凡士林的细金属丝连在盘上。实验时在盘中盛满水,并使水面略高于盘边,再用滑尺 A 刮去水的表层。这一操作要重复多次,直至水面干净。把溶解在挥发性有机溶剂中的待测物溶液滴加在水面上,溶剂挥发后,待测物在水面上形成了单分子膜 C。膜对浮片的压力可以通过扭力丝旋转的度数测得。移动滑尺改变膜的面积,可测量相应的表面压数据,从而得到表面压 π 和成膜分子占有的面积 a 之间的关系。以 π 对 a 作图,发现膜的特征和物质状态相似,可以类比为二维空间的气态、液态和固态,因此常把膜分为气态膜、液态膜和固态膜。

（二）膜的其他性质

1. 表面电势　洁净水面和空气之间的电势差与膜表面和空气之间电势差的差值称为表面电势（surface potential）。如前所述,表面活性物质在成膜时,分子的极性端位于水中,非极性端伸向空气。当表面压较低时,分子斜躺在水面上,此时表面电势较低。随着表面压的增大,分子间距离缩小,成膜物质的分子和水面之间的夹角逐渐增大,表面电势也越来越大。当所有成膜物质的分子都垂直取向时,分子排列紧密,膜面积不能继续缩小,表面电势趋于定值。因此,通过表面电势的测定,可以了解成膜物质分子在水面上的定向情况。另外,当膜不均匀时,不同区域测出的表面电势值不同。

2. 表面黏度　表面黏度（surface viscosity）是液体表面有膜时的黏度与无膜时的黏度之差:

$$\eta_s = \eta_t - \eta_0$$

式中,η_s 为表面黏度,η_t 和 η_0 分别为液体表面有膜和无膜时的黏度。表面黏度主要用于研究成膜物质分子之间的相互作用,其与膜性质的变化有关。

二、不溶性表面膜的一些应用

（一）分子结构的推定

由于不同分子结构的物质形成膜的状态不同,因此表面膜测试技术可以作为测定分子结构的辅助方法。例如,鲨肝醇和鲛肝醇的二元醇分子结构就是利用已知结构的二元酸分子所形成的表面膜

的 $\pi-a$ 数据推测得到的。

（二）摩尔质量的测定

在低表面压时,成膜分子所占面积很大,分子间的相互作用较小,膜的行为特征类同气体,其状态方程可表示为

$$\pi(A-nA_{\mathrm{m}})=nRT=\frac{m}{M}RT \qquad\qquad 式（8-45）$$

式中,A 和 A_{m} 分别为膜面积和成膜物质的摩尔面积,n 为成膜物质的物质的量,m 为成膜物质的质量,M 为成膜物质的摩尔质量。根据式（8-45）,以 πA 对 π 作图得直线,外推至 $\pi=0$ 得其截距 $\frac{m}{M}RT$,即

$$\lim_{\pi\to0}\pi A=\frac{m}{M}RT$$

由此可求出成膜物质的摩尔质量。

许多可铺展的蛋白质的摩尔质量可根据表面压方法测定,其结果与渗透压法、超离心法或黏度法测定的结果相符。表面压法可用于测定摩尔质量小于 25 000 的成膜物质的摩尔质量,而且所需样品量极少,这在生物化学研究中很有意义。

（三）抑制液体蒸发

抑制湖泊和水库中的水分蒸发是不溶性表面膜的又一重要应用。在热带国家,因蒸发引起的湖泊水位下降可达 3m。若在水面上覆盖不溶性表面膜,可使蒸发速度下降。例如,在水面上覆盖一层鲸蜡醇的单分子膜,可使水蒸发速度下降 40%。对于干旱缺水地区,不溶性表面膜的这一应用具有重要意义。同时,在小溪、水沟表面覆盖不溶性表面膜,可以抑制孑孓呼吸,杀灭蚊子。

（四）膜的化学反应

膜的化学反应是指成膜物质和与其接触的其他相物质之间所发生的化学反应。其中研究最多的是成膜物质分子和溶液中分子之间发生的化学反应。成膜物质分子的取向可以通过调整表面压来控制,反应过程中膜中分子数量的变化会引起膜区及膜面积的改变。因此,可以通过固定表面压改变膜面积或固定膜面积改变表面压的方法进行化学动力学的研究。

复相化学反应中常涉及固体表面。固体表面不均匀,并且表面性质难以重现,这给研究工作带来不便。利用膜反应来进行复相化学反应动力学的研究可以克服上述困难。许多在膜上进行的化学反应和生物系统中的反应有相似之处,生物体内的很多反应就是在生物膜上进行的,如发生在细胞膜上的反应,因此可以用单分子膜来模拟生物膜进行研究。

三、其他表面膜

（一）高分子膜

高分子和蛋白质分子也可以在液体表面成膜。由于高分子化合物的分子链很长,分子间相互作用力强,所以一些能溶于某一相的高分子也可以在界面上形成稳定的膜。如水溶性高分子聚丙烯酸、聚乙烯醇都可以在油水界面形成稳定的膜。由于生命系统中的界面一般是油-水型的,因此很多关于蛋白质膜的研究工作是在油-水界面进行的。通过对高分子膜的研究,可以获得有关其分子量、结构、柔性、分子间力等信息。利用表面膜可以对生物活性大分子的性质、表面膜的生物活性等进行研究。

（二）多分子层膜

1920 年,朗缪尔将水面上的单分子膜转移至固体表面。1935 年,Blodgett 将该工作发展为多分子膜。将一基片垂直插入表面覆盖单分子膜的水中,单分子膜就转移到基片表面上。重复操作,就能在基片表面上组建多分子层膜。这种多分子层膜称作 LB 膜（Langmuir-Blodgett film）。LB 膜技术提供

了在分子水平上控制分子排列方式的手段,使人们根据需要组建分子聚集体成为可能,为制成具有实用功能的分子电子元件和仿生元件展现了光明的前景。目前,国际上对 LB 膜的研究极为重视,一些发达国家投入巨额财力、人力,以期在此高新技术领域取得突破性进展。

(三) 双层类脂膜

在水中放入一块带有小孔的疏水性隔板,将含有类脂(lipid)的挥发性有机溶剂的溶液滴注在小孔上,有机溶剂逐渐挥发,类脂分子会自动在小孔上形成一个双分子层的隔膜,该膜称为双层类脂膜(bilayer lipid membrane),简称 BLM。由于生物膜的骨架结构就是双层类脂膜,因此 BLM 为生物过程的模拟和研究提供了重要的模拟膜。BLM 的研究是化学、物理、生物、医药等多学科的交叉,对药学工作者具有独特而重要的意义。

脂质体(liposomes)是人工制备的类脂质双分子层膜的小囊,起初在生物学界作为细胞膜的模拟膜。20 世纪 70 年代开始用作药物载体,目前已在实际应用中取得很大进展。

知识拓展

脂 质 体

1965 年,英国 Bangham 等提出了脂质体的概念,他们发现,磷脂分散在水中可形成多层类似洋葱结构的封闭球形囊泡(vesicles)。1971 年 Gregoriadis 和 Rymen 首次报道将脂质体作为药物递送载体。脂质体是由脂质双分子层形成的微型囊泡,脂质分子主要包括磷脂和胆固醇,其主要制备方法包括薄膜分散法、逆向蒸发法、化学梯度法(pH 梯度法、硫酸铵梯度法、醋酸钙梯度法)等,囊泡内水相可包载水溶性药物,脂质双分子层内可包载脂溶性药物。脂质体可经多种途径给药,如静脉给药、肺部给药、经皮(黏膜)给药途径等。研究表明,脂质体具有良好的生物相容性、体内可降解和肿瘤靶向性等优点。因此,脂质体被视为理想的药物载体。1988 年,载益康唑的脂质体凝胶由瑞士 Cilag 制药公司注册,在欧洲上市;1990 年,两性霉素 B 脂质体在欧洲上市;1996 年,阿霉素脂质体作为第 1 个抗癌药物脂质体产品上市。目前,已有多个脂质体制剂上市并在临床中得到广泛使用,如柔红霉素脂质体、阿糖胞苷脂质体、紫杉醇脂质体等。另外,将导向配基连接于脂质体表面,利用导向配基与特异性受体、抗原、转运体等的特异相互作用,赋予载药脂质体多种功能,如提高药效、降低全身毒性、克服药物耐药性、杀伤肿瘤干细胞、穿透生物屏障等。随着研究的不断深入,将发现脂质体作为药物载体的多种潜能。

脂质体结构示意图(图片)

第六节　表面活性剂

一、表面活性剂的结构特点及分类

表面活性剂(surfactant)分子由极性的亲水基和非极性的疏水基两部分组成,是两亲性分子。表面活性剂疏水基结构的变化主要是长链结构不同,其对表面活性剂性质的影响不大;表面活性剂性质的差异主要与其亲水基的不同有关,因此表面活性剂的分类一般是以亲水基团的结构为依据。根据表面活性剂分子溶于水后是否发生电离,可将其分为离子型和非离子型两大类。其中离子型表面活性剂又可以根据其在水溶液中所带电性分为阴离子型、阳离子型和两性离子型表面活性剂。非离子型表面活性剂根据其亲水基的不同分为聚氧乙烯型和多元醇型。还有一些新型的表面活性剂是根据分子的非极性部分分类的。除此以外,还有一些特殊的表面活性剂,如高分子表面活性剂、氟表面活性剂、硅表面活性剂等(表 8-5)。

表 8-5　表面活性剂的分类

分　类		举　例
阴离子表面活性剂	羧酸盐 RCOONa	$C_{17}H_{35}COON_a$　硬脂酸钠
	硫酸酯盐 $ROSO_3Na$	$C_{12}H_{25}OSO_3Na$　十二烷基硫酸钠
	磺酸盐 RSO_3Na	$C_{12}H_{25}$—⬡—SO_3Na　十二烷基苯磺酸钠
	磷酸酯盐 $ROPO_3Na_2$	$C_{16}H_{33}OPO_3Na_2$　十六醇磷酸二钠
阳离子表面活性剂	伯胺盐 $[RNH_3]^+Cl^-$	
	仲胺盐 $[RNH_2(CH_3)]^+Cl^-$	
	叔胺盐 $[RNH(CH_3)_2]^+Cl^-$	
	季铵盐 $[RN(CH_3)_3]^+Cl^-$	$\left[C_{12}H_{25}{-}\overset{CH_3}{\underset{CH_3}{N}}{-}CH_2{-}⬡\right]^+ Cl^-$　十二烷基二甲基苄基氯化铵
两性离子型表面活性剂	氨基酸型 $RNHCH_2CH_2COOH$	$C_{12}H_{25}NHCH_2CH_2COONa$　十二烷基氨基丙酸钠
	甜菜碱型 $RN^+(CH_3)_2CH_2COO^-$	$C_{18}H_{37}{-}\overset{CH_3}{\underset{CH_3}{N^+}}{-}CH_2CHOO^-$　十八烷基二甲基甜菜碱
非离子表面活性剂	聚氧乙烯型	$CH_3(CH_2)_{11}O(CH_2CH_2O)_nH$　聚氧乙烯十二烷基醇醚
	多元醇型	$HO(CH_2CH_2O)_a(CH_2(CH_3)CHO)_b(CH_2CH_2O)_cH$　聚醚
		司盘（Span）
		吐温（Tween）

　　阴离子表面活性剂一般为长链有机酸的盐类或长链醇的多元酸酯盐。这类表面活性剂水溶性好,降低表面张力的能力强,应用广泛,多用于洗涤剂、乳化剂、润湿剂等。阳离子表面活性剂大部分为含氮化合物,最常用的为季铵盐。这类表面活性剂易吸附于固体表面,并且多有毒性,常用作矿物浮选剂、抗静电剂、杀菌剂等。两性离子型表面活性剂随 pH 变化可能呈现阳离子表面活性剂、阴离子表面活性剂的性质,作用比较柔和,毒性低。非离子表面活性剂的亲水部分是由一定数量的含氧基团组成的,一般为聚乙二醇或多元醇。这类表面活性剂毒性较小,常用于食品和医药领域。高分子表面活性剂的分子量在 2 000~3 000 以上,这类表面活性剂降低表面张力的能力较弱,但乳化能力强,毒性小,有的甚至无毒。

　　温度对不同类型表面活性剂的物理化学性质影响各异。室温下,非离子表面活性剂的溶解度较大,而离子型则较小。离子型表面活性剂的溶解度随着温度的升高缓慢增大,但达到某一温度后其溶解度急剧增大,该突变点的温度称为克拉夫特点(Krafft point)。造成此现象的原因是在克拉夫特点之前,表面活性剂以单个离子的形式存在于溶液中,故随着温度升高,溶解度增加缓慢;在克拉夫特点之后,溶液中的表面活性剂离子自发形成聚集体,因而大大增加了其在水中的溶解度。和离子型表面活性剂相反,聚氧乙烯型的非离子表面活性剂在温度低时易溶解于水,形成澄清的溶液,升至某一温度时,溶液突然由透明变为混浊,这个温度称为昙点或浊点(cloud point)。产生此现象的原因是:聚氧乙烯型的非离子表面活性剂溶于水时,水分子以氢键与聚氧乙烯基的氧原子结合。温度升至浊点时,聚氧乙烯基同水分子间的氢键遭到破坏,结合于氧原子的水分子逐渐脱离,表面活性剂的亲水性减弱,表面活性剂在水中的溶解度降低而析出。

二、表面活性剂在溶液表面的定向排列

表面活性剂的两亲性结构使其极易吸附在溶液表面。当溶液浓度较低时,吸附在溶液表面的分

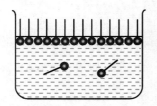

图 8-18　表面活性剂分子在溶液表面的定向排列示意图

子极性端插入水中,非极性端斜躺在溶液表面。随着溶液浓度的增加,表面吸附量逐渐增大,直至达到饱和吸附量 Γ_m。吸附在溶液表面的分子随着 Γ 的增大而逐渐直立起来,直至形成极性端在溶液中、非极性端伸向空气的定向排列紧密的表面层(图 8-18)。实验测知,同系物分子在吸附层中的截面积相同,证明了吸附层中的分子是直立在溶液表面的。

溶液在达到饱和吸附时,吸附为单分子层,因而可以根据 Γ_m 计算吸附分子的截面积 A

$$A = \frac{1}{\Gamma_m L} \qquad \text{式}(8\text{-}46)$$

式中,L 为阿伏伽德罗常数。用溶液表面吸附方法计算得到的分子截面积比用其他方法得到的结果略大。对此现象的解释如下:分子热运动使其不可能排列得非常整齐;表面活性剂分子极性基团的溶剂化作用使表面层夹杂了溶剂分子;表面层中的分子和水面并不是完全垂直,而是有一定的角度等。表 8-6 列出了部分烷基化合物分子截面积的测定结果,这是直立在液面上的分子的投影面积。

表 8-6　R-X 化合物在单分子层中每个分子的截面积

化合物种类	X	$A \times 10^{20}/m^2$
脂肪酸	R—COOH	20.5
二元酯类	R—COOC$_2$H$_5$	20.5
酰胺类	R—CONH$_2$	20.5
甲基酮类	R—COCH$_3$	20.5
甘油三酸酯类(每条链)	R—COOCH$_2$—	20.5
饱和酸的酯类	R—COOR	22.0
醇类	R—CH$_2$OH	21.6
酚类及对位的苯衍生物	R—⬡—OH	24.0
	R—⬡—NH$_2$	24.0
	R—⬡—OCH$_3$	24.0

三、表面活性剂的亲水亲油平衡值

（一）表面活性剂的亲水亲油平衡值

表面活性剂分子是由非极性疏水基团和极性亲水基团构成的,具有既亲油又亲水的两亲性质。因此,表面活性剂分子能定向排列在油-水界面上,从而降低表面张力。当分子中的亲水基团极性强而疏水基团的碳氢链比较短时,整个分子的亲水性就强;反之,如果分子中的亲水基团极性较弱而碳氢链比较长,整个分子的亲水性就弱。因此,表面活性剂分子的亲水、亲油性是由分子中的亲水基团和疏水基团的相对强弱决定的,它们之间的平衡关系对表面活性剂降低表面张力的能力尤为重要。1949 年,格里芬(Griffin)提出用亲水亲油平衡值(hydrophile and lipophile balance value),即 HLB 值,来衡量非离子表面活性剂分子亲水性和亲油性的相对强弱。以完全疏水的碳氢化合物石蜡的 HLB = 0、完全亲水的聚乙二醇的 HLB = 20 作为标准,按亲水性强弱确定其他表面活性剂的 HLB 值。表面活性剂的 HLB 值越小,亲油性越强;反之,HLB 值越大,亲水性越强;HLB 值在 10 附近,亲水亲油能力均衡。以后,又将这一方法扩展至离子型表面活性剂,并增加了一个标准:十二烷基硫酸钠的 HLB = 40。不同 HLB 值的表面活性剂具有不同的用途,因此,HLB 值是反映表面活性剂性能的一个重要参数。表 8-7 列出了部分表面活性剂的 HLB 值及其用途。

表 8-7　部分表面活性剂的 HLB 值及其应用

名称	化学组成	HLB 值	应用
石蜡	碳氢化合物	0	
油酸	直链脂肪酸	1	HLB 1~3,消泡剂
Span 65	失水山梨醇三硬脂酸酯	2.1	
Span 80	失水山梨醇单油酸酯	4.3	
Span 60	失水山梨醇单硬脂酸酯	4.7	HLB 3~6,W/O 型乳化剂
Span 40	失水山梨醇单棕榈酸酯	6.7	
阿拉伯胶	阿拉伯胶	8.0	
Span 20	失水山梨醇单月桂酸酯	8.6	
明胶	明胶	9.8	HLB 7~11,润湿剂,铺展剂
甲基纤维素	甲基纤维素	10.5	
Myrj 45	聚氧乙烯(8)硬脂酸酯	11.1	
西黄蓍胶	西黄蓍胶	13.2	HLB 8~18,起泡剂,O/W 型乳化剂
Cremophor EL	聚氧乙烯蓖麻油	13.5	
Tween 80	聚氧乙烯失水山梨醇单油酸酯	14.9	
Tween 60	聚氧乙烯失水山梨醇单硬脂酸酯	15.0	
Tween 40	聚氧乙烯失水山梨醇单棕榈酸酯	15.6	HLB 13~16,去污剂
Plurnics F68	聚醚	16	
Tween 20	聚氧乙烯失水山梨醇单月桂酸酯	16.7	
Brij 35	聚氧乙烯棕榈醇醚	16.9	HLB 15 以上,增溶剂
Myrj 52	聚氧乙烯(40)硬脂酸酯	16.9	
Myrj 53	聚氧乙烯(50)硬脂酸酯	17.9	
油酸钠	油酸钠	18	
聚乙二醇	聚乙二醇	20	
十二烷基硫酸钠	十二烷基硫酸钠	40	

（二）亲水亲油平衡值的测定和计算

测定表面活性剂 HLB 值的方法很多,如表面张力法、乳化法、滴定法、铺展系数法、气相色谱法、核磁共振法等。这些方法一般较烦琐、费时。根据表面活性剂在水中的溶解情况可以用浊度法估计表面活性剂 HLB 值的范围(表 8-8)。

表 8-8　表面活性剂的 HLB 值与其在水中的性质

HLB 值范围	加入水中后的性质	HLB 值范围	加入水中后的性质
1~4	不分散	8~10	稳定乳状分散体
3~6	分散的不好	10~13	半透明至透明的分散体
6~8	剧烈震荡后成乳状分散体	>13	透明溶液

戴维斯(Davies)提出了一种计算表面活性剂 HLB 值的方法。他认为可以把表面活性剂分子分解成多个基团,这些基团对 HLB 值的贡献是确定的,HLB 值则是这些基团各自贡献的总和。表 8-9 列出了部分基团的 HLB 值。将这些数据代入式(8-47),就可以计算出表面活性剂分子的 HLB 值。

$$HLB 值 = 7 + \sum(亲水基的 HLB 值) - \sum(疏水基的 HLB 值) \qquad 式(8-47)$$

表 8-9　一些基团的 HLB 值

基团	HLB 值	基团	HLB 值
$-SO_4Na$	38.7	$-CF_3$	0.87
$-COOK$	21.1	$-CF_2-$	0.87
$-COONa$	19.1	$-OH$(失水山梨醇环)	0.5
$-SO_3Na$	11	$\overset{\mid}{-CH}$	0.475
$-N$(叔胺)	9.4	$-CH_2-$	0.475
酯(游离)	2.4	$-CH_3$	0.475
$-COOH$	2.1	$=CH-$	0.475
$-OH$(游离)	1.9	$-(C_2H_4O)-$	0.33
$-O-$	1.3	$-(C_3H_6O)-$	0.15

例题 8-7　计算十二烷基磺酸钠的 HLB 值。

解:十二烷基磺酸钠可分解成 1 个$-SO_3Na$、1 个$-CH_3$ 和 11 个$-CH_2-$,将表 8-9 中的数据代入:

$$HLB = 7 + 11 - 12 \times 0.475 = 12.3$$

HLB 值具有加和性。当两种或两种以上的表面活性剂混合时,混合表面活性剂的 HLB 值等于各表面活性剂 HLB 值的权重加和:

$$HLB_{A+B} = \frac{HLB_A \cdot m_A + HLB_B \cdot m_B}{m_A + m_B} \qquad 式(8-48)$$

式中,HLB_A 和 HLB_B 分别为表面活性剂 A 和 B 的 HLB 值,m_A 和 m_B 分别为表面活性剂 A 和 B 的质量。

四、表面活性剂的临界胶束浓度和胶束

（一）胶束的形成和临界胶束浓度

表面活性剂由于其分子结构的特点,容易定向吸附在水溶液表面,因此只需很小的浓度就可以极大地降低溶液的表面张力(图 8-9,曲线Ⅲ)。当达到一定浓度后,浓度的增加不再引起表面张力的继

续降低。很显然,此时的表面活性剂分子在溶液中的存在状态已经发生了变化。在低浓度的水溶液中,表面活性剂主要是以单个分子或离子的状态存在的,同时还可能存在一些二聚体、三聚体。当浓度增加到一定程度时,表面活性剂分子的疏水基通过疏水相互作用缔合在一起而远离水环境,形成了疏水基向内、亲水基朝向水中的多分子聚集体(图 8-19),该聚集体称为胶束(micelle)。形成胶束所需的表面活性剂的最低浓度称为临界胶束浓度(critical micelle concentration,CMC)。在达到临界胶束浓度以后,继续增加表面活性剂的浓度,只会改变胶束的形状,使胶束增大或增加胶束的数目,溶液中表面活性剂单个分子的数目不再增加。由于降低表面张力的作用是由表面活性剂分子引起的,所形成胶束的外表面只有亲水基,失去了两亲性,也就不再具有表面活性,不能继续降低表面张力。

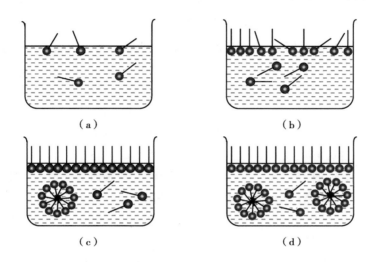

(a) CMC 之前的极稀溶液;(b) CMC 之前的稀溶液;(c) 达 CMC 时的溶液;(d) 大于 CMC 时的溶液

图 8-19 表面活性剂分子在溶液中的状态

当表面活性剂浓度达到 CMC 后,不仅溶液的表面张力不再下降,还有很多和表面活性剂单个分子相关的物理性质也发生了明显的改变。如图 8-20 所示,溶液的电导率、渗透压、蒸气压、光学性质、去污能力及增溶作用等性质在 CMC 前后都有一个明显的变化。因此,测定表面活性剂的这些物理性质发生显著变化的转折点就可得到表面活性剂的 CMC。常用于测定 CMC 的方法有:电导(率)法、表面张力法、染料吸收光度法、荧光分光光度法,等。

(二)胶束的形态和结构

当表面活性剂溶液的浓度大于 CMC 时,表面活性剂分子在溶液中自聚集形成胶束。胶束的形状与表面活性剂的浓度有关。在浓度达到 CMC 或大于 CMC 不多时,胶束大多呈球形;当浓度 10 倍于 CMC 或更高时,胶束的形状变得复杂,大多呈肠状或棒状;当表面活性剂的浓度继续增加时,就会形成层状胶束(图 8-21)等。形成一个胶束所需要的表面活性剂的分子数目称为聚集数(aggregation number)。一般地,离子型表面活性剂胶束的聚集数小于 100,非离子型表面活性剂胶束的聚集数达几百至上千。

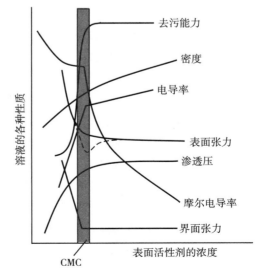

图 8-20 胶束形成前后溶液各种物理性质的变化

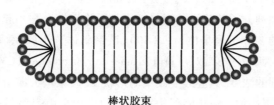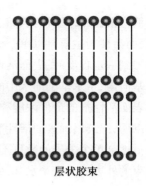

球状胶束　　　　　　　　棒状胶束　　　　　　　层状胶束

图 8-21　胶束的形状

　　胶束溶液是热力学稳定系统。胶束内核近似液态,疏水链可自由地做无序运动。胶束表面是溶剂化的极性基团。对于离子型表面活性剂,表面层除了极性基团(如 R—SO$_3$Na 的—SO$_3^-$)、结合的水分子外,还有结合的反离子(如 Na$^+$),胶束外还有一个反离子的扩散层。聚氧乙烯型非离子表面活性剂胶束的表面层很厚,在这个表面层中结合了大量的溶剂化水。邻近极性基团的—CH$_2$ 基会被极化,因此会有少量水分子渗入其中。胶束就像一个包着极性外壳的小油滴。

　　（三）影响 CMC 的因素

　　临界胶束浓度是表面活性剂的一个重要的性质参数,它与表面活性剂的性能和作用直接相关。离子型表面活性剂的 CMC 一般约在 $10^{-4} \sim 10^{-2}$ mol/L,非离子型表面活性剂的 CMC 更小一些,可以低至 10^{-6} mol/L。CMC 的大小和表面活性剂本身的分子结构有关。此外,表面活性剂的 CMC 还受外界条件的影响,如温度、添加剂等。

　　1. 表面活性剂的分子结构　　CMC 的大小主要决定于表面活性剂分子的疏水链。在表面活性剂的同系物中,疏水碳氢链越长,越易形成胶束,CMC 越小,而且与离子型表面活性剂相比,非离子型表面活性剂每增、减一个碳原子所引起的 CMC 值的变化更大。此外,对于碳氢链的碳原子数相同的表面活性剂,支链的 CMC 值大于直链的。

　　对于具有相同碳氢链段的表面活性剂,无论是离子型的还是非离子型的,不同亲水基对 CMC 值影响较小。疏水基相同时,离子型表面活性剂的 CMC 比非离子型表面活性剂的 CMC 大得多,大约为 100 倍。此外,亲水基在分子中的位置和数量对 CMC 也有影响。

　　2. 温度　　由于离子型表面活性剂的溶解度随温度的升高而增大,所以离子型表面活性剂的 CMC 随温度的升高而略有增大。例如,十二烷基硫酸钠在 25℃ 和 40℃ 时的 CMC 分别为 8.1×10^{-3} mol/L 和 8.7×10^{-3} mol/L。而非离子型表面活性剂的溶解度随温度的升高而降低,所以非离子型表面活性剂的 CMC 随温度的升高而降低。

　　3. 电解质　　无机盐的加入使离子型表面活性剂的 CMC 显著降低,主要是因为电解质中与表面活性剂的离子带相反电荷的离子(即反离子)降低了表面活性剂离子间的斥力。例如 0.1mol/L 的 NaCl 使十二烷基硫酸钠于 25℃ 的 CMC 由 8.1×10^{-3} mol/L 降至 1.0×10^{-3} mol/L。而无机盐对非离子型表面活性剂的 CMC 影响不大。无机盐的浓度较小时(<0.1mol/L),非离子型表面活性剂的 CMC 变化很小;当无机盐的浓度较大时,表面活性剂的 CMC 才有一定变化,但与离子型表面活性剂相比,这种变化小得多。例如,0.86mol/L 的 NaCl 只能使 C$_9$H$_{19}$(C$_6$H$_4$)O(C$_2$H$_4$O)$_{15}$H 的 CMC 降低大约一半。

　　4. 有机物　　由于有机物种类多、结构复杂,有机物的加入对表面活性剂的 CMC 影响也比较复杂。一般地,长链极性有机物对表面活性剂的 CMC 影响很大。例如,长链脂肪醇的加入会降低离子型表面活性剂的 CMC,并随着醇的碳氢链的增长,其降低 CMC 的能力也增大。而长链醇对非离子型表面活性剂 CMC 的影响则相反,醇浓度越大,越能增大非离子型表面活性剂的 CMC。甲醇、乙二醇等水溶性较强的极性有机物因能增加表面活性剂在水中的溶解度,使表面活性剂的 CMC 增大。

（四）增溶

达到临界胶束浓度的表面活性剂溶液能使不溶或微溶于水的有机化合物的溶解度显著增加,这种现象称作增溶作用(solubilization)。例如,室温下,苯在水中的溶解度为 0.07%,在 10% 的油酸钠水溶液中的溶解度增大至 7%,溶解度增大了约 100 倍。这种溶解度明显升高的现象出现在 CMC 之后,可以推断,增溶作用是和胶束的存在密切相关的。

表面活性剂的增溶作用既不同于溶解作用又不同于乳化作用。增溶后溶液的依数性无明显变化,表明被增溶物并不是以单个分子的形式存在的,这和溶解作用完全不同。增溶作用和乳化作用也完全不同。乳化是借助乳化剂,使一种液体分散到另一种与之不互溶的液体中,形成的是热力学不稳定的多相系统。而增溶后的溶液是热力学稳定系统。增溶使被增溶物的化学势降低,也就使整个系统的吉布斯能下降,所以增溶过程是一个自发过程。

根据对被增溶物在胶束中位置的研究,认为增溶主要有以下 4 种方式:

1. 内部溶解型　非极性化合物,如饱和脂肪烃、环烷烃等,一般被增溶于胶束的内核,相当于溶解在"液烃"中,见图 8-22(a)。

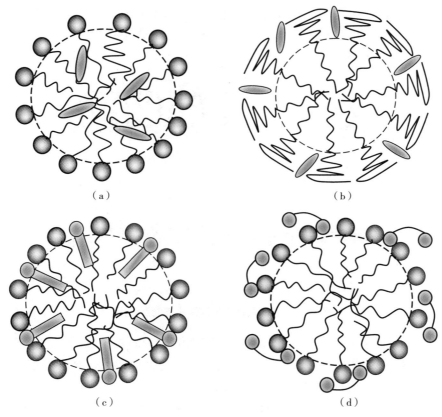

(a)内部溶解型;(b)外壳溶解型;(c)插入型;(d)吸附型

图 8-22　胶束增溶示意图

2. 外壳溶解型　对于聚氧乙烯型的非离子表面活性剂,水化的聚氧乙烯链形成胶束的外壳,与聚氧乙烯基有强亲和力的化合物,例如含有酚羟基的化合物,如对羟基苯甲酸,可被结合于"外壳"而被增溶,见图 8-22(b)。

3. 插入型　极性长链有机化合物,如长链的醇、胺等,插入胶束的表面活性剂分子形成的"栅栏"之间而被增溶。分子的非极性部分插入胶束内核,极性部分则混合于表面活性剂分子的极性基之间,见图 8-22(c)。

4. 吸附型　既不溶于水也不溶于非极性溶剂的较小的极性分子,如邻苯二甲酸二甲酯,一般以吸附于胶束表面的方式增溶,见图 8-22(d)。

对于离子型表面活性剂胶束,常以内部溶解型、插入型和吸附型三种方式增溶,而对于非离子型表面活性剂胶束,4 种增溶方式都有可能。

五、表面活性剂的几种重要作用

由于表面活性剂具有在界面上定向吸附从而极大地降低表面张力和在溶液中形成胶束的独特性质,因而具有重要的实际应用价值。下面介绍表面活性剂的几种重要作用。

（一）润湿作用

液体能否润湿固体取决于固-液界面张力的大小。表面活性剂分子能定向地吸附在固-液界面上,降低固-液界面张力,使接触角减小,改善润湿程度,如图 8-23(a)所示。表面活性剂的这种作用称为润湿作用(wetting action)。具有润湿作用的表面活性剂称为润湿剂(wetter),其 HLB 值在 7~11。反之,表面活性剂也能使固体表面由润湿转变为不润湿,此时的表面活性剂的极性基必须在固体表面上有极强的吸附作用,非极性基伸向空气中。这样,原来与水润湿良好的固体表面变为不润湿的表面,如图 8-23(b)所示。表面活性剂的这种作用称为去润湿作用(reversed wetting action)或憎水化(hydrophobing action)。

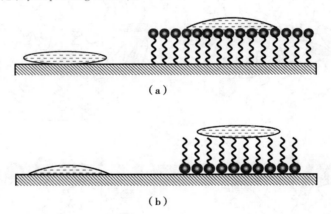

（a）表面活性剂的润湿作用;（b）表面活性剂的去润湿作用

图 8-23　表面活性剂的润湿和去润湿作用

在润湿过程中,常用阴离子型和非离子型的表面活性剂作为润湿剂,如十二烷基苯磺酸钠、十二醇硫酸钠、油酸丁酯硫酸钠等。一般地,8~12 个碳原子的直链表面活性剂、含支链或亲水基团处于中间位置的表面活性剂具有较好的润湿性能。非离子表面活性剂,如聚氧乙烯(10)异辛基苯酚醚及低级醇的环氧乙烷加成物等,对于酸、碱、盐不敏感,一般起泡也较少,也是常用的润湿剂。去润湿过程中常用的表面活性剂有油酸、植物油、氯化十二烷基吡啶、二甲基二氯硅烷等。

作为润湿剂的表面活性剂广泛应用于药物制剂中。外用软膏中的表面活性剂使软膏基质能很好地润湿皮肤,增加接触面积,有利于药物吸收。片剂中的表面活性剂可以使药物颗粒表面易被润湿,利于颗粒的结合和压片。此外,喷洒的农药中加入润湿剂能增加农药对枝叶和虫体表面的润湿程度,提高农药对这些表面的接触面积和接触时间,增强杀虫效果。采矿中的泡沫浮游选矿法、开采石油中的注水采油法以及油漆中颜料的分散稳定性、彩色胶卷中的感光剂涂布等都涉及润湿作用。而在防水布的制备过程中,通过对纤维织物进行防湿剂处理,使水-布之间的接触角加大,达到去润湿的效果。对于氧化硅和玻璃,二甲基二氯硅烷是一种很好的防水材料,针剂安瓿内壁常涂有一薄层此种材料,使安瓿内壁成为疏水表面,当用注射器抽吸针剂时药液就不易残留黏附在玻璃内壁上,以确保注射剂量的准确性。

（二）乳化作用

一种或几种液体高度分散在另一种与其不互溶的液体中形成的分散系统称为乳状液（emulsion）。外相为连续相，即分散介质，内相为非连续相，即分散相。由于两相间的界面张力很大，所以乳状液一般都不稳定。要制备稳定的乳状液，必须加入乳化剂（emulsifier）。乳化剂促进互不相溶的液体形成乳状液的效应称为乳化作用（emulsification）。表面活性剂可降低界面张力，使乳状液稳定，因此表面活性剂具有乳化作用，可作为乳化剂，而且是最重要的一类乳化剂。这些乳化剂分子除了在两相界面上定向吸附而使界面张力减小之外，还能在液滴周围形成具有足够机械强度的保护膜，使乳状液稳定。离子型表面活性剂还可以在液滴外形成双电层结构，进一步增加乳状液的稳定性。乳化剂的用量一般为 1%～10%，乳化剂可以是阴离子型、阳离子型或非离子型表面活性剂，其中阴离子型应用最普遍，非离子型因其毒性低、不怕硬水及不受介质 pH 的限制，近年来发展很快。在油包水型（W/O，水分散在油中）和水包油型（O/W，油分散在水中）乳状液中，对其中用作乳化剂的表面活性剂的 HLB 值有不同的要求。HLB 值为 8～18 或亲水性较强的表面活性剂（如吐温类）可用作 O/W 型乳状液的乳化剂；HLB 值为 3～6 或亲油性较强的表面活性剂（如 Span 类）可用作 W/O 型乳状液的乳化剂。乳状液在医药领域用途广泛，常用于增溶难溶性药物，如可用作口服液、静脉注射液等。

有时人们希望破坏乳状液，以达到两相分离的目的，这就是破乳（emulsion breaking）。为破乳而加入的物质称为破乳剂（demulsifier）。破坏乳状液主要是破坏乳化剂的保护作用。常用的有化学法和物理法。物理法包括加温、加压、离心、电破乳等方法。化学法是加入试剂破乳，如加入不能生成牢固保护膜的短链表面活性物质来替代原来的乳化剂；加入破坏乳化剂的试剂；或加入起相反作用的乳化剂破乳等。

（三）起泡作用

泡沫（foam）是气体高度分散在液体中形成的分散系统，是热力学不稳定系统。要形成稳定的泡沫，必须加入起泡剂（foaming agent）。表面活性剂是最常用的起泡剂。它能降低气-液界面张力，在包围气体的液膜上吸附形成坚固的膜，其中亲水基在液膜内溶剂化，液相黏度增高，使液膜稳定并具有一定的机械强度。作为良好起泡剂的表面活性剂的 HLB 值一般在 8～18。起泡剂一般是直链分子，碳氢链宜长，一般含 12～16 个碳原子，这有利于形成坚固的吸附膜，如皂素类、蛋白质类和合成洗涤剂等。起泡作用常用于泡沫灭火、矿物的浮选分离及水处理工程中的离子浮选。此外，医学上用起泡剂使胃充气扩张，便于 X 射线透视检查等。

泡沫的存在也有不利的一面。例如，在医药工业中，发酵、中草药提取、蒸发过程中有时产生大量泡沫，给生产带来很大的危害，因此，需要加入消泡剂（antifoaming agent）进行消泡。常用的消泡剂大多是一些表面活性强、溶解度较小、分子链较短或有支链的表面活性剂。这样的消泡剂容易在气泡液膜表面吸附，置换原来的起泡剂。由于消泡剂碳链短不能形成坚固的吸附膜，故泡内气体外泄，导致泡沫破坏而起到消泡作用。

（四）增溶作用

润湿、乳化和起泡作用都利用了表面活性剂降低界面张力的性质，而增溶作用是通过胶束实现的。表面活性剂作为增溶剂（solubilizing agent），它的 HLB 值应在 15 以上。非离子表面活性剂的增溶能力一般比较强。由于不同化学结构的物质被增溶于胶束的位置不同，因此选择增溶剂时要考虑被增溶物的结构。

制药工业中常用吐温类、聚氧乙烯蓖麻油等作为增溶剂。如维生素 D_2 在水中基本不溶，加入 5% 的聚氧乙烯蓖麻油后，溶解度可达 1.525mg/mL。其他如脂溶性维生素、甾体激素类、磺胺类、抗生素类以及镇静剂、止痛剂等均可通过表面活性剂的增溶作用而制成具有较高浓度的澄清溶液，以供内服、外用甚至注射。增溶在中药提取物制剂中也有重要的意义。一些生理现象也与增溶作用有关。

例如,小肠不能直接吸收脂肪,但却能通过胆汁对脂肪的增溶而将其吸收。

(五) 去污作用(洗涤作用)

表面活性剂的洗涤作用是一个很复杂的过程,它与润湿、起泡、增溶和乳化作用都有关系。

洗涤作用是将浸在某种介质中的固体表面的污垢去除干净的过程。水中加入洗涤剂后,洗涤剂中的疏水基团吸附在污物和固体表面,从而降低了污物与水以及固体与水的界面张力,通过机械振动等方法使污物从固体表面脱落,洗涤剂分子在污物周围形成吸附膜而悬浮在溶液中的同时,也在洁净的固体表面形成吸附膜而防止污物重新沉积。用作洗涤剂的表面活性剂的 HLB 值一般为 13～16。近几十年来,以烷基硫酸盐、烷基芳基磺酸盐及聚氧乙烯型非离子表面活性剂为原料,各种合成洗涤剂的生产迅速发展。

第七节　固体表面的吸附

一、气固吸附及其分类

像液体表面一样,固体表面也有剩余力场的存在,使其能对气体分子产生吸附(adsorption),具有吸附能力的固体称为吸附剂(adsorbent),被吸附的气体称为吸附质(adsorbate)。固体表面吸附了气体分子后,一般会导致表面吉布斯能的降低。表面吸附情况和吸附剂的表面性质、组成、结构及吸附质的性质有关。在一定的温度和压力下,吸附质的量随吸附剂表面积的增大而增加,拥有巨大表面积的粉末状或多孔性物质往往具有良好的吸附性。

按固体表面对被吸附气体分子作用力性质的不同,可将吸附分为物理吸附(physical adsorption)和化学吸附(chemical adsorption)两种类型。固体表面与被吸附分子之间由于范德华引力而引起的吸附是物理吸附。这种吸附力和气体凝结成液体的力相同,所以物理吸附与气体在固体表面发生的液化类似,吸附热接近气体液化的焓变。物理吸附在低温时容易发生,为单分子层或多分子层吸附,该吸附能很快达到平衡,并且是可逆的,通过降低压力可使吸附质脱附。化学吸附中涉及的力与化合物中的化学键力相似,所以化学吸附和发生化学反应相类似,其吸附热与化学反应焓变相近,这种吸附具有较高的选择性,是单分子层吸附。化学吸附很难脱附,脱附时可能伴有化学变化。表 8-10 列出两种吸附的特点。

表 8-10　物理吸附与化学吸附的比较

	物理吸附	化学吸附
吸附力	范德华力	化学键
吸附热	较小,近于液化热,一般在每摩尔几百到几千焦耳	较大,近于化学反应热,一般大于每摩尔几万焦耳
选择性	无	有
吸附稳定性	不稳定,易解吸	比较稳定,不易解吸
分子层	单分子层或多分子层	单分子层
吸附速率	较快,不受温度影响,故一般不需活化能	较慢,温度升高则速度加快,故需活化能

在一定条件下,物理吸附和化学吸附往往同时发生,因此很难将两类吸附截然分开。例如,氧气在钨上的吸附,同时出现 3 种情况:有的氧是以原子状态被吸附(化学吸附);有的氧则是以分子状态被吸附(物理吸附);还有一些氧分子被吸附在氧原子上。此外,在不同温度下,起主导作用的吸附可以发生变化。如氢在镍上的吸附,低温时发生物理吸附,而高温时发生化学吸附。

二、吸附等温线

（一）吸附平衡与吸附量

气相中的分子可被吸附到固体表面上,已被吸附的分子也可以脱附(或称解吸)而重新返回气相。在一定温度和气相压力时,吸附速率与脱附速率相等时达到吸附平衡。此时,单位时间内被吸附到固体表面上的气体量与脱附而重新返回气相的气体量相等,吸附在固体表面上的气体量不再随时间而变化。吸附平衡时,单位质量吸附剂所能吸附气体的物质的量 x 或这些气体在标准状态下的体积 V 称为吸附量,以 Γ 表示。即 $\Gamma=x/m$ 或 $\Gamma=V/m$,其中 m 为吸附剂的质量。

（二）吸附曲线

研究表明,吸附量与吸附剂的性质、吸附平衡时的温度及气体压力有关。对于一个给定系统(即一定的吸附剂和吸附质),达到平衡时的吸附量只是温度和气体压力的函数,即 $\Gamma=f(T,p)$。为便于找出规律,常在三个变量中固定一个变量,求出其他两个变量之间的函数关系。如:

若 $T=$ 常数,则 $\Gamma=f(p)$,称为吸附等温式(adsorption isotherm);

若 $p=$ 常数,则 $\Gamma=f(T)$,称为吸附等压式(adsorption isobar);

若 $\Gamma=$ 常数,则 $p=f(T)$,称为吸附等量式(adsorption isostere)。

反映任意两个变量函数关系的曲线称为吸附曲线,共有三种:

(1) 吸附等量线:吸附量一定时,吸附质平衡分压 p 与吸附温度 T 之间的关系曲线。在吸附等量线中,T 与 p 之间的关系类似于克拉珀龙方程,可以用来求算吸附热(heat of adsorption) $\Delta_{ads}H_m$。$\Delta_{ads}H_m$ 一定是负值,它是研究吸附作用的一个重要物理参数,常根据其数值的大小判断吸附作用的强弱。

(2) 吸附等压线:吸附质平衡分压一定时,吸附量 Γ 和吸附温度 T 之间的关系曲线。吸附等压线可以用来判别吸附类型。物理吸附很容易达到平衡,吸附量随温度升高而下降。化学吸附在低温时很难达到平衡,随着温度升高,化学吸附速度加快,吸附量增加,直至达到平衡。平衡后吸附量随温度升高而下降。图 8-24 是 CO 在钯表面的吸附。

(3) 吸附等温线(absorption isotherm curve):温度恒定时,吸附量 Γ 与吸附质平衡分压 p 之间的关系曲线,是三种吸附曲线中最常用的。大量实验结果表明,吸附等温线大致有五种类型,如图 8-25 所示。图中纵坐标代表吸附量,横坐标为相对压力 p/p^*,其中,p 是吸附平衡时的气体压力,p^* 代表该温度下被吸附气体的饱和蒸气压。图中 I 型为单分子层吸附,其余均为多分子层吸附。由于第一层吸附和其他各层的吸附热不同而具有不同的吸附等温线形式。从这些吸附等温线导出了一系列解析方程,即吸附等温式。

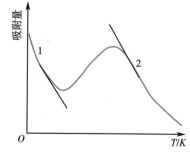

图 8-24 钯对 CO 吸附的吸附
等压线（$p=19.961$ kPa）
1-物理吸附 2-化学吸附

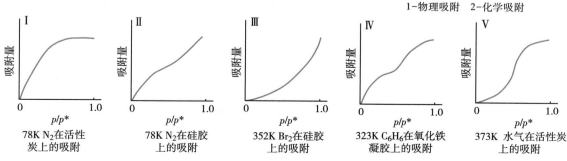

78K N_2 在活性炭上的吸附　　78K N_2 在硅胶上的吸附　　352K Br_2 在硅胶上的吸附　　323K C_6H_6 在氧化铁凝胶上的吸附　　373K 水气在活性炭上的吸附

图 8-25 吸附等温线的类型

三、几个重要的吸附等温式

（一）弗罗因德利希吸附等温式

由于固体表面情况复杂，因此在处理固体表面吸附时多使用经验公式。描述单分子层吸附等温线（图 8-25 Ⅰ）的经验公式很多，这里介绍比较常用的弗罗因德利希吸附等温式（Freundlich absorption isotherm）

$$\frac{x}{m}=kp^{\frac{1}{n}}$$
式（8-49）

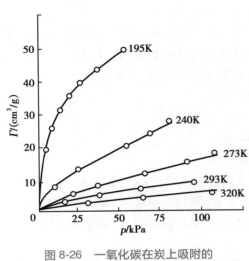

图 8-26　一氧化碳在炭上吸附的吸附等温线

式中，$\frac{x}{m}$ 代表在平衡压力 p 时的吸附量，k 和 n 是与吸附剂、吸附质种类以及温度等有关的常数，$n>1$。该吸附等温式是经验公式，是根据实验结果归纳得出的。图 8-26 是在不同温度下测得的一氧化碳在活性炭上的吸附等温线。从图中可以看出，在低压范围内，吸附量与压力呈线性关系；压力增大，曲线逐渐弯曲。实验测得乙醇在硅胶上的吸附等温线也有类似的形状。

将式（8-49）取对数可得

$$\ln\frac{x}{m}=\ln k+\frac{1}{n}\ln p$$

以 $\ln\frac{x}{m}$ 对 $\ln p$ 作图，可得一直线。由直线的斜率和截距可求得 n 及 k 值。弗罗因德利希吸附等温式形式简单，使用方便，但仅适用于图 8-25 中第 Ⅰ 类型吸附等温线中间部分的吸附情况，其经验式中的常数 k、n 没有明确的物理意义，也不能由该式推测吸附作用机制。

（二）朗缪尔吸附等温式

1. 朗缪尔吸附等温式的推导

1916 年，朗缪尔根据大量实验事实，基于动力学理论提出固体对气体的吸附理论，一般称为单分子层吸附理论（monolayer adsorption theory）。其基本假设是：

（1）固体表面对气体分子的吸附是单分子层的。气体分子碰撞到空白固体表面才可能被吸附，已经吸附了气体分子的固体表面不能再吸附其他气体分子。

（2）固体表面是均匀的，各处的吸附能力相同，吸附热是常数，不随覆盖程度而改变。

（3）被吸附分子间无相互作用，故气体的吸附、脱附（或解吸附）不受周围被吸附分子的影响。

（4）吸附平衡是动态平衡。

一定温度下，固体的表面覆盖率（coverage of surface），或固体表面被覆盖的分数为 θ，则未被覆盖的分数为 $(1-\theta)$。根据假设（1），吸附速率 $v_{吸附}$ 正比于 $(1-\theta)$，若吸附质在气相中的分压为 p，则

$$v_{吸附}=k_1p(1-\theta)$$

根据假设（2）和（3），脱附速率 $v_{脱附}$ 与 θ 成正比，即

$$v_{脱附}=k_2\theta$$

式中 k_1、k_2 都是比例常数。当达到吸附平衡时，吸附速率与脱附速率相等，即

$$k_1p(1-\theta)=k_2\theta$$

$$\theta=\frac{k_1p}{k_2+k_1p}$$

令 $b=\dfrac{k_1}{k_2}$，则得

$$\theta=\dfrac{bp}{1+bp} \qquad\qquad 式（8-50）$$

式中，b 称为吸附系数（adsorption coefficient），它代表固体表面吸附气体能力的强弱程度。式（8-50）称为朗缪尔吸附等温式（Langmuir adsorption isotherm），是达到吸附平衡时固体表面覆盖率 θ 与气体压力 p 之间的定量关系式。

若以 Γ_m（或 V_m）代表单分子层饱和吸附时的吸附量（或饱和吸附时的气体体积），Γ（或 V）代表压力为 p 时的实际吸附量（或实际吸附气体体积），则表面覆盖率 $\theta=\dfrac{\Gamma}{\Gamma_m}\left(或 \theta=\dfrac{V}{V_m}\right)$，代入式（8-50）得

$$\dfrac{\Gamma}{\Gamma_m}=\dfrac{bp}{1+bp}，或 \Gamma=\dfrac{bp}{1+bp}\Gamma_m \qquad\qquad 式（8-51）$$

$$\dfrac{V}{V_m}=\dfrac{bp}{1+bp}，或 V=\dfrac{bp}{1+bp}V_m \qquad\qquad 式（8-52）$$

2. 朗缪尔吸附等温式的物理意义及应用

朗缪尔吸附等温式只适用于单分子层吸附，它能较好地表示典型的吸附等温线在不同压力范围内的特征。

分析式（8-51）可得

（1）当压力足够低或吸附很弱时，$bp\ll1$，则 $\Gamma=bp\Gamma_m$，即 Γ 与 p 成线性关系，这与图 8-25 中的 I 型吸附等温线的低压部分相符。

（2）当压力足够高或吸附很强时，$bp\gg1$，则 $\Gamma=\Gamma_m$，表明吸附量为一常数，不随压力而变化，这是单分子层吸附达到完全饱和的极限情况，与图 8-25 中的 I 型吸附等温线的高压部分相符。

（3）当压力中等或吸附适中时，Γ 与 p 呈曲线关系，$\Gamma=\dfrac{bp}{1+bp}\Gamma_m=bp^n\Gamma_m（0<n<1）$，与图 8-25 中的 I 型吸附等温线的中压部分相符。

实际应用时需将式（8-52）线性化：

$$\dfrac{p}{V}=\dfrac{p}{V_m}+\dfrac{1}{bV_m} \qquad\qquad 式（8-53）$$

式（8-53）是朗缪尔吸附等温式的另一种表示方式。以 $\dfrac{p}{V}$ 对 p 作图得一直线，其斜率为 $\dfrac{1}{V_m}$，截距为 $\dfrac{1}{bV_m}$，可由斜率和截距求得 V_m 和 b 之值。

例题 8-8　273K 时，CO 在 3.002g 活性炭上的吸附数据如下表所示，体积已校正为标准状况的体积。试证明 CO 在活性炭上的吸附符合朗缪尔吸附等温式，并求 b 和 V_m 之值。

$p\times10^{-4}/Pa$	1.33	2.67	4.00	5.33	6.67	8.00	9.33
$V\times10^{6}/m^{3}$	10.2	18.6	25.5	31.4	36.9	41.6	46.1

解：将题给数据处理如下：

$p\times10^{-4}/Pa$	1.33	2.67	4.00	5.33	6.67	8.00	9.33
$\dfrac{p}{V}\times10^{-9}/(Pa/m^{3})$	1.30	1.44	1.57	1.70	1.81	1.92	2.02

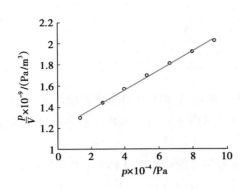

图 8-27　例题 8-8 p/V-p 关系图

根据式(8-53),以 $\dfrac{p}{V}$ 对 p 作图 8-27,确为直线,证明 CO 在活性炭上的吸附符合朗缪尔吸附等温式。直线斜率为 $9.00\times10^3/m$,截距为 $1.20\times10^9\,Pa/m^3$,则

$$V_m = \frac{1}{9.00\times10^3} = 1.11\times10^{-4}\,m^3$$

$$b = \frac{9.00\times10^3}{1.20\times10^9} = 7.50\times10^{-6}\,Pa^{-1}$$

在实际应用中,朗缪尔吸附等温式和弗罗因德利希吸附等温式相似,与 I 型曲线的中间部分拟合较好,公式形式简单,使用方便,但适用范围较窄。

朗缪尔吸附等温式较好地解释了图 8-25 中第 I 类型吸附等温线,并且在推导过程中第一次对气固吸附机制作了形象的描述,为以后某些吸附等温式的建立起了奠基作用。但由于基本假设过于理想化,与实际偏离较大,因此对于多分子层吸附,或对吸附分子间作用力较强的单分子层吸附,如图 8-25 中第 II ~ V 类型吸附等温线不能给予解释。

(三)BET 吸附等温式

大多数气固吸附为物理吸附,物理吸附基本上都是多分子层吸附。在朗缪尔单分子层吸附理论的基础上,1938 年布鲁诺(Brunauer)、埃米特(Emmet)和泰勒(Teller)三人提出了多分子层的气固吸附理论,简称 BET 吸附理论(BET adsorption theory)。与朗缪尔吸附理论的不同之处在于:他们假定吸附为多分子层的;第一层吸附依赖于固体表面分子与吸附质分子之间的相互作用力,从第二层以后的各层吸附依赖于吸附质分子之间的相互作用力,因此第一层和其他各层的吸附热不同;吸附和脱附均发生在最外层。此外,还假定第一层吸附未饱和之前,也可能发生多分子层吸附;当吸附达到平衡时,其吸附量等于各层吸附量的总和。如图 8-28 所示。

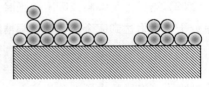

图 8-28　多分子层吸附示意图

在上述假定的基础上得出如下关系:

$$V = V_m \frac{Cp}{(p^*-p)\left[1+(C-1)p/p^*\right]} \qquad \text{式(8-54)}$$

式(8-54)中,V 代表平衡压力 p 时的吸附量,V_m 代表在固体表面上铺满单分子层时所需气体的体积,即单分子层饱和吸附量,p^* 为实验温度下气体的饱和蒸气压,C 是与吸附热有关的常数。式(8-54)为 BET 吸附等温式(BET adsorption isotherm),由于其中包括两个常数 C 和 V_m,所以又称为 BET 二常数公式。BET 公式适用于单分子层及多分子层吸附,能对图 8-25 中第 I ~ III 类三种吸附等温线进行说明。其主要应用是测定固体吸附剂的比表面(即单位质量吸附剂所具有的表面积)。实际应用时一般要将式(8-54)线性化:

$$\frac{p}{V(p^*-p)} = \frac{C-1}{V_m C}\cdot\frac{p}{p^*} + \frac{1}{V_m C} \qquad \text{式(8-55)}$$

以 $\dfrac{p}{V(p^*-p)}$ 对 $\dfrac{p}{p^*}$ 作图应得一直线,其斜率为 $\dfrac{C-1}{V_m C}$,截距为 $\dfrac{1}{V_m C}$,由此可得 $V_m = \dfrac{1}{斜率+截距}$。若已知吸附质每个分子的截面积 A,则固体吸附剂的比表面 a_m 可表示如下:

$$a_m = \frac{V_m L}{22.4\times10^{-3}}\cdot\frac{A}{m} \qquad \text{式(8-56)}$$

式(8-56)中,m 是固体吸附剂的质量;L 是阿伏伽德罗常数;V_m 应换算为标准状况下(101.325kPa、273.15K)的体积,以 m^3 表示。由于固体吸附剂和催化剂的比表面是吸附机制和催化性能研究中的重要参数,所以测定固体比表面十分重要。固体比表面的测定方法有多种,但目前公认的经典方法仍是 BET 法,因其简便可靠,且经过许多实验的验证。一般地,只有当 $\frac{p}{p^*}$ 在 0.05~0.35 之间,BET 公式计算得到的结果才能与实际相符。因为当 $\frac{p}{p^*}$<0.05 时,还未建立单层吸附;当 $\frac{p}{p^*}$>0.35 时,往往会发生毛细管凝聚现象。一般用 BET 法测定固体的比表面时,常用 N_2 作为吸附质。

知识拓展

BET 法

BET 法已被收载于 2020 年版《中国药典》(四部)"0991 比表面积测定法",包括动态流动法(第一法,仪器装置见二维码)和容量法(第二法,仪器装置见二维码),通常以 N_2 作为吸附质,He 用作载气,用于测定药物粉末与药用辅料如稀释剂、黏合剂、崩解剂、润滑剂、助流剂、抗结块剂等的比表面,比表面是这些药用辅料的重要功能性相关指标之一。例如,对于润滑剂,比表面积显著影响其润滑效果,因为润滑剂要起到润滑效果,需要其能均匀分散在药物颗粒的表面,润滑剂的粒径越小,比表面积越大,越容易在混合过程中均匀分布。两种测定方法均可采用单点或多点方式测定。单点方式仅适用于 C 值远大于 1(>100)时的供试品,对于 C 值较小的供试品,测定误差大,宜采用多点方式。

动态流动法
装置示意图
(图片)

容量法装置
示意图(图
片)

例题 8-9 凹凸棒石是一种天然的多孔材料,具有很好的吸附性能,可用作干燥剂、脱色剂、缓释芳香剂载体、药物载体等。77.3K 时,测得凹凸棒石吸附氮气的吸附量(已换算为标准状况的体积)和氮气的平衡压力数据如下:

$p\times10^{-4}$/Pa	0.535	1.110	1.735	2.369	2.686	2.994
$V\times10^6$/m^3	41.57	46.71	50.90	54.67	56.49	58.28

已知 77.3K 时氮气的饱和蒸气压 p^*=99.125kPa,每个氮气分子的截面积 A=16.2×$10^{-20}m^2$,凹凸棒石的质量为 1.000×10^{-3}kg。试用 BET 公式求凹凸棒石的总表面积 $A_总$ 和比表面 a_m。

解:将题给数据处理如下:

$\frac{p}{p^*}$	0.054	0.112	0.175	0.239	0.271	0.302
$\frac{p}{V(p^*-p)}\times10^{-3}$/$m^{-3}$	1.37	2.70	4.17	5.74	6.58	7.42

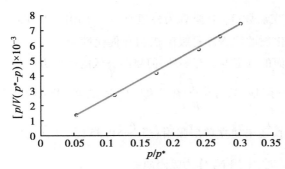

图 8-29　例题 8-9 凹凸棒石吸附氮气的 BET 图

以 $\dfrac{p}{V(p^*-p)}$ 对 $\dfrac{p}{p^*}$ 作图得直线（图 8-29），其斜率为 $2.43\times10^4/\text{m}^3$，截距为 $-8.50/\text{m}^3$，则

$$V_m = \frac{1}{2.43\times10^4 - 8.50} = 4.12\times10^{-5}\,\text{m}^3$$

凹凸棒石的总表面积 $A_{总}$、比表面 a_m 分别为

$$A_{总} = \frac{4.12\times10^{-5}}{22.4\times10^{-3}}\times6.022\times10^{23}\times16.2\times10^{-20} = 179.4\,\text{m}^2$$

$$a_m = \frac{179.4}{1.000\times10^{-3}} = 1.794\times10^5\,\text{m}^2/\text{kg}$$

四、固体在溶液中的吸附

（一）吸附特点

固体在溶液中的吸附是最常见的吸附现象之一。固体在溶液中除了吸附溶质外，还会对溶剂进行吸附，因此溶液吸附规律比较复杂，至今没有像气体吸附那样完整的溶液吸附理论，仍处于研究阶段。

固体对气体的吸附主要取决于固体表面分子与气体分子之间的相互作用力。而固体在溶液中的吸附，至少要考虑三种作用力，即：在界面层上固体与溶质之间的作用力；固体与溶剂之间的作用力；以及在溶液中溶质与溶剂之间的作用力。固体自溶液中的吸附是溶质与溶剂分子争夺固体表面的净结果。若固体表面上的溶质浓度比溶液本体的大，就是正吸附；反之，就是负吸附。

固体在溶液中的吸附速度一般比在气体中的吸附速度慢得多，这是由于吸附质分子在溶液中的扩散速度慢。在溶液中，固体表面总有一层液膜，溶质分子必须通过这层液膜才能被吸附。多孔性固体的吸附速度更低，往往需要更长的时间才能达到吸附平衡。

（二）吸附量的测定

虽然溶液吸附比气体吸附复杂得多，但吸附量的测定比较简单。常用的方法是：在一定温度下，将一定量的固体（吸附剂）浸入一定量的已知浓度的溶液中，恒温振摇达吸附平衡，测定溶液的浓度。由于溶质在固-液界面上的浓集，溶液浓度降低。根据吸附前后溶液浓度的变化计算每克固体吸附溶质的量 $\Gamma_{表观}$

$$\Gamma_{表观} = \frac{x}{m} = \frac{(c_0-c)V}{m} \qquad\qquad 式（8-57）$$

式中，c_0 和 c 分别表示吸附前后溶液的浓度，V 是溶液的体积，m 为固体的质量。

用式（8-57）计算吸附量时没有考虑固体对溶剂的吸附，即式（8-57）表示的吸附量是假定溶剂吸附量为零时溶质的吸附量，通常称为表观吸附量（apparent adsorption quantity）或相对吸附量。在稀溶液中，由于溶剂被吸附而引起的浓度变化很小，可以忽略，由式（8-57）计算所得结果可以近似地代表固体对溶质的吸附情况，因此式（8-57）仅适用于稀溶液。在浓溶液中，这种由于溶剂被吸附而引起的浓度变化明显，表观吸附量的物理意义很难明确解释。

（三）吸附等温线与经验公式

通过研究固体在溶液中的吸附规律，特别是固体对表面活性剂的吸附，有助于解决固体表面的润湿和铺展问题。此外，如前所述，利用固体在溶液中的吸附，还可以测定固体的比表面。

溶液中的溶质可分为电解质、非电解质和高分子等类型。对于固体在溶液中的吸附，由于被吸附的溶质性质不同而有不同的吸附特点。本节主要讨论固体在非电解质溶液中的吸附。

1. 固体在稀溶液中的吸附　对于固体自稀溶液中吸附非电解质，其吸附等温线的形状和气体吸附等温线相似,因此气体吸附公式也可应用于溶液吸附,只要以浓度代替原来公式中的压力即可。常用的有弗罗因德利希公式和朗缪尔公式,在出现多分子层吸附的情况时可应用 BET 公式。但是使用这些公式处理固体在稀溶液中的吸附,只是由于处理后得到的结果和实验数据相符合,并没有任何理论意义。用表观法测得固体在稀溶液中吸附的吸附等温线如图 8-30 中的 I 和 II 所示。

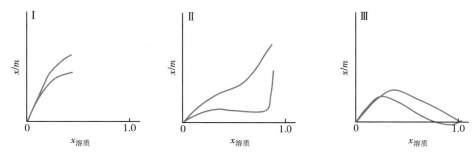

图 8-30　固体在溶液中的吸附曲线

第 I 类型的吸附等温线的形状与固体对气体吸附的 I 型等温线(图 8-25)相似,因而可用弗罗因德利希吸附等温式或朗缪尔吸附等温式来描述。例如活性炭从水中吸附低级脂肪酸、从苯中吸附苯甲酸等符合弗罗因德利希吸附等温式。而高岭土从水溶液中吸附番木鳖碱、阿托品则符合朗缪尔吸附等温式。弗罗因德利希吸附等温式和朗缪尔吸附等温式分别表示如下:

$$\frac{x}{m} = kc^{\frac{1}{n}} \qquad\qquad 式(8\text{-}58)$$

$$\frac{c}{x/m} = \frac{c}{\Gamma_m} + \frac{1}{b\Gamma_m} \qquad\qquad 式(8\text{-}59)$$

式中,k 和 n 都是经验常数,c 是吸附平衡时溶液的浓度,b 是与溶质和溶剂的吸附热有关的常数,Γ_m 是单分子层的饱和吸附量。弗罗因德利希吸附等温线和朗缪尔吸附等温线的区别在于,弗罗因德利希吸附等温线在低浓度时不为直线,并且在高浓度时不存在饱和。

第 II 类型溶液吸附等温线与固体对气体吸附的 II、III 型等温线(图 8-25)相似。如石墨和炭黑自水中吸附溶解度有限的苯酚、戊酸等。

2. 固体在浓溶液中的吸附　在浓溶液中,除了溶质的吸附外,固体对溶剂的吸附也不能忽略。由两种完全互溶的液体以任意比例混合形成溶液,表观吸附量对溶液组成的吸附等温线有三种情况。一种情况是在整个浓度范围内,固体对溶液中的某一组分是正吸附,而对另一组分是负吸附,吸附等温线呈 U 形,如图 8-30 中的 III 所示。硅胶在苯-甲苯溶液中对苯的吸附等温线就属此类。另一种情况比较常见,固体对溶液中某一组分的吸附在低浓度时为正吸附,在高浓度时为负吸附,吸附等温线呈 S 形,如图 8-30 的 III 所示。活性炭在乙醇-苯溶液中吸附乙醇的吸附等温线就属此类。表观吸附量为零是由于吸附剂对溶剂和溶质共同吸附后,溶液浓度与原溶液的浓度相同;表观吸附量为负,则是由于溶剂的吸附使溶液浓度增大所致。当吸附剂是微孔固体,且溶液中的一个组分的分子不能进入微孔时,吸附等温线是一条直线。一般情况下,表面均匀的固体对二元理想溶液的吸附曲线为 U 形,表面不均匀的固体对非理想溶液的吸附等温线为 S 形。这些吸附特点在气体吸附中是没有的。

一般地,极性吸附剂自非极性溶剂的溶液中易优先吸附极性组分,非极性吸附剂自极性溶剂的溶液中易优先吸附非极性组分;溶质在溶剂中的溶解度越小越易被吸附。此外,随着温度的升高,大多数溶质的吸附量是减小的。

在电解质溶液中,除了分子以外,还有正、负离子,情况比非电解质溶液更复杂。固体自电解质溶液中对离子的吸附可以分为两大类:离子在固-液界面的静电吸附和离子交换吸附。离子在固-液界面的静电吸附符合法扬斯规则(详见第九章第四节);某些固体晶格上的某些离子可以和溶液中的一些具有相同电荷的离子发生等电荷量的交换反应,即离子交换吸附。

固体在溶液中吸附的应用极为广泛。例如,利用葡聚糖凝胶分离分子量或粒径大小不同的物质,就是因为葡聚糖凝胶具有孔径均匀一致的孔隙,只允许与孔隙的孔径大小相近或小于孔隙孔径的粒子进入孔隙而被吸附,大于孔隙孔径的粒子则被洗脱出来,从而达到分离的目的。再如,在控制注射剂的质量时,加入活性炭吸附脱色;固体从溶液中吸附表面活性剂后,使固体的润湿性发生变化;胶体的稳定;水的净化及色谱分析等。吸附作用也并不都是有利的。例如,药物制剂中药物之间和药物与赋形剂之间的相互吸附作用会导致疗效下降。如季铵盐类表面活性剂常用于皮肤和黏膜的杀菌,效果较好,但常因处方中其他成分的吸附作用而失去活性。因此,上述这些规律有助于我们进一步发展溶液吸附的定量理论。

本 章 小 结

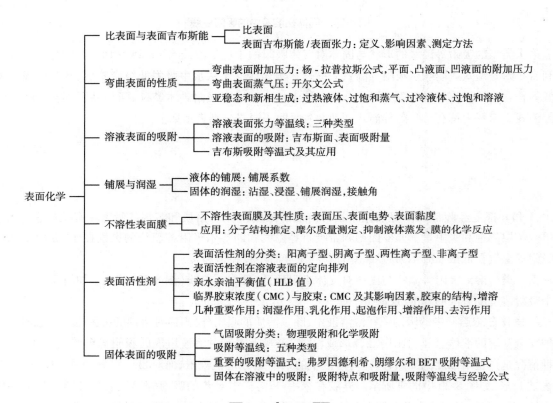

思 考 题

1. 表面吉布斯能和表面张力之间有什么异同和联系?

2. 分别从力和能量的角度解释为什么气泡和小液滴总是呈球形。

3. 两根水平放置的毛细管,管径粗细不均(图 8-31)。管中装有少量液体,a 管内为湿润性液体,b 管内为不润湿液体。两管内液体最后平衡位置在何处? 为什么?

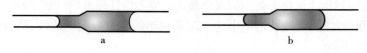

图 8-31　题 3 图

4. 在装有部分液体的毛细管中,将其一端小心加热时(图 8-32),润湿性液体、不润湿液体各向毛细管哪一端移动? 为什么?

图 8-32 题 4 图

5. 有一杀虫剂粉末,欲分散在一适当的液体中制成混悬喷洒剂,今有三种液体(1、2 和 3),测得它们与药粉及虫体表皮之间的界面张力关系如下:

$$\sigma_粉 > \sigma_{1-粉} \qquad \sigma_{表皮} < \sigma_{表皮-1} + \sigma_1$$

$$\sigma_粉 < \sigma_{2-粉} \qquad \sigma_{表皮} > \sigma_{表皮-2} + \sigma_2$$

$$\sigma_粉 > \sigma_{3-粉} \qquad \sigma_{表皮} > \sigma_{表皮-3} + \sigma_3$$

从润湿原理考虑,选择何种液体最适宜?为什么?

6. 什么是接触角?哪些因素决定接触角的大小?如何用接触角来判断固体表面的润湿状况?

7. 采用什么方法降低纯液体和溶液各自的表面能以使系统稳定?

8. 表面活性剂分子的结构有什么特点?它的结构特征和其降低表面张力的特性之间有什么联系?

9. 表面活性剂有很多重要的作用。你用过哪些表面活性剂?用表面物理化学的原理解释它们所起的作用。

10. 固体表面的吸附可分为物理吸附和化学吸附,它们之间有何异同?

11. 使用 BET 法测定固体的比表面时,气体的相对压力要控制在 0.05~0.35,为什么?

习　　题

1. 在 293K 时,把半径为 10^{-3}m 的水滴分散成半径为 10^{-6}m 的小水滴,比表面增加了多少倍?表面吉布斯能增加了多少?完成该变化时,环境至少需做多少功?已知 293K 时水的表面张力为 0.072 88N/m。

2. 将 $1×10^{-6}$m^3 的油分散到盛有水的烧杯内,形成乳滴半径为 $1×10^{-6}$m 的乳状液。设油-水界面张力为 $62×10^{-3}$N/m,求分散过程所需的功为多少?所增加的表面吉布斯能为多少?如果加入微量的表面活性剂之后,再进行分散,这时油-水界面张力下降到 $42×10^{-3}$N/m,则此分散过程所需的功比原过程减少多少?

3. 常压下,水的表面张力 σ(N/m)与温度 T(K)的关系为:

$$\sigma = 0.113\ 9 - 1.4×10^{-4}(T-273)$$

若在 283K 时,保持水的总体积不变,可逆地扩大 1cm^2 表面积,则系统的 W、Q、ΔS、ΔG 和 ΔH 各为多少?

4. 证明药粉 s 在两种不互溶的液体 α 和 β 中的分布:(1) 当 $\sigma_{s,\beta} > \sigma_{s,\alpha} + \sigma_{\alpha,\beta}$ 时,s 分布在液体 α 中。(2) 当 $\sigma_{\alpha,\beta} > \sigma_{s,\alpha} + \sigma_{s,\beta}$ 时,s 分布在液体 α、β 之间的界面上。

5. 在两块平行而又能完全被水润湿的玻璃板之间滴入水,形成一薄水层,试分析若在垂直玻璃平面的方向上想把两块玻璃分开较为困难的原因。今有一薄水层,其厚度 $\delta = 1×10^{-6}$m,设水的表面张力为 $72×10^{-3}$N/m,玻璃板的长度 $l = 0.1$m(图 8-33),求两板之间的作用力。

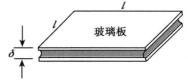

图 8-33 题 5 图

6. 汞对玻璃表面完全不润湿,若将直径为 0.100mm 的玻璃毛细管插入大量汞中,试求管内汞面的相对位置。已知汞的密度为 $1.35×10^4$kg/m^3,表面张力为 0.520N/m,重力加速度 $g = 9.8$m/s^2。

7. 如果液体的蒸气压符合高度分布定律($p = p_{正常}e^{-Mgh/RT}$),试由开尔文公式推导出毛细管上升公式 $h = -\dfrac{2\sigma}{\rho gr}$。

8. 在 101.325kPa 压力下,若水中只含有直径为 10^{-6}m 的空气泡,那么这样的水在什么温度下才能沸腾?已知水在 373K 的表面张力 $\sigma=58.9\times10^{-3}$N/m,摩尔汽化热 $\Delta_{vap}H_m=40.656$kJ/mol。设水面至空气泡之间液柱的静压力及气泡内蒸气压下降等因素均可忽略不计。

9. 水蒸气迅速冷却至 298K 会发生过饱和现象。已知 298K 时水的表面张力为 72.1×10^{-3}N/m,密度为 997kg/m^3。当过饱和水蒸气压为水的平衡蒸气压的 4 倍时,试求算最初形成的水滴半径为多少?此种水滴中含有多少个水分子?

10. 已知 $CaCO_3$ 在 773K 时的密度为 3.9×10^3kg/m^3,表面张力为 1 210$\times10^{-3}$N/m,分解压力为 101.325kPa。若将 $CaCO_3$ 研磨成半径为 30nm(1nm$=10^{-9}$m)的粉末,求其在 773K 时的分解压力。

11. 一滴油酸在 293K 时落在洁净的水面上,已知有关的界面张力数据为:$\sigma_{水}=75\times10^{-3}$N/m,$\sigma_{油酸}=32\times10^{-3}$N/m,$\sigma_{油酸-水}=12\times10^{-3}$N/m。当油酸与水相互饱和后,$\sigma'_{油酸}=\sigma_{油酸}$,$\sigma'_{水}=40\times10^{-3}$N/m。据此推测油酸在水面上开始与终了的形状。相反,如果把水滴在油酸表面上,它的形状又如何?

12. 298K 时,已知有关的界面张力数据如下:$\sigma_{水}=72.8\times10^{-3}$N/m、$\sigma_{苯}=28.9\times10^{-3}$N/m、$\sigma_{汞}=471.6\times10^{-3}$N/m 和 $\sigma_{汞-水}=375\times10^{-3}$N/m、$\sigma_{汞-苯}=362\times10^{-3}$N/m 及 $\sigma_{水-苯}=32.6\times10^{-3}$N/m。试问:(1) 若将一滴水滴在苯和汞之间的界面上,其接触角 θ 为多少?(2) 苯能否在汞的表面或水的表面上铺展?

13. 293.15K 时,醋酸水溶液的表面张力和浓度之间的关系为

$$\sigma=\sigma_0+a\frac{c}{c^\ominus}+b\left(\frac{c}{c^\ominus}\right)^2$$

式中,σ_0 为纯净水的表面张力,a 和 b 皆为常数,$a=-1.508\times10^{-2}$N/m,$b=2.590\times10^{-3}$N/m。

(1) 写出醋酸溶液表面吸附量 Γ 与浓度 c 的关系式。

(2) 计算当浓度分别为 0.10mol/L、0.30mol/L、0.50mol/L、0.70mol/L、1.00mol/L、1.50mol/L 时的吸附量。

(3) 根据(2)的计算结果画出醋酸溶液的吸附等温线。

14. 292.15K 时,丁酸水溶液的表面张力和浓度的关系可以表示为

$$\sigma=\sigma_0-a\ln\left(1+b\frac{c}{c^\ominus}\right)$$

式中,σ_0 为纯净水的表面张力,a 和 b 皆为常数。

(1) 写出丁酸溶液在浓度极稀时表面吸附量 Γ 与浓度 c 的关系。

(2) 若已知 $a=13.1\times10^{-3}$N/m,$b=19.62$,试计算当 $c=0.200$mol/L 时的吸附量。

(3) 求丁酸在溶液表面的饱和吸附量 Γ_m。

(4) 假定饱和吸附时溶液表面上丁酸成单分子层吸附,计算在液面上每个丁酸分子的横截面积。

15. 298K 时,测得不同浓度下氢化肉桂酸水溶液的表面张力 σ 的数据如下表所示:

$c/(kg/kg)$	0.003 5	0.004 0	0.004 5
$\sigma\times10^3/(N/m)$	56.0	54.0	52.0

求浓度为 0.004 1kg/kg 及 0.005 0kg/kg 时溶液表面吸附量 Γ。

16. 某活性炭吸附甲醇蒸气,在不同压力时的吸附量如下表所示:

p/Pa	15.3	1 070	3 830	10 700
$\frac{x}{m}/(kg/kg)$	0.017	0.130	0.300	0.460

求适用于此实验结果的弗罗因德利希吸附等温式。

17. 用活性炭吸附 $CHCl_3$ 符合朗缪尔吸附等温式,在 273K 时的饱和吸附量为 93.8L/kg,已知 $CHCl_3$ 的分压为 13.4kPa 时的平衡吸附量为 82.5L/kg。试计算:

(1) 朗缪尔吸附等温式中的常数 b。

(2) $CHCl_3$ 的分压为 6.67kPa 时的平衡吸附量。

18. 273K 时,用炭黑吸附甲烷,在不同平衡压力 p 之下的吸附量 V(已换成标准状况)数据如下:

p/kPa	13.332	26.664	39.997	53.329
$V \times 10^4/(m^3/kg)$	97.5	144	182	214

试问该吸附系统更符合朗缪尔吸附等温式还是弗罗因德利希吸附等温式?

19. 证明当 $C \gg 1$ 和 $p^* \gg p$ 时,BET 公式 $\dfrac{p}{V(p^*-p)}=\dfrac{1}{V_m C}+\dfrac{C-1}{V_m C} \cdot \dfrac{p}{p^*}$ 可还原为朗缪尔公式。

20. 在 77.2K 时硅酸铝吸附 N_2,测得每千克硅酸铝的吸附量 V(已换成标准状况)与 N_2 的平衡压力数据为:

P/kPa	8.699 3	13.639	22.112	29.924	38.910
$V \times 10^3/(m^3/kg)$	115.58	126.3	150.69	166.38	184.42

已知 77.2K 时 N_2 的饱和蒸气压为 99.125kPa,每个 N_2 分子的截面积 $A=16.2 \times 10^{-20} m^2$。试用 BET 公式计算硅酸铝的比表面。

21. 298K 时,在下列各不同浓度的醋酸溶液中各取 0.1L,分别放入 2×10^{-3} kg 的活性炭,分别测得吸附达平衡前后醋酸的浓度如下:

$c_前/(mol/L)$	0.177	0.239	0.330	0.496	0.785	1.151
$c_后/(mol/L)$	0.018	0.031	0.062	0.126	0.268	0.471

根据上述数据绘出吸附等温线,并分别以弗罗因德利希吸附等温式和朗缪尔吸附等温式进行拟合,何者更合适?

目标测试

（刘　艳）

第九章

溶胶与大分子溶液

第九章
教学课件

分散系统(disperse system)是指一种或几种物质被分散到另一种物质中形成的系统,其中以非连续形式存在的被分散物质称为分散相(disperse phase),以连续相形式存在的物质称分散介质(disperse medium)。分散系统按其形成的相态可分为均相系统和多相系统;按分散相粒子大小可分为三大类,即粗分散系统,分散相粒径大于100nm;胶体分散系统,分散相粒径在1~100nm;分子分散系统,分散相粒径小于1nm。表9-1列出各类分散系统粒子大小及主要特征。

胶体分散系统(微课)

表9-1 按分散相粒子大小对分散系统的分类

分散系统类型	实例	分散相半径/nm	主要特征
粗分散系统	悬浮液 乳状液	>100	粒子不能通过滤纸,不扩散,不渗析,在普通显微镜下可见,外观浑浊
胶体分散系统	溶胶 大分子溶液 胶束溶液	1~100	粒子能通过滤纸,扩散极慢,在普通显微镜下不可见,在超显微镜下可见
分子分散系统	溶液	<1	粒子能通过滤纸,扩散快,能渗析,在普通显微镜和超显微镜下都不可见

胶体化学所涉及的1~100nm的超细微粒,是介于宏观世界与微观世界之间的介观系统(mesoscopic system),具有许多独特的性质。胶体分散系统的基本原理已广泛应用于石油、冶金、造纸、橡胶、塑料、电子、食品等工业领域,以及生物学、土壤学、生物化学、医学、气象学、地质学等其他学科。因此,胶体分散系统的研究已经从胶体化学发展成为一门独立的学科。

胶体科学与生物科学和医学科学密切相关,如人体各部分的组织是含水的胶体,其生理功能和新陈代谢与胶体性质有关,对其病理机制的研究,药物疗效的探索都需要胶体溶液的知识。又如,在药物制剂工艺、药物分散状态与功效以及纳米技术和新材料的应用研究中也都离不开胶体学科的基本原理。因此,掌握胶体的基本概念、基本理论与技术,对药学工作者是十分必要的。

第一节 胶体分散系统及其制备

一、溶胶的分类及其性质

根据分散相粒子结构和溶液的稳定性,胶体分散系可分为两大类:①由难溶物分散在分散介质中所形成的疏液胶体(lyophobic colloid),简称溶胶(sol)。由于分散相与分散介质之间有很大的相界面,易聚沉,是热力学上的不稳定系统。②大分子物质溶解在水中成为均相系统,因而这类大分子溶液称为亲液胶体(lyophilic colloid),是热力学稳定系统。由表面活性物质缔合形成胶束,分散于介质中得到的胶束溶液称为缔合胶体(association colloid),是真正的亲液胶体。

(一)溶胶的分类

溶胶按分散介质的聚集状态可分为三大类:气溶胶(aerosol)、液溶胶(sol)和固溶胶(solidsol),若再按分散相的聚集状态,可进一步细分为八小类,见表9-2。

表9-2 溶胶分类的实例

	分散相为气相	分散相为液相	分散相为固相
气溶胶		雾	烟、尘
液溶胶	灭火泡沫	牛奶、石油	油漆、泥浆
固溶胶	浮石、泡沫塑料	珍珠、某些宝石	金红玻璃、烟水晶

以上实例中,分散相的粒径>100nm 时,属粗分散系统。

以气体为分散介质时,分散相为固体粒子的称为烟或尘。烟比尘的固体粒子小。雾、尘和烟均可称为气溶胶。医药制剂中的气溶胶喷雾,生活中"雾霾"就属于气溶胶的范畴。

以液体为分散介质时,分散相为气体的称为泡沫(foam);分散相为不相混溶液体的称为乳状液(emulsion);分散相为固体小粒子的称为溶胶;分散相为较大固体粒子(如>200nm 或更大)的称为混悬液(suspension)。

以固体为分散介质时,分散相为气体的称为固体泡沫(solid foam),分散相为液体的称为凝胶(gel),固体乳状液(solid emulsion);分散相为固体的称为固体溶胶(solid sol)。

(二)溶胶的基本特性

溶胶与小分子溶液、大分子溶液及粗分散系统相比,有以下 3 点基本特性:

1. 特有的分散程度 溶胶的粒子大小在 1~100nm 之间,这是溶胶的根本特征,溶胶的许多性质与此有关。与小分子的粒径相比,溶胶粒子粒径大得多,在介质中表现出扩散速度慢、不能透过半透膜、渗透压低、乳光亮度强等特性,因此可以通过这些特性区分两者。与粗分散系统相比,溶胶粒子粒径不算大,因此能在介质中保持动力稳定性,不易发生沉降,粗分散系统则很容易沉降。

2. 多相性 由于分散相在介质中不溶或溶解度很小,当它以 1~100nm 粒径分散时,必然是超细微粒的多相系统,分散相与分散介质之间为不连续相,存在着明显界面,即所谓的相不均匀性。溶胶与真溶液相比,真溶液是以单个分子形式分散的,为不形成相界面的均相系统。溶胶与大分子溶液相比,除相同性质之外,大分子是亲液的,渗透压和黏度比溶胶大;又由于大分子溶液是均相的,乳光亮度比溶胶弱得多。

3. 热力学不稳定性 由于溶胶的相不均匀性和分散相的超细微粒尺度,形成了系统的巨大比表面,例如粒径为 5nm 的物质其比表面达到 $180m^2/g$。巨大的比表面意味着有较大的界面能,当微粒相互聚结并时,因表面积减小而使界面能降低,这是一个热力学自发过程,因此,溶胶有自发聚结的趋势,是热力学的不稳定系统。为了防止溶胶聚结,制备溶胶时,需要加入稳定剂(stabilizing agent),通常是适量的电解质。小分子溶液和大分子溶液不存在相界面,是热力学的稳定系统。

溶胶的许多性质可从以上 3 个基本特性得到解释,确定一个分散系统是否为溶胶,也要从这 3 个基本特征综合考虑,仅考虑其中个别特征是不够的。此外,溶胶分散相的结构和形状对溶胶的性质也有很大影响,例如溶胶粒子的荷电多少,形状是球状、椭球状、棒状还是线状,直接会影响溶胶的动力性质、光学性质、电学性质和流变性质。

二、溶胶的制备和净化

(一) 溶胶的制备

形成溶胶必须使分散相粒子的大小落在胶体分散系统的范围之内,分散相在介质中的溶解度极小,同时有适当的稳定剂存在时才能使系统具有足够的稳定性。溶胶可通过将粗颗粒进一步分散或将溶质分子凝聚两个途径制备,分别称为分散法(dispersed method)和凝聚法(condensed method),根据制备原理又分为物理法和化学法。实际制备过程可能分散和凝聚兼而有之,物理和化学过程并存。制备溶胶直接得到的粒子称原级粒子,而后在一定条件下又可聚集成较大的次级粒子,因此通常溶胶粒子的大小是不均一的,为多级的分散系统。

1. 分散法制备溶胶 分散的方法基本属于物理法,是用适当的手段将大块物质或粗分散的物质在有稳定剂存在的情况下分散成溶胶。常用的有以下几种:

(1) 研磨法:这是一种机械粉碎的方法,使用胶体磨制备溶胶。胶体磨的形式很多,图 9-1 是盘式胶体磨的示意图。磨盘的转速为 10 000~20 000r/min,两磨盘的间隙一般可调整到 $5\mu m$ 左右,分散相伴随分散介质及稳定剂从空心转轴注入到磨盘间隙,在强大的切应力作用下被撕裂粉碎,物料可被磨细到 $1\mu m$ 左右。如果是较脆性的材料,如活性炭等,利用胶体磨可获得 100nm 以下的超细粒子。胶体磨已广泛应用于工业生产,可以用来研磨药物、干血浆、大豆、颜料等。

(2) 电分散法:此法主要用于制备金属(如 Au、Ag、Hg 等)水溶胶。以金属为电极,通以直流电,两电极靠近以产生电弧,并使电极表面的金属气化,遇水冷却而成胶粒。水中加入少量碱可形成稳定的溶胶,见图 9-2。

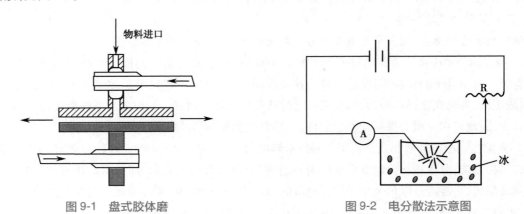

图 9-1 盘式胶体磨 　　　　　　　　图 9-2 电分散法示意图

(3) 超声波分散法:用超声波所产生的能量来进行分散。高频超声波对分散相产生很大的撕碎力,从而达到分散效果。目前多用于乳状液的制备,见图 9-3。

(4) 胶溶法:它不是将粗粒分散成溶胶,而是将暂时集聚起来的分散相又重新分散,所以亦称解胶法。许多新鲜的沉淀经洗涤除去过多杂质后,再加少量稳定剂制成溶胶,这种作用称为胶溶作用

（peptization）。例如：在 $Fe(OH)_3$ 的新鲜沉淀中加入 $FeCl_3$ 溶液可制备 $Fe(OH)_3$ 溶胶。一般情况下，若沉淀放置时间过长，因沉淀老化而不能得到溶胶。

2. 凝聚法制备溶胶　凝聚法是将分子分散状态的分散相凝聚为胶体分散状态的一种方法。一般是先将难溶性物质制成过饱和溶液，然后分散相相互聚集形成溶胶，通常可分为物理凝聚法和化学凝聚法。

（1）物理凝聚法：利用适当的物理过程将小分子聚集起来，如利用蒸气骤冷使某些物质凝聚成胶体粒子。例如，将汞蒸气通入冷水中就可以得到汞溶胶，而高温下汞蒸气与水接触时生成的少量氧化物对溶胶起稳定作用。又如钠的苯溶胶制备，将钠和苯在特制的仪器中蒸发（图9-4），两者在冷却管壁共同凝结，将冷却管升温时，形成钠的苯溶胶收集于接受管中。

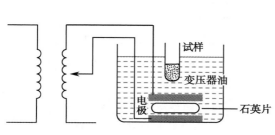

图9-3　超声波分散法示意图

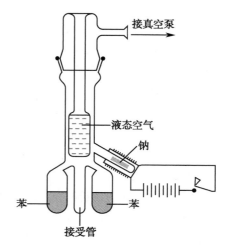

图9-4　蒸汽凝聚的仪器示意图

（2）化学凝聚法：利用可以生成不溶性物质的化学反应，使生成物呈过饱和状态，控制析晶过程，使粒子达到胶粒大小，这种方法称为化学凝聚法。原则上，过饱和度大、温度低有利于得到理想的溶胶。

硫化砷溶胶是一个典型的化学凝聚法的例子。将 H_2S 通入足够稀的 As_2O_3 溶液，通过复分解反应，生成高度分散的淡黄色硫化砷溶胶，其化学反应为

$$As_2O_3 + 3H_2S \longrightarrow As_2S_3(溶胶) + 3H_2O$$

贵金属溶胶可通过其化合物的还原制备，如还原氯金酸制备金溶胶：

$$2HAuCl_4(稀溶液) + 3HCHO(少量) + 11KOH$$

$$\xrightarrow{加热} 2Au(溶胶) + 3HCOOK + 8KCl + 8H_2O$$

铁、铝、铬、铜、钒等金属的氢氧化物溶胶，可以通过其盐类的水解制备。如在不断搅拌下，将 $FeCl_3$ 稀溶液滴加到沸腾的蒸馏水中，即产生棕红色的 $Fe(OH)_3$ 溶胶，水解反应式为

$$FeCl_3 + 3H_2O(热) \longrightarrow Fe(OH)_3(溶胶) + 3HCl$$

硫溶胶可以将硫的化合物进行氧化还原来制备，反应式为

$$2H_2S + SO_2 \longrightarrow 2H_2O + 3S(溶胶)$$

$$Na_2S_2O_3 + 2HCl \longrightarrow 2NaCl + H_2O + SO_2 + S(溶胶)$$

以上这些制备溶胶的例子中都没有外加稳定剂。事实上，胶粒表面吸附了过量具有溶剂化层的反应物离子，因而溶胶变得稳定了，或者说这些离子就是稳定剂。

（3）改变溶剂法：通过改变溶剂使溶质的溶解度骤降而析出凝聚成溶胶。如取少量的硫溶于乙醇，将该溶液倾入水中，由于溶剂改变，硫的溶解度突然变小而生成硫溶胶。改换溶剂法常用来制备

难溶于水的树脂、脂肪等的水溶胶,也同样可制备难溶于有机溶剂的物质的有机溶胶。

3. 均分散胶体制备　在通常条件下制得的胶体粒子,其形状和大小并不均一,尺寸分布范围较广,是多级分散系统。如经严格控制工艺,则有可能制备出粒子形状相同、尺寸相差不大的胶体,这样的胶体称为均分散胶体(monodispersed colloid)。

胶体粒子生成过程经历两个阶段,即晶核生成和粒子长大。制备均分散胶体需满足的条件是:在极短时间内迅速生成大量晶核,之后确保晶核同步变大。在制备时,需要通过控制浓度、pH、温度及外加特定的离子等条件,才能得到理想的均分散胶体。

目前,均分散胶体的制备有金属盐水溶液高温水解法、金属络合物高温水解法、微乳液法和溶胶-凝胶转变法等。

均分散胶体在理论和实际上有着重要应用,如用于验证散射公式、扩散定律等基本理论;有色的均分散颗粒可以作为标定颜色的基准物,形状和尺寸均匀的颗粒可以作为校验仪器常数的基准物;纳米级均分散颗粒已成为化学反应的高效催化剂;均分散胶体可以确定生物膜的孔径大小与分布,对研究网状内皮组织系统及血清诊断研究都极为有效。

(二) 溶胶的净化

在制得的溶胶中常含有一些电解质,除形成胶粒所需要的电解质以外,多余的电解质反而会破坏溶胶的稳定性。因此,溶胶需要净化。常用渗析和超滤法净化溶胶。

1. 渗析法　利用溶胶粒子不能通过半透膜、而多余的电解质或其他小分子杂质可以透过半透膜的性质,除去杂质的方法称为渗析法(dialysis method)。常见的半透膜有羊皮纸、动物膀胱膜、硝酸纤维、醋酸纤维等。进行渗析时,通常把溶胶放在半透膜内,溶剂放在膜外。因膜内外浓度的差别,膜内的小分子物质如杂质分子和电解质离子等向膜外迁移。同时不断更换膜外溶剂,可去除溶胶中过多的电解质或其他杂质,达到溶胶净化的目的,见图 9-5(a)。治疗肾衰竭的血液透析仪,亦称人工肾就是利用这个原理工作的,见图 9-5(b),通过渗析可除去血液中尿素、尿酸和小分子含氮有害代谢物。

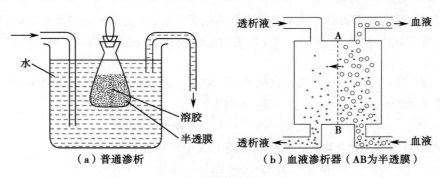

（a）普通渗析　　　　（b）血液渗析器（AB 为半透膜）

图 9-5　渗析装置

可采取增加半透膜面积、加大膜两边的浓度梯度,升高渗析温度等措施提高渗析速率。除了普通渗析外,通过外加电场增大离子迁移速率而提高渗析速率,这种方法称为电渗析(electro dialysis),见图 9-6。除了净化溶胶外电渗析还广泛用于污水处理、海水淡化、纯化水等。

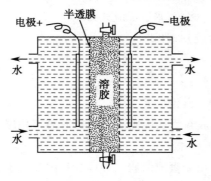

图 9-6　电渗析

2. 超滤法　用孔径细小的半透膜在加压或吸滤的条件下将胶粒与介质分开,这种方法称为超滤法(ultrafiltration method)。可溶性杂质能透过滤膜而被除去。得到的胶粒应立即分散到新的介质中,形成溶胶。

若在滤膜两侧安放电极,施加一定的电压,称为电超滤。见图 9-7,电超滤是电渗析和超滤的联合应用,其优点是降低过滤施加的压力,提高净化速率。

超滤技术发展很快,除净化溶胶外,还广泛用于浓缩、脱盐、除菌、除热原等,在生物化学中可用于蛋白质、酶、病毒、细菌的大小测定,在中药针剂生产中,用于去除多聚糖等大分子杂质。

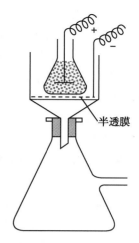

图 9-7 电超过滤

三、纳米粒子及其在药学领域中的应用

纳米尺寸在物理学领域常规定为 1~100nm,因为在此尺度内,物质的电磁量和量子特点比较突出。但在医学和药学领域,纳米尺度常限定为 1~200nm 或 1~1 000nm。在纳米尺度范围内研究物质特性和相互作用以及充分利用这些特性的科学和技术称为纳米科技。随着纳米科技的不断发展,纳米材料得到广泛研究。纳米材料是指三维尺寸中至少有一维处于纳米尺度范围的材料,或由其作为基本单元构成的材料。按维数分类,纳米材料可分为零维纳米材料、一维纳米材料、二维纳米材料和三维纳米材料。习惯上将在三维方向均处于纳米尺度的固体微粒称为纳米粒子。由于纳米粒子大小与胶体分散系统的粒子相同,制备方法也相似,在医药学中也有重要应用,因此在本节作简要介绍。

量子点(拓展阅读)

1. **纳米粒子的结构和特性** 纳米粒子的特性与粒子尺寸紧密相关,因此它的许多特性可表现在表面效应与体效应两方面。首先,由于粒子分散度提高到一定程度后,分布于粒子表面的原子数与总原子数之比随粒径变小而急剧增加(图 9-8)。由图可见,当粒径降至 10nm 时,表面原子所占的比例为 20%,而粒径为 1nm 时,几乎全部原子(大于 90%)都集中在粒子表面。据此可以理解,表面原子配位不足及高的表面能必将成为影响其化学特性的重要因素。同时由于表面原子数增加,粒子内包含的原子数减少,使能带中能级间隔加大,并影响其电子行为,从而必定产生体效应,影响粒子的熔点和磁性、电性、光学性能等。目前一些比较清晰的特性可归纳如下。

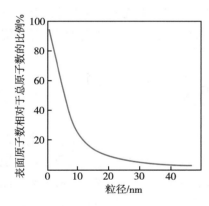

图 9-8 表面原子数与粒径的关系

(1)比表面大:例如平均粒径为 10~100nm 的纳米粒子,其比表面为 10~70m²/g,故具有优良的吸附和化学反应活性。

(2)易聚集:由于纳米粒子的表面能很大,粒子间易形成团聚体,以降低表面能。

(3)熔点低:金属纳米粒子的熔点随粒径减小而降低,金的熔点为 1 064℃,若粒径降至 2~5nm,则熔点降至约 300℃。

(4)磁性强:铁系合金纳米粒子的磁性比其块状的强得多。

(5)吸光性强:大块金属由于对可见光的反射和吸收能力不同而具有不同颜色的光泽。但金属纳米粒子对可见光反射率低、吸收率高,故几乎呈黑色。

(6)热导性能好:纳米粒子在低温或超低温下几乎没有热阻。

2. **纳米粒子的制备方法** 因疏液胶体系统中胶体粒子的大小与纳米粒子大小范围一致,故溶胶的制备方法均可用于制备纳米粒子。20 世纪末期纳米科技的兴起,对这一领域的研究已不限于物理化学家。陶瓷等材料科学、电子元器件的开发、生物科学及医药学、环境及能源科技等领域的研究人员都对纳米科技产生浓厚兴趣,并进行了更广泛、深入的研究,纳米粒子的制备方法又有许多创新。

近来有人认为将纳米粒子的制备方法分为气相法、液相法和固相法是科学的。

(1)气相法:用物理手段(如电弧、高频、等离子体等)使块状物体加热分散成气态再骤冷成纳米粒子的方法称为物理气相沉积法(physical vapor deposition,PVD)。主要用于制备金属、合金及个别金属氢氧化物的纳米粒子。将金属化合物蒸发、在气相中进行化学反应以制备纳米粒子的方法称为化学气相沉积法(chemical vapor deposition,CVD)。其优点是产物纯度高、分散性好、粒度分布窄等。

（2）液相法：使均相溶液中的某种或几种组分通过物理或化学方法形成微小粒子，并能使之与溶剂分离，即可得到纳米粒子。常用的液相法有沉淀法、水解法、氧化还原法、微乳法、乳状液法、溶胶-凝胶法和软硬模板法等。

（3）固相法：将块状固体用机械法粉碎，或通过固-固相间化学反应、热分解等方法形成纳米粉体的方法。此法所得粒子与原块状物的化学组成可能相同，也可能不同。

3. 纳米粒子在药学中的应用　药剂学中将粒径处于纳米尺寸范围内的药物递送系统统称为纳米递送系统。基于纳米粒子的纳米递送系统具有以下优势：①增加药物溶解度和稳定性；②延长药物半衰期，提高药物靶向性；③增强疗效，减少副作用。纳米粒子可以负载各种不同的生物活性成分，如小分子化学药物、核酸以及诊断剂等。癌症化疗药物是纳米粒子递送的重要对象。负载化疗药物的纳米粒子可以通过高渗透和滞留效应及配基修饰分别实现被动靶向和主动靶向作用，并且能逆转药物的多药耐药性。目前，以阿霉素脂质体和紫杉醇白蛋白纳米粒为代表的化疗药物已经用于癌症的临床治疗。纳米粒子也可用于核酸药物的递送，聚阳离子纳米粒和脂质体可以改善核酸药物的不稳定性和易降解性，将其递送到达作用部位。例如，临床使用的 RNA 干扰药物 Onpattro 是用阳离子脂质体递送小干扰 RNA，靶向甲状腺素运载蛋白，用于治疗遗传性转甲状腺素蛋白淀粉样变性。

一些纳米粒子可能会具有某些新的生物学功能，这增加了药物研究与开发的可能性。如纳米硒具有单质硒不具有的免疫调节、抗氧化和抗肿瘤活性。纳米粒子在药物合成中也发挥着重要作用。

纳米组装体
（拓展阅读）

具有纳米结构的催化剂性能十分优越，因纳米级的粒径使其具有较大比表面积以及较多的反应活性中心，这将大大提高催化效率。如在高分子聚合物的氧化、还原和合成反应中，使用银、氧化铝和氧化铁等纳米粒子作为催化剂，可以提高反应效率和产率。在药物分析中，纳米级微乳液滴显示出较大的分离优势，毛细管微乳电泳具有分离极性范围广和分离容量大的优点，在疏水性的大环化合物及中药活性成分的分离和含量测定中有广阔的发展前景。

第二节　溶胶的动力性质

溶胶粒子存在多种运动形式。无外力场作用时只有热运动，其微观上表现为布朗运动，宏观上表现为扩散。有外力场作用时作定向运动，例如重力场或离心力场中的沉降，电场中的电动行为等。这些运动性质与粒子的大小及形状有关，因而可通过测定粒子的运动推测其大小和形状。本节溶胶的动力性质(dynamic properties)主要讨论由热运动产生的扩散作用和渗透现象，以及在外力场中的沉降行为。

一、布朗运动

1827 年，英国植物学家布朗(Brown)在显微镜下看到悬浮在水中的花粉不停地作不规则的折线运动，以后还发现其他微粒(如矿石、金属和炭等)也有同样的现象，这种现象就称为布朗运动(Brownian motion)。关于布朗运动的起因，经过几十年的研究，才在分子运动学说的基础上作出了正确解释。处于不停地热运动状态的介质分子以不同速率、从不同方向撞击悬浮在液体中的颗粒。如果粒子相当大，则某一瞬间的撞击可以彼此抵消；但当粒子相当小(例如胶粒那样大)时，此种撞击可以是不均衡的，即粒子会时刻以不同速率在各个方向上作不规则运动(图 9-9)。1903 年由于出现了超显微镜，粒子布朗运动的轨迹可被直观观测到，图 9-10 是超显微镜下每隔相同时间观测到的粒子位置在平面的投影。

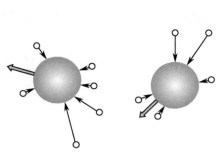

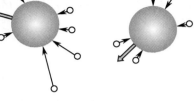

图 9-9　胶粒受介质撞击示意图　　　　图 9-10　超显微镜下胶粒的布朗运动

著名物理学家爱因斯坦对布朗运动的解释和定量计算作出了贡献。他认为溶胶粒子的运动与分子的运动相似，其平均动能也为 $\frac{1}{2}kT$。布朗运动的实际路径虽然杂乱无章，但在一定时间内的平均位移有一定的数值。爱因斯坦按照分子运动理论，并以球形粒子为模型推导出布朗运动平均位移的公式：

$$\bar{x} = \sqrt{\frac{RT}{L} \cdot \frac{t}{3\pi\eta r}}$$
　　　　　　式(9-1)

式中，$\bar{x}$ 是在观察时间 t 内粒子沿 x 轴方向的平均位移，r 为微粒的半径，η 为介质的黏度，L 为阿伏伽德罗常数。式(9-1)也称为爱因斯坦-布朗运动公式。

这个公式把粒子的位移与粒子的大小、介质的黏度、温度以及观察时间等联系起来。即平均位移 $\bar{x}^2$ 与粒径 r 成反比，当粒径 r 很大时，$\bar{x}$ 小到观测不到，粒子几乎静止不动，这是因为它被足够多的介质分子撞击，合力约为零；只有胶体尺度的粒子，肉眼才能看到其布朗运动，并可从 $\bar{x}$ 求粒子的大小；小分子的运动无法用肉眼分辨，从这个意义上说，布朗运动是溶胶的特征。同时可以从已知半径 r 的粒子的平均位移 $\bar{x}$ 计算阿伏伽德罗常数。佩兰(Perrin)、斯韦德贝里(Svedberg)等科学家用藤黄、金溶胶进行的实验，计算得到的 L 常数相当准确，佐证了爱因斯坦公式的正确性，也使分子运动论得到了直接的证据，分子运动论从假说上升为理论，逐渐为人们所接受，这在科学发展史上做出了重大贡献。

二、扩散与渗透

溶胶粒子在介质中由高浓度区向低浓度区迁移的现象称为扩散(diffusion)。扩散是粒子布朗运动的必然结果和分子热运动的宏观体现。扩散过程中，物质由化学势高的区域向化学势低的区域转移，系统的吉布斯能降低。扩散的结果，系统趋于均态，无序度增加，熵值增大，因此扩散是自发进行的过程。

1885 年，菲克(Fick)根据实验结果发现，粒子沿着 x 方向扩散时，其扩散速度 $\frac{dn}{dt}$（单位时间内粒子的扩散量）与粒子通过的截面积 A 及浓度梯度 $\frac{dc}{dx}$ 成正比(图 9-11)，其关系式为

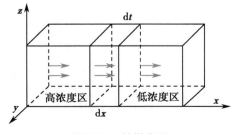

$$\frac{dn}{dt} = -DA\frac{dc}{dx}$$
　　　　式(9-2)

这就是菲克第一定律(Fick's first law)，$\frac{dn}{dt}$ 的单位为

图 9-11　扩散作用

mol/s 或 kg/s,比例系数 D 称为扩散系数(diffusion coefficient),其物理意义是在单位浓度梯度下、单位时间内通过单位截面积的粒子的量,单位为 m^2/s,它表征粒子在介质中的扩散能力。式中负号是因为扩散方向与浓度梯度方向相反,即扩散向着浓度降低的方向进行。菲克第一定律表明,浓度梯度是扩散的驱动力,当浓度梯度为零时,扩散停止。

设在 t 时间内粒子的扩散距离为 $\bar{x}$,则根据菲克第一定律可以导出爱因斯坦-布朗运动位移方程:

$$\bar{x}^2 = 2Dt \qquad\qquad 式(9\text{-}3)$$

将式(9-1)代入式(9-3)得

$$D = \frac{RT}{L} \cdot \frac{1}{6\pi\eta r} \qquad\qquad 式(9\text{-}4)$$

式(9-4)表明,粒子的扩散系数随温度升高而增大。在恒温条件下,粒子半径越小、介质黏度越小,扩散系数就越大,粒子越容易扩散。粒子的布朗运动位移值可从实验测得,由式(9-3)可求得溶胶粒子的扩散系数 D,再根据式(9-4)可以算出粒子的半径 r,或从式(9-1)直接求半径 r。此外,还可以根据粒子的密度 ρ 求出胶粒的摩尔质量 M,这是测定扩散的基本用途之一。

$$M = \frac{4}{3}\pi r^3 \rho L \qquad\qquad 式(9\text{-}5)$$

实验表明,一般分子或离子的扩散系数的数量级为 $10^{-9} m^2/s$,而溶胶粒子的扩散系数为 $10^{-13} \sim 10^{-11} m^2/s$,相差 2~4 个数量级,这是因为溶胶粒子的半径比小分子大 2~4 个数量级,扩散作用比小分子弱得多。

菲克第一定律适用于浓度梯度不变的稳态扩散,例如某些控释制剂可以维持浓度差恒定。通常情况下,伴随扩散过程浓度梯度随时间不断减小,这是非稳态扩散。菲克第二定律(Fick's second law)可处理非稳态扩散,其表达式为

$$\frac{dc}{dt} = D\frac{d^2c}{dx^2} \qquad\qquad 式(9\text{-}6)$$

例题 9-1   金溶胶浓度为 2g/L,介质黏度为 0.001Pa·s。已知胶粒半径为 1.3nm,金的密度为 $19.3\times10^3 kg/m^3$。计算金溶胶在 298K 时:(1) 扩散系数;(2) 布朗运动移动 0.5mm 的时间;(3) 渗透压。

解:(1) 扩散系数按式(9-4)计算

$$D = \frac{RT}{L} \cdot \frac{1}{6\pi\eta r} = \frac{8.314\times298}{6.023\times10^{23}\times6\times3.14\times0.001\times1.3\times10^{-9}} = 1.679\times10^{-10} m^2/s$$

(2) 由式(9-3),$t = \dfrac{\bar{x}^2}{2D} = \dfrac{(0.5\times10^{-3})^2}{2\times1.679\times10^{-10}} = 744s$

(3) 将浓度 2g/L 转换为体积摩尔浓度,则

$$c = \frac{n}{V} = \frac{W}{VM} = \frac{W}{V \cdot \frac{4}{3}\pi r^3 \rho L}$$

$$= \frac{2}{1\times\frac{4}{3}\times3.14\times(1.3\times10^{-9})^3\times19.3\times10^3\times6.023\times10^{23}} = 0.018\,70 mol/m^3$$

因此,渗透压为

$$\Pi = cRT = 0.018\,70\times8.314\times298 = 46.34Pa$$

计算结果表明,溶胶粒子的渗透压很小。

三、沉降和沉降平衡

分散系统中粒子在外力场作用下的定向移动称沉降(sedimentation)。沉降是扩散的逆过程,沉降

使粒子浓集,扩散使粒子分散。两者作用会呈现 3 种结果:当粒子较小或外力场较弱时,主要表现为扩散;当粒子较大或外力场较强时,主要表现为沉降;两种作用力相当时,构成沉降平衡。

1. 重力沉降 重力场是不太强的力场,只有粗分散系统(例如江河中的泥沙粒子)才有明显的沉降,此时扩散可以忽略。沉降过程中粒子受到两种力的共同作用,即沉降力 $F_{沉}$ 和阻力 $F_{阻}$。沉降力是粒子重力 $F_{重}$ 和它在介质中的浮力 $F_{浮}$ 之差。设粒子是半径为 r 的球体,密度为 ρ,介质密度为 ρ_0,则有

$$F_{沉}=F_{重}-F_{浮}=\frac{4}{3}\pi r^3(\rho-\rho_0)g$$

式中,g 是重力加速度。粒子在介质中只要移动,就会有阻力,位移速度 v 越快,介质黏度 η 越大,受到的阻力就越大。根据斯托克斯定律(Stokes' law),对于球形粒子,$F_{阻}=6\pi\eta rv$。当 $F_{沉}=F_{阻}$,粒子匀速沉降,因此重力沉降(gravitational sedimentation)的速度为

$$v=\frac{2r^2(\rho-\rho_0)g}{9\eta}\qquad\qquad\text{式(9-7)}$$

沉降速度可用沉降天平测定。从重力沉降速度公式可知,v 与 r^2 呈正比,即沉降速度对粒子的大小有显著的依赖关系,用沉降分析法来测定粗分散系统的粒度分布即以此为依据;v 与 $(\rho-\rho_0)$ 呈正比,可以通过调节介质密度差控制沉降速度;v 与 η 有关,当粒子性质及粒径已知时,其在未知介质中的沉降速度与介质的黏度相关,这就是落球式黏度计的工作原理。由于斯托克斯定律适用条件的限制,式(9-7)只适用于粒径小于 $100\mu m$ 以下的粗分散系统,对于小于 $100nm$ 分散系统,必须考虑扩散的影响。药剂学中的混悬剂、乳剂等皆属于粗分散系统,为了制备稳定的混悬剂,一般在设计处方时常考虑加入润湿剂使介质能够渗透并润湿药物粒子,促进不溶性药物粉末在介质中的分散;或加入助悬剂减小两相的密度差,同时增加介质的黏度减缓药物颗粒沉降;以及加入高分子化合物或表面活性剂防止药物粒子长大而沉降等。

2. 重力沉降平衡 在重力场中,对于粒径小于 $100nm$ 的溶胶,沉降作用已大大减弱,此时扩散作用不可忽略。沉降作用使系统下层粒子的浓度变大,它所产生的浓度梯度成为扩散作用的驱动力,阻止沉降进一步进行。当沉降力与扩散力相等时,粒子的分布达到平衡,形成一定的浓度梯度,这种状态称为沉降平衡(sedimentation equilibrium)。从沉降力与扩散力的平衡可以导出沉降平衡时粒子的分布规律。如图 9-12 所示,在容器的高度为 h_1、h_2 处粒子的浓度为 c_1、c_2,根据范托夫公式,产生的渗透压差为 $d\Pi=RTdc$。扩散力等于渗透力,只是方向相反。设容器的截面为 $1m^2$,则扩散力 $=1\cdot d\Pi=RTdc$,在 dh 区域中含有的粒子数为 $1\cdot dh\cdot cL$,L 为阿伏伽德罗常数。因此,每个粒子的扩散力为

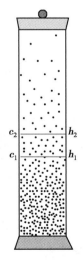

图 9-12 沉降平衡

$$F_{扩}=-\frac{RT}{cL}\cdot\frac{dc}{dh}$$

式中负号是因为浓度随高度而降低。当 $F_{扩}=F_{沉}$ 时,有

$$-\frac{RT}{cL}\cdot\frac{dc}{dh}=\frac{4}{3}\pi r^3(\rho-\rho_0)g$$

$$RT\cdot\frac{dc}{c}=-\frac{4}{3}\pi r^3(\rho-\rho_0)gLdh$$

分别对浓度和高度作定积分,可得

$$RT\ln\frac{c_2}{c_1}=-\frac{4}{3}\pi r^3(\rho-\rho_0)gL(h_2-h_1)\qquad\qquad\text{式(9-8)}$$

式(9-8)是粒子在重力场中的高度分布公式,与气体随高度分布的公式完全相同。此式表明:溶

胶粒子沿容器高度分布是不均匀的,容器底部的浓度最大,随高度 h_2 增大,浓度 c_2 呈指数逐渐减小;粒子质量越大(即 r 越大或 ρ 越大),其平衡浓度随高度下降越多。表9-3列出了一些分散系统粒子浓度降低一半时需要的高度。表中数据说明,粒径增大,分布高度越低;对于粒径为同一数量级(186nm 和 230nm)的金溶胶和藤黄溶胶,分布高度相差可达150倍,这是由于两者密度相差悬殊所致。此外,应用式(9-8)还可从平衡分布求粒径,进而求胶粒的摩尔质量;或用来验证阿伏伽德罗常数。

表9-3 一些分散系统的高度分布情况

分散系统	粒子直径 d/nm	粒子浓度下降一半时的高度 h/m
氧气	0.27	5 000
高度分散的金溶胶	1.86	2.15
超微金溶胶	8.35	2.5×10^{-2}
粗分散金溶胶	186	2×10^{-7}
藤黄的悬浮体	230	3×10^{-5}

例题 9-2 试计算 293K 时,粒子半径分别为 $r_1 = 10^{-4}$ m、$r_2 = 10^{-7}$ m、$r_3 = 10^{-9}$ m 的某溶胶粒子沉降 0.1m 所需的时间和粒子浓度降低一半的高度。已知分散介质的密度 $\rho_0 = 10^3 \text{kg/m}^3$,粒子的密度 $\rho = 2 \times 10^3 \text{kg/m}^3$,溶液的黏度 $\eta = 0.001 \text{Pa} \cdot \text{s}$。

解: 将 $r_1 = 10^{-4}$ m 代入重力沉降速度公式(9-7)和沉降平衡公式(9-8),

$$\frac{0.1}{t} = \frac{2r^2(\rho - \rho_0)g}{9\eta} = \frac{2 \times (10^{-4})^2 \times (2-1) \times 10^3 \times 9.8}{9 \times 0.001}$$

$$t = 4.59\text{s}$$

$$RT\ln\frac{c_2}{c_1} = -\frac{4}{3}\pi r^3(\rho - \rho_0)gL(h_2 - h_1)$$

$$8.314 \times 293 \times \ln\frac{1}{2} = -\frac{4}{3} \times 3.14 \times (10^{-4})^3 \times (2-1) \times 10^3 \times 9.8 \times 6.023 \times 10^{23} \times (h-0)$$

$$h = 6.83 \times 10^{-14}\text{m}$$

同理可求得 $r_2 = 10^{-7}$ m、$r_3 = 10^{-9}$ m 的结果见下表:

r/m	沉降 0.1m 的时间/s	浓度降低一半的高度/m
10^{-4}	4.59	6.83×10^{-14}
10^{-7}	4.59×10^6 (5.31d)	6.83×10^{-5}
10^{-9}	4.59×10^{10} (1 460y)	68.3

计算表明,对于粗分散系统的粒子,沉降作用强烈,扩散完全不起作用,因此粗分散系统是动力学不稳定系统。对于溶胶系统,粒子的扩散作用可以抗衡沉降,形成一定的平衡分布,当粒度很小时,沉降完全消失,系统是均匀分散的。事实上,由于温度变化引起的对流、机械振荡引起的混合等因素干扰,沉降不易发生,许多溶胶可以维持几年都不会明显沉降,因此高分散的溶胶具有一定的动力学稳定性。

3. **离心力场中的沉降和沉降平衡** 胶体分散系统由于分散相的粒子很小,在重力场中沉降的速度极为缓慢,以致实际上无法测定其沉降速度。1923年斯韦德贝里(Svedberg)创制离心机成功,把离心力提高到地心引力的 5 000 倍。现在的高速离心机可达到 10^6 g 的离心力场,这样就大大扩大了所能测定的范围,在测定溶胶胶粒的摩尔质量或大分子物质的摩尔质量方面得到广泛应用。超离心技术是药学、生物学中研究蛋白质、核酸、病毒等大分子化合物的重要手段,也可用于分离提取各种细胞器。

第三节　溶胶的光学性质

溶胶是有特定分散度和不均匀性的分散系统,在光学上具有独特的性质,它既不同于小分子真溶液、粗分散系统,也不同于大分子溶液。对溶胶光学性质的研究,不仅可以解释它的光学现象,还可以从它的光学行为了解胶体粒子的大小和形状。

一、溶胶的丁铎尔现象

当一束光线通过胶体系统时,在入射光的垂直方向上可看到一条浑浊发亮的光柱(图 9-13),这种现象是由英国物理学家丁铎尔(Tyndall)于 1869 年首先发现的,称为丁铎尔效应或丁铎尔现象(Tyndall phenomena)。当入射光为自然光时,光柱往往呈现淡蓝色。在日常生活中能经常见到丁铎尔效应。例如,夜晚的探照灯或由放映机所射出的光线在通过空气中的灰尘微粒时,就会产生丁铎尔现象;清晨,在茂密的树林中,常常可以看到从枝叶间透过的一道道光柱,这是因为云、雾、烟尘也是胶体,只是这些胶体的分散介质是空气,分散相是微小的尘埃或液滴。

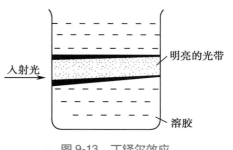

图 9-13　丁铎尔效应

入射光通过分散系统时可能发生 3 种情况,即吸收、反射或折射以及散射。吸收主要取决于系统的化学组成,其颜色表现为被吸收光的补色。反射或折射、散射则与粒子大小有关。可见光的波长为 400~700nm,当粒子直径大于入射光波长时,入射光则被反射或折射,粗分散系统因反射作用而表现为浑浊。当粒子直径小于入射光波长时,则光激发粒子的电子振动,成为二次波源,向各个方向发射电磁波,这就是光的散射(light scattering)作用,散射光亦称为乳光。小分子分散系统的粒径太小,散射光不明显。溶胶的粒径在 1~100nm 之间,有明显的散射光,由光的散射而产生的丁铎尔效应是溶胶分散系统的最主要光学特征。

二、瑞利散射公式

1871 年瑞利(Rayleigh)研究了光的散射作用,得出对于不导电的、不吸收光的球形粒子,其散射光的强度 I 为

$$I = \frac{24\pi^2 A^2 \nu V^2}{\lambda^4}\left(\frac{n_1^2 - n_2^2}{n_1^2 + 2n_2^2}\right)^2 \qquad \text{式(9-9)}$$

式中,A 为入射光的振幅,λ 是入射光波长,ν 是单位体积内粒子数,即粒子浓度,V 是单个粒子的体积,n_1 和 n_2 分别是分散相和分散介质的折射率。这就是瑞利散射定律或瑞利散射公式,适用于粒子半径远小于 $1/20\lambda$ 的情况。从瑞利公式可以得出下列结论:

(1)散射光强度与入射光波长的四次方成反比,因此入射光的波长越短,散射越强烈。当一束自然光照射溶胶时,其中蓝光和紫光等短波长的光易发生散射,侧面的散射光呈现淡蓝色,而透过光呈现其补色——橙红色。长波长的光有更强的透过性。旋光仪中的光源用黄色的钠光,警示信号采用红光,是因为它们处在可见光中的长波段,散射作用较弱、透射作用较强的缘故。天空呈蔚蓝色,这是散射光的贡献,朝霞和落日的余晖呈橙红色,则是观察到的透射光。

(2)分散相与分散介质的折射率相差越大,粒子散射光越强。因此散射光是分散系统光学不均匀性的体现。溶胶的分散相与分散介质之间有明显界面,两者折射率相差很大,因而有很强的散射光。而大分子溶液是均相系统,溶质和溶剂的折射率相差不大,散射光也就很弱,因此可根据散射光

强弱来区别溶胶与大分子溶液。折射率的差异是产生散射的必要条件,当均相系统由于浓度的局部涨落而产生折射率的局部变化时,也会产生散射,这就是用光散射法测定大分子摩尔质量的主要原理。天空和海洋都是蔚蓝色的,这也是由于这种局部涨落引起的。

（3）散射光强度与粒子体积的平方成正比,即与分散度有关。真溶液的分子体积很小,因而散射光很微弱,用肉眼分辨不出来。粗分散系统的粒径大于可见光波长,不产生散射光,只有反射光。因此,观测丁铎尔效应是鉴别溶胶、小分子真溶液和粗分散系统悬浮液的简便而有效的方法。由于散射光强度与粒子体积有关,因此可以通过测定散射光强度求算粒子半径。

（4）散射光强度与粒子浓度成正比。由此可通过散射光强度求算溶胶的浓度。

用来测定散射光强度的仪器称为乳光计,其原理类似于比色计。两者不同的是乳光计的光源是从侧向照射过来的,检测的是乳光强度。乳光强度又称浊度(turbidity),通过与对照品的浊度比较,可计算待测样品的粒子大小或浓度。

除了粒子浓度和体积外,其他条件相同的情况下,若将 $\dfrac{c}{\rho}=\nu V$（c：质量浓度，ρ：粒子密度）代入瑞利公式,令 $K=\dfrac{24\pi^2 A^2}{\lambda^4 \rho}\left(\dfrac{n_1^2-n_2^2}{n_1^2+2n_2^2}\right)^2$,可得 $I=KcV$。

若与相同浓度的对照品浊度 I_0（粒径 r_0 已知）比较,可求算粒径 r。对球形粒子,$V=\dfrac{4}{3}\pi r^3$,则有

$$\frac{I}{I_0}=\frac{r^3}{r_0^3}\qquad\qquad\text{式（9-10）}$$

若与相同体积的对照品浊度 I_0（浓度 c_0 已知）比较,可求算粒子的浓度 c,即

$$\frac{I}{I_0}=\frac{c}{c_0}\qquad\qquad\text{式（9-11）}$$

瑞利公式对于非金属溶胶比较适用,但对于金属溶胶,由于它不仅有散射作用,还有光的吸收作用,所以关系要复杂得多。

三、溶胶的颜色

溶胶的外观颜色取决于其对光的吸收和散射两个因素。

当溶胶对光有吸收时,微弱的散射光被掩盖,表现出鲜亮的特定颜色,并与观测方向无关。大部分金属溶胶因对特定波长的光有吸收而显现颜色,如金溶胶对波长为 500~600nm 的绿光有较强的选择性吸收,所以呈现其补色——红色。其他如 As_2S_3 溶胶为黄色,Sb_2S_3 溶胶为橘色,都是各自吸收了一定波长的光形成的。光的吸收与化学结构有关,当入射光光量子的能量恰好等于粒子中元素电子从基态跃迁到激发态所需的能量时,光即被选择性吸收。

当溶胶对光的吸收很弱时,则显现出散射光形成的颜色,并与观测方向有关,即侧面看呈淡蓝色,对着光源看呈淡橙色。$AgCl$、$BaSO_4$ 等溶胶在可见光区吸收很弱,只呈现乳光。

此外,粒子大小也会改变溶胶对光的吸收和散射强度比。金溶胶在高度分散时,以吸收为主,呈红色。放置一段时间后,粒子变大,散射作用增强,散射光波长红移,则金溶胶颜色由红逐渐变蓝。

四、溶胶粒子大小的测定

溶胶粒径大小的测定,经典的方法是应用超显微镜。随着科学的进步和新仪器的出现,测定方法也在不断更新,如用电子显微镜法、激光散射法。超显微镜由于设备简单、操作方便,在普通实验室就可配备使用,下面进行简单介绍。

人们的肉眼分辨率约 0.2mm,普通光学显微镜的分辨率为 200nm,视野扩大了 1 000 倍,但对于小

于 100nm 的溶胶粒子,普通显微镜仍是无能为力的,但可应用超显微镜来观察。

超显微镜由齐格蒙第(Zsigmondy)于 1903 年发明,其原理是用普通显微镜来观察丁铎尔现象。即在超显微镜中,采用特殊的聚光器使足够强的光源从侧面照射到溶胶中,面对着黑暗的背景观察溶胶粒子的散射光,则可以清楚地看到一个个闪动的发光点(如同夜空中的满天星斗)在做布朗运动。

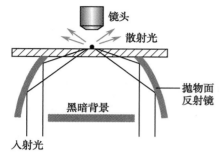

图 9-14　超显微镜的光路结构

图 9-14 是超显微镜的光路结构。

尽管超显微镜实质上没有提高显微镜的分辨率,但由于胶粒发出强烈的散射光信号,所以即使小至 5~10nm 的胶粒亦可被观察到。并且观察到的只是粒子散射的光点而不是粒子本身。光点要比粒子大很多倍,虽然它不代表粒子的真实大小和形状,然而对闪光点观测得到的信息,结合其他数据仍可计算出粒子的平均大小,并推断出胶粒的形状。

溶胶粒子大小可以通过对发光点的计数来计算。其方法如同显微镜下的血细胞计数,得到一定体积中粒子数。设测得的粒子数为 n,粒子的总质量为 m,密度为 ρ,对于体积为 V 的球形粒子,很容易通过下式计算出粒子的半径 r。

$$m = Vn\rho = \frac{4}{3}\pi r^3 n\rho \qquad \text{式(9-12)}$$

溶胶粒子的形状可以通过发光点的不同表现来推测。例如,根据超显微镜视野中光点亮度的差别,来估计溶胶粒子的大小是否均一;根据光点闪烁的特点,可推测粒子的形状:如果粒子的结构是不对称的(如棒状、片状等),当粒子大的一面向光时,光点很亮,而小的一面向光时,光点变暗,由于粒子的布朗运动,光点在不停地明暗交替,这称为闪光现象(flash phenomenon)。如果粒子结构是对称的(如球形、正四面体、正八面体等),闪光现象就不明显。

此外,超显微镜还可以用来研究溶胶粒子的聚沉、沉降、电泳等行为。

第四节　溶胶的电学性质

溶胶粒子表面带电是溶胶系统最重要的性质,它不仅直接影响粒子的外层结构,影响溶胶的动力性质、光学性质、流变学性质,而且是保持溶胶稳定性最主要的原因。粒子表面带电的外在表现就是电动现象。本节将详细讨论粒子表面电荷的来源、双电层理论及电学性质的应用。

一、电动现象

(一)电动现象

电动现象是指溶胶粒子因带电所表现出来的一些行为,有以下 4 种情况:

1. 电泳　将两根玻璃管插到饱和了水的泥土团里,在玻璃管里加一些水并插上电极,通电之后发现泥土粒子朝着正极方向运动(图 9-15),因此泥土粒子带有负电荷。这种在电场作用下带电粒子作定向移动的现象称电泳(electrophoresis)。不仅泥土,其他悬浮粒子也有类似现象,如淀粉、微生物、金、银、铝、硫化砷颗粒在电场中向正极移动,氢氧化铁、氢氧化铝等颗粒向负极移动。电泳现象说明,溶胶粒子是带电的。

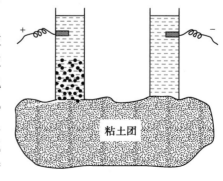

图 9-15　电泳现象

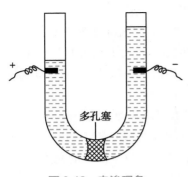

图 9-16　电渗现象

2. 电渗　在上面电泳实验中,若设法将泥土固定(如用半透膜将玻管下部封住),则可观测到液体介质(水溶液)向负极移动,介质一方带有正电荷。这种在电场作用下,液体介质作定向移动的现象称为电渗(electroosmosis)。不仅泥土,若用毛细管或多孔塞(由多种形式的毛细管所构成的管束)做实验,也能看到液体介质移动的电渗现象,见图 9-16。不同材料的多孔塞,介质移动的方向不同,若用滤纸、玻璃、棉花等作材料,介质向负极移动,若用氧化铝、碳酸钡等物质作材料,介质向正极移动。

3. 流动电势　对液体介质施加压力,迫使其流经毛细管或多孔塞时,在多孔塞两侧产生的电势差,称之为流动电势(streaming potential)。显然流动电势是电渗作用的逆过程。在生产实际中要考虑到流动电势的存在。例如,当用油箱或输油管道运送液体燃料时,燃料沿管壁流动会产生很大的流动电势,这常常是引起火灾或发生爆炸的原因。为此常使油箱或输油管道接地以消除之,人们熟悉的运油车接地铁链就是为此目的设置的。加入少量合适的油溶性离子表面活性剂可以增加非极性燃料的比电导,因而也可以达到此目的。

4. 沉降电势　带电粒子在沉降(如重力沉降)时,在沉降方向的两端产生的电势称为沉降电势(sedimentation potential)。沉降电势是电泳的逆过程。在生产实际中也要考虑到沉降电势的存在。储油罐中的油往往含有小水滴,水滴的沉降会产生很高的沉降电势,给安全带来隐患,通常也是加入一些有机电解质,增加其导电性能加以防范。天空中雷电现象也与沉降电势有关。

溶胶的电泳、电渗、流动电势和沉降电势统称电动现象,它们都证明溶胶粒子是带电的。带电粒子在电场中会发生定向运动,或定向运动时产生电场。在 4 种电动现象中,以电泳和电渗最为重要。通过电泳和电渗的研究,可以进一步了解胶体粒子的结构以及外加电解质对溶胶稳定性的影响。电泳在科学研究和生产实践中都有着广泛的实际应用。

（二）电泳的应用

带电物质在电场中的运动速度与荷电量有关,也与粒子的大小、形状等自身结构有关,因此通过对带电物质的电泳测定,不仅可以得到带电物质的电荷量(或表面电势),还可以利用不同物质在电场中的不同电泳速度进行分离,用于定性鉴定或定量计算。在科学研究中,电泳已经成为常用的测试手段,各种电泳仪也不断更新,成为胶体、大分子化学和生命科学研究的必备工具。

测定电泳的仪器和方法多种多样,大致可归纳为移动界面电泳、显微电泳和区带电泳 3 类。前者是观测溶胶与电泳辅助液间的界面在电场中的移动,界面的移动速度即为胶粒的电泳速度,图 9-17 是这类仪器的一种。对于在显微镜下可分辨的粗颗粒悬浮体、乳状液等,可用显微电泳,它是直接对粒子运动的测定。

滤纸、醋酸纤维素薄膜、淀粉凝胶、琼脂糖凝胶和聚丙烯酰胺凝胶等也可作为电泳的支持介质,这种电泳称为区带电泳。

区带电泳的应用相当广泛,生物化学中常用电泳来分离各种氨基酸和蛋白质等,医学中利用血清的纸上电泳可以协助诊断患者是否有肝硬化。按图 9-18 所示装置,将血清样品点在用缓冲溶液润湿的滤纸条上,通电后,血清中荷负电的清蛋白以及 α、β、γ 三种球蛋白,由于其分子量和电荷密度不同,向正极的泳动速度不同,故可将它们彼此分离。各蛋白在滤纸上分离后,再经显色等处理,便可获得如图 9-19 所示的谱带状电泳图谱。

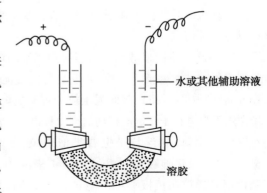

水或其他辅助溶液

溶胶

图 9-17　界面移动电泳仪

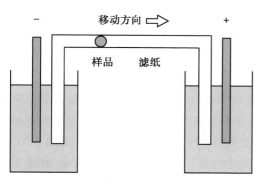

图 9-18　纸上电泳示意图

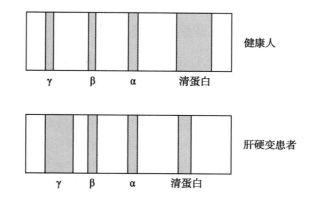

图 9-19　健康人和肝硬变患者的血清蛋白质电泳图谱

用醋酸纤维膜、淀粉凝胶、聚丙烯酰胺凝胶和琼脂多糖等代替滤纸,可以提高电泳的分辨能力。特别是利用具有三维空间的多孔性网状结构凝胶作支持体,混合物中因分子大小和形状不同被分离时除有"电泳"作用外,还有"筛分"作用,可以大大提高电泳的分辨能力。琼脂多糖凝胶电泳,在生物化学中还可以用于分离、鉴定和纯化 DNA 片段。

二、胶粒表面带电的原因

电动现象证明了溶胶粒子是带电的,表面电荷的来源主要有以下几种原因:

1. 吸附　溶胶粒子通过吸附介质中的离子而带电,大多数溶胶带电属于这类情况。吸附的机制分为选择性吸附和非选择性吸附两种。对于选择性吸附,实验表明,凡是与溶胶粒子中某一组成相同的离子则优先被吸附,这一规律称为法扬斯规则(Fajans rule),利用这一规则可以判断胶粒的带电符号。例如用 $AgNO_3$ 与 KI 溶液反应制备 AgI 溶胶时,若 $AgNO_3$ 过量,胶粒表面吸附 Ag^+ 而带正电荷;若 KI 过量,则吸附 I^- 而带负电荷。因而 AgI 溶胶的荷电情况由 Ag^+ 或 I^- 何者过量而定。溶液中的其他离子,如 K^+ 或 NO_3^- 被表面吸附的能力比 Ag^+ 或 I^- 要弱得多,对 AgI 溶胶则属于不相干离子。如果介质中没有与溶胶粒子组成相同的离子存在时,吸附是非选择性的。非选择性吸附与离子水化能力有关,水化能力弱的离子易被吸附,水化能力强的离子易留在溶液中。通常阳离子的水化能力比阴离子强,因此通过非选择性吸附机制带电的溶胶往往带负电,这也是为什么带负电的溶胶居多的原因。

2. 电离　当溶胶粒子本身带有可电离基团时,通过自身电离而带电。例如硅胶粒子表面的 SiO_2 分子,水化后形成 H_2SiO_3,在酸性条件下可电离出 OH^- 使溶胶粒子带正电,在碱性条件下可电离出 H^+ 使溶胶粒子带负电,即

$$H_2SiO_3 \xrightarrow{H^+} HSiO_2^+ + OH^- \xrightarrow{H^+} HSiO_2^+ + H_2O \quad 酸性条件带正电$$

$$H_2SiO_3 \xrightarrow{OH^-} HSiO_3^- + H^+ \xrightarrow{OH^-} HSiO_3^- + H_2O \quad 碱性条件带负电$$

大分子电解质蛋白质也是通过电离带电,且电离过程与 pH 有关。

3. 同晶置换　同晶置换是黏土粒子带电的原因之一。黏土矿物中如高岭土,主要由铝氧四面体和硅氧四面体组成,而 Al^{3+} 与周围 4 个氧的电荷不平衡,要吸附一些 H^+ 或 Na^+ 等正离子来平衡电荷。这些正离子在介质中会电离并扩散而离开表面,所以就使黏土微粒带负电。如果再有晶格中的 Al^{3+}(或 Si^{4+})被低价 Mg^{2+} 或 Ca^{2+} 同晶置换,则黏土微粒带的负电荷会更多。

4. 摩擦带电　在非水介质中,溶胶粒子的电荷来源于它与介质分子的摩擦。一般来说,两种非导体构成的分散系统,介电常数 ε 较大的一相带正电,另一相带负电。例如玻璃($\varepsilon_r = 15$)在水($\varepsilon_r = 81$)中带负电,而在苯($\varepsilon_r = 2$)中带正电。

三、双电层理论和电动电势

溶胶粒子通过吸附或电离作用,粒子和介质分别带有相反的电荷,从而在界面上形成双电层(electric double layer)的结构。对于双电层结构的认识,曾提出过不少模型,用于解释溶胶的电学行为,以下简要介绍双电层结构的 3 个模型和电动电势概念。

1. 亥姆霍兹平板双电层模型 1879 年亥姆霍兹首先提出平板双电层模型。他认为粒子表面带有的电荷与介质中带有相反电荷的反离子(counter ions),由于静电吸引,分别平行而整齐地排列在相界面上,形成具有简单平板电容器那样的双电层结构,两层之间的距离 δ 约一个离子大小,见图 9-20。粒子表面与本体溶液之间的电势差称为表面电势 φ_0(即热力学电势),在双电层内电势从 φ_0 直线下降至零。平板双电层模型可以解释粒子或介质在电场中定向移动的电动现象,但仅是理论上的,实际上由于表面溶剂化后的厚度已大于 δ,双电层整体是电中性的,不会有电动行为。此外,该模型无法解释电解质对溶胶电性的影响。

2. 古依-查普曼扩散双电层模型 为了克服亥姆霍兹平板双电层模型的不足,古依(Gouy,1910 年)和查普曼(Chapmen,1913 年)提出了扩散双电层模型。该模型认为,反离子在介质中一方面受到粒子表面电荷的静电吸引靠近粒子,另一方面由于热运动向外扩散远离粒子,两者平衡时,形成反离子内多外少的扩散状分布,见图 9-21。反离子的排布分为两部分,一部分紧密地排列在粒子表面(约为 1~2 个离子的厚度),称为吸附层或紧密层,另一部分反离子从紧密层一直排布到本体溶液中,称扩散层。扩散层中离子的分布符合玻尔兹曼(Boltzmann)分布(用电势表示 $\varphi=\varphi_0 e^{-kx}$),即反离子的数量随着与胶粒表面距离 x 的增大呈指数下降。此外,当溶胶粒子移动时,紧密层的反离子跟随粒子一起移动,扩散层的反离子滞留在原处,两者之间存在一个分界面,称为滑动面或切动面,滑动面处的电势称为电动电势(electrokinetic potential)或 ζ 电势(Zeta potential),可见 ζ 电势是表面电势 φ_0 的一部分。理解电动电势很重要,溶胶粒子在静态时,不显现有滑动面,当粒子和介质作反向移动发生电动现象时,才出现粒子与介质之间的电学界面,即 ζ 电势才显示出来,所以 ζ 电势又称电动电势。因此体现粒子有效电荷的是电动电势,而不是表面电势。扩散双电层模型解释了电动现象,提出了与实际相符的反离子扩散状分布,区分了表面电势 φ_0 和电动电势 ζ。表面电势往往是个定值,与介质中的电解质浓度无关,电动电势则随电解质浓度增加,进入滑动面内的反离子增多,ζ 电位减小,反之则越大。古依-查普曼扩散双电层模型的不足在于,未能给出电动电势 ζ 更为明确的物理意义,还不能解释一些实验事实,如电动电势有时会随着电解质浓度增加反而增大,甚至超过表面电势或与表面电势的符号相反。

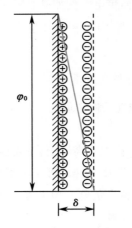

图 9-20 亥姆霍兹平板双电层模型平板双电层模型

图 9-21 古依-查普曼扩散双电层模型

3. 斯特恩吸附扩散双电层模型 1924 年,斯特恩(Stern)在综合了亥姆霍兹平板双电层模型与古依-查普曼扩散双电层模型的基础上,提出了吸附扩散双电层模型。他认为,整个双电层也分为吸附层(紧密层)和扩散层两部分,见图 9-22。紧密层由吸附在粒子表面上的定位离子(potential determining ions)或称特性离子和反离子构成。定位离子相当于兰缪尔的单分子吸附层,它决定粒子表面电荷符号和表面电势 φ_0 的大小。反离子靠静电引力紧密地排列在定位离子附近,约有 1~2 个分子层厚度,这些反离子的中心位置称为斯特恩平面(此处电势为 φ_δ),从斯特恩平面到粒子表面之间的区域称为斯特恩层,在此区域内电势由 φ_0 直线下降至 φ_δ,如同亥姆霍兹平板双电层。由于离子的溶剂化作用,紧密层结合了一定数量的溶剂分子,它们将与粒子成为一个整体一起移动,因此滑动面内包含了这些溶剂分子,滑动面的位置略在斯特恩层外侧。扩散层中的反离子排布随距离呈指数关系下降,符合玻尔兹曼公式。

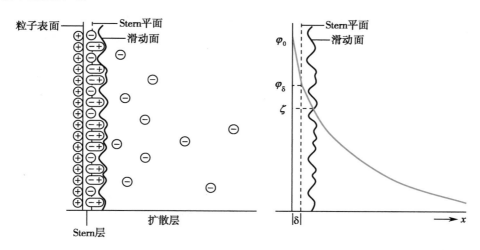

图 9-22　斯特恩吸附扩散双电层模型

斯特恩吸附扩散双电层模型能比较好地解释溶胶的电动现象。

(1)解释 ζ 电势的物理意义:从粒子表面到本体溶液存在着 3 种电势,即表面电势 φ_0、斯特恩电势 φ_δ 和 ζ 电势。斯特恩模型赋予 ζ 电势较明确的物理意义,即 ζ 电势是滑动面至本体溶液的电势差。由图 9-23 可知,ζ 电势只是 φ_δ 电势的一部分。对于足够稀的溶液,由于扩散层分布范围较宽,电势随距离的增加变化缓慢,因此可以近似地把 ζ 电势与 φ_δ 电势等同看待。但是,如果溶液浓度很高,这时扩散层范围变小,电势随距离的变化很显著,ζ 电势与 φ_δ 电势的差别明显,则不能再把它们视为等同了。

(2)解释电解质对双电层电势的影响:随着电解质的加入,斯特恩层与扩散层中的离子重新移动平衡,有一部分反离子进入斯特恩层,从而使 φ_δ 与 ζ 电势发生变化,见图 9-23(a)。如果溶液中反离子浓度不断增加,则 ζ 电势就相应下降,扩散层厚度亦相应被"压缩"变薄。当电解质增加到某一浓度时,ζ 电势可降为零,这种情况称为等电点。这时观察不到电泳现象,溶胶的稳定性最差。

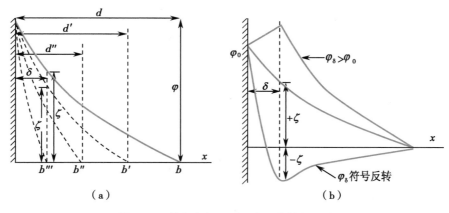

（a）　　　　　　　　　　（b）

图 9-23　外加电解质对双电层电势的影响

（3）解释高价反离子或同号大离子对双电层的影响：如图 9-23（b）所示，某些高价反离子或大的反离子由于吸附性能很强而大量进入吸附层，牢牢地贴近在固体表面，可以使斯特恩层结构发生明显改变，甚至导致斯特恩电势 φ_δ 与 ζ 电势反号；同样，某些同号大离子也会因其强烈的范德瓦尔斯（Van der Waals）引力而进入吸附层，使 φ_δ 增大，导致斯特恩电势 φ_δ 高于表面电势 φ_0。

由上述可知，有关双电层的几种模型都是在不断修正过程中逐步完善的。斯特恩吸附扩散双电层模型虽然比其他两种模型能更好地解释更多的事实，但是由于定量计算上的困难，一般理论处理时仍然采用古依-查普曼模型。

4. 电动电势的计算　溶胶的电动电势可通过测定溶胶粒子的电泳速度来求算。溶胶粒子在电场中受到两种作用力：电场力和泳动阻力。电场力与电动电势 ζ（V）和电场强度 E（V/m）有关，阻力按照斯托克斯公式与泳动速度 v（m/s）和介质黏度 η（pa·s）有关，当电场力与阻力平衡时，粒子匀速泳动，按静电学知识可得到 ζ 电势的计算公式：

$$\zeta = \frac{K\eta v}{4\varepsilon_0 \varepsilon_r E} \qquad\qquad 式（9\text{-}13）$$

或

$$\zeta = 9 \times 10^9 \frac{K\pi\eta v}{\varepsilon_r E} \qquad\qquad 式（9\text{-}14）$$

式（9-14）中，$\varepsilon_0 = 8.85 \times 10^{-12} \text{C}^2/(\text{N}\cdot\text{m}^2)$ 为真空中的介电常数，ε_r 为相对介电常数（水的 $\varepsilon_r = 81$），K 为形状参数（球形粒子，$K=6$；棒形粒子，$K=4$）。研究表明，大多溶胶的电动电势在 30~60mV 之间。

四、胶团结构

溶胶的电动现象证明了粒子的带电性质，双电层理论描述了粒子表面的电学结构。见图 9-24，溶

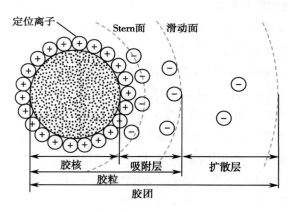

图 9-24　胶团的结构

胶结构可以分为三层。结构中心称胶核（colloidal nucleus），它由许多原子或分子（数千）聚集而成，仍保持其原有的晶体结构。胶核周围是吸附的定位离子、部分反离子及溶剂分子组成的吸附层，吸附层以溶胶的滑动面为界（包含斯特恩层），此处的电势即为电动电势，对溶胶稳定性起着重要作用。胶核和吸附层组成胶粒（colloidal particle）。吸附层以外的剩余反离子为扩散层，扩散层外缘的电势为零。胶核、吸附层和扩散层总称为胶团（colloidal micell）。整个胶团是电中性的。当定位离子和反离子为同价时，胶团结构式可表示为：

$$[（胶核）_m \cdot n \text{定位离子} \cdot (n\text{-}x) \text{内层反离子}] \cdot x \text{外层反离子} \qquad 式（9\text{-}15）$$

式（9-15）中，m 为构成胶核的分子或原子数，n 为定位离子的数量，x 为外层反离子的数量。定位离子可按照法扬斯规则确定。胶团结构式列举如下：

$Fe(OH)_3$ 溶胶的胶团结构

制备　　　　　　　　　$FeCl_3 + H_2O \longrightarrow Fe(OH)_3（溶胶）+ H^+ + Cl^-$

$$Fe(OH)_3（部分）+ H^+ \longrightarrow FeO^+ + H_2O$$

结构式　　　　　　　$\{[Fe(OH)_3]_m \cdot nFeO^+ \cdot (n\text{-}x)Cl^-\} \cdot xCl^-（正溶胶）$

AgI 溶胶的胶团结构

制备 1　　　　　　　$AgNO_3 + KI（过量）\longrightarrow AgI（溶胶）+ KNO_3$

结构式　　　　　　　　　$[(AgI)_m \cdot nI^- \cdot (n-x)K^+] \cdot xK^+$（负溶胶）

制备2　　　　　　　　　$AgNO_3$（过量）$+KI \longrightarrow AgI$（溶胶）$+KNO_3$

结构式　　　　　　　　　$[(AgI)_m \cdot nAg^+ \cdot (n-x)NO_3^-] \cdot xNO_3^-$（正溶胶）

金溶胶的胶团结构，

制备　　　　　　　　　$HAuCl_4 + 5KOH \longrightarrow KAuO_2 + 4KCl + 3H_2O$

　　　　　　　$2KAuO_2 + 3HCHO + KOH \longrightarrow 2Au$（溶胶）$+ 3HCOOK + 2H_2O$

结构式　　　　　　　　　$[(Au)_m \cdot nAuO_2^- \cdot (n-x)K^+] \cdot xK^+$（负溶胶）

As_3S_2 溶胶的胶团结构中，定位离子是 HS^-，反离子是 H^+。

制备　　　　　　　　　$As_2O_3 + 3H_2S$（过量）$\longrightarrow As_3S_2$（溶胶）$+ 3H_2O$

结构式　　　　　　　　　$[(As_3S_2)_m \cdot nHS^- \cdot (n-x)H^+] \cdot xH^+$（负溶胶）

第五节　溶胶的稳定性与聚沉

一、溶胶的稳定性

　　尽管有时溶胶外观貌似均相的溶液，但实际上胶粒和介质之间存在着明显的相界面，是高度分散的多相系统，具有巨大的表面积和表面能，有自发聚结而降低表面能的趋势，因此，溶胶是易聚结的不稳定系统，即热力学不稳定系统。然而许多溶胶能长期稳定存在，甚至多达数十年之久，其原因为：

　　1. 动力学稳定性　　溶胶粒子的布朗运动虽然增加了其相互碰撞的机会，但扩散作用不利于粒子的浓集和沉降，因此溶胶具有动力学稳定性。影响溶胶动力学稳定性的主要因素是自身的分散度。溶胶粒子的分散度越大（r 越小），扩散系数越大，扩散能力越强，有利于溶胶的稳定。介质的黏度是影响溶胶动力学稳定性的外界因素。介质黏度越大，胶粒越难沉降，有利于溶胶的稳定。

　　2. 胶粒带电的稳定作用　　由胶团结构可知，在胶粒周围存在着反离子的扩散层，使每个胶粒周围形成了离子氛。当胶粒相互靠近到一定程度时，扩散层相互重叠，产生的静电斥力阻止粒子间的聚集，保持了溶胶的稳定性。因此，胶粒具有足够大的 ζ 电势是溶胶稳定的主要原因。

　　3. 溶剂化的稳定作用　　胶团中的离子都是溶剂化的（若溶剂为水，则称为水化），结果在胶粒周围形成了水化膜，水化膜具有一定的弹性。当胶粒相互靠近时，水化膜被挤压变形，水化膜的弹性造成胶粒接近时的机械阻力。另外，因溶剂化的水比"自由水"具有更大的黏度，也成为胶粒接近时的机械障碍。总之，胶粒外的这部分水化膜客观上起了排斥作用，所以也常称为"水化膜斥力"。胶粒外水化膜的厚度应该与扩散双电层的厚度相当，约为 $1 \sim 10nm$。水化膜的厚度受系统中电解质浓度的影响，当电解质浓度增大时，扩散双电层的厚度减小，故水化膜变薄。

　　因此，溶胶的扩散力、静电斥力及水化膜斥力是溶胶能稳定存在的主要原因，其中扩散力取决于溶胶粒子的分散度，静电斥力和水化膜斥力取决于滑动面的电荷密度，其中后者是溶胶稳定的最主要原因。

二、溶胶稳定性理论

　　溶胶稳定性现代理论的基本概念是捷亚金（Deitjaguin）和兰道（Landau）于 1937 年提出的，后来费尔韦（Verwey）和欧弗比克（Overbeek）也独立地得出了类似的结论，于是称之为 DLVO 理论（DLVO theory）。它是目前对溶胶稳定性及电解质的聚沉作用解释得比较完善的理论。该理论从溶胶粒子间的相互吸引力和排斥力出发，认为当粒子相互靠近时，这两种相反作用力的总结果决定了溶胶的稳定性。DLVO 理论中的定量计算很复杂，这里仅将 DLVO 理论的大意和定性结果作简单介绍。

1. 胶粒之间的作用力和势能曲线　胶粒之间同时存在两种对抗的作用力,吸引力和排斥力。溶胶粒子间的吸引力在本质上和分子间的范德瓦尔斯引力相同,只是此处为许多分子组成的粒子团之间的相互吸引,其吸引力是各个分子所贡献的总和。引力势能 V_a 与粒子之间的距离 H 成反比,粒子相互靠近时,势能降低。

$$V_a \propto -\frac{1}{H} \qquad\qquad 式(9-16)$$

胶粒之间的排斥力起源于胶粒表面双电层的结构。当粒子间距离较大,双电层未重叠时,排斥力不起主要作用;而当粒子靠得很近,以致双电层部分重叠时,则在重叠部分中离子的浓度比正常分布时大,这些过剩的离子具有的渗透压力将阻碍粒子的靠近,因而产生排斥作用,见图 9-25。排斥作用形成的势能 V_r 与粒子的表面电势 φ_0、粒子间距离 H 及其他因素有关,若不考虑其他因素,则有

$$V_r \propto \varphi_0^2 e^{-\kappa H} \qquad\qquad 式(9-17)$$

式(9-17)中 κ 是双电层厚度的倒数。斥力势能随表面电势增大而呈平方增加,随距离增大而呈指数降低。

粒子之间总势能 V 为引力势能和斥力势能之和,即 $V=V_a+V_r$,总势能与距离 H 的关系如图 9-26所示。当距离较大时,双电层未重叠,远程吸引力起作用,因此总势能为负值。当粒子靠近到一定距离以致双电层重叠,则排斥力起主要作用,势能显著增加,但与此同时,粒子之间的吸引力也随距离的缩短而增大。当距离缩短到一定程度后,吸引力又占优势,势能又随之下降,整个势能曲线有个势能垒。

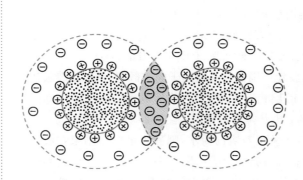

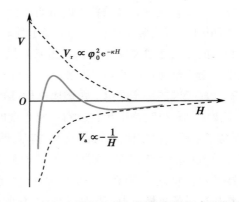

图 9-25　双电层部分重叠时产生的排斥作用　　图 9-26　粒子之间总势能与距离的关系（示意图）

2. DLVO 理论对溶胶稳定性的解释

（1）溶胶稳定性原因:由图 9-26 可以看出,粒子要互相聚集在一起,必须克服一定的势垒,一般情况下其值在 15~20kJ/mol,这是溶胶稳定程度的标志。溶胶粒子布朗运动的平均动能为 $\frac{3}{2}kT$,即常温下的动能只有 3.7kJ/mol,不足以跨越势垒而聚集,这就是溶胶能在一定时间内稳定存在的原因。要使聚沉发生,需要降低势垒高度。

（2）表面电势对稳定性影响:由式(9-17)可知,增加表面电势,会增加斥力势能的贡献,提高势垒的高度,有利于溶胶的稳定。反之,减少表面电势,会降低势垒高度,甚至不形成势垒,此时溶胶的聚沉是必然的。

（3）电解质对稳定性影响:溶胶中过量的电解质会压缩双电层厚度,使式(9-17)中的 κ 值增大,斥力势能降低。当电解质的浓度增加到一定程度,势垒降为零时,即为电解质的聚沉值。

（4）反离子价数对稳定性影响:DLVO 理论推导了当总势能 $V=0$ 时电解质的浓度 c 与其价数 z

的关系式,得到了 $c \propto \dfrac{1}{z^6}$ 的结果,因而舒尔策-哈代规则得到理论验证。反之,DLVO 理论也获得实验证实。

对于大分子化合物对溶胶稳定性的影响,DLVO 理论不能进行解释,可以用"空间稳定理论"和"空缺稳定理论"进行解释,关于这些理论可参阅相关书籍。

三、溶胶的聚沉

由于溶胶是热力学的不稳定系统,溶胶的稳定是有条件的,一旦稳定条件被破坏,胶粒就会聚集、长大,最后从介质中沉淀下来。溶胶的这种聚结沉降现象称为聚沉(coagulation)。引起溶胶聚沉的因素是多方面的,例如光、电、热、机械扰动等外界作用,不同溶胶的相互作用,小分子电解质的作用,大分子化合物的作用等。下面分别对电解质、大分子化合物对溶胶稳定性的影响及溶胶间的相互作用作一讨论。

1. 电解质对溶胶稳定性的影响　　适量的电解质是溶胶稳定的必要条件,它是溶胶带电、形成足够大的电动电势的物质基础,溶胶制备过程中不可净化过度。然而过多的电解质又是引起溶胶不稳定的主要原因,它可以压缩胶粒周围的扩散层,使双电层变薄,水化膜弹性变弱,ζ 电势降低,因而稳定性变差。当扩散层中反离子全部被压入吸附层时,ζ 电势降为零,这时胶粒呈电中性,处在最不稳定状态。

溶胶对电解质非常敏感,通常用聚沉值(coagulation value)衡量不同电解质对溶胶的聚沉能力。使一定量溶胶在一定时间内完全聚沉所需电解质的最低浓度称为聚沉值,又称临界聚沉浓度。表 9-4 列出了不同电解质对某些溶胶的聚沉值。聚沉率是聚沉值的倒数,电解质的聚沉值越小,聚沉率越大,表明其聚沉能力越强。

表 9-4　不同电解质的聚沉值(mol/m^3)

As_2S_3（负溶胶）		AgI（负溶胶）		Al_2O_3（正溶胶）	
电解质	聚沉值	电解质	聚沉值	电解质	聚沉值
LiCl	58	$LiNO_3$	165	NaCl	43.5
NaCl	51	$NaNO_3$	140	KCl	46
KCl	49.5	KNO_3	136	KNO_3	60
KNO_3	50	$RbNO_3$	126		
KAc	110	$AgNO_3$	0.01		
$CaCl_2$	0.65	$Ca(NO_3)_2$	2.4	K_2SO_4	0.30
$MgCl_2$	0.72	$Mg(NO_3)_2$	2.6	$K_2Cr_2O_7$	0.63
$MgSO_4$	0.81	$Pb(NO_3)_2$	2.43	$K_2C_2O_4$	0.69
$AlCl_3$	0.093	$Al(NO_3)_3$	0.067	$K_3[Fe(CN)_6]$	0.08
$\frac{1}{2}Al_2(SO_4)_3$	0.096	$La(NO_3)_3$	0.069		
$Al(NO_3)_3$	0.095	$Ce(NO_3)_3$	0.069		

根据一系列实验结果,可以总结出如下一些规律:

（1）聚沉能力主要决定于反离子的价数:反离子的价数与聚沉值关系为

1 价聚沉值∶2 价聚沉值∶3 价聚沉值 $= \left(\dfrac{1}{1}\right)^6 : \left(\dfrac{1}{2}\right)^6 : \left(\dfrac{1}{3}\right)^6 = 100 : 1.6 : 0.14$

聚沉值与反离子价数的六次方成反比,这一结论称为舒尔策-哈代规则(Schulze-Hardy rule),即反离子的价数越高,其聚沉值越小,聚沉能力越大。由于反离子的价数对聚沉影响极大,远远超过其他因素的影响,因此在判断电解质聚沉能力时,反离子价数是首要考虑的因素。

(2)价数相同的反离子聚沉能力也有所不同:例如,不同碱金属的一价阳离子所生成的硝酸盐对负溶胶的聚沉能力次序如下:

$$H^+>Cs^+>Rb^+>NH_4^+>K^+>Na^+>Li^+$$

而不同的一价阴离子所形成的钾盐,对正溶胶的聚沉能力则有如下次序:

$$F^->Cl^->Br^->NO_3^->I^-$$

同价离子聚沉能力的这一次序称为感胶离子序(lyotropic series)。它与离子的水化半径从小到大的次序大致相同,这可能是水化半径越小越容易靠近胶体粒子的缘故。

(3)有机化合物的离子都具有很强的聚沉能力:这可能是与其具有很强的吸附能力有关。例如对 As_2S_3(负溶胶)的聚沉值,KCl 为 49.5,而氯化苯胺只有 2.5,氯化吗啡更小,为 0.4mol/m³。无机离子也有类似情况,如表 9-4 所示,$AgNO_3$ 对 AgI 负溶胶的聚沉值只有 0.01mol/m³,是因为 AgI 负溶胶吸附 Ag^+ 使表面电荷急剧下降所致。

(4)同号离子的稳定作用:电解质的聚沉作用是正负离子作用的总和,当电解质中反离子相同时,应考虑与胶粒具有相同电荷的离子的影响,这可能与这些同号离子的吸附作用有关。同号离子进入吸附层,有利于增加 ζ 电势,从而增加溶胶的稳定性。通常同号离子价数越高,则该电解质的聚沉能力越低,例如对于亚铁氰化铜(负溶胶),KBr(1 价)的聚沉值为 27.5mol/m³,K_2SO_4(2 价)为 47.5mol/m³,$K_4[Fe(CN)_6]$(4 价)增大到 260mol/m³。有机化合物的同号离子对溶胶的稳定作用更强,如表 9-4 所示,对 As_2S_3(负溶胶)的聚沉值,KCl 为 49.5mol/m³,而 KAc 增大至 110mol/m³,这是因其有较强的吸附作用。因此,只有在同号离子吸附作用极弱的情况下,才能近似地认为溶胶的聚沉作用是反离子单独作用的结果。

(5)不规则聚沉:在逐渐增加电解质浓度的过程中,溶胶发生聚沉、分散、再聚沉的现象称为不规则聚沉(irregular coagulation),见图 9-27。不规则聚沉往往是溶胶粒子对高价反离子强烈吸附的结果。少量电解质使溶胶聚沉,但吸附过多高价反离子后,胶粒改变电荷符号,形成电性相反的新双电层,溶胶又重新分散。再加入电解质,压缩新的双电层,重新发生聚沉。

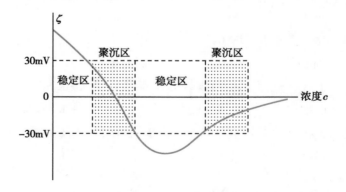

图 9-27　不规则聚沉图

利用电解质使溶胶聚沉的实例很多。例如,将含有 Ca^{2+}、Mg^{2+}、Na^+ 等离子的卤水加入到荷负电的豆浆中,豆浆胶体发生聚沉成为豆腐。而江河中荷负电的土壤胶体遇到海水中的盐发生聚沉后,使接界处出现清晰的清水与浑水的界面,江海入海口的三角洲就是土壤胶体聚沉后的产物。

2. 溶胶的相互聚沉作用　带相反电荷的溶胶互相混合也会发生聚沉。相互聚沉的程度与两者的相对量有关。当两种溶胶粒子所带电荷全部中和时才会完全聚沉,否则可能不完全聚沉,甚至不聚沉。荷正电的明矾与荷负电的胶体污物(主要是土壤胶体)混合发生聚沉,生成的絮状沉淀物又能夹带一些杂质,常用这种方法用于水的净化。临床上利用血液能否相互凝结来判断血型,这些都与胶体的相互聚沉有关。

3. 大分子化合物的作用　有些大分子化合物易吸附到溶胶粒子的表面,从而对溶胶的稳定性产生影响,加入的大分子化合物是否足量,产生的结果会有很大不同。

(1)大分子化合物的保护作用:若在溶胶中加入足够数量的大分子化合物,多个大分子的一端吸附在同一个溶胶粒子的表面,或环绕在粒子的周围,形成水化外壳,对胶体起保护作用,见图 9-28(a)。这里大分子的作用是增加粒子对介质的亲合力,由疏液变成相对亲液,降低粒子的表面能,使得溶胶不易聚沉。例如用白明胶保护的金溶胶浓度可以达到很高也不聚沉,而且烘干后仍然可以重新分散到介质中。具有保护作用的大分子化合物自身结构上应具有两种基团,与胶粒有较强亲合力的吸附基团和与介质有良好亲合力的稳定基团,而且两者的比例要适当。

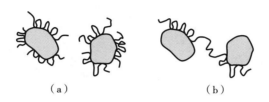

（a）　　　　　　（b）

图 9-28　大分子化合物的保护作用和絮凝作用

大分子化合物对溶胶的保护作用有着重要的实际应用。例如,墨汁用动物胶保护,颜料用酪素保护,照相乳剂用明胶保护,杀菌剂蛋白银(银溶胶)用蛋白质保护等。

(2)大分子化合物的絮凝作用:在胶粒或悬浮体内加入极少量的可溶性大分子化合物,可导致溶胶迅速沉淀,沉淀呈疏松的棉絮状,这类沉淀称为絮凝物(floccule),这种现象称为絮凝作用(flocculation)或敏化作用(sensitization)。能产生絮凝作用的大分子化合物称为絮凝剂(flocculating agent)。

絮凝作用的机制可从搭桥效应、脱水效应、电中和效应三个方面解释。搭桥效应是絮凝的主要机制,即一个长链大分子化合物同时吸附在许多个分散的胶粒上,通过它的"搭桥",把许多个胶粒连接起来,通过本身的链段旋转和运动(相当于本身的"痉挛"作用),将固体粒子聚集在一起而产生沉淀,见图 9-28(b)。与电解质引起的聚沉不同,电解质所引起的聚沉过程比较缓慢,所得到的沉淀颗粒紧密、体积小,这是由于电解质压缩了溶胶粒子的扩散双电层所引起的。脱水效应是因大分子化合物对水有更强的亲合力,争夺胶体粒子水化层中的水分子,使胶粒失去水化膜而聚沉。电中和效应是带有异性电荷的离子型大分子化合物的吸附,中和了溶胶粒子的表面电荷,使粒子失去电性而聚沉。作为一个好的大分子絮凝剂,应该是相对摩尔质量很大、具有良好吸附基团、线状直链的聚合物,目前用得最多的絮凝剂为丙烯酰胺类及其衍生物,其相对摩尔质量达几百万。

絮凝作用比聚沉作用有更大的实用价值。因为絮凝作用具有迅速、彻底、沉淀疏松、过滤快、絮凝剂用量少(用量一般仅为无机聚沉剂的 1/200 到 1/30)等优点,特别是对于颗粒较大的悬浮体尤为有效。这对污水处理、钻井泥浆、选择性选矿以及化工生产流程的沉淀、过滤、洗涤等操作都有极重要的作用。

第六节　乳状液及微乳状液

前面几节关于溶胶基本性质的讨论主要是以固-液溶胶为对象的,这些性质的基本原则对于其他分散系统也适用。本节将对液-液分散的乳状液和微乳状液的特性及其在药物制剂等方面的重要应用进行概述。

一、乳状液

1. 乳状液的类型   一种或几种液体分散在另一种与之不相溶的液体中形成的分散系统称为乳状液(emulsion),其中分散相称为内相(inner phase),分散介质称为外相(outer phase)。

乳状液通常一相为水,另一相为不溶于水的有机液体(统称为油)。水与油可以形成不同类型的乳状液。当分散介质为水,分散相为油时,构成水包油型(oil in water)乳状液,用 O/W 表示,见图 9-29(a);当分散介质为油,分散相为水时,构成油包水型(water in oil)乳状液,用 W/O 表示,见图 9-29(b)。例如牛奶、杀虫乳剂、橡胶树的乳浆等是 O/W 型的,原油是 W/O 型的。另外,若将 W/O 型乳状液再分散在水中,有可能形成 W/O/W 型的多重乳液,称为复乳,类似的还有 O/W/O 型复乳。

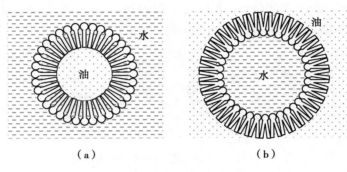

（a）   （b）

图 9-29   乳状液的结构

W/O 和 O/W 型乳状液在外观上并无多大区别,鉴别乳状液类型的简单方法有:

(1) 稀释法:乳状液能被外相所稀释,因此若能被水相稀释,它为 O/W 型,若能被油相稀释,它为 W/O 型。

(2) 染色法:用微量油溶性染料(如苏丹红)加到乳状液中,若整个乳状液显色,说明外相为油相,即 W/O 型,若只有小液珠染色,则是 O/W 型。用水溶性染料(如亚甲蓝)加到乳状液中,情况恰好相反。

(3) 电导法:以水为外相的 O/W 型乳状液有较好的导电性能,W/O 型乳状液的导电性能则很差。

2. 乳化剂的作用   水和"油"直接振摇形成的分散体是不稳定的,不久会聚集分层。必须加入起稳定作用的第三组分才能形成相对稳定的乳状液,这第三组分称为乳化剂(emulsifying agent)。现在绝大多数实用的乳化剂都是人工合成的表面活性剂,包括离子型和非离子型的各种表面活性剂。

乳化剂起稳定作用的主要机制有:

(1) 降低界面张力:乳状液的油相和水相间具有很大的界面能,通过乳化剂在油-水界面上的定向排列,大大降低了油水界面间的界面能,使其处于较低能量的稳定状态。

(2) 形成界面膜:乳化剂分子在油水界面上可形成具有一定机械强度的界面膜而不易破裂,从而保持乳状液的稳定。

(3) 形成双电层:若乳化剂是离子型表面活性剂,则与溶胶粒子类似乳滴的表面也具有双电层结构,只是情况复杂一些。分散相乳滴相互靠近时因双电层产生排斥作用而不易聚集。

(4) 固体粉末的稳定作用:有些固体粉末吸附在油-水界面上,往往可以形成良好界面膜,起到乳化剂的作用。研究表明,对固体粉末润湿性好的液体将形成乳状液的外相,因此,氢氧化铁、硫化砷、二氧化硅等亲水性固体粉末易形成 O/W 型乳状液;而炭黑、石墨等亲油性固体粉末可以形成 W/O 型乳状液。

3. 乳化剂的选择   乳化剂的品种繁多,大致可分为 4 大类:合成表面活性剂;高聚物乳化剂如聚乙烯醇、羧甲基纤维素钠盐;天然产物如磷脂类、植物胶;固体粉末,如黏土、二氧化磷。

选择乳化剂的通用原则是:

（1）大多有良好的表面活性，能降低表面张力，在欲形成的乳状液外相中有良好的溶解能力。

（2）乳化剂在油水界面上能形成稳定的和紧密排列的凝聚膜。

（3）水溶性和油溶性乳化剂的混合使用有更好的乳化效果。

（4）乳化剂应能适当增大外相黏度，以减小液滴的聚集速度。

（5）满足乳化系统的特殊要求。如食品和乳液药物系统的乳化剂要求无毒和有一定的药理性能等。

（6）要能用最小的浓度和最低的成本达到乳化效果，乳化工艺简单。

4. 决定乳状液类型的因素　决定乳状液类型的主要因素有：

（1）乳化剂的界面张力：乳状液中乳化剂可以看成是定向排布在油水界面上形成的膜，比较膜与水的界面张力 $\sigma_{膜-水}$ 和膜与油的界面张力 $\sigma_{膜-油}$，若前者大，膜向水相弯曲，以降低表面能，易形成 W/O 型乳状液；反之，膜向油相弯曲，降低其表面能，易形成 O/W 型乳状液。

（2）乳化剂的溶解度：一定温度下，乳化剂在水相中的溶解度与在油相中的溶解度之比称为分配系数。若分配系数大，易形成 O/W 型乳状液；反之，易形成 W/O 乳状液。

综合以上两点，亲水性的表面活性剂，在水相中溶解度大，与水构成的界面张力小，适合作为 O/W 型的乳化剂。常用的这类表面活性剂的 HLB 值为 8~18，如吐温（tween）类、聚氧乙烯蓖麻油等。亲油性的表面活性剂，在油相中溶解度大，与油构成的界面张力小，适合作为 W/O 型的乳化剂。常用的这类表面活性剂的 HLB 值为 3~8，如卵磷脂、司盘（span）类等。

（3）乳化剂的分子构型：乳化剂的分子构型也影响乳状液的类型。如带有一条碳氢链的一价金属皂，由于水溶性较强，形成 O/W 型乳状液；但带有两条碳氢链的二价金属皂，由于空间障碍，非极性的碳氢链端只有向外才能排列得整齐稳定，因此往往形成 W/O 的乳状液。

（4）油-水的相体积比：一般而言，体积分数大的液体倾向于作外相，体积分数小的倾向于作内相。

5. 乳状液的破坏　有时我们需要稳定的乳状液，有时则需要将乳状液破坏，这称之为破乳。例如，药物生产中往往会形成不必要的乳状液需要破除，原油脱水、污水中除油珠、牛奶中提炼奶油等都是破乳过程。乳状液的破坏一般要经过分层、转相和破乳等不同阶段。破乳原理归根结底是破坏乳化剂的保护作用，最终使油、水分离。常用的破乳方法有：

（1）电解质破乳：以双电层起稳定作用的稀乳状液可以用电解质破坏，这是工业上常采用的方法。电解质的破乳作用也符合舒尔策-哈代规则，即与乳滴电性相反的离子的价数越高，其破乳能力越强。

（2）改变乳化剂的类型破乳：由于一价金属皂可以稳定 O/W 型乳状液，高价金属皂可以稳定 W/O 型乳状液，因此，如果把足量的钙盐加到 O/W 型乳状液中，生成的钙盐可以使乳状液转相，利用从 O/W 型向 W/O 型转变过程中的不稳定性使之破坏。

（3）破坏保护膜破乳：由坚韧保护膜稳定的乳状液可以选用表面活性更强但碳氢链较短，不能形成坚韧保护膜的表面活性剂取代原乳化剂，以破坏保护膜而使乳状液破坏。这是当前重要的破乳方法，常用的表面活性剂是低级醇或醚，如异戊醇等。

（4）破坏乳化剂破乳：加入能与乳化剂发生反应的试剂，使乳化剂破坏或沉淀。例如，向皂类稳定的乳状液中加入无机酸，使之变成脂肪酸析出，从而破坏乳状液。

（5）其他破乳方法：如加热破乳，高压电破乳，离心破乳，过滤破乳等。

6. 药物乳状液　将杀虫药、灭菌药制成乳剂使用，不但药物用量少，而且能均匀地在植物叶上铺展，提高杀虫、灭菌效率。也有将农药与乳化剂溶在一起制成乳油，使用时加水稀释即成乳状液。

牛乳和豆浆是天然 O/W 型乳状液，其中的脂肪以细滴分散在水中，乳化剂均是蛋白质，故它们易被人体消化吸收。根据这一道理，人们制造了"乳白鱼肝油"，它是鱼肝油分散在水中的一种 O/W 型乳状液。由于鱼肝油为内相，口服时无腥味，便于儿童服用。

目前临床上给严重营养缺乏患者使用的静脉滴注用脂肪乳剂，主要是含有精制豆油、豆磷脂和甘油的 O/W 型乳状液。药房中许多用作搽剂的药膏，以往多以凡士林为基质，使用时易污染衣物，目前常制成霜剂,为浓的 O/W 型乳状液,极易被水清洗。

二、微乳状液

1. 微乳状液的定义　一般乳状液乳滴粒径为 0.1 ~ 10μm,属于粗分散系统,是热力学不稳定系统。若乳滴粒径小于 100nm 时,称为微乳状液(microemulsion),简称微乳。制备微乳时,乳化剂用量特别大,占总体积的 20% ~ 30%(通常乳状液为 1% ~ 10%),并需加入一些极性有机物作辅助剂。

微乳与普通乳状液有两个显著不同:

(1) 微乳是热力学稳定系统:由于制备时表面活性剂的用量很大,在辅助剂的共同作用下,可使油水界面张力趋于零,形成的乳滴粒径很小,如同表面活性剂的胶束缔合胶体,是热力学的稳定系统,微乳形成过程可以是自发的。稳定的微乳即使离心也不能使之分层。

(2) 微乳外观均匀透明:乳滴粒径大小的不同,对光的吸收、反射和散射也不同,因而外观上有较大的差异,见表 9-5。常见的乳状液主要是对光的反射而呈显乳白色,乳状液由此而得名。若乳滴逐步变小,散射作用增强,呈现蓝色和半透明。微乳状液则是均匀透明的。

表 9-5　乳状液的外观与乳滴大小关系

乳滴大小	外　观	乳滴大小	外　观
大乳滴	可分辨出有二相存在	0.1 ~ 0.05μm	灰色半透明
>1μm	乳白色	<0.05μm	透明
1 ~ 0.1μm	蓝白色		

2. 微乳状液的制备　一些含表面活性剂的油水系统经过微弱的搅拌就能形成微乳,这一过程几乎不需要外界提供更多能量,所以称之为自发乳化;与此相反,有的系统乳化过程需要高速剪切搅拌、高压均质机匀浆和超声等机械办法才能实现,这一过程需要外界提供大量能量。

微乳除易于制备、黏度低、热力学稳定性好、易保存外,还有增溶、促进吸收、提高生物利用度的制剂学优势,自然成为新型递药系统的研究热点。

微乳在石油开采中也有应用,特别是近年来在 3 次采油中的应用研究发展很快,它可以使采油率提高 10% 以上。

第七节　大分子及大分子溶液的基本特性

一般平均摩尔质量大于 10kg/mol 的物质称为大分子(macromolecule)化合物。大分子化合物包括:天然大分子,如蛋白质、淀粉、毛发和纤维素等;人工合成大分子,如塑料、人造毛、黏合剂和合成橡胶等。人工合成的大分子化合物亦称为聚合物,按聚合度的大小分为高聚物和低聚物。大分子化合物的分类方式有很多,常用的分类方法见表 9-6。

表 9-6　大分子化合物的常用分类方法

分类方法	类　型	举　例
按来源	天然、半天然、合成	蚕丝、甲基纤维素、聚乙烯吡咯烷酮
按性能、用途	塑料、橡胶、纤维、黏合剂	有机玻璃、硅橡胶、甲壳素纤维、糊精
按几何构型	线型、支链型、交链型	合成纤维、支链淀粉、酚醛树脂
按主链结构	碳链、杂链、元素有机、无机	聚乙烯、聚醚、聚二甲基硅氧烷、聚硅烷
按合成产物	加聚物、缩聚物	聚苯乙烯、环氧树脂

大分子化合物平均摩尔质量很大，其单个分子的大小就能达到胶粒大小的范围，大分子溶液不仅在一些性质上与溶胶类似，而且在研究方法上也有许多相似之处。见表9-7。

表9-7　大分子溶液与溶胶性质的比较

性　　质	大分子溶液	溶　　胶
粒子大小	$10^{-9} \sim 10^{-7}$ m	$10^{-9} \sim 10^{-7}$ m
通过半透膜	不能	不能
热力学系统	稳定	不稳定
扩散速率	慢	慢
丁铎尔效应	弱	强
渗透压	大	小
黏度	大	小
溶剂亲和力	大	小
外加电解质	不敏感	敏感

大分子化合物在药学中的应用十分广泛，从药物到药用辅料、从药品包装到复杂的药物递送系统都离不开大分子材料。例如，在药物制剂中，大分子材料不仅赋予药物具体的用药形式，而且在控制和调节药物释放、促进药物吸收、增强药物靶向性、减少药物毒副作用等方面具有十分重要的作用。

一、大分子的结构及柔顺性

（一）大分子的结构

大分子是由若干最基本的结构单元以共价键连接而构成的，它的结构是指组成大分子的结构单元、原子或基团在空间的排布状态，包括链结构和聚集态结构。

大分子的链结构包括近程结构和远程结构，近程结构是构成大分子最基本的微观结构，其研究仅限于1个大分子内的1个或几个结构单元之间的关系，亦称一级结构。远程结构又称为二级结构，是指大分子链在整体范围内的结构状态，即大分子的构象（conformation）。

1. 近程结构　近程结构包括大分子的组成与构型。组成包括大分子链结构单元的化学成分、键接顺序、链的交联和支化等；构型主要包括取代基围绕特定原子在空间的排列规律，构型只有在发生键的断裂并进行重排时才会发生变化。近程结构是反映大分子各种特性的最主要层次，能直接影响大分子的某些性质，如熔点、密度、黏度、溶解性、黏附性等。

2. 远程结构　远程结构包括大分子的大小和形态。大分子是由无数个碳原子通过共价单键连接而成的长链结构，其相对分子质量很大且具有多分散性。在大分子溶液中，分子长链很难保持成直线形状，远程结构最常见的形态就是无规线团。大分子链能以不同程度卷曲的特性称为柔顺性（flexibility），其产生的原因是大分子链能够围绕单键内旋转，而且时刻不停地运动、变换，使大分子有各种不同的构象。

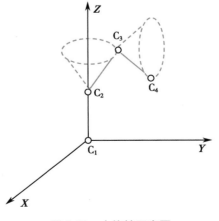

图 9-30　内旋转示意图

（二）大分子的内旋转及柔顺性

大分子中的 C—C 单键是由 σ 电子组成的 σ 键，其电子云为圆柱形，轴向对称分布，键角为 109°28′。下面以 3 个 σ 键相连的 4 个碳原子为例，分析内旋转运动。见图 9-30。当

C_1—C_2 单键以自身为轴进行旋转时，C_2—C_3 键在固定的键角下绕 C_1—C_2 键旋转，其运动轨迹是 1 个圆锥面，同样 C_3—C_4 键绕 C_2—C_3 键旋转，也构成 1 个圆锥面，这种运动称为内旋转。大分子链由无数个 C—C 单键所组成，链上任何 1 个单键内旋转必然牵扯周围的链节，这些受牵扯的链节部分可以看作是长链上能够独立运动的最小单元，称为链段。链段的长短可以表征大分子柔顺性，1 个大分子中所含的链段越多、链段长度越短，分子柔顺性越强；反之，大分子的刚性越强。

影响大分子柔顺性的主要因素有：

（1）主链结构：主链若全部由单键组成，内旋转容易，分子柔顺性好；主链若含有芳杂环结构，由于芳杂环结构不能内旋转，这样的分子柔顺性差。

（2）取代基：链上取代基的极性大时，相互作用力大，分子的内旋转受阻，柔顺性下降。因此，链上极性取代基所占的比例越大，分子柔顺性越差。

（3）交联：若大分子间形成交联，当交联度较低时，交联点间的分子链长度远大于链段长，交联点之间允许链段内旋转，则分子能保持较好的柔顺性；当交联度较高时，交联点间的距离小于链段长，则分子就失去了柔顺性。

（4）温度：温度对分子柔顺性的影响很大，升高温度，分子的热运动加快，内旋转自由，柔顺性增加。

（5）溶剂：若溶剂与大分子间相互作用力强并大于链节的内聚力，大分子无规线团就会舒展，能使大分子链舒展的溶剂称为良溶剂；反之，使大分子链卷曲的溶剂称为不良溶剂。

二、大分子的平均摩尔质量

大分子化合物一般都是不同聚合度的同系物的混合物，每种大分子化合物具有一定的摩尔质量分布，因此，常采用大分子化合物的平均摩尔质量来反映大分子的某些特性。但平均摩尔质量的大小与测定方法有关，所得到平均值的含义也有所差异。平均摩尔质量有以下几种常用的表示方法。

1. 数均摩尔质量 M_n　设大分子化合物样品中含有各组分的分子数分别为 N_1、N_2、$\cdots$、N_B，摩尔质量为 M_1、M_2、$\cdots$、M_B，若样品的摩尔质量按照分子数进行统计平均，则

$$M_n = \frac{N_1 M_1 + N_2 M_2 + \cdots + N_B M_B}{N_1 + N_2 + \cdots + N_B}$$

$$= \frac{\sum N_B M_B}{\sum N_B} \qquad \text{式}(9\text{-}18)$$

用依数性测定法和端基分析法测得的平均摩尔质量为数均摩尔质量（number average molecular weight）。

2. 质均摩尔质量 M_m　单个分子质量为 M_B 的 B 组分的质量为 $N_B M_B = m_B$，若按所占质量进行统计平均，则

$$M_m = \frac{m_1 M_1 + m_2 M_2 + \cdots + m_B M_B}{m_1 + m_2 + \cdots + m_B}$$

$$= \frac{\sum m_B M_B}{\sum m_B} = \frac{\sum N_B M_B^2}{\sum N_B M_B} \qquad \text{式}(9\text{-}19)$$

用光散射法测得的平均摩尔质量为质均摩尔质量（mass average molecular weight）。

3. z 均摩尔质量 M_z　样品的摩尔质量按 $z = m_B M_B$ 进行统计平均，则

$$M_z = \frac{\sum N_B M_B^3}{\sum N_B M_B^2} = \frac{\sum m_B M_B^2}{\sum m_B M_B}$$

$$= \frac{\sum z_B M_B}{\sum z_B} \qquad \text{式}(9\text{-}20)$$

用超离心沉降法测得的平均摩尔质量为 z 均摩尔质量（z-average molecular weight）。

4. 黏均摩尔质量 M_η

$$M_\eta = \left(\frac{\sum N_B M_B^{(\alpha+1)}}{\sum N_B M_B} \right)^{\frac{1}{\alpha}} = \left(\frac{\sum m_B M_B^\alpha}{\sum m_B} \right)^{\frac{1}{\alpha}} \qquad \text{式（9-21）}$$

式（9-21）中 α 是指 $[\eta] = KM^\alpha$ 公式中的指数，当 $\alpha = 1$ 时，$M_\eta = M_m$。通常 $0 < \alpha < 1$，则 $M_n < M_\eta < M_m$。用黏度法测得的平均摩尔质量为黏均摩尔质量（viscosity average molecular weight）。黏度法测定的平均摩尔质量范围广，方法简便，但需用其他测定方法来确定特性黏度与平均摩尔质量之间的关系式。

一般的大分子化合物是多分散系统，对同一种样品，用不同方法测定的平均摩尔质量的数值不同，其大小顺序为 $M_z > M_m > M_n$。通常用 M_m/M_n 的比值来估计大分子化合物摩尔质量分布的情况。M_m/M_n 的比值等于 1，是单分散系统。M_m/M_n 的比值越大，表明摩尔质量分布范围越宽，分子大小愈不均匀。

例题 9-3 某大分子化合物样品中含摩尔质量为 10.0kg/mol 的分子有 10mol，摩尔质量为 100.0kg/mol 的分子有 5mol，试计算各种平均摩尔质量 M_n、M_m、M_z 和 M_η 并进行比较（设 $\alpha = 0.6$）。

解：

$$M_n = \frac{\sum N_B M_B}{\sum N_B}$$

$$= \frac{10 \times 10.0 + 5 \times 100.0}{10 + 5} = 40 \text{kg/mol}$$

$$M_m = \frac{\sum N_B M_B^2}{\sum N_B M_B}$$

$$= \frac{10 \times 10.0^2 + 5 \times 100.0^2}{10 \times 10.0 + 5 \times 100.0} = 85 \text{kg/mol}$$

$$M_z = \frac{\sum N_B M_B^3}{\sum N_B M_B^2}$$

$$= \frac{10 \times 10.0^3 + 5 \times 100.0^3}{10 \times 10.0^2 + 5 \times 100.0^2} = 98.2 \text{kg/mol}$$

$$M_\eta = \left(\frac{\sum N_B M_B^{(\alpha+1)}}{\sum N_B M_B} \right)^{\frac{1}{\alpha}}$$

$$= \left(\frac{10 \times 10.0^{1.6} + 5 \times 100.0^{1.6}}{10 \times 10.0 + 5 \times 100.0} \right)^{\frac{1}{0.6}} = 80 \text{kg/mol}$$

由计算结果可知，4 种平均摩尔质量的大小顺序为

$$M_z > M_m > M_\eta > M_n$$

三、大分子化合物的溶解

物质的溶解过程实际上就是溶质与溶剂相互渗透的过程。大分子溶液的性质不仅取决于平均摩尔质量，而且与大分子的形态密切相关，故大分子的溶解比起小分子来困难、复杂得多。

（一）大分子的溶解特征

大分子化合物在溶剂中首先与溶剂分子发生溶剂化作用，溶剂分子向大分子内部扩散、渗透，使大分子体积逐渐胀大，此过程称为溶胀（swelling）。溶胀后的大分子链间作用力减弱，能在溶剂中自由运动并充分伸展，此时为大分子化合物的溶解。大分子化

多糖的分子量及应用（拓展阅读）

合物在溶剂中先溶胀后溶解的特性是由大分子化合物的结构与其巨大分子质量所决定的。

　　大分子化合物的溶胀速率和程度与溶剂的性质、溶剂量及大分子化合物的结构和分子质量等有关。对于线型大分子,在良溶剂中能无限吸收溶剂直到完全溶解成均匀的溶液,此溶解过程也可以看作是无限溶胀的结果,故称"无限溶胀"。体型大分子具有三维网状结构,在良溶剂中溶胀到一定程度后,吸收的溶剂量不再随时间的延长而增加,系统始终保持两相平衡状态,此现象称为"有限溶胀"。体型大分子在良溶剂中只能溶胀而不能溶解,其溶胀程度取决于大分子化合物的交联度,交联度愈大,溶胀度愈小。

　　大分子化合物由溶胀到溶解一般需要较长的时间,在制备大分子溶液时可通过分散、加热和搅拌等方式加快溶解过程。但不同大分子化合物溶胀所需的条件不同,制备方法也不一样。例如,制备明胶溶液时,将明胶粉碎后在水中浸泡,使其吸水膨胀,先有限溶胀,然后加热、搅拌制成明胶溶液,即无限溶胀。对有限溶胀和无限溶胀过程都比较快的大分子化合物不应采用加热与搅拌的方式,而宜用自然溶胀达到溶解平衡。例如,胃蛋白酶合剂的制备,先将稀盐酸、单糖浆等加入一定量的蒸馏水中,搅匀,再将胃蛋白酶均匀撒布在液面上,使其自然溶胀直至溶解。如将胃蛋白酶撒于液面立即搅拌,容易形成包覆溶剂化膜的团块,并黏于玻璃棒和容器壁上,使溶剂分子进入胃蛋白酶内部困难,影响溶胀过程。

(二) 溶剂的选择

　　大分子化合物的溶剂选择尚无一定的规律,借鉴小分子溶解规律和长期的实践经验,有以下几种原则可供参考。

　　1. 极性相近原则　根据相似相溶原理,极性大分子化合物溶于极性的溶剂,非极性大分子化合物溶于非极性的溶剂,两者的极性大小越相近,其溶解性越好。

　　2. 溶度参数近似原则　溶度参数 δ 在数值上等于内聚能密度的平方根,常被用于判别大分子与溶剂的互溶性,对于选择大分子的溶剂或稀释剂有着重要的参考价值。大分子与溶剂的溶度参数相近时,一般 $\Delta\delta<1.5$,溶解过程方能进行。若大分子与溶剂的溶度参数相等,则可互溶形成理想溶液;若 $\Delta\delta>1.5$,则难溶或不能溶解。一些液体的摩尔体积与溶度参数见表9-8。

表9-8　一些液体的摩尔体积与溶度参数

液　　体	$V/(cm^3/mol)$	$\delta/(J/cm^3)^{1/2}$
正己烷	131.6	14.93
乙醚	104.8	15.75
环己烷	108.7	16.77
四氯化碳	97.1	17.80
乙酸乙酯	98.5	18.20
三氯甲烷	80.7	19.02
丙酮	74.0	20.04
正丁醇	91.5	23.11
乙醇	58.5	26.59
1,2-丙二醇	73.6	30.27
甘油	73.3	36.20

　　3. 溶剂化原则　溶剂化作用就是溶质与溶剂混合时产生的相互作用力大于溶质之间的内聚力时,溶质分子彼此分离与溶剂分子相结合的作用。溶剂化原则就是若大分子化合物中含有大量亲电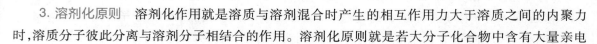

子基团,则可溶于含给电子基团的溶剂;若大分子化合物中含有大量亲核基团,则可溶于含亲电子基团的溶剂。需要注意的是,大分子与溶剂的亲电、亲核强度要相当,强对强,弱对弱。所谓溶剂化作用实质上也就是广义酸与广义碱的相互作用。

选择溶剂除满足大分子溶解外,还要考虑其使用目的。若在医药方面应用,溶剂本身应为药理惰性,不与药物发生作用,无毒性、无致敏性、无致热性、无降压性、无刺激性、无溶血,进入机体后,能很好地吸收、排泄,并具有良好的稳定性。

（三）大分子在溶液中的形态

大分子溶液的许多性质不仅与分子的大小有关,而且还与大分子在溶液中的形态相关。一般地,大分子的直径为零点几纳米,而长度为几百至几万纳米,大分子链中成千上万个 C—C 键围绕固定键角不断内旋转,可以有无数个形态,这些形态每时每刻都在变化,而且各种构象的概率是不等的。大分子呈卷曲构象的概率最大,直线构象的概率最小,最概然的线团形是无规线团。实际上大分子都是卷曲的,分子链的柔顺性越好,越容易卷曲形成无规线团;分子链的刚性越强,越不容易卷曲,极端情况下可能成为棒状。如多核苷酸和螺旋状多肽都是简单的螺旋状结构;球蛋白是缠绕紧密的球形构象。

研究大分子溶液的性质,通常是在适当浓度下对有关性质进行测量,再求出浓度无限稀释时的外推值。这是因为大分子稀溶液虽然接近理想溶液,但此时溶液也与溶剂性质相差无几,进行测量非常困难;另一方面,浓度很稀时虽然减少溶质分子之间的作用力,但无法消除链节之间的相互吸引力和大分子溶质占有体积这两个重要的非理想因素,不能用小分子的理想溶液概念来处理大分子溶液。所以,浓度外推法是研究大分子溶液的一个重要方法。

四、大分子电解质溶液及唐南平衡

分子链上带有可解离基团并在水溶液中能电离成带电离子的大分子化合物称为大分子电解质(macromolecular electrolyte)。大分子电解质具有高分子质量和高电荷密度的特点,除了具有一般大分子溶液的通性外,还表现出一些特殊的物理化学性能。

（一）大分子电解质溶液概述

1. 大分子电解质溶液的分类　大分子电解质溶液的分类方法有多种,例如,按大分子电解质分子链上所带基团的属性,可以分为阳离子型、阴离子型和两性型。若按大分子电解质分子结构进行分类,可以分为刚性大分子电解质和柔顺性大分子电解质。一些大分子电解质见表9-9。

表9-9　一些大分子电解质按带电情况分类

阴离子型	阳离子型	两性型
肝素	血红素	明胶
果胶	聚乙烯胺	卵清蛋白
阿拉伯胶	聚乙烯吡咯	乳清蛋白
西黄蓍胶	聚氨烷基丙烯酸甲酯	γ-球蛋白
海藻酸钠	聚乙烯-N-溴丁基吡啶	胃蛋白酶
聚丙烯酸钠		
羧甲基纤维素钠		

2. 大分子电解质溶液的电学性质

（1）高电荷密度和高度水化:在水溶液中,一方面,大分子电解质分子长链带有相同电荷,其电荷密度较高,分子链上带电基团之间产生相互排斥作用。另一方面,大分子电解质分子链上荷电的极性基团通过静电作用,使水分子紧密排列在基团周围,形成特殊的"电缩"水化层。不仅极性基团可以

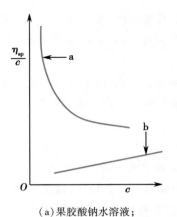

（a）果胶酸钠水溶液；

（b）果胶酸钠+NaCl 溶液（50mol/m³）

图 9-31　大分子溶液

（η_{sp}/c）-c 图

水化,而且部分疏水链也能结合一部分水,这种高度水化对大分子电解质具有稳定作用。由于大分子电解质上述两种特性,使其在水溶液中分子链相互排斥,易于伸展,对外加电解质十分敏感,若加入酸、碱、盐或者改变溶液 pH,均可使大分子电解质分子链上电性相互抵消。

（2）大分子电解质溶液的电黏效应:由于大分子电解质分子链上的高电荷密度及高度水化,在溶液中链段间的斥力增大,分子链扩展舒张,溶液黏度迅速增加,这种现象称为电黏效应。电黏效应导致两个结果:其一,大分子电解质溶液的 η_{sp}/c 对 c 作图,曲线出现反常,不呈线性关系,无法用外推法求[η]。例如,果胶酸钠 η_{sp}/c 对 c 的关系,在溶液浓度较稀时,果胶酸钠的电离度大,随着溶液浓度增加,果胶酸钠的电离度下降,链段间斥力减小,分子链卷曲,溶液黏度下降。见图 9-31a 曲线。消除电黏效应的办法是在大分子电解质溶液中加入足量的中性电解质,对大分子电荷起屏蔽作用。当在果胶酸钠溶液中加入一定量的 NaCl 溶液后,可以消除电黏效应,η_{sp}/c 与 c 之间成线性关系。见图 9-31b 曲线。其二,一些大分子电解质溶液的黏度具有明显的 pH 依赖性。两性大分子电解质的荷电性质与溶液的 pH 有关,例如,蛋白质分子链上有—NH_3^+ 基与—COO^- 基,数目的多少决定于溶液 pH,pH 高时带负电,pH 低时带正电。在等电点时,分子链上—NH_3^+ 与—COO^- 数目相等,分子链卷曲最大,黏度出现最小值。当 pH 偏离等电点时,净电荷数量增加,斥力使分子链扩展舒张,黏度增大。要削弱大分子电解质溶液的黏度对 pH 的依赖性,可加入盐,随着离子强度增大,能减弱分子链上净电荷的作用力。

3. 大分子电解质溶液的电泳现象　在电场作用下,大分子电解质溶液会产生电泳现象。影响电泳速率的因素除了大分子本身所带电荷多少、分子大小和结构外,还与溶液 pH、离子强度等有关。大部分生物大分子都有阳离子和阴离子基团,大分子的净电荷取决于溶液 pH,且 pH 也影响大分子的迁移率。离子强度则决定了大分子质点的电动电势。所以,溶液 pH 和离子强度的选择对电泳参数的设置非常关键。

（二）大分子电解质溶液的唐南平衡

在测定大分子电解质溶液的渗透压时,往往发现其值偏高。大分子电解质溶液比大分子非电解质溶液的情况要复杂,除了有不能通过半透膜的大分子离子外,还有可以通过半透膜但又受大分子离子影响的小离子。产生这种现象的原因是大分子电解质溶液具有唐南平衡(Donnan equilibrium)。

1. 唐南平衡　若某大分子电解质 NaR 能在溶液中解离为 Na^+ 和 R^-,用半透膜把容器隔成两部分,一边放 NaR 水溶液,另一边放 NaCl 稀溶液,当达到平衡时,NaCl 在膜两边溶液中的浓度并不相同。这是因为大分子离子的存在,为了保持溶液的电中性,导致小离子在膜两边分布不均匀,这种不均匀的分布平衡称为唐南平衡。

设膜内 NaR 浓度为 c_1,膜外 NaCl 的浓度为 c_2。Na^+、Cl^- 都能透过半透膜,由于膜内没有 Cl^-,膜外 Cl^- 透过膜进入膜内,为了维持溶液的电中性,必须要有数量为 x 的 Na^+ 随同 Cl^- 进入膜内。开始时膜外 NaCl 向膜内透过速率大于膜内向膜外透过速率,当 NaCl 在膜两边的透过速率相等时,系统达到平衡。

平衡浓度分布见图 9-32。平衡时 NaCl 在膜两边的化学势相等,即

$$\mu_{NaCl,内}=\mu_{NaCl,外}$$
$$RT\ln a_{NaCl,内}=RT\ln a_{NaCl,外}$$
$$(a_{Na^+}a_{Cl^-})_内=(a_{Na^+}a_{Cl^-})_外$$

在稀溶液中,可以用浓度代替活度,则

$$(x+c_1)x=(c_2-x)^2$$

解之得

$$x=\frac{c_2^2}{c_1+2c_2}$$ 式(9-22)

平衡时膜两边 NaCl 浓度之比为

$$\frac{c_{\text{NaCl,外}}}{c_{\text{NaCl,内}}}=\frac{c_2-x}{x}=\frac{c_2+c_1}{c_2}=1+\frac{c_1}{c_2}$$ 式(9-23)

由此可见,平衡时 NaCl 在膜内外的浓度是不相同的,会产生额外的渗透压,对测定大分子电解质溶液的渗透压有影响。

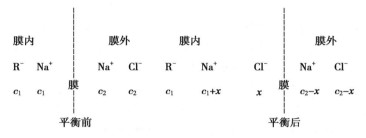

图9-32　唐南平衡示意图

由式(9-23)可知,若$c_1\gg c_2$ 时,表明平衡时 NaCl 几乎都在膜外溶液中;若$c_2\gg c_1$ 时,NaCl 在膜内外浓度的比值趋近于 1,则表明 NaCl 在膜两边分布是均匀的。因此,如果要消除唐南平衡,或增加小分子电解质浓度,或降低大分子电解质浓度。

例题9-4　半透膜内放置羧甲基纤维素钠溶液,其浓度为 1.28×10^{-3} mol/L,膜外放置苄基青霉素钠盐溶液,唐南平衡时,测得膜内苄基青霉素离子浓度为 32×10^{-3} mol/L,求膜内外青霉素离子的浓度比。

解:已知 $c_1=1.28\times10^{-3}$ mol/L, $x=32\times10^{-3}$ mol/L。

唐南平衡时应满足

$$(x+c_1)x=(c_2-x)^2$$

代入数值,得

$$(32+1.28)\times10^{-3}\times32\times10^{-3}=(c_2-32\times10^{-3})^2$$

解之得

$$c_2=64.63\times10^{-3}\text{mol/L}$$

根据式(9-23),膜内外青霉素离子的浓度比为

$$\frac{c_{\text{外}}}{c_{\text{内}}}=\frac{64.63\times10^{-3}-32\times10^{-3}}{32\times10^{-3}}$$
$$=1.02$$

唐南平衡是大分子电解质电荷效应的一种表现,其实质是当有大分子离子存在时,易于扩散的小离子分布规律的问题,而不在于有无半透膜。唐南平衡理论在离子交换机制、大分子的渗析净化、渗透压测定等许多方面具有重要意义,尤其对生物学、医学等研究生物膜与物质运转、电解质在体液中的分配等都有重要的作用。例如,生物膜结构具有两侧不对称性,细胞内外存在大分子电解质和含有各种小离子的体液,唐南平衡对于控制生物体内的离子分布和信息传递非常重要,使一些具有生理活性的小离子在细胞内外保持一定的比例,维持机体正常的生理功能。

2. 大分子电解质溶液的渗透压　通过测定大分子溶液的渗透压,可以推算大分子平均摩尔质量及有关溶液的热力学基本数据。但由于唐南平衡的存在,会影响大分子电解质溶液渗透压的准确测定。因此,在测定大分子电解质溶液渗透压时,应当设法消除唐南平衡的影响。

渗透压是由于半透膜两侧质点数不同而产生的,设有浓度为 x 的 NaCl 从膜外向膜内扩散,当大分子电解质与小分子离子在膜两边达到唐南平衡时,见图 9-32。膜内、外渗透压 Π_1、Π_2 分别为

$$\Pi_1 = 2RT(c_1+x)$$
$$\Pi_2 = 2RT(c_2-x)$$

膜两侧的渗透压作用方向相反,因膜内浓度不同而引起的总渗透压 Π 为

$$\Pi = \Pi_1 - \Pi_2$$
$$= 2RT(c_1-c_2+2x) \tag{式（9-24）}$$

将式(9-22)代入式(9-24),得

$$\Pi = 2RT\frac{c_1^2+c_1c_2}{c_1+2c_2} = 2c_1RT\frac{c_1+c_2}{c_1+2c_2} \tag{式（9-25）}$$

式(9-25)适用于计算大分子电解质溶液的渗透压。如果膜外所加电解质浓度很低,即 $c_1 \gg c_2$ 时,式(9-25)近似为 $\Pi = 2c_1RT$,此时测得的渗透压是包括大分子离子和小离子的共同贡献,溶液的渗透压比大分子电解质本身所产生的渗透压要大,这样计算的大分子平均摩尔质量可能会偏低。如果膜外所加电解质浓度很高,即 $c_2 \gg c_1$ 时,式(9-25)近似为 $\Pi = c_1RT$,此时的渗透压是在膜内外 NaCl 浓度趋于相等,即相当于没有唐南平衡的大分子溶液渗透压,由此计算的大分子平均摩尔质量才比较准确。

在测定大分子电解质溶液的渗透压时,要消除唐南平衡,可采取如下措施:

（1）半透膜外应放置一定浓度的 NaCl 水溶液,使 NaCl 在膜两侧分布均匀。例如,大分子电解质溶液的浓度在 0.02 ~ 0.03kg/L 时,0.1mol/L NaCl 溶液就可以将唐南平衡引起的额外渗透压降低到实验误差范围内。

（2）调节溶液 pH 至被测蛋白质分子的等电点附近,可降低蛋白质分子的电离度。需要注意,不能正好调在等电点,否则蛋白质分子容易凝结析出。通常是偏离等电点 1 个单位来测定蛋白质溶液的渗透压。

（3）大分子电解质溶液的浓度不能太大,以稀溶液为宜。

例题 9-5　在 298.15K 时,半透膜内放置某浓度为 $c_1 = 0.01$mol/L 大分子电解质 NaR 水溶液,膜外放置浓度为 $c_2 = 0.02$mol/L 的 NaCl 水溶液。达到唐南平衡后,试计算:

（1）膜两边各离子的浓度。

（2）溶液的渗透压 Π。

解:（1）设达到唐南平衡后,通过半透膜的 Na^+、Cl^- 浓度为 x mol/L,根据式(9-22),将已知浓度数值代入,则

$$x = \frac{c_2^2}{c_1+2c_2}$$
$$= \frac{0.02^2}{0.01+2\times0.02}$$
$$= 0.008\text{mol/L}$$

唐南平衡后,膜两边各种离子的浓度为

$$[Na^+]_1 = c_1+x = 0.01+0.008 = 0.018\text{mol/L}$$
$$[R^-]_1 = c_1 = 0.01\text{mol/L}$$
$$[Cl^-]_1 = x = 0.008\text{mol/L}$$
$$[Na^+]_2 = [Cl^-]_2 = c_2-x = 0.02-0.008 = 0.012\text{mol/L}$$

（2）根据式(9-24),得

$$\Pi = 2RT[(c_1+x)-(c_2-x)]$$
$$= 2\times8.314\times298.15\times(0.018-0.012)\times10^3$$
$$= 2\times8.314\times298.15\times0.006\times10^3$$
$$= 2.98\times10^4\text{Pa}$$

第八节 大分子溶液的流变性

流变性(rheological property)是指在外力作用下物质发生黏性流动和形变的性质。在生物体内有很多流变现象,例如,人体的正常血液循环要求血液黏度保持在一定的水平,冠心病、血栓症、白血病等疾病能导致血液黏度异常,临床上对血液黏度及流变性质的测定有助于疾病的诊断和预防。在药物制剂中,乳剂、糊剂、栓剂、混悬剂、凝胶剂、软膏剂等的处方设计、质量评定及工艺条件确定,均涉及流变性。研究大分子溶液的流变行为和掌握其流变规律也是十分重要的。

一、流体的黏度

流体的流动可以看作是许多相互平行液层的移动,各液层的移动速度不同,速度慢的液层阻滞速度快的液层移动。这种运动着的流体内部相邻两液层间的相互作用力称为流体的内摩擦力。黏度(viscosity)就是流体流动时的内摩擦力大小的量度。

设有上下两块面积很大、平行放置且相距很近的平板,板间盛满某种液体。若将下板固定,上板施加外力以速度 v 向 y 方向匀速运动。此时,两板间的液体就会分成无数平行的液层而运动,用长短不等带有箭头的平行线段表示各液层的速度。流体的这种形变称为切变(shearing)。上板施加的外力称为切力。见图9-33。实验证明,对处于层流状态下的一定液体,切力 F 与两液层之间的接触面积 A 及速度梯度 dv/dx 成正比,即

$$F = \eta A \frac{dv}{dx} \qquad \text{式(9-26)}$$

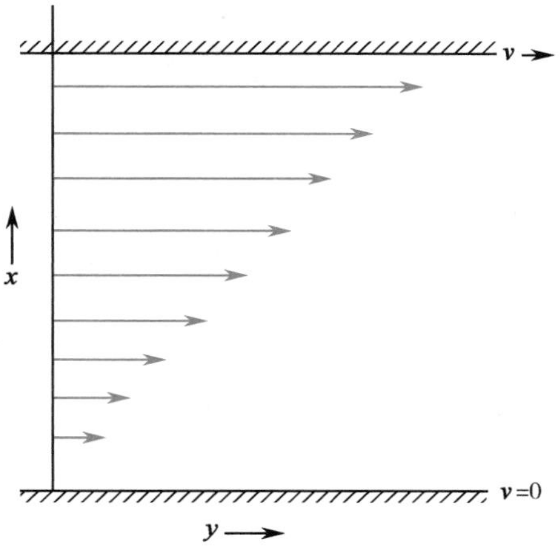

如果用切应力 τ 表示单位面积上的切力,用 D 表示速度梯度亦称切变速率,则

图 9-33 平板间液体黏性流动示意图

$$\tau = \frac{F}{A} = \eta \frac{dv}{dx} = \eta D \qquad \text{式(9-27)}$$

式(9-27)中比例系数 η 称为黏度系数,简称黏度,其物理意义是使单位面积的液层保持速度梯度为1时所施加的切力。黏度的单位是 $Pa \cdot s$ 或 $(N/m^2) \cdot s$。式(9-26)和式(9-27)称为牛顿(Newton)公式。凡是符合牛顿公式的流体称为牛顿流体(Newtonian fluid),其特点是黏度只与温度有关,随温度升高,流体的黏度减小。不符合牛顿公式的流体称为非牛顿流体(non-Newtonian fluid)。

二、流变曲线与流型

在流变学中常以切变速率为纵坐标,以切应力为横坐标作图,绘制的曲线称为流变曲线。不同的流体有不同的流变曲线,描述流体的流变特性。根据流变曲线的性质,流体可分为以下几种流型:

1. 牛顿型 牛顿型(Newtonian type)流体的黏度不随切应力变化,定温下有定值,切应力与切变速率的关系符合式(9-27),流变曲线是一条通过原点的直线,单用黏度就可以表征其流变特性。见图9-34(a)。正常人的血清或血浆是牛顿流体,但血液则为非牛顿流体,主要与血红细胞的大小、形态、聚集状态和变形能力有关。

2. 塑流型 塑流型(plastic flow type)流体是一种非牛顿流体,当外加的切应力 τ 较小时,系统只发生弹性形变而不流动,当 τ 超过某一临界值时才开始流动,系统的变形是永久的,表现出可塑性,故称为塑性流体或宾厄姆(Bingham)流体。见图9-34(b)。其流变曲线为一条不通过原点的曲线,与切

应力轴相交于τ_y处。τ_y是塑性流体开始流动时所需的临界切应力,称为塑变值(yield value)。当切应力超过塑变值后,切变速率与切应力呈线性关系,符合牛顿流体的流变曲线。塑性流体的流变公式为

$$\tau - \tau_y = \eta_p D \qquad \text{式(9-28)}$$

式中,η_p称为塑性黏度,它等于流变曲线直线部分斜率的倒数。η_p和τ_y是描述塑性流体流变性质的特征参数。油漆、牙膏、钻井泥浆及某些药用硫酸钡胶浆等都属于塑性流体。

3. 假塑流型　假塑流型(pseudo plastic flow type)流体是一种非牛顿流体,其流变曲线是一条通过原点的凹形曲线。见图9-34(c)。假塑流型流体的特点是没有塑变值,黏度随着切变速率的增加而下降,即流动越快显得越稀,这种现象称为切稀(shear thinning)作用。此类流体的流变性能可用下式表示

$$\tau = KD^n \qquad (0 < n < 1) \qquad \text{式(9-29)}$$

式(9-29)中K和n值视不同流体而异。K为流体的稠度系数,K值越大表示流体越黏。$n=1$时为牛顿流体;$n<1$为假塑流型流体。通常以n偏离1的程度作为非牛顿流体行为的量度。

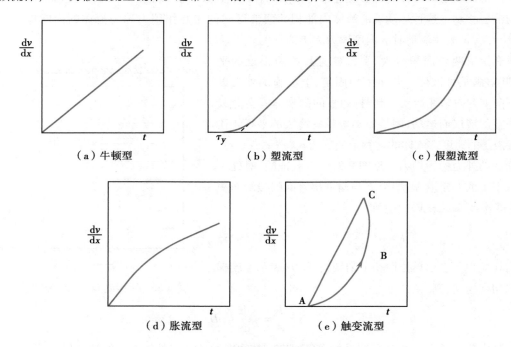

图9-34　几种流型的流变曲线

大分子溶液多属于假塑流型流体,如甲基纤维素、明胶、聚丙烯酰胺类、西黄蓍胶、海藻酸钠溶液以及某些乳剂等。其原因是这类大分子都是不对称分子,流体静止时有各种取向。当切变速率增加时,大分子无规线团开始沿流动方向排成直线,使流动阻力减弱,切变速率越大,这种取向作用越完全;同时,与大分子结合的溶剂分子在切速作用下脱离,也使流动阻力减弱。当切变速率增至足以使大分子全部定向排列后,黏度就不再变化,切变速率与切应力之间又呈线性关系。

4. 胀流型　胀流型(dilatant flow type)流体是一种非牛顿流体,其流变曲线是一条通过原点的凸形曲线。与假塑流型流体的流变曲线相似,只是弯曲的方向相反。见图9-34(d)。胀流型流体的特点是没有塑变值,黏度随着切变速率的增加而增大,即流动越快显得越稠,这种现象称为切稠(shear thickening)作用。此类流体的流变性能也可用指数形式表示

$$\tau = KD^n \qquad (n > 1) \qquad \text{式(9-30)}$$

n接近1时为牛顿流体;n与1相差越大,则非牛顿流体行为越显著。胀流型流体中质点是分散的,分散相浓度很高,而且存在浓度范围很窄。静止时系统中的质点排列得很紧密,但并不聚结,质点间只有少量的分散介质并具有润滑作用,因而流动时阻力较小,流体黏度小。当切应力增大时,系统

中的质点由于碰撞聚结而形成一种新的排列结构,体积膨胀,分散介质难以润湿质点,导致流动阻力增大,流体的黏度上升。对胀流体性质的认识具有重要实际意义。例如,如果钻井用的泥浆形成很强的胀流型流体,则会发生严重的卡钻事故。药物制剂中的糊剂、栓剂以及40%~50%淀粉溶液等都具有胀流型流体的特点。

5. 触变流型　触变流型(thixotropic flow type)流体的特征是静置时呈半固体状态,振摇或搅动时成流体。与上述几种流型不同的是,触变性流体的黏度不仅与切变速率的大小有关,而且与切变时间长短有关。触变流体中片状或针状质点相互吸引搭成疏松的立体网状结构,施加切应力,流体流动,立体网状结构被破坏;消除切应力,停止流动,结构恢复。但结构的恢复需要一定的时间,即存在时间的滞后,这种滞后现象也体现在流变曲线上,见图9-34(e)。流变曲线由增加切变速率的上行线和降低切变速率时的下行线形成不重合的弓形曲线,称为滞后圈(hysteresis loop)。根据滞后圈的面积可以判断流体触变性的大小。

触变流体的问题较为复杂,目前还没有成熟的理论。在实际生产和科学研究中有许多触变问题。例如药物制剂中的乳剂、浓的混悬剂及一些大分子溶液,静置时是具有一定结构的凝胶,震荡时则由凝胶状态变为流动状态,再放置又可恢复为凝胶。另外,塑流型流体、假塑流型流体、胀流型流体中的多数都具有触变性。

三、大分子溶液的黏度与分子质量的测定

大分子溶液的黏度不仅与分子大小、形状、温度、浓度有关,而且与大分子和溶剂间的相互作用等有关。但在大分子-溶剂系统,温度确定之后,其黏度仅与分子大小和浓度有关。由于黏度的测量方法简单、准确,故通过测定溶液的黏度求算大分子的平均摩尔质量被广泛使用。

大分子溶液的流变性在药学中的应用(**拓展阅读**)

(一)黏度的几种表示方法

常用的黏度表示方法有以下几种:

1. 相对黏度 η_r　相对黏度(relative viscosity)用溶液黏度 η 与溶剂黏度 η_0 的比值表示,即

$$\eta_r = \frac{\eta}{\eta_0} \qquad 式(9-31)$$

2. 增比黏度 η_{sp}　增比黏度(specific viscosity)是溶液黏度比溶剂黏度增加的相对值,即

$$\eta_{sp} = \frac{\eta - \eta_0}{\eta_0} = \eta_r - 1 \qquad 式(9-32)$$

增比黏度反映了溶质对溶液黏度的贡献。

3. 比浓黏度 η_c　比浓黏度(reduced viscosity)又称折合黏度,其定义为

$$\eta_c = \frac{\eta_{sp}}{c} \qquad 式(9-33)$$

表示单位浓度的溶质对黏度的贡献。其单位为 $kg^{-1} \cdot m^3$。

4. 特性黏度[η]　特性黏度(intrinsic viscosity)表示溶液无限稀释时的比浓黏度。表示单个大分子对溶液黏度的贡献,其数值不随浓度而改变,只与大分子在溶液中的结构、形态及分子质量大小有关,故又称结构黏度,其定义为

$$[\eta] = \lim_{c \to 0} \frac{\eta_{sp}}{c} = \lim_{c \to 0} \frac{\ln \eta_r}{c} \qquad 式(9-34)$$

[η]的这两种表示方法是等效的,因为

$$\frac{\ln \eta_r}{c} = \frac{\ln(1 + \eta_{sp})}{c} = \frac{\eta_{sp}}{c}\left(1 - \frac{1}{2}\eta_{sp} + \frac{1}{3}\eta_{sp}^2 - \cdots\right)$$

当 $c \to 0$ 时，η_{sp} 的高次项也趋近于 0，则

$$\lim_{c \to 0} \frac{\ln \eta_r}{c} = \lim_{c \to 0} \frac{\eta_{sp}}{c} = [\eta]$$

（二）黏度法测定大分子的平均摩尔质量

稀溶液中，线型大分子的增比黏度、相对黏度与浓度的关系为

$$\frac{\eta_{sp}}{c} = [\eta] + k_1 [\eta]^2 c \tag{式（9-35）}$$

$$\frac{\ln \eta_r}{c} = [\eta] - k_2 [\eta]^2 c \tag{式（9-36）}$$

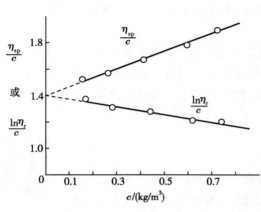

图 9-35　大分子溶液黏度与浓度关系

式中，k_1、k_2 为比例系数。当 $c \to 0$ 时，两式的极限值均为 $[\eta]$。在不同浓度下测定大分子溶液黏度，以 η_{sp}/c、$\ln \eta_r/c$ 为纵坐标，c 为横坐标作图，用外推法求得 $[\eta]$ 值。通常采用双线法求外推值，两直线的截距应相等。见图 9-35。

在一定温度下，大分子溶液平均摩尔质量与其特性黏度之间的关系为

$$[\eta] = KM^\alpha \tag{式（9-37）}$$

式中，M 为大分子化合物的平均摩尔质量，K 和 α 为与溶剂、大分子化合物及温度有关的经验常数。K 受温度的影响较大，在一定分子质量范围内适用。α 在等温下主要决定于大分子化合物在溶剂中的形态，对于球形大分子，$\alpha = 1$；刚性棒状大分子，$\alpha = 2$；线团柔性大分子的 α 值一般在 $0.5 \sim 1.0$ 之间。在良溶剂中大分子比较松弛，$\alpha > 0.5$；在不良溶剂中大分子无规线团卷曲，α 值趋近于 0.5。

黏度法测大分子平均摩尔质量是一种经验的方法，还需要借助渗透压、超离心沉降等方法测出分子质量后，再确定常数 K、α 值。但许多大分子化合物在不同溶剂中的 K、α 值都可以在有关手册中查到，所以，使用此法测定分子质量是非常方便的。用黏度法测得的平均摩尔质量为黏均摩尔质量。从黏均摩尔质量的定义可知，当 $\alpha = 1$ 时，$M_\eta = M_m$；当 $\alpha < 1$ 时，$M_n < M_\eta < M_m$。大多数大分子溶液符合后者关系。

第九节　大分子溶液的超离心场沉降

在超离心力场下，每个大分子质点的沉降速率与其质量相关。利用超离心技术不仅可以测定大分子平均摩尔质量，而且可以对其分离、提纯和进行物理化学分析。从某种意义上说，1924 年瑞典物理学家 Svedberg 发明了超离心机并用于蛋白质的研究，标志着分子生物学的开始。

离心力场中的沉降速率处理方法与重力场的相似，只是用离心力替换重力。超离心技术分为沉降速率法和沉降平衡法两种。

一、沉降速率法

一个球形大分子质点在离心力场中同时受到 3 种作用力，即离心力 F_c、浮力 F_b 和黏滞力 F_d。在强离心力场时，沉降作用占绝对优势，由沉降引起的浓度差所产生的扩散作用可以忽略不计，离心力等于质点在介质中运动的摩擦阻力时，质点匀速沉降，故称速率法。若考虑到浮力，则

$$F_c - F_b = F_d$$

$$\omega^2 x M - \omega^2 x M_0 = L f \frac{\mathrm{d}x}{\mathrm{d}t} \qquad \text{式(9-38)}$$

式(9-38)中 M 为大分子摩尔质量,ω 和 x 分别为离心机的角速度及样品离旋转轴的距离,M_0 为被 1mol 大分子质点所排开的那一部分介质的摩尔质量,f 为质点沉降时的阻力系数,$\frac{\mathrm{d}x}{\mathrm{d}t}$ 为沉降速率。

溶液里溶质的偏比容 $V_B = 1/\rho$,阻力系数 $f = RT/DL$,代入式(9-38)整理后,得

$$M\omega^2 x(1 - \rho_0 V_B) = \frac{RT}{D}\frac{\mathrm{d}x}{\mathrm{d}t} \qquad \text{式(9-39)}$$

式(9-39)中 $M\omega^2 x(1 - \rho_0 V_B)$ 项为排除介质对质点的浮力后,质点在距旋转轴 x 处所受的离心力。对式(9-39)积分,得

$$M = \frac{RT\ln\dfrac{x_2}{x_1}}{D(1 - \rho_0 V_B)(t_2 - t_1)\omega^2} = \frac{RTS}{D(1 - \rho_0 V_B)} \qquad \text{式(9-40)}$$

$$S = \frac{\ln\dfrac{x_2}{x_1}}{(t_2 - t_1)\omega^2} \qquad \text{式(9-41)}$$

式中,S 为沉降系数,表示单位离心力作用下质点的沉降速率,单位为秒(s)。由于蛋白质的沉降系数多处于 $10^{-13} \sim 200 \times 10^{-13}$ s 之间,一般取 10^{-13} s 为 1 个单位 S,称为"Svedberg 数"。实验时从超离心机的光学系统测出 t_1 和 t_2 时质点离轴的距离 x_1 和 x_2 及 ω 值,可以求出 S 值。若再测得扩散系数 D 和介质密度 ρ_0 值,则可以从式(9-40)计算出大分子的平均摩尔质量。

影响沉降速率的因素有多种。首先 S 值明显与大分子大小、形状和伸展状况有关,其次大分子浓度、分子间的作用力等对 S 和 D 也有影响。沉降速率法中因浓度因素引起的偏差可以用外推法来消除,即测定不同浓度下 S 和 D 值,作图,外推求出 $c \rightarrow 0$ 时的沉降系数 S_0 和扩散系数 D_0。根据式(9-40),得

$$\frac{S_0}{D_0} = \frac{M(1 - \rho_0 V_B)}{RT} \qquad \text{式(9-42)}$$

此式表明利用 S_0 和 D_0 的组合能求出 M。式(9-42)消除了大分子间的相互作用和摩擦阻力的影响,这种方法得到普遍采用。S_0 和 D_0 值对温度十分敏感,为比较起见,要把在不同温度和溶剂中测得的 S_0 换算成标准条件下 S_0 值,标准条件定为 20℃,纯水为溶剂。在标准条件下某些蛋白质的 S_0、D_0 和 M 值见表 9-10。

表 9-10 293K 时一些蛋白质在水中物理常数和平均摩尔质量

样品	$\dfrac{S_0 \times 10^{13}}{\text{s}}$	$\dfrac{D_0 \times 10^{11}}{\text{m}^2/\text{s}}$	$\dfrac{V_B \times 10^3}{\text{m}^3/\text{kg}}$	$\dfrac{M}{\text{kg/mol}}$
溶菌酶	1.87	10.4	0.688	14.1
卵清蛋白	3.55	7.76	0.748	45
血清白蛋白	4.31	5.94	0.734	66
纤维原蛋白	7.9	2.02	0.706	330
肌凝蛋白	6.4	1.0	0.728	570
丛矮病毒	132	1.15	0.74	10 700

二、沉降平衡法

在较弱离心力场时,大分子在离心作用下的沉降与浓度差作用下的扩散形成一个平衡,沿转轴不同距离处的浓度按一定值分布。从平衡时的浓度分布,可以计算大分子的平均摩尔质量,故称平衡法。

在离心池中,设大分子通过截面积 A 的浓度为 c,若大分子以 $\dfrac{dx}{dt}$ 速率沉降,在 A 处的浓度梯度为 $\dfrac{dc}{dx}$,当沉降平衡时,沉降速率与扩散速率数量相等,即

$$cA\frac{dx}{dt}=DA\frac{dc}{dx} \qquad\qquad 式(9-43)$$

将式(9-39)代入上式,得

$$\frac{dc}{c}=\frac{M(1-\rho_0 V_B)\omega^2 x}{RT}dx \qquad\qquad 式(9-44)$$

积分,整理得

$$M=\frac{2RT\ln\dfrac{c_2}{c_1}}{(1-\rho_0 V_B)\omega^2(x_2^2-x_1^2)} \qquad\qquad 式(9-45)$$

式中 c_1、c_2 分别为距旋转轴 x_1、x_2 处的大分子浓度,在实验中通过光学方法测出,代入上式,就可以求出大分子的平均摩尔质量。用沉降平衡求大分子平均摩尔质量,由于不需求算扩散系数 D,从理论上要比沉降速率法精确。但沉降平衡需要较长的时间,对于平均摩尔质量较大的大分子就不大适用。

超离心技术是研究蛋白质、核酸、病毒以及某些其他大分子化合物的重要手段,也是分离提纯各种细胞器不可缺少的重要工具。超离心分析法目前主要用于鉴定多亚基蛋白质或蛋白质与其他组分形成的复合物。

例题 9-6　某蛋白质水溶液在 25℃ 和 183rps 的转速下离心并达到平衡。测得离转轴中心 $x_1=4.9\times10^{-2}$m 处蛋白质浓度 c_1 与 $x_2=5.15\times10^{-2}$m 处蛋白质浓度 c_2 之比为 $c_2/c_1=1.79$。已知蛋白质的偏比容 $V_B=0.75\times10^{-3}$ m³/kg,分散介质的密度 $\rho_0=0.99\times10^3$kg/m³。试计算该蛋白质的平均摩尔质量。

解: 根据式(9-45),该蛋白质的平均摩尔质量为

$$M=\frac{2RT\ln\dfrac{c_2}{c_1}}{(1-\rho_0 V_B)\omega^2(x_2^2-x_1^2)}$$

$$=\frac{2\times8.314\times298\times\ln1.79}{(1-0.99\times10^3\times0.75\times10^{-3})(183\times2\times3.14)^2\left[(5.15\times10^{-2})^2-(4.9\times10^{-2})^2\right]}$$

$$=34.0\text{kg/mol}$$

第十节　凝　　胶

在适当条件下,大分子或溶胶质点交联成空间网状结构,分散介质充满网状结构的空隙,形成失去流动性的半固体状态的胶冻,处于这种状态的物质称为凝胶(gel),这种自动形成胶冻的过程称为胶凝(gelation)。若分散介质为水,则该凝胶称为水凝胶(hydrogel)。

凝胶是介于固体和液体之间的一种特殊状态,既具有弹性、强度、屈服值和无流动性等固体的力学性质,又具有与固体不同的物理特性,例如,凝胶的网状结构强度较弱,在温度、介质组成、pH 及外力等条件变化时,其网状结构往往变形,甚至被破坏而产生流动。另一方面,凝胶又保留某些液体特点,例如,离子在水凝胶中的扩散速率与在水溶液中的相近。实际上,凝胶是胶体分散系统的一种特殊存在形式,是固-液或固-气所形成的一种具有固体特征的胶体分散系统。

一、凝胶的形成和分类

(一)凝胶的形成

制备凝胶首先要制备胶体分散系统,然后在适当条件下使胶粒互相交联,形成网状结构,使之失去流动性,将介质包裹在网状结构之中,同时要避免胶粒交联后的聚沉。主要的方法有分散法和凝聚法。

分散法就是固态聚合物吸收适宜的溶剂后体积膨胀,质点分散而形成凝胶。这种方法只适用于亲液溶胶,即将干凝胶浸在合适的溶剂中,干凝胶膨胀至一定程度就得到所需的凝胶。如橡胶吸收苯形成橡胶凝胶,明胶吸收水形成明胶凝胶。

凝聚法是指在适当的条件下,使大分子溶液或溶胶中的分散相颗粒相互联结成网状结构而形成凝胶,这一过程也称为胶凝。通常可采取以下几种方法使胶凝过程发生:

1. 改变温度　升降温度形成凝胶是一种常用的方法。许多大分子在热的分散介质中溶解,降低温度,溶解度减小,分散相质点析出后相互连接形成凝胶。例如,0.5% 的琼脂水溶液冷却到 35℃ 就可制得凝胶。也有大分子溶液在升温过程中分散相发生交联而形成凝胶。例如,2% 的甲基纤维素水溶液升温至 50~60℃ 时形成凝胶。

2. 改换溶剂　将大分子溶液或溶胶中的分散介质替换为分散相溶解度小的溶剂可以形成凝胶。例如,在果胶水溶液加入乙醇就可以使溶液胶凝。

3. 加入电解质　在大分子溶液中加入高浓度的盐类可以形成凝胶。其中发挥主要作用的是电解质的阴离子,其能力大小与感胶离子序大致相同。

4. 进行化学反应　通过化学反应使分子链相互联接是大分子溶液形成凝胶的主要手段。例如,血液凝结是血纤维蛋白质在酶的作用下发生的胶凝过程。另有一些化学反应在生成不溶物的同时产生大量且形状不对称的小晶粒,易于构架网状结构而形成凝胶。

(二)凝胶的分类

根据分散相质点的性质以及形成凝胶结构时质点联结的结构强度,凝胶可以分为刚性凝胶(rigid gel)和弹性凝胶(elastic gel)两类。

1. 刚性凝胶　由刚性分散相质点交联成网状结构的凝胶称为刚性凝胶,亦称非弹性凝胶。刚性分散相质点多为 SiO_2、TiO_2、V_2O_3、Fe_2O_3 和 Al_2O_3 等无机物。在吸收或脱除分散介质时凝胶的空间网状结构基本不变,凝胶的体积无明显变化。刚性凝胶在脱除分散介质后,一般不能再吸收分散介质重新变为凝胶,也称为不可逆凝胶。

2. 弹性凝胶　由柔性的线型大分子形成的凝胶称为弹性凝胶。如明胶、琼脂、橡胶等。弹性凝胶吸收或脱除分散介质都是可逆的,也称为可逆凝胶。弹性凝胶脱除分散介质只剩下分散相质点构成的网状结构且外表完全成固体状时称为干凝胶(xerogel)。明胶、阿拉伯胶、硅胶、毛发、指甲等都是干凝胶。干凝胶对分散介质的吸收具有选择性,例如,明胶只能吸收水而不能吸收苯。

由于构成网状结构的大分子高度不对称,分散介质的量可以大大超过分散相质点的量,这类分散介质含量高的凝胶比较柔软,富于弹性,故称为软胶或冻胶。例如,琼脂凝胶含水量可高达 99.8%。肉冻、果酱、凝固血液等都属于这一类弹性凝胶。

二、凝胶的结构和性质

（一）凝胶的结构

凝胶内部具有三维网状结构,大致有以下 4 种情况。

1. 球形质点先相互联结成链,再构成立体网状结构,见图 9-36(a)。如 TiO$_2$、SiO$_2$ 凝胶等属于此种结构。

2. 棒状或片状质点的顶端之间相互接触,联结成网状结构,见图 9-36(b)。如 V$_2$O$_5$、白土凝胶等属于此种结构。

3. 线型大分子构成局部区域有序排列的微晶区,整个网络是微晶区与无定形区相互间隔,见图 9-36(c)。如明胶、纤维素凝胶等属于此种结构。

4. 大分子通过化学交联形成网状结构,见图 9-36(d)。如硫化橡胶、聚苯乙烯凝胶等属于此种类型。

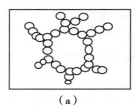 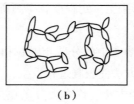 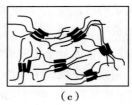 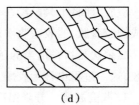

（a）　　　　　　（b）　　　　　　（c）　　　　　　（d）

图 9-36　凝胶结构示意图

（二）凝胶的性质

1. 膨胀作用　膨胀作用是指凝胶吸收分散介质后使体积或质量明显增加的现象,亦称溶胀作用。膨胀作用是弹性凝胶特有的性质。

凝胶膨胀有两种类型,一类是无限膨胀,凝胶无限量吸收分散介质,导致网状结构撑大、破裂、解体并最终完全溶解。另一类是有限膨胀,凝胶只吸收有限量的分散介质,网状结构只被撑大而不解体。膨胀作用的程度与凝胶的结构有关,改变温度或分散介质等条件,凝胶可以从有限膨胀变为无限膨胀。例如,明胶在室温下在水中发生有限膨胀,若加热至 40℃ 以上就发生无限膨胀。凝胶膨胀作用的程度可以用膨胀度 S 表示,即一定条件下,单位体积或单位质量的凝胶所能吸收分散介质的最大量称之为膨胀度,其定义式为

$$S = \frac{V_2 - V_1}{V_1}$$　　　　　　式（9-46）

或　　　　　　　　　　$$S = \frac{m_2 - m_1}{m_1}$$　　　　　　式（9-47）

式中,V_1、V_2 分别为凝胶膨胀前后的体积,m_1、m_2 分别为凝胶膨胀前后的质量。

凝胶膨胀通常分为两个阶段。第一阶段是溶剂分子迅速与凝胶大分子作用形成溶剂化层,溶剂分子与大分子结合紧密,凝胶膨胀后的总体积小于凝胶与吸收溶剂分子体积之和,溶剂熵值降低,系统放出膨胀热。第二阶段是溶剂分子需要较长时间向凝胶网状结构内部渗透,凝胶吸收了大量的溶剂,使其体积大大增加。溶剂进入凝胶网状结构的速率比大分子扩散到分散介质中要快得多,造成凝胶内外溶液浓度差别悬殊,故溶剂分子进入凝胶网状结构的过程与渗透过程相似,能产生很大的膨胀压。例如,明胶的浓度为 46% 时,膨胀压是 $2.06×10^2$ kPa;当浓度为 66% 时,膨胀压是 $4.40×10^3$ kPa。

2. 离浆现象　凝胶形成后,其性质并没有完全固定下来,随着时间的延续,液体会自动从凝胶中分离出来使凝胶体积收缩,这种现象称为离浆(syneresis)。离浆实质上是凝胶老化过程的一种表现

形式,发生离浆现象的原因是形成网状结构凝胶后,质点之间的距离尚未达到最小,质点间继续相互作用并靠近,促使网孔收缩,挤出部分液体,使凝胶产生"出汗"即离浆现象。

发生离浆现象时,凝胶仍然保持原始的几何形状,无论是弹性凝胶还是刚性凝胶都有离浆现象。对弹性凝胶,离浆是膨胀的逆过程,弹性凝胶离浆后,一经加热就可以吸收液体恢复原状。但刚性凝胶离浆后,则不能吸收液体返回原状,而是形成致密的沉淀。离浆与物质的干燥失水不同,离浆时凝胶失去的液体不是纯分散介质,而是稀溶液。在潮湿和低温条件下也可以发生离浆现象。离浆现象非常普遍,例如,细胞老化失水、老年人皮肤变皱等都属于离浆现象,因而了解生物体内离浆现象对研究人体衰老过程具有重要意义。

3. 触变现象　人们发现有些凝胶,如超过一定浓度的泥浆、油漆、药膏等,搅动时变为流体,静置后又逐渐变成凝胶,这种溶胶与凝胶相互转化的性质称为凝胶的触变性。触变现象的发生是因为搅动时,网状结构遭到破坏,线状粒子相互离散,系统出现流动性,而静置后线状粒子又重新交联成网状结构,此种溶胶与凝胶之间的相互转换可以反复进行。触变现象可以用下式表示为:

$$\text{凝胶} \underset{\text{静置(发生凝胶作用)}}{\overset{\text{摇动(发生解变作用)}}{\rightleftharpoons}} \text{溶胶}$$

4. 扩散作用　凝胶中的分散介质是连续相,构成网状结构的分散相也是连续相,从这个角度看凝胶和液体一样。例如,小分子药物在低浓度凝胶中的扩散速率与液体介质中基本上没有什么区别,但在较浓的凝胶中的扩散速率减小。药物扩散通过凝胶层的量可以用 Higuchi 方程计算,即

$$m = \left[\frac{cD\varepsilon}{\tau}(2m_0 - \varepsilon c)t \right]^{\frac{1}{2}} \qquad \text{式(9-48)}$$

式中,m 为单位面积扩散的药物量,c 为药物在介质中的浓度,m_0 为药物在网状结构内单位体积的药物量,D 为药物在介质中的扩散系数,t 为时间,ε 为凝胶的孔隙率,τ 为孔隙的曲率因子。

大分子在凝胶中的扩散速率较之在液体介质中明显降低,这是由于凝胶三维网状结构具有筛分作用,分子越大,在凝胶中的扩散速率越慢。例如,浓度为 7.5% 的聚丙烯酰胺凝胶,平均孔径为 5nm,血清蛋白的直径和长度分别为 3.8nm 和 15nm,比较容易通过,而直径为 18.5nm 的球形 β-脂蛋白则很难通过。利用凝胶的这一特性,可以对大分子进行分离、提纯。另外,凝胶的网状结构有相当的柔性和活动度,在电场作用下,大于凝胶孔径的蛋白质分子可以硬挤过去,因而凝胶电泳的分离效果尤其突出。基于上述原理发展起来的凝胶电泳和凝胶色谱法已得到广泛的应用。

许多半透膜都是凝胶或干凝胶。若用凝胶制成的膜带有电荷,如离子交换膜、蛋白质膜等,对离子的扩散和透过有选择性。膜带正电荷能加速阴离子透过,膜带负电荷能加速阳离子透过,从而大大提高了分离效率。生物体中营养吸收、新陈代谢等生理过程都要通过膜进行,细胞膜就是一种蛋白质和类脂相结合的半透膜,结构精细,功能特殊,其重要性显而易见。药物制剂中控释给药和靶向给药的常用剂型之一是微型胶囊,是用多种物理和化学方法将一些天然或合成的大分子包覆药物表面,即形成半透膜,然后使其成为微米级粒径的微囊,再制成通常的剂型。因此,可以通过改善包覆药物表面半透膜的性质来控制释药速率。

5. 化学反应　在凝胶中的物质通过扩散可以发生化学反应。由于没有对流与混合作用,在凝胶中化学反应生成的沉淀物呈现周期性分布。见图 9-37。例如,将含有 $0.1\% K_2Cr_2O_7$ 的明胶凝胶置于试管中,在其表面上滴上一层浓度为 0.5% 的 $AgNO_3$ 溶液,几天后在试管上可以看到生成的砖红色的 $Ag_2Cr_2O_7$ 沉淀一层层间歇分布。这种现象是李泽冈(Liesegang)发现的,故称为李泽冈环。李泽冈环可以认为是沉淀反应造成的浓差所致。高浓度 $AgNO_3$ 向下扩散,与 $K_2Cr_2O_7$ 相遇后反应生成

图 9-37　李泽冈环示意图

Ag_2CrO_4 砖红色沉淀。第一个沉淀环生成后,环附近的 K_2CrO_4 浓度极低,因而出现无沉淀的空白带。$AgNO_3$ 通过空白带继续向下扩散,又与 K_2CrO_4 相遇发生反应形成第二个沉淀环。以此类推,但各环间的距离逐渐变大,环也逐渐变宽和模糊。

除凝胶外,在具有毛细管、多孔介质或其他无对流存在的环境中也可以形成李泽冈环。例如,天然矿物中的玛瑙、树木的年轮等都具有周期性层状或环状结构。动物的胆、肾等器官内形成的结石,可能是体内复杂的有机磷酸盐在病变条件下以层状析出而产生的李泽冈现象。

三、水凝胶在医药领域中的应用

水溶性或亲水性的大分子,通过一定的化学或物理交联,均可以形成水凝胶。水凝胶具有吸水溶胀快、对环境变化敏感、黏稠性高和生物相容性好等特点,在医药领域中得到广泛的应用。

1. 水凝胶在药学领域中的应用　水凝胶内部交联形成的三维网状结构和贯通内部的孔道为药物和活性生物分子的装载和释放提供了可能。一般认为,水凝胶具有储存药物、控制药物释放和驱动释放的功能,既能调节制剂的强度和硬度,又能起到促进分解、赋形的作用,还能遮蔽医药品的苦味和气味。水凝胶兼有固液两相的性质,在低浓度时,水和药物分子可以自由通过,扩散速度与在溶液中类似;在高浓度或高交联度时,药物分子的扩散速度较慢。利用水凝胶对药物扩散的阻滞作用,从而实现药物的缓释及控释。具有能感知环境细微变化并产生显著的溶胀行为或响应性的水凝胶,称为智能水凝胶。智能水凝胶包括温度敏感型、pH 敏感型、盐敏感型、电磁敏感型、光敏感型和压力敏感型水凝胶,可根据机体的生理功能及相应病理的节律性设计成递药系统,按体内变化需要释放药物。如温敏水凝胶在温度高于或低于其临界溶解温度时,会处于收缩或溶胀状态,因而引起其中的药物释放或吸附。pH 敏感型水凝胶一般含有易水解或可以质子化的酸性或碱性基团,当环境的 pH 发生变化时,基团解离程度的变化使凝胶内外的离子浓度改变,引发凝胶溶胀度的变化,进而使药物释放。pH 敏感型水凝胶在口服递药系统领域有广泛的应用,根据人体消化道各部位的 pH 不同,控制口服药物在特定部位释放。盐敏感型水凝胶是随溶液中盐离子种类或浓度变化发生溶胀或收缩行为进而控制药物释放的一类智能水凝胶。光敏感性水凝胶高分子主链或侧链上具有光敏基团,其在光照下会发生光异构化或者光解离化,致使基团构象发生变化而使凝胶溶胀,达到释放药物的目的。智能水凝胶还为应答式递药系统的应用奠定了基础,使药物的释放能从剂量、时间和空间上控制,根据病灶信号而自反馈,以脉冲式或自调式智能化释药。水凝胶在口服、鼻腔、口腔、眼部、皮肤、阴道、直肠、注射等给药部位及途径有良好的应用前景。

2. 水凝胶在医学领域中的应用　水凝胶具有三维网状结构,能够吸收大量的水分溶胀,并在溶胀后继续保持原有结构不变,有利于细胞的生长、养分的传输及代谢产物的排放。水凝胶表面黏附蛋白质及细胞能力弱,在与血液、体液及人体组织接触时,生物相容性和可降解性好。独特的性质使得水凝胶具有广泛的医学应用。水凝胶医用敷料可吸收渗液形成凝胶,不会沾黏伤口,加速上皮细胞生长和新微血管增生;还具有抑制细菌繁殖、加快伤口愈合速度、可负载各种药物、创面没有任何敷料残留屑等优点。在组织工程中,水凝胶支架材料能够模拟细胞外基质,丰富的含水量有利于细胞获得足够的营养物质,同时其三维立体结构能更好与体内组织适配,有利于细胞生长与增殖,可用于骨组织和软骨组织的再生修复。水凝胶亦可应用于组织填充领域。注射用透明质酸钠水凝胶具有低免疫原性、高安全系数、美容效果好和体内完全降解等优势,在注射整形领域备受关注。水凝胶材料还可作为角膜接触镜,其良好的透气性、光学性能和软性亲水等特性,使其有利于角膜接触镜的研究与开发。导电水凝胶作为一种新型水凝胶,由导电填料和不同聚合物基质结合而成。导电水凝胶具备导电效率高、内阻小、稳定性好、力学性能佳等优点,其组装的柔性可穿戴电子器件可被应用于人体生理活动的监测。此外,水凝胶还可用作防粘连、人工血浆、人造皮肤和酶的包埋材料等。

本 章 小 结

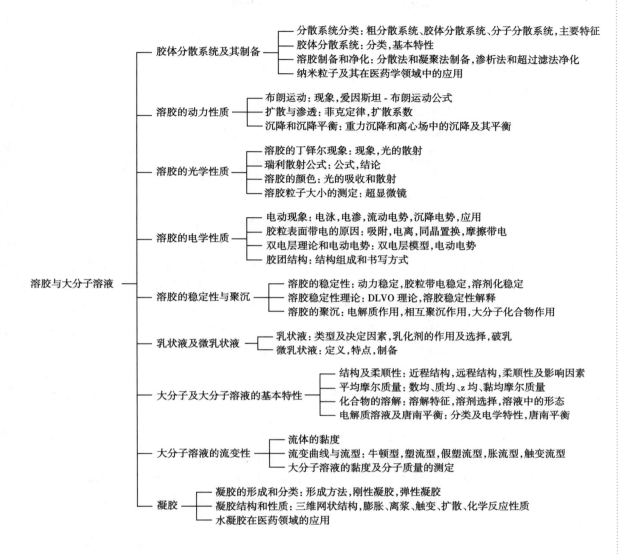

溶胶与大分子溶液

- 胶体分散系统及其制备
  - 分散系统分类:粗分散系统、胶体分散系统、分子分散系统,主要特征
  - 胶体分散系统:分类,基本特性
  - 溶胶制备和净化:分散法和凝聚法制备,渗析法和超过滤法净化
  - 纳米粒子及其在医药学领域中的应用
- 溶胶的动力性质
  - 布朗运动:现象,爱因斯坦 - 布朗运动公式
  - 扩散与渗透:菲克定律,扩散系数
  - 沉降和沉降平衡:重力沉降和离心场中的沉降及其平衡
- 溶胶的光学性质
  - 溶胶的丁铎尔现象:现象,光的散射
  - 瑞利散射公式:公式,结论
  - 溶胶的颜色:光的吸收和散射
  - 溶胶粒子大小的测定:超显微镜
- 溶胶的电学性质
  - 电动现象:电泳,电渗,流动电势,沉降电势,应用
  - 胶粒表面带电的原因:吸附,电离,同晶置换,摩擦带电
  - 双电层理论和电动电势:双电层模型,电动电势
  - 胶团结构:结构组成和书写方式
- 溶胶的稳定性与聚沉
  - 溶胶的稳定性:动力稳定,胶粒带电稳定,溶剂化稳定
  - 溶胶稳定性理论:DLVO 理论,溶胶稳定性解释
  - 溶胶的聚沉:电解质作用,相互聚沉作用,大分子化合物作用
- 乳状液及微乳状液
  - 乳状液:类型及决定因素,乳化剂的作用及选择,破乳
  - 微乳状液:定义,特点,制备
- 大分子及大分子溶液的基本特性
  - 结构及柔顺性:近程结构,远程结构,柔顺性及影响因素
  - 平均摩尔质量:数均、质均、z均、黏均摩尔质量
  - 化合物的溶解:溶解特征,溶剂选择,溶液中的形态
  - 电解质溶液及唐南平衡:分类及电学特性,唐南平衡
- 大分子溶液的流变性
  - 流体的黏度
  - 流变曲线与流型:牛顿型,塑流型,假塑流型,胀流型,触变流型
  - 大分子溶液的黏度及分子质量的测定
- 凝胶
  - 凝胶的形成和分类:形成方法,刚性凝胶,弹性凝胶
  - 凝胶结构和性质:三维网状结构,膨胀、离浆、触变、扩散、化学反应性质
  - 水凝胶在医药领域的应用

思 考 题

1. 何为纳米材料?纳米材料有何特性?有哪些应用?

2. 胶粒发生布朗运动的本质是什么?这对溶胶的稳定性有何影响?

3. 有 A、B 两种透明液体,其中一种是真溶液,另一种是溶胶,问可用哪些方法鉴别?

4. 燃料油中常需加入少量油溶性的电解质,为什么?

5. 试解释:

(1)做豆腐时"点浆"的原理是什么?哪几种盐溶液可作为卤水?哪种盐溶液聚沉能力最强?

(2)江河入海处,为什么常形成三角洲?

(3)明矾为何能使浑浊的水澄清?

6. 什么情况下大分子化合物对溶胶具有保护作用和絮凝作用,为什么?

7. 大分子溶液与溶胶有什么异同?

8. 黏度有几种表示方法?如何用黏度法测定大分子的平均摩尔质量?

9. 在测定大分子电解质溶液渗透压时,为什么要设法消除唐南平衡的影响?

10. 凝胶内部形成的网状结构主要有哪些形式? 凝胶有哪些重要性质?

习　题

1. 某溶胶胶粒的平均直径为 4.2nm,设介质黏度 $\eta = 1.0 \times 10^{-3} Pa \cdot s$,试计算:

(1) 298K 时胶粒的扩散系数。

(2) 在 1s 内由于布朗运动,粒子沿 x 轴方向的平均位移。

2. 波伦(Perrin)实验观测藤黄混悬液的布朗运动,实验测得时间 t 与平均位移 $\bar{x}$ 数据如下:

t/s	30	60	90	120
$\bar{x} \times 10^6/m$	6.9	9.3	11.8	13.9

已知藤黄粒子的半径为 $2.12 \times 10^{-7} m$,实验温度为 290K,混悬液的黏度 $\eta = 1.10 \times 10^{-3} Pa \cdot s$,试计算阿伏伽德罗常数 L。

3. 在内径为 0.02m 的管中盛油,使直径 $d = 1.588mm$ 的钢球从其中落下,下降 0.15m 需时 16.7s。已知油和钢球的密度分别为 $\rho_{油} = 960 kg/m^3$ 和 $\rho_{球} = 7650 kg/m^3$。试计算在实验温度时油的黏度。

4. 试计算 293K 时,在地心力场中使粒子半径分别为:(1) $r_1 = 10 \mu m$;(2) $r_2 = 100 nm$;(3) $r_3 = 1.5nm$ 的金溶胶粒子下降 0.01m,分别所需的时间。已知分散介质的密度为 $\rho_{介} = 1000 kg/m^3$,金的密度 $\rho_{金} = 1.93 \times 10^4 kg/m^3$,溶液的黏度近似等于水的黏度,为 $\eta = 0.001 Pa \cdot s$。

5. 密度为 $\rho_{粒} = 2.152 \times 10^3 kg/m^3$ 的球形 $CaCl_2(s)$ 粒子,在密度为 $\rho_{介} = 1.595 \times 10^3 kg/m^3$、黏度为 $\eta = 9.75 \times 10^{-4} Pa \cdot s$ 的 $CCl_4(l)$ 中沉降,在 100s 的时间里下降了 0.0498m,计算此球形 $CaCl_2(s)$ 粒子的半径。

6. 已知 298.15K 时,分散介质及金的密度分别为 $1.0 \times 10^3 kg/m^3$ 及 $19.32 \times 10^3 kg/m^3$。试求半径为 $1.0 \times 10^{-8} m$ 的金溶胶的摩尔质量及高度差为 $1.0 \times 10^{-3} m$ 时粒子的数浓度之比。

7. 在实验室中,用相同的方法制备两份浓度不同的硫溶胶,测得两份硫溶胶的散射光强度之比为 $I_1/I_2 = 10$。已知第一份溶胶的浓度 $c_1 = 0.10 mol/L$,设入射光的频率和强度等实验条件都相同,试求第二份溶胶的浓度 c_2。

8. 将过量 H_2S 通入足够稀的 As_2O_3 溶液中制备硫化砷(As_2S_3)溶胶。请写出该胶团的结构式,指明胶粒的电泳方向,比较电解质 KCl、$MgSO_4$、$MgCl_2$ 对该溶胶聚沉能力的大小。

9. 在热水中水解 $FeCl_3$ 制备 $Fe(OH)_3$ 溶胶。请写出该胶团的结构式,指明胶粒的电泳方向,比较电解质 Na_3PO_4、Na_2SO_4、NaCl 对该溶胶聚沉能力的大小。

10. 混合等体积 0.08mol/L 的 KCl 和 0.1mol/L 的 $AgNO_3$ 溶液制备 AgCl 溶胶,试比较电解质 $CaCl_2$、Na_2SO_4、$MgSO_4$ 的聚沉能力。

11. 将等体积的 0.008mol/L 的 KI 溶液与 0.01mol/L $AgNO_3$ 溶液混合制备 AgI 溶胶。试比较三种电解质 $MgSO_4$、$K_3[Fe(CN)_6]$、$AlCl_3$ 的聚沉能力。若将等体积的 0.01mol/L KI 溶液与 0.008mol/L $AgNO_3$ 溶液混合制备 AgI 溶胶,上述三种电解质的聚沉能力又将如何?

12. 由电泳实验测知,Sb_2S_3 溶胶(设为球形粒子)在 210V 电压下,两极间距离为 0.385m 时通电 36min12s,溶液界面向正极移动 $3.20 \times 10^{-2} m$。已知分散介质的介电常数 $\varepsilon_r = 81 (\varepsilon_0 = 8.85 \times 10^{-12})$,黏度 $\eta = 1.03 \times 10^{-3} Pa \cdot s$,求算溶胶的 ζ 电势。

13. 在显微电泳管内装入 $BaSO_4$ 的水混悬液,管的两端接上二电极,设电极之间距离为 $6 \times 10^{-2} m$,接通直流电源,电极两端电压为 40V,在 298K 时于显微镜下测得 $BaSO_4$ 颗粒平均位移 $275 \times 10^{-6} m$ 距离所需时间为 22.12s。已知水的介电常数 $\varepsilon_r = 81 (\varepsilon_0 = 8.85 \times 10^{-12})$，黏度 $\eta = 0.89 \times 10^{-3} Pa \cdot s$，粒子形状参数 $K = 4$，求 $BaSO_4$ 颗粒的 ζ 电势。

14. 有几种不同大小单分散的某大分子样品，它们的平均摩尔质量分别为 40.0kg/mol、30.0kg/mol、20.0kg/mol、10.0kg/mol，将它们按 $1 : 1.2 : 0.8 : 1$ 的物质的量比例混合。试计算混合后大分子样品的数均、质均、z 均摩尔质量。

15. 303K 时，聚异丁烯在环己烷中，$[\eta] = 0.026M^{0.70}$，若 $[\eta] = 2.00m^3/kg$，求此温度条件下聚异丁烯的平均摩尔质量。

16. 在 298K 时，具有不同平均摩尔质量的同一聚合物，溶解在有机溶剂中的特性黏度如表所示：

$M/(kg/mol)$	34	61	130
$[\eta]/(m^3/kg)$	1.02	1.60	2.75

求该系统的 α 和 K 值。

17. 在 20℃ 时测得某聚苯乙烯苯溶液的黏度数据如下：

$c/(kg/m^3)$	2.00	3.00	4.00	5.00	7.50	10.00
η_r	1.171	1.263	1.361	1.461	1.720	2.030

已知该系统在 20℃ 时 $K = 0.0123$，$\alpha = 0.72$，求聚乙烯苯的平均摩尔质量。

18. 在 27℃ 时，半透膜内某大分子 R^+Cl^- 水溶液的浓度为 $1.0 \times 10^2 mol/m^3$，膜外 NaCl 浓度为 $5.0 \times 10^2 mol/m^3$，R^+ 代表不能透过膜的大分子离子，试求平衡后溶液的渗透压为多少？

目标测试

（王凯平）

参考文献

［1］天津大学物理化学教研室. 物理化学. 6 版. 北京：高等教育出版社,2017.

［2］PETER ATKINS,JULIO DE PAULA. Atkins' Physical Chemistry. 11th ed. Oxford：Oxford University Press,2018.

［3］沈文霞,王喜章,许波连. 物理化学. 3 版. 北京：科学出版社,2021.

［4］胡英. 物理化学. 6 版. 北京：高等教育出版社,2014.

［5］高静,马丽英. 物理化学. 2 版. 北京：中国医药科技出版社,2021.

［6］张小华,张师愚. 物理化学. 2 版. 北京：人民卫生出版社,2018.

［7］傅献彩,沈文霞,姚天扬,等. 物理化学. 5 版. 北京：高等教育出版社,2006.

［8］STRUCHTRUP H. Entropy and the Second Law of Thermodynamics-The Nonequilibrium Perspective. Entropy. 2020,22(793)：2-61.

［9］苏德森,王思玲. 物理药剂学. 北京：化学工业出版社,2004.

［10］国家药典委员会. 中华人民共和国药典：2020 年版. 四部. 北京：中国医药科技出版社,2020.

［11］秦允豪. 热学. 4 版. 北京：高等教育出版社,2018.

［12］李椿,章立源,钱尚武. 热学. 3 版. 北京：高等教育出版社,2015.

［13］王新平,王旭珍,王新葵. 基础物理化学. 2 版. 北京：高等教育出版社,2016.

［14］李媛媛,冯琦琦,张筱宜,等. 不对称有机催化：化繁为简助力药物研发——2021 年诺贝尔化学奖,首都医科大学学报,2021,42(5)：883-887.

［15］印永嘉,奚正楷,张树永,等. 物理化学简明教程. 4 版. 北京：高等教育出版社,2007.

［16］BANGHAM A D,STANDISH M M,WATKINS J C. Diffusion of univalent ions across the lamellae of swollen phospholipids. Journal of Molecular Biology,1965,13(1)：238-252.

［17］张强,武凤兰. 药剂学. 北京：北京大学医学出版社,2005.

［18］NAEFF R. Feasibility of topical liposome drugs produced on an industrial scale. Advanced Drug Delivery Review,1996,18(3)：343-347.

［19］谢嘉幸,郭江. 耗散结构还是聚散结构——对普利高津耗散结构理论的思考. 科学技术与辩证法,1994(05):44-47.

［20］杨绮琴,方北龙,童叶翔. 应用电化学. 广州：中山大学出版社,2005.

［21］高颖,邬冰. 电化学基础. 北京：化学工业出版社,2004.

附　录

附录1　部分气体的摩尔等压热容与温度的关系 $C_{p,m}=a+bT+cT^2$

物质		$a/$ $[J/(mol \cdot K)]$	$10^3 b/$ $[J/(mol \cdot K^2)]$	$10^6 c/$ $[J/(mol \cdot K^3)]$	温度范围/ K
H_2	氢	29.09	0.836	-0.326 5	273~3 800
Cl_2	氯	31.696	10.144	-4.038	300~1 500
Br_2	溴	35.241	4.075	-1.48 7	300~1 500
O_2	氧	36.16	0.845	-0.749 4	273~3 800
N_2	氮	27.32	6.226	-0.950 2	273~3 800
HCl	氯化氢	28.17	1.810	1.547	300~1 500
H_2O	水	30.00	10.7	-2.022	273~3 800
CO	一氧化碳	26.537	7.683 1	-1.172	300~1 500
CO_2	二氧化碳	26.75	42.258	-14.25	300~1 500
CH_4	甲烷	14.15	75.496	-17.99	298~1 500
C_2H_6	乙烷	9.401	159.83	-46.229	298~1 500
C_2H_4	乙烯	11.84	119.67	-36.51	298~1 500
C_3H_6	丙烯	9.427	188.77	-57.488	298~1 500
C_2H_2	乙炔	30.67	52.810	-16.27	298~1 500
C_3H_4	丙炔	26.50	120.66	-39.57	298~1 500
C_6H_6	苯	-1.71	324.77	-110.58	298~1 500
$C_6H_5CH_3$	甲苯	2.41	391.17	-130.65	298~1 500
CH_3OH	甲醇	18.40	101.56	-28.68	273~1 000
C_2H_5OH	乙醇	29.25	166.28	-48.898	298~1 500
$(C_2H_5)_2O$	二乙醚	-103.9	1 417	-248	300~400
HCHO	甲醛	18.82	58.379	-15.61	291~1 500
CH_3CHO	乙醛	31.05	121.46	-36.58	298~1 500
$(CH_3)_2CO$	丙酮	22.47	205.97	-63.521	298~1 500
HCOOH	甲酸	30.7	89.20	-34.54	300~700
$CHCl_3$	氯仿	29.51	148.94	-90.734	273~773

附录 2 部分物质的热力学数据表

物质的标准摩尔生成焓、标准摩尔熵、标准摩尔生成吉布斯能及标准摩尔等压热容($p^{\ominus} = 100\text{kPa}, 298.15\text{K}$)

物质	$\Delta_f H_m^{\ominus}/$ (kJ/mol)	$S_m^{\ominus}/$ [J/(K·mol)]	$\Delta_f G_m^{\ominus}/$ (kJ/mol)	$C_{p,m}^{\ominus}/$ [J/(K·mol)]
Ag(s)	0	42.55	0	25.351
AgBr(s)	−100.37	107.1	−96.90	52.38
AgCl(s)	−127.068	96.2	−109.789	50.79
AgI(g)	−61.84	115.5	−66.19	56.82
Al$_2$O$_3$(s,刚玉)	−1 675.7	50.92	−1 582.3	79.04
Br$_2$(l)	0	152.231	0	75.689
Br$_2$(g)	30.907	245.463	3.110	36.02
C(s,石墨)	0	5.740	0	8.527
C(s,金刚石)	1.895	2.377	2.900	6.113
CO(g)	−110.525	197.674	−137.168	29.142
CO$_2$(g)	−393.509	213.74	−394.359	37.11
CS$_2$(g)	117.36	237.84	67.12	45.40
CaC$_2$(s)	−59.8	69.96	−64.9	62.72
CaCO$_3$(s,方解石)	−1 206.92	92.9	−1 128.79	81.88
CaCl$_2$(s)	−795.8	104.6	−748.1	72.59
CaO(s)	−635.09	39.75	−604.03	42.80
Cl$_2$(g)	0	223.066	0	33.907
CuO(s)	−157.3	42.63	−129.7	42.30
F$_2$(g)	0	202.78	0	31.30
H$_2$(g)	0	130.684	0	28.824
HBr(g)	−36.40	198.695	−53.45	29.142
HCl(g)	−92.307	186.908	−95.299	29.12
HF(g)	−271.1	173.779	−273.2	29.12
HI(g)	26.48	206.594	1.70	29.158
HCN(g)	135.1	201.78	124.7	35.86
HNO$_3$(l)	−174.10	155.60	−80.71	109.87
HNO$_3$(g)	−135.06	266.38	−74.72	53.35
H$_2$O(l)	−285.830	69.91	−237.129	75.291
H$_2$O(g)	−241.818	188.825	−228.572	33.577
H$_2$O$_2$(l)	−187.78	109.6	−120.35	89.1

物质	$\Delta_f H_m^{\ominus}/$ (kJ/mol)	$S_m^{\ominus}/$ [J/(K·mol)]	$\Delta_f G_m^{\ominus}/$ (kJ/mol)	$C_{p,m}^{\ominus}/$[J/(K·mol)]
$H_2O_2(g)$	−136.31	232.7	−105.57	43.1
$H_2S(g)$	−20.63	205.79	−33.56	34.23
$H_2SO_4(l)$	−813.989	156.904	−690.003	138.91
$HgCl_2(s)$	−224.3	146.0	−178.6	
$Hg_2Cl_2(s)$	−265.22	192.5	−210.745	
$I_2(s)$	0	116.135	0	54.438
$I_2(g)$	62.438	260.69	19.327	36.90
$KCl(s)$	−436.747	82.59	−409.14	51.30
$KI(s)$	−327.900	106.32	−324.892	52.93
$N_2(g)$	0	191.61	0	29.12
$NH_3(g)$	−46.11	192.45	−16.45	35.06
$NH_4Cl(s)$	−314.43	94.6	−202.87	84.1
$(NH_4)_2SO_4(s)$	−1 180.85	220.1	−901.67	187.49
$NaCl(s)$	−411.153	72.13	−384.138	50.59
$NaNO_3(s)$	−467.85	116.52	−367.00	92.88
$NaOH(s)$	−425.609	64.455	−379.494	59.54
$O_2(g)$	0	205.138	0	29.355
$O_3(g)$	142.7	238.93	163.2	39.20
$PCl_3(g)$	−287.0	311.78	−267.8	71.84
$PCl_5(g)$	−374.9	364.58	−305.0	112.80
$S(s,正交)$	0	31.80	0	22.64
$SO_2(g)$	−296.830	248.22	−300.194	39.87
$SO_3(g)$	−395.72	256.76	−371.06	50.67
$ZnO(s)$	−348.28	43.64	−318.30	40.25
$CH_4(g)$甲烷	−74.81	186.264	−50.72	35.309
$C_2H_6(g)$乙烷	−84.68	229.60	−32.82	52.63
$C_3H_8(g)$丙烷	−103.85	270.02	−23.37	73.51
$C_4H_{10}(g)$正丁烷	−126.15	310.23	−17.02	97.45
$C_4H_{10}(g)$异丁烷	−134.52	294.75	−20.75	96.82
$C_5H_{12}(g)$正戊烷	−146.44	349.06	−8.21	120.21
$C_5H_{12}(g)$异戊烷	−154.47	343.20	−14.65	118.78
$C_6H_{14}(g)$正己烷	−167.19	388.51	−0.05	143.09
$C_7H_{16}(g)$庚烷	−187.78	428.01	8.22	165.98

物质	$\Delta_f H_m^{\ominus}/$ (kJ/mol)	$S_m^{\ominus}/$ [J/(K·mol)]	$\Delta_f G_m^{\ominus}/$ (kJ/mol)	$C_{p,m}^{\ominus}/$[J/(K·mol)]
C_8H_{18}(g)辛烷	−208.45	466.84	16.66	188.87
C_2H_4(g)乙烯	52.26	219.56	68.15	43.56
C_3H_6(g)丙烯	20.42	267.05	62.79	63.89
C_4H_8(g)1-丁烯	−0.13	305.71	71.40	85.65
C_4H_6(g)1,3-丁二烯	110.16	278.85	150.74	79.54
C_2H_2(g)乙炔	226.73	200.94	209.20	43.93
C_3H_4(g)丙炔	185.43	248.22	194.46	60.67
C_3H_6(g)环丙烷	53.30	237.55	104.46	55.94
C_6H_{12}(g)环己烷	−123.14	298.35	31.90	106.27
C_6H_{10}(g)环己烯	−5.36	310.86	106.99	105.02
C_6H_6(l)苯	49.04	173.26	124.45	135.77
C_6H_6(g)苯	82.93	269.31	129.73	81.67
C_7H_8(l)甲苯	12.01	220.96	113.89	157.11
C_7H_8(g)甲苯	50.00	320.77	122.11	103.64
C_2H_6O(g)甲醚	−184.05	266.38	−112.59	64.39
C_3H_8O(g)甲乙醚	−216.44	310.73	−117.54	89.75
$C_4H_{10}O$(l)乙醚	−279.5	253.1	−122.75	
$C_4H_{10}O$(g)乙醚	−252.21	342.78	−112.19	122.51
C_2H_4O(g)环氧乙烷	−52.63	242.53	−13.01	47.91
C_3H_6O(g)环氧丙烷	−92.76	286.84	−25.69	72.34
CH_4O(l)甲醇	−238.66	126.8	−166.27	81.6
CH_4O(g)甲醇	−200.66	239.81	−161.96	43.89
C_2H_6O(l)乙醇	−277.69	160.7	−174.78	111.46
C_2H_6O(g)乙醇	−235.10	282.70	−168.49	65.44
C_3H_8O(l)丙醇	−304.55	192.9	−170.52	
C_3H_8O(g)丙醇	−257.53	324.91	−162.86	87.11
C_3H_8O(l)异丙醇	−318.0	180.58	−180.26	
C_3H_8O(g)异丙醇	−272.59	310.02	−173.48	88.74
$C_4H_{10}O$(l)丁醇	−325.81	225.73	−160.00	
$C_4H_{10}O$(g)丁醇	−274.42	363.28	−150.52	110.50
$C_2H_5O_2$(l)乙二醇	−454.80	166.9	−323.08	149.8
CH_2O(g)甲醛	−108.57	218.77	−102.53	35.40
C_2H_4O(l)乙醛	−192.30	160.2	−128.12	

物质	$\Delta_f H_m^{\ominus}/$ (kJ/mol)	$S_m^{\ominus}/$ [J/(K·mol)]	$\Delta_f G_m^{\ominus}/$ (kJ/mol)	$C_{p,m}^{\ominus}/$[J/(K·mol)]
$C_2H_4O(g)$ 乙醛	-166.19	250.3	-128.86	54.64
$C_3H_6O(l)$ 丙酮	-248.1	200.4	-133.28	124.73
$C_3H_6O(g)$ 丙酮	-217.57	295.04	-152.97	74.89
$CH_2O_2(l)$ 甲酸	-424.72	128.95	-361.35	99.04
$C_2H_4O_2(l)$ 乙酸	-484.5	159.8	-389.9	124.3
$C_2H_4O_2(g)$ 乙酸	-432.25	282.5	-374.0	66.53
$C_4H_6O_3(l)$ 乙酐	-624.00	268.61	-488.67	
$C_4H_6O_3(g)$ 乙酐	-575.72	390.06	-476.57	99.50
$C_3H_4O_2(g)$ 丙烯酸	-336.23	315.12	-285.99	77.78
$C_7H_6O_2(s)$ 苯甲酸	-385.14	167.57	-245.14	155.2
$C_7H_6O_2(g)$ 苯甲酸	-290.20	369.10	-210.31	103.47
$C_4H_8O_2(l)$ 乙酸乙酯	-479.03	259.4	-332.55	
$C_4H_8O_2(g)$ 乙酸乙酯	-442.93	362.86	-327.27	113.64
$C_6H_6O(s)$ 苯酚	-165.02	144.01	-50.31	
$C_6H_6O(g)$ 苯酚	-96.36	315.71	-32.81	103.55
$C_5H_5N(l)$ 吡啶	100.0	177.90	181.43	
$C_5H_5N(g)$ 吡啶	140.16	282.91	190.27	78.12
$C_6H_7N(l)$ 苯胺	31.09	191.29	149.21	199.6
$C_6H_7N(g)$ 苯胺	86.86	319.27	166.79	108.41
$C_2H_3N(l)$ 乙腈	31.38	149.62	77.22	91.46
$C_2H_3N(g)$ 乙腈	65.23	245.12	82.58	52.22
$C_3H_3N(g)$ 丙烯腈	184.93	274.04	195.34	63.76
$CF_4(g)$ 四氟化碳	-925	261.61	-879	61.09
$C_2F_6(g)$ 六氟乙烷	-1 297	332.3	-1 213	106.7
$CH_3Cl(g)$ 一氯甲烷	-80.83	234.58	-57.37	40.75
$CH_2Cl_2(l)$ 二氯甲烷	-121.46	177.8	-67.26	100.0
$CH_2Cl_2(g)$ 二氯甲烷	-92.47	270.23	-65.87	50.96
$CHCl_3(l)$ 氯仿	-134.47	201.7	-73.66	113.8
$CHCl_3(g)$ 氯仿	-103.14	295.71	-70.34	65.69
$CCl_4(l)$ 四氯化碳	-135.44	216.40	-65.21	131.75
$CCl_4(g)$ 四氯化碳	-102.9	309.85	-60.59	83.30
$C_6H_5Cl(l)$ 氯苯	10.79	209.2	89.30	
$C_6H_5Cl(g)$ 氯苯	51.84	313.58	99.23	98.03

附录3 部分有机化合物的标准摩尔燃烧焓
（标准压力$p^{\ominus}$=100kPa，298.15K）

物质		$-\Delta_c H_m^{\ominus}/$ (kJ/mol)	物质		$-\Delta_c H_m^{\ominus}/$ (kJ/mol)
$C_{10}H_8(s)$	萘	5 153.9	$C_5H_{12}(l)$	正戊烷	3 509.5
$C_{12}H_{22}O_{11}(s)$	蔗糖	5 640.9	$C_6H_5N(l)$	吡啶	2 782.4
$C_2H_2(g)$	乙炔	1 299.6	$C_6H_{12}(l)$	环己烷	3 919.9
$C_2H_4(g)$	乙烯	1 411.0	$C_6H_{14}(l)$	正己烷	4 163.1
$C_2H_5CHO(l)$	丙醛	1 816.3	$C_6H_4(COOH)_2(s)$	邻苯二甲酸	3 223.5
$C_2H_5COOH(l)$	丙酸	1 527.3	$C_6H_5CHO(l)$	苯甲醛	3 527.9
$C_6H_5COOH(s)$	苯甲酸	3 226.9	$C_6H_5COCH_3(l)$	苯乙酮	4 148.9
$C_2H_5NH_2(l)$	乙胺	1 713.3	$C_6H_5COOCH_3(l)$	苯甲酸甲酯	3 957.6
$C_2H_5OH(l)$	乙醇	1 366.8	$C_6H_5OH(s)$	苯酚	3 053.5
$C_2H_6(g)$	乙烷	1 559.8	$C_6H_6(l)$	苯	3 267.5
$C_3H_6(g)$	环丙烷	2 091.5	$CH_2(COOH)_2(s)$	丙二酸	861.15
$C_3H_7COOH(l)$	正丁酸	2 183.5	$CH_3CHO(l)$	乙醛	1 166.4
$C_3H_7OH(l)$	正丙醇	2 019.8	$CH_3COC_2H_5(l)$	甲乙酮	2 444.2
$C_3H_8(g)$	丙烷	2 219.9	$CH_3COOH(l)$	乙酸	874.54
$C_4H_8(l)$	环丁烷	2 720.5	$CH_3NH_2(l)$	甲胺	1 060.6
$C_4H_9OH(l)$	正丁醇	2 675.8	$CH_3OC_2H_5(g)$	甲乙醚	2 107.4
$C_5H_{10}(l)$	环戊烷	3 290.9	$CH_3OH(l)$	甲醇	726.51
$C_5H_{12}(g)$	正戊烷	3 536.1	$CH_4(g)$	甲烷	890.31
$(C_2H_5)_2O(l)$	二乙醚	2 751.1	$HCHO(g)$	甲醛	570.78
$(CH_3)_2CO(l)$	丙酮	1 790.4	$HCOOCH_3(l)$	甲酸甲酯	979.5
$(CH_3CO)_2O(l)$	乙酸酐	1 806.2	$HCOOH(l)$	甲酸	254.6
$(CH_2COOH)_2(s)$	丁二酸	1 491.0	$(NH_2)_2CO(s)$	尿素	631.66

中英文名词对照索引